超(超)临界火电机组检修技术丛书

汽轮机设备检修

王德坚　张　磊　满菁华　合编
张　伟　吕富周　沈思雯

张立华　主审

中国电力出版社
CHINA ELECTRIC POWER PRESS

内 容 提 要

本书是《超（超）临界火电机组检修技术丛书》的一个分册，主要内容包括超（超）临界汽轮机设备的主要结构及技术特点，本体设备检修，调节、保护及供油系统设备检修，水泵设备检修，辅机设备检修，管道与阀门检修等。书中对汽轮机设备的检修进行了详细介绍，内容充实，实用性强。

本书可作为汽轮机检修人员技能培训教材，也可作为新入厂职工上岗培训的学习资料。

图书在版编目（CIP）数据

汽轮机设备检修/王德坚等编. —北京：中国电力出版社，2012.3

（超（超）临界火电机组检修技术丛书）

ISBN 978-7-5123-2775-7

Ⅰ.①汽… Ⅱ.①王… Ⅲ.①火电厂-超临界汽轮机-设备检修 Ⅳ.①TM621.4

中国版本图书馆 CIP 数据核字（2012）第 036826 号

中国电力出版社出版、发行

（北京市东城区北京站西街 19 号　100005　http://www.cepp.sgcc.com.cn）

北京市同江印刷厂印刷

各地新华书店经售

*

2012 年 7 月第一版　　2012 年 7 月北京第一次印刷

787 毫米×1092 毫米　16 开本　30.25 印张　689 千字　1 插页

印数 0001—3000 册　　定价 **88.00** 元

前　言

　　随着火力发电技术的发展，单机容量为 600MW 和 1000MW 的超临界和超超临界火电机组正迅速成为新建火力发电厂的主力型机组。这些新机组投产运营后，由于单机容量增大和新技术的应用，对设备的检修工艺和管理体制提出了新的要求。科学的检修工艺和管理体制将为设备的安全、稳定、长周期运行提供可靠的技术和管理保障。根据当前技术人员对超（超）临界火电机组检修技术的迫切需求，作者有针对性地编写了《超（超）临界火电机组检修技术丛书》。本丛书共分五个分册，分别是《锅炉设备检修》、《汽轮机设备检修》、《电气设备检修》、《热工控制设备检修》、《辅助设备检修》。

　　本丛书由山东省电力学校张效胜担任编委会主任，张伟和王焕金担任编委会副主任。全套丛书由山东省电力学校张磊组织编写和统稿。

　　本丛书可作为超（超）临界火电机组生产运行、检修维护人员的培训教材，也可供从事超（超）临界火电机组设计、制造、安装工作的技术人员和大中专院校热动类专业师生参考。

　　在丛书的编写期间，得到了国内各发电集团公司的大力支持，在此深表感谢！

　　由于水平所限，加之时间仓促，收集资料不全，书中难免有不妥之处，恳请读者批评指正。

编委会

2011 年 4 月

本 书 前 言

随着电力工业的发展,大幅度提高发电效率、加速发展洁净煤技术的超(超)临界机组成为我国可持续发展、节约能源、保护环境的重要措施,超(超)临界发电机组安全、稳定、长周期运行是满足电网安全供电的重要保证,而抓好机组检修的质量是保证机组长周期、稳定运行的重要手段。本书在总结了近几年来国内 600MW 超临界和 1000MW 超超临界的火力发电机组汽轮机设备维护和机组检修经验的基础上,查阅大量的技术资料,按照标准检修程序编写,详细地叙述了国内超(超)临界汽轮机设备的主要结构、原理、技术性能、检修工序、检修工艺方法,以及汽轮机设备常见故障与处理方法。

本书在编写的过程中,得到了华电邹县发电厂杜峰、国电聊城发电厂张爱军、付晋,国电费县发电有限公司闫福军、郭霆的悉心指导与帮助,在此表示衷心的感谢!

本书由山东省电力学校王德坚、张磊、满菁华、沈思雯与华电新乡发电厂张伟和华电国际潍坊发电厂吕富周合编。山东省电力学校张立华担任本书主审。

由于编者水平有限,加上时间仓促,书中难免有不妥之处,恳请读者批评指正。

编 者

2011 年 12 月

目　　录

第一章 绪 论

第一节 超(超)临界汽轮机技术特点

一、汽轮机发展趋势

节约一次能源，加强环境保护，减少有害气体的排放，降低地球的温室效应，已越来越受到国内外的高度重视。从目前世界火力发电技术水平来看，提高火力发电厂效率的方法除整体煤气化联合循环（IGCC）、增压流化床联合循环（PFBC）外，还有超（超）临界压力技术（USC）。我国已经把大幅度提高发电效率、加速发展洁净煤技术的超（超）临界机组作为我国可持续发展、节约能源、保护环境的重要措施。新一代大容量超（超）临界燃煤机组已具备了优良的经济、环保和启动调峰运行性能，并在低负荷时仍然保持较高的效率。从我国国情出发，发展超（超）临界机组有利于降低我国平均供电煤耗，有利于电网调峰的稳定性和经济性，有利于保持生态环境，提高环保水平，有利于实现技术跨越，创建国际一流的火力发电厂。随着锅炉朝着大容量高参数的方向发展，火力发电机组随着蒸汽参数的提高，效率也相应提高：

（1）亚临界机组（16～17MPa、538℃/538℃），净效率约为 37%～38%，煤耗为 330～350g。

（2）超临界机组（24～28MPa、538℃/538℃），净效率约为 40%～41%，煤耗为 310～320g。

（3）超超临界机组（30MPa 以上、566℃/566℃），净效率约为 44%～46%，煤耗为 280～300g。

由于效率的提高，不仅煤耗大大降低，污染物排量也相应减少，经济效益十分明显。以亚临界机组 16.6MPa/538℃/538℃ 为参照基础，如果保持温度级别不变，仅压力采用超临界，即 24.1MPa/538℃/538℃，则效率可以提高约 1.9%，如果在此基础上提高再热温度到 566℃，效率提高不明显，约 0.3%，如果同时提高初、再热蒸汽温度到 566℃，则效率提高比较明显，约提高 1%；在 24.1MPa/566℃/566℃ 的基础上如果同时提高压力和温度参数，则效率提高比较明显，如提高到 25MPa/600℃/600℃，则效率又可提高 1.8% 左右，但如果在此参数下仅再提高压力等级到 30MPa，效率的提高并不明显，仅有 0.5%，而要在此基础上同时提高温度和压力参数，则又受到材料性能的制约。对于蒸汽参数的材料和新工艺及蒸汽参数的选择，要考虑初期的投资成本及利息、煤价等，因此火力发电厂发展趋势是向高参数发展，以此来提高能量的使用效率，而研发百万千瓦级超临界机组的关键是新材料的研发、高温区的结构设计、末级长叶片的研发。

下面是世界上5大公司汽轮机参数对效率的影响。

1. 日立公司汽轮机参数对效率的影响（见图1-1）

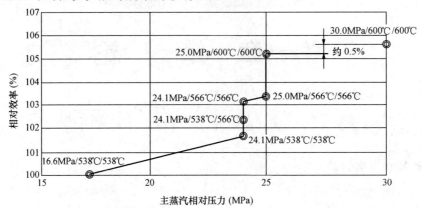

图1-1 日立公司汽轮机参数对效率的影响

2. 三菱公司7个超（超）临界机组的效率（见表1-1）

表1-1 　　　　　　　　　　三菱公司7个超（超）临界机组效率比较表

机组	容量（MW）	温度（℃）	投运年份	实测效率（%）
HEKINAN 碧南 3 号	700	538/593	1993	47.8
NANAO-OTA1 号	500	566/593	1995	47.9
MATSUURA2 号	1000	593/593	1997	49.2
MISUMI 川越 1 号	1000	600/600	1998	49.3
TACHIBANAWAN 橘湾 2 号	1050	600/610	2000	49.5
MAIZURU1 号	900	595/595	2004	
HIRONO5 号	600	600/600	2005	

3. 东芝公司汽轮机参数对效率的影响（见图1-2）

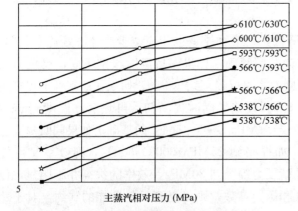

图1-2 东芝公司汽轮机参数对效率的影响

4. 阿尔斯通公司汽轮机参数对效率的影响（见图1-3）

相对热效率的改善：25℃＝1.25%改善（温度每提高25℃，则相对热效率提高1.25%）。

5. 西门子公司超超临界机组3个代表性参数下的效率

（1）1980年——750MW/22.5MPa/538℃，超超临界，热效率为48%。

（2）2000年——1000MW/25.0

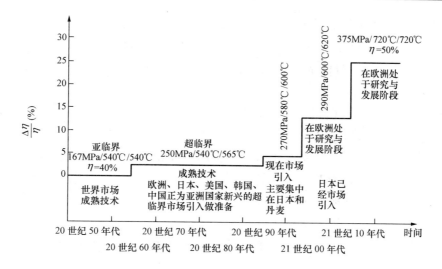

图 1-3 阿尔斯通公司汽轮机参数对效率的影响

MPa/600℃，超超临界，热效率为 51％。

（3）2010 年——35.0MPa/700℃，超超临界，热效率为 56％。

二、发达国家超（超）临界汽轮机技术特点

1. 西门子公司

西门子（Siemens）公司共生产超（超）临界机组 45 台（包括 700MW 容量以下的机组）。在超临界汽轮机方面，西门子公司 1951 年就生产了 625℃的超超临界汽轮机，至今进汽温度 600℃的机组已有 14 台在运行。近 10 年，西门子公司在单轴大功率机型开发中取得了更加成功的业绩。表 1-2 为西门子公司超临界及超超临界汽轮机的发展业绩。

表 1-2　　　　西门子公司超临界及超超临界汽轮机的发展业绩（1990 年后）

机 组	所在国	容量（MW）	投运年份	压力（MPa）	温度（℃）
STEAG KW HERNE 4	德国	500	1989	25	530/530
FYNSVAERKET BOLCK 7	丹麦	410	1991	24	538/538
KW SCHWARZE PUMPE 1	德国	813	1997	25.2	542/562
KW SCHWARZE PUMPE 2	德国	813	1997	25.2	542/562
ALTBACH HKW 2	德国	395	1997	26.3	542/565
BOXBERG BLOCK Q	德国	915	1999	25.8	541/578
AVEDOERE，2	德国	375	1999	30	580/600
NIEDERAUSSEM	德国	1025	2002	26.5	576/600
BEXBACH，II	德国	750	2002	25	575/595
外高桥 1 号	中国	980	2003	25	538/566
外高桥 2 号	中国	980	2004	25	538/566

自 1997 年起，德国西门子公司发电部（简称 KWU）在 50Hz、单轴、900MW 功率等级领域领先一步取得了独特的业绩；近 10 年由日本和欧洲制造的共计 8 台 50Hz、单

轴、900MW 功率等级的机组业绩中，西门子公司拥有了其中的 6 台，另为 Alstom（阿尔斯通）的两台 930MW、26MPa/550℃/580℃ 机组，其中最大的 1025MW、单轴、参数 26.5MPa/576℃/599℃ 的超超临界汽轮机（锅炉参数为 27.49MPa/580℃/600℃）已于 2002 年 8 月正式投运。

目前西门子公司的汽轮机产品系列中的 HMN 系列可适应 200～1200MW、50Hz/60Hz 的超（超）临界机组，蒸汽参数可达 30MPa/600℃/620℃。

西门子公司超（超）临界大功率汽轮机的主要特点是高压缸采用单流程、小直径筒式结构，中压缸进口为双层结构并作涡旋式冷却，轴承箱与汽缸分离并刚性落地。机组采用滑压运行，调峰性能好。各转子采用整锻转子，转子之间由整体刚性联轴器连接。

西门子公司的膨胀系统设计具有独特的技术风格和独特的结构设计。西门子公司各轴承座直接支撑在基础上，其特点为机组的绝对死点及相对死点均在高、中压汽缸之间的推力轴承处；中压汽缸与低压内缸以及低压内缸之间有推拉装置，减小低压段动静相对间隙。汽缸与轴承座之间有耐磨、滑动性能良好的金属介质。

机组通流部分设计采用全三维技术，除低压末三级外，其余所有的高、中、低压叶片级全部采用弯扭耦合叶片，级反动度控制在 30%～40% 的水平。目前西门子公司 50Hz 机组中有运行业绩的末级叶片为 1146mm，是世界上已运行的最长、排汽面积最大的叶片，并正在开发排汽面积为 $16m^2$ 的 1420mm 钛合金叶片。

西门子公司参与欧洲联合开发的 600℃ 的材料已应用于单轴 1000MW 机组上。

西门子公司超（超）临界汽轮机高压缸常采用的材料见表 1-3。

表 1-3　　　　西门子公司超（超）临界汽轮机高压缸常采用的材料

主蒸汽温度（℃）	540	566	600
主蒸汽压力（MPa）	24.5	24.5	29.4
转子	1%CrMoV	1%CrMoV 或 10%Cr	10%Cr
静叶环/内缸	1%CrMoV	9%～10%Cr	
进汽缸	9%～10%Cr	9%～10%Cr	
排汽缸	1%CrMoV		

2. 阿尔斯通公司

Alstom 公司是国际上发电设备制造行业中业绩突出的著名公司之一，在超超临界发电技术上具有自己的特点。

Alstom 由原 Abb、原 Alstom 公司合并而成，已生产投运的超（超）临界机组有 40 余台，功率 600MW 以上容量的超超临界机组有 15 台，其中：

1300MW（24.2MPa/538℃/538℃、3600r/min）　　　　双轴　　8 台

1300MW（25.4MPa/538℃/538℃、3000r/min 或 1500r/min）　双轴　　1 台

930MW（26.0MPa/550℃/580℃、3000r/min）　　　　单轴　　2 台

680MW（25.0MPa/535℃/563℃、3000r/min）　　　　单轴　　1 台

640MW（24.2MPa/538℃/538℃、3600r/min）　　　　　　单轴　　1台

627MW（24.2MPa/538℃/566℃、3000r/min）　　　　　　单轴　　2台

Alstom 公司提出目前超临界及超超临界蒸汽参数的范围：

超临界机组为 24.0MPa，540℃/565℃；超超临界机组为 30.0MPa，600℃/620℃。目前正在设计 1100MW 四缸四排汽超超临界汽轮机，汽轮机参数为 27MPa，600℃/605℃，背压 4.8kPa，功率 1100MW。

原 Abb 公司采用独特的传统工艺焊接转子，锻件小、锻造质量高，有利于快速启动；采用套环紧固件无中分面法兰的高压内缸，使内、外缸紧凑小巧，降低了热应力，避免高温螺栓装拆带来的不便，内缸和转子采用高铬材料。Abb 公司另一个独特的传统工艺为两个转子间共用一个轴承支撑，四缸机组只有 5 个轴承，大大缩短机组长度。

Alstom 的汽轮机采用模块化、系列化设计，有利于满足用户要求；高、中、低压进汽采用涡壳结构，减少进汽损失，通流部分可优化设计以达到高效率；低压转子为由多个锻件按照埋弧焊工艺焊接在一起的装配式设计，代表了阿尔斯通动力系统的成熟技术。

Alstom 已经开发了 50Hz、49 英寸钛合金末级叶片，叶根为 4 叉枞树形，叶片采用整体围带和凸台拉筋连接成为全周结构，叶片环形面积为 13.2m²，并将应用于新设计的 1100MW 四缸四排汽超超临界汽轮机。

为减少围带汽封的漏汽损失，Alstom 研制开发了刷子汽封。围带汽封第一列采用刷子汽封，其他汽封仍采用传统汽封，即使刷子汽封损坏，传统汽封仍起作用。刷子汽封材料由镍基材料组成，能耐 700℃高温，运行时与围带间隙接近于 0，有效地减少了汽封漏汽。

Alstom 公司的材料开发大致可以分成三个阶段：20 世纪 90 年代前主要采用 X20（11％～12％Cr），适应温度为 565℃。从 90 年代开始，在 9％Cr 钢中添加 W，得到更高的蠕变断裂强度，在管子材料上采用 P91、E911 和 P92。叶片采用奥氏体钢 StT17/13W。第二阶段参加开发 11％Cr 钢，添加 Co、B，得到更好的蠕变断裂强度和抗氧化性能。预计使用温度可以达到 625℃。第三阶段是参加开发适应于 700、725℃的材料。Alstom 还参与了美国 DOE 的 Vision21 中的超超临界材料项目。HCM12 和镍基合金 Alloy617 即将进行试验。

3. 东芝公司

东芝公司的超临界机组是在引进美国 GE 公司技术基础上发展的。东芝公司的超超临界机组是指蒸汽参数超过 24.1MPa/566℃/566℃的机组，东芝公司生产的超超临界（USC）汽轮机容量在 1000MW 的机组有 8 台，其中：

1000MW（24.1MPa/538℃/566℃、CC4F-41、3000r/1500r/min）　　　　4 台

1000MW（24.5MPa/566℃/593℃、CC4F-41、3000r/1500r/min）　　　　1 台

1000MW（24.1MPa/566℃/593℃、CC4F-40、3600r/min）　　　　2 台

1050MW（25.0MPa/600℃/610℃、CC4F-48、3600r/min/1800r/min）　　　　1 台

东芝公司在已成熟应用 24.2MPa/538℃/566℃参数的基础上，正在发展 31MPa/593℃/610℃的技术，并应用在大功率机组上。东芝公司可以生产 1000MW 等级单轴汽轮

机，有适用于蒸汽温度超过 600℃/610℃的材料，蒸汽参数可达 31.6MPa/600℃/610℃。

东芝公司通过采用通流部分的三维设计、新的叶片形线、复合倾斜喷嘴、倾斜动叶、整体叶顶汽封和改进排汽蜗壳形线等，使汽轮机内效率得到改善。东芝公司的 42in 和 48in 末级叶片采用了全三维设计和跨音速叶形。

东芝公司超（超）临界典型的汽轮机采用的材料见表 1-4。

表 1-4　　　　　　　东芝公司超（超）临界典型的汽轮机采用的材料

| 部 件 | 24.5MPa/566℃/593℃ | 25.0MPa/600℃/610℃ | 28.0MPa/610℃/630℃ |
	原町 HARAMACHI 1 号	橘湾 TACHIBANAWAN 1 号	先进蒸汽参数
高压外缸	1.25Cr1MoV 钢	1.25Cr1MoV 钢	1.25Cr1MoV 钢
高压内缸	1.25Cr1MoV 钢	12CrMoVNbN 钢	12CrMoVNbN 钢
中压外缸	1.25Cr1MoV 钢	1.25Cr1MoV 钢	1.25Cr1MoV 钢
中压内缸	12CrMoVNbN 或 1.25Cr1MoV 钢	12CrMoVNbN 或 1.25Cr1MoV 钢	12CrMoVNbN 或 1.25Cr1MoV 钢
喷嘴室	1.25Cr1MoV 钢	12CrMoVNbN 钢	9Cr1MoNbV 钢
高中压叶片	10.7CrMoVNbN 钢	11CrWVNbNReCo 钢	11CrWVNbNReCo 钢
高中压喷嘴	10.7CrMoVNbN 钢	10.7CrMoVNbN 钢	10.7CrMoVNbN 钢
高压转子	1.25Cr1MoV 钢	12CrMoVNbN 钢	12CrMoVNbN 钢
中压转子	12CrMoVNbN 钢	12CrMoVNbN 钢	12CrMoVNbN 钢
调节阀	1.25Cr1MoV 钢	9Cr1MoNbV 钢	9Cr1MoNbV 或 10Cr1MoWNbVBCo 钢
再热调节阀	1.25Cr1MoV 钢	10Cr1MoWNbVBCo 钢	10Cr1MoWNbVBCo 钢

所有的转子均为整锻无中心孔的转子，转子与转子之间采用刚性联轴器相互连接。每个转子配有独立的双轴承支撑。

每根转子在加工前，都要进行超声探伤和其他各种试验以确保锻件满足物理和化学特性的要求。动叶组装好后，进行动平衡试验仔细对转子进行平衡，并用高速动平衡机以额定速度对其进行最终平衡。

机组在设计时，对于轴系稳定性主要通过以下几方面来解决蒸汽激振力的影响：每根转子在工厂内部进行低速和高速动平衡，将不平衡量降到最小；设计使转子的临界转速和额定转速不产生相互的影响；转子设计精确对中，保证在运转时不会产生额外的力和力矩；合理设计动静之间的间隙，保证在启动和停机时转子和汽封不会产生摩擦；安装防汽流涡动的汽封，防止转子的不稳定振动。

同时，东芝公司在汽轮机叶片设计方面具有丰富的经验。通过现代化手段计算叶轮的挠性、弯曲度的影响，以及许多其他用来确定叶片设计的复杂因素，使所有的叶片都是高效、无故障和高度可靠的。叶片由不锈钢锻件加工制成，具有良好的强度和抗疲劳特性，并有较高的抗汽蚀性和抗腐蚀性。这些叶片的叶形选自一组曾大量使用的标准叶片中的叶形。带有菌形叶根并通过紧固加工配合件与轮缘外包配合，外包配合用来保护轮缘不受蒸汽侵蚀。

4. 三菱公司

三菱公司的超临界汽轮机是在引进美国 Westinghouse（西屋电气）公司技术基础上发展的，三菱公司自 1967 年第 1 台超临界汽轮机投运以来，至今已有 28 台，其中 23 台已投入运行。统计至 2002 年已投运的容量 700MW 以上的超（超）临界机组有 10 台。到目前为止，三菱公司已经生产了 1000MW 等级汽轮机 6 台，其业绩如表 1-5 所示。

表 1-5 三菱公司 1000MW 等级汽轮机的业绩

电厂名	机组	容量 （MW）	压力 （MPa）	温度 （℃/℃）	投运日期	转速 （r/min）	型号	末叶 （in）
袖浦	4 号	1000	24.1	538/566	1979.08	3000/1500	CC4F	44
松浦	1 号	1000	24.1	538/566	1990.06	3600/1800	CC4F	44
东扇岛	2 号	1000	24.1	538/566	1991.03	3000/1500	CC4F	44
松浦	2 号	1000	24.1	593/593	1997.07	3600/1800	CC4F	46
三隅	1 号	1000	24.5	600/600	1998.06	3600/1800	CC4F	46
橘湾	2 号	1050	25.0	600/610	2000.12	3600/1800	CC4F	46

虽然上述机组都是双轴机组，但高、中压缸的设计可以用于单轴机组。尽管没有单轴 1000MW 等级、50Hz 超超临界参数机组的业绩，但 50Hz 和 60Hz 机组的差别并不大，可以通过模化设计成 50Hz 的机组。

1996 年之后投运的两台超超临界机组参数分别为 1000MW/24.2MPa/593℃/593℃ 和 1000MW/24.5MPa/600℃/600℃。三菱公司已在大机组上广泛应用 593℃、600℃ 的主蒸汽参数，并进一步发展到 610℃ 的再热蒸汽温度。

三菱公司汽轮机为反动式汽轮机。已运行的 1000MW 机组为四缸四排汽，由双分流高压缸、双分流中压缸和两个双流半转速低压缸组成。高、中压缸分别为双层缸，低压缸为三层缸。

三菱公司最新设计的 TC4F-48 型 1000MW 汽轮机采用全速、串联布置、新开发 48in 末级叶片。其参考机型分别为：

高压部分：1050MW 的 CC4F-46 型汽轮机高压缸，3600r/min，进汽参数为 25.1MPa/600℃，高压缸采用双流型。

中压部分：1050MW 的 CC4F-46 型汽轮机中压缸，3600r/min，进汽参数为 4.1MPa/610℃。中压缸也采用双流型，中压缸转子在进汽侧采用了冷却措施，用高压缸排汽进行冷却。

低压部分：700MW 的 TC4F-40 型汽轮机低压缸，3600r/min，蒸汽参数为 24.1MPa/538℃/566℃。低压缸也采用双流型，48in 末级叶片是从 3600r/min 机组的 40in 末级叶片模化而得到的。40in 的末级叶片从 1999 年开始已经在多台机组上成功应用。

三菱公司汽轮机高温材料的适用范围、适用温度和材料型号列于表 1-6。

5. 日立公司

日立公司的超临界机组是在引进美国 GE 公司技术的基础上发展的。日立公司于 1971 年制造了第一台超临界汽轮机，容量为 600MW，蒸汽参数为 24.13MPa/566℃/566℃，到目前为止，日立公司已经投入运行和在建的超（超）临界汽轮机共 28 台。

表1-6 三菱公司汽轮机高温材料

主蒸汽温度（℃）	≤566	>566 ≤610	>610 ≤630	>630 ≤650
高压/中压转子	CrMoV	12CrMoVNb* （TMK-1）	3Co12CrMoWVNbB* （MTR10A）	Modified A28G*
内缸/喷嘴室	2.25CrMo	12CrMoVNb* （MFC-12）	3Co12CrMoWVNbB* （MTC10A）	Type 316H
叶片	12CrMoWV （Type 422）	12CrMoWVNb* （10705MBU）	3Co12CrMoWVNbB* （MTB10A）	W545
阀门	2.25CrMo	Super 9Cr （T91）	3Co12CrMoWVNbB* （MTV10A）	Type 316H

＊三菱公司研发。

单机容量最大的机组为1000MW，双轴（3000r/min 或 1500r/min），四缸四排汽，已于1998年投运，参数为24.52MPa/600℃/600℃。参数最高的机组为700MW的TC4F—43型汽轮机，参数为25MPa/600℃/600℃。日立公司正在进行1000MW超超临界汽轮机的设计，蒸汽参数从25.0MPa/600℃/600℃提高到30.0MPa/600℃/600℃，可以使效率提高0.5%。

为改善超（超）临界汽轮机的可靠性，日立公司采用了以下措施：椭圆形汽封；用隔板电子束焊接改进焊接件的可焊性和强度；保证转子材料的同轴性，防止由于转子材料的蠕变伸长沿圆周方向不均匀所造成的转子弯曲；采用整体转子，防止半速的低压转子在轴及轴与轮盘连接的键槽处产生应力腐蚀裂纹。

为进一步提高机组效率，日立公司采用了平衡（balanced laminar and compressible effect，简称 Balance）叶片，在这种叶片的设计中考虑了蒸汽的可压缩性；先进的可控涡切向倾斜式喷嘴叶片（AVN-S），降低了喷嘴叶片和动叶片的损失，同时降低了由于二次流造成的汽流不均匀性；先进的可控涡切向倾斜式喷嘴叶片（AVN-L），形成三维发散的汽流通道，优化了喷嘴中的流形，实现高效率；扩压式排汽缸，加上导流板使得汽流更加均匀，降低了汽轮机末级到凝汽器间的静压损失。

日立公司生产的600℃等级的超超临界汽轮机全部采用铁素体钢，各主要部件和材料列于表1-7。

表1-7 日立超超临界汽轮机主要部件材料

部 件 名 称	材 料	部 件 名 称	材 料
转子	12Cr 钢（HR1100）	静叶	12Cr
动叶	12Cr 钢（HR1100）	阀门和汽缸	加 B 的 Cr-Mo-V 铸钢 9Cr-1Mo 锻钢 12Cr 铸钢

东方—日立型超超临界1000MW汽轮发电机组剖面图见图1-4（见文后插页）。汽轮机的高压汽缸为单流式，采用双层缸结构，从而使汽缸结构简化。高压调节级为双流，以减小调节级应力。调节级后的腔体内，发电机端的设计压力要比调节级端的压力略高，可以强制汽流在腔室内流动，防止高温蒸汽在转子和喷嘴室之间的腔室内停滞，同时冷却高温进汽部分。

第二节 典型汽轮机设备

一、N600-24.2/566/566型超临界汽轮机设备

N600-24.2/566/566超临界汽轮机由上海汽轮机有限公司（STC）与西门子西屋公司联合设计制造，其类型：超临界、一次中间再热、三缸四排汽、单轴、双背压、凝汽式、八级回热抽汽；最大连续出力为600.614MW，额定出力为600.315 MW；机组设计寿命不少于30年。机组采用复合变压运行方式，汽轮机具有八级非调整回热抽汽，汽轮机的额定转速为3000r/min。采用2.38r/min的低速回转设备来转动转子。

汽轮机主要结构特点：

（1）除高压调节级外均采用反动级的机组，级数相对较少，高、中压缸采用合缸，减小了轴向长度和轴承数量。高、中压缸温度场对称分布，端汽封和轴承箱均处在温度较低的高、中压排汽口区域。

（2）高、中压缸采用头对头布置方式，两个低压缸对称双分流布置，大大减少轴向推力。

（3）汽轮机各个转子与发电机各转子采用刚性连接方式，轴系为挠性轴系。所有反动级动静叶片采用全马刀叶片，末级叶片采用1050mm长叶片。

（4）采用高、中压缸同时控制启动的方式。

N600-24.2/566/566型超临界汽轮机各部件特点如下。

1. 汽缸

汽轮机高、中压合缸结构示意图如图1-5所示，本汽轮机采用双层缸体结构，内、外缸之间充满着一定压力和温度的蒸汽，从而使内、外缸承受的压差和温差较小，缸体和法兰都可以做的较薄，减小了热应力，有利于改善机组的启动和负荷适应能力。汽缸的定位为：外缸用猫爪支撑在轴承座上，内缸与外缸采用螺栓连接，并通过定位销和导向销进行定位和导向。为了保证汽缸受热时自由膨胀又不影响机组中心线的一致，在汽缸和机座之间设置了一系列的导向滑键，这些滑键构成了汽轮机的滑销系统，对汽缸进行支撑、导向和定位，保证汽轮机良好对中，各汽缸、转子、轴承的膨胀不受阻碍。高、中压缸一般都采用支撑面和中分面重叠的上猫爪支撑结构。

高、中压外缸是合金钢铸造而成，沿水平中分面分开，形成下缸和上缸。

高、中压内缸同样是合金钢铸造而成，在中分面处分开，形成下缸和上缸。它在水平中分面处支撑在外缸上。顶部和底部用定位销导向，以保持对汽轮机轴线的正确位置，同时允许随温度变化能自由膨胀和收缩。

高压喷嘴室进口支撑在内缸上，靠凸缘和槽配合定位在内缸，进汽套管用滑动接头连接到内缸，使由于温度变化引起的变形的可能性减至最小。

所有持环和平衡活塞汽封环都在水平中分面处支撑在外/内缸上，顶部和底部用定位销导向，轴向位置由凸缘和槽配合提供。

高压外缸是由四个与下缸端部铸成一体的猫爪所支撑，这样使支撑点尽可能靠近水平

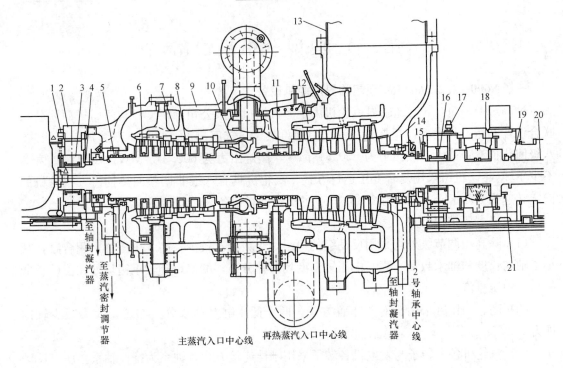

图 1-5　汽轮机高、中压合缸结构示意图

1—轴振监测仪；2—汽轮机机架；3—1 号支撑轴承；4—挡油环；5—轴封；6—喷嘴隔板；

7—高压内缸；8—叶片；9—高压外缸；10—第一级喷嘴汽室；11—轴封；12—中压内缸；

13—联通管；14—轴封；15—挡油环；16—支撑轴承；17—轴承测振仪；18—推力轴承；

19—推力轴承磨损监测器；20—转子；21—轴向位移监测仪

中心线。在调节阀端，这些猫爪支撑在前轴承座的键上，在键上猫爪可自由滑动。在发电机端，汽缸猫爪支撑在低压缸下半轴承座的键上，并同样可以自由滑动。

　　在每一端，外缸用一个 H 形定中心梁用螺栓和定位销连接到汽缸和邻近的轴承座上。这些梁使汽缸相对于轴承座可保持正确的轴向和横向位置。

　　发电机端轴承座和低压缸是一个整体，可使高、中压缸相对于低压缸的轴向位置准确固定。前轴承座可在它的机座上轴向自由滑动。但为了防止横向移动，有一轴向键放在它和机座之间的纵向中心线上。

　　任何歪斜或升起倾向都受到导向键和螺栓的限制。螺栓和轴承座之间有足够的装配间隙，可允许轴向自由移动。汽缸离开轴承的任何倾向都受到每个猫爪上的双头螺栓的限制。这些螺栓装配时在其周围和螺母下都有足够间隙，以便使汽缸猫爪能随温度变化而自由移动。

　　低压内缸和外缸是钢板式，由下部和上部组成。外缸上半和下半垂直分为三部分，安装时使垂直结合面永久连接，因而缸盖可作为一整体起吊。低压 1 号外缸还包括存放它本身轴承、推力轴承和高、中压缸轴承的轴承座。

　　低压缸静叶部分安装于内缸，并分别安装于四个持环中，持环通过定位销和垫片支撑在内缸并对准，内缸通过水平中心线下的猫爪支撑在外缸上，内缸用定位销和垫片来对准，定位销置于垂直中心线上的底部，内、外缸之间的垫片置于水平中分面和连通管接口附近。

低压缸由连续底脚所支撑，底脚与外缸下部制成一体并围绕下缸，底脚支撑在台板上，台板用地脚螺栓紧固在基础上。

横向固定板埋在每个汽缸两端的基础内。L 形垫片经加工、装配，安装在固定板和汽缸之间，有足够的间隙，以保持横向对中时允许轴向膨胀。从机组纵向中心线和低压缸的横向中心线相交附近的一个点，汽缸能在基础台板的顶部水平面自由膨胀。

高、中压缸的水平中分面是用大双头螺栓连接。为了使每一个螺栓都有适当的应力，它们必须预紧以产生一定的预应力。

2. 转子

汽轮机高、中压转子如图 1-6 所示，汽轮机转子分高中压转子、低压 A 转子和低压 B 转子，通过刚性联轴器连接。各转子各自支撑在 2 个轴承上，整个轴系通过位于 2 号轴承室内的推力轴承轴向定位。

本汽轮机的转子由于采用轮盘式结构、无中心孔整锻转子，启动过程中转子的热应力相对较小，同时高、中压合缸使得汽缸及转子温度基本上同步升高，保证了机组的顺利膨胀，为启动的灵活性奠定了基础。同时启动过程中采用先进的复合配汽方式，降低了启动过程中热应力的产生，保证了机组具有快速、安全、灵活、经济的启动性能。高、中压转子和低压转子均为整锻无中心孔转子，在相同热应力的条件

图 1-6 汽轮机高、中压转子

下，增大了转子的循环寿命，降低了制造成本，高、中压转子为 30Cr1Mo1V 锻钢，低压 A、B 转子为 30Cr2Ni4MoV 锻钢。为了保证汽轮机转子无瑕疵、精确校平衡和具有高性能，转子锻件的坯件经过真空浇注。转子本体经过加工后，其本身带有叶轮、轴承轴颈、联轴节法兰和推力盘。转子金属材料脆性转变温度（FATT）的数值：高、中压转子为 $100℃$，低压转子为 $-6.6℃$。

在高、中压转子和低 A 转子的前后轴封和叶轮之间的轴上，均有汽封城墙式方齿，与轴封及隔板汽封的高低齿组成迷宫式汽封（或称高低齿梳齿汽封）；低 B 转子与轴封及隔板汽封的平齿组成平齿汽封。

为了进行机组大修后的动平衡工作，在每根转子上均设有在现场不揭缸情况下，进行动平衡调整加重物的装置，转子的临界转速设计避开工作转速 15% 和 -15%。

转子相对推力轴承的位置设有标记，能在线监视轴向位移的大小，并装设有推力轴承磨损监视装置。在发电机上设有转子接地装置，在轴承箱设有静止部件接地装置，防止发电机产生的轴电流、轴电压对汽轮机转子及轴承的损伤。

3. 叶片

转子叶片如图 1-7 所示，本汽轮机轴系通流部分由 42 个结构级组成，其中高压部分 8 级（包括 1 个调节级），中压部分为单流 6 级，两个双流低压缸共 $2\times2\times7$ 级。高压缸动

叶采用边界层抽吸技术，在菌形叶根中间体上有抽吸孔。动叶采用形损、攻角损失更小的高负荷（HV）。

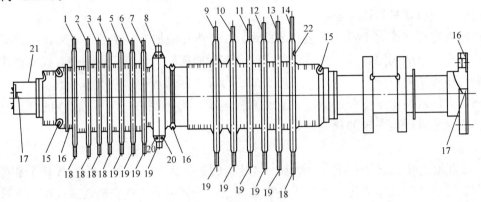

图 1-7　转子叶片

1—第 8 级动叶；2—第 7 级动叶；3—第 6 级动叶；4—第 5 级动叶；5—第 4 级动叶；6—第 3 级动叶；7—第 2 级动叶；8—调节级；9—第 9 级动叶；10—第 10 级动叶；11—第 11 级动叶；12—第 12 级动叶；13—第 13 级动叶；14—第 14 级动叶；15—平衡螺塞；16—平衡重块；17—塞销；18、19—围带；20—镶件；21—转子；22—平衡重块

叶片中部自带凸台拉筋，顶部有翼形自带围带，凸台和围带间均不焊接。装配时，相邻叶片的围带及拉筋凸台侧面彼此配准并留一定间隙，围带处采用连接件用铆接方式连接相邻叶片。运行时，由于叶片离心力产生扭转变形而使叶片的拉筋凸台间相互靠紧，连成一个整体，围带与拉筋的这种连接方式可以较大幅度地增大阻尼系数，因而可以有效地防止叶片产生共振，提高长叶片的安全性。

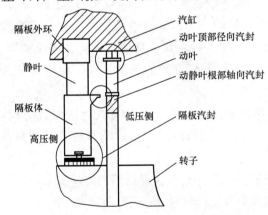

图 1-8　汽轮机通流部分汽封的示意图

4. 汽封

汽轮机通流部分汽封的示意图如图 1-8 所示。本汽轮机的叶栅汽封采用多齿汽封和椭圆汽封，在叶顶处安装两个高齿和两个低齿，形成迷宫效果以减小漏汽。考虑到汽缸热变形主要是在垂直方向上的，椭圆汽封间隙在上下方向的间隙较大，而两侧间隙相对较小，这样，由于摩擦引起的转子振动发生的可能性就大大减小。

隔板汽封装在隔板内孔的汽封槽内，全周分 6 块，每块各用 1 片弹簧片向心顶住。高中压缸、低压 A 缸各级采用高、低齿结构，低压 B 缸各级采用平齿汽封，上隔板两侧汽封块用销钉铆死在隔板内，并用样冲铆死。隔板汽封有适当的退让间隙，当转子与汽缸偶有少许碰触时，可不致损伤转子或导致大轴弯曲。

（1）轴端密封。本汽轮机的轴端密封采用梳齿式密封形式，高、中压和低压 A 缸轴封采用高、低齿结构，低压缸的轴封采用平齿汽封，分段安装在轴封盒上，固定形式与隔板汽封相同，汽封盒在安装时，也是遵循与汽轮机中心线一致的原则，下汽封盒通过挂耳挂在下汽缸相应洼窝处，挂耳的顶部与汽缸结合面应留一定的膨胀间隙。轴封盒底部有纵向键定位。上汽封盒与下汽封盒用销子和螺栓固定在一起。高温区域使用的汽封由铬-钼钢制成，低温使用的汽封由镍铜制成，汽封块弹簧片用铬-镍铁合金制成。上汽封盒汽封块用压板固定在轴封盒内。

轴端密封共有高中压外缸三腔室密封，低压缸两个腔室，高中压内缸五个腔室，轴端密封有一套压力、温度可调整的自密封系统供汽。

（2）自密封系统。本汽轮机的轴封系统采用压力和温度是自动控制的自密封系统，该系统向汽轮机和给水泵汽轮机提供轴封蒸汽，设有轴封压力自动调整装置、溢流泄压装置和轴封抽气装置，轴封用汽进口处设有永久性蒸汽过滤器。轴封用汽系统包括轴封汽源切换用的电动隔绝阀、减压阀、旁路阀、泄压阀和其他阀门以及仪表、减温设备和有关附属设备等，系统供汽母管还设有一只安全阀，可防止供汽压力过高而危及机组安全。另外，设置一台100%容量的轴封蒸汽冷却器，两台100%容量的电动排气风机，用以排出轴封蒸汽冷却器内的不凝结的气体，两台电动排气风机互为备用。

5. 轴承

本汽轮发电机组的轴承布置情况如图1-9所示：机组共有6个轴承座，8个支持轴承，分别支撑着汽轮发电机组的4根转子，在2号轴承座内设置一个可倾式推力轴承。

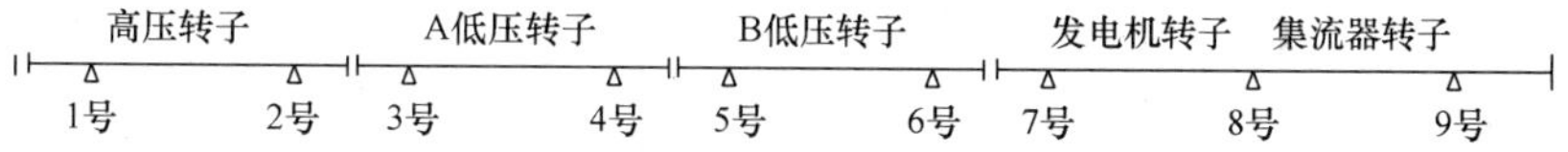

高压转子		A低压转子		B低压转子		发电机转子		集流器转子
1号	2号	3号	4号	5号	6号	7号	8号	9号

图1-9　轴系简图

该轴系的轴承主要特点是：主轴承采用可倾式自位轴承，可倾瓦轴承表面有一层巴氏合金，每4块可倾瓦组成一组，4块可倾轴承瓦块带有支持点支撑，能自动调整轴承的弧形瓦块。在油膜的压力作用下，每个瓦块在支持点上可以单独自动的调整位置，以适应转速、轴承负荷和油温的变化。可倾瓦每个瓦块上的油膜作用力均通过轴颈中心，可保持轴颈中心不变，没有引起轴心作正进动的切向分量，消除了导致轴颈涡动的力源，可有效防止"蒸汽振荡"及"油膜振荡"的发生，具有较高的稳定性和抗失稳能力。各支持轴承是水平中分面的，不需吊转子就能够在水平、垂直方向进行调整，检修时不需要揭开汽缸和转子，就能够把各轴承方便地取出和更换。每一轴承回油管上均设有观察孔及温度计插座，在油温测点及油流监视装置之前，没有来自其他轴承的混合油流，各轴承设计金属温度不超过90℃，乌金材料允许在112℃以下长期运行。推力轴承设计为能持续承受在任何工况下所产生的双向最大推力，装设有监视该轴承金属的磨损量和每块瓦的金属温度测量装置。

6. 盘车装置

本汽轮机采用的盘车装置为低速盘车，安装在低压缸B和发电机之间，电动机驱动，配置气动操纵机构，主要有以下特点：

（1）在汽轮机转速降至零转速时，既能电动盘车，也能手动盘车；既可远方操作，也可就地操作。

（2）盘车装置是自动啮合型的，盘车转速为 2.38 r/min。

（3）盘车装置在汽轮机冲转达到一定转速后自动退出，并能在停机时自动投入。

（4）盘车装置与顶轴油系统间设连锁，防止在油压建立之前投入盘车，盘车装置正在运行而油压降低到不安全值时能发出报警，当供油中断时能自动停止运行。

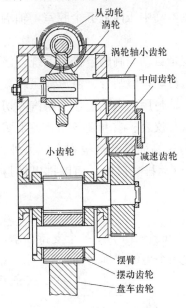

图 1-10　盘车装置传动机构

图 1-10 为盘车装置传动机构示意图。盘车的传动机构由盘车齿轮、摆动齿轮、摆臂、小齿轮、减速齿轮、中间齿轮、涡轮轴小齿轮、涡轮、蜗杆、从动轮以及电动机传动链条等组成。摆动齿轮为活动式传动机构，摇臂与盘车装置的操作手柄及气动执行机构的活塞杆相连接，其回转中心位于主动齿轮轴上。摆动齿轮在主动轴的小齿轮上公转，在摇臂顺时针转动到一定位置时，摆动齿轮与转子盘车齿轮进入啮合状态。驱动电动机通过链条、涡轮、蜗杆、减速齿轮来传递转矩，使摆动齿轮顺时针自转，盘车齿轮带动转子转动。

在汽轮机停运时，盘车齿轮的反作用力矩相对于摇臂为顺时针方向，使摆动齿轮与盘车进一步啮合，即摆动齿轮为主动轮时，啮合状态是稳定的。在汽轮机冲转时，转子的转速高于盘车转速时，盘车齿轮变为主动轮，此时，作用在摆动齿轮的转矩相对于摇臂为逆时针方向，在这一力矩的作用下，摆动齿轮自动退出啮合位置。

二、东汽—日立型超超临界 1000MW 汽轮机

东汽—日立型超超临界 1000MW 汽轮机为一次中间再热、单轴、四缸四排汽、凝汽式，从机头到机尾依次串联 1 个单流高压缸、1 个双流中压缸及 2 个双流低压缸。高压缸呈反向布置（头对中压缸），由 1 个双流调节级与 8 个单流压力级组成。中压缸共有 2×6 个压力级。2 个低压缸压力级总数为 $2\times2\times6$ 级。末级叶片高度为 1.09m，图 1-11 为东汽—日立型超超临界 1000MW 汽轮机超临界发电机组立体图，图 1-4 为纵剖面图。

主蒸汽从高压外缸上下对称布置的 4 个进汽口进入汽轮机，通过高压 9 级做功后去锅炉再热器。再热蒸汽由中压外缸中部下半的 2 个进汽口进入汽轮机的中压部分，通过中压双流 6 级做功后的蒸汽经一根异径连通管分别进入 2 个双流 6 级的低

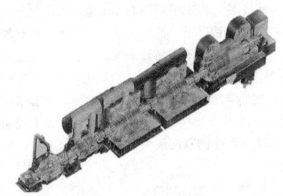

图 1-11　东汽—日立型超超临界 1000MW
汽轮机超临界发电机组立体图

压缸，做功后的乏汽排入 2 个不同背压的凝汽器。

东汽—日立型超超临界 1000MW 汽轮机主要特点如下。

1. 转子

机组轴系由汽轮机高压转子、中压转子、低压转子 A、低压转子 B 及发电机转子组成，各转子均为整体转子，各转子间用刚性联轴器连接。高压转子和中压转子采用可倾瓦轴承支撑，低压转子采用椭圆轴承支撑。每根转子上均设有可以在不开缸的情况下进行动平衡的装置。

低压转子采用超纯净转子锻件，无中心孔；高压转子如图 1-12 所示。

图 1-12 高压转子

2. 汽缸

（1）高压模块。高压缸为双层缸结构，分别与 4 个调节阀对应的喷嘴室装在内缸上。固定在内缸上的 4 根进汽管允许其内外缸、喷嘴室自由地热胀而不影响 3 者的同心定位。进汽管与外缸连接部位采用特殊的冷却结构，使高压外缸材料可沿用亚临界传统的 Cr-Mo-V 铸钢。

喷嘴调节采用双列调节级方案，双流喷嘴示意图如图 1-13 所示。

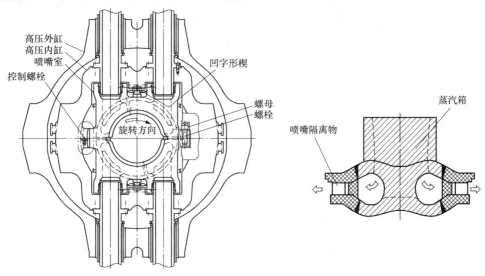

图 1-13 双流喷嘴示意图

（2）中压模块。中压缸与高压部分一样采用双层缸结构，为了使中压外缸材料可沿用亚临界传统的 Cr-Mo-V 铸钢，下半进汽部分结构进行特殊设计，使再热蒸汽不通过外缸缸体，直接进入内缸进汽室。中压缸进汽及冷却如图 1-14 所示。

中压转子采用整锻结构，选用改良 12Cr 锻钢。为了提高中压转子热疲劳强度，减轻正反第一级间的热应力，从一级抽汽引入低温蒸汽与中压调节阀后引入的一股蒸汽混合后

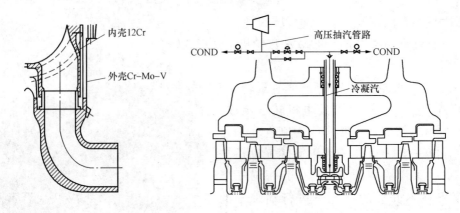

图 1-14 中压缸进汽及冷却

形成冷却蒸汽进入中压第一级前，通过正反第一、二级轮缘叶根处的间隙，起到冷却中压转子高温段轮毂及轮面的作用，并大大降低第一级叶片槽底热应力。

（3）低压模块。低压缸采用 3 层缸结构，以避免进汽部分膨胀不畅引起内缸变形。内外缸均采用缸板拼焊结构，低压转子采用整锻结构，选用超纯净 Ni-Cr-Mo-V 钢锻件。

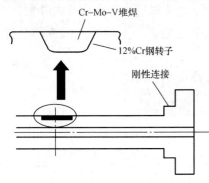

图 1-15 轴颈部位堆焊示意图

高、中压转子采用改良 12Cr 锻钢，该钢较软，为防止运行时油中杂质划伤轴颈，其轴颈部位支承段在 12Cr 钢转子基材上堆焊低 Cr 的 Cr-Mo-V 合金层。轴颈部位堆焊示意图如图 1-15 所示。

3. 滑销系统

机组共设有 3 个死点，分别位于中压缸和 A 低压缸之间的中间轴承箱下及低压缸 A 和低压缸 B 的中心线附近，如图 1-16 所示。死点处的横键限制汽缸的轴向位移，同时，在前轴承箱及两个低压缸的纵向中心线前后设有纵向键，它引导汽缸沿轴向自由膨胀而限制横向跑偏。

机组在运行工况下膨胀和收缩时，1 号、2 号轴承箱可沿轴向自由滑动，热膨胀方向见图 1-17。

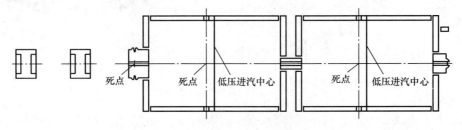

图 1-16 死点布置图

高压主蒸汽调节阀悬吊在机头前运行平台下面，通过 4 根导汽管与高压汽缸相接；中压联合阀布置在高、中压缸两侧，通过中压进汽管与汽缸焊接，并采用浮动式弹簧支架固定在平台上。

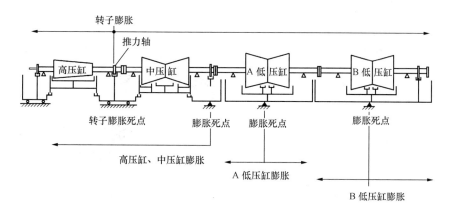

图 1-17 热膨胀方向

4. 盘车装置

盘车装置用于机组启动时，带动转子低速旋转，以便使转子均匀加热，减小转子变形的可能性，也用在停机后转子冷却阶段以及转子检查时驱动转子低速转动。盘车装置如图 1-18 所示。盘车装置安装在汽轮机和发电机之间，由电动机和齿轮系组成。在齿轮箱中的可移动小齿轮与套在汽轮机转子联轴器法兰上的齿圈啮合，冲转时，可移动的小齿轮借助于碰击齿轮在没有冲击的情况下立即脱开，并闭锁，不再投入。该装置为日立传统结构，具有结构简单、性能可靠等特点。本机组盘车装置在低压 B 后轴承座内。

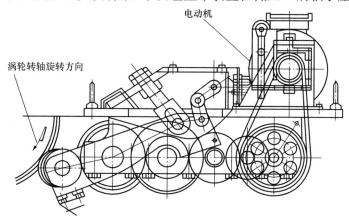

图 1-18 盘车装置

5. 汽封

日立的 1000MW 汽轮机动叶围带处的叶顶汽封由原母型机的镶嵌式汽封齿结构改为了汽封圈结构［改为 guardian seal 迷宫密封（美国专利产品，日立公司也需外购）］后，对汽轮机定子和转子部件的结构和尺寸没有任何影响，仅更换了汽封圈，背片改为弹簧，即 guardian seal 迷宫密封和传统迷宫密封具有完全的互换性。该密封的弹簧护齿同转动部分的间隙比其他常规齿小 0.13mm，即 Z-2 比 Z-1 小 0.13mm，如图 1-19 所示。因此，在转子转动时，即使与汽封齿发生摩擦也是保护齿先与转动部分相遇，而这种特殊材料的汽封齿的耐磨性比较好，从而保护了其他相应的汽封齿，机组的经济性能也就有了保障。

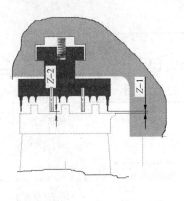

图 1-19　汽封结构图

第二章 超(超)临界汽轮机本体设备检修

第一节 汽轮机本体设备

汽轮机设备随着机组的启、停操作及运行而逐渐发生变化，设备的损耗逐渐增加。随着时间的积累，必然造成部件的磨损、变形及损坏，不但使设备的可靠性能下降，而且容易发生运行故障，影响机组的经济性能。因此，汽轮机设备的检修就显得尤为重要。

汽轮机设备检修一般分为临时检修和计划检修，近几年又提出一种新的检修模式，即状态检修，但绝大多数机组检修还是以计划检修为主。无论哪种检修，其核心都是质量控制，它是确保机组检修后安全经济运行的根本保障。汽轮机设备检修中的本体部分检修，是一项十分重要的检修工作，下面针对其相关内容加以介绍。

一、汽轮机本体设备

汽轮机本体设备是指汽缸内、外部件及附属设备，主要包括汽缸，转子，喷嘴、隔板及静叶环，轴承，汽封，油挡，密封瓦，盘车。

1. 汽缸

汽缸是汽轮机的外壳，它是汽轮机中质量最大、形状复杂并且处在高温高压下工作的静止部件，它的作用是将蒸汽与大气隔绝，形成蒸汽能量转换的封闭空间。汽缸内安装着调节级喷嘴室及隔板、隔板套、转子等部件。蒸汽在汽轮机内流动做功后，蒸汽参数下降，汽缸的高、中压部分承受蒸汽的内压力，低压部分有一部分缸体需承受外部的大气压。

为了便于加工、装配和检修，汽缸一般做成水平中分形式，其主要特点是：通常把汽缸分为上下两个部分，转子从其径向中心穿过。为了使汽缸承受较大的蒸汽压力而不泄漏，汽缸上下两个部分用紧固件连接，最常用的是用螺栓、螺帽，它们沿上下缸中分面外径的法兰将上下缸紧密连接在一起。

由于汽轮机的形式、容量、蒸汽参数、是否采用中间再热及制造厂家的不同，汽缸的结构也有多种形式。例如，根据进汽参数的不同，可分为高压缸、中压缸和低压缸；按每个汽缸的内部层次可分为单层缸、双层缸和三层缸，超（超）临界汽轮机普遍采用双层缸和三层缸；按通流部分在汽缸内的布置方式可分为顺向布置、反向布置和对称分流布置；按汽缸形状可分为有水平接合面的或无水平接合面的圆筒形、圆锥形、阶梯圆筒形或球形等。

汽缸的结构形式和支撑方式在设计时应给予充分考虑，当受热状况改变时，可以保持汽缸自由且对称的收缩和膨胀，并且把可能发生的变形降到最低限度。比如在汽缸和机座之间设置了一系列的导向滑键，这些滑键构成了汽轮机的滑销系统，对汽缸进行支撑、导向和定位，保证汽轮机良好对中，保证各汽缸、转子、轴承的膨胀不受阻碍。

2. 转子

转子是汽轮机主机的转动部件，在转子上布置有联轴器、叶片、围带及拉筋等，转子在高温高压和高湿度的环境下工作，它的任何缺陷都会影响机组的安全经济运行，所以转子是汽轮机设备极为重要的部件之一。转子除了在动叶通道中完成能量转换、主轴传递扭矩外，还要承受很大的离心力、各部件的温差引起的热应力以及由于振动产生的动应力，因此，转子必须用耐热性能优良、高强度、高韧性的金属制造。为了提高通流部分的能量转换效率，转子、定子部件间应保持较小的间隙，要求转子部件加工精密，调整、安装精细正确。

按主轴与其他部件间的组合方式，汽轮机转子可分为套装转子、整锻转子、焊接转子和组合转子四大类。一台机组采用何种类型转子，由转子所处的温度条件和锻冶技术来确定。超（超）临界汽轮机转子多数采用整锻转子。

整锻转子不仅强度高，刚性大，而且叶轮和轴是一个整锻体，解决了高温下叶轮和轴可能松动的问题，而且整锻转子便于快速启动。

整锻转子的优点是：

（1）结构紧凑，装配零件少，可缩短汽轮机轴向尺寸。

（2）没有红套的零件，对机组启动和变工况的适应性较强，适于在高温条件下运行。

（3）转子刚性较好。

其缺点是锻件大，工艺要求高，加工周期长，大锻件质量难以保证，且检验比较复杂不利于材料的合理使用。

3. 喷嘴、隔板及静叶环

喷嘴、隔板及静叶环是汽轮机主要静止部件之一，它的作用是完成各级间蒸汽导向及反动级的蒸汽膨胀的部件。

汽轮机第一级的喷嘴多安装在喷嘴室上，其余各级的喷嘴都装在隔板上。一般喷嘴室的个数与调节汽门的个数相对应，它的进汽受一个（或两个）调节汽阀控制。为了减少上下缸之间的温差，一般是下缸的喷嘴组先投入工作，随着负荷的增大再一次投入上缸的喷嘴组；关闭时，次序相反。喷嘴组的结构形势大体上有三种：一种由单个铣制喷嘴叶片装配而成，一种是整体铸造成，另一种是整体铣制或整体电脉冲加工而成。其密封性能和热胀性能都比较好，广泛用于高压以上汽轮机。由于工作原理、工作条件和制造工艺不同，隔板有多种形式，如窄喷嘴焊接隔板、焊接喷嘴隔板、铸入喷嘴隔板、反动级隔板。

4. 轴承

轴承是支撑汽轮机转子及平衡汽轮机轴向推力的部件。

5. 汽封

汽封是防止蒸汽流出和空气流入汽缸以及阻止蒸汽在各级间动静径向配合部分流动的

部件。

6．油挡

油挡主要作用就是挡油，阻挡油的流出与漏出。

7．密封瓦

密封瓦的作用就是防止氢气发电机内的氢气外露。

8．盘车

盘车的作用是盘动转子，检修后盘动转子，检查动静摩擦；转机前盘动转子，使得转子均衡受热；停机时盘动转子，使转子冷却均匀，阻止转子弯曲。

二、汽轮机本体设备检修管理

大机组检修管理一般分为 5 个阶段（25 步），分述如下。

（一）准备和计划阶段

1．运行分析

机组大修前 40～60 天，由运行专职工程师提出运行分析报告。报告内容包括汽轮机出力、热耗、振动、缸胀、调速系统性能及设备存在缺陷和问题等，它是编制大修施工计划的依据之一。

2．设备调查

机组大修前 40～60 天，由检修专职工程师组织有关班组人员进行设备调查。调查内容为机组自上次大修（或安装）投运以来发生的故障、检修、缺陷等原因，设备改进的效果、存在的问题、检修前的试验、测试以及有关节能、反事故措施，环保，同类型机组的事故教训等，提出调查报告，作为编制大修施工计划的依据。

3．设备普查

在进行运行分析、设备调查的同时，发动设备负责人对自己所管的设备进行现场检查和访问运行人员，弄清设备健康情况和存在的问题，提出分析改进意见，由汽轮机专业汇总，作为编制施工计划的依据。

4．找出问题、分析原因

根据 1～3 项，找出设备存在的主要问题，分析原因，提出解决方案。

5．明确项目和目标

根据 1～4 项，明确大修重大特殊项目，提出检修目标。

6．编制计划

根据 1～5 项的分析和讨论，编制大修施工计划和准备工作计划。大修施工计划内容为设备现况及存在的问题、检修项目和目标，技术组织措施，厂内、外协作配合项目，检修用工及用料计划等。准备工作计划应使备品配件、材料、技术工和辅助工、外单位协作、试验等工作，有目标有步骤地按照所订计划层层落实，项项定人。

7．制订措施，修订标准

机组大修的重大特殊项目应在年度计划内确定，一旦有变化和补充，应及早修订，以便早准备、早落实。有关班组应视实际情况，补充修订施工措施、补充标准项目的质量标准，并经上级批准后实施。

8. 检查落实，组织平衡

机组大修前应定期检查准备工作的落实情况，尤其是重大特殊项目的具体准备，每个项目都要从设备、备品配件、材料、外单位协作、主要工具、施工现场设施、劳动力和技术力量配备、安全设施、劳动保护等方面反复平衡，组织力量，加强薄弱环节，做到备品配件、材料、规格、数量齐全，质量可靠。

9. 搞好人身和设备安全

由于大机组检修面广量大，现场上下交叉作业、脚手架多，孔、洞、沟多，起重吊运、高空作业频繁，电线电源、高速转动机具等安全薄弱环节不少，加上设备结构复杂，技术性要求高等特点，因此在整个检修过程中，始终要坚持安全生产、文明生产，加强对检修人员的安全教育，提高遵章守纪的自觉性和检修中安全自我保护意识，严格防止人身和设备事故。

10. 作好技术记录

机组大修自开工解体、检查测试、修理装复，每个环节都应作好技术记录，对于技术复杂的重要部件，应用工作日记作好补充记录，所有技术记录要做到及时、正确、齐全。备品配件、材料、规格、数量齐全，质量可靠，劳动力和技术工种配备齐全并落实到位。

11. 层层发动，落实到人

机组大修前5～10天，应组织有关检修人员学习大修施工计划、安全工作规程及质量标准。召开大修动员大会，向全体检修人员讲解大修任务、目标、安全、质量、进度等要求，使人人明确自己所做检修项目、技术标准、质量要求、工艺顺序、工料定额、计划进度及安全措施等。

12. 停机前的全面检查

机组大修开工前2～3天，对大修准备工作作全面仔细的检查。检查主要内容为大修准备工作计划的实施情况，重大特殊项目的各项措施、分工等的落实情况。消除设备缺陷、应条条落实到人，保证措施齐全。解体后大型设备堆放应绘有区域划分图，备品图的绘制应按照计划，落实到有关班组和个人。总之，事无大小，均应条目分明，计划周详，落实到人。只有在准备工作基本落实的情况下，才能申请停机开工。

(二) 开工解体阶段

1. 停机前后的测量试验

为了进一步掌握超(超)临界汽轮机在各种工况下的运行情况，停机减负荷时，检修有关人员应到现场观察测量并记录汽缸的胀缩、温差，轴承振动、调节系统的稳定性等，必要时可作某些专门试验。根据停机时的观察及试验结果，对大修施工计划作进一步修改和完善。

2. 开工、拆卸、解体检查

设备检修开工必须办理开工手续。查对所修设备的隔绝范围和安全措施，凡不符合规程规定的不得开工。

拆卸设备前，应仔细检查设备的各部部件，熟悉设备结构，做到工序、工艺及使用的工具、仪器、材料正确。各零件的位置记录应清楚，无标记的零件应补做标记或作好记录。做到不漏拆设备零部件，不漏测技术数据，不使异物落入难以清理的腔室或管道内，不将零部件乱丢乱放等。同时，按照 ISO 9000 质量保证体系预先确认的见证（w）点，应提前 24h 以书面形式通知有关验收人员于某时到某地进行现场验收。若验收人员不能按时到达现场验收，则认为验收人员放弃该见证（w）点，工作人员可以继续进行下一步工作，但事后必须由接到通知的验收人员补办签证手续。

解体检查要查早、查全、查深、查细。作好解体检查和测量技术记录，分析解体时发现的问题，补充施工措施和处理问题的方案等。

3. 修正检修项目

根据停机观察、测试和解体检查结果，提出检修项目的修正意见，包括修正项目的外单位协作项目，控制进度、材料、加工、劳动力等的调整，及时办理审批手续。

（三）修理、装复阶段

1. 协调平衡，抓住主要矛盾

修理、装复阶段已是机组大修的中期，这时往往容易麻痹松劲，要处理的技术问题、备品配件、材料、各部门相互配合等问题也较多。感到时间紧迫、推迟进度、影响检修质量等，大多发生在这一阶段。所以，负责生产的副总经理和总工程师应及时召开有关人员研究协调平衡会，找出检修中的主要矛盾及主要项目的安全、质量、进度的关键所在。

2. 按照质量标准组织检修

修理、组装阶段是把好质量关的重要环节，必须严格执行质量标准，一切按标准办事，树立标准的严肃性。一旦发生超过标准而又难以更换的部件，应组织有关人员讨论研究，制订解决方案，对于设备在运行中存在的问题和缺陷，应按照大修施工计划一一查对，落实情况。对未落实或无把握解决的问题，应及时作好补充措施。

（四）验收、试转、评价阶段

1. 验收

验收是对检修工作的检验和评价。只有在检修项目都经过分级、分段和总验收后，机组才能启动投运。

（1）分级验收就是根据大修施工计划和验收制度，按项目的大小和重要件，确定某些项目由班组验收，如零、部件的清理等；某些项目由车间验收，如轴承扣盖等；某些项目由厂部验收，如汽缸扣大盖、重大特殊检修项目等。同时，按照 ISO 9000 质量保证体系预先确定的停工待检（H）点，必须提前 24h 以书面形式通知有关验收人员，于某日某时到某地进行现场验收。

（2）分段验收就是某一系统或某单元工作结束后进行验收。一般由车间主任主持，施工班组先汇报并交齐技术记录，然后到现场检查，提出验收意见和检修质量评价。

（3）总验收就是在分段验收合格的基础上对整个机组检修工作的验收，检查对照大修施工计划项目是否全面完成，发现漏修项目或缺陷未彻底处理等应立即补做。

验收应贯彻谁修谁负责的原则，并实行三级验收制度，以检修人员自检为主，同专职人员的检验结合起来，把好质量关。

2. 试转

机组大修后进行试转是保证检修安全、检验检修质量的重要环节，对汽轮机而言，试转包括油系统充压，调速系统调试整定，防火安全检查等项内容。

3. 启动投运

机组大修经过车间验收、分部试转、总验收合格，并经全面检查，确已具备启动条件后，由厂部制订启动计划。对于重大特殊项目的测试工作应列入启动计划，若机组启动正常，投入运行，则大修工作结束。

4. 初步评价检修质量

机组投运后 3 天，在班组、车间自查的基础上，由生产副总经理、总工程师主持进行现场检查，并重点检查机组运行技术经济指标及漏汽、漏水、漏油等泄漏情况，提出检修质量初步评价。

5. 试验鉴定，进行复评

机组大修投运后 1 个月内，经各项试验（包括热效率试验）和测量分析，对检修效果的初步评价进行复评。

（五）总结、提高阶段

1. 总结

机组大修结束，应组织检修人员认真总结经验和教训，肯定成功的经验，找出失败的原因。同时，由专职人员写出书面总结、技术总结和重大特殊项目的专题总结。

2. 修订大修项目、质量标准、工艺规程

在总结大修工作的基础上，组织检修人员讨论修订大修项目、质量标准、工艺规程，以便在同类型机组或下次大修时改进。

3. 检修后存在的问题和应采取的措施

机组大修后在运行中暴露的缺陷和问题，应制订切实可行的措施，根据繁、简、难、易和轻重缓急，组织力量消除缺陷，解决问题。对于本次大修未彻底解决的问题，组织力量专题研究，争取在下次大修中解决。

以上简单地介绍了检修管理的 5 个阶段，实际上是 P(计划)—D(实施)—C(检查)—A (处理)全面质量管理循环在大机组检修过程中的应用。根据超(超)临界汽轮机检修特点，应用 P—D—C—A 管理、有利于提高检修质量和管理水平，有利于提高电厂的经济效益，是一项值得推广的现代化管理技术。

第二节 汽 缸 检 修

汽缸是汽轮机的壳体，喷嘴、隔板、静叶片、转子动叶片、轴封、汽封等都安装在它的内部，形成一个严密的汽室，既防止高压蒸汽外漏，又防止负压部分空气漏入。汽缸的外形看起来很复杂，但实际上是由直径不等的圆筒或球体组成的。仅在水平中分面剖成上、下两半，以便安装内部各零件，最后用螺栓或紧圈将上、下两半连成一体。

一、超（超）临界高参数汽轮机结构

对于超（超）临界汽轮机组来说，汽缸结构几乎无例外的采用双层缸或多层缸。但汽缸数目取决于机组的容量和单个低压汽缸所能达到的通流能力。随着蒸汽参数提高，汽缸内外压差也大大增加。为保证中分面的汽密性，连接螺栓需有很大的预紧力，从而使得螺栓、法兰、汽缸壁都需很厚。这将导致汽轮机在启动、停机和工况变动时，汽缸壁和法兰、法兰和螺栓间将因温差过大而产生很大的热应力，甚至使汽缸变形，螺栓拉断。要设计密封性能好又可靠的法兰也非常困难。为了解决这些问题，超（超）临界汽轮机往往做成双层缸体结构，内、外缸之间充满着一定的低于初参数压力和温度的蒸汽，从而使内、外缸承受的压差和温差大大减小，每层汽缸壁和法兰的厚度都可以大大减薄，从而减小启动、停机以及工况变动时的热应力，有利于改善机组的启动和负荷适应能力。同时，由于汽缸能够得到夹层蒸汽的有效冷却，可以降低对于汽缸材料的要求。一般情况下，双层缸的定位方法为外缸用猫爪支撑在轴承座上，内缸与外缸采用螺栓连接，并用定位销和导向销进行定位和导向。

二、汽缸解体前的准备工作

（一）汽缸解体应具备的基本条件

汽轮机停止运行后，要监视汽缸温度的变化，按照调节级外缸壁金属温度来安排汽缸解体前的准备工作。汽轮机调节级外缸壁金属温度降到150℃以下停止盘车装置的运行，金属温度降到120℃以下时拆除汽缸及导汽管保温材料，金属温度降到80℃以下时可以拆除导汽管、汽封、供回汽管及其他附件，拆除汽缸结合面螺栓，进行汽缸检修。

（二）准备专用工具

1. 起重专用工具

（1）顶缸专用千斤顶。

（2）每一台机组安装时都配有相应的汽缸专用工具，机组大修前要检查专用起吊工具情况，确保完整好用。

（3）检查汽轮机罩壳、导汽管、端部汽封套等专用起吊工具，如有缺损，应予以补齐。

（4）吊环、吊绳、吊卡、吊钩、手拉葫芦、加紧丝等工具应准备齐全。

（5）汽缸专用导杠应准备齐全。

（6）检查、试验桥式吊车完好。桥式吊车是汽轮机大修必不可少、使用频率最高的专用设备，因此大修前一个月就要进行全面、认真、细致检查。桥式吊车检查应该请专业人员完成，必要时应进行大修。吊车大修主要针对滑线、电动机、控制回路、电磁铁、电气极限等电气设备和减速器、转动机构、大车小车行走机构、机械限位结构、滚筒、吊钩、钢丝绳等机械设备。

2. 检修专用工具

（1）拆除汽缸结合面螺栓的专用液压扳手一套。专用液压力矩扳手应带有力矩指示表，液压扳头应能够顺、逆时针调整旋向。

（2）用于拆卸紧固力矩较小的各种规格法兰螺栓的电动扳手和风动扳手，以减轻劳动强度，提高劳动效率。

（3）拆卸特殊部位螺栓的特制扳手。如用于拆卸低压外缸加强筋部位螺栓的超薄壁专用扳手，拆卸低压内缸法兰螺栓的特制内六角扳手等。

（4）用于拆装及悬挂特殊部件的专用工具。如某些汽轮机高压缸端部汽封套使用方销定位，必须使用特制工具才能将方销从销孔中拔出；有些汽轮机低压排汽导流环需将悬挂在低压外上缸内随低压外上缸一起吊出，应准备两端有锁紧钩、中间有加紧丝的固定钢丝绳等专用挂具。

（5）螺栓加热电源箱及各种规格加热棒。检查电源箱好用、电流符合要求，同时要检查加热棒好用且规格齐全、电源满足设计值。特别注意，加热棒加热后必须垂直放置，防止加热棒弯曲、无法插入加热孔，最好制作有放置加热棒的专用架子。

（6）准备框式水平仪和楔形尺、内卡尺，用于测量汽缸起吊时水平情况和测量汽缸四角顶起高度。汽缸大盖在起吊过程中，必须保持缸体水平和四角顶起高度一致，如有偏斜，就容易造成销、螺栓卡涩划伤，产生额外阻力，给吊缸工作带来困难。

（7）测量汽缸螺栓长度的专用工具。在汽缸结合面螺栓热松动之前，要仔细测量汽缸结合面螺栓的在装长度，以便与上次大修组装后螺栓长度、组装前螺栓自由长度比较，计算出螺栓塑性变形量，为金属监督提供参考数据。

（8）上缸支撑结构的汽缸要准备好检修垫块。采用上缸支撑结构的汽缸，在检修前需要准备检修垫块将下缸托起，保证汽缸结合面螺栓松动以后，下缸仍然保持在运行状态位置，不至于落下，以便于后继检修项目如隔板洼窝中心测量、通流部分测量、汽封洼窝中心测量等工作的正常进行。

（9）准备其他各类常用器具，如各类扳手、扳杠、楔形塞尺、内径千分尺、垫块、千斤顶、大锤、手锤、螺丝刀、锉刀、铜棒、螺栓松动剂、撬棍等。

三、汽缸的拆卸工艺

（一）拆卸汽轮机化妆板

拆卸汽轮机化妆板工作是机组检修第一道工序。机组大修一般都滑参数到360℃左右才停止运行，投入盘车后就可以拆卸汽轮机化妆板。拆卸顺序是从上到下、由外向内、由前向后，每拆除一块化妆板部件都要详细作好标记，拆洗过程中要注意人员和设备安全，由于化妆板外形庞大，起吊过程中要注意不能倾斜，作业人员要站在部件两侧，不准站在起吊设备下边，起吊作业要有一名专业起重工人统一指挥，起吊部件四周各有一名检修人员看护。罩壳部件要放在平坦、宽敞的定置场地上，下面垫上木板或胶皮。

（二）拆卸汽缸保温材料

高压缸调节级外缸壁金属温度达到150℃时，可以停止盘车运行，并准备拆除汽缸保温材料；当高压缸调节级外缸壁金属温度达到120℃及以下时，可以拆除导汽管法兰保温材料，作好解体导汽管法兰螺栓的准备工作；同时，可以拆除汽缸保温材料。拆除汽缸保温材料时，要上下、左右对称拆除，拆除的保温材料应用专用口袋装好，放到指定位置，拆除工作结束后，要仔细清理、保持现场清洁。

（三）拆卸导汽管

（1）当高压缸调节级外缸壁金属温度到达 80℃ 以下时，才可以拆卸导汽管，否则冷空气沿导汽管法兰进入汽缸，易造成汽缸局部快速冷却，引起汽缸局部应力，严重时会导致汽缸裂纹。

（2）拆除保温材料后，将导汽管法兰螺栓清扫干净，在螺栓丝扣上喷洒螺栓松动剂。

（3）用外径千分尺或专用工具测量导汽管法兰螺栓的长度，并与上次大修后安装数据进行比较，将测量结果提供给金属监督部门。

（4）用铜锤或铜棒敲击螺母，并适量喷洒螺栓松动剂，直到敲击螺栓的声音为两体声音（闷声）时，开始用扳手拆卸螺栓。强制拆卸容易损伤螺栓丝扣。

（5）拆卸螺栓的顺序：先拆卸所在位置较狭窄、难操作的螺栓，后拆卸位置好、易操作的螺栓，尽可能的做到对称拆卸，最后几个螺栓应轮流拆卸。待所有螺栓都拆卸后，将其放到指定位置。

（6）带有插管的高、中压导汽管法兰螺栓的拆卸顺序是：先拆卸弯管内弧侧法兰螺栓，后拆卸外弧侧法兰螺栓。在拆卸法兰螺栓之前，要用专用工具或手拉葫芦将插管定位。

（7）待导汽管法兰螺栓全部拆除后，将导汽管起吊到指定位置摆放牢固。起吊过程中注意调整导汽管重心保持平衡、不要倾倒，特别注意人身安全。

（8）导汽管调走后，要及时用特制的铁盖将两侧法兰盖好，防止异物掉入汽缸内。对取出的法兰垫片进行测量，以便与备件垫片比较，组装时可作为垫片压缩量的参考数据。

（9）在螺栓拆下来之前，要对螺栓编号进行一一核对，缺少编号或编号不清的螺栓要重新编号并记录。

（四）拆除端部汽封及其他相关附件

1. 拆除汽缸端部汽封及供、排汽管

（1）汽缸保温材料拆除后，调节级处金属温度在 90℃ 以下可以拆卸高、中压端部汽封。低压汽缸端部汽封在盘车停止以后就可以进行拆卸。

（2）拆卸端部汽封、排汽管法兰螺栓之前，要与运行人员进一步确定工作票措施执行情况，特别是对有监视锅炉（或汽轮机）蒸汽母管供汽封用汽的机组要仔细检查。确认管内没有压力蒸汽后，才能拆卸法兰螺栓，并对各部件作好记录，以便回装。

（3）拆除供、排汽管后，要将管道两侧法兰用特制的堵板封好，防止异物进入。

（4）解体高、中压端部汽封时，不要先松动结合面及立面螺栓，用加套筒和厚垫旋紧丝扣的方法，先拔出结合面及立面的圆柱销（或锥形销）。对于有定位方销的汽封套，一般情况下，由于方销配合间隙比较小，又处于运行温度较高的区域，不易拔出，可先将足够的螺栓松动剂喷洒入配合间隙中浸泡，再用铜锤敲击方销侧面，使其松动，将其取出。

（5）在所有定位销拆除后，顺序拆卸结合面螺栓和立面螺栓，然后用水平和垂直顶丝配合，将端部汽封上半顶离凹槽，再用专用工具将其吊出。注意不能碰伤汽封齿。有的机组解体端部汽封前，需要将附近轴承室上盖先解体吊走。

（6）端部汽封上半吊走以后，要在结合面处加装保护立面法兰软铁垫的专用工具，端部汽封下部供、排汽口要及时封堵，防止掉入异物。

2. 拆除热工元件

联系热工专业，拆掉汽缸上部的温度、压力、胀差、转速等热工元件。有些元件需先拆除引线，等设备解体后再联系拆除一次组件。

3. 解体拆除汽缸膨胀圈

有些汽轮机高、中压端部汽封与汽缸立面法兰处装有膨胀圈，用以补偿缸体的热膨胀偏差影响。膨胀圈为整体结构，需先拆下才能拆卸汽缸结合面螺栓，膨胀圈拆下后，要进行清扫并着色检查有无裂纹，如有则需补焊或换用备品。

4. 装入检修垫铁

对于上缸支撑的汽轮机，有些汽轮机的高、中压缸，在拆卸汽缸结合面螺栓之前，需分别将整个汽缸前后部顶起，取出工作垫片，换上同样厚度的检修垫片，换下的工作垫块要做好标记，放入专用工具箱中保管好，待组装时使用。检修垫块装入并确保拆卸结合面螺栓后，下汽缸的位置不发生任何变化；有些汽轮机高、中压缸，需要先制作楔形检修支撑垫块，在拆卸汽缸结合面螺栓之前将支撑垫块装入检修槽内，保证拆卸结合面螺栓后，下缸的位置应不发生任何变化。

（五）汽缸大盖的吊翻扣

超（超）临界汽轮机组汽缸采用双层缸，因此，先揭外缸大盖，后揭内缸大盖。

1. 揭汽缸大盖

（1）起吊前的准备工作。

1）拆除汽缸、导管、轴封结合面连接螺栓。

2）拆除影响起吊的各温度表、压力表管。

3）检查起重设备工具、绳索是否安全可靠。

4）在下缸四角装上导杆，在导杆上涂上润滑油。

5）组织好人员，明确分工，找出一人来指挥。

（2）起吊。

1）用顶丝将大盖平行地顶起 5～10mm，然后再用手动葫芦吊起大盖 10mm 左右。

2）用测量四角升起的高度来检查汽缸的水平，若前、后、左、右升起的高度差不大于 2mm，即可起吊，否则要进行调整。

3）当大盖被吊至 40～50mm 时，应全面检查起重设备工具是否安全可靠，上隔板应无脱落，下隔板应无跟起现象。

4）当大盖被吊离导杆时，四角应有人扶稳，以防大盖摆动旋转。

5）汽缸移出导杆 100mm 后，即可移动吊车，把汽缸放在指定的木料上。

（3）注意事项。

1）在起吊过程中，导杆不准有卡齿现象，缸内不准有金属摩擦声。

2）起吊要平稳缓慢，不准强行起吊，不准用撬棍、撬杠撬法兰结合面。

3）在起吊时，禁止将头、手伸入结合面，也不许用人做平衡物。

2. 翻汽缸大盖

（1）翻大盖前的准备工作。

1) 组织机械、电气人员或外请专业队伍对桥式行车进行全方位检查，并对行车大、小钩承重情况进行试验，特别要检查大、小钩是否溜钩，如有溜钩现象，需要检查行车抱闸及电磁阀等，消除溜钩现象。

2) 准备合适的吊绳、卡口或对绳套。

3) 选择合适的翻汽轮机大盖场地，场地要求要宽敞、明亮、视线清晰，便于起重工与司机联系。

4) 制定施工的安全措施、技术措施和组织措施以及措施执行保障体系。

5) 进行翻大盖前的交底和责任落实，以及向作业人员交代清楚翻汽缸大盖过程中的注意事项。

6) 进行一次翻汽缸大盖可能出现的紧急情况的事故预想及处理方法。

7) 准备足够的枕木及调整高度用的木板。

(2) 翻大盖的步骤。

1) 在汽缸上盖两端装上特定的卡口。如果汽缸有固定吊点，可卡在固定吊点上，若没有固定吊点，可以卡在结合面螺栓上或人孔门座上。

2) 将桥式行车的大钩连挂在汽缸的前侧，小沟连挂在汽缸的后侧，连接点要求用锁紧扣，防止脱钩和脱扣。

3) 如图 2-1 (a) 所示，起吊起汽轮机大盖，大、小钩交替上升，上升过程中汽缸两侧高、低差不能超过 200mm。

4) 吊到大盖后侧离开枕木 1m 高时，停止起吊，检查吊绳、卡口、锁紧情况，若无异常，开始落小钩，落地接近枕木 200mm 时，上升大钩到汽缸斜挂时，松落小钩绳扣，使得汽缸如图 2-1 (b) 所示直立并取下小钩连接钢丝绳。

5) 将汽缸大盖翻转 180°，从汽缸内侧连接行车小钩和汽缸后部吊点。

6) 上升小钩，同时落大钩，两者交替进行，如图 2-1 (c) 所示，直到汽缸翻转到水平位置。

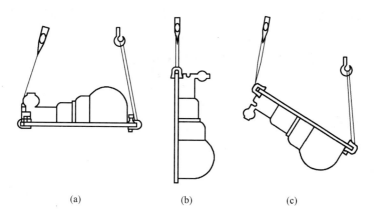

(a)　　　　　　　　　(b)　　　　　　　　　(c)

图 2-1　汽缸翻大盖示意图

(a) 步骤一；(b) 步骤二；(c) 步骤三

7) 将汽缸下部用枕木垫平，落下汽缸。

8）解脱汽缸吊绳和卡口。

（3）翻汽轮机大盖的注意事项。

1）翻汽缸大盖时要有一名起重工统一指挥，一名起重工监护。

2）钢丝绳与大盖棱角接触处应垫上木板，与水平接触处应垫上胶皮板或块布。

3）大盖整个重量由大钩单独承担后要慢慢松开小钩，检查大钩钢丝绳情况，没有异常情况时再松开小钩。

4）大盖翻过来以后，要平稳、水平放置在枕木上，检查稳定性后再将吊钩解去。

3. 扣汽缸大盖

（1）汽缸扣大盖应具备的条件。

1）确认缸内各检修工作已全部结束，各种技术记录和缺陷处理记录应完整无缺陷，准确无误，并经验收合格。

2）确认各疏水管、抽汽管、轴封供回汽管内无异物，清理干净，并用压缩空气吹扫。

3）汽缸螺栓、螺帽、垫圈等清理、检查、测量、探伤工作结束，符合要求。

4）转子和轴承的检修工作已全部结束、经验收合格。

5）与扣缸有关班组的检修工作已结束。

6）书写扣缸工作报告一式三份，并由有关部门各级领导签字，同意扣缸。

7）扣缸前通知有关部门到场。

（2）扣大盖前必须具备的检修记录。

1）各滑销系统按标准项目检修，滑销的各部间隙、记录齐全且符合标准。

2）汽缸、轴承座水平记录和转子轴颈扬度记录。

3）汽缸结合面间隙及处理情况记录。

4）汽轮机转子与汽封、轴封洼窝和轴承座油挡洼窝、隔板等的同轴度记录。

5）各支持轴承、推力轴承检修测量记录。

6）高中压缸、低压缸通流间隙测量记录。

7）高中压内缸、低压内缸、持环、汽封体等支承位置及间隙测量记录。

8）高中压、低压缸轴封、隔板汽封等间隙测量记录。

9）高中压缸、低压缸与轴承箱的轴向定位测量记录。

10）汽缸及其内部零部件的缺陷及其处理记录。

11）高中压转子、低压转子的检修测量记录。

12）各转子联轴器找中心记录。

13）汽缸螺栓探伤、检查、测量记录。

14）内部调整及异常缺陷记录。

以上检修记录，经分段验收合格后，必须由验收人签字，并有验收时间。

（3）扣汽缸大盖前准备工作。

1）各空洞用临时堵板应有明显的尾巴，并登入专用的堵板登记表，注明位置、数量、放置人、注销人、日期等。

2）内、外上缸内部检修工作已全部完毕，并已翻到合缸的位置。

3) 各种结合面所需的涂料已备好，紧汽缸螺栓的工具、加热棒、电源已准备好，并试验正常。

4) 盖缸工作人员穿好专用工作服和软底鞋，并将口袋内的东西全部拿出。

5) 汽缸内各配合面均用黑铅粉擦过。

6) 清点检查扣盖所需的设备零部件，无短缺或不合格情况，按装复次序摆放整齐，清点登记扣盖用的工、器具，并有专人保管，确保工、器具不遗留在汽缸内。

7) 编制扣大盖工作的程序，并公布于现场。

8) 参加汽缸扣大盖人员进行明确的分工，并公布于现场，无关人员不得进入警戒栏内缸。

9) 扣大盖前，取出汽缸内所有抽汽口、排汽口、疏水口、轴封进排汽口、测压测温等孔洞内堵板、布头等堵物，并用压缩空气将上、下汽缸吹扫干净。从内、外缸夹层到整个汽缸作一次全面检查，确认汽缸内部清洁，各封堵物已全部拆除，各疏水孔畅通，并经质监部门验收后，方可开始吊装工作。

（4）扣汽缸大盖步骤及注意事项。

1) 扣大盖工作从吊装第一个部件开始至外上缸扣完为止，全部工作应连续进行不得中断。每项工作要责任到人，若扣缸工作不能连续进行，应在每天工作结束前必须做好妥善的安全保温工作，如扣缸现场设专人值班等。

2) 凡是参加扣缸的工作人员，应穿无扣连体工作服和无钉鞋，并佩戴上缸证，工作服内不得带有杂物，如有杂物应交专人保管。与扣缸无关人员禁止进入扣缸现场。

3) 严格执行工具管理制度，凡是带到现场的工具应登记造册，专人保管。工作人员需要时，应向保管人员借用，用完后马上送回销账，扣缸前应仔细检查清点工具数量，若有丢失，应立即查找下落，确定后方可扣外缸。

4) 缸内所有部件应按顺序就位，扣缸负责人应监督扣缸每一步骤，并认真仔细地检查，防止打乱顺序或遗忘部件而造成不必要的返工。

5) 扣缸中出现的问题，应及时反映，并采取措施解决。

6) 起吊转子、静叶环和汽缸时，必须用水平仪进行找正。转子扬度应接近按中心调整好的扬度，其误差不大于 0.1mm/m；汽缸静叶环的横向、纵向水平应与下缸相同，其误差不大于 0.20mm/m。同时，检查吊具和钢丝绳的受力是否均匀，各顶丝是否退回结合面内。下降过程中螺栓若有摩擦和卡涩，应首先确认吊件的水平度。

7) 扣缸时，不允许将吊件长时间的悬吊在空中，若无支撑时，不允许工作人员在吊件下清扫、检查及涂料。

8) 每个大部件就位后均应盘动转子，检查内部有无摩擦声及异声，由各级领导验收合格后，方可进行下步工作。

9) 汽缸中分面抹涂料时不应过厚，一般在 0.50mm 左右，并应在螺栓和定位销孔周围和汽缸结合面内缘侧留 10mm 左右的宽度不抹涂料，以防紧螺栓后，将涂料挤入螺孔、定位销孔和通流部分。

10) 扣外缸时，扣缸负责人应亲自检查，确认缸内无任何杂物，且扣缸的每步工作均符合质量标准后，方可扣外缸。外缸在下落过程中，工作人员应扶稳对正，距结合面20～30mm 距离时，应再次检查确认无卡涩时，继续落汽缸大盖，直至落到结合面为止。

11）汽缸螺栓、垫圈、螺帽必须与解体时的编号匹配，不准搞错。高、中压汽缸结合面先冷紧后热紧；对低压缸螺栓可用大锤直接敲紧，对于三层低压缸，1 号内缸结合面螺栓也应先冷紧后热紧。

12）螺栓热紧必须使用螺栓加热器，紧固时以伸长值为准，转角仅供参考。

13）热紧前按弧长划线时，注意要在汽缸、螺帽上划一条线；对于双头螺栓，上下都要有明显标记，以免螺帽跟转造成假象。

14）对于上缸支撑的猫爪，在汽缸螺栓热紧结束后，将安装垫片取出保存好，对于放入工作垫片，更换垫片前后汽缸应无明显变化。

15）扣外缸工作结束后，通知热工人员安装各处温度测点。

（六）东汽—日立 N1000-25/600/600 型超超临界机组汽缸的检修

1. 高压缸的检修

（1）高压外缸解体。

1）拆除车衣骨架上连接螺栓，将车衣解体后，分别吊出。

2）拆除高压缸保温层。

3）拆除前轴承箱化妆板。

4）当外上缸内壁温度低于 150℃时，停止盘车运行，逐层拆去保温层。

5）拆除外上缸上的热电偶。

6）拆除高压外缸与前箱处夹条键。（首先拆掉夹条键的紧固螺栓，取下夹条板，拆下夹条键）。

7）为了便于拆除外缸，通过外上缸上配有的渗透油注入孔注入渗透油渗透数小时。

8）放置安装垫片（TOPS-OFF 键）。①放置安装垫片前，首先将外下缸间隙调整固定螺栓拆松 0.5～1mm 或拆掉，如果必须拆掉间隙调整固定螺栓，应考虑在吊外上缸时行车的提升及管道的应力对下缸上抬到转子时损坏密封，如果上抬，必须用下部的提升吊耳以及合适的滑轮组牢牢地固定到基础上或建筑物柱上。清理安装垫片查阅上次大修（或者安装时）记录。②放置百分表，用液压千斤顶或行车将汽缸提起 0.20～0.30mm。③放置安装垫片（TOPS-OFF 键），落下千斤顶或行车，记录此时百分表数值，要求复至原位。安装垫片放置图如图 2-2 所示。④拆除中心支承键，拆下螺栓、盖板和中心支架。

9）拆除高压缸进汽导管（当高压缸内上缸调节级外壁温低于 80℃ 时，方可进行此项工作）。

10）拆除 1 号和 2 号轴封盒的垂直和水平螺栓，打开轴封盒。

11）拆除汽缸水平中分面螺栓。

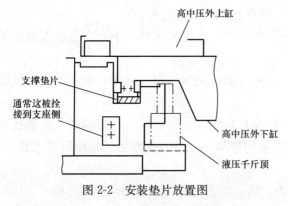

图 2-2 安装垫片放置图

（2）起吊高压外缸（同前述汽轮机吊大盖）。

（3）拆除高压内上缸。

1）拆卸水平中分面螺栓，用螺栓加热器加热螺栓，然后松开并取下螺母及螺栓，程序与高压外缸规定的拆卸程序相似。

2）吊出高压内上缸，工艺要求同高压外缸的相似，只是不需要导向双头螺栓。

（4）高压喷嘴室及高压隔板拆除。

1）拆除水平中分面螺栓（喷嘴室螺栓应热松），并做好螺栓位置记号。

2）用行车轻轻吊出喷嘴室及高压隔板。起吊时，用合适的工具增加连接面之间的间隙，注意保持两边的间隙一致，直至完全脱开各键。

（5）拆卸高压内下缸。

1）拆下高压外下缸上第一级热电偶，然后拆下法兰。

2）拆下高压外下缸第一级压力变送器法兰。

3）拆下固定下缸的 4 只紧固螺栓。

4）拆除 1 号抽汽管连接法兰。

5）拆除固定事故排放阀连接的膨胀节的螺栓和锁定环，并拉出膨胀管。

6）吊出高压内下缸，应拆除导向双头螺栓，各立销处应提前用煤油或渗透油浇注。

7）必须慢慢起吊，4 个地方的高压差，前、后、左、右汽缸倾斜不大于 0.3mm/m。

2. 中压缸的检修

（1）中压缸解体（同高压缸解体）。

（2）起吊中压外缸（同起吊高压外缸）。

（3）拆除中压内缸和隔板套螺栓。除中压内缸和隔板套分别吊出外，其余同拆除高压缸方法相似。

3. 低压缸的检修

（1）汽轮机低压缸解体。

1）保持拆下的设备周围干净、畅通，保持维修工作区卫生以确保组件干净，确保工艺精度的实施。

2）装上低压导管膨胀节固定螺栓，拆下导管法兰螺栓，依次将低压 A、B 导管吊出，放在检修场专用架上。

3）拆卸防爆门的同时，应小心，不要损坏轧制的铜板，如有铜板损坏，复原时，应更换新铜板，也可更换 1mm 厚石棉垫。

4）拆卸人孔盖，缸内暂无工作时，应用盖板盖好，防止杂物落入凝汽器。

5）人孔门拆卸后，拆卸内上缸与低压外上缸连接的夹条键。

6）拆卸轴封盒。①为了防止吊缸或扣缸时损坏轴封盒（5～8 号）和排汽缸之间的垂直中分面，应将上轴封盒拆开，保持排汽缸与垂直中分面 1.5mm（最大 3mm）的距离。②通过人孔进入外缸内，在锥体上安装吊环，然后在吊环和排汽缸的中心肋的孔之间装上倒链。③取下锥体的水平中分面螺栓。④用倒链提起锥体并拆除轴封盒的水平螺栓和定位销。⑤拆除上半部轴封盒和排汽缸之间的垂直面螺栓。⑥拧松螺栓"A"和"B"半圈，然后取下螺栓"A"和"B"，保持密封盒离开垂直接合面不小于3mm。⑦进入低压外缸内，把锥体放回，然后拿出倒链。⑧拆卸外缸的所有水平中分面螺栓。

（2）低压外缸起吊程序（同高压缸的起吊程序）。

（3）低压内缸拆卸程序。

1）拆除喷淋管（拆下防止活接头螺母在喷水管上转动的锁定垫圈）。

2）拆下内缸隔温罩。

3）拆卸内缸人孔门螺栓，取下人孔门封盖。

4）进入人孔门内拆卸内侧水平结合面螺栓。

5）使用螺栓加热器加热螺栓，拆卸全部结合面螺栓。

6）装上汽缸导杆。

7）起吊低压内缸（起吊程序同高压内缸）。

（4）低压喷嘴隔板拆除。

1）拆除水平中分面螺栓，并做好螺栓位置记号。

2）用行车轻轻吊出喷嘴隔板，起吊时，用合适的工具增加连接面之间的间隙，注意保持两边的间隙一致，直至完全脱开各键。

四、汽缸的检查、清理与测量

（一）汽缸的清理及一般性检查

（1）吊出汽缸大盖后，应立即检查汽缸水平结合面有无漏气冲刷痕迹，并对其出现位置、分布情况等进行专门记录。

（2）汽缸内的转子、汽封、隔板套等部件均已从汽缸中吊出，并等汽缸完全冷却后，即可清理汽缸结合面和汽缸内壁。

1）用砂纸清理汽缸结合面。清理时，砂纸活动方向要平行于主机轴线，不要横向运动，清理干净，露出金属光泽，确保水平中分面上没有损坏和毛刺。

2）汽缸壁的清理。主要清理隔板套槽道、汽封洼窝槽道等处的锈垢，清理留在汽缸上的焊瘤、灰渣和铸砂等，清理时可用砂布、手提砂轮机或其他专用装置打磨汽缸，使其出现金属光泽。

（3）检查止口接合面没有损坏和毛刺，如果有必要，可用锉刀、油石进行修整。

（4）检查汽缸中分面汽缸定位圆柱立销，应光滑、完整、无毛刺。

（5）汽缸结合面及内外壁检查。

1）汽缸结合面清理后，对其可能产生的腐蚀和裂纹，进行宏观检查和磁粉探伤并记录。

2）如有必要对汽缸外壁进行检查时，应打去保温并清理干净，再进行探伤。

3）如发现裂纹应由金属专业人员进行检查，查明其深度，汽缸结合面的裂纹深度可用超声波探伤仪测定。

4）重点检查下列部位可能发生的裂纹，汽缸内外部拐角、蒸汽室焊件、主蒸汽进口法兰焊件、所有抽汽管道焊件、第一级喷嘴部分拐角及所有管道和凹处的焊件并记录。

（二）汽缸水平结合面测量

（1）将待测部位用细砂布清扫干净，确保无毛刺、划痕。

（2）使用水连通管测量仪或者使用光学合像水平仪进行测量，测量位置应放在安装或第一次大修做好的永久性记号上。测量各内、外汽缸的纵、横向水平。如用水平仪测量一定将水平仪放稳，并用手按对角，检查水平仪是否放稳。

（3）为了消除水平仪本身零位偏差，每次测量均需调转180℃方向，在原位置再测量一次，取两次测量数值的代数和的平均值，并作好记录。

（4）将测量数值与上次大修和安装记录相比较，看其有无变化，如测量数据与以前数据不同，分析原因调查测量过程，采取措施。

（三）汽缸严密性检查

（1）高、中压内、外缸在大修中均须进行空缸状态，检查结合面间隙。

（2）合空缸时，应在汽缸结合面清理好后进行，避免因毛刺、污垢影响测量的准确性。

（3）汽缸合上时应打入定位销，并重点检查以下部位：

1）上、下缸的各肩、槽道在轴向有无错位想象。

2）外缸对内缸的限位凸肩是否牢固。

3）内缸有无上台现象。

（4）确认无误后，用塞尺检查空缸自由状态下的冷紧1/3结合面螺栓时汽缸结合面间隙，汽缸内、外两部分的间隙数值应标明范围，用粉笔写在下缸上，对高温区域应重点检查。一般情况下，自由状态时0.25mm塞尺应塞不进；冷紧1/3螺栓后不得有任何间隙。

（5）低压内、外缸空缸检查严密性的方法和要求与高、中压内、外缸测量方法一致。

（6）当汽缸结合面间隙超过标准时，应根据本次检查情况、机组运行情况和历次检修情况综合分析结合面不良和变形原因，确定修刮方案并报请有关部门批准后执行。修刮合格后，用精细专用油石将结合面打磨光滑。

（四）汽缸裂纹的检查

1. 金属腐蚀法

用20%～30%硝酸酒精溶液对金属表面进行酸侵蚀检查，可用5～10倍的放大镜观察。

2. 着色法

在探区表面喷射红色渗透剂10～15min后，用硫酸钠溶液洗净，用五脂棉球擦干净，后用白色显影剂喷射到擦干净的表面上2min显现。

（五）汽缸洼窝中心的测量及调整

（1）大修中，一般应对内、外缸进行缸体洼窝检查，以便监视汽缸的变形、位移并利于有关问题的分析。

（2）经过运行的汽缸，特别是长期在高温下工作的高、中压汽缸，汽缸洼窝中心均会出现偏差，一般大修中只作测量、记录、监督其变化情况，而不对其进行调整。只有在特殊情况下，如汽轮机转子中心作了较大幅度的调整，使转子中心与汽缸洼窝中心出现了数值较大的偏差时，才对汽缸位置作出适当调整。

（3）汽缸洼窝中心的调整借助假轴，在轴系中心找正结束后，按照转子中心线调整假轴中心，其偏差一般大于 0.03mm，假轴本身周围晃度应小于 0.03mm。若偏差较大，则必须在假轴上认准测量基点，盘动假轴测量洼窝尺寸。

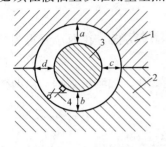

图 2-3　汽缸洼窝中心测量

1—上汽缸；2—下汽缸；

3—假轴；4—百分表及表架

（4）洼窝中心测量工艺方法。

1）扣合汽缸，冷紧结合面螺栓，消除汽缸结合面间隙，准备内径千分尺或百分表，将表座吸在假轴上盘动测出各部位洼窝上、下、左、右 4 点的数值，并计算出偏心值。汽缸洼窝中心测量如图 2-3 所示。

2）根据测量结果确定调整值，在确定调整方案时，还必须考虑到汽缸水平及猫爪负荷分配造成的影响，并使其影响降至最小。

3）由于汽缸永久变形的结果，在测量调整洼窝中心过程中，常会发现测出的上、下数值之和与左、右数值之和相差很大。在这种情况下，只需将洼窝中心调至上、下数值与左、右数值分别接近，而不强求 4 个方位一致，若为了检修方便不扣上汽缸就测量下缸左、下、右 3 个方位数值并调整中心，则可能产生严重的后果。

（5）汽缸洼窝中心的调整工艺方法。

1）上、下方向调整时，在 4 只猫爪上各装一块百分表监视，百分表对准零位后，用千斤顶将汽缸顶起以改变安装垫片或垫片的厚度，当调整结束后，松开千斤顶落下汽缸时，检查百分表反应数值变化与所调整的数值基本一致。

2）左、右方向调整时，4 角装好百分表用来监视左、右移动的数值，百分表对准零位后，拉出汽缸前、后立销两侧的调整垫块，检查百分表数值，看有无移动，若有移动，则应与所需调整数值综合考虑。用千斤顶将外缸移动，达到要求后测量各立销两侧垫块间隙，重新配置调整垫块，新垫块打入后再次测量左、右洼窝尺寸，应与需要调整到的尺寸误差不大于 0.05mm，若变化较大，则应重新调整汽缸位置及配置立销垫块。对于普遍立销，可将立销与汽缸的配合面一面磨去需调整的数值，另一面补焊加工即可。

（6）汽缸洼窝中心的测量调整应随外缸同时进行，动静部分的偏差还可以通过调整隔板、隔板套（静叶环）及轴封套的洼窝中心来使其符合质量标准，故汽缸洼窝中心稍有偏差是能够接受的，但偏差较大，必须给以调整，可吊出内下缸，通过修整底部和顶部纵销及左、右两侧垫片的厚度来完成。

（六）汽缸猫爪负荷分配的测量与调整

超（超）临界机组的高、中压缸，均用前、后、左、右 4 个猫爪支撑在前后轴承座上。当 4 个猫爪的负荷不均等时，机组在受热膨胀或冷却收缩的情况下，由于左右侧摩擦力不相等，导致汽缸伸长或缩短不对称，使轴承座导键卡死，结果发生汽缸胀缩不畅，影响各轴承的负荷分配和胀差超限而故障停机。所以，大机组检修时，必须对高、中压缸四角猫爪负荷进行复测和校正，尤其是运行中膨胀不畅的机组这一工艺必不可少。

1. 汽缸猫爪负荷测量

可在空缸（汽缸内隔板、隔板套等全部吊去，只剩下汽缸）或满缸（汽缸内部隔板、隔板套、上缸等全部吊进）时进行，因为汽缸内部隔板等零件质量是左右对称的，所以，以上两种情况测得的负荷值相对差数是相等的。测量时用 1 个 0～100t 拉力计，一端挂在行车上，另一端挂在汽缸某一角的吊耳（在猫爪旁的吊耳）上，在猫爪的平面上架好百分表，监视猫爪的起吊量，并派专人读拉力计和百分表值，一切准备就绪后，缓慢提升吊钩，猫爪每抬高 0.05～0.10mm 时，读出拉力计的相应值，一般读 3～5 个点。如此每只角测量一次，然后进行计算分析。如发现差值太大，则应进行复测，确认无误后，方可进行负荷的调整。

2. 汽缸猫爪负荷调整

（1）汽缸负荷调整按前端和后端分别进行，以各端左、右猫爪负荷相等为原则，按照如图 2-4 所示的汽缸猫爪抬高与负荷关系曲线，调整安装垫片厚度。

（2）汽缸同一端左、右猫爪的负荷差应小于 0.5t，只有在汽缸洼窝中心或汽缸水平不许可的情况下，可放宽猫爪负荷的差值。当猫爪负荷重新分配后，应按上述方法复测四角猫爪的负荷，直到达到标准，此项工作才算结束。

（3）汽缸负荷分配还可用测量猫爪静垂弧的方法进行，先将汽缸一端（前或后）左、右两侧猫爪滑动螺栓紧死，以防静垂弧试验时汽缸中心变化，然后，

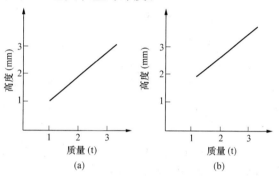

图 2-4 汽缸猫爪抬高与负荷关系曲线
（a）左侧猫爪；（b）右侧猫爪

将汽缸另一端（未紧死的一端）某一角的猫爪用 50t 千斤顶顶起，用百分表监视顶起高度，拆下猫爪螺栓，抽出猫爪垫片，使猫爪脱空而下垂，读出百分表读数，即为猫爪静垂弧值。内顶起猫爪，装进垫片，装复滑动螺栓，该猫爪静垂弧测量就算结束。用同样方法依次测量其余猫爪的静垂弧值。比较同一端左、右猫爪静垂弧值之差应小于 0.05mm，否则应进行调整，直至符合标准。

（七）汽缸变形及静垂弧的测量工艺方法

汽缸接合面存在间隙，不仅是汽缸变形的问题，而且由于汽缸在中分面处分成上、下两半的结构，削弱了上、下汽缸的刚性，在汽缸自重、保温、进汽管、抽汽管等重力作用下，汽缸发生弹性变形，产生静垂弧，导致汽缸接合面间隙增加，这时不可盲目用刮研结合面平面的办法来消除接合面间隙，而是应该对汽缸进行变形及静垂弧的测量和分析，然后采取措施、消除漏汽。

1. 用百分表或内径千分尺测量汽缸静垂弧及汽缸变形

汽缸静垂弧测量如图 2-5 所示。

（1）吊去上汽缸及下汽缸内的部分隔板和前、后轴封套，以便检修人员在汽缸内进行测量工作。

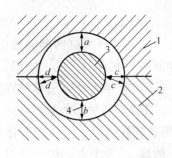

图 2-5　汽缸静垂弧测量
1—上汽缸；2—下汽缸；
3—假轴；4—内径千分尺

（2）吊进假轴承、假轴，将假轴中心线调整到与转子中心线一致，架好百分表，测量缸内各部位的洼窝中心数值，并作好记录。

（3）吊去上缸内前、后轴封壳及下缸相对应的隔板。

（4）翻转内上缸，扣内缸大盖。测量人员进入汽缸、读出百分表读数，同时，测量前、后轴封及中间部分隔板或静叶环洼窝中心，作好记录。

（5）冷紧 1/3 汽缸螺栓。若汽缸接合面存在间隙，应增加冷紧螺栓数量，并反复上紧螺栓，直至接合面间隙小于 0.05mm。

（6）上紧外缸法兰螺栓，直至接合面无间隙，读出百分表读数，并在同一测量位置测量前、后轴封及中间部分隔板洼窝中心，作好记录。

（7）对原始数据和最后数据进行比较，两者的差值即为汽缸静垂弧或汽缸变形对洼窝中心的影响值。

2. 用间隙传感器测量汽缸静垂弧及汽缸变形

为了改善测量工作的劳动条件，提高测量精度和工效，可在假轴上装间隙传感器，如图 2-6 所示。用电线引至汽缸外的仪表上，即可测出各种情况下的变形量。测量步骤与工艺如下：

（1）将下缸清理干净，吊进下缸静叶环、平衡鼓环等各部件，吊进假轴承支座及假轴，将假轴中心调整到与汽轮机转子中心相同。

（2）选择好测量位置，将间隙传感器端部与被测物体之间的间隙调整到 1.5mm（传感器测量范围为 0～3mm），盘动假轴，并使传感器停留在左、右、下部

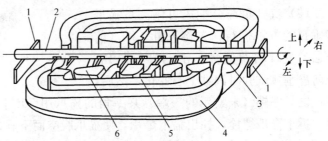

图 2-6　用间隙传感器测量汽缸变形量示意图
1—假支座；2—假轴；3—传感器；
4—外汽缸；5—内汽缸；6—静叶环

3 个位置，读出各测点读数，作好记录。

（3）吊进上半部静叶环、平衡鼓环等上部各件。盘动假轴，并停留在上、下、左、右 4 个位置，读出各测点读数，作好记录。紧中分面螺栓后，用同样方法读数并记录。

（4）吊进内上缸，测出未紧螺栓的数值和紧 1/2 螺栓时 4 个位置的读数，作好记录。

（5）扣外上缸，测出未紧和紧 1/3 螺栓后 4 个位置读数值，并作好记录。

（6）按逆顺序吊出汽缸等部件，并测量记录各顺序中 4 个位置的数值。

（7）整理汇总各测量数值并列表绘制变形量的曲线。

检修时必须掌握每个汽缸的变形及静垂弧对轴封、汽封洼窝中心和动、静间隙的影响值，以便检修调整时进行修整，使动、静间隙与实际相符。

五、汽缸结合面螺栓检修

(一)汽缸螺栓的拆卸工艺

低压汽缸结合面螺栓,特别是低压外汽缸结合面螺栓尺寸规格一般较小,拆卸和紧固没有特殊的工艺,但需按要求松紧顺序操作。拆卸螺栓基本按照先中间、后两侧、由内向外、左、右对称的顺序进行。高、中压汽缸及低压内汽缸结合面螺栓所处位置的温度和压力较高,其尺寸规格较大,因此拆卸和紧固螺栓一般按要求顺序采用热装工艺。

1. 汽缸温度的控制

拆卸螺栓时,必须待汽缸壁温降到一定温度后才可开始,过早地拆卸螺栓,则会因为高温时金属硬度较低,容易引起螺栓咬死、汽缸变形等。所以,各制造厂对此均有严格规定,拆卸汽缸螺栓必须严格按制造厂规定控制温度。

2. 放置安装垫片

对于高、中压汽缸,支撑是由上汽缸猫爪支撑在轴承座水冷垫块上的。当汽缸螺栓紧固后,下汽缸便吊在上汽缸上,若松上汽缸螺栓,下汽缸将失去支撑而下沉,此时汽缸洼窝中心将被破坏。这样,不仅会损坏汽缸内部零件,而且会使汽缸洼窝失去依据,给检修工作带来很多麻烦,所以该类机组在拆卸高、中压汽缸螺栓前,应先将下汽缸猫爪安装垫片垫妥。当安装垫片遗失时,应分别测量出各安装猫爪安装垫片处的空隙,然后配制安装垫片。当配制的安装垫片有松动现象时,可先用塞尺检查其间隙大小,再用等厚的铜皮或不锈钢片垫紧。总之,要做到汽缸螺栓拆去后,汽缸洼窝保持不变。对于有些机组,高、中压缸采用下缸窍形猫爪支撑的,在拆卸螺栓前没有这一工作。

3. 电阻器及加热棒的使用

电阻加热器具有结构简单,加热均匀,使用方便,容量、长度、粗细均可按螺栓的要求任意选购,多个螺栓可同时加热等优点。加热器外形像一根金属棒,通常称为加热棒。为了延长加热棒的使用寿命,提高拆装螺栓效率,使用加热棒应注意下列事项。

(1)加热棒的功率和尺寸,应与加热的螺栓相匹配。

(2)通电前,应检查接线盒上的地线是否接好,通电后观察加热棒是否发红,一般在2~3min便发红(直流加热棒为暗红)。

(3)加热棒的有效发热长度应全部在螺孔内,若长度太长,其露出的发热长度不能大于25mm;若长度不足,其不足部分应小于50mm。

(4)加热棒不能放在比棒直径大5mm以上的螺孔内加热,以免影响使用寿命和加热效果。

(5)加热棒应保存在干燥的仓库内,防止受潮而使绝缘阻抗下降。

(6)加热棒加热螺栓的时间一般为15~30min,当加热时间超过1h,而螺栓仍未达到必要的伸长量时,应停止加热,待螺栓全部冷却后再用容量大一点的加热棒加热。实际上,加热棒功率的大小受螺栓中心孔直径和螺栓长度的限制,选用时只要与螺栓中心孔匹配即可。

(7)使用挠性加热棒时,其弯曲半径不能太小,应按厂家说明,以免损坏加热棒。

4. 螺纹的保护

高温、高压条件下，使用过的螺栓和螺帽在轴向力作用下，由于各螺栓和螺帽的变形不完全相同，加工中公差配合也不完全一样，经过长期使用，使原来带有一定公差相配合的螺栓和螺帽更加匹配，使螺纹间接触严密、拧转灵活、紧松适中。为了保持使用过的螺栓和螺帽的这些优点，在螺栓拆卸前必须对它们逐一进行编号，以免组装时搞错。另外，拆卸汽缸法兰大螺栓时，必须用大锤击或套长管子众人用力扳，这样难免碰伤相邻螺栓的螺纹，因此必须用专门罩将外露的螺纹罩住，以保护螺纹。

5. 松紧螺栓的顺序

一般正常松螺栓应按制造厂的顺序要求进行，但在特定情况下，松螺栓前，应查阅上次检修的技术记录，掌握汽缸变形情况。松螺栓时，应首先松汽缸变形（接合面间隙最大）最大处的螺栓，因为该处螺栓紧力最大，若不将这些螺栓先松，待最后松时，由于汽缸变形增加的附加紧力，将由这部分螺栓承担，使松卸螺栓发生困难，甚至因加热时间过长，螺栓温度过高，导致螺纹咬死。其次是拆卸位置比较狭窄、作业困难部位的螺栓。接下来拆卸短而小的螺栓，因为短而小的螺栓加热后伸长量小，螺帽平面紧力往往不容易消失，致使松卸发生困难。最后拆卸位置宽敞、长度大、直径较大的螺栓。

如果汽缸上既有带加热孔的螺栓，又装有无加热孔的螺栓，应首先松卸没有加热孔的螺栓，然后按上述顺序松卸其余螺栓。一般来说，加热后的螺栓是不难松卸的，但是，有少数螺栓由于紧力过大或氧化物卡住，加热后仍无法松卸，此时可加大拆卸力矩，若仍拆不出，可用 200～500kg 钢锭，由行车吊牢后撞击螺栓扳手柄。只要螺纹没有咬死，经过反复撞击，一般均能达到拆卸螺栓的目的。用钢锭撞击时，必须有专人指挥，齐心用力，并注意不能撞坏其他设备和发生人身事故。当松卸无加热孔的螺栓或虽经加热而紧力仍很大的螺栓时，往往先用液压扭矩扳手拆卸，可较顺利地将螺母松出。同时，能减轻劳动强度，提高工作效率。

当上、下汽缸接合面不采用法兰、螺栓连接，而采用紧箍圈（热套环）结构时，拆卸步骤如下。

（1）每个热套环必须配 1 个环形喷燃器，并配 1 只内储存 30kg 丙烷/丁烷气体钢瓶及 1 根 0.6～0.8MPa 压缩空气管。

（2）用钢丝绳将环形喷燃器吊在行车吊钩上，并用热屏蔽层保护钢丝绳。

（3）将环形喷燃器移向热套环，把调节螺钉拧进热套环上的环形槽内，使热套环置于喷燃器中心。

（4）用针形阀将压缩空气压力调整到 30kPa，内烷/丁烷气压调整到 25kPa，然后点火对热套环加热。并注意喷燃器整个圆周上必须有均匀的火焰，掌握热套环温度不可超过 39℃，加热时间为 15～25min。

（5）当热套环膨胀后与内缸有足够的间隙时，关闭丙烷/丁烷气源，然后再关闭压缩空气，把软管从喷燃器上拆下。

（6）用行车将热套环吊起，直到热套环能自由移动时，将热套环吊离高压缸。整个拆卸过程大约 45min。

东汽—日立 N1000-25/600/600 型超超临界汽轮机高压缸水平中分面的松紧顺序见图
2-7。

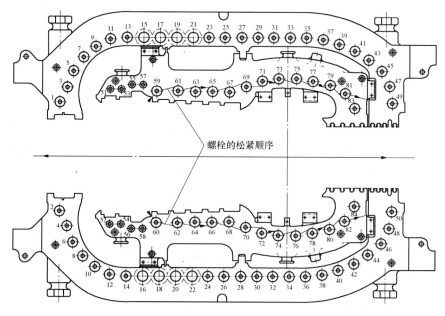

图 2-7　高压缸水平中分面的松紧顺序

(二) 汽缸螺栓的检查与修理

1. 螺栓、螺帽的清理检查

为了保证螺栓、螺帽拧转灵活，检修中对拆下的螺栓、螺帽应进行清理。所以，汽缸
螺栓、螺帽拆下后，先用松动剂或清洗剂、煤油浸泡，然后用钢丝刷清洗掉螺纹上的涂料
和锈垢，最后对螺栓、螺帽进行仔细检查。如发现螺纹有毛刺、碰伤等现象，应用细锉刀
或小油石修光。清洗好的螺栓，应戴上螺帽检查，用手拧螺帽应能轻快地旋到底。当发现
有卡涩或拧不动时，应将螺帽退出查找原因，待缺陷消除后再试旋螺帽，直到符合标准。

2. 螺栓、螺帽的研磨

超（超）临界汽轮机的高温螺栓、螺纹表面往往氧化严重，产生螺栓与螺帽卡涩或拧
转过紧现象。另外，现场加工的备品螺栓，因车床精度不够，加工表面粗糙，拧转时往往
不灵活或咬死，对于这些螺栓和螺帽，可在螺纹上涂 120 目细研磨砂，用研磨阀门阀线相
类似的方法，使螺栓、螺帽相对转动，直到螺栓、螺帽拧转活络方为合格，然后用煤油将
研磨砂清洗干净。

3. 螺栓蠕变量的测量

在高温、高压、高应力作用下，金属材料会产生蠕变现象。对高温汽缸螺栓来说，经
过一段时间的运行，会发生永久变形，即长度伸长，这种由于蠕变现象导致螺栓的伸长，
对机组安全运行有很大影响。所以，每次大修应测量螺栓长度，并与原始长度进行比较，
发现伸长量超过标准时，应抽样作机械性能试验。螺栓长度测量应用游标卡尺，在固定部
位进行测量，并由熟练的技术工人承担，若测量工作有误，就会造成误判断，往往发生不
必要的大拆大换，严重时还会导致发生螺栓断裂的重大事故，若能定人测量，则可事半

功倍。

4. 螺栓裂纹及脆断的检查

螺栓的裂纹一般较难发现，因为螺纹凹陷尖端本身就像裂纹，宏观检查时很难辨清是螺纹本身、刀痕，还是裂纹，但是，由于螺栓螺纹的第一圈承受约 33% 以上的负荷，第二圈承受 20% 以上的负荷，第三圈承受 10% 以上的负荷，第一至第三圈承受的总负荷占螺栓总负荷的 70% 以上，所以，裂纹大多数发生在第一至第三圈，其中大多数裂纹又发生在第一圈，掌握了这个规律，就应着重检查这些部位。但是，由于螺纹根部看起来与裂纹类似，所以螺栓的裂纹仍不易查出。目前，最好的办法是超声波探伤，还可用手锤轻击螺栓（对装在汽缸上的螺栓），听其声音是否清晰，若发现哑声，说明螺栓有裂纹的可能。用手锤重击可检查螺棒是否脆化，脆化严重者易被击断。

5. 球形垫片的研刮

超（超）临界机组的汽缸法兰螺栓承受很高的应力，为了减少因螺栓与汽缸法兰平面不垂直、螺帽端面与法兰支承面不平行、垫圈厚度不均匀以及放置偏斜等因素引起的弯曲力，采用球面垫圈能有效地消除这些因素产生的附加应力。但是螺栓垫圈、螺帽端面和法兰支承面，在高应力挤压作用下，往往会产生凸起、凹痕等缺陷，在拆装过程中，往往因螺帽扭转而拉毛、咬伤等损坏，检修中必须对这些缺陷和损伤进行整修或更换。

（1）法兰支承面的整修。首先对法兰支承面进行宏观检查，用凿子、锉刀、砂轮等工具除去支承面的凸肩、毛刺和凹痕，然后用圆平板（生铁）加研磨砂进行研磨，直到支承面与垫圈平面接触面积大于 70%，并用细砂纸贴在平板上细磨，使表面粗糙度为 0.20～0.40 即可。研磨的方法可用电钻带动平板转动，也可用手工左右转动。

（2）垫圈的整修。首先应修去垫圈两面的毛刺、凸肩和凹坑，对平面端用研磨砂在生铁平板上进行研磨，然后用细砂纸研磨，使表面光洁。

（三）汽缸螺栓的回装

1. 螺栓预紧力的确定

高、中压缸结合面螺栓及低压内缸结合面螺栓大都在 300～350℃ 以上温度下工作，在紧固时需要施加一定的预紧力。要获得较高的预紧力，则必须在冷紧螺栓的基础上，再热紧一定的弧长（或转角）。

在 300℃ 以上高温下工作的螺栓，冷紧以后要进行热紧。热紧的目的是增加螺栓的预紧力，满足机组热态运行的需要。螺栓预紧力（预紧应力）使螺栓产生一定的弹性变形，设备投入运行后，在高温和应力的作用下，随着时间的增加，螺栓弹性变形将部分转变为塑性变形，螺栓预紧力降低，对法兰的紧固作用力也相应减小，出现"应力松弛"现象。因此，在确定螺栓初紧力时，必须要考虑到这方面的影响。

制造厂一般都明确规定螺栓的预紧力，基本上珠光体合金钢常用 300MPa，奥氏体合金钢常选用 200MPa。

2. 汽缸螺栓的冷紧工艺

汽缸螺栓的冷紧，目的是消除汽缸结合面间隙，使螺栓在热紧前稍有应力和确保热紧的值为有效值。所以，螺栓冷紧质量的好坏，直接影响螺栓的装配质量。螺栓冷紧工艺如下：

（1）扣上汽缸大盖后，装入汽缸法兰定位销，固定上、下汽缸的相应位置。

（2）在螺栓的螺纹上涂抹专用螺栓防锈剂，将螺帽旋到极限位置。

（3）根据给定螺栓冷紧力矩，用液压力矩扳手冷紧螺栓。螺栓冷紧的顺序应该是从汽缸中间位置向前、后端部同时依次紧固，而且左、右两侧必须同时进行。一般情况下，汽缸中间位置也就是汽缸结合面间隙和变形最大的位置，如果变形不在中间部位，则应先紧固汽缸间隙和变形最大部位的螺栓，然后从汽缸中间位置按顺序进行紧固。

（4）当汽缸变形较严重时，冷紧扭矩已经达到设定值，但是汽缸结合面间隙仍没有完全消除，就需要根据具体情况适当加大冷紧力矩，但数值不能过大，必须在螺栓允许的应力范围内。在确定热紧弧长时，要统筹考虑加大的力矩值。

（5）用液压力矩扳手冷紧螺栓时，要注意扳头找正，螺栓中心线与扳头中心线必须重合，而且支点要牢固。

3. 汽缸螺栓的热紧工艺

汽缸螺栓冷紧到一定力矩后要进行热紧，热紧要首先确定加热弧长，汽轮机制造厂一般提供汽缸螺栓的热紧弧长（转角），没有给定标准的螺栓，可按下面方法计算。

（1）螺栓热紧弧长的确定方法为

$$K = \frac{\sigma_1 L_0 \pi D \alpha}{Et}$$

式中　K——螺栓热紧弧长，mm；

D——螺帽外径，mm；

t——螺栓的螺距，mm；

E——工作温度下材料的弹性模量，MPa（一般铬钼钒合金钢螺栓选用 1.89×10^5 MPa）；

σ_1——螺栓的预紧力，MPa（一般情况下采用铬钼钒合金钢螺栓，200MW 以上机组选用 249.2MPa）；

α——考虑法兰收缩量系数，旧螺栓选用 $\alpha=1.3$，新螺栓选用 $\alpha=1.5$；

L_0——螺栓的有效长度，mm。对于双头螺栓罩形螺帽，应为从水平结合面以上的螺栓自由长度；对于六角螺帽的汽缸，应为上法兰厚度加螺帽高度；对于穿螺栓，应为上下法兰高度加一侧螺帽的长度。

（2）螺栓的热紧转角计算方法为

$$\theta = \frac{360 \sigma_1 L_0 \alpha}{Et}$$

式中　θ——螺栓的热紧转角，（°）。

以上计算出的螺栓热紧弧长或转角已经在系数 α 中考虑了热紧前后结合面涂料减薄的影响，不必另行考虑。

（3）汽缸螺栓的热紧程序。

1）将螺栓加热装置吊放到合适的位置，并接上电源，试验电源及加热装置正常。

2）用空气吹扫螺栓加热孔，使孔内干净、无杂物。

3）根据螺栓加热孔直径和有效长度，选择合适的加热棒。

4）将加热棒放入加热孔内，如果加热棒放置困难，不要强制插入，要先检查加热孔内有无异物、碰伤毛刺、电弧击伤凸点以及加热棒是否弯曲，查明原因再行处理。

5）根据螺栓加热装置的容量及加热棒功率确定同时通电的加热棒数量，要求加热装置的容量大于同时工作的加热棒总功率的30%。

6）确定热紧顺序，应从汽缸法兰中间位置的螺栓开始，向两端部依次热紧加固。

7）用样板在汽缸与螺母上画出热紧弧长或转角的起始位置和终止位置。

8）螺栓加热棒通电，进行热紧螺栓。

9）在热紧过程中如果发现有螺栓热紧弧长（转角）没有达到规定值，而加热时间超过50min，则要停止加热，待汽缸法兰、螺栓、螺母均冷却以后，再用大功率加热棒重新加热，直到螺母旋转到规定弧长（转角）为止。

（4）汽缸螺栓的热紧注意事项。

1）严禁使用氧气—乙炔火焰直接加热，以防螺栓局部过热而影响金属的金相组织和性能，甚至产生很大的温度应力，促使螺栓中心孔表面产生裂纹。

2）螺栓受热伸长后，要用扳手将螺母轻松转到标准位置，不能使用过大的力矩转动，更不能用大锤敲击扳手。

3）螺栓热紧顺序应从汽缸中间左、右两侧对称地向汽缸端部紧，防止汽缸结合面形成弓形间隙而造成漏气。

4）螺栓紧后用测量伸长量的方法来鉴定螺栓装配质量。

5）不能将带电加热棒从一个螺栓加热孔中直接移到另一个螺栓加热孔中，以防止人身触电及加热棒损坏。

六、汽缸检修中常见缺陷及处理方法

（一）汽缸出现裂纹的处理方法

汽缸裂纹一般出现在高压缸上的几率比较多，而且大多数出现在高压缸进汽侧前几级内侧和导汽管引出点外侧。原因是高压缸进汽侧前几级蒸汽参数比较高，尤其是调峰机组，在机组负荷发生变化时，汽缸壁温随之大幅度变化，频繁的参数变化使得壁温承受交变应力，引起疲劳裂纹；导汽管引出点容易出现裂纹的原因是制造时存在应力集中，运行时存在交变应力。出现裂纹后，根据裂纹情况制定出处理措施，工作现场一般采用措施有打磨法、钻孔止裂法和开槽补焊法。

1. 打磨法

如果裂纹的深度较小（不大于1/3壁厚，可以参照制造厂的计算壁厚方法，进行强度核算），对强度没有太大的影响，则不需进行补焊处理。

当汽缸裂纹深度小于5～10mm时，经强度核算许可时，可用磨光机将裂纹磨掉，或用凿子、铲刀将裂纹铲除干净，然后用细砂纸打磨光滑，经过硝酸酒精溶液浸透后，用放大镜检查，或着色检查。若仍发现有裂纹，应继续用上述方法铲除残留裂纹，直到确认裂纹完全消除后方可结束。打磨裂纹时，过渡区需圆滑，铲除裂纹在汽缸上形成的凹槽应有

$R \geqslant 3mm$ 的圆角，避免产生应力集中，导致新的裂纹产生。

2. 钻孔止裂法

如果汽缸裂纹很浅，出现裂纹的位置补焊非常困难，又无法打磨或凿、锉去除裂纹的部位，可以采用钻孔的方法将裂纹截断，防止裂纹继续扩散。

确定裂纹的长度、起始点和终点后，在两端用手枪电钻或 90°手扳钻钻直径约 6～8mm 的孔。钻孔的深度应为裂纹深度，但不要超过裂纹深度，以避免过深降低汽缸强度。当钻孔接近裂纹深度时，应采用圆钻角钻头，以防止裂纹向两端扩展。

3. 开槽补焊法

若裂纹深度较大时（打磨后强度降低超出允许范围），必须采用补焊的方法消除裂纹。补焊工艺可根据现场具体情况选择冷焊法和热焊法两种。

为便于施焊和改善焊缝应力状态，坡口尺寸不宜过大，坡口形状应规则，转角处过渡圆滑，坡口表面不得有死角。坡口需采用机械方法且必须两端钻止延孔防止裂纹扩散。由于大容量高温高压汽轮机汽缸材料多采用耐热合金刚，如高、中压内缸，材料为 ZG15-rIMoIV，这给汽缸的补焊带来一定的困难，同时随着汽缸的材料不同，补焊工艺也有所不同。

（二）汽缸吊不出来的处理方法

起吊汽缸上盖时，经常出现上盖吊不出来的现象。引起汽缸上盖吊不出来的原因很多，检修时要根据具体原因采取相应措施。

1. 汽缸起吊不出的原因

（1）汽缸结合面涂料粘连。

（2）汽缸凹槽与隔板、汽封套凸台之间拉出毛刺。

（3）汽缸与内缸之间的定位键整劲或内、外缸之间滑动键锈死。

（4）销螺栓之间整劲或拉出毛刺。

（5）吊汽缸的绳套规格不一，汽缸没有吊平。

2. 汽缸吊不出的解决方法

（1）汽缸结合面涂料粘连情况下，将上汽缸起吊专用工具组装完，并用桥式行车带上劲，汽缸四角用 25～30t 千斤顶同时向上顶起，在桥式行车、千斤顶均较上劲后，用铜锤在 4 个角上同时敲击汽缸，并在螺栓孔处向汽缸结合面浇入适量的煤油，要多人轮换敲击汽缸 4 个角及两侧法兰面，直到汽缸结合面出现缝隙，上、下缸结合面脱开为止。上、下缸结合面脱开后，用行车带劲，用 4 个千斤顶加力，将汽缸慢慢顶起，同时，测量 4 角顶起的高度，必须均衡。当上、下缸结合面间隙达到 100～150mm 时，重新测量汽缸水平，重新调整，用桥式行车将汽缸上盖平稳吊起。

（2）汽缸凹槽与隔板、汽封套凸台之间锈死或拉出毛刺是结合面螺栓没有销螺栓的机组经常出现的问题，当汽缸结合面定位专用销子拔出后，上、下缸处于自由组合状态。汽缸起吊工作都用桥式行车来完成。由此带来的问题是汽缸找平工作非常困难，如果是凹槽锈死，往往较容易吊起，只要分面、加垫起吊，就可以解决。分面起吊尺度较难控制，要由经验丰富的起重工作指挥和实际工作技能较高的行车司机配合，吊起一端后，用加工的专用垫片垫起来再吊另一端，注意起吊差不能超过 2mm。

（三）汽缸螺栓断裂、螺纹咬死的原因及处理方法

1. 螺栓断裂的原因

（1）运行方面。螺栓长期高温下运行产生蠕变，导致冲击韧性和塑性降低，产生热脆而断裂；汽轮机经多次启停使法兰与螺栓多次受交变应力作用而产生疲劳损坏；运行中温度控制不当，使法兰与螺栓温差过大而产生附加应力，导致螺栓过载而断裂。

（2）加工制造方面。材质不良，螺栓加工粗糙度大、螺纹底部圆角过小或车制成尖角等造成螺纹应力集中而断裂，这种情况多发生在第一圈螺纹处。垫圈厚度不均、螺帽断面与法兰平面不垂直等造成螺栓偏斜而产生附加弯曲应力使螺栓断裂，故垫圈可用球形垫圈。

（3）检修方面。检修工艺不当会造成螺栓断裂，热紧螺栓时若采用氧—乙炔火焰直接加热螺栓，因受热不均局部过热而产生裂纹。紧螺栓时，若用大锤冲击使螺栓发生位移，将导致螺栓偏斜产生附加弯应力，试验发现个别螺栓直径两边应力差高达 7MPa。紧固螺栓时，若初紧力过大也会造成螺栓断裂。检修中，对螺栓蠕变量、伸长量、硬度、金相组织监督不够，造成螺栓断裂的现象也时常存在。

2. 螺栓断裂后的处理方法

对断裂在汽缸上的螺栓，应在螺栓处加煤油或松锈剂，浸泡 4h 左右，然后在螺栓侧面用手锤击振，使螺栓松动，再在断裂处焊上螺帽，用扳手拧出。

当螺栓断裂锈死无法拧出时，应将螺杆在汽缸平面处齐根锯断，将残留螺栓沿长度方向钻一中心透孔，其孔径应比螺纹小径小 3～5mm。用割把在钻孔处将残留螺栓加热到 150℃ 左右，则残留螺栓受热后要向外膨胀，由于受外部法兰约束而膨胀不动从而受到热应力作用，当此热应力超过螺栓的屈服极限时螺栓直径未变化，但却发生了永久变形，其变形量为螺栓未受约束后的自由膨胀量。螺栓冷却后则会收缩，从而使螺纹处松动，即可取出残留螺栓。若采用此法后，残留螺栓仍无法取出，可将中心孔镗大，使孔径比螺纹小径小 0.5～1.5mm，用小窄凿小心地将螺纹第一牙头凿出，然后用钢丝钳将残留螺栓拉出即可。钻孔与取出残留螺栓的过程中，一定要避免损坏法兰上的螺纹，保持钻头中心线与法兰平面垂直；钻头中心与螺栓中心一致，不断退出钻头，检查中心是否偏离。

3. 螺纹咬死的原因

（1）螺栓拆装检修工艺不当。如螺栓的加热器功率太小、长时间加热导致螺纹部分温度过高而胀紧；螺栓清理修复不当造成螺栓仍存在毛刺、伤痕、粗糙度过大等；黑铅粉堆积过多造成螺纹咬死。

（2）螺栓表面产生氧化物。超（超）临界汽轮机的高、中压缸螺栓，由于工作温度高，长期运行会在螺栓表面产生氧化物，氧化物聚集在一起形成坚硬的氧化膜。松螺栓时，氧化膜被拉破使螺栓表面被拉出毛刺，导致螺纹咬死。实践证明，采用二硫化钼润滑剂等在一定程度上可减轻氧化膜的聚结，并能减轻摩擦。

（3）螺纹加工质量不好。例如螺帽与螺纹配合间隙太小、粗糙度过大等。

（4）螺栓材料选用不当。例如螺栓材料硬度不高、螺栓与螺帽选用同种材料等。一般

情况下，螺帽比螺栓材料的强度和硬度低一级。

4. 螺纹咬死的处理方法

在旋松螺帽使螺帽与垫圈脱空时，如发现螺帽卡涩或过紧，可用小锤在螺帽四周和顶部轻轻敲击，同时将螺帽来回转动以防咬扣。

松螺栓时如发现咬扣现象（螺栓松动后突然变紧现象），应停止拆卸，等螺栓完全冷却到室温后，向螺纹内浇煤油和松锈剂，用适当的力矩来回活动螺帽，同时用大锤击振顶部，必要时适当加热螺帽，逐渐使螺纹内的毛刺拉光后旋出螺帽。

当无法卸下螺帽时，说明螺纹咬死。可请有经验的气焊工用割把割下螺栓上帽，取出螺杆继续使用，应由外向内将螺帽切割成两半，切割过程中见到螺纹即停止，凿去两半部分，即可取出螺栓，切割过程中应特别注意不要损坏螺杆的螺纹。

（四）加热螺栓时螺栓伸长量不足的处理方法

在解体汽缸结合面螺栓时，有时会遇到用加热棒加热螺栓时，螺栓伸长量满足不了拆卸螺母要求的情况。这时可采取将螺栓快速加热的方法，即用烤具直接加热螺栓孔，并用火种在螺孔的下部接引火焰。

在用烤具直接烤螺孔时，不能使火焰对着螺栓孔壁，而且火焰中心上下移动，均匀加热螺栓。一般情况下，用烤具加热螺栓时，M140×630栽丝加热时间在5～7min时，螺栓的伸长量可达到3～4mm，螺母可以顺序地拧下来；如果烤10～15min时，螺栓伸长量仍然满足不了要求，那么应立即停止加热，等到汽缸、螺栓、螺母均彻底冷却下来之后，再重新用烤具加热。

用烤具直接加热螺栓的办法，虽然很常用，但也有很多负面影响，所以不到万不得已的情况下，应尽量避免使用，它主要存在以下问题。

（1）烤具出口火焰温度很高，直接对准螺栓孔中心进行加热时，若操作不当，容易发生偏斜而将火焰对着螺栓孔壁，造成螺孔局部壁面受损。

（2）由于烤具火焰温度很高，在加热螺栓内孔壁时，使得螺栓内孔壁温度也很高，而在冷却过程中，若速度过快，会产生内应力。

（3）因烤具火焰上、下移动范围有限，且移动速度难以准确控制，会使螺栓内壁受热不均，使螺栓产生附加局部热应力，易产生裂纹。

所以，用烤具加热松动下来的螺栓，在检修过程中必须进行探伤检查。如果螺栓内孔存在缺陷但不是很严重时，可用钻孔或铣孔的方法将螺栓内孔扩大，仍可使用；若螺栓缺陷很严重，则应更换螺栓。另外，用烤具加热拆卸来的螺栓，需经过热处理，消除局部附加热应力后才可继续使用。

（五）汽缸结合面漏气的原因及处理方法

1. 汽缸泄漏的原因

汽缸泄漏多数发生在上、下缸水平接合面高压轴汽封两侧，因为该处离汽缸接合面螺栓较远，温度变化较大，温度应力也较大，往往会使汽缸产生塑性变形而造成较大的接合面间隙，使这些部位发生泄漏。一般来说，汽缸泄漏的原因除了制造厂设计不当之外，还有下列三种。

(1) 汽缸法兰螺栓预紧力不够。如高压外缸法兰接合面漏汽严重。后经制造厂核算，外缸法兰螺栓热紧转角可适当增加，以消除漏汽。

(2) 汽缸法兰涂料不佳。如涂料内有杂质、涂刷不均匀或漏涂、涂料内有水分、涂料用错等。

(3) 汽缸法兰变形严重，接合面间隙较大。由于汽缸形状复杂及体积庞大，经过消除应力热处理后，残余内应力仍在所难免。当汽缸经过一段时间运行后，残留的内应力和运行中产生的温差应力相互起作用，就会使汽缸变形，导致局部区域法兰接合面间隙过大。

2. 消除汽缸泄漏的方法

消除汽缸法兰接合面泄漏有下列方法。

(1) 用适当的涂料密封。当汽缸泄漏面积较小，接合面间隙在 0.10mm 左右时，可用亚麻仁油加铁粉作涂料，涂于泄漏处或接合面间隙大处，以消除泄漏。该涂料配制方法为将亚麻仁油用电炉煎熬约 6h，待亚麻仁油内水分蒸发完为止，使亚麻仁油要有一定的黏性即可。加入 25％红丹粉、25％铁粉和 50％黑铅粉，搅拌均匀成糨糊状后即可使用。

(2) 接合面处加密封带。当汽缸泄漏处于高温区域且漏汽不很严重时，可在汽缸接合面泄漏区域的上缸离内壁 20～30mm 处开一条宽 10mm、深 8mm 的槽，然后在槽内镶嵌 1cr18NiTi 不锈铜条，借 1cr18NiTi 材料的膨胀系数大于汽缸材料的膨胀系数，使汽缸在运行工况时增加密封紧力（约 0.02mm），从而消除漏汽。

(3) 汽缸接合面加装齿形垫。当汽缸接合面局部间隙较大，漏汽较严重时，可在上、下汽缸接合面上开宽 50mm、深 5mm 的槽，中嵌 1cr18NiTi 的齿形垫，齿形垫厚度比槽的深度大 0.05mm 左右，并可用不锈钢垫片进行调整。

(4) 汽缸结合面堆焊。汽缸泄漏发生在低压汽缸的低压轴封处时，由于该处工作温度较低，一般采用局部堆银焊或铜焊来消除漏汽。堆焊前，将汽缸平面清理干净，用氧—乙炔焰焊嘴加热堆焊，堆焊后用小平板进行研刮，使其与法兰平面平齐。对于工作温度高的汽缸，因其材料焊接性能差，为防止汽缸裂纹，一般不采用堆焊方法来处理漏汽缺陷。

(5) 汽缸结合面涂镀。当低压汽缸接合面大面积漏汽时，为了减小研刮汽缸接合面的工作量，可采用涂镀新工艺，即利用汽缸作阳极，涂具作阴极，在汽缸接合面上反复涂刷电解溶液。溶液的种类可视汽缸材料和研刮工艺而定。涂镀层的厚度可视汽缸接合面间隙大小而定，一般涂镀层厚度为 0.03～0.05mm。涂镀层可在上汽缸合上后用平尺进行研刮。用涂镀方法消除汽缸漏汽，不需对汽缸加热，所以不会引起汽缸变形，操作简单方便，在许多方面优于喷涂法，因而逐步得到推广。

(6) 汽缸接合面研刮。当汽缸接合面出现多处泄漏，且接合面间隙大部分偏大时，应考虑研刮汽缸接合面。研刮工作一般分下列几个步骤。

1) 将上、下缸接合面清理干净，并扣上大盖，冷紧 1/3 汽缸螺栓，用塞尺检查汽缸内、外壁接合面间隙，作好记录和记号。

2) 根据所测接合面间隙，确定研刮基准面。一般情况下，以上汽缸为基准，研刮下汽缸平面。但是，当汽缸变形严重时，上汽缸平面不平，此时应先将上汽缸翻转，用道木垫平垫稳（注意汽缸静垂弧影响）。然后，用平直尺或大平板检查和研刮平面，一直研刮到用平直尺检查间隙小于 0.05mm，方可将上缸再翻转，作为研刮下汽缸平面的基准。

3）当汽缸变形量大于 0.20mm 时，应用平面砂轮机进行研磨。为防止研磨过量，可在下汽缸平面上按变形量用手工研刮出基准点，一般为 10mm×10mm 的小方块，其深度为该处必须的研刮量，每隔 200mm 左右研刮一个基准点。使用平面砂轮机时，按这些基准点进行研磨。平面砂轮机宜采用高速多功能砂轮机。

（7）汽缸法兰平面研刮应注意以下几点

1）汽缸法兰接合面间隙最大处不能研刮。

2）研刮前，必须将汽缸法兰平面上的氧化层用旧砂轮片打磨掉。

3）刮刀或锉刀等研刮工具只能沿汽缸法兰纵向移动，不能横向移动，以免在汽缸法兰平面上产生内外贯穿的沟槽，影响研刮质量。

4）研刮工作应由一名高级技工统筹考虑和指挥，防止步调不一致发生研刮过量。

5）用砂轮机研磨到汽缸接合面间隙等于或小于 0.1mm 时，研刮工作应改用刮刀（铲刀）精刮，此时检查汽缸接合面接触情况，应在下汽缸法兰平面上涂擦一薄层油墨，用链条葫芦或千斤顶施力，使上汽缸在下汽缸上沿轴线方向移动约 20mm，往复 2～3 次，然后吊去上缸，按印痕进行研刮。

6）用油墨或红丹粉检查平面时，必须将汽缸法兰平面上的铁屑擦净，以防汽缸在往复移动时咬毛平面。

7）研刮标准为每平方厘米范围内有 1～2 点印痕，并用塞尺检查接合面间隙小于 0.05mm。达到标准后用"00"砂纸打磨，最后用细油石加润滑油进行研磨，使汽缸法兰表面粗糙度为 0.1～0.2。

8）研刮工作结束后，应合缸测量各轴封、隔板等处的汽缸内孔的轴向、辐向尺寸，以确定是否需要镗汽缸各孔。

9）研刮前，必须将前后轴承室和汽缸内各疏水、抽汽等孔封闭好，以防铁屑、砂粒落入。

第三节　隔 板、汽 封 检 修

喷嘴、隔板或静叶环、平衡鼓环、汽封等是汽轮机通流部分的静体构件，也是组成汽轮机的重要部件。这些部件检修质量的好坏，直接影响机组的安全和经济运行。

一、汽室喷嘴检查

汽室喷嘴是蒸汽进入汽轮机膨胀做功的第一道关口，它承受的压力和温度最高。从蒸汽滤网通过的小颗粒，首先打在喷嘴壁上，加上喷嘴出汽边很薄，往往在强度薄弱处打出凹坑或微裂纹。这些凹坑或微裂纹成为喷嘴疲劳断裂的发源处，最后会使喷嘴出口边出现断裂，且多数形成近似半圆形缺口。所以，对汽室喷嘴应重点检查出汽边是否有打伤、打凹及微裂纹，当发现可疑裂纹时，应用着色法进行探伤；发现打裂及微裂纹，应将裂纹彻底清除掉；当裂纹较深无法去掉时，应用 $\phi2$ 钻头在裂纹尾端钻一小孔，以缓解裂纹的扩展。同时，应用手触摸喷嘴出口通道，检查是否有杂物，表面是否光滑等。实践证明，用这种方法检查发现了不少因蒸汽滤网破损而落进喷嘴室的异物（卡在喷嘴喉部），因发现和处理及时，消除了事故隐患。

二、隔板的检修

（一）隔板的结构特点

根据汽轮机蒸汽参数及隔板所处的温度和压力差不同，隔板采用不同的材料和结构，一般有铸钢隔板、焊接喷嘴隔板、铸铁隔板三种形式。

（二）隔板套结构

在超（超）临界汽轮机组中，为了减少汽缸的结构，使汽缸的轴向尺寸减小，使间距不受或少受汽缸上抽汽口的影响，便于抽汽口的布置，并为汽轮机实现模块式通用设计创造条件，隔板可采用隔板套结构。

隔板套分为上、下两半，中分面具有法兰，用螺栓和定位销连接，隔板和隔板套在汽缸内的支撑和定位采用悬挂销和键的结构。为了保证隔板套的热膨胀性，它与汽缸凹槽之间应留一定的膨胀间隙。

（三）隔板（静叶环）、隔板套解体与测量

1．隔板（静叶环）、隔板套解体工艺方法及注意事项

（1）上缸或上内缸吊出后，应及时向各隔板套连接螺栓内注入松动剂或煤油浸泡。同时测量检修前的隔板套、隔板水平中分面间隙，隔板和隔板套挂耳间隙，并将有关数据记录在检修卡片上。

（2）将隔板、隔板套按顺序编好号，以防组装过程中错装造成返工。各螺母编好号，以便回装时原螺栓配原螺母。

（3）拆卸各隔板（静叶环）、隔板套连接螺栓，拆卸时应小心谨慎，防止螺帽、垫圈、扳子或锤头掉入抽汽孔内，若有异物掉入抽汽孔内则应及时汇报，设法取出。

（4）对于超（超）临界汽轮机组，静叶环部分螺母需加热，故采用电加热方法进行，其具体操作工艺见汽缸螺栓拆卸工艺要求。

（5）确认吊装顺序，做好标记后，用顶头螺钉将上半持环顶起，然后用行车缓慢、平稳地将上半吊出放到指定位置，检查中分面有无汽流冲刷痕迹，并作好记录。

（6）检查下半隔板中分面有无抬起，压板底部有无脱空现象。

（7）吊出上、下隔板，如隔板同汽缸配合过紧吊不出时，则可用紫铜棒敲击隔板左、右两侧平面，将氧化膜振破后，再将隔板吊出。

（8）当隔板（静叶环）、隔板套全部吊出后，应立即将各抽汽口封堵，以免检修过程中落入杂物。

（9）对具有隔板套的隔板应用专用工具将各级隔板抽出，并做好标记。

2．隔板、隔板套清理检查

（1）隔板、隔板套清理。隔板解体后，用专用的喷砂工具，依次喷射清洗正、反面的静叶，直至金属露出本色，或用砂布清扫隔板。

1）手工清理。用刮刀、砂纸、钢丝刷清理，漏出原色为止，对一些特殊部位，如动静叶片的根部、内弧及喉部等用手工清理可能无法清理干净，应通过改进清理工具解决。

手工清理时，注意不要碰伤喷嘴的出口边。手工清理效率低，会产生清理不到的死角，但对金属表面损伤小，且不易留砂粒等残物，一般用于喷嘴的清理。

2）喷砂清理。将软化水和砂的混合物喷射到金属表面的盐垢上。缺点是对静叶片的磨损严重。

（2）隔板、隔板套检查。清理干净后进行宏观检查，内容包括：

1）隔板外观检查。重点是隔板的出汽侧，尤其是铸铁隔板的静叶的铸入处有无裂纹、脱落现象；叶片有无伤痕、卷边、松动、腐蚀或组合不良等现象；隔板及隔板套挂耳应无松动；焊接隔板中分面处的两端静叶有无脱焊、开裂、漏焊或腐蚀吹薄等现象。

2）用小锤轻敲静叶片作音响检查，是否发音清脆，衰减适当。

3）有异常的叶片用放大镜或着色法作进一步检查。

4）对静叶的裂纹、缺口等缺陷作修整，小缺口用圆锉修成圆角，裂纹较长的应在裂纹顶端打止延孔，出口边卷曲严重应作必要的热校正，缺口较大的应进行焊补。

5）检查隔板中分面的接触情况：在隔板水平结合面上，涂上红丹粉，检查接触情况。

6）宏观检查喷嘴片和喷嘴室，用小锤轻击喷嘴片作音响检查，并检查喷嘴固定端的销钉和靠近汽缸处的密封键。

3. 隔板测量及调整

（1）隔板中分面严密性的测量。

1）隔板、隔板套清扫、修整干净后，各部分挂耳间隙已调整合格，隔板轮缘与槽道、密封键配合间隙符合标准值。

2）将隔板装入隔板套内，扣上上隔板套及隔板，用塞尺测量结合面间隙，其值要小于 0.10mm。

3）隔板套结合面严密性合格后，再检查隔板结合面严密性。

4）若结合面间隙不合格，应重点检查以下部位并修复：隔板压销或挂耳是否凸出结合面，按标准间隙修复；隔板在槽道内的配合是否过紧；隔板结合面及密封键是否有毛刺、伤痕、变形、机械损伤，或法兰发生变形，如变形严重应更换密封键；定位销及销孔是否存在毛刺和杂物，如有毛刺和杂物应设法消除，直到结合面间隙小于 0.10mm 为止。

（2）隔板弯曲度的测量。将隔板平放在平台上，用千分表测量隔板同一直径上对称点的数值，并进行比较，若对称点的数值基本相等，仍不能确定隔板是否弯曲，由于隔板左、右是对称的，发生弯曲时不一定破坏其对称性，还应与新机组安装时测得的基准数据相比较后确定隔板是否弯曲。测得值与基准值的差值应小于 0.5mm，当大于 1mm 时，应将隔板做加压试验，若通过加压试验发现弯曲值超出允许范围，应采用补焊和加强措施，严重时应更换隔板。

（3）隔板洼窝中心的测量与调整。

1）在解体未吊转子前，应先将各轴承箱外部挡油板拆下，用内径千分尺测量左、下、右三个方向径向尺寸值，如图 2-8 所示。在转子中心找正后必须重新再测量一遍，作好记录。

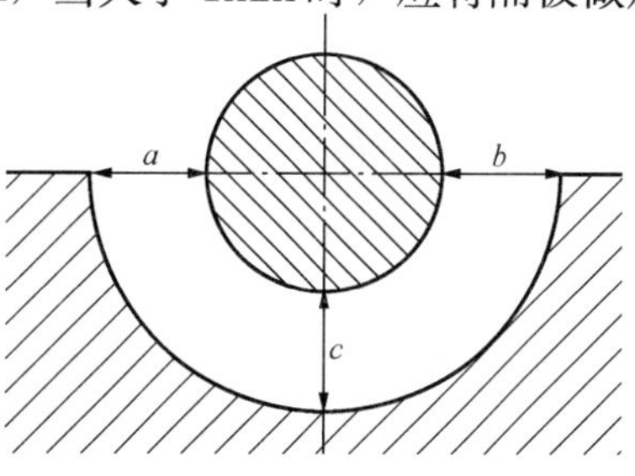

图 2-8　隔板洼窝中心测量方法

2）确认隔板、隔板套各部位已清理干净，各挂耳处及底键处清洁无杂物、毛刺，将其吊入汽缸后各级径向膨胀间隙已符合标准要求，检查隔板、隔板套是否放实，左、右有无窜动等不良缺陷，处理合格后方可正式找洼窝中心。

3）吊进假轴，按找中心后的实际位置将假轴调整好，其轴窜动小于 0.30mm，并固定牢固。假轴支撑座和洼窝接触良好，测量时不允许假轴有位移和轴向窜动，确保测量的准确性。

4）用百分表或内径千分尺测量下隔板的左、下、右三点距假轴的距离。

5）水平方向上的偏心差是左、右间隙差的一半，即 $(a-b)/2$；垂直方向的偏心差是下部间隙与左右间隙平均之差，即 $c-(a+b)/2$；若 $(a-b)$ 为正值，说明被测隔板中心线偏向左测，反之偏向右侧；若 $c-(a+b)/2$ 为正值时，说明被测隔板中心偏低，反之则偏高。

6）当隔板洼窝中心偏差左、右及上、下之差绝对值小于 0.25mm 时，不作调整；隔板洼窝中心偏差超标时，应作调整。调整垂直偏差的方法是靠加减隔板两侧挂耳下的调整垫片厚度来调整，调整水平方向偏差，将底销一侧焊补，另一侧修刮，以达到水平移动的目的。

7）调整时应核对汽缸安装时的偏差值及汽缸的垂弧，适当修整调整量。

8）隔板洼窝中心调整后，要重新测量调整挂耳和径向膨胀间隙。

9）调整后应达到的质量标准：隔板左、右窜动量不大于 0.05mm，否则处理底部定位键；洼窝中心左、右偏心差，高、中压缸应不大于 0.05mm，低压缸不大于 0.08mm。上、下偏心差只允许偏下，其数值不大于 0.05mm；隔板两侧高、低的偏差不大于 0.03mm。

（4）隔板挂耳间隙的测量与调整。当隔板中心经过调整及挂耳松动重新固定后；压销螺钉在运行中断裂；隔板、隔板套结合面不严密时测量隔板挂耳间隙。测量方法如下：

1）将上下隔板组合，拧紧隔板螺栓，然后测量。用千斤顶将上半隔板顶起前后均用塞尺分别测出隔板结合面靠近外缘处的间隙，间隙的变化值便是挂耳上部间隙 a。测量挂耳下部间隙 b，可以在隔板套结合面上放置适当厚度的垫片，紧固螺栓，使隔板套出现明显间隙，这时用千斤顶顶起前后分别测量间隙的变化值，即为挂耳上下部间隙之和 q，再减去挂耳上部间隙即是挂耳的下部间隙 b。

2）将上隔板套翻转至水平面朝上，此时上隔板挂耳上部间隙 a 变为零，测量挂耳间隙方法如图 2-9 所示。拆隔板压销，用深度尺测量压销槽深度 e、隔板套水平面与挂耳表面的距离 d 以及隔板与隔板套水平结合面的高度差 f_1 和 f_2。此时 $(d-e)$ 为挂耳上下部间隙总和 q，(f_1+f_2) 为上挂耳上部间隙 a。

3）间隙测量完毕后与图纸要求进行比较，若需要调整时，可以增减挂耳调整垫片的厚度；无调整垫片时，可直接在挂耳上或者压销上修锉或补焊。

（5）隔板膨胀间隙的测量与调整。

1）轴向膨胀间隙的测量调整。将隔板吊入隔板套或汽缸内，在隔板轴向平面上、左、右各打一块百分表，用撬棍沿轴向来回撬动隔板，此时百分表的读数差即为轴向间隙，也

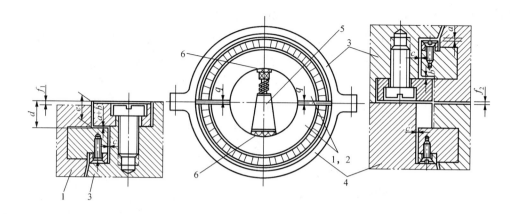

图 2-9　测量挂耳间隙方法

1，2—上下隔板；3，4—上下隔板套；5—千斤顶；6—木板

可用塞尺直接测量，但准确度不高。

若轴向间隙偏大，一般在进汽侧点焊修平；若需在出汽侧加厚时，应加入半环形垫或整圆满焊配合面，但注意严格执行焊接工艺，防止施焊隔板变形。总之，调整轴向间隙时一定遵守下列原则：要保证出汽侧配合严密；保证动静间隙合格。

2）径向膨胀间隙的测量调整。隔板和隔板套的径向间隙一般在大修中不作测量，只有在隔板和隔板套中心位置作较大调整，隔板套或汽缸结合面经过大量研刮后才进行测量检查。

径向间隙可用压铅丝或压肥皂块方法测量，在隔板槽及导向键槽内各放 $\phi3$ 的铅丝（或纸包好的肥皂块）吊入下隔板，测量下隔板挂耳承力面应无间隙，然后吊出隔板，测量压偏铅丝（或肥皂块）的厚度即得下隔板的径向膨胀间隙。若间隙小，可将隔板或隔板套放在立车上用偏心车旋方法车成椭圆。

注意事项：测量隔板的径向膨胀间隙，应注意底部应有足够的间隙；隔板与汽缸的中心作调整以后，应考虑上、下隔板的径向膨胀间隙的变化；汽缸底部纵向键与隔板底部槽的底部间隙，必须大于隔板的径向间隙。

（6）隔板内椭圆度的测量与调整。

1）此工作应在隔板中分面间隙修整符合标准后进行。

2）将上、下隔板扣在一起，用内径千分尺测量水平 a、b 及垂直 c 三个方向上的直径，并加以比较，测量的最大值和最小值之差即为椭圆度，测量隔板内圆直径示意如图 2-10 所示。

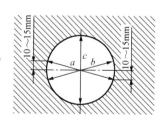

图 2-10　测量隔板内圆直径示意

3）上、下隔板扣在一起后，隔板汽封内圆单面错口不大于 0.03mm，中心错口不大于 0.10mm，轴向偏差不大于 0.05mm。

4）若上、下隔板左右错口较大，则可通过对隔板中分面定位圆销重新钻孔的方法校正。

（7）隔板挠度的测量、调整。

1）第一次大修时，在测量位置做好永久记号，以后每次大修时均以此位置作测量点，测量结果与上次大修记录比较应无明显的变化。

2）高、中压全部隔板和低压前两级隔板，在每次大修时应测量挠度值，低压其他各级隔板在叶片轴向间隙有异常变化时，应测量隔板挠度值。

3）将要测量的隔板进口侧向上，清除测量部位的锈斑等垃圾。

4）使用专用的长平尺放在隔板上，用精度为 0.02mm 的游标卡尺或内径千分尺测量监视点与平尺间的相对间隙或距离，并通过与原始数据对照，计算出叶片根部及汽封挡处挠度值。

5）监视点位置设在水平中分面附近，分别选出相互对应的六点 A、B、C、A'、B'、C'，隔板挠度测量方法如图 2-11 所示。

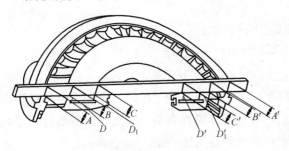

图 2-11　隔板挠度测量方法

6）缺乏监视点的原始数据或对监视点的数据有疑问时，可用直尺沿中分面密封键侧面搁置，用塞尺测量 D、D'、D_1、D_1' 处间隙，并按键槽长度比例测出隔板体变形数据，或在隔板沿中分面处搁直尺根，测量隔板进口边与汽封槽的实际尺寸，并对照制造图纸算出隔板汽封挡处变形值，以作校对。

7）各级隔板的挠度值与上次大修记录应无明显的变形，一个大修间隙变形量应小于 0.05mm，若累计变形量大于 1.0mm，则应做隔板挠度试验或汇报上级研究处理方案。

4. 隔板的组装

（1）用压缩空气将检修合格的隔板、隔板套（静叶环）及汽缸吹干净，各蒸汽管道、抽汽孔逐孔检查应无杂物。

（2）按解体编号和组装先后顺序，将各级隔板、下半隔板套（静叶环）外缘槽中分面及夹键涂润滑剂，下半部组装后，检查夹条键间隙，用力矩扳手拧紧压紧螺栓，规定扭矩，然后装上保险销。

（3）待动静通流间隙调整合格，转子轴向定位完毕后，可进行上隔板、隔板套（静叶环）的回装工作，但注意回装顺序。

（4）上半部件回装后，将连接螺栓的螺纹部分涂高温防锈剂，带上螺母，确保原螺栓垫圈、螺母匹配。需要热紧的螺栓在紧固前先测量自由状态长度，作好记录，然后按厂家规定的热紧弧长或角度将其紧固。

（5）测量组装后结合面和挂耳间隙，作好记录。

（6）测量热紧后螺栓的伸长量，作好记录。伸长量不符合标准时，应再热紧使其达到标准值。

（四）隔板检修中常见问题及处理方法

1. 隔板脱落与卡死

（1）隔板脱落。上隔板两侧销饼固定螺钉在运行中可能发生断裂，以致在上隔板及隔板套吊出过程中脱落，因此，当隔板套吊起 50～60mm 后，应从结合面观察隔板有无脱落。如发现隔板脱落，要用较细的钢丝绳或 8 号铁丝穿入顶部蒸汽管道中，将隔板临时捆在隔板套上，再进行起吊。

（2）隔板卡死。这种现象发生在超（超）临界汽轮机高温段。因为在高温段，隔板轮缘与隔板槽内壁容易形成高温氧化皮而使两者粘连锈死，或由于高温变形使两者卡死。防止隔板卡死的有效措施是每次大修时要保证隔板轮缘与槽道间留有一定轴向间隙，如果间隙过小或隔板不能自由落入槽道内，则可车旋或修锉进汽侧配合面，禁止强行将隔板打入槽内。吊出隔板前，应对下汽缸内各级隔板槽接触部分加煤油或松锈剂，并用铜锤敲击，使煤油或松锈剂逐渐渗透到所有接触面，以软化氧化皮，等待 4h 左右，将隔板逐级吊出。隔板卡死可用下列方法处理：

1）若隔板卡死在隔板套中，用行车吊住隔板，并将隔板套带起少许，用铜棒垫在隔板套左、右两侧的水平结合面处，用大锤同时向下锤击，也可适当地沿轴向敲振隔板，将隔板松动吊出。若隔板卡死严重，可在隔板套外部打孔攻丝，用螺栓将隔板顶出，然后用丝堵将螺孔重新封死。隔板取出方法如图 2-12 所示。

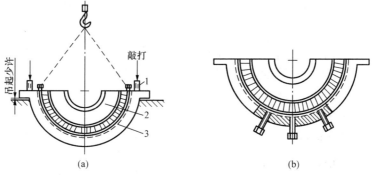

图 2-12 隔板取出方法

（a）敲击法取隔板；（b）顶丝法取隔板

1—铜棒；2—隔板；3—隔板套

2）隔板卡死在汽缸中，用铜棒敲击隔板两侧使其松动，然后吊出，如无效，可用两根 20 号以上的槽钢并成一根横梁，横跨在汽缸两侧，两端垫上垫块，见图 2-13（a）。螺栓穿过横梁上的孔拧入隔板上的吊环螺孔，然后均匀地拧动螺栓上端的螺母，同时敲击隔板，把隔板拉出。也可在汽缸左、右两侧装千斤顶，将横梁上顶，效果会更好，如图 2-13 所示。

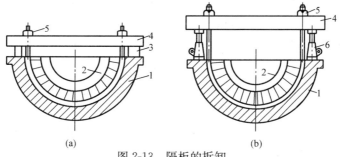

图 2-13 隔板的拆卸

（a）拧动螺母拉出隔板示意图；（b）用千斤顶拉出隔板示意图

1—汽缸；2—隔板；3—垫块；4—横梁；5—螺栓；6—千斤顶

3) 隔板吊出后,应对隔板和内缸或隔板套的配合尺寸仔细测量,要检查是由于轴向间隙小还是隔板拉毛或隔板在运行中塑性变形所致。对于轴向间隙小或变形隔板可上车床找正,将配合面车平,并保证足够的配合间隙。严禁采用锤击的方法强行将落不到的隔板和隔板套打入槽道。

2. 隔板压销螺栓拆不出的处理方法

对于难以拆卸的螺栓,不可硬拆,应先浇煤油或松锈剂,浸泡一段时间,然后用螺丝刀、手锤轻敲螺栓。可正、反方向施力使螺栓松动或用小铜锤轻敲压块,待煤油或松锈剂渗入明显、有气泡冒出时再松螺栓。对位置不方便且难以拆卸的,可用一个螺孔小于螺栓头部直径的螺母与螺栓施焊后,用扳手将螺栓拆下;对于实在拆不出的螺栓,可用钻头钻孔,取出螺栓,再攻丝。

3. 上下隔板或隔板套中分面有间隙的处理方法

检查下隔板或下隔板套的挂耳是否和上部相碰,在修整中,此处间隙应作适当测量。检查隔板中分面横向定位键有无装错或变形,必要时修锉处理,并检查其螺钉有无高出横键的现象。检查隔板压销和螺栓是否高出隔板套水平面,如存在应修锉。

4. 隔板静叶出现裂纹、脱焊的处理方法

静叶边缘的小裂纹可将有裂纹处的部分修去,低压缸的较大静叶也可根据其位置打 $\phi 4$ 止裂孔,对较大的裂纹应顺纹路磨出坡口,用奥 507 焊条冷焊。焊接隔板的脱焊可用角向磨光机,风动砂轮将裂纹清除,用奥 507 焊条冷焊。

5. 铸铁隔板裂纹的处理

铸铁隔板使用较长时间后,静叶浇铸处有时出现裂纹,裂纹较多或严重时,应考虑更换隔板。在更换隔板前,为了在运行中防止裂纹继续发展和静叶脱落,通常用先钻孔后攻螺纹,拧入沉头螺钉的方法来加固。如取直径为 5~6mm 的螺钉,间距约 10~15mm,拧入后必须铆死锉平,并做好防松措施。若裂纹已发展到覆盖在静叶上的铸铁脱开,甚至剥落的程度,则可将脱开或剥落部分车去一环形凹槽后镶入一相应的碳钢环带,并用螺钉固定点焊。

6. 隔板磨损处理

隔板如磨损轻微,可不作处理,但必须查明原因,采取相应措施,防止再次发生磨损。如发生严重磨损,会使隔板产生永久弯曲或裂纹,应仔细清除磨损部位的金属积层,检查隔板本身有无裂纹,并测量隔板挠度,裂纹可进行补焊处理。已产生永久弯曲的隔板,在隔板强度允许时,可将凸出部分车去,以保证必须的隔板与叶轮的轴向间隙。必要时还应作隔板的强度核算及打压试验。严重损坏及强度不足时的隔板应予以更换。

7. 隔板静叶局部缺损的处理方法

隔板静叶在运行中由于某种原因可能受到损伤而产生局部缺损。

(1) 将缺损部位打磨干净,确定缺损程度,如果缺损面积超过 $300mm^2$,就需要进行补焊,补焊的方法比较复杂,首先需要将缺损部位磨平滑,并用酒精清洗干净;然后根据制定的焊接措施进行加热,选取合适的焊条进行补焊,且补焊以后要进行热处理;在补焊前后要测量隔板变形情况，应采取防止隔板变形的措施，如用加工专用工具将隔板固定后进行加热、补焊。

（2）如果缺损面积在 $300mm^2$ 范围内，则无需补焊，一般情况下，检修现场采用的方法是，将伤口用直磨机磨成平滑的形式。隔板静叶局部缺损处理如图 2-14 所示，缺损部位显示的伤口情况。打磨过程为：首先，将缺损部位清理干净，用粉笔画出要磨出的形状，然后用直磨机或风动直磨机进行修型。修型过程中要时刻注意不要加力过大，防止扩大磨掉部位范围。磨成形以后要进行清理，将磨出的毛刺清理干净，再用合适的磨头将进、出汽侧平滑过渡。

（3）在隔板静叶局部缺损的处理过程中，应注意的事项如下。

1）如果采用补焊的方法，必须要有焊接专业人员制订出详细的焊接措施。

2）焊接前后要认真测量隔板变形情况，作好记录，以便比较。隔板变形量测量如图 2-15 所示。

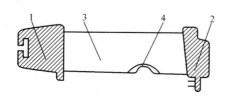

图 2-14　隔板静叶局部缺损处理
1—隔板体；2—隔板外缘；3—隔板静叶片；4—缺损部位

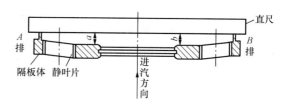

图 2-15　隔板变形量测量

3）如变形量过大，必须重新进行处理。

三、汽封检修

汽轮机是高速旋转的机械，在汽缸、隔板等静体与主轴、叶轮（包括动叶）等转体之间，必须有一定的轴向和径向间隙，以免机组在工作时动静部件之间发生摩擦。既然有间隙存在，就可能漏汽（气），为了减少蒸汽的泄漏和防止空气漏入，汽轮机都装有汽封装置。

（一）汽封的分类及原理

1. 汽封的分类

汽封装置按其安装位置的不同、密封方式的不同，采用的汽封形式也不相同，可分为叶栅汽封、隔板（或静叶环）汽封、轴端汽封等。通常又将叶栅汽封和隔板汽封统称为通流部分汽封。

（1）叶栅汽封。主要密封的位置包括动叶片围带处和静叶片或隔板之间的径向、轴向以及动叶片根部和静叶片或隔板之间的径向、轴向汽封。

（2）隔板汽封。隔板内圆面之间用来限制级与级之间漏气的汽封。如东汽—日立 N1000-25/600/600 型超超临界汽轮机隔板汽封装在隔板内孔的汽封槽内，全周分 6 块，每块各用 1 片弹簧片向心顶住。N1000-25/600/600 机组隔板汽封组装图如图 2-16 所示。高、中、低压缸各级采用高低齿结构，上隔板两侧汽封块用销钉铆死在隔板内，并用样冲铆死。

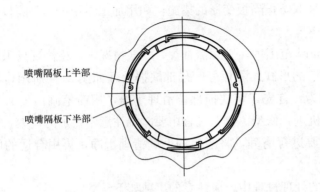
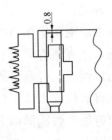

图 2-16 N1000-25/600/600 机组隔板汽封组装图

（3）轴端汽封。在转子两端穿过汽缸的部位设置合适的不同压力降的成组汽封。如东汽—日立 N1000-25/600/600 型超超临界机组轴端汽封装在轴封盒内，固定形式同隔板汽封，汽封盒也是遵循与汽轮机中心线一致的原则，下汽封盒通过挂耳挂在下汽缸相应洼窝处，挂耳的顶部与汽缸结合面应留 0.08～0.21mm 的膨胀间隙，轴封盒底部有纵向键定位，上汽封盒与下汽封盒用销子和螺栓固定在一起，高中压和低压 A 缸轴封采用高低齿结构，低压缸 B 缸的轴封采用平齿汽封。高温区域使用的汽封用铬-钼钢制成，低温使用的汽封由镍铜制成，汽封块弹簧片用铬-镍铁合金钢制成。上汽封盒汽封块用压板固定在轴封盒内。

反动式汽轮机还装有高、中压平衡活塞汽封和低压平衡活塞汽封。从结构原理上讲，一般又可分为三种类型，即：迷宫式汽封、炭精环式密封和水环式汽封。而广泛使用在超（超）汽轮发电机组上的是非接触式的迷宫式汽封。

迷宫式汽封又称为曲径汽封，图 2-17 是几种迷宫式汽封的示意图，其工作原理是在合金钢环体上车制出一连串较薄的薄片，每一个扼流圈后车一个膨胀室，当蒸汽通过时，速度加快，在膨胀室蒸汽的动能变化为热能，压力降低，比容增大，当蒸汽通过一连串的扼流圈时，其每个扼流圈的前后压差就很小，泄漏量就降低很多。迷宫式汽封的汽封片尖部厚度应尽可能加工得薄一些，一旦轴和汽封之间发生摩擦时，在轴几乎尚未被加热的情况下，汽封片尖部就已被擦掉。

2. 汽封的工作原理

汽封的工作原理主要是利用截面变大、蒸汽膨胀，使得压力变小，经过多次截面变大、压力变小，使得蒸汽压力与轴封蒸汽压力相等，停止向外流动，轴封蒸汽压力平衡仍然利用截面变大、压力变小的原理，经过汽封之后，使轴封压力与大气压力相等，不再外漏。

（二）汽封的拆卸与组装

1. 汽封检修应具备的条件

（1）检修工具准备齐全。

（2）解体后，汽封各部间隙测量完毕。

（3）汽轮机解体工作结束后，将汽封套吊出汽缸。

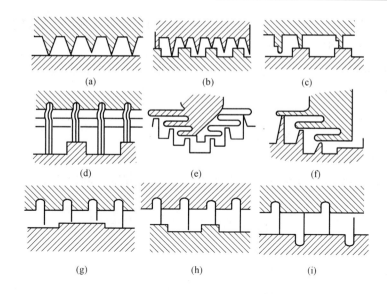

图 2-17 几种迷宫式汽封的示意图

(a) 整体式平齿汽封；(b)，(c) 整体式高低齿汽封；(d)，(g)，(h)，(i) 镶片式汽封；
(e)，(f) 整体式枞树形汽封

2. 汽封的拆卸工艺

汽封的拆卸工艺以东汽—日立 N1000-25/600/600 型超超临界机组为例。

(1) 轴封盒解体。

1) 拆除轴封盒垂直及水平结合面的销子及螺栓。

2) 低压 A、B 轴封（即第 4～7 轴封盒）盒外装有锥体，解体时应先拆除上半锥体。

3) 吊出轴封盒上半部分，检查结合面有无漏汽痕迹，上部汽封齿有无磨损，并初步检查下轴封盒径、轴向有无松动。

4) 吊出上汽封盒以后，在汽封槽、汽封压板处加少许煤油，以便于拆卸。

(2) 拆卸、检查汽封块。

1) 用专用丝杆将两侧汽封块拆下，最内侧汽封块用铜棒轻轻敲出。

2) 用砂布等清理汽封块、弹簧片及轴封盒上凹槽。

3) 检查弹簧片弹性良好，应无裂纹、断裂。

4) 扣上上汽封盒，抹上薄薄一层红丹粉，检查结合面严密性，必要时应进行修复。

5) 各汽封的间隙应在要求范围内。

(3) 拆卸汽封应注意的事项。

1) 拆前应仔细检查汽封齿的磨损情况，用煤油或松锈剂充分浸透。

2) 拆下固定的汽封压板，沿各汽封套的各凹槽取出汽封块并做好标记。

3) 拆下弹簧片，按材质和尺寸的不同分别保管，注意不能丢失或混淆。

4) 锈蚀的汽封块不严重时，用细铜棒插在汽封齿之间，用手锤在垂直方向敲打铜棒来振松汽封块。如果汽封块上下能活动，可用专用起子或铜棒倾斜敲打汽封块，使汽封块从槽道中滑落；锈蚀严重时，先用煤油或松锈剂充分浸透，然后用 ϕ10 的铜棒完成相应汽封的弧形，或将报废的汽封块顶着汽封块的端面，用手锤将汽封打出来。手锤打击的力量不能过大，更不能用圆钢代替铜棒。

5）当汽封卡死取不出时，可用车床将汽封块车去，并作好记录。

3. 汽封的组装工艺

（1）汽封块组装应具备的条件。

1）汽封块清理、修理结束，并符合要求。

2）隔板（隔板套）、汽封套修理及洼窝中心工作结束。

3）汽封块与隔板、汽封套轴向间隙配准，动静部分轴向间隙配准，汽封块整圈膨胀间隙配准。

汽封的组装工艺以东汽－日立 N1000-25/600/600 型超超临界机组为例。

（2）汽封的复装。

1）汽封盒及隔板上各汽封槽及汽封块，用干铅粉擦干净。

2）按记号装入各组汽封块及弹簧片，将弹簧片短侧插入汽封块的沟槽中，与汽封块一起滑入汽封槽道中，上半部分装好后用销钉或压板固定好，防止滑出。

3）下半部复装后用压缩空气吹净，仔细检查各汽封块，无装反、装错的现象。

4）检查上半部汽封块，确认无装反、装错的现象后，落上半汽封盒或隔板，打入定位销，拧紧螺栓。

5）全部汽封复装后，盘动转子，检查汽缸内有无动静摩擦声音。

（3）汽封组装应注意的事项。

1）组装前，将各汽封槽及汽封块清理干净并涂擦二硫化钼粉剂。

2）按编号装入各汽封块及弹簧片。

3）高、低齿汽封块注意不要装反，以防汽封高齿被轴上的汽封凸肩压坏。

4）汽封块在汽封槽道内的轴向膨胀间隙符合要求。

5）全部汽封组装好后，盘动转子，验证汽封内有无金属摩擦声。

6）组装好的汽封块、压块、弹簧片不得高于汽封套的结合面。汽封齿径向和轴向无明显错开现象，汽封块接头端面应研合无间隙。

7）组装合格后的整圈汽封总膨胀间隙为 0.30～0.60mm。

（三）汽封的检查、清理及整修

1. 汽封的检查、清理

（1）检查汽封套、隔板汽封凹槽、汽封块、弹簧片时，确保无垢、锈蚀、断裂、弯曲变形和毛刺等缺陷。汽封套在汽封洼窝内不得晃动，其各部间隙应符合制造厂的规定，以确保其自由膨胀。

（2）检查汽封块是否完整，有无损伤、裂纹、锈蚀、毛刺等缺陷。

（3）检查汽封齿是否完好，有无折断、弯曲、卷边等现象，齿尖是否磨损严重。

（4）检查汽封上的弹簧片有无锈蚀、裂纹、断裂等现象，弹性是否良好。

（5）对于可调式汽封块，检查时应拆除汽封块背弧的压块及螺栓，将其清理干净，螺孔应用丝锥重新过丝，螺栓涂高温防锈剂后装复。

(6) 对通流部分汽封,检查径向汽封齿是否松脱、倒伏、缺损、断裂,齿尖是否磨损。对轻度摩擦、碰撞造成的磨损、倒伏,应将其扳直去除毛刺;对磨损严重的,应重新镶齿。

(7) J形汽封最容易损坏,应根据损坏程度,予以更换。J形汽封损坏的原因有两个:一是因为蒸汽中带有的铁屑和杂质进入汽封片中所致;二是因为检修中多次反复平直,造成根部断裂。

2. 汽封检修的注意事项及质量标准

(1) 汽封检修的注意事项。

1) 汽封块没有敲击活动之前,不能在汽封端部用铜棒硬性敲击汽封块,防止把汽封块砸变形。另外,不能用起子或扁铲打入两块汽封块的对缝处将汽封块撑开,防止损坏汽封块端面和汽封齿。

2) 汽封间隙测量时,要仔细检查转子是否在工作位置,汽封齿有无掉齿现象。

3) 汽封块安装时,相邻的汽封环接扣不能在一条线上,要错开接口,即第一环长的一块放在中间,第二环就要将长的一块汽封放在端部,这样接口就相互错开了。

4) 无论是用压铅丝法测量汽封间隙还是用粘胶布的方法测量汽封间隙,都要注意粘固时一定要牢,不能有任何松动,否则测出的间隙不正确。

5) 组装汽封块时,汽封块不能装反,更不能将低温处的弹簧片用在高温处,防止运行中弹力消失,使汽封间隙变大。

6) 汽封块装复用手向下压并松开,汽封块应能弹动自如,不卡死,各段汽封齿的接头处应圆滑过渡,不应高、低不齐。

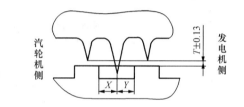

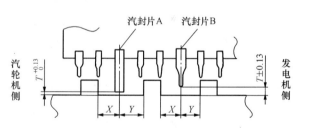

图 2-18 N1000-25/600/600 高压缸轴封轴向间隙图

(2) 汽封检修的质量标准(不同机组、不同汽缸、不同位置的标准不一样)。

N1000-25/600/600 机组高压缸轴封轴向间隙如图 2-18 所示,质量标准如表 2-1～表 2-3 所示。高压隔板汽封间隙如图 2-19 所示,质量标准如表 2-4～表 2-6 所示。

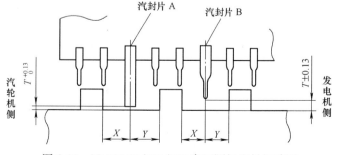

图 2-19 N1000-25/600/600 高压隔板汽封间隙图

表 2-1　　　　　　　　　　　　　　高压轴封轴向间隙设计值　　　　　　　　　　　　　（mm）

轴　封	汽封圈		设　计　值	
			X	Y
1 号轴封	1 号汽封圈		10.3±0.7	16.7±0.7
	2 号汽封圈		10.3±0.7	16.7±0.7
	3 号汽封圈 ～6 号汽封圈	汽封片 A	10.3±0.7	16.7±0.7
		汽封片 B	10.3±0.7	16.7±0.7
2 号轴封	1 号汽封圈 ～4 号汽封圈	汽封片 A	5.8±0.7	10.0±0.7
		汽封片 B	5.8±0.7	10.0±0.7
	5 号汽封圈 ～8 号汽封圈	汽封片 A	4.8±0.7	7.1±0.7
		汽封片 B	4.8±0.7	7.1±0.7
	9 号汽封圈		4.8±0.7	6.3±0.7
	10 号汽封圈		4.8±0.7	6.3±0.7

表 2-2　　　　　　　　　　　　　　高压轴封径向间隙设计值　　　　　　　　　　　　　（mm）

轴封	汽封圈		设计值（T）			
			左	右	上	下
1 号轴封	1 号汽封圈		0.64	0.64	0.64	0.64
	2 号汽封圈		0.64	0.64	0.64	0.64
	3 号汽封圈 ～6 号汽封圈	汽封片 A	0.51	0.51	0.51	0.51
		汽封片 B	0.64	0.64	0.64	0.64
2 号轴封	1 号汽封圈 ～4 号汽封圈	汽封片 A	0.51	0.51	0.51	0.51
		汽封片 B	0.64	0.64	0.64	0.64
	5 号汽封圈 ～8 号汽封圈	汽封片 A	0.51	0.51	0.51	0.51
		汽封片 B	0.64	0.64	0.64	0.64
	9 号汽封圈		0.64	0.64	0.64	0.64
	10 号汽封圈		0.64	0.64	0.64	0.64

表 2-3　　　　　　　　　高压轴封周向间隙设计值　　　　　　　　　（mm）

汽封体	汽封圈	设计值（A）	
		上	下
1号轴封	1号汽封圈 ～2号汽封圈	$1.5^{+0.25}_{0}$	$1.5^{+0.25}_{0}$
	3号汽封圈 ～6号汽封圈	$0.3^{+0.25}_{0}$	$0.3^{+0.25}_{0}$
2号轴封	1号汽封圈 ～8号汽封圈	$0.3^{+0.25}_{0}$	$0.3^{+0.25}_{0}$
	9号汽封圈 ～10号汽封圈	$0.2^{+0.25}_{0}$	$0.2^{+0.25}_{0}$

表 2-4　　　　　　　　　高压隔板汽封间隙轴向间隙设计值　　　　　　　　　（mm）

级　数		设　计　值	
		X	Y
高压第2级隔板汽封	汽封片A	10.1 ± 0.7	12.1 ± 0.7
	汽封片B	10.1 ± 0.7	12.1 ± 0.7
高压第3级隔板汽封	汽封片A	11.0 ± 0.7	11.2 ± 0.7
	汽封片B	11.0 ± 0.7	11.2 ± 0.7
高压第4级隔板汽封	汽封片A	13.8 ± 0.7	13.2 ± 0.7
	汽封片B	13.8 ± 0.7	13.2 ± 0.7
高压第5级隔板汽封	汽封片A	13.8 ± 0.7	13.2 ± 0.7
	汽封片B	13.8 ± 0.7	13.2 ± 0.7
高压第6级隔板汽封	汽封片A	13.8 ± 0.7	13.2 ± 0.7
	汽封片B	13.8 ± 0.7	13.2 ± 0.7
高压第7级隔板汽封	汽封片A	13.8 ± 0.7	13.2 ± 0.7
	汽封片B	13.8 ± 0.7	13.2 ± 0.7
高压第8级隔板汽封	汽封片A	13.8 ± 0.7	13.2 ± 0.7
	汽封片B	13.8 ± 0.7	13.2 ± 0.7
高压第9级隔板汽封	汽封片A	13.8 ± 0.7	13.2 ± 0.7
	汽封片B	13.8 ± 0.7	13.2 ± 0.7

表 2-5　　　　　　　　　高压隔板汽封间隙径向间隙设计值　　　　　　　　　（mm）

名　称	汽封片A（$T^{+0.13}_{0}$）				汽封片B（$T\pm0.13$）			
	左	右	上	下	左	右	上	下
高压第2级隔板汽封	0.51	0.51	0.87	0.87	0.64	0.64	1.00	1.00
高压第3级隔板汽封	0.51	0.51	0.87	0.87	0.64	0.64	1.00	1.00
高压第4级隔板汽封	0.51	0.51	0.87	0.87	0.64	0.64	1.00	1.00
高压第5级隔板汽封	0.51	0.51	0.87	0.87	0.64	0.64	1.00	1.00

名　　称	汽封片 A（$T^{+0.13}_0$）				汽封片 B（$T\pm0.13$）			
	左	右	上	下	左	右	上	下
高压第 6 级隔板汽封	0.51	0.51	0.87	0.87	0.64	0.64	1.00	1.00
高压第 7 级隔板汽封	0.51	0.51	0.87	0.87	0.64	0.64	1.00	1.00
高压第 8 级隔板汽封	0.51	0.51	0.87	0.87	0.64	0.64	1.00	1.00
高压第 9 级隔板汽封	0.51	0.51	0.87	0.87	0.64	0.64	1.00	1.00

表 2-6　　　　　　　　　高压隔板汽封间隙周向间隙设计值　　　　　　　　　（mm）

级　　数	设计值（A）	
	上	下
高压第 2 级隔板汽封	$0.3^{+0.25}_0$	$0.3^{+0.25}_0$
高压第 3 级隔板汽封	$0.3^{+0.25}_0$	$0.3^{+0.25}_0$
高压第 4 级隔板汽封	$0.3^{+0.25}_0$	$0.3^{+0.25}_0$
高压第 5 级隔板汽封	$0.3^{+0.25}_0$	$0.3^{+0.25}_0$
高压第 6 级隔板汽封	$0.3^{+0.25}_0$	$0.3^{+0.25}_0$
高压第 7 级隔板汽封	$0.3^{+0.25}_0$	$0.3^{+0.25}_0$
高压第 8 级隔板汽封	$0.3^{+0.25}_0$	$0.3^{+0.25}_0$
高压第 9 级隔板汽封	$0.3^{+0.25}_0$	$0.3^{+0.25}_0$

（四）汽封间隙测量与调整

汽封间隙的测量方法有多种，现场常用的方法主要有 3 种。

1. 用塞尺测量汽封间隙

（1）测量汽封结合面处汽封齿径向间隙，是在汽封块背弧处用一个特制的斜块将其楔死，防止塞汽封间隙时，汽封块向后退让，产生假间隙，然后用塞尺一个齿一个齿的测量，并作好记录。在测量间隙前，转子应放在工作位置，即转子推力面要靠在推力工作瓦的工作面上。

（2）测量汽封结合面处汽封齿轴向间隙，要用特殊的液晶显示楔形尺。用楔形尺测量时，推拉杆要放平，斜面要插到位，否则测出的尺寸不准确。

（3）测量汽封块的膨胀间隙时，应将汽封块组装在汽封槽内，并靠在一起且推向另一侧。检查汽封块后面的弹簧片要全部弹起，使得汽封块靠近汽封槽内侧外弧。测量另一侧汽封块与结合面的高度差时，结合面上放一刀口尺，使得刀口尺与结合面充分接触。用塞尺塞刀口尺与汽封块端部的间隙，即为半圆上汽封块的膨胀间隙。再用同一种方法测量另半圆汽封块的膨胀间隙，两个膨胀间隙之和就是本环汽封的膨胀间隙。

校对汽封的径向间隙、轴向间隙如图 2-20 所示，膨胀间隙与检修工艺标准是否相符，如有偏差需进行调整。

2. 压铅丝法测量汽封间隙

在测量汽封间隙时，为了能够全面、真实地反映汽封间隙情况，需要测量汽封上、下结合面处左下、左上、右下、右上以及 45°角部位的汽封间隙，用塞尺测量汽封间隙只能测量下半部汽封在结合面处的间隙情况，其他各角度汽封间隙情况均测量不到，因此需要采用压铅丝法测量。其方法如下：将不同规格的铅丝用胶布粘在汽封齿上，粘放时要弹性放置，即与汽封齿一样回转放置，端部用胶布粘住，将汽封、汽封套就位，

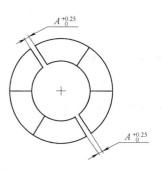

图 2-20　N1000-25/600/600 高压隔板汽封间隙

吊放转子到工作位置，这样，铅丝就被压出一道道沟。吊出转子，测量汽封沟痕剩余部分厚度，就是汽封对应间隙。压铅丝测量汽封间隙的前提条件是汽封块背弧侧要先用竹楔、塑料楔或铜楔挤死，使得汽封齿与铅丝之间有作用力时汽封块不向后退让。测量沟痕剩余部分的厚度时，卡尺的卡口部位需要很薄，也就是说必须能测量到压出沟痕的底部，否则测出的间隙要大于实际间隙。测量汽封间隙时铅丝的放置方法如图 2-21 所示。

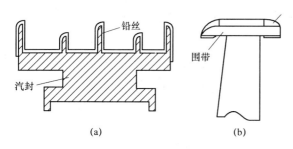

图 2-21　测量汽封间隙时铅丝的放置方法
(a) 在汽封齿上粘放铅丝；(b) 在叶片围带上挂放铅丝

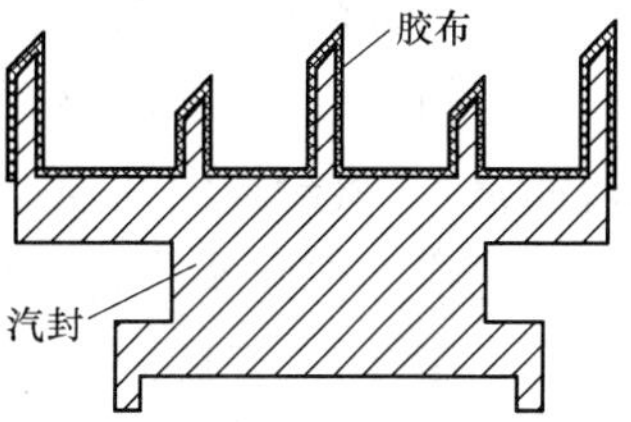

图 2-22　测量汽封间隙时胶布的粘放方法

3. 粘胶布测量汽封间隙

无论是用塞尺测量汽封间隙还是用压铅丝法测量汽封间隙，都不能 100% 测量出汽封各个部位的动静间隙。用塞尺可以测量出 2 个位置的汽封间隙，用压铅丝法可以测量出 8 个位置的汽封间隙，因此，在测量汽封间隙时，还需要采用粘胶布的方法测量出整圈汽封的最小间隙，以防止某个部位汽封间隙过小，造成运行中动静发生摩擦。测量汽封间隙时，胶布的粘放方法如图 2-22 所示。胶布放置在上、下、左、右 4 个角上，有的公司要求在 10 个角上都粘上胶布，但没有必要，上、下、左、右 4 个角度可以全面反映出转子弯曲、瓢偏、挠度的状况，多了将造成材料、人工、时间的浪费。胶布一般用白色医用胶布，在粘放前作试验，分别测出 1~5 层胶布的厚度。测量胶布厚度时，卡尺不能吃力，因为胶布是软件，卡尺吃力就会造成厚度变小。现场使用的胶布一般是 1 层 0.25mm、2 层 0.55mm、3 层 0.80mm、4 层 1.10mm。在粘胶布前，汽封表面要清扫干净，不能有灰、锈、油，清扫干净以后，最好用酒精清洗一遍，再用高压风吹扫一遍。这样，胶布才会粘实，不会翘起，不会出现假间隙。但应注意，汽封块要用楔子顶住，使其不能退让，

另外，胶布不能粘在汽封块接缝处。胶布粘好以后，转子汽封凸凹台涂一层红丹粉，将转子吊回到工作位置，组合上半汽封套及隔板套，将转子盘动 2 圈及以上，在盘动过程中始终都要保持转子在工作位置。吊出转子，检查胶布摩擦痕迹情况。

根据胶布和红丹粉接触程度，判断汽封间隙大小。下面以 3 层胶布为例介绍：当第三层胶布刚接触时，表明汽封间隙大于 0.75mm；第三层刚见红色痕迹，表明汽封间隙为 0.75mm；第三层有较深的红色痕迹，表明汽封间隙为 0.65～0.70mm；第三层表面压光颜色变紫，表明汽封间隙为 0.55～0.60mm；第三层表面磨光呈黑色或磨透，第二层刚见红色，表明汽封间隙为 0.45～0.50mm。

4. 汽封间隙的调整

(1) 汽封间隙的调整原则。

1) 因运行时，汽缸上、下总存在温差，下缸温度低于上缸温度，故下部汽封间隙应大于上部汽封间隙，且越靠近汽缸中部，下部汽封间隙应越大。

2) 转子正常顺时针旋转，使左侧间隙大于右侧间隙。

3) 由于转子静挠度存在，使得转子静挠度最大处的汽封下部间隙应最大，上部间隙为最小。

4) 为防止汽封与转子之间摩擦，汽封块应留有足够的退让间隙。

(2) 汽封间隙的调整方法。

1) 汽封径向间隙的调整方法（在现场检修过程中，应按各电厂给定的汽封间隙标准值进行调整）。汽封径向间隙过大，若是由于汽封齿损坏或汽封块严重变形使间隙严重超标时，应更换新汽封块；若汽封间隙超过标准值不是很大，一般采用加工汽封块定位内弧的方法，如图 2-23 所示。

汽封径向间隙过小，一种是由于汽封套或汽封块变形或更换新汽封块时，会使部分汽封间隙过小，因此最合理的调整方法是加工修整汽封齿。这种方法要求加工精度较高、难度较大，而且耗费时间较长。另一种比较简单、有效的方法是捻打汽封定位内弧。其具体方法为：先用游标卡尺测量汽封定位内弧与圆弧面 B 之间的距离，然后用尖铲或样冲在定位内弧侧面敲击出冲孔，则定位内侧背弧就会沿径向挤压出一个凸起点，捻挤汽封背弧示意图如图 2-24 所示。测出凸起点与圆弧面 B 之间的距离，两次测量值之

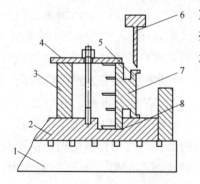

图 2-23　间隙大时加工内弧示意图
1—立式车床转盘；2—专用卡具；3—调整垫块；4—汽封块；5—需加工的定位内弧；6—刀具；7—汽封；8—调整垫片

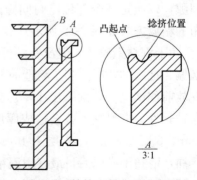

图 2-24　捻挤汽封背弧示意图

差就是汽封间隙在此点增大的值。间隙变化值如果与理想值不符,可再进一步调整。若间隙调整过大,可用组锉将凸起点锉掉一点;若间隙过小,就将冲孔冲大一点,直到汽封间隙合适为止。需要注意,在每块汽封上应多捻出几个凸起点,且应分布均匀。汽封定位内弧捻打后,如果汽封退让间隙小于标准值,则应将汽封块圆弧面 B 车去相应量,以达到足够的退让间隙。

捻挤法存在间隙不易调整均匀、汽封背弧容易漏汽及机组运行时间较长时,捻挤汽封背弧凸点容易被磨损变形等缺点。

2)汽封轴向间隙的调整方法。当检修中发现汽封轴向间隙不符合标准时,应予以调整,通常采用轴向移动汽封套或汽封环的方法,也可采用局部补焊或加销钉的方法。调整汽封轴向间隙需使汽封套向进汽侧方向移动时,不能采用加销钉或局部补焊的方法,必须采用加装与凸缘宽度相同的环形垫圈,用沉头螺钉固定或满焊后再加工的方法,以确保进汽侧端面的严密性。对于隔板汽封,不允许采用改变隔板轴向位置的方法来调整轴向间隙,可采用将汽封块的一侧车去所需的移动量,另一侧补焊的方法来调整轴向间隙。当隔板轴向间隙与隔板轴向通流间隙调整方向一致时,才能改变隔板轴向位置。

(五)汽封常见缺陷及特殊问题处理方法

(1)弹簧片缺陷的处理方法。弹簧片应有足够的弹性,从而保证汽封块在汽封凹槽内有良好的退让性能。检查时,可用手将汽封块压入,若松手后能很快复位,说明弹簧片弹性良好,否则,应更换备件,不要作修复性处理。若弹簧片存在裂纹等缺陷,也应更换备件。

(2)汽封齿缺陷的处理方法。若汽封齿轻微弯曲、磨损,应用平口钳子扳直,用汽封刮刀将疏齿尖刮尖。当汽封齿折断、脱落或磨损严重时,应更换备件。汽封块的更换应按汽封组装的注意事项进行。

(3)汽封块锈死的处理方法。汽封块锈死、拆卸不动的现象在检修过程中经常遇到,无论如何敲击汽封块、喷洒各种松动剂都无效的情况,说明汽封块和汽封槽道之间已经锈死。在这种情况下,汽封块的拆卸只能采用破坏性的措施,汽封拆卸劈开示意如图 2-25 所示。用装有定位极限和切割片的角向磨光机,如图 2-25 所示的劈开线位置将汽封块劈开成两半或三半,然后敲击或用铜棒砸出。

(4)上半汽封定位销锈死的处理方法。

1)轴向固定式汽封结构,见图 2-26。由于其定位螺栓是一根穿透各圈汽封的长螺栓,敲击旋出比较困难,一般情况下锈死的几率比较大,而且锈死后钻出来是唯一的方法,钻出又细又长的螺栓比较困难,可采用焊接加长杆钻头的方法,螺栓孔本身是一段一

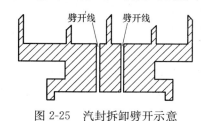

图 2-25　汽封拆卸劈开示意

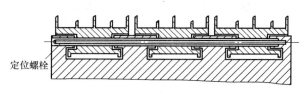

图 2-26　轴向固定式汽封结构

段的，铁屑随着钻出孔部分的漏孔处排出。在钻孔过程中，由于焊钻头柄时，中心对正比较困难，需要一段一段钻出时，用手扳，采取90°钻。

2）如果是压销固定汽封的压销螺栓锈死，采取钻取的方法比较方便，如条件允许，应将汽封套运到装有固定臂钻的地方钻取压销螺栓，如果检修现场有磁座钻可在现场钻取。将上部汽封套翻过来使得结合面处于水平位置，汽封套下部要垫稳，在汽封套结合面上吸附磁座钻，将压销螺栓中心找到，用中心钻钻出中心孔，换上合适的钻头，一般钻头直径较螺栓齿根径小1～1.5mm，磁座钻通电以后，旋转寻找中心，确定没有钻偏的情况下再向下钻，钻孔深度要与螺栓长度基本相同。内孔钻够深度后，将螺纹向孔中心砸，使得螺栓外径明显变小，再将螺栓旋出。清理螺孔，并用丝锥过一遍后再清扫。

（5）J形汽封更换工艺。J形汽封（在现场俗称阻汽封），通常用在高温、高压部位，有的机组用于隔板汽封，有的用于叶顶汽封，还有的用于转子和汽封块上。J形汽封损坏后只能更换，其具体更换工艺如下。

1）取出已损坏的J形汽封片，用专用尖铲剔出填料，然后用克丝钳或手钳夹住填料头，边拉边用尖铲剔，直到取出所有填料，最后用钳子拔出汽封片，对于填料很难取出的汽封片，应将隔板套（或内缸或静叶片）固定在立车床上，旋车出填料。注意车削时找正应准确，避免车伤槽道。

2）清扫汽封槽道，去除毛刺和残余的部分填料。

3）准备新的不锈钢片或镍铬合金制成的各部分尺寸符合对应的槽道的汽封片，同时准备足够量的填料。填料各制造厂使用不同，有的用不锈钢，有的用软铁。

4）准备镶汽封片的专用工具，如风锤、冲子。

5）镶汽封片时，首先，将汽封片放入槽道，然后放入填料，用专用冲子将填料打入槽道，也可将填料和汽封片同时打入槽道，但敲击力量不能太大，以免造成填料进入槽道而汽封片与槽道接触不实。

6）在确认填料和汽封片与槽道接触好的情况下，用风锤将填料冲紧，直至牢固为止。

7）按尺寸车削汽封片，以保证标准高度。

8）用细锉刀修锉汽封片上的毛边至光滑。

（6）汽封块结构改进工艺。

可调式汽封块（如图2-27所示）具有便于调整、使用周期较长等优点。通过调整垫片来改变单块汽封齿的轴向间隙，或通过调整凸肩小块的垫片来改变汽封齿的径向间隙。旧汽封块可加工成可调式汽封块，其步骤如下：

1）将旧汽封块后凸肩部分车去，如图2-28（a）所示。

2）在每个汽封块弧段上铣出两凹槽，如图2-28（b）所示。

3）在汽封块凹槽及两侧端面钻孔攻丝。

4）将加工好的凸肩小块装在汽封块弧段的凹槽内，弹簧片固定在凸肩小块的缺口上，将加工好的调整片装在汽封块两侧，如图2-28（c）所示。

5）将汽封块插入槽道内，准备调整间隙。

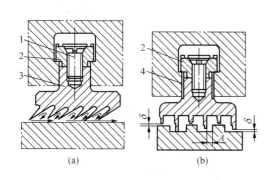

图 2-27　可调式汽封块

1—调整螺帽；2—调整块；3—汽封；4—调整垫片

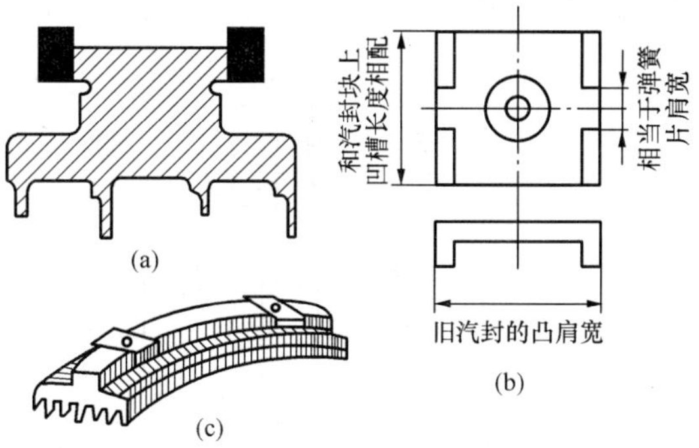

图 2-28　汽封块改造可调式

(a) 车去旧汽封块后凸肩；(b) 在汽封块弧段上铣槽；

(c) 在汽封块弧段凹槽内装凸肩小块

（六）通流间隙测量与调整

测量通流间隙的目的主要是监视蒸汽入口侧最小间隙不得低于原设计值，以监视隔板是否蠕变或固定阻汽片径向间隙过小，启动后发生静摩擦，间隙过大会影响机组效率。其测量方法如下：

1）将转子的零位向上（1 号飞锤向上）。

2）将转子推向工作面（向发电机侧方向）。

3）用塞尺、楔形塞尺测量动叶叶根和叶顶的轴向间隙。在测量时，用的塞尺片数不可太多，一般不超过 3 片，如使用楔形塞尺，不可用力过大，以免造成测量误差，测量的数值应以最小点为准。叶轮与隔板的轴向间隙，应在新装机组的第一次大修时，或有关部件更新后作原始记录，并在测量的位置做好记号以备复查校核。测量时的叶轮、叶片与隔板的轴向间隙应按叶轮的瓢偏度和汽缸内隔板的垂直度及其位置偏差至最小值，当测得数据同原始数据偏差过大时，应进一步校对并检查原因，必要时做相应的处理。

4）在水平、左、右测用普通塞尺直接测量通流部分径向间隙，上、下测径向间隙采用压铅丝法测量或用粘胶布法测量，详见汽封间隙测量方法。

5）0°测量完毕后，顺时针将转子转动 90°，再对以上测量工作测量一遍（以上工作是在解体和复装阶段各测一次并作完整的记录）。比较两侧测量结果，误差不大于 0.50mm，否则应查明原因。

6）汽轮机通流间隙一般在制造厂组装时已调整好，所以多数机组的动静间隙原则上不必调整。但是，对于个别小于或大于标准值较大的级，应作适当调整。轴向间隙的调整，通常采用在隔板或静叶环出汽侧的测量部位车去需调整的数量，在进汽侧加上车去数量的垫片，用螺钉固定牢固。当整根转子各级轴向间隙均偏小或偏大时，可改变联轴器垫片厚度来增大或缩小通流间隙。径向间隙大于标准时，只能用更换阻汽片（汽封片）来缩小间隙。间隙偏小时，可用刮刀或锉刀修整。

上海汽轮机有限公司 N600-24.2/566/566 型超临界汽轮机组通流间隙测量，如图

2-29～图 2-32 所示，通流间隙质量标准见表 2-7～表 2-10。

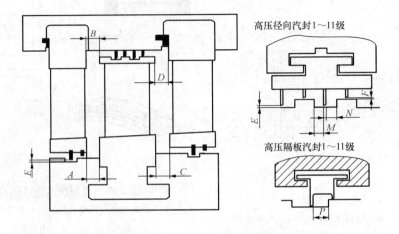

图 2-29　高压缸 1～11 级通流间隙

图 2-30　中压缸 1～8 级通流间隙

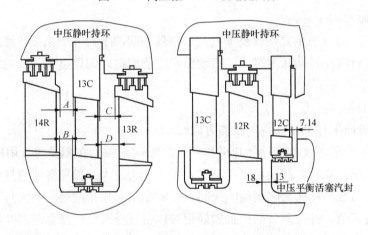

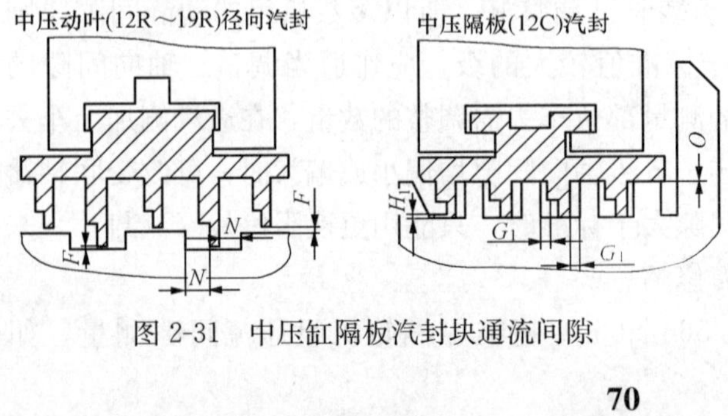

图 2-31　中压缸隔板汽封块通流间隙

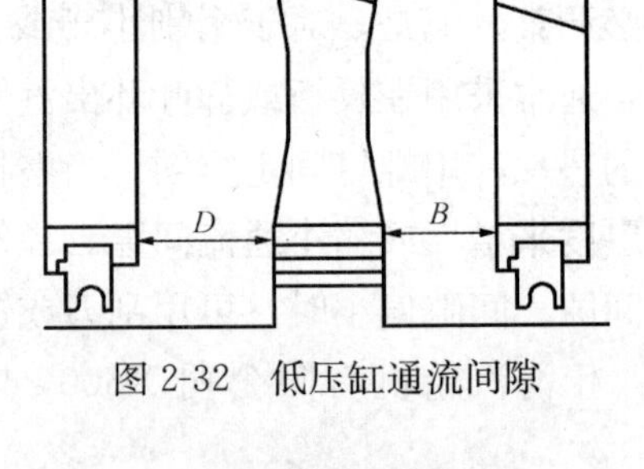

图 2-32　低压缸通流间隙

表 2-7　　　　　　　　　　　　　高压第 1～11 级通流间隙　　　　　　　　　　　　（mm）

级　数		1	2	3	4	5	6	7	8	9	10	11
设计值	$A\pm0.5$	10.44	9.25	9.93	9.93	6.86	6.86	6.61	6.61	6.61	6.36	6.36
	$B\pm0.5$	7.27	6.08	7.4	7.4	7.5	7.5	7.25	7.25	7.25	7	7
	$F^{+0.20}_{-0.10}$	0.71	0.71	0.71	0.71	0.71	0.71	0.71	0.71	0.71	0.71	0.71
	$C\pm0.5$	15.62	14.99	14.99	14.88	11.7	11.96	11.96	11.96	46.56	12.21	
	$D\pm0.5$	12.02	12.18	12.17	12.07	12.07	12.33	12.33	12.33	46.93	12.58	
	$E^{+0.20}_{-0.10}$	0.71	0.71	0.71	0.71	0.71	0.71	0.71	0.71	0.71	0.71	0.71
	$M\pm0.5$	12.76	12.76	12.76	12.76	11.23	11.23	11.23	11.23	11.23	12.25	12.25
	$N\pm0.5$	8.14	8.14	8.14	8.14	6.67	6.67	6.67	6.67	6.67	7.63	7.63

表 2-8　　　　　　　　　　　　　中压第 1～8 级通流间隙　　　　　　　　　　　　（mm）

级　数		1	2	3	4	5	6	7	8
设计值	$A\pm0.5$	16.92	16.92	12.83	10.95	10.94	7.94	8.99	11.29
	$B\pm0.5$	16.92	16.92	12.83	10.95	10.94	7.94	8.99	11.29
	$C\pm0.5$		13.86	16.87	16.64	16.63	43.89	19.05	18.1
	$D\pm0.5$		16.65	17.15	17.21	17.20	44.81	19.97	18.39
	隔板汽封 $M\pm0.5$	—	7.48	7.48	7.48	7.48	7.48	7.48	7.48
	径向汽封 $N\pm0.5$	—	7.48	7.48	7.48	7.48	7.48	7.48	7.48
	隔板汽封 $E^{+0.2}_{-0.10}$	0.71	0.71	0.71	0.71	0.71	0.71	0.71	0.71
	径向汽封 $F^{+0.2}_{-0.10}$	0.71	0.71	0.71	0.71	0.71	0.71	0.71	0.71

表 2-9　　　　　　　　　　　　　低压 I 缸通流间隙　　　　　　　　　　　　（mm）

名称	级数	A	B	C	D	E	F
低压 I 号缸	正 1 级	16.48±0.13	15.78±0.51	21.06±0.51	21.06±0.51	1.07	—
	正 2 级	14.75±0.51	14.75±0.51	45.98±0.51	45.98±0.51	1.17	0.99
	正 3 级	13.96±0.51	13.96±0.51	20.47±0.51	20.47±0.51	1.42	1.07
	正 4 级	15.34±0.51	15.34±0.51	36.33±0.51	40.8±0.51	1.63	1.32
	正 5 级	—	19.8±0.51	—	25.91±0.51	2.06	1.35
	正 6 级	—	19.81±0.51	—	31.19±0.51	3.3	1.5
	正 7 级	—	24.91±0.51	—	29.1±3.1	8.13±0.25	1.57
	反 1 级	22.58±0.13	21.88±0.51	14.96±0.51	14.96±0.51	1.07	—
	反 2 级	20.85±0.51	20.85±0.51	39.88±0.51	39.88±0.51	1.17	0.99
	反 3 级	20.06±0.51	20.06±0.51	14.37±0.51	14.37±0.51	1.42	1.07
	反 4 级	21.44±0.51	21.44±0.51	30.23±0.51	34.7±0.51	1.63	1.32
	反 5 级	—	25.9±0.51	—	19.81±0.51	2.06	1.35
	反 6 级	—	25.91±0.51	—	25.09±0.51	3.3	1.5
	反 7 级	—	31.01±0.51	—	23±3.1	8.13±0.25	1.57

表 2-10 低压Ⅱ缸通流间隙 (mm)

名称	级数	A	B	C	D	E	F
低压Ⅱ号缸	正 1 级	12.2±0.13	11.7±0.51	25.12±0.51	25.12±0.51	1.07	—
	正 2 级	10.6±0.51	10.6±0.51	50.0±0.51	50.0±0.51	1.17	0.99
	正 3 级	9.9±0.51	9.9±0.51	24.5±0.51	24.5±0.51	1.42	1.07
	正 4 级	11.2±0.51	11.2±0.51	40.3±0.51	44.8±0.51	1.63	1.32
	正 5 级	—	15.7±0.51		29.9±0.51	2.06	1.35
	正 6 级		15.7±0.51		35.25±0.51	3.3	1.5
	正 7 级	—	20.8±0.51	—	33.16±3.1	8.13±0.25	1.57
	反 1 级	26.64±0.13	25.94±0.51	10.09±0.51	10.90±0.51	1.07	—
	反 2 级	24.91±0.51	24.91±0.51	35.82±0.51	35.82±0.51	1.17	0.99
	反 3 级	24.12±0.51	24.12±0.51	10.31±0.51	10.31±0.51	1.42	1.07
	反 4 级	25.5±0.51	25.5±0.51	26.17±0.51	30.64±0.51	1.63	1.32
	反 5 级	—	29.97±0.51		15.75±0.51	2.06	1.35
	反 6 级	—	29.97±0.51		21.03±0.51	3.3	1.5
	反 7 级		35.07±0.51		18.94±3.1	8.13±0.25	1.57

第四节 转 子 检 修

由大轴、叶轮、叶片、联轴器等部件组成的转动部分称为汽轮机转子，简称转子。由汽轮机、发电机、励磁机等多根转子通过联轴器连接成一根平滑的曲线状组件，通常称为轴系。

一、转子的检修

转子是汽轮机最精密、最重要的部件之一，它起着工质能量转换及扭矩传递的作用。

（一）转子的起吊和就位

1. 起吊前的检查

（1）检查起吊转子专用工具，吊索、钢丝绳应完好无缺。

（2）安装转子起吊时限位导轨，检查滑动面是否完好，并涂润滑油。

（3）将转子专用的支架放在汽轮机平台的指定位置，支架洼窝上应垫好毛毡等软性材料。

（4）确认联轴器已取出，对轮止口已脱开且不少于 3mm。

（5）对于可倾瓦轴承，用压板将前、后轴承下瓦压好，防止起吊时将瓦块带出损伤。

（6）对于带推力轴承的转子应取出推力瓦块。

（7）确认各种检修前测量已结束，且记录应完整、无缺。

2. 转子的起吊

（1）在整个起吊过程中，由专人指挥，由熟练的司机操作，并在有关领导监护下进行。

（2）用专用起吊工具将转子挂好，微速起吊，刚起吊时，用合像水平仪调整转子水平，应与下缸水平一致，其误差不得大于 0.10mm/m，扬起方向应与下汽缸扬起方向相符，否则不得起吊。

（3）转子起吊过程中，在转子前、后、左、右均应派专人扶稳并监视动静部分之间不应有任何卡涩、碰撞现象，发现问题应立即叫停并汇报起吊指挥人。

（4）转子吊出后，应立即平稳地放置在专用转子支架上，支架洼窝上应垫好毛毡，并做好保卫工作。

3. 转子起吊过程中的注意事项

（1）使用专用起吊工具时，吊点必须选择合适，不能碰伤轴颈。

（2）转子起吊必须调平，否则动静间容易产生摩擦。

（3）起重工人必须用笛指挥起吊，防止因光线不足引起误操作。

（4）起吊转子过程中，汽缸各级处都要有人检查动静间是否发生摩擦。

（5）转子起吊时，联轴器的止口必须脱开。

4. 转子就位前的检查

（1）检查转子工作结束，各项技术记录应当合格、完整。

（2）检查专用起吊工具是否合格、绑扎位置是否正确、绑扎处是否加有衬垫。

5. 转子就位应具备的条件

（1）转子检修结束，轴颈防护层拆除，轴封套膨胀补偿用的弹性环套在轴上。

（2）重新组装各转子之前，一定要确保所有重新组装的部件表面清洁，无氧化皮、残渣、废物和颗粒。

（3）汽缸、隔板套、隔板、汽封、轴承的前期工作完成；内下缸各部件就位。各轴承下瓦已经装入，轴承座修刮合格。

6. 转子的就位

各转子的组装步骤，基本上按起吊步骤的相反顺序进行。

7. 转子就位过程中的注意事项

（1）对和油接触的内表面，不能使用废弃的或其他易起毛的织物揩擦。

（2）不得用汽油作清洗剂，可使用煤油或酒精。

（3）因误拆卸含有垫片的接头后，重新组装时不得使用原来的垫片，因为密封效果不好可能引起接头泄漏，从而导致结合面完全损坏。

（4）螺栓和螺母一定要拧紧，但要均匀，各螺栓（或螺母）按顺序每次只能拧 2～3 扣。

（5）吊装转子之前，应先装好下隔板，下推力轴承和所有下部轴瓦。

（6）用起吊装置吊起转子，注意调整好水平，将转子吊放在下部轴瓦上；吊放转子时，当心不要碰到固定部件（如喷嘴、隔板等）。

（二）转子的清理、检查与测量

1. 转子的清理

（1）转子表面油垢的清理。主要指对叶轮和叶轮上叶片的清理，一般包括喷砂清理和手工清理。砂洗前，用布将轴颈、推力盘轴端、调速保护部套、联轴器等精密部件包好，必要时，外面再覆盖塑料布。使用专用冲砂工具顺次冲洗各道叶片的腹背弧，使叶片部分露出金属光泽。冲洗结束后用压缩空气吹净残余砂粒。

(2)转子中心孔的清理。超(超)临界汽轮机高、中压缸转子一般设有直径为100mm左右的中心孔,以便除去大型锻件在中心部分的夹杂物和金相疏松等缺陷,同时便于对转子内部进行检查和探伤。机组检修时,必须打开中心孔两端端盖进行清理和检查。然而机组经过长期运行,中心孔内径往往有锈蚀等缺陷,由于孔径小,长度较长(约5m),孔表面粗糙度要求很低,因此必须采用专用研磨工具进行研磨,才能达到要求。研磨工具主要由可调铣头、磨头、磨杆、传动齿轮、传动链、导向轴承、座架等部件组成。磨头上装设特制条形细油石,并通过磨杆中心孔用长螺栓调整其外径,使其与转子中心孔匹配。当可调铣头以10~20r/min的转速带动磨杆和磨头转动时,便对中心孔进行研磨,并由皂液泵将皂液升压注入孔内进行润滑、冷却和清理。磨头由电动机带动传动齿轮和传动链,使其作每分5~10次的往复运动,即从中心孔一端到另一端的往复运动。一般经过研磨,中心孔便能达到检查要求。中心孔研磨结束后,应用皂液反复冲洗,直至孔内无残留研磨砂粒,并用质软而无毛边的清洁白布擦干。然后,用内窥视镜进行检查或超声波探伤,一切检查工作结束后,应立即进行充填惰性气体保护,以防中心孔内壁锈蚀。

2. 转子的检查

转子表面一般有宏观检查、无损(超声波、磁粉、着色)探伤、显微组织检查、测量前检查等。

(1)宏观检查。宏观检查就是不借助任何仪器、设备,用肉眼对转子作一次全面仔细的检查,即对整个转子的轴颈、叶轮、轴封齿、推力盘、平衡盘、联轴器、转子中心孔、平衡质量等逐项逐条用肉眼进行检查。宏观检查实际上是发现问题、确保检修质量的第一关。实践证明,很多设备上的问题,如裂纹等,大部分是宏观检查时发现的,所以宏观检查必须查全、查细、查透。

转子中心孔的检查应先将中心孔两端堵板拆除。当堵板拆不下时,可用氧—乙炔焰割把对联轴器进行加热,使温度达到150~200℃时,用专用拉具将堵板拉出。然后,用内孔窥视器检查中心孔是否有腐蚀、裂纹等异常现象。当发现中心孔有锈蚀等情况时,应用专用研磨机对孔内表面进行研磨,待孔内表面研磨光滑后再进行检查。如发现裂纹等缺陷,应用车削或继续研磨的办法扩大中心孔,直至裂纹等缺陷除净。同时,进行强度核算,必要时降低出力或换新转子。最后对中心孔应进行无氢气保护。

(2)无损探伤。转子应先用"00"号砂纸打磨光滑,然后用着色探伤,若有裂纹,应采取措施将裂纹除尽。对于发现异常的转子或焊接转子,除了宏观检查外,还应对焊缝做超声波探伤。对于叶片叶根的可疑裂纹,还可用X光或γ线拍摄照片检查,但是射线对微裂纹不敏感,往往不能查明有微裂纹的叶根,最好将叶片拆下,逐片探伤。

(3)显微组织检查。对于可疑的某级叶轮的根部圆角和其他转子上的可疑处,应进行显微组织检查。

(4)测量前检查。

1)转子无裂纹、损伤等缺陷,动叶片、围带、铆钉头、叶根等应无损伤、裂纹及严重腐蚀。各级叶片锁紧销应牢固、无松动。

2）动叶片无松动、歪斜、变形等现象，叶片测频应在合格范围。

3）叶轮无裂纹、腐蚀或机械损伤，无动静摩擦痕迹，高温叶片无蠕变，平衡槽内的平衡重块及螺栓紧固不松动，无严重吹损。

4）轴颈及推力盘工作面光滑，无麻坑、槽纹，推力盘及对轮端面瓢偏度小于0.02mm（标准值为0.025mm），平面不平度小于0.02mm，轴封处径向跳动小于0.025mm（标准值为0.038mm），轴颈椭圆度和锥度小于0.02mm，主轴弯曲度不大于0.03mm。

5）联轴器螺栓无裂纹，螺纹无断扣乱扣，表面应光滑、无毛刺，硬度在合格范围以内。

3. 转子的测量

（1）转子轴颈扬度的测量。转子轴颈扬度的测量，一般在修前（轴系校中心前）测量一次和修后（轴系校中心后）测量一次，扬度测量前，应检查轴颈上是否有毛刺，轴颈和水平仪上是否有垃圾。每次测量应在同一位置，测量时将水平仪放在转子前、后轴承的中央，并在转子中心线上左、右微微移动，待水平仪水泡停稳后读数，然后将水平仪转180°再读数，取两次读数的算术平均值，即为转子的扬度。将测得的转子扬度与制造厂要求和安装记录进行比较，每次检修前、后应基本一致。

各轴颈的扬度应符合各转子组成一条光滑连续曲线要求，即相邻轴颈扬度基本一致。解体时测量轴颈扬度应考虑温度的影响，一般在室温状态下进行，若轴颈温度高，则应记下当时的温度。测量时，应先将轴颈和水平仪底部擦干净。在各转子联轴器螺栓解体脱开后，再复测一次自由状态下的轴颈扬度，并作好记录。

（2）转子晃度的测量。转子上各转动部件晃度的测量均在汽轮机轴承上进行，先用细砂纸将各测量部位的结垢、锈蚀、毛刺等打磨光滑。由于超（超）临界机组有多根转子，而推力轴承只有某一转子上有，因此没有推力轴承的转子，在单独盘动时，轴向会窜动，不仅影响测量的正确性，而且易发生动、静部分的轴向碰擦，损坏机械元件。所以，应用专用连接片将转子两端的轴向撑紧，防止测量时轴向窜动和下轴瓦跟着转子一起转动而发生事故。因此，连接片必须用厚度大于12mm的钢板配制，撑好转子凸肩处。防止轴向窜动的连接片头部应堆铜焊，然后锉成光滑的圆头。转子盘动前应在撑板和轴承处加清洁机油或STP润滑油，以防转子盘动时，拉毛轴颈和损坏轴瓦。将百分表架固定在轴承或汽缸等水平接合面上，转子晃度的测量如图2-33所示，表的测量杆支在被测表面上，拉动测量杆，观察百分表读数是否有变化，指针是否灵活。为了测量出最大晃度的位置，一般将转子圆周分为8等分，用粉笔逆时针方向编号，并以第一只危急保安器或特定标志向上为1，测量时测量杆指向位置1的圆心，百分表的大指针最好放在"40～60"之间，以免读数时搞错。然后，按转子旋转方向盘动转子，依次对各等分点进行读数，最后回到位置1的读数应与开始时的读数相同。否则，应查明原因，

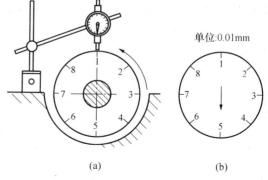

图2-33 转子晃度的测量
(a) 转子晃度的测量方法；(b) 测量位置图

重新测量。最大晃度是直径方向相对 180° 处数值的最大差值。在正常情况下（晃度小于 0.05mm），转子晃度不作八等分测量，而用连续盘动转子的办法，读出百分表指针最大和最小的差数，即为晃度值。

（3）瓢偏值的测量。转子的推力盘、联轴器、叶轮等应与轴中心线有精确的垂直度，否则会引起推力瓦发热或磨损、叶轮碰擦、轴系中心不准等异常情况，所以，大修中应对这些部件测量瓢偏度。

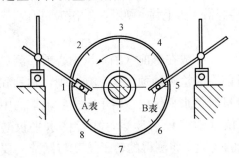

图 2-34　瓢偏值的测量

将圆周分 8 等分、用粉笔按逆时针方向编号。1 号的位置应与 1 号超速保安器飞出端或特定标志向上相同，以便今后检修测量时进行比较和分析。

瓢偏值的测量如图 2-34 所示，按照晃度测量时的方法，将转子两端用专用连接片撑紧，并在轴承处和轴向撑板处加清洁润滑油。但是，尽管采取了上述措施，转子在盘动时仍难免有微量的轴向窜动，影响测量的准确性。为此，测量时必须在直径相对 180° 处固定两个百分表，把表的测量杆对准位置 1 和 5 的端面，并避开端面上的螺孔、键槽等凹凸处，测量杆应与端面垂直，使大指针指在读数 "40~60" 之间。然后，按转子旋转方向盘动，依次对准各等分点进行读数，最后回到 1 和 5 的位置。

瓢偏度的计算过程是，先算出两百分表同一位置读数的平均值，然后求出同一直径上相对两数之差，即为被测量端面的瓢偏值，其中最大差值即为最大瓢偏度。在正常情况下（瓢偏值小于 0.03mm），不用 8 等分测量，而用连续盘动转子读出的百分表的最大值和最小值，两表最大和最小的差值的算术平均值，即为被测端面的最大瓢偏值。用两只百分表测量瓢偏值，是为了消除转子在盘动时的轴向窜动和摆动的影响。

（4）轴颈椭圆度和锥度的测量。汽轮机转子轴颈加工工艺和检修工艺要求均很高，其椭圆度和锥度小于 0.03mm。但是，由于润滑油中有杂质，经过一段时间运行后，轴颈上往往出现拉毛、磨出凹痕等现象，因此，在测量轴颈椭圆度和锥度前，应先用 M10 以上金相砂纸和细油石涂上润滑油沿圆周方向来回移动，直到将轴颈打磨光滑为止，最后用煤油将砂粒擦洗干净，并用布揩擦检查。然后，用外径千分尺在同一横断面上测出上、下、左、右 4 个直径的数值，其最大值与最小值之差即为椭圆度。用外径千分尺在同一轴颈的不同横断（一般测前、后、中间 3 处）面上测量各横断面的上、下、左、右的直径，计算出算术平均值，其最大值与最小值即为该轴颈的锥度。一般情况下，将转子吊入汽缸内，用百分表测得的晃度包含着椭圆度，锥度一般不做测量。

（5）转子窜动量的测量。为了签订汽轮机各转子动、静部分最小轴向间隙，以确定机组在运行工况下的汽缸与转子的胀差值，应对各转子的窜动量进行测量，测量时各转子应相互脱开，有推力瓦的转子应取出推力瓦块。将转子用螺旋千斤顶向前推足，读出百分表读数，然后，将转子向后推足，读出百分表读数，把百分表的两次读数相减，即得该转子的窜动量。各转子测量完毕后，把各转子联轴器连接起来。用同样的方法测出轴系的总窜动量，其值应等于或略小于单根转子的最小窜动量。无论单根转子还是轴系的窜动量，均应符合设计要求，如误差大，应查找原因、排除故障，达到标准后，方可扣汽缸大盖。

轴窜动量的测量分半缸测量和全缸测量两种。半缸测量，即在不扣大盖情况下测量，它只能鉴定下半汽缸内的最小轴向间隙；全缸测量，即扣缸后测量转子的窜动量。两种测量方法均按上面所述。

（三）转子的检修

汽轮机转子通过清理、检查后，应对查出的问题进行修理和修整。

1. 转子表面损伤的修理

一般来说，转子表面是不允许碰伤的，但是转子在运行时，由于蒸汽内杂质等将转子表面打出凹坑，动、静部分碰擦会使表面磨损和拉毛等。在检修中不小心时，也会碰出毛刺、凹坑等损伤。对于这些轻微的损伤，可用细齿锉刀修整和倒圆角，并用细油石或金相砂纸打磨光滑，最后用着色探伤的方法复查被修整的部位，应无裂纹存在。

2. 转子轴颈的研磨

转子轴颈要求表面粗糙度为 0.025，椭圆度和锥度应小于 0.03mm。因为超（超）临界机组的油系统比较复杂和庞大，难免存在着杂质，当汽轮机转子高速旋转时，杂质将轴颈磨出高、低不平的线条状凹槽，并使表面粗糙度大大增加，影响轴承工作性能，所以检修时必须对被磨损变毛的轴颈进行研磨。

首先，用长砂纸绕在被研磨的轴颈上加适量的润滑油，由 1～2 人将长砂纸牵动作往复移动，研磨约 0.5h，应停下，将磨下的污物清理干净后再继续研磨，直到轴颈表面粗糙度为 0.05 时，将长砂纸调到对面 180°方向，用同样方法对轴颈另一半进行研磨。最后，用 M10 金相砂纸贴在轴颈上，外面仍用长砂纸绕着，用同样的方法进行精磨，直到表面粗糙度为 0.025～0.05 时，可认为轴颈合格。

当转子轴颈磨损和拉毛严重或椭圆度、锥度大于标准时，应用专用工具车削和研磨轴颈。一般情况下，该工作可送制造厂进行。

3. 推力盘的检修

（1）推力盘的质量要求。推力盘应光滑、无毛刺，瓢偏度不大于 0.025mm。

（2）推力盘的检查。外观检查有无锈死、麻点、沟痕、伤痕，用放大镜观察或用比色法探伤检查有无裂纹。

（3）推力盘的缺陷处理。轻微的缺陷处理可用精细的油石研磨，也可用研刮的方法，首先，加工一个厚度为 15～20mm 的生铁板，推力盘的研磨工具如图 2-35 所示。

平板的工作面应在标准平板上研刮合格，平板外径略大于轴直径，并在一侧开口。然后，测量推力盘被研磨面沿四周等分点的厚度及瓢偏度，用细油石清除盘面的毛刺，再将平板压在推力盘上进行研磨。根据研磨痕迹，用刮刀进行刮削，直到推

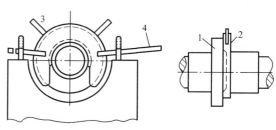

图 2-35　推力盘的研磨工具

1—推力盘；2—研磨板；3—把手；4—撬杠

力盘面平整光滑为止。研磨合格后，再测量出 4 等分点的厚度及瓢偏度，各点厚度应基本相等，瓢偏度应小于 0.03mm。

当推力盘损伤严重时，可在轴承内对其进行车削。车削加工时应将车床固定在汽缸法兰结合面上，刀架以推力盘非工作面为基准进行校正，用盘车装置转动转子，并用专用工具将转子压靠在非工作瓦块上，转子串动量要小于 0.02mm。车削时的车刀量以恰到好处为宜，并特别注意车削铁屑的处理，防止落入非工作瓦块内。粗车后再精车一刀。

用上述方法对推力盘处理后，还应检查其不平度，首先用平尺靠在推力盘的盘面上，然后用塞尺检查平尺与盘面的间隙，若用 0.02mm 的塞尺塞不进，即可认为合格。

（4）推力盘晃动度、瓢偏度的测量。同前述转子的晃动度、瓢偏度的测量方法。

4. 大轴的检修

（1）大轴中心孔裂纹的处理。若裂纹较浅，可用扩大研磨量的办法消除；若裂纹较深，可考虑对其进行车削，直至裂纹除净。

（2）大轴表面缺陷的处理。大轴表面出现凹坑、磨损、毛刺等缺陷可用细锉刀修整，然后，用细油石打磨光滑，并复查被修整部位，应无裂纹存在。

5. 转子大轴弯曲的处理

汽轮机发生大轴弯曲事故后，必须进行直轴工作，由于转子是精密而庞大的构件，所以直轴工作是很复杂的技术性工作，必须持慎重态度。

（1）大轴弯曲分为弹性和塑性弯曲两种。

1）弹性弯曲。因转子本身存在温差引起的热弯曲，温差均匀后即可自行消失。

2）塑性弯曲。从弹性变形开始，材料组织发生塑性变形，温度均匀后，弯曲的凸面居于原来弹性凸面的相对一侧，形成永久性弯曲。

（2）发生塑性弯曲的原因。

1）由于材质选取不当、加工不良、热处理不当、轴存在残余应力，运行时此种应力消失，严重的会导致轴的永久性弯曲。

2）设备运输或存放方式不当，受机械外力的作用而造成轴的永久性弯曲。

3）由于安装、检修或运行操作不良，启动或带负荷过程中发生摩擦、碰撞、局部过冷等情况，造成轴的永久性弯曲，汽轮机大轴弯曲大都属于这种情况。

（3）转子发生塑性弯曲的过程和机理，往往是因为大轴单侧摩擦过热而引起的。金属过热部分受热膨胀，由于周围温度较低部分的限制而使热膨胀处产生了压应力，当压应力大于该材料的屈服点（屈服点随温度升高而降低）时，过热部分就发生塑性变形，并因受压而缩短，当转子完全冷却时，过热部分因塑性变形，其长度比其余部分短，使转子向相反方向弯曲，摩擦伤痕就处于轴的凹陷侧。

直轴用的局部加热法就是利用这种原理，即对转子弯曲最大的凸出部分进行局部加热，使其产生塑性变形，当冷却时转子就向弯曲相反方向变形，从而使轴伸直。

（4）转子弯曲的测量方法。

1）将转子吊出汽缸，放在特做的支架上。

2）根据转子长度，确定测量点及测量位置。

3）将转子测量位置进行清扫，在不影响测量结果的情况下尽量抛光。

4）将转子吊回汽缸上，安装转子轴向限位器。

5）在各测量点上装百分表，表座固定在结合面上。

6）起始位置做好标记，并将转子对轮面 12 等分，做好标记。

7）测量百分表起始点均调到同一位置。

8）盘动转子，每到 1 等分点记录一次百分表的读数。

9）根据测量结果，算出各截面的弯曲值。

10）以各截面弯曲值和转子测量点间距离作为纵、横坐标画出大轴弯曲曲线，从中可以看出转子有几个弯曲点、弯曲方向和弯曲值。

（5）直轴前的检查。

1）裂纹的检查。检查最大弯曲点是否发生裂纹，如有裂纹应在直轴前消除，否则在直轴过程中将使裂纹扩展，消除裂纹前需用砂轮打磨或用车削，并用 X 射线、超声波探伤等方法测量裂纹的深度，若裂纹太深，消除裂纹后将严重影响轴的强度，应进行轴的强度校核计算，必要时更换新轴。当裂纹不严重、对轴的强度影响不大时，将裂纹消除后仍可使用。但必须作转子平衡试验，以校正轴的不平衡。

2）硬度的检查。测量轴的摩擦部分和正常部位的表面硬度，从而掌握受热部分金属的组织变化程度，以便正确确定直轴方法。淬火的轴在直轴前需经过退火处理。

3）材质的检查。当没有轴材质的可靠资料时，应取样分析化学成分，确定钢的化学成分才能制定直轴方法及热处理工艺。

4）直轴方法的确定。超临界汽轮机的轴大都是用合金钢制造的，且转子是整锻的，多采用应力松弛法直轴。

二、叶轮的检修

叶轮是汽轮机转子的主要部件之一，在汽轮机运行中，叶轮承受很大的离心力作用、蒸汽变化的热应力作用、由于振动引起的动应力作用及鼓风摩擦和腐蚀作用。

1. 叶轮的结构和分类

（1）叶轮的结构。叶轮一般由轮缘、轮毂和轮体三部分组成。轮缘用来固定叶片，其结构应根据叶片受力情况及叶根形状确定，大多数轮缘具有较大截面。轮毂是将叶轮套在主轴上的配合部分，故只有套装转子才有，为了保证有一定的刚度，轮毂部分一般要加厚。轮体是轮缘与轮毂的连接部分。

（2）按轮体截面形线，叶轮可分为如下几类。

1）等厚度叶轮：叶轮的轮体断面沿径向相同，如图 2-36（a）、（b）所示，应力分布均匀，承载能力差，应用在整段转子高压部分。

2）等厚度和锥形叶轮：等厚度和锥形组合叶轮如图 2-36（c）所示，应力分布均匀，承载能力强，应用在叶轮尺寸更大的整段转子高压部分。

3）锥形叶轮：叶轮断面呈锥形变化，如图 2-36（e）、（d）所示。应力分布比较均匀，强度较好，常应用在调节级或中、低压级。

4）双曲线叶轮：叶轮断面沿径向按双曲线变化，如图 2-36（f）所示。应力分布均匀，加工困难，很少应用。

5）等强度叶轮，叶轮断面按等强度设计，如图 2-36（g）所示。应力相同，无中心孔，加工复杂，要求高，一般只在高速的单级汽轮机中应用。

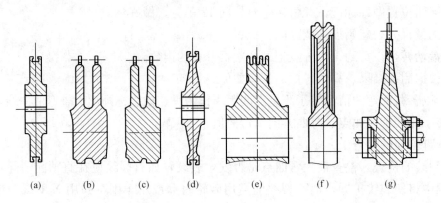

图 2-36　叶轮结构形式

（a）、（b）等厚度叶轮；（c）等厚度和锥形叶轮；（d）、（e）锥形叶轮；（f）双曲线叶轮；（g）等强度叶轮

2. 叶轮的清扫

叶轮的清扫方法同叶片喷砂同步进行。

3. 叶轮的晃动度及瓢偏度

叶轮晃动度及瓢偏度检查方法同前述转子的晃动度及瓢偏度检查一样。

4. 叶轮的检查及修理

叶轮的常见缺陷为轮缘产生裂纹、键槽裂纹、套装叶轮松动、叶片变形等。

（1）轮缘裂纹的处理。轮缘裂纹多发生在叶根槽处，一般采用开槽后工频整体加压方法予以补焊或更换。

（2）键槽裂纹的处理。用超声波进行叶轮键槽探伤，键槽裂纹一般都产生在键槽根部靠近槽低部分，裂纹的处理可采用镶套法、挖修裂纹法或挖修裂纹补焊法。

（3）套装件松动的处理。叶轮与主轴的连接松动时，可在叶轮与主轴之间加一定厚度的圆环或薄钢片，增强其连接紧度，也可采用在轴孔内镶套的方法，但套件将减弱轮毂强度，最好采用金属涂镀来加工大轴颈直径的方法。

（4）叶轮变形的处理。叶轮的变形首先检查、测量其晃度与瓢偏（其方法同前述），若变形过大，应对其校正。一般将其取下进行加热校直，也可在转子上直接进行冷校，后者限于整锻叶轮。

5. 叶轮的拆装

一般正常大修工作中，并不进行叶轮的拆装工作，只有当发生下列情况之一时，才进行拆装。

（1）叶轮存在严重缺陷，需要修复或更换。

（2）叶片损伤，需要取下叶轮更换。

（3）大轴弯曲需要直轴。

三、叶片检修工艺

汽轮机的动叶片是汽轮机中数量和规格最多的部件，安装在叶轮上，构成动叶栅，承受来自静叶栅的高速汽流的冲击以及叶片本身两侧的蒸汽压力差，并完成蒸汽的动能转变成转子的旋转机械能，N1000-25/600/600 动叶片在汽轮机中的安装位置如图 2-37 所示。

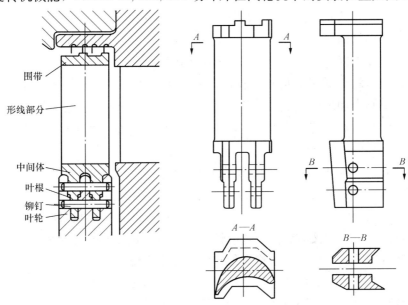

图 2-37　N1000-25/600/600 动叶片在汽轮机中的安装位置

（一）叶片的结构

动叶片一般由三部分组成：一是通过横销紧固在转子叶轮或转鼓上的叶根部分；二是将蒸汽动能转化成机械能的叶高部分；三是引导蒸汽流动并在叶轮外径设置的护罩，即围带部分。围带用来与同一级的其他动叶片相连接，以增强抗振性能，同时还起着汽道径向密封和叶栅轴向密封的作用。动叶结构如图 2-38 所示。

叶根主要有倒 T 形、外包凸肩倒 T 形、菌形、叉形和枞树形等结构形式，如图 2-39 所示。

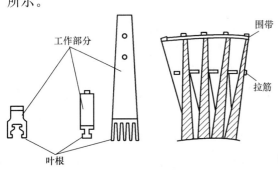

图 2-38　动叶结构

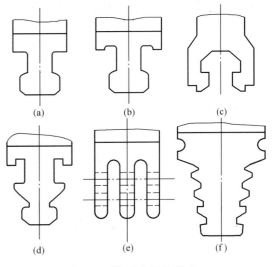

图 2-39　转子叶根的形式

(a)倒 T 形叶根；(b)外包凸肩的单倒 T 形叶根；(c)菌形叶根；
(d)外包凸肩的双倒 T 形叶根；(e)叉形叶根；(f)枞树形叶根

（1）倒 T 形叶根。见图 2-39 （a），此种叶根结构简单，加工装配方便，工作可靠，但由于叶根承载面积小，轮缘弯曲应力较大，使轮缘有张开的趋势，故常用于受力不大的短叶片，如高、中压级叶片。

（2）带凸肩的单倒 T 形叶根。见图 2-39 （b），其凸肩能阻止轮缘张开，减小轮缘两侧截面上的应力，叶轮间距小的整锻转子常采用此种叶根。

（3）菌形叶根结构。见图 2-39 （c），这种叶根和轮缘的载荷分布比 T 形合理，因而其强度较高，但加工复杂，故不如 T 形叶根应用广泛。

（4）外包凸肩的双倒 T 形叶根。见图 2-39 （d），由于增大了叶根的承力面，故可用于叶片较长、离心力加大的情况，一般高度为 100～400mm 左右的中等长度叶片采用此种形式，此种叶根的加工精度要求较高，特别是两层承力面之间的尺寸误差大时，受力不均，叶根强度大幅度下降。

（5）叉形叶根。这种叶根的叉尾由径向直接插入轮缘槽内，并用两排或三排销钉固定，见图 2-39 （e）。其特点为：叶片离心力通过销钉传给轮缘，轮缘上没有像 T 形叶根那种偏心弯矩，因而较小尺寸就可以承受较大离心力；叶根叉形数目取决于所承载离心力的大小，叶片离心力大，叉数就多，适应性就强；由于是径向式插入装配，叶片损坏后只需拆除损坏叶片即可进行更换，检修方便；轮槽加工方便，又不受离心力引起弯曲，所以应用较广泛，尤其在中、低压各级；这种叶片插入轮槽后与轮缘一起钻、铰销钉孔及打入销钉，因此装配工作量大，同时要求叶轮之间有较大的装配位置。

（6）枞树形叶根。这种叶根和轮缘的轴向断口设计成尖劈形，如图 2-39 （f） 所示，以适应根部的载荷分布，使叶根和对应的轮缘承载截面都接近于等强度。因此，在同样的尺寸下，枞树形叶根承载能力高，叶根两侧齿数可根据叶片离心力的大小选择，强度高，适应性好。叶根沿轴向装入轮缘相应的枞树槽中，底部打入楔形垫片，将叶片向外胀在轮缘上。同时，相邻叶根的接缝处有一圆槽，用两根斜劈的半圆销插入圆槽内，将整圈叶根轴向胀紧，所以拆卸方便。但是这种叶根外形复杂，装配面多，要求有很高的加工精度和良好的材料性能，而且齿端易出现较大的应力集中，所以一般只有超（超）临界机组末级叶片采用这种结构。

（二）叶片的形式

按截面是否沿叶高变化可将叶片分为等截面直叶片、变截面直叶片和扭曲叶片、三元流扭曲叶片和可控涡流型叶片等。前两者通流效率低，后两者通流效率比较高，变截面扭曲叶片介于两者之间。一般情况下，高、中压转子的叶片采用等截面直叶片，而低压转子后几级毫无例外地采用变截面扭曲叶片，如图 2-40 所示。

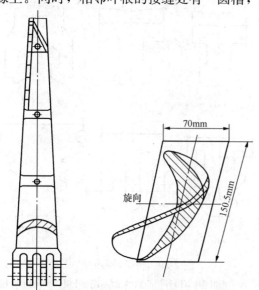

图 2-40　变截面扭曲叶片

　　用于不同部位的动叶片,由于工作条件不同,采用的叶根、叶片形线、围带形式也各不相同。对于长叶片级,在动叶片的形线部分还可能设置有拉筋,借以与同一级的其他动叶片相连接,以增强抗振性能。拉筋有分段式、整圈式、Z形等结构形式,如图 2-41 所示。

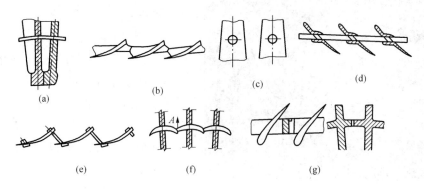

图 2-41 拉筋结构形式

(a) 圆形焊拉筋;(b) 鳍片焊拉筋;(c) 双半圆拉筋;(d) 加强式松拉筋;
(e) Z形拉筋;(f) 拱形拉筋;(g) 锁拉筋

　　N1000-25/600/600 汽轮机轴系通流部分由 48 个结构级组成,其中高压部分 10 级(包括调节级),中压部分为双流 2×7 级,两个双流低压缸共 2×2×6 级。

　　调节级叶片及动静叶片需采用更为合理的型线,以降低端部损失。末级叶片则采用由 GE 公司动力系统与东芝公司共同开发设计的 48in 钢制叶片,其叶高为 1219.2mm,根径为 1879.6mm,就环形面积为 11.87m^2,叶顶圆周速度为 678m/s,是世界上最长的 3000r/min 钢制末级叶片。叶根形式是圆弧枞树形,用阻尼凸台/套筒加自带围带整圈连接,材料为 15Cr 钢,如图 2-42 所示。

　　末级叶片强度设计的突出特点是:采用圆弧枞树形叶根,作为减振件的拉筋凸台及套

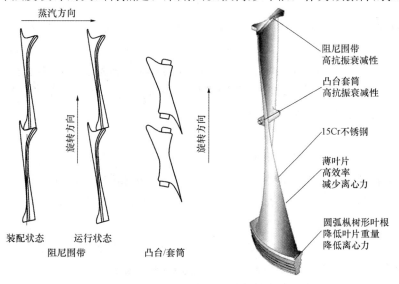

图 2-42 末级叶片的结构特点

筒，以及整体围带作为整体设计；圆弧枞树形叶根的紧凑性减小了转子应力；整体围带和凸台套筒提高了整圈叶片的频率（与自由叶片相比），从而提高了叶片刚性；另外，此种结构通过相邻叶片相接触部位的材料机械阻尼作用进一步起到了减振效果。

图 2-43　末三级叶片全尺寸转子

末三级叶片全尺寸转子见图 2-43，作为一个级组，在气动设计时综合应用了通流部分流线曲率设计、两元叶栅分析和现代的三元计算流体力学分析技术。这种设计体系体现了先进的空气动力学特征，包括子午面流道、轴向和切向复合倾斜的末级静叶、与其相匹配的次末级出口形线等，环形面积增加到 $11.87m^2$。

在子午面流道轮壳处有一个负斜率流道，并结合末级静叶的倾斜减小了在静叶出口处的径向压力梯度，提高了根部反动度，降低了轮毂比，而且还减少了叶顶外壁的扩张角。为了进一步减少末级静叶出口处的径向压力梯度，末级静叶上使用了切向复合倾斜的静叶，这种切向倾斜度对汽流产生了一个向心力的效应，使更多的蒸汽流进入轮毂区，提高了该区域的压力。

除了在切向复合倾斜以外，末级静叶在轴向也有复合倾斜。轴向倾斜的主要目的是增大静叶与动叶片顶部的距离，同时仍保持沿叶高其余部分较小的轴向间距。在顶部，要求较大的轴向间距是为了使离开静叶的水珠有足够的时间在进入末级动叶之前加速。水珠速度和蒸汽流速有较好的匹配，可减轻侵蚀，有助于提高叶片的长期可靠性。

48in 末级叶片的应用，将明显提高汽轮机的性能和可靠性。该叶片在设计时应用了最新的分析工具和设计方法，使叶片具有良好的气动性能和较高的安全性，可提高汽轮机效率。

N600-24.2/566/566 调节级叶片采用三销钉类型，其特点是三个叶片整体加工成一组。叶根有三个叉形结构，装入相应的转子槽中并用三个红套配合的销子固定，在销子敲入后，达到良好的叶片和转子的配合。叉形叶根的紧固方式有很高的强度和良好的阻尼特性，可在最小进汽弧度下运行。叶片设计成自带围带形式，因此形成了封闭的汽流通道。这个"单件"设计不需围带弧度和铆接，其结果是围带和叶根与叶片成一体，显示了很好的刚性结构。

高压反动式叶片动叶用"T形叶根"紧固在转子上，并用冲铆条插入转子槽底部和叶根底部，使其紧靠在支承面上，每个动叶片上加工出整体围带，因此在装配时该围带可作为整列叶片的一部分，构成了外部连续的围带。静叶片由方钢制成，具有整体的叶根和围带，单个叶片的内外圆周焊接在一起，形成 360°隔板，并在水平中分面分为两个 180°的隔板，装入直槽中的每半块隔板，用一系列短的 L 形填隙条插入直槽的附加槽中固定。在每列叶片的水平中分面装有定位螺钉，以防止隔板的旋转。

中压反动式叶片、侧装叶根的动叶片装在转子表面上加工出的叶根形状的槽中。转子外表面上周向加工出半圆槽，各叶片叶身的底面有一与半圆槽相配的孔。当每个叶片插入并正确定位后，定位销插入该孔，这样将叶片锁住在转子上。当叶片一个接着一个装入时，前一叶片锁住在转子上的止动销由后一叶片的无孔端叶身挡住，最后一只叶片装入时并不销住，而是锁在一组的中间。各级动叶都在叶片的端部加工出整体围带，每个叶片围带与汽封片形成了一个很小的径向间隙。静叶片由方钢制成，采用偏心叶根和整体围带，然后，单个叶片与内外圆周焊接在一起，形成360°隔板，并在水平中分面分为两个180°的隔板，装入直槽中的每半块隔板，用一系列短的 L 形填隙条插入直槽的附加槽中来固定。

低压转子每列叶片一些采用直槽，一些采用圆弧槽或斜直槽，采用枞树形叶根与加工的侧装槽相配合，所有列动叶，除末三级外，使用与叶片形线成一体的自带围带以覆盖单个叶片顶部，末三级动叶是既无拉筋也无围带的自由叶片，这些叶片由附加的固定装置和叶片移动控制装置，每个叶片在其槽中的相对移动用嵌入叶根底部轮槽中的蝶形弹性垫片控制，该蝶形弹性垫片限制了低速时，例如盘车速度时的相对叶片移动。由于末级叶片速度很高，又工作在湿蒸汽区，叶片进汽侧上部镶焊司钛立合金条以防水击。本汽轮机的两根低压缸转子完全相同，均为整锻无中心孔转子。

（三）叶片的清扫与检查

1. 叶片的清扫

叶片的清扫主要有手工清扫、苛性钠溶液加热清洗法及喷砂清扫等。

（1）手工清扫。就是用刮刀、砂布、钢丝刷等工具配合直接由人工进行清扫叶片，适合清扫量比较小、锈蚀不是很严重的机组，清扫不干净。

（2）苛性钠溶液加热清洗法。此种方法是根据叶片上的锈垢大多数是 SiO_2（80％以上），其不能溶于水，在检修过程中，用30％～40％浓度的苛性钠（NaOH）溶液加热到120～140℃，浸泡叶片，使得 SiO_2 与苛性钠发生化学变化生成硅酸钠（Na_2SiO_3），可以用水冲洗掉。

（3）喷砂清扫。现场清扫叶片的最直接、干净、彻底、方便的方法是喷洒清扫叶片法。

2. 检查部位及要求

（1）叶片各部位有无裂纹。检查部位有铆钉头根部、拉筋孔周围、叶片工作部分向叶根过渡区、叶片进出口边缘受到腐蚀或侵蚀损伤处、表面硬化区、叶根的端面过渡处及铆钉孔处等。

（2）围带。检查围带铆钉孔处有无裂纹、围带是否松动等。

（3）拉筋。检查拉筋是否有脱焊、断裂、冲蚀、腐蚀等缺陷。

（4）叶片表面。应重点检查叶片表面受到冲蚀、腐蚀及损伤情况，对其缺陷作好测量及记录工作；检查叶片表面上的积垢。重点检查其颜色、厚度及分布情况并进行化学分析等。

3. 检查叶片裂纹的方法

（1）肉眼检查法。叶片检查分两步进行。第一步在揭开汽缸大盖后，立即用肉眼检查一遍，因为此时叶片尚有余热，也比较干燥，没有或很少有锈斑，看上去比较清晰，若有裂纹、碰擦等情况易被发现。第二步在叶片经喷砂清洗或其他方法清洗后立即进行。用粉笔将可疑处做好记号。

（2）听声音法。用小撬棒轻撬叶片，观察拉筋、铆钉头等是否有脱焊、断裂等情况。或用小铜锤轻击叶片，细听是否有哑声，若有哑声，说明拉筋、铆钉头、叶片等有松动或裂纹。

（3）百分表测量法。检查时把百分表的测量杆顶在铆钉头上，用撬棒轻轻撬围带，若表针摆动，则说明铆钉头已断裂；如果表针不动，而围带与铆钉头之间有移动现象，则说明铆钉头松动。检查拉筋是否断裂及脱焊，可用铜棒直接撬动拉筋。

（4）着色法。先将叶片清洗干净，然后把叶片浸入浸透剂中约 10min 或用喷射灌喷刷，经 10min 后用清洗剂洗净，随即在其表面上喷一层显像剂，约 5～6min 后，有裂纹处在白色表面上显现出红色纹路。

（5）镜检法。叶片清扫后用 10 倍放大镜检查，若发现有裂纹可疑处，用细砂布擦亮，再用 20％～30％ 的硝酸酒精溶液侵蚀，有裂纹处在侵蚀后即呈现黑色纹洛。

（6）光粉探伤法。叶片清扫干净后，涂上荧光粉，然后擦去，将转子或叶片置于暗室中检查，若有裂纹，留在裂纹中的荧光粉会发出光亮。

除上述方法外，在现场还使用各种检查仪进行无损探伤，如磁粉探伤、超声波探伤、X 光探伤等。

（7）测量叶片自振频率。测量叶片频率与历次检修记录比较，是否有明显变化和频率是否合格。

凡发现叶片复环有轴向、辐向不平整和叶根处不齐时，应作为有裂纹可疑的叶片，并作重点检查，并写出叶片检查的专门报告。

（四）叶片检修工艺

1. 叶片的修复

叶片清扫干净后，对叶片进行修复，包括叶片本身、围带、拉筋修复，一般情况下存在问题是撞击损伤、低压末级叶片水蚀等。

叶片撞伤比较容易修复，将叶片撞伤部位用直磨机修复成圆滑过渡形状即可，当撞击伤痕过大时，应更换叶片。为防止水蚀，可在叶片水蚀部位采取以下方法。

（1）局部淬硬法。此法成本低，但叶片变形问题难掌握，淬硬后硬度可达 HRC41～HRC47。

（2）用电火花喷射硬质合金法。用电火花喷射硬质合金至叶片进汽侧表面，但根据实验看，此方法使叶片疲劳强度降低。

（3）工作部分表面喷丸法。利用高速运动的钢丸撞击金属表面，使表面由于冷加工而得到强化层，以改善表面光洁程度及增加表面压应力。

（4）氮化法。国家已有应用，主要优点是成本低。

（5）焊司太立合金片法。将硬质司太立合金（含钴 50％～60％、铬 27％～32％、钨 3.5％～5.5％、硅 0.5％～2.0％、碳 0.9％～1.4％、Ni≤0.3％）薄片，用银焊（或铜

焊）镶焊于叶片进汽边，这种方法简单便用。

2. 叶片的更换

叶片的更换应根据损坏的原因和程度来决定，可以整级叶片全部更换，也可更换部分叶片。更换叶片的工作应包括更换前的准备、叶片的拆卸和组装三部分。

（1）准备阶段。根据更换叶片的级别，制作轴向、辐向样板；加工好冲头、楔子、铅锤（2kg左右）、板钻架、小千斤顶；配备好摇臂钻床、电钻、角向砂轮机、行灯、碘弧灯、0～25mm及25～50mm千分卡、游标卡尺以及盛放新、旧叶片的箱、盒、盘和常规工具等。领出新叶片，做好下列工作。

1）用煤油洗净新叶片上的防腐油类，检出加厚或减薄的非标准片，分别放在专用箱、盒、盘内。

2）核对各部分尺寸，其长度应用钢皮制的专用样板检查，长的应修整。若新叶片有拉筋孔，其高度和中心偏差应小于0.5mm，不符合要求的应另放，以便数量不够时备用。用轮槽样板检查叶根的加工情况，对其他尺寸按图核对。

3）将叶片的叶根处棱角倒钝，尖角及拉筋孔倒圆，进行宏观检查和着色法探伤，清点数量，作好记录。

4）对标准叶片进行称重，并将质量基本相同（误差小于2g）的叶片放在一起，待全部称完后按质量和数量在圆周上进行初步排列，同时对称地加进加厚和减薄片，使圆周各方向上的叶片总质量基本相等。排列好后立即在叶根的外露部分打上钢印号码。

5）平叶根的平面应先在平板上检查并研刮，然后将相邻两叶片的叶根进行检查，并进行初步研刮。

6）用清洁煤油把叶片擦揩干净，用清洁白布包好，放平整。确认备品叶片数量齐全，质量符合要求，最后决定更换某级叶片。

（2）拆卸旧叶片。旧叶片的拆卸工艺和要求，取决于该旧叶片是否要修整后再使用，若决定拆下叶片不再使用，其工艺除了要求不损伤叶轮外，其余均可按实际情况采取快速拆卸的办法，如将复环、拉筋用氧—乙炔焰割断等。若拆下旧叶片，要求选择好的继续使用，则拆卸工艺要求较高。下面介绍T形或双T形叶根的叶片和侧装式（枞树形叶根）叶片的拆卸工艺。

1）T形或双T形叶根叶片的拆卸。T形或双T形叶根叶片每级均有最后装进的一片锁紧片，即没有T形叶根的叶片，通常称其为锁紧叶片或门叶片。锁紧叶片装入后，用两只销子与叶轮固定。一般只要拆出锁紧叶片（通常称之为叶片开门），其余叶片便迎刃而解了。拆锁紧叶片的关键是将该叶片叶根部分的销子拔掉，因为销子两端均铆死，用常规方法无法将其拆出。一般有下述两种方法：

第一种方法是在销子中心钻一孔，其直径比销子直径小1～2mm，孔的深度为销子长度的2/3左右。但是，钻孔前应先定准销子中心。定销子中心时，一般先将销子端部用砂纸打磨光亮，使销子与叶轮的边界清晰。过去一般用圆规直接在销子端部作图，找出中心。由于销子和叶轮坚硬而光滑，作固定中心往往比较困难，误差也比较大，所以钻孔往往有偏移，甚至钻到叶轮上，这是不允许的，为了提高钻孔的正确性，近年来采取用圆规在描图纸上作圆，圆的半径与销子半径相等，然后把绘制好的圆沿周线剪下，用胶水或糨糊将圆形描图纸贴在被钻销子端部，使该圆与销子外圆重合，其圆心即为销子的圆心，用冲头对准描图纸上的圆心冲一孔，即为销子中心孔。实践证明，用此方法定销子中心，误差很小，一般不会钻到叶轮上，既方便又准确，是一种值得推广的使用方法。但是，钻孔时必须将钻头校正中心，并与叶轮平面垂直。为了防止孔钻偏或歪斜，一般用板钻由手工操作。同时，每钻深 10mm 左右，应退出钻头检查钻孔是否与销子同心，确认无误后，方可继续钻深。当达到所要求的深度后，可用比孔直径小 0.2mm 左右的冲子，用铜锤或螺旋千斤顶将销子冲出或顶出。当取不出销子时，可增加钻孔深度或对孔加热，使残余销子受热膨胀，因壁厚很薄，膨胀力很容易超过销子材料的屈服极限，使销子向内径方向收缩，冷却后销子紧力即消失。

第二种方法是将销子两端铆头钻去，铲除毛刺，选择销子的某一端，用直径比销子直径小 4mm 左右的钻头，钻一中心孔，深 20mm 左右，用相应的丝攻螺丝，然后用专用工具将销子拉出，当拉不动时，可在销子另一端用螺旋千斤顶帮助顶，这样一边拉，一边顶，一般均能将销子取出。当仍然取不出销子时，可用第一种方法和第二种办法相结合，取出销子。另外，也有用射钉枪击出销子的。锁紧叶片销子取出后，将其与相邻叶片相连接的复环拉筋锯断，用卡子卡住锁紧叶片的复环，以两侧相邻叶片为支承点，用螺栓或螺旋千斤顶将锁紧片拉出或顶出。若复环强度不足，可在锁紧叶片叶顶部分焊接一个螺栓，用上述方法将锁紧叶片拉出。若仍拉不动，可将锁紧叶片截短，使其断面积增加，再焊上较大螺栓，用上述方法边拉边振击叶根，一般均能拉出。锁紧叶片拆出后，应在轮槽内灌煤油或松锈剂，然后拆其余叶片，因径向紧力消失，只要用紫铜棒敲击叶片，即能拆出，最后保留 2～3 组叶片作为装新叶片的基准，当旧叶片需继续使用时，可在露出轮槽的叶根上，用钢印打上编号并保存起来。

2) 侧装式（枞树形叶根）叶片的拆卸。铲掉半圆销大头侧的捻边，将半圆销从小头侧向大头侧打出铲掉叶根底部斜垫厚端捻边，将斜垫从薄端向厚端打出，用紫铜棒将叶片从一侧向另一侧打出，若折下旧叶片需继续使用，应用钢印在叶根上打上编号，并妥善保管。

(3) 叶片的组装。叶片的组装工艺比较复杂，各种形式的叶片装配工艺各不相同，组装叶片现场应保持清洁，无严重灰尘，工作人员的手和衣服应无油脂类脏物，周围不应该有无关人员。

1) T 形叶根叶片的组装。首先应将叶轮槽内毛刺、伤痕修理光滑，然后用细砂纸擦亮，用压缩空气吹清后，用二硫化钼粉涂擦轮槽，并把粉末吹净。

将新叶片或继续使用的旧叶片根部、拉筋孔等倒角情况仔细复查一遍，在一切正常的叶片叶根 T 形脚及平面上涂一薄层油墨或红丹粉，用压缩空气吹清叶片和轮槽内垃圾，将叶片装进轮槽，用塞尺检查叶根与轮槽、叶根与叶根的接触情况。若用 0.03mm 塞尺片塞不进，则说明该叶片叶根接触良好；若个别叶片进出汽边尖角处用 0.03mm 塞尺塞入，深度小于 10mm，则认为该叶片叶根接触合格。同时，检查油墨印痕，接触应均匀，接触面积占总面积的 75% 以上，达不到上述两项要求者应进行研刮。当组装完一组叶片后，应用 1.5kg 铁锤击紫铜棒，将叶片反复上紧，用轴向和径向样板检查应符合表 2-11、表 2-12 的标准。当辐向不符合标准时，应研刮叶根辐向平面或背弧来找准。当轴向不符合标准时，应研刮 T 形叶根的 T 形肩架来找正，并在叶顶处测量叶片节距与设计图纸对照，误差小于 0.5mm。当节距偏大时，可在备品中挑选较薄的叶片或将厚度研薄；节距偏小时，可挑选厚度较厚的叶片填上或加 0.2mm 以上的不锈钢垫片进行调整。凡设计时叶根底部有垫隙条的，应按设计要求随叶片的组装及时装入垫隙条。垫隙条一般采用 10 号钢，其厚度的选择，应使叶根与垫片有 ±0.01mm 的间隙，用研锉叶根底部的方法来达到。要防止垫隙条太紧，以免影响叶根切向贴合的紧密性。

表 2-11 　　　　　　　　　　　　叶片辐向允许偏差值　　　　　　　　　　　　（mm）

叶片长度 L	L≤200	200＜L≤350	350＜L≤500	L＞500
允许偏差	±0.5	±1.0	±1.5	±2.5

表 2-12 　　　　　　　　　　　　叶片轴向允许偏差值　　　　　　　　　　　　（mm）

叶片长度 L	L≤100	100＜L≤200	200＜L≤300	300＞L≤500	L＞500
允许偏差	±0.2	±0.5	±1.00	±1.5	±2.0

当叶片组装到离锁紧叶片（门叶片）尚余 20 片左右时，应将余下叶片先试装在轮槽内，直到正常叶片伸入锁口 2～3mm。同时检查各叶片叶根处是否有间隙，估算出这些叶片可能的研刮量，然后推算出需要加厚或减薄的叶片数量。当没有加厚或减薄叶片时，应及时加工不锈钢垫片或将叶根研刮薄或铣薄，根据加厚或减薄叶片数量，决定加厚或减薄叶片的安装位置，并注意其分布的均匀性和对称性，以免引起过大的质量不平衡。加厚或减薄叶片的节距误差，应视实际情况放宽些。当叶片厚薄全部合适后，拆下试装叶片，并依次排列好，接着开始按上述工艺组装。当整级叶片组装尚余 1～2 组时，对有拉筋的叶片应开始穿拉筋。将拉筋用"00"号砂纸磨光，弯成所需弧形即可穿入。因整级叶片拉筋孔中心不可能完全一致，所以穿拉筋有时比较困难，此时可用专用工具夹紧后轻轻打入。当穿到最后 1～2 组时，应将拉筋按分组锯断，并计算和穿入最后 1～2 组拉筋。

将各组拉筋头对头靠紧，以留出装锁紧叶片的空位，待锁紧叶片装好后，再将各组拉筋略加移动，留出各组拉筋之间的间隙，并使锁紧叶片在某一组拉筋的中间，以改善叶片组的振动频率。

拉筋穿好后，拔出锁口内楔子，研刮假锁紧叶根，直到用 1～5kg 手锤能打入锁口并留 10～15mm，辐向用 0.03mm 塞尺检查应塞不进，锁紧叶片与轮槽轴向应有 0.02～0.03mm 间隙。然后，拉出检查接触情况，接触面应大于总面积 75%，按此假叶根研刮锁紧叶片，最后检查锁口和锁紧叶片应无毛刺、棱角，用压缩空气将锁口和叶片吹清，涂擦二硫化钼粉剂，用 1.5kg 手锤锤击紫铜棒，将锁紧叶片打入，一直打到底为止。用 0.03mm 塞尺片检查辐向应塞不进，轴向间隙为 0.02～0.03mm，并无松动现象。

在叶轮销子孔内装一个壁厚为 2mm 左右导向套管。用钻头或板钻钻孔，然后将孔扩大到比叶轮销子小 0.10mm 左右，并锪孔 1×45°。用每只直径差 0.05mm 的直铰刀从小到大依次铰孔，铰孔时加机床用皂液润滑，用小镜子检查，直到销孔光滑无台阶，表面粗

糙度应为 $Ra0.05\sim0.1\mu m$，椭圆度和锥度应小于 $0.005\sim0.015mm$。

按最后铰的一把铰刀配销子，直径应比铰刀大 $0.005\sim0.01mm$，将销子头部棱角用细锉刀倒钝，用二硫化钼粉涂擦销孔与销子，要求销子从进汽侧穿入，其紧力用手能将销子推进 $1/3$ 长度，然后用手锤或螺旋千斤顶压入全部销子，此时应测量该级叶片的分散率，并确认合格后，可用手工将销子两端冲铆和翻边，并用细锉刀小心将铆头锉到叶轮平齐，用细砂纸磨光。

超（超）临界机组叶片复环，一般采用强度较高的方形、矩形和菱形铆钉头。所以，复环均由制造厂提供备品，组装时只要核对其尺寸是否符合，有无裂纹、毛刺、棱角，铆钉头高度应比复环高出 $2mm$ 左右，复环与叶肩应严密贴合等。如果叶片没有拉筋，即可进行铆钉头的铆接工作，如有拉筋，铆钉头的捻铆工作应在拉筋焊接完后进行，这样能使叶片在焊拉筋时自由膨胀而不弯曲。

拉筋焊接前，应检查叶片组拉筋布置是否合理，用白布蘸酒精清洗焊接处油污。焊接时，当一级上有几圈拉筋，应先从内圈焊起；而在同一组内先焊各组第一片叶片，然后焊各组第二片叶片，依次将全圈拉筋焊完。注意焊接时不能在同一组上连续焊几片，以免焊接温度过高而使拉筋胀长，冷后再缩回，使拉筋产生热应力并把叶片拉弯，以致运行中拉筋脱焊、断裂。焊前将叶片内弧朝上并转到水平位置，焊接时加热温度不可太高，一般使叶片拉筋孔处呈暗红色。焊把应选用小号小火嘴，并由熟练的合格气焊工承担。银焊条应采用统一牌号，名称叫银焊钎料 2 号，其含银 $40\%\pm1\%$、铜 $16\%\pm0\%$、镉 $25\%\sim26.5\%$、镍 $0.1\%\sim0.3\%$、锌 $17.3\%\sim18.5\%$，熔点为 $595\sim605℃$。该钎料具有良好的润湿性和填充能力，虽可塑性比普通银焊料稍有降低，但强度很高。焊药一般采用统一牌号的焊剂 103，名称叫特制银钎焊剂。该熔剂由硼氟酸钾组成，活动性极强，富有吸潮性。它在加热时会分解为氟化硼，能很好地润湿金属表面并有效地促使金属氧化物分解，用于 $600℃$ 以下的钎焊温度。可用勺状铁条将焊药均布于拉筋周围，待叶片达到焊料熔点时，将银焊条蘸点焊药触到焊接处施焊。全部拉筋焊完后，应将焊药清理干净，最后用小铜锤轻敲叶片，倾听拉筋声判别其焊接质量。若声音清晰则证明焊接质量良好；否则，应查明原因或进行返工。

拉筋焊接完毕，便可开始复环铆钉头的捻铆工作。一般用 $1kg$ 的手锤垫打 $0.5kg$ 锤进行捻铆，因捻铆会增加铆钉头的刚性和脆性，易引起裂纹，一般锤击次数为 4 次左右，过多锤击会出现硬化而裂开。所以，捻铆应由专门做捻铆工的人员进行。

捻铆时，在同一组内先初步铆两端叶片，然后由中间向两端铆。这样可使复环在捻铆过程中自由延伸；对于每个铆头应先铆轴向两面，后铆切向两面。捻铆后的铆头，应将复环铆孔填满并把坡口覆盖住，同时要有美观的形状，铆头表面至复环表面的过度应当平滑，复环与叶片肩部应紧密贴合，其间隙应小于 $0.1mm$。铆完后仔细检查铆钉头和复环应无裂纹，各组复环与复环之间应有 $2\sim3mm$ 膨胀间隙，间隙过小，应用金属条和角向砂轮机进行修整，但应防止碰伤叶片。

叶片换装的最后工序是复环的车削。此工作一般将转子吊进汽缸，配好盘动装置，盘动转速为 $16\sim25r/min$，转子前后端要用压板固定，防止轴向窜动。压板与转子轴向接触处应加黄油润滑，压板顶住转子的头部堆有铜焊，并做成圆头。主轴瓦和推力轴瓦均应不断加进清洁润滑油作润滑。

车削复环刀架固定在汽缸上，并做成倾斜角，使车刀能对准叶轮辐向进刀。车削时进刀量不应过大，防止咬坏复环，其径向和轴向尺寸按动、静间隙标准车准。最后在进汽边上车出坡口。

2）侧装式（枞树形叶根）叶片的组装。由于侧装式叶根与叶轮的接触靠加工来保证，而且整级叶片没有锁紧叶片和隔金，所以，该叶片组装时，首先将叶轮与叶片叶根上的毛刺、锈垢用细锉刀或细砂纸清除掉，然后将叶片自出汽侧向进汽侧装在叶轮上，叶根底部的斜销应用红丹粉检查并研合，将研合好的斜销截好长度，其紧力用 1kg 手锤能轻轻敲进即可。装入后，销子薄端应比叶根厚度短 4mm，并与叶轮平齐，厚端比叶轮端面低2mm。将叶片轴向位置放正后，由出汽侧向进汽侧打入楔形销。接着将叶根上两斜劈半圆销或梯形销研刮，使接触面达到 70% 以上，并截好长度，其紧力同楔形销一样。装时两销头同时从两面打，装入后两斜劈半圆销大头端应比叶根低 2mm，小头与叶根齐平。最后用 0.03mm 塞尺片检查，应无间隙，并用径向和轴向样板检查。只要加工无误，该叶片组装后一般能达到要求。

（4）更换叶片的鉴定。

整级叶片更换结束后，为了掌握叶片的换装质量和确保安全发供电，应进行下列测试和检查工作。

1）测量叶片的振动频率。由前述可知，叶片的装配质量对叶片振动的固有频率有直接影响。当叶片固有频率与周期性扰动频率相一致时，会使叶片发生共振而折断。因此，叶片振动频率必须避开共振区域，通过测量叶片的频率可以鉴定叶片的换装质量和确定叶片是否会发生共振而断裂。然而，叶片的振动很复杂，一般来说，有扭振、A 型、E 型等振动形式，但在实际运行中对叶片安全威胁较大的有切向 A_0、A_1 和 B_0 型等振型。所以，对于更换的新叶片，若没有作改进的叶片，只要测量其分散率（小于 8%）和切向 A_0 型振动频率，即可鉴定叶片的换装质量；对于更换的改进叶片，应测定叶片与叶轮的固有振动频率。但不管叶片是否改进，其分散率应小于 8%，并在装复环和拉筋前测量分散率。其余均应满足部颁的叶片安全准则的要求。分散率计算公式为

$$\Delta f = \frac{f_{max} - f_{min}}{\dfrac{f_{max} + f_{min}}{2}} \times 100\%$$

式中　Δf——叶片振动的分散率；

　　　f_{max}——单叶片最大振动频率；

　　　f_{min}——单叶片最小振动频率。

2）测量动静间隙。将隔板或静叶环及转子吊入汽缸，放对轴向位置，转子放在相对于 1 号超速保安器朝上及顺转向转 90°或各厂自定的特定位置。测量更换叶片与隔板的轴向、径向间隙，并与修前测量记录进行比较，应无大的变化，并符合检修质量标准；否则

应分析原因和进行调整。

3）转子校动平衡。一般来说，转子经过更换叶片后，应作动平衡试验。只有在确实没有条件校验平衡的情况下，更换叶片后的新旧叶片质量均调整到相等时，才可免予校验动平衡，但必须做好全速动平衡的准备。

四、联轴器的检修

联轴器将发电机组各根转子联成整体轴系，形成一条光滑的运行轴线，传递轴系中转子之间的轴向力、径向力和扭矩。

（一）联轴器的分类及特点

汽轮发电机组的联轴器主要有刚性、半挠性、挠性联轴器三类。超（超）发电机组一般采用刚性联轴器，这种联轴器结构简单，连接刚度大，传递力矩大，而且不允许被连接转子产生相对的轴向和径向位移。另外，刚性联轴器连接的轴系只需要一个推力轴承平衡推力，甚至可以在刚性联轴器处省去一个轴承形成二转子三支撑结构，简化了轴系的支撑定位，缩短了轴系长度，但这种联轴器连接的轴系需要高精度的轴系对中，否则，各个转子相互影响较大，被连接转子的振动能互相传递，彼此影响，寻找轴系振动源就比较困难。

N600-24.2/566/566 汽轮发电机组轴系的高中压转子、两根低压转子、发电机转子全部采用刚性连接，每根转子分别有两个轴承支撑，各转子的连接方式如图 2-44 所示，轴系的 4 根转子的联轴器基本上都是相同的，联轴器的两个法兰面分别与各自的转子锻成一整体，联轴器的两个法兰面有配合螺栓紧固并保证两转子同心，根据转子对中的需要，在联轴器法兰面之间设置有调整垫片，用于调整汽轮机的轴向通流间隙，汽轮机转子的扭矩是通过螺栓承受剪力传递的。

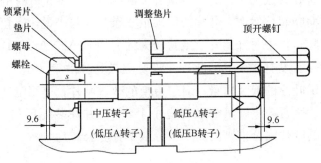

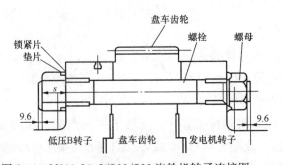

图 2-44　N600-24.2/566/566 汽轮机转子连接图

本机组汽轮机轴系共有 4 对连接联轴器，它们分别是 HIP-ALP、ALP-BLP（含调整垫片）、BLP-GEN 联轴器。另外，HIP-ALP 及 BLP-GEN 联轴器端面有止口，凸缘和凹口为过盈配合，要求有 0.025～0.075mm 的紧力。另外，联轴器螺栓螺杆与螺栓孔的配合为间隙配合，应保证有 0.015～0.03mm 的间隙。

（二）联轴器的检修

1. 联轴器晃动度、瓢偏度的测量与调整

（1）晃动度、瓢偏度的测量。同前述转子的晃动度、瓢偏度的测量方法。

（2）晃动度、瓢偏度的调整及标准。

1）联轴器晃动度的调整。一般在大修中只能调整组合晃动度，在特殊需要调整联轴器自由晃动度时，如果是热套联轴器，可采用重新拆装联轴器的方法。若是整锻式，联轴器随转子一起加工的，联轴器自由晃动度无法调整。调整组合晃动度以自由晃动度为基础，若自由晃动度很小，但组合晃动度较大，引起的原因有两种可能，一种是联轴器自身存在缺陷，与轴不同心，这时不能强行调整组合晃动度，因为这种情况下，组合晃动度越符合标准，被连接两轴的同心度偏差越大，将造成振动及轴瓦损坏等后果，如果组合晃动度偏差不大，可不作处理，若偏差较大，这只能处理联轴器自身缺陷，使其同心。另一种是联轴器销孔或连接销子螺栓存在缺陷，销子螺栓与销孔间配合间隙超标，这时则可进行调整，先将两联轴器组合连接，但连接紧力不能太大，盘动转子，将晃动度数大的一侧朝上，将另一个联轴器下方用千斤顶顶住，用铜锤由上向下敲击晃动度数值大点的位置，然后撤去千斤顶，重新测量，若仍不合格，重新调整，直至合格为止。

2）联轴器晃动度的标准。联轴器的结构不同，晃动度也有所不同，一般情况下，刚性联轴器的晃动度在 0.03mm 以内；半挠性联轴器的晃动度在 0.05mm 以下。

3）联轴器瓢偏度的调整。比较可取的方法是联轴器重新组装法和研瓢偏法，不太可取但扣完缸后只能采取的方法是加垫调整瓢偏。

4）联轴器瓢偏度的标准。整锻式转子不允许超过 0.02mm，热套式联轴器不允许超过 0.03mm，半挠性联轴器不允许超过 0.03mm。

2. 联轴器的检修工艺

（1）联轴器拆卸。以普通刚性联轴器为例。

1）解体前，检查联轴器、销螺栓、螺母、垫圈有无编号，无编号的应及时做好标记，以便回装。

2）复查联轴器组合晃动度、连接销子螺栓的伸长量，并作好记录。

3）螺栓应按编号顺序放好，用布盖好，防止弄脏和破坏。

4）拆除销螺栓。

5）联轴器的清理、检查、测量。联轴器不出现共振、压损、松动、裂纹，一般不拆卸，仅作清理、检查。

螺栓拆卸后，应对联轴器轮面、螺孔、连接螺栓、垫片进行认真仔细的检查，若有毛刺等异常，应用系油石打磨光滑；螺孔拉毛严重者用专用铰刀铰孔，并重新配置新螺栓；清理螺纹，试拧时应无卡涩，清理好的螺栓应涂擦二硫化钼润滑剂。

检查各螺栓装配间隙是否合理，其方法是测量螺栓和对应螺孔的直径并记录，然后计算出两者之间的径向间隙，应为±0.003～±0.005mm。

检查各螺栓的质量是否存在差别。理想情况下，应做到各螺栓质量相等，误差小于 2g。

(2) 联轴器螺栓的组装。以 N1000-25/600/600 汽轮发电机组联轴器为例。

1) 组装高—中转子联轴器。①在组装联轴器法兰之前，要彻底清理接触面。②检查各个转子上的组装标记位置，确保正确对中。③用两个一端带锥度的对中销来使螺栓孔良好对中。④在联轴器螺栓的各孔良好对中后，对称装上两只临时螺栓，螺栓杆径要小于孔径，然后装上垫圈的螺帽。⑤紧固螺母，直到联轴器端面贴合在一起。⑥按标记复装联轴器螺栓、螺母及联轴器垫片并替换出锥销及临时螺栓，每组质量应预先配好，各组误差在 5g 以内。注意，一定要在对轮螺孔内壁、螺母下部、螺栓螺杆及螺纹处涂上二硫化钼粉或专用润滑剂。⑦检查两半联轴器外径上的同心度，以确保正确对中。两半联轴器上的径向跳动均不得超过 0.025mm。⑧把各螺母松开约一圈，然后测量螺栓的长度。⑨把各螺母拧紧到使螺栓的伸长为 (0.61±0.02) mm。可用螺栓伸长测量工具来测量联轴器螺栓的伸长量。为了获得所需的伸长量，必要时可用螺栓加热器来加热螺栓。联轴器螺栓紧固要分三阶段紧到要求的伸长量，同时要求同心度偏差不超过 0.038mm，所以每个阶段都要进行修正偏移矢量。⑩用百分表检查两半联轴器外径上的同心度，两半联轴器外径上的径向跳动均不得超过 0.025mm，且组装好之后，两半联轴器之间的径向跳动之差不得超过 0.038mm。用专用工具将联轴器螺栓垫片锁死，组装好联轴器护罩和轴承盖。

2) 组装中—低转子联轴器。联轴器螺栓伸长量为 (0.72±0.02) mm。

3) 组装低 A—低 B 转子联轴器。对轮螺栓伸长量为 (0.72±0.02) mm。

4) 组装低 B—发电机转子联轴器。①在组装联轴器法兰和止口之前，要彻底清理接触面，可在凹凸缘上、螺母的下部和螺栓的螺纹处涂上润滑剂。②检查配合止口的配合间隙必须有 0.025～0.075mm 的过盈，测量时联轴器和测量仪表之间的温差不得超过 3℃；检查凸缘长度和凹口深度，确保对入后至少有 0.8mm 的间隙；检查各个转子上的组装标记位置，确保正确对中。③用两个一端带锥度的对中销来使螺栓孔良好对中。在联轴器螺栓的各孔良好对中后，对称装上 4 只临时螺栓，螺栓杆径要小于孔径，然后装上垫圈和螺帽。④紧固螺母，直到止口开始进入，检查止口和联轴器螺栓孔的对中。如果对中良好，则可使联轴器端面贴合在一起。另外，如止口不易进入时，可用行车微吊起低 B 转子，直至良好对中为止。⑤按标记复装联轴器螺栓、螺母及联轴器垫片并替换出锥销及临时螺栓，每组质量应预先配好，各组误差在 5g 以内。注意，一定要在联轴器螺孔内壁、螺母下部、螺栓螺杆及螺纹处涂上二硫化钼粉或专用润滑剂。检查两半联轴器外径上的同心度，以确保正确对中。两半联轴器上的径向跳动均不得超过 0.025mm。⑥把各螺母松开约一圈，然后测量螺栓的长度。把各螺母拧紧到使螺栓的伸长为 (0.99±0.02) mm。可用螺栓伸长测量工具来测量联轴器螺栓的伸长量。为了获得所需的伸长量，必要时可用螺栓加热器来加热螺栓。联轴器螺栓紧固要分三阶段紧到要求的伸长量，同时要求同心度偏差不超过 0.038mm，所以每个阶段都要进行修正偏移矢量。⑦用百分表检查两半联轴器外径上的同心度，两半联轴器外径上的径向跳动均不得超过 0.025mm，且组装好之后，两半联轴器之间的径向跳动之差不得超过 0.038mm。⑧用专用工具将联轴器螺栓垫片锁死，组装好联轴器护罩和轴承盖。⑨用成套的专用錾子锁紧联轴器螺栓垫片，锁内侧，应紧密贴合螺帽。因为锁外侧，在转子高速运行时会因离心力而松开。

5) 紧固联轴器时的注意事项。①当转子长时间静止时，必须反转 180°，放置约 10min 后并盘动几圈后再开始测量晃动度。②按规定的角度盘动转子后，松开钢丝绳并停止顶轴油泵，直到百分表的指针稳定为止，然后读数并作记录。③在轴径处支表监视，检查转子轴径处是否左、右摆动。④在尽量远离晃动度测点的联轴器处盘动转子。转子的盘动方向应与运行时相同。⑤紧固对轮时使用行车（配成组带爪扳手）或液压扳手（配城堡式扳手头），并防止扳手头碰伤转子联轴器。紧固联轴器螺栓最重要的一条原则就是制定出合理的紧固顺序，因为紧的顺序、紧力不同会造成晃动度的变化。⑥BLP-GEN 联轴器对振动更敏感，应特别注意提高其连接精度，原则上使 GEN 侧联轴器优先进入规定值范围内。⑦当连接后晃动度超过允许值时，将晃动度最大侧的 2~3 条螺栓松开，按螺栓伸长量允许值的最小值紧固，再进行测量。⑧确定紧固弧长时，应根据螺栓热紧弧长的计算方法计算（公式前述）。紧固时应注意防止联轴器螺帽旋转。⑨联轴器紧好后，应计算两联轴器端面的同心度并作记录，同心度不应大于 0.038mm。

五、转子联轴器找中心

联轴器找中心，是机组安装检修过程中一个及其重要的环节。

（一）联轴器找中心目的

（1）使汽轮发电机组转动部分的中心与静止部分的中心基本一致，两者间的中心偏差值不超过允许值。

（2）汽轮发电机组各转子的中心线连成一条连续平滑的曲线，以保证各联轴器将各转子连成一根同心连续的轴线。

（二）中心不正的危害

所谓中心不正是指转子中心与静止部件中心偏差超过允许值，联轴器两连接联轴器间存在中心错位和端面张口现象。中心不正会造成下列危害：

（1）使机组产生振动。

（2）动静摩擦使摩擦部位发热，有可能导致转子发生永久弯曲变形。

（三）联轴器找中心的步骤

1. 联轴器找中心的准备工作及注意事项

（1）转子按联轴器找中心的准备工作。

1）检查联轴器的圆周、端面，应光滑，无毛刺、划痕及凸凹不平。

2）联轴器记号应相互对应。

3）联轴器应穿入两个对称的活动销连接。

4）准备好百分表、塞尺、专用卡具、镜子、行灯等工具。

（2）联轴器找中心的注意事项。

1）检查各轴承座安装位置是否正确，垫铁接触是否良好。

2）空载时底部垫铁是否存在规定的预留间隙（一般为 0.03～0.07mm），目的是使轴瓦承载时各垫铁所受的负荷均匀。

3）检查油挡和汽封间隙，确定转子未接触油挡环和汽封齿。

4）对于放置较长时间的转子，在测量前应盘动数圈，以消除静垂弧给测量造成的误差。

5）放净凝汽器内的存水，下部弹簧处于自由状态。

6）百分表架装牢固，测量圆周的百分表杆延长线应与轴心线垂直相交，测量端面的百分表杆应与端面垂直，用以消除测量误差。

7）百分表接触位置应光滑、平整，且百分表应灵活、无卡涩。

8）每次读表前，假连接销匀应无整劲现象，盘动转子的钢丝绳不应吃劲。使用电动盘车，要确认地脚牢固，正、反转清楚。

9）使用塞尺测量每次不应超过 4 片，单片不应有折纹，塞入松紧程度适中，不要用力过大或过小。

10）调整轴瓦垫铁时，垫片不应有弯曲、卷边现象；对于轴承座、垫铁、毛刺及垫片的油污、灰尘应清理干净；轴瓦翻入时，洼窝内应抹少许润滑油；有些轴瓦润滑油入口通过下瓦一侧垫铁，所以在调整垫铁内的垫片时不要漏剪油孔。

11）当调整量过大时，应检查垫铁的接触情况是否良好，出现间隙应刮至合格。

2. 转子按联轴器找中心的测量方法

圆周值和端面值可用百分表或塞尺来测量。

（1）用百分表测量。

1）测量方法。通常使用两个专用卡子将一个测量圆周值的百分表和两个测量端面值的百分表固定在一侧联轴器上，百分表的测量杆分别与另一侧联轴器的外圆周面及端面接触。

装设百分表专用卡子如图 2-45 所示。百分表固定牢固，测量端面值的两个百分表应在同一直径线上并且距离轴心相等的对称位置上。百分表杆接触处必须光滑、平整。

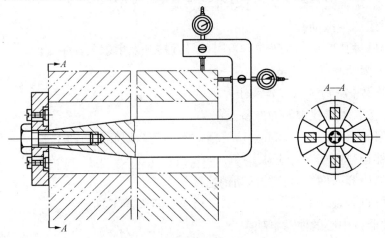

图 2-45 装设百分表专用卡子

两端联轴器按组合记号对准，并用临时销子连接，以便用行车可同时盘动两转子，消除联轴器自身缺陷（如瓢偏、晃度）引起的测量误差。测量时，应使百分表依次对准每个测点位置。两个转子转动过程中，应尽量避免冲撞，以免百分表振动引起误差。连接两转子用的销子直径不应过小，比销孔直径大 1～2mm 即可。转子转过 4 个测量位置以后，还应回到起始位置，此时测圆周的百分表读数应回到原始位置；测量端面值的两个百分表读数的差值应与起始位置相同。另外，还可按下式检查圆周值测量结果的准确性

$$(A+C)-(B+D) \approx 0$$

式中　A、B、C、D——百分表读数的平均值，mm。

若误差大于 0.03mm，应查找原因，并重新测量。

水平（垂直）两圆周测量之差称为这个方向的圆周差或端面偏差值（有时称之为张口值）。而转子轴心线的偏差为圆心差，其值为圆周差值的一半。

2）记录方法。从 0°开始每转 90°记录一次百分表的读数，百分表记录方法如图 2-46 所示。站在机头，面向机尾确定水平方向的左右侧及垂直方向的上下侧。

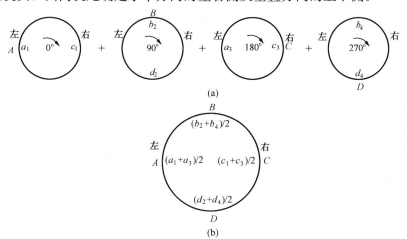

图 2-46　百分表记录方法
(a) 分部记录；(b) 综合记录

3）端面偏差、中心偏差的计算方法。

端面偏差的计算方法：上下为

$$\left|(b_2+b_4)/2-(d_2+d_4)/2\right|$$

式中　b_2、b_4、d_2、d_4——百分表读数，mm。

左右为

$$\left|(a_1+a_3)/2-(c_1+c_3)/2\right|$$

式中　a_1、a_3、c_1、c_3——百分表读数，mm。

中心偏差大小的计算方法：上下为

$$|B-D|/2$$

左右为

$$|A-C|/2$$

4) 中心偏差方向的确定方法。水平（垂直）两圆周测量值中较大的一个所在的方向就是联轴器圆周偏差的方向，称为联轴器圆周偏上（或下、左、右）。

水平（垂直）两端面测量值中较大的一个所在的方向就是两联轴器端面偏差的方向，称为上（或下、左、右）张口。

（2）用塞尺（或内径百分表）测量。

1）测量方法。由于某些机组的联轴器与轴承座的间隙较小等原因，不能使用百分表测量，但可采用塞尺测量的办法。它是借助于一个固定在一侧联轴器上的专用卡子来测量圆周值的，如图 2-47 所示。端面值可直接用塞尺或内径百分表（见图 2-48）测量。如果联轴器下方的圆周值及端面值无法用塞尺测量，在假设联轴器十分标准的情况下，下方的值可用左、右两边的测量值之和减去上方的测量值计算得到。间隙太大时，应用塞块配合测量。在测量时应特别注意：要使每次测量时塞尺插入的深度、方向、位置以及使用的力量力求相同。从卡子开始，每转 90°临时标记好联轴器端面的测量位置。在测量圆周值时，塞尺塞入的力量不要过大，以防卡子松动、变形，引起误差。在 4 个测量位置测完后，将转子转到起始位置，再测量起始位置的圆周值，以检查卡子是否松动。

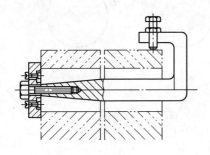

图 2-47 用塞尺测量专用卡子

图 2-48 内径百分表

2）记录方法。从 0°开始每转 90°记录一次塞尺或内径百分表的数值，如图 2-49 所示。站在机头，面向机尾确定水平方向的左右侧及垂直方向的上下侧。

3）端面偏差、中心偏差的计算。

端面偏差的计算方法：上下为

$$|(b_1 + b_2 + b_3 + b_4)/4 - (d_1 + d_2 + d_3 + d_4)/4|$$

左右为

$$|(a_1 + a_2 + a_3 + a_4)/4 - (c_1 + c_2 + c_3 + c_4)/4|$$

中心偏差大小的计算方法：上下为

$$|B - D|/2$$

左右为

$$|A - C|/2$$

4）中心偏差方向确定方法。水平（垂直）两圆周的测量值较小的一个所在的方向就是塞尺接触的联轴器圆周偏差的方向，称之为此联轴器圆周偏上（或下、左、右）。需要注意的是：用塞尺测量与用百分表测量的圆周值大小的意义相反。

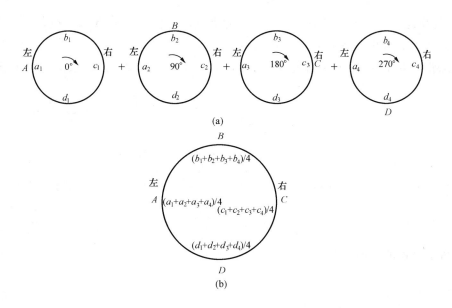

图 2-49 塞尺记录方法

(a) 分步记录图；(b) 综合记录图

水平（垂直）两端面测量值中较大的一个所在的方向就是两联轴器端面偏差的方向，称之为上（或下、左、右）张口。

3. 转子按联轴器找中心计算方法

为了便于推理，假设各转子均为绝对刚体。

（1）一根转子不动，同时调整另一根转子的两个支撑轴瓦的计算方法。这种计算方法在找中心的过程中经常用，尤其在预找中心的时候，其优点是计算精确度高、一步到位、减少调整工作量，但缺点是计算相对复杂一些。下面举例说明，调整一根转子的两个支撑轴瓦示意如图 2-50 所示。

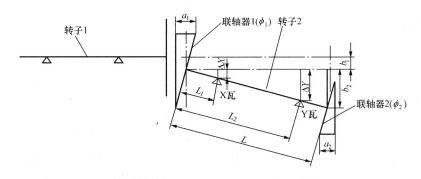

图 2-50 调整一根转子的两个支撑轴瓦示意

已知条件：转子 1 不动，调整转子 2，转子 1 与转子 2 间联轴器端面张口值为 a_1，联轴器 1 圆心差为 b_1，联轴器 1 直径为 ϕ_1，联轴器 2 直径为 ϕ_2，联轴器 1 的端面到 X 瓦的距离为 L_1，到 Y 瓦的距离为 L_2，到联轴器 2 端面的距离为 L。测量时，表装在转子 2 的联轴器 1 上。

1）计算思路。以转子 2 联轴器 1 中心为支点，调整 X 瓦和 Y 瓦，使转子 2 与转子 1 平行，来达到消除联轴器 1 张口 a_1 的目的。

消除张口 a_1 时：X 瓦的调整量为 ΔX，Y 瓦的调整量为 ΔY，根据三角形相似原理可知

$$\Delta X = \frac{L_1 a_1}{\phi_1}$$

$$\Delta Y = \frac{L_2 a_1}{\phi_1}$$

联轴器 2 张口的改变量为

$$a_2 = \frac{\phi_2 a_1}{\phi_1}$$

联轴器 2 圆心的改变量为

$$b_2 = \frac{L a_1}{\phi_1}$$

消除联轴器 1 圆心偏差 b_1 时：X 瓦、Y 瓦调整量均为 b_1

由图 2-50 可知：X 瓦的总调整量为

$$\Delta X_Z = \frac{L_1 a_1}{\phi_1} \pm b_1$$

Y 瓦的总调整量为

$$\Delta Y_Z = \frac{L_2 a_1}{\phi_1} \pm b_1$$

式中，加减号的判断方法：联轴器 1 圆心差与端面张口同向取减号，反之取加号。

ΔX_Z、ΔY_Z 计算结果的正、负值代表的意义：正值说明需要向转子 1 与转子 2 间联轴器的张口方向移动，负值说明轴瓦需要向张口的反方向移动，移动距离均为计算数值的绝对值。

联轴器 2 张口的总改变量为

$$\Delta a_{2Z} = a_2 = \frac{\phi_2 a_1}{\phi_1}$$

联轴器 2 圆心的总改变量为

$$\Delta b_{2Z} = b_2 + b_1 = \frac{L a_1}{\phi_1} \pm b_1$$

式中，加减号的判断方法：联轴器 1 中心差与端面差张口同向取减号，反向取加号。

Δb_{2Z} 计算结果的正、负值代表的含义：正值说明联轴器 2 圆心应向转子 1 与转子 2 的联轴器张口方向移动，负值说明联轴器 2 圆心向张口的反方向移动，移动距离均为计算数值的绝对值。

此方法适用于水平与垂直方向，但要分别计算。

2）规律总结：消除联轴器 1 张口时，两个瓦的移动方向，均为张口方向；消除联轴器 1 圆心差时，两个瓦的移动方向相同，大小相等，均为中心差值。

(2) 只需调整某跟两个轴瓦支撑转子的一个轴瓦的计算方法。

这种调整方法简单实用，尤其在正式找中心时，由于通流部件径向间隙已经调整结束，不允许再有过大的调整量，加之调整空间狭窄，个别下瓦很难翻出等原因，所以应尽量减少调整瓦的个数。

1) 张口变化量与轴瓦调整量的关系如图 2-51 所示。

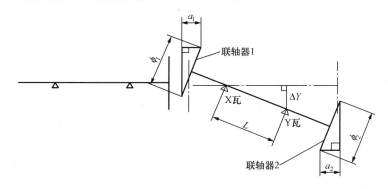

图 2-51　调整一个轴瓦张口变化量与轴瓦调整量关系

X 瓦不变，只调 Y 瓦。设 Y 瓦调整量为 ΔY，联轴器 1 张口变化量为 a_1，直径为 ϕ_1；联轴器 2 张口变化量为 a_2，直径为 ϕ_2，X 瓦与 Y 瓦间距为 L，由三角形相似定理可知

$$a_1 = \frac{\phi_1 \Delta Y}{L}$$

$$a_2 = \frac{\phi_2 \Delta Y}{L}$$

此公式适用于水平、垂直方向。

2) 圆心差变化量与轴瓦调整量的关系如图 2-52 所示。

已知如图：设 X 瓦不动，调 Y 瓦，其调整量为 ΔY，联轴器 1 中心偏差为 b_1，联轴器 2 中心偏差为 b_2，联轴器 1 的中心到 X 瓦距离 L_1，联轴

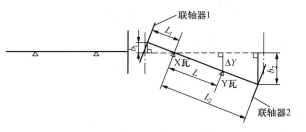

图 2-52　调一个瓦块时圆心差变化量与轴瓦调整量的关系

器 2 的中心到 X 瓦距离 L_2，X 瓦与 Y 瓦之间的距离为 L，由三角形相似定理可知

$$b_1 = \frac{L_1 \Delta Y}{L}$$

$$b_2 = \frac{L_2 \Delta Y}{L}$$

此公式适用于水平、垂直方向。

由上述可知，对于特定的联轴器而言，若只通过调整一个轴瓦的方法消除中心偏差时，在圆周偏差量很小，端面偏差量很大情况下，以端面偏差量为主，应调整远离联轴器的轴瓦；反之，在端面的偏差量很小，圆周偏差量很大的情况下，以圆的偏差量为主，应调整靠近联轴器的轴瓦。即平时所说的"远调面，近调圆"。

（3）需整体调整底座的计算方法。

某些机组的发电机或励磁机找中心时需将底座一起调整，这种情况的调整原则是先调整垂直方向，再调整水平方向；先调整张口值，再调整圆心差。垂直方向是通过在底座下加、减垫片来调整的，而水平方向则是通过顶丝或千斤顶平移底座来调整的。

如果先调整水平方向，那么在调整垂直方向时水平位置还会发生改变，那么前面水平方向的调整就失去意义。另外，当在底座某一位置加、减垫片时，转子将同底座整体绕底座某一点旋转，对于张口的改变量可以根据图形列出相应的关系式，而对于圆心差的改变量来说很难列出一个精确的公式。所以，应先根据关系式计算数值把张口消除，然后整体平移消除圆心差。

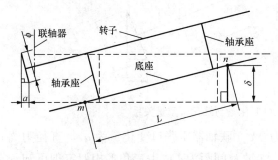

设在底座加、减垫片的位置为 n 点，底座将绕着某一点旋转，设此点为 m 点，m 点与 n 点之间距离为 L，联轴器直径为 ϕ，若在 n 点撤去垫片的厚度为 δ，联轴器张口改变量为 a，整体调整底座时张口改变量与调整量的关系如图 2-53 所示，由三角形相似定理可得

图 2-53　整体调整底座时张口改变量与调整量的关系

$$a = \frac{\phi\delta}{L}$$

规律总结：联轴器端面张口的改变量等于联轴器直径与加、减垫片点到旋转支点的距离的比值再乘以加、减垫片厚度的值；此公式使用于水平和垂直方向。

（4）两转子三轴承支撑结构的计算方法。

某些机组采用两转子三轴承支承结构方式，在只有一个轴瓦的转子联轴器下配有一个供找中心的假轴瓦如图 2-54 所示。找中心时，先调整假瓦将圆心差消除，然后测量张口值，消除预留张口值外的其他张口值。

如图 2-54 所示最简单的方法是调整 1 瓦，设 1 瓦的调整量为 Y，张口改变量为 a，1 瓦到联轴器 1 中心的距离为 L，联轴器 1 的直径为 ϕ，根据三角形的相似定理可知

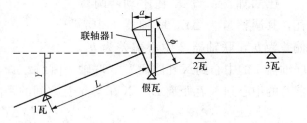

图 2-54　1 瓦调整量与张口值变化关系

$$a = \frac{\phi Y}{L}$$

规律总结：联轴器张口的改变量等于联轴器直径与联轴器到 1 瓦的距离的比值再乘以 1 瓦的调整量；此公式使用于水平和垂直方向。

需要指出，如果受到轴颈扬度、洼窝中心、动静间隙等因素限制，只调整 1 瓦不能满足中心要求时，可根据上述理论调整 2 瓦和 3 瓦。

（5）轴瓦调整量的计算。

一般情况下，轴瓦的调整量有两种方法。一种是调整轴承座，如个别发动机及励磁机

的轴瓦就是这种调整方式。这种情况操作简单，在垂直方向只需在轴承座底部加、减与计算数值相同厚度的垫片即可；在水平方向上只需将轴承座平移与计算数值相同的距离即可。另一种是通过在下轴瓦垫铁内加、减垫片的方式调整，下瓦垫铁一般有 2～3 块，下面以 3 块垫铁为例，说明垫铁调整量与中心变化的关系。设左、右两侧垫铁中心线分别于垂直方向夹角为 α，下瓦调整垫铁示意图如图 2-55 所示，则有如下规律。

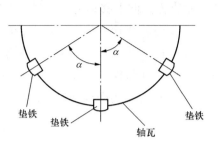

图 2-55　下瓦调整垫铁示意图

1）三块垫铁全动时的计算方法。

轴瓦需垂直移动时。轴瓦上移距离 ΔY，则两侧及下部垫铁内均需加垫片，两侧数值为 $+\Delta Y\cos\alpha$，下部数值为 ΔY；反之，轴瓦下移 ΔY，两侧及下部垫铁内均需减垫片，两侧数值为 $-\Delta Y\cos\alpha$，下部数值为 $-\Delta Y$，如图 2-56 所示。

轴瓦需水平移动时。轴瓦左移距离为 ΔX，则右侧垫铁内需加垫片，数值为 $+\Delta X\sin\alpha$，左侧垫铁内需减垫片，数值为 $-\Delta X\sin\alpha$，底部垫铁不动；反之，轴瓦右移距离为 ΔX，则右侧垫铁内需减垫片，数值为 $-\Delta X\sin\alpha$，左侧垫铁内需加垫片，数值为 $+\Delta X\sin\alpha$，下部垫铁不动，如图 2-57 所示。

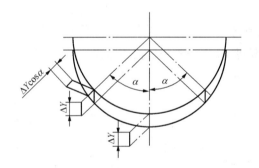

图 2-56　轴瓦垂直调整量与垫铁调整量的关系　　　图 2-57　轴瓦水平移动量与垫铁调整量的关系

轴瓦需水平、垂直同时移动时。综上所述，两侧垫铁内垫片调整量为 Δ 侧 $=\pm\Delta Y\cos\alpha\pm\Delta X\sin\alpha$；下部垫铁内垫片调整量为 Δ 下 $=\pm\Delta Y$。其中正、负号的选择依据上边两点论述判定，如 Δ 侧的计算结果为正值，说明两侧垫铁内需加垫片，Δ 下的计算结果为正值，说明底部垫铁内需加垫片；反之，Δ 侧的计算结果为负，说明两侧垫片内需减垫片，Δ 下的计算结果为负值，说明下部垫铁内需减垫片。

这种矢量的计算方法只需按公式代入数值即可，无需太强的理解与计算能力，方便、易记，最大限度地避免了凭主观感觉解决加、减垫片的标量算法造成的容易混乱问题。

2）轴瓦左、右一侧垫铁不动的计算方法。

在正式找中心时，由于空间及设备的限制，某些下瓦翻转比较困难，所以应尽量减少翻转次数。当某一轴瓦在水平及垂直方向同时需要调整时，有时只需调整下瓦一侧及下部垫铁内的垫片，而另一侧垫铁不动即可达到目的，大大减少了工作量。下面分析在一侧垫铁内加减垫片时轴瓦在水平方向上的变化规律，设侧面垫铁中心线与垂直方向夹角为 α。

假设只在左侧垫铁内加厚度为 δ 的垫片，右侧垫铁不动，此时轴瓦水平方向向右移为 X，垂直方向向上移动为 Y，则可以把这个过程分解成两步来完成。先在两侧垫铁内都加上 $Y\cos\alpha$ 厚的垫片，此时轴瓦上台的距离为 Y。然后在左侧垫铁内加 $X\sin\alpha$ 厚的垫片，在右侧垫铁内减 $X\sin\alpha$ 厚的垫片，则轴瓦右移 X。

此时左侧垫铁内加厚 $Y\cos\alpha+X\sin\alpha$ 的垫片，右侧垫铁内加厚 $Y\cos\alpha-X\sin\alpha$ 的垫片，由题意得知右侧垫铁未动，左侧垫铁内加厚为 δ 的垫片，则

$$Y\cos\alpha+X\sin\alpha=\delta$$

$$Y\cos\alpha-X\sin\alpha=0$$

解得

$$Y=\delta/2\cos\alpha$$

$$X=\delta/2\sin\alpha$$

规律总结：若一侧垫铁内加减垫片，另一侧垫铁不动，则轴瓦垂直变化量为所加垫片的数值除以两倍的垫铁中心线与垂直方向夹角的余弦值所得的商值。轴瓦水平方向的变化量为所加垫片的数值除以两倍的垫铁中心线与垂直方向夹角的正弦值所得的商值。

（四）联轴器找中心产生误差的原因

尽管联轴器找中心工作的测量、计算、调整等每一步工艺要求很严，但在实际找正工作中，往往产生误差，达不到计算所预计的中心要求。一般一台机组轴系中心，往往要经过反复几次调整才能符合质量要求。产生误差的原因一般有下列几个方面。

1. 测量误差

找中心测量时，由于百分表未装牢靠和位置不正确，如端面中心表杆未架在接近联轴器平面外圆边缘等，百分表松动，当表转到下面时，表杆因自重下垂，使表脱离联轴器表面，使读数产生误差；百分表或表架在盘动时被碰动，产生误差；读数时、顶轴油泵未停、盘转子的钢丝绳未松，联轴器临时连接销未取出，憋劲或销子太小，盘车时产生较大的相对位移等，产生误差；百分表读数值未放在中间位置，盘动时超过指针最大或最小行程，但在读数处又趋于正常状态，由此使百分表杆移动产生误差；底部读数困难，易产生读错和误差；用塞尺或内径千分卡等测量时，因工作人员的经验不足，测量位置未固定等产生误差。

2. 调整垫片引起的误差

垫片层数过多、毛刺未除净、平面未整平、垃圾未清理干净、位置未放准、宽度过大、垫块表面被锤击后产生微凹凸现象等，都将使垫片厚度引起误差。因此，轴承垫块内的垫片厚度大于 2mm 时，应用钢板制作，并在平面磨床上两面磨平，使厚度各处相等。当垫片总厚度小于或等于 2mm 时，可用薄不锈钢皮制作，但总层数不应超过 5 层。垫片应光滑、平整，宽度应比垫铁小 1～2mm，旧垫片应按原位装复。

3. 轴承装配引起的误差

由于轴承垫块与轴承座产生接触腐蚀，在轴承座接触面上形成凹坑，因此，在翻轴瓦

调整垫片后，装复时未对准原位产生误差。

4. 调整量过大引起的误差

当轴承调整量过大时，因为垫块有一定宽度，而计算时按垫片中线为基准，所以调整时出现垫块上端比计算值大，下端比计算值小，由此产生了误差。中心调整时，往往初调时误差很大，经几次反复，误差越来越小。一般调整量小于 0.20mm 时，误差接近于零。从这点上讲，当联轴器中心偏差较大时，未必花很多时间进行精密计算，只要在现场估算就可进行初调，待中心偏差降到较小时，再作精密计算和微调。实践证明，采用这种方法，能少走弯路和提高找中心工效。

5. 环境条件

超（超）临界机组轴系长，结构复杂，体积庞大，各轴承座材料不同，地质条件不同，基础不同，所以由于某些季节日温差大而使各轴承座处膨胀和收缩有差异，这些差异往往超过联轴器中心允许偏差值，使找中心工作反复多次仍无结果。此外，环境清洁和空气的纯净程度，对校中心也会产生影响。由此可见，汽轮机在运行状态时，轴系中心并不像理想中的状态，但是由于轴承油膜是一个弹性体，具有微量补偿的能力，从而能保证机组的安全运行。在现场实际工作中，为了避免环境温度使找中心工作出现反复多次的情况，一般采取连续工作的办法，找正一个，验收一个。

（五）超（超）临界汽轮机轴系找中心实例和步骤

超（超）临界汽轮机的特点之一是它们具有多个转子组成的轴系。一台机组往往由多个联轴器构成，其中心连接点就有多个，所以轴系找中心与小型机组有所不同。下边以1000MW 汽轮机组为例介绍联轴器找中心方法步骤：

N1000-25/600/600 汽轮机组轴系如图 2-58 所示，转子在修前、修后分别进行一次找中心工作，5 号、6 号、7 号、8 号轴承均应布置在同一条水平轴线上。1 号轴承应高出该线 3.83mm，2 号轴承应高出该线 1.78mm，3 号轴承应高出该线 0.78mm，4 号轴承应低于该线 0.32mm，9 号轴承应高出该线 0.04mm，10 号轴承应高出该线 6.77mm。要求高压转子与中压转子、中压转子与低压 A 转子对轮端面平行，高、中压转子对轮中心高压端高 0.14mm，中低压转子对轮中心中压端低 0.75mm，低低压转子对轮中心低 A 低 0.04mm，对轮上偏差为 0.25mm，低压转子对轮中心低 B 高 0.23mm，对轮上偏差为 0.02mm。圆距和面距中心公差值为 ±0.02mm，但最终中心方向与 DL 5011—1992《电力建设施工及验收技术规范汽轮机机组篇》标准一致，按此安装机组将能使机组在运行中保持高、中压转子与低压 A、B 转子联轴器端面同心且平行。

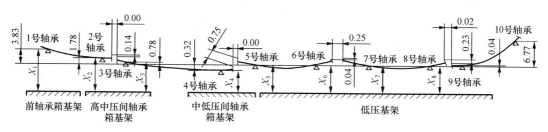

图 2-58　N1000-25/600/600 汽轮轴系

1. 工具准备

(1) 中心找正工作必须备好必不可少的工具和量具,如百分表 4~8 只,磁性架 4 只等。

(2) 吊入转子,高、中、低 A、低 B 压转子装好轴向限位装置,高、中压转子前后均装好径向限位装置,使用专用测量工具测量联轴器平面和圆周偏差,并作好记录。

(3) 吊出转子后,吊出下轴瓦并按调整量调整轴瓦球面垫铁的垫片,作好记录,研刮球面垫铁,垫铁接触应在 75% 以上,注意球面垫铁的研刮,应在上、下半紧固成一体后,用撬棍小范围撬动研磨结合面,晃动范围不宜太大,以免产生误差。研好后用 0.03~0.05mm 塞尺复核。

2. 测量计算

(1) 装上测量圆周与端面的专用支架及百分表,百分表的装配方法图如图 2-59 所示。

(2) 表架和百分表应固定牢固,百分表测量杆接触处应光滑、平整。

(3) 将两半联轴器对准 "0" 位,并用临时铜销子连接,以发电机侧低压转子为基准,向两侧找中心。

(4) 测量时顺转向 (逆时针) 盘动转子,使百分表依次对准 $0°$、$90°$、$180°$、$270°$ 的每个测点。

(5) 在转子转过一周回到起始位置时,测圆距的百分表的读数应复原;测端面的两表读数与原始读数差值应相同,若发现圆周误差大于 0.02mm,平面误差大于 0.01mm,应查明原因后重新测量。

(6) 在测量过程中转子不可逆向转动,但读表时铜棒销子能活动。

(7) 计算出联轴器的端面与圆周偏差。

取各点测量平均值,并按如图 2-60 所示记录值记录。

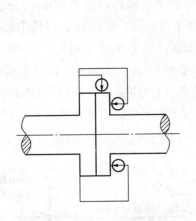

图 2-59 百分表的装配方法图

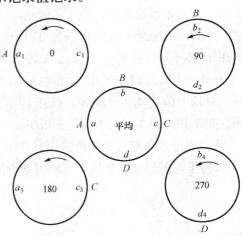

图 2-60 测量记录表

$$a = (a_1 + a_3)/2$$
$$b = (b_2 + b_4)/2$$

$$d = (d_2 + d_4)/2$$
$$c = (c_1 + c_3)/2$$
$$\Delta a = a - c$$
$$\Delta b = b - d$$
$$\Delta A = A - C$$
$$\Delta B = B - D$$

式中　Δa——左右端面偏差；

Δb——上下端面偏差；

ΔA——左右圆周偏差；

ΔB——上下圆周偏差。

（8）计算出轴承座的调整量。

保持圆周偏差 ΔA 不变，消除端面偏差 Δa，由三角形相似定理可算出 3 号、4 号瓦的移动量 X、Y，平移转子消除圆周偏差 ΔA，其平移量为 $\Delta A/2$，如图 2-61 所示。

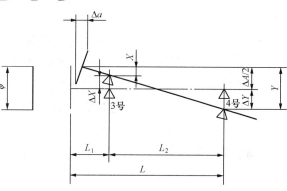

图 2-61　轴承座的调整量示意图

两轴瓦的总移动量为

$$\Delta X = X + \Delta A/2 = \frac{L_1 \Delta a}{\phi} + \frac{\Delta A}{2}$$

$$\Delta Y = Y + \Delta A/2 = \frac{L \Delta a}{\phi} + \frac{\Delta A}{2}$$

式中：X 及 Y 与 Δa 的方向一致，即 Δa 上涨口时，两轴瓦向上抬并定为正值；Δa 为下涨口时两轴瓦下落，并定为负值。当转子中心线偏低时，ΔA 为正值，反之为负。

（9）轴瓦调整量的计算。

轴瓦调整量的计算方法很多（前已述），应根据具体情况选择合适的轴瓦调整方法。选择轴瓦调整方法的原则：尽量恢复机组安装时（或上次大修后）转子与汽缸的相对位置，保持动、静部件的中心关系。因此应参照轴颈扬度、轴颈下沉度、轴封洼窝中心、轴颈扬度的要求。

3. 根据计算调整量对各轴瓦进行调整

（1）在联轴器处架好抬轴架子，一般每根转子两端应逐一抬起，调整好一端，再调另一端。抬轴架一般为专用架子，应有足够的刚度和强度，一般由两很 20 号槽钢用 $\delta =$ 20mm 钢板组合而成。抬轴时，用两只 30t 千斤顶同时顶起，用塞尺检查转子与轴承的同心度，并改变 A、B 侧千斤顶的顶起高度来使转子与轴承保持同心。用百分表架在轴颈上监视转子顶起高度。一般顶起 0.20mm 左右，便可将轴瓦取出。

（2）拆除轴承压板，将轴瓦防转销取出，用行车将下轴承调整垫块翻到上部，并用木块将轴承垫好，防止突然滑到下半部。当两侧和底部垫块均要调整时，将下瓦吊出调整为宜。

（3）将调整垫块前、后、A、B 做好记号，防止弄错。然后，拆去螺栓和定位销，取出垫片，测量、清点垫片厚度和数量，并按调整量进行调整。

（4）修去新老垫片上的毛刺、翻边，用手锤在平板上将垫片整平，用煤油清洗。组装前用白布擦干净，装好定位销，上紧螺栓，并用紫铜棒反复锤击垫片，复紧螺栓，使垫片紧密贴合。

（5）将轴承座清理干净，用压缩空气将轴承吹扫干净，吊进轴承座。对三油楔轴承应盖好上瓦，并转到轴承工作位置，放松抬轴架，用紫铜棒锤击下轴承左、右（A、B）两侧，使轴承与轴承座紧密贴合。在固定点测量油挡或轴封洼窝中心，与调整前进行比较，若与计算量相比差别较大，说明调整工作有误差，如垫片弄错，调整方向相反，垫片有毛刺、垃圾等应解体查明原因后，重新调整。

（6）检查测量轴承垫片的接触情况，测出脱空数值。一般来说，当调整量大于 0.02mm 时，垫片接触必然不好，应进行研刮，直到接触面积大于总面积 75％时方算合格。刮研后调整的数值已不再等于计算调整量，因此应用油挡或轴封洼窝中心变化的数值进行补充调整。

（7）对于发电机后轴承如第 10 轴承，一般采用专用轴承座的轴瓦，其调整方法比较简单，调整时轴承座四角百分表监视 A、B 方向的移动，并在 4 个角用顶丝上紧，用行车将第 10 轴承吊起 5mm 左右，加、减轴承座与基础台板之间的垫片，并注意将垫片上的毛刺和垃圾等清理干净，放下轴承座，用轴承座 4 个角顶丝调整 A、B 方向的中心值，并用百分表监视调整量。

（8）具有调整垫块轴承的调整。当调整轴承高低时，应同时增减 A、B 两侧的垫片。为便于现场计算和记忆，当 $\alpha=70°$ 时，单侧调整量近似等于高低调整量的 1/3，即高、低改变 0.03mm，A 侧和 B 侧各改变 0.01mm。当轴承作水平调整时，把 $\sin\alpha$ 可近似看作 1。

（9）当机组采用可倾瓦轴承时，且转子中心调整量较小时，应调整可倾自位垫块处的外垫片或内垫片。当内、外垫片数量不够时，可将自位垫块的平面端磨削去需要的调整量，这样轴承调整后，不会影响轴承球面垫块的接触，可省去研刮球面的工序，有利于提高工效和缩短检修工期，调整值可靠，工艺简单。但调整时，必须将调整量按上述方法换算到瓦块所处位置的调整量。同时，上、下瓦块调整量必须相等，以保证油隙不变。调整时用专用螺栓将上轴承瓦块吊牢，松去上、下瓦结合面螺栓，吊出上瓦。用抬轴架将轴承处转子抬高约 0.20mm，将下瓦翻转到轴的上半部，用吊上瓦方法吊出下瓦。将各瓦块专用螺栓松去，取出瓦块和自位垫块，将右侧上、下瓦块的垫片抽去 0.10mm，并将其加到左侧上、下瓦块的自位垫块内，清理检查后，按拆卸的逆工序装复，并复测油隙。

（10）每道轴承调整结束，在下轴瓦受转子重力作用前，应检查底部垫块的脱空值，一般为 0.06～0.08mm，小于该值，说明轴承两侧垫片厚度偏小，应考虑两侧加垫或底部减垫。反之，应考虑两侧减垫或底部加垫。选择何种方案，均应根据各联轴器中心情况，具体分析后决定。

复测轴系各中心值，并对大于标准的联轴器中心按上述方法做反复几次的微调，直至全部符合标准。每次调整后复测中心时，必须盘动两转子，使其趋于自由状态。

第五节 滑销系统检修

一、概述

为了保证汽缸定向自由膨胀，并能保持汽缸与转子中心一致，避免因膨胀不均匀造成不应有的应力及伴同而生的振动，因而必须设置一套滑销系统。在汽缸与基础台板间和汽缸与轴承座之间应装上各种滑销，并使固定汽缸的螺栓留出适当的间隙，以保证汽缸自由膨胀，又能保持机组中心不变。

根据滑销的构造形式、安装位置和不同的作用，滑销系统通常由横销、纵销、立销、猫爪横销、斜销、角销等组成。只有配置完善的热膨胀系统，才能保证机组安全可靠的运行。

横销：一般安装在通流部分温度最低的部件，在汽缸支撑面及基础台板上铣有销槽，销槽一般为矩形或半圆形，销子就安装在基础台板的销槽中。它和汽缸支撑面上的销槽间留有间隙，左右大致相等。横销的作用是保证汽缸在允许间隙的范围内可以沿横向自由膨胀，并限制汽缸沿轴向的移动，整个汽缸以此为死点，向前或向后膨胀。超（超）临界 N1000-25/600/600 汽轮机的 3 号轴承座底部设有一对横销，在低压缸 A 的 G 侧和低压缸 B 的 T 侧也各设有一对横销。

猫爪：猫爪一般有上猫爪支撑和下猫爪支撑两种形式。它既起着横销推力键的作用，又对汽缸有支撑作用。上猫爪装在上汽缸，下猫爪装在下汽缸，一般一个汽缸的 4 个角铸上两对猫爪，汽缸就是通过猫爪支撑在轴承座上。它的作用是保证汽缸在横向的定向自由膨胀，同时随着汽缸在轴向的膨胀和收缩，推动轴承座向前或向后移动，以保持转子与汽缸的轴向相对位置不变。在 N1000-25/600/600 汽轮机中，它被用于高、中压缸与轴承座的连接。如图 2-62 所示。

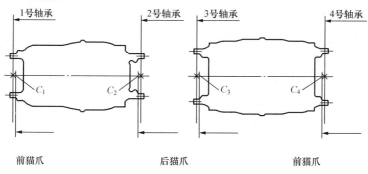

图 2-62　N1000-25/600/600 猫爪示意图

纵销：所有纵销均位于汽轮机的纵向中心线上，一般纵销安装在低压缸的两端支撑面（轴承底部）或前、中轴承座的底部等和基础台板的结合面间。它的构造要求和横销一样。纵销可以保证汽缸沿轴向的自由膨胀，并限制汽缸横向膨胀，确保汽缸中心线不作横向移动。因此，纵销中心线和横销中心线的交叉点就形成了整个汽缸的绝对膨胀死点。当汽缸膨胀时，该点始终保持不变。

立销：其重要作用是保证汽缸在垂直方向上的定向自由膨胀，限制汽缸的纵向和横向移动。立销多安装于汽缸排汽室尾部与基础台板间、多缸汽轮机的高压缸两端与对应轴承座间、中压缸两端与对应轴承座间。所有立销的中心线都对准轴线，它与纵销共同保持机组的正确纵向中心线。

角销：一般安装在多缸汽轮机的前轴承座和中轴承座底部的左、右两侧，以代替连接轴承座与基础台板的螺栓。它的作用是保证轴承座与基础台板的紧密接触，防止产生间隙和轴承座的翘头现象。在 N1000-25/600/600 汽轮机中，它用于前轴承座和中轴承座与基础台板的连接。

N600-24.2/566/566 汽轮机高、中压外缸是由 4 个与下缸端部铸成一体的猫爪所支撑，这样使支撑点尽可能靠近水平中心线。在调节阀端，这些猫爪支撑在前轴承座的键上，在键上猫爪可自由滑动。在发电机端，汽缸猫爪支撑在低压缸下半轴承座的键上，并同样可以自由滑动。

在高、中压外缸的每一端，各用一个 H 形中心梁用螺栓和定位销连接到汽缸和邻近的轴承座上，这些梁使汽缸相对于轴承座可保持正确的轴向和横向位置。

发电机端轴承座和低压缸是一个整体，可使高、中压缸相对于低压缸的轴向位置确切固定。前轴承座可在它的机座上轴向自由滑动。但为了防止横向移动，由一轴向键放在前轴承座和前轴承座台板之间的纵向中心线上。

机组的任何歪斜或顶起倾向都受到导向键和螺栓的限制。螺栓和轴承座之间有足够的装配间隙，可允许轴向自由移动。汽缸离开轴承的任何倾向都受到每个猫爪上的双头螺栓所限制，这些螺栓装配时在其周围和螺母下都留有足够间隙，以便使汽缸猫爪能随温度变化而自由移动。低压缸由连续底脚所支撑，底脚与外缸下部制成一体并围绕下缸，底脚支撑在台板上，台板用地脚螺栓紧固在基础上。

横向固定板予埋在每个汽缸两端的基础内，L 形垫片经加工、装配，安装在固定板和汽缸之间，并有足够间隙，以保持横向对中时允许轴向膨胀。

两块轴向固定板予埋安置在 1 号低压缸进汽中心线附近的基础中。L 形垫片经加工、装配，安装在固定板和汽缸之间，并有足够间隙，以保持轴向对中时允许横向膨胀。

机组纵向中心线和 1 号低压缸的横向中心线相交的一个点，称为汽轮机组的死点，整个机组是以死点为中心向前、后两端膨胀。汽缸能在基础台板的顶部水平面自由膨胀。

N600-24.2/566/566 机组滑销结构图见图 2-63。

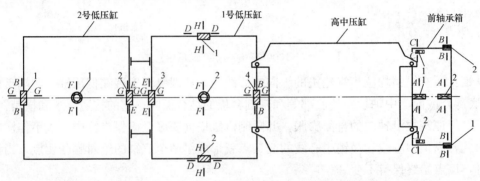

图 2-63　N600-24.2/566/566 机组滑销结构图

二、滑销系统的检修工艺

为了保证滑销系统的正常工作，使汽缸能自由膨胀，大修中应对滑销系统的纵、横、立键销解体清理检查，测准键销间隙。对于轴承座与台板之间的纵、横、直销，原则上不予解体；对于因位置限制解体检查困难的键销，大修中一般不予解体检查。下面以上海汽轮机有限公司 N600-24.2/566/566 型超临界汽轮机机组滑销系统为例，阐述大修中应做的工作。

1. 高、中压外缸猫爪的清理检查

(1) 将猫爪滑键上螺栓做好记号，取出螺母上防转螺钉，拆下连接螺栓。

(2) 在需拆下猫爪横销的汽缸处用手动葫芦将汽缸拉起 0.15～0.25mm（装百分表监视），再用小千斤顶顶出滑键。

(3) 用特制垫块垫在汽缸猫爪下，松开汽缸，使汽缸的质量支撑在垫块上。

(4) 清理滑键，用细砂布打光承力面及键销两侧面，然后用黑铅粉擦净。

(5) 清理汽缸上销槽和轴承座上承力面，用黑铅粉擦净。

(6) 吊起汽缸一角，取出临时垫块，装入滑键及装配螺栓，松下汽缸，测量横销间隙，并记录。

2. 轴承座压板的检查

(1) 压板清理干净，用黑铅粉擦净后装复，再测量间隙。

(2) 如轴承座上压板间隙不合标准，可修理其滑动面或承力面并作调整。

3. 各纵销、横销的检查

(1) 拆下纵销、横销的 L 键螺栓，取下 L 键。

(2) 用细砂布将键和键槽清理干净，并测量调整间隙。

(3) 涂擦黑铅粉后复装纵销、横销的 L 键及螺栓。

4. 滑销系统的质量标准

(1) 测量各间隙如图 2-64 和图 2-65 所示、各间隙应符合表 2-13 所示要求。

表 2-13　　　　　　　　　　滑　销　间　隙　　　　　　　　　　（mm）

图示	序号	符号	设 计 值	图示	序号	符号	设 计 值
A—A	1	a	0～0.02 过盈	D—D	1	a	0.03～0.04
		b	3			b	
		c	0.04～0.08	D—D	2	a	0.03～0.04
A—A	2	a	0～0.02 过盈			b	
		b	3	E—E	1	a	0.03～0.04
		c	0.04～0.08			b	

续表

图示	序号	符号	设 计 值	图示	序号	符号	设 计 值
B—B	1	a	5	E—E	2	a	0.03~0.04
		b	5			b	
		c	0.08~0.18	E—E	3	a	0.03~0.04
B—B	2	a	5			b	
		b	5	E—E	4	a	0.03~0.04
		c	0.08~0.18			b	
C—C	1	a		F—F	1	a	0.03~0.08
		b				b	
		c	0.08~0.18	F—F	2	a	0.03~0.08
C—C	2	a				b	
		b					
		c	0.08~0.18				

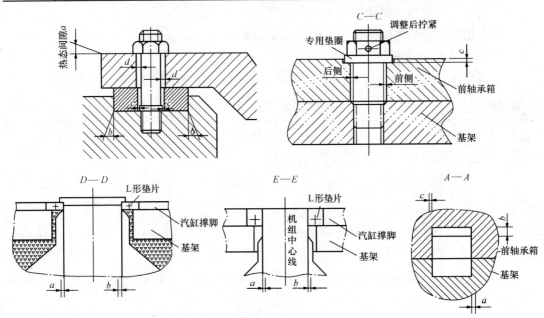

图 2-64　滑销间隙测量示意图

（2）各滑动面无磨损卡涩的痕迹。

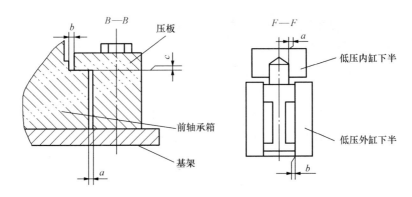

图 2-65　滑销间隙测量示意图

（3）滑销间隙在全长上均匀分布。

（4）各滑动面粗糙度不低于 $Ra1.6$，接触面积在 80% 以上。

（5）高、中压外缸猫爪支撑键间隙要求：$a=0.13\sim0.25\text{mm}$（热态间隙）；$b=0.4\text{mm}$；$c=0.85\sim0.95\text{mm}$，$d=0.955\text{mm}$。

第六节　汽轮机轴承检修

汽轮机是高速旋转机械，转子的质量和轴向力都很大，轴承不仅承担转子的径向和轴向定位的作用，而且还承受转子的径向和轴向载荷，同时在转子与定子的承载面之间建立起润滑隔离油膜，防止动、静部件直接接触，并带走摩擦产生的热量。

一、轴承的结构特点

汽轮机轴承都采用以油膜润滑理论为基础的滑动轴承。这种轴承采用循环供油方式，由供油系统连续不断地向轴承供给压力、温度合乎要求的润滑油。转子的轴颈支撑在浇有一层质软、熔点低的巴氏合金，俗称乌金的轴瓦上，并作高速旋转。为了避免轴颈与轴瓦直接摩擦，必须用油进行润滑，使轴颈与轴瓦间形成油膜，建立液体摩擦，从而减小其间的摩擦阻力。摩擦产生的热量由回油带走，使轴颈得以冷却。滑动轴承运行的稳定性与轴承的结构形式、载荷大小、润滑油的性能和瓦基材料等紧密相关。因此，要掌握滑动轴承的运行性能，必须弄清上述诸项的相互关系。

N1000-25/600/600 汽轮机共有 8 个支持轴承。1 号轴承，2 号、3 号轴承，4 号轴承分别位于前轴承座、中轴承座和 3 号轴承座内，它们分别支撑着高压缸转子和中压缸转子，5 号轴承、6 号轴承、7 号轴承和 8 号轴承则分别位于低压缸 A 和低压缸 B 之间及两端的轴承座内，各自支撑低压缸 A 和 B 的转子。发电机另有两个端盖轴承，支持发电机转子。推力轴承位于中轴承座内，与中压缸转子前部的推力盘相匹配，承担汽轮机的轴向推力。为了确保每个支持轴承在任何时候都可以精确对中，轴承设计成具有自位特性。根据轴承的载荷，选择采用可倾瓦轴承或椭圆轴承。每个可倾瓦轴承带有 6 个独立垫块，所有垫块通过支点定位到轴承环上，可以根据转子的情况自动对中。前轴承座、中轴承座和 3 号轴承座单独安装在汽轮机基础上，高、中压缸依靠各自的猫爪支撑在轴承座上。前轴承座、中轴承座和3号轴承座底部中心线上设有纵销，3号轴承座下还有一对横销。低压缸的4个轴承座与低压缸焊接成一体，轴承座连同低压缸坐落在汽轮机基础台板上，各轴承座底部中心线上设有纵销，保证它们在纵向定向自由膨胀。

为了便于调整，轴承的底座采用能够很容易拆除或替换的垫片来保证在装配时精确找中，并用止动销固定轴承壳体，防止轴向窜动。轴承上镶有经过严格控制、高质量的巴氏合金块，通过燕尾槽固到轴承上。有助于保证长期运行中的低维修率。

二、轴承的分类

汽轮机轴承分径向支承轴承和轴向推力轴承两种。径向支撑轴承用来承担转子的质量和由于转子质量不平衡引起的离心力，并确定转子的径向位置，以保持转子的旋转中心与汽缸中心一致，从而保证转子与汽缸、汽封、隔板等静止部件的径向间隙在标准的范围之内。推力轴承用来承受转子上未被平衡的轴向推力，并确定转子的轴向位置，以保证汽缸内动、静部分之间正确的轴向间隙。径向支撑轴承按轴承油楔构成的数量可分为圆筒形轴承、椭圆形轴承、三油楔轴承、可倾瓦轴承等。

1. 圆筒形轴承

圆筒形（或称圆柱形）轴承是最早用于汽轮发电机上的老式滑动轴承，其轴瓦内孔呈圆形，其结构简单，润滑油的消耗量和摩擦损失都较小。

2. 椭圆形轴承

椭圆形轴承是随着汽轮机单机容量不断增大和转速不断升高，而在圆筒形轴承的基础上发展起来的。椭圆形支持轴承的合金表面呈椭圆形，椭圆的长轴在水平对口位置。轴承的上部和下部各有一个楔形油膜，转子旋转时，两油楔相互作用可得到较好的油膜刚度，使转子不易在垂直方向上产生转动，近年来被广泛应用，但椭圆形轴承耗油和损失大于圆筒形轴承。

N1000-25/600/600超（超）临界汽轮机椭圆形轴承如图2-66所示。

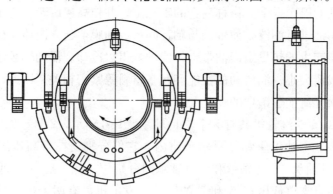

图 2-66　N1000-25/600/600 机组椭圆形轴承

5~8号轴承采用椭圆形轴承，为上、下两半，水平中分面结构，它主要由瓦枕与瓦块组成。上、下两半之间均用螺栓连接，瓦块与瓦枕之间为球面结合，可以确保椭圆轴承的自位能力。椭圆形轴承的垂直直径间隙设计为轴承孔直径的0.13%，而水平方向的直径间隙设计为轴承孔直径的0.26%。椭圆瓦的加工工艺是先在上、下两半轴承的水平中分面上塞以垫圈，然后按照较大的水平向内径值给予加工。拆去垫圈后上、下两半轴承合在一起就成了椭圆轴承。椭圆形轴承有很高的承载能力和稳定性，但加工较复杂，同时因为顶部间隙较小，对油中的杂质更为敏感。椭圆形轴承在轴承体和轴承环之间采用球面接触，轴承的球形座由手工刮削而成，并安装在每个轴承上以获得适当的运动自由度。椭圆形轴承的内径间隙最大值为内孔直径的 0.25%，当间隙值达到或者超过此最大值时应重新浇铸巴氏合金。为了方便润滑油进出轴瓦，在轴承的中分面处将巴氏合金切掉一点，使之成为圆角状，这一圆角状区域可一直延展到接近轴承的两端，油从向上的油流侧的水平结合面进入轴承。在水平结合面的另一侧的油槽中钻有一限油孔，此限油孔能够限制润滑油的泻油量，使其在轴承润滑油的出口处能建立起一个微小的压力，一小部分润滑油通过泻油口排入润滑油观察箱。

椭圆形轴承的上部轴瓦开有油槽，轴承的下部瓦块上设有热电偶，以测量瓦块的温度。

为了便于调整，轴承的底座采用能够很容易拆除或替换的垫片来保证在装配时精确找中，并用止动销固定轴承壳体，防止轴向窜动。轴承上镶有经过严格控制、高质量的巴氏合金块，通过燕尾槽固定到轴承上。

3. 三油楔轴承

三油楔支持轴承是在合金表面上加工出三个油囊，运行中形成三个油楔。因为其中一个油楔正处在轴承的水平轴线上，为保持油楔的完整，所以，一般把三油楔轴承做成中分面成 35°夹角，三油楔轴承可提高轴承的抗振性能和承载能力，但其结构复杂，给检修工作带来一定的难度，故三油楔轴承未被广泛的应用。三油楔轴承如图 2-67 所示。

4. 可倾瓦轴承

可倾瓦轴承也称密切尔式径向轴承或称自动调整中心式轴承。可倾瓦轴承具有 3～12 块瓦块，瓦块在支持点上可以自由倾斜。在油层的动压力作用下，每个瓦块可以单独自由地调整位置，以适应转速、轴承负载等动态条件的变化。可以认为这种轴承每一瓦块的油膜作用力均通过轴颈中心，因此，它没有可引起轴心滑动的分力，所以，这种轴承具有极高的制动性，能有效地避免油膜自激振荡及间隙振荡，同时对于不平衡振动也有很好的限制作用。可倾瓦轴承的摩擦损失较小，其缺点是制造复杂，价格较贵。

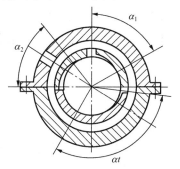

图 2-67　三油楔轴承示意图

N1000-25/600/600 汽轮机组的 1～4 号轴承采用上下、中分面、双向可倾瓦轴承，如图 2-68 所示，其间用螺栓和定位销连接。

可倾瓦轴承由 6 块弧形瓦块组成，弧形瓦块上衬有巴氏合金。上、下半轴承各有 3 块，均匀分布，上半轴承的 3 个瓦块设有调整块，可以调整可倾瓦块与转子轴颈间的间隙，转子轴颈在轴承中的运行稳定性在很大程度上与此间隙值有关。可倾瓦支持轴承径向间隙设计为轴承孔直径的 0.13%～0.15%，最大为 0.2%，若超过 0.2%，则需要更换可倾瓦块。可倾瓦轴承的优点是：工作时，可倾瓦块能随转速和载荷的不同而自由摆动，在

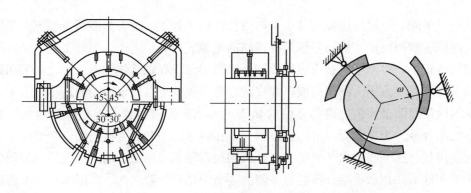

图 2-68 N1000-25/600/600 机组可倾瓦轴承

轴颈周围形成多油楔，它具有很高的油膜稳定性和抗振动能力，并具有较大的承载能力。

可倾瓦轴承上部瓦块开有油槽，轴承下部瓦块上设有热电偶，以测量瓦块的温度。下轴承体靠近水平中分面处的两侧装有销子，以防止轴承体转动。

各轴承设计金属温度不超过 90℃，乌金材料允许在 112℃ 以下长期运行。推力轴承设计为能持续承受在任何工况下所产生的双向最大推力，装设有监视该轴承金属的磨损量和每块瓦的金属温度的测量装置。

5. 推力轴承

推力轴承的作用是承受转子的轴向推力和确定转子的轴向位置。蒸汽作用在转子上的轴向推力包括蒸汽作用在转子叶片上的轴向推力、叶轮两侧压力差产生的轴向推力。

N1000-25/600/600 机组为冲动式机组，蒸汽产生的轴向推力较反动式机组小。在结构设计上，低压缸和中压缸采用分流形式，因此轴向推力相互抵消，高压缸转子的轴向推力指向机头方向，由斜面式推力轴承承担，转子轴向位置由推力轴承决定。推力轴承结构装配简单，占据空间小，具有较高的承载能力，推力盘包围在推力轴承内。推力轴承表面镶巴氏合金，由径向油槽分割成许多瓦块，推力瓦块由内径向外径做成楔面，油进入推力轴承后，由于转子驱动，在推力盘和推力轴承之间形成连续的油膜。推力轴承刚度很好，具有较长的使用寿命。

N1000-25/600/600 机组的推力轴承被单独安置在高、中压缸之间的 2 号轴承座内，由上、下两半组成，系水平、中分面结构，上、下两半采用螺栓连接。该推力轴承的工作面与非工作面各装有 8 块推力瓦块，推力盘与中压转子制成一体，推力盘旋转时，推力瓦块倾斜，推力瓦块与推力盘之间形成油楔，承受轴向推力，如图 2-69 所示。

金斯布型推力轴承的独特之处在于其瓦块的支撑方式。N1000-25/600/600 推力支撑轴承如图 2-70 所示，推力瓦块由上、下两层支承块支撑，上、下支承块之间相互搭接，上支承块顶部与瓦块背部的凸缘相接触，并支撑该瓦块，使瓦块为可倾式。金斯布型推力轴承的优点是各推力瓦块的负荷可以自动调节分配，可以保证不会产生个别推力瓦块因负荷过大而被烧毁的现象。其工作原理为当推力盘对某推力瓦的作用力比其他推力瓦大时，这个推力瓦块就将力传给它的垫块。而这个垫块又把推力传给它的两个支持块的一头，在推力作用下就把这两个支持块的另两头向上顶，这样就把推力通过垫块传递给了相邻的两个推力瓦块，也就保证了几个推力瓦块的负荷的基本平衡。下支承块坐落在定位环内，定

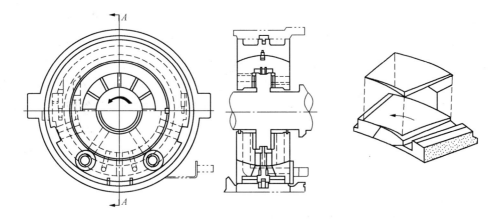

图 2-69 N1000-25/600/600 推力轴承

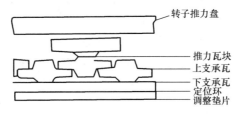

转子推力盘
推力瓦块
上支承瓦
下支承瓦
定位环
调整垫片

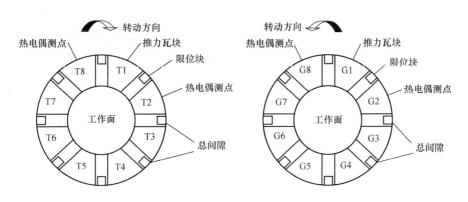

推力瓦块与限位块总间隙设计值为2.6～3.5mm

图 2-70 N1000-25/600/600 金斯布型推力支撑轴承

位环背部还设有调整垫片,用此来调整推力轴承瓦块与转子推力盘之间的间隙。

本推力轴承上半部的工作面与非工作面瓦块上各设有 2 个温度热电偶,用于测量瓦块的乌金温度。推力轴承还装有液压式推力轴承磨损检测装置,用于检测瓦块的磨损情况。推力轴承巴氏合金的温度范围主要根据轴向载荷的大小而定,在报警温度与跳闸温度之间运行,应注意监视并找出温度不正常的原因。

三、轴承的工作原理

汽轮发电机转子的全部质量,通过轴颈支撑在表面浇铸轴承合金的轴瓦上,并作高速旋转,而轴瓦未被磨损或毁坏,主要依靠轴颈与轴瓦之间产生的油膜。倘若上、下两平面构成油楔，四周都充满着油，当上、下两平面作相对运动时，油楔中的油就被挤压向里，此时油楔中的油产生反作用力，将上面的运动物体微微抬高，于是在两平面的油楔中便建立了油膜。上面的物体运动便在油膜上滑动，而物体相对运动时的摩擦只发生在油膜内的液体摩擦，从而不再产生固体摩擦，使摩擦因素减至最小，即油膜上的摩擦力很小，起了润滑作用，同时，摩擦产生的热量能及时被大量润滑油带走，起到冷却作用。轴承就是利用这个原理设计的。

由上述原理可知，欲使轴承安全可靠的运行，建立油膜是关键。同时，建立油膜必须具备下列三个条件。

（1）必须具备楔形腔室。

（2）楔形腔室必须充满黏性液体，如润滑油等。

（3）构成楔形腔室的两个面必须光洁并作相对运动。

利用油膜润滑的原理，轴颈在轴瓦内形成了一个油楔。当向轴瓦内加润滑油后，轴颈转动时，具备了建立油膜的三个必要条件，因此在轴颈下面建立起一层油膜，使轴在油膜上转动，起到了润滑作用。轴承中液体摩擦的建立如图 2-71 所示。

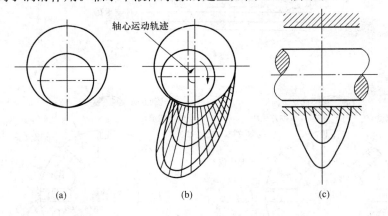

图 2-71 轴承中液体摩擦的建立

（a）轴在轴承中构成楔形间隙；（b）轴心运动轨迹及油膜中的压力分布（轴向）；（c）油楔中的压力分布

另外，根据油膜润滑理论，在油楔最小截面处产生最大油压。油压越高则产生的承载力越大，最高油膜压力达几十兆帕。轴承的承载能力与轴颈的圆周速度、润滑油黏度、油膜的厚度等因素有关，轴颈的圆周速度和润滑油黏度越大，则轴承的承载能力越大，反之越小。虽然油膜润滑时的摩擦力很小，但转子的质量大，加上高速旋转，液体摩擦产生的热量是不可忽视的，因此轴承内必须不断地加入一定温度的润滑油，以带走热量，冷却轴承，从而保证轴承的正常工作。

四、轴承的材料和制造

为保证汽轮机轴承能够安全、可靠地长期运行，应认真选择轴承合金材料，为建立良好的动力润滑油膜创造条件。轴承材料应有足够的刚度，以承受油膜压力的动态变化产生的载荷。设计时，应对可能出现的各种运行工况的适应性作周密考虑，一般汽轮机轴承采用双层结构形式，由钢（或铸铁）衬背和轴承合金层组成。

轴承合金采用铸造成型，一般用 HT200 和 HT250 灰口铸铁铸造，综合式轴承体多采用 ZC25 铸钢制造。为使轴承合金与瓦背的黏结牢固，也有用碳钢材料的，即在瓦背内孔先车出燕尾槽，挂锡后，浇注一层巴氏合金。汽轮机轴承的巴氏合金通常采用锡基轴承合金 ZChSnSb11-6，其成分为锑（Sb）10%～12%，铜（Cu）5.5%～6.5%，余为锡。由于巴氏合金具有良好的相容性和磨合性，故广泛使用在汽轮机各轴承中。可倾瓦块和推力瓦块也有用铜锡合金作衬背的，可在其表面上浇铸巴氏合金，并加工。

铸造的轴承体先加工中分面，再钻中分面螺栓孔，将两半组合好，镗铣各加工面；然后浇铸巴氏合金，合金面的加工应按图纸进行，一般留有一定余量，以便安装时刮研。

三油楔轴承是在制造厂坐标镗床上一次加工成型的，到现场不再刮研合金面。椭圆形轴瓦的加工方法是：在轴承中分面加入适当厚度的垫片，将上、下瓦组合，拧紧对口螺栓，在立式车床上车内孔，然后取出垫片，便得到椭圆形轴瓦。

五、轴承检修工艺

（一）轴承的解体

停机后，一般情况下，当汽轮机的温度低于 150℃ 左右（各厂规定稍有不同）时，停止盘车和润滑油泵后，才能解体轴承。解体前应准备好图纸及检修、安装记录。

（1）通知热工，先将轴承大盖上的测振仪、温度表等仪表及电缆线拆除。

（2）依次拆除结合面螺栓，揭去大盖、球面座、轴瓦等。

（3）对于三油楔轴承应顺转动方向翻转 35°，使其中分面与水平中分面平齐，拆去接合面螺栓，即可吊出上轴瓦。

（4）对于可倾瓦轴承，必须用专用螺栓将瓦块固定在支持环上，然后吊出上瓦，否则，起吊支持环时，瓦块将突然掉下而损坏。

（5）对于圆筒形轴瓦和椭圆形轴瓦，解体时，只要从外层向内层逐层解体即可。

但是，不论何种形式的轴承，每拆一个零件（包括定位销、防转销等小零件），均应认真检查记号和装配方向，没有记号的零件解体时必须补做记号，以免装配时搞错。

轴承解体后，必须将各零件上的油垢、铁锈清理干净，轴瓦合金应向上放平，并放在质软的物体上，如木板、橡胶垫等。

（二）轴承的检查

轴承解体后，应对轴承进行全面检查，检查重点如下：

（1）轴承合金表面接触部分是否符合要求，该处研刮花纹是否被磨去。

（2）轴承合金表面是否有划伤、电蚀、麻坑、裂纹、脱胎、局部剥落等现象。

（3）用着色探伤法检查轴瓦合金是否有裂纹、脱胎和龟裂等现象，并与上次检修比较是否有发展，也可用手锤木柄轻轻敲击轴承合金，听其声音是否沙哑和手摸有无振动感，如有，则证明该处轴瓦合金有脱胎现象。若合金表面裂纹较浅或局部脱胎时，可以对轴瓦进行局部补焊或刮研。若合金大面积脱胎，应对轴瓦重新浇铸或更换新轴瓦。

（4）垫块或球面接触是否良好，是否有腐蚀凹坑，垫块承力面或轴承座洼窝球面上有无磨损和腐蚀，固定螺栓是否有松动，垫片是否有损坏等现象。

（5）浮动油挡或内油挡和外油挡是否有磨损，间隙是否正常。

（6）推力瓦块上的工作印痕应大致相等。工作印痕大小不等，说明各瓦块受载不均匀，应作好记录，以便检修时查找原因及消除。

（7）推力瓦支持环上的销钉及瓦块上销钉孔是否磨损而变浅变小，活络铰接支承环是否有裂纹、变形等异常情况。

（三）轴瓦间隙的测量

轴承巴氏合金面与轴颈之间的间隙在轴承解体和组装时均应认真检查测量，并作好记录。

（1）圆筒形及椭圆形轴承两侧间隙的测量。在室温状态下，揭开上半轴承，用塞尺测量下半轴承与轴颈两侧间隙，塞尺在轴瓦水平接合面的前、后、左、右四角进行测量，塞尺插入深度为15～20mm，塞尺从0.03mm厚度开始塞，直到塞不进为止，四角间隙应基本相等，此时塞尺的厚度即为两侧油间隙值，并作好记录。

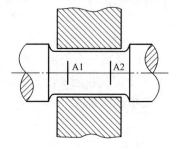

图 2-72　压铅丝位置

（2）圆筒形及椭圆形轴承轴瓦顶部间隙的测量。用压铅丝法测量，如图 2-72 所示。纯铅丝的直径应比顶隙大 1/3 左右，铅丝弯成多 U 形，一般取 3～5 个连在一起的 U 形铅丝，轴瓦前、后各放一盘，U 形铅丝的直段与轴线平行。然后合上上瓦，上紧接合面螺栓，并用塞尺检查接合面应无间隙，再揭上瓦，小心地取下铅丝，平放在平板上，用外径千分尺测量其厚度，并按轴瓦的对应位置作好记录。对于圆筒形轴瓦，应取最大厚度作为顶部间隙；对于椭圆形轴瓦，应取最小厚度作为顶部间隙。

（3）三油楔轴承轴瓦间隙的测量。由于轴瓦在工作状态时，中分面不在水平面上，所以左、右顶部间隙均应在轴瓦上下组合一起，用塞尺或千分卡进行测量。实际上测出的间隙为阻流边间隙。三油楔轴承轴瓦本身油楔一般不予测量和研刮，只有在轴瓦合金磨损严重时，才用内径千分尺在轴承座外组合测量，并按图纸要求进行研刮。

（4）可倾瓦轴承轴瓦顶部间隙的测量。由于轴瓦由几块可自由摆动的瓦块组合而成，所以，其间隙的测量只能在组合状态下进行。

1）百分表测量法：测量时在转子轴颈处和轴瓦支撑环外圆上各架一只百分表，如图 2-73 所示，然后用抬轴架将轴略微提升。同时监视两只百分表，当支持环上百分表 A、B 指针开始移动时，测出轴颈上的百分表 C、D 读数。最后将 A、B 两表读数平均值减去 C、D 两表读数平均值，所得之差即为该轴瓦的顶部间隙。

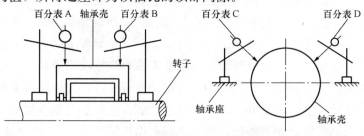

图 2-73　抬轴法测量油间隙示意图

2) 千分尺测量方法：深度千分尺测量油间隙示意图如图 2-74 所示，测量时先将上瓦块专用吊瓦螺栓松掉，使瓦块紧贴轴颈，用深度千分尺测量瓦块到支撑环的深度；然后用专用吊瓦螺栓将瓦块吊起，使瓦块支点与支撑环紧密接触，再用深度千分尺测量瓦块到支撑环的深度，两次深度之差，即为可倾瓦轴承油间隙。两种方法测量的结果应基本相同，否则应查明原因或重新测量，一般情况下，可倾瓦轴承油间隙不予调整，轴瓦合金不予研刮。

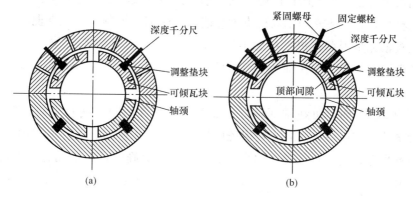

图 2-74 深度千分尺测量油间隙示意图

(a) 紧固螺栓紧固前测量；(b) 紧固螺母紧固后测量

(5) 推力轴承间隙的测量，即推力间隙的测量。由于轴瓦瓦块能自由活动，单置式推力轴承球面座往往因推力轴承自重的影响落在下部位置，所以推力间隙测量工作必须在组合状态下进行，并常用千斤顶将转子向前和向后推足。为避免产生误差和差错，测量时在转子的靠近推力轴承轴向光滑平面上，左、右各架一只百分表，分别读出转子向前和向后顶起时的最大和最小值，两者之差即为推力间隙。为了防止顶过头、轴承外壳发生弹性变形而影响推力间隙的正确性，同时在轴承外壳上架设百分表监视，并将弹性变形值从测得的最大和最小两差值中减去，才能作为推力间隙。

推力间隙的标准一般为 0.30～0.50mm。间隙过大，往往在转子推力方向改变时，使通汽部分轴向间隙发生较大的变化，同时对推力轴承产生过大的冲击力，使转子发生轴向窜动，间隙过小，将增加轴瓦的摩擦损失和轴瓦的负载。

(6) 轴瓦油间隙的标准及调整工艺。

1) 圆筒形轴瓦和椭圆形轴瓦油间隙的标准及调整工艺。圆筒形及椭圆形轴瓦油间隙可分为左、右侧油间隙和顶部油间隙。

圆筒形轴瓦顶部油间隙取其轴直径的 1.5%～2%，两侧油间隙各为顶部间隙的一半；椭圆形轴瓦的顶部间隙取其轴直径 1%～1.5%，两侧油间隙各取轴直径的 1.5%～2%。

经测量发现轴瓦的间隙不符合标准时，应对照上次检修记录查明原因，再作处理。

若轴瓦两侧油间隙变小或顶部间隙过大，通常是由于下部轴瓦合金磨损所致。若两侧油间隙较小，可以修刮两侧合金；若顶部间隙大，则需作局部补焊处理，也可在上瓦中分面处通过机械加工方法去掉与超标数值相同厚度的部分。

若轴瓦两侧油间隙较大、顶部间隙偏小或沿轴向塞尺所塞深度偏差过大，则往往是安装或上次检修遗留问题，需重新安装测量。如运行中无异常现象，可不必处理，或者对轴瓦顶部合金进行适当修刮。油间隙过大时一般采取现场补焊合金的方法，然后用机床进行标准加工。

若两侧油间隙过小，可用刮刀进行刮削，一边刮削一边将瓦返回轴承座内测量间隙情况，直到合格为止。

若两侧及顶部轴向位置的油间隙不同，则往往是安装轴承位置时不正确所致，此时不能盲目修刮轴瓦合金，应先用塞尺检查轴瓦前、后两端与轴颈有无脱空现象，如一端有间隙，则需检查轴瓦是否存在垫铁接触不良或销子整劲及球面轴瓦就位不正确等现象，如有，应加以消除。如果不存在轴瓦安装质量问题，则可进行下一步的轴瓦合金补焊处理或刮研工作。

当顶部间隙过小时，可在轴瓦结合面加垫调整顶部间隙，偏差小便多加厚的调整垫片，但所加垫片不宜过厚，而且一定保证质量。顶部油间隙过大时，应采用补焊轴瓦合金的方法，但补焊上轴瓦还是补焊下轴瓦应根据具体情况确定，若下瓦有磨损就补焊下瓦，若下瓦没有磨损就补焊上瓦。

2) 可倾瓦轴承轴瓦油间隙的标准及调整工艺。对于轴颈值在 400mm 及以下的可倾瓦，其标准间隙为轴颈值的 1.3%；对于轴颈值在 400mm 以上的可倾瓦，其标准间隙为轴颈值的 1.5%，最大允许间隙为轴颈值的 2%。

可倾瓦的瓦块与轴颈的油间隙值可通过调整瓦块背部的调整块内的垫片来调整，当瓦块与轴颈的间隙超出调整范围时，应更换轴承瓦块。

（四）轴瓦合金的研刮

当检查发现轴承合金表面研刮花纹在运行中已被磨掉，合金表面有毛刺等现象时，必须用专用刮刀由熟练的检修人员进行研刮，研刮时必须仔细，花纹应有规律，研刮量应尽可能地少，并防止研刮出凹坑和研刮过头。

（1）圆筒形轴瓦合金面的研刮原则及工艺。圆筒形轴瓦合金与轴颈接触情况如图2-75所示，单油楔圆筒形轴瓦接触角为 60°，接触面积上的接触点应均匀分布，若接触不良，应加以修刮。在轴瓦两端，应有约 10～20mm 宽的合金与轴颈不接触，须留有 0.02mm 的泄油间隙。轴承的进油侧和出油侧，均匀修刮出合适的油囊，使轴承有充足的油量，否则会造成运行中轴瓦温度过高，影响轴瓦寿命。

修刮巴氏合金表面，应光滑、平整，不许有明显的沟痕。具有高速盘车的汽轮机轴承，还有顶轴油孔和顶轴镗，如图 2-76 所示。修刮轴瓦合金时，务必将顶油孔堵住，并且在修刮后和组装前用压缩空气吹干净，顶轴油镗的尺寸必须按图纸要求修刮，其深度一般为 0.05～0.15mm，边缘应光滑过度。油镗太浅，轴不易被顶起，轴瓦合金与轴稍有研磨时油镗将被破坏，一般应采用上线数值，油镗太深会影响润滑油膜的形成。油镗面积不能太大也不能太小，因为油镗本身就影响压力油膜的连续性，如果面积太大，将使油膜浮力不够，破坏油膜，如果面积太小，又顶不起轴颈。油镗面积是根据轴颈载荷和顶轴油压力计算得到的。油镗位置应处于轴颈中心对称布置。

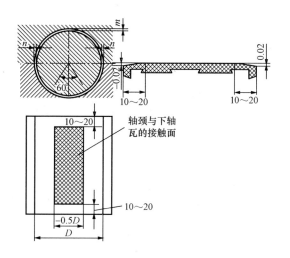

图 2-75　圆筒形轴瓦合金与轴颈接触情况

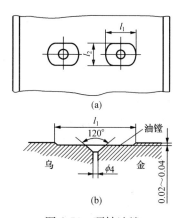

图 2-76　顶轴油镗
(a) 轴瓦顶部俯视图；(b) 轴瓦底部剖视图

(2) 椭圆形轴瓦合金面的研刮原则及工艺。椭圆形轴瓦合金的研刮要求与圆筒形轴承基本相同，只是椭圆形轴瓦的接触角比圆筒形轴瓦略小，一般为 $45°\sim50°$。

(3) 三油楔轴瓦合金结合面的研刮原则及工艺。三油楔轴瓦的巴氏合金面原则上在制造厂加工成形后不再修刮，但在实践中为了节省检修时间，补焊的轴瓦只要严格按照制造图纸尺寸修刮是完全可行的。当然，补焊及修刮只允许在有限面积上进行，对于补焊的三油楔轴瓦，首先将磨损部位补焊，参照未补焊的阻油边和图纸尺寸，先修刮阻油边，再修刮油楔。总之，油楔是依据正确尺寸的阻油边为基准进行修刮的。

(4) 可倾瓦合金面的研刮原则及工艺。可倾瓦的修刮，一般不允许在安装现场修刮，如有明显缺陷需作处理时，应取得制造厂同意后方可进行。小面积修刮时，可直接进行。大面积修刮应按假轴进行修刮，假轴的直径等于实轴直径加上轴承标准间隙，决不能按转子的轴颈直接进行研刮。对于大型汽轮机，应特别注意下瓦的顶轴油池是否被磨浅或磨去，并按标准进行研刮，一般深度为 $0.15\sim0.20$mm。

(五) 轴瓦紧力的测量和调整

由于运行时轴承外壳的温度通常比轴瓦温度高，因此一般要求轴承对轴瓦有一定的预紧力。所谓紧力就是轴承盖对轴瓦的压力，也就是上轴瓦垫铁处于轴承盖之间的配合过盈量，若没有这个紧力，在受热膨胀后，外壳就不能压紧轴瓦，在转子剩余不平衡力作用下，轴瓦易发生振动。显然，轴瓦紧力的值与轴瓦大小、工作环境等有关。

1. 轴瓦紧力测量方法

轴瓦紧力测量如图 2-77 所示。

(1) 将上、下半轴瓦组装并紧固螺栓。

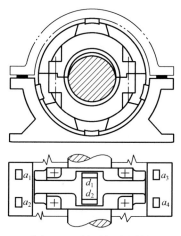

图 2-77　轴瓦紧力测量

（2）在顶部垫片处（对于球面轴瓦在球面背部）放两条直径为1mm的铅丝。

（3）在轴瓦两侧轴承座结合面的前、后放 4 块厚度相同（0.5mm）并已除去毛刺的不锈钢垫片。

（4）扣上轴承盖，均匀拧紧结合面螺栓，用塞尺检查结合面四角的间隙，应均为 0.50mm。

（5）松开螺栓，吊开轴承盖。

（6）测量压扁铅丝厚度，对每条铅丝应测量平均值。紧力值 C 等于垫片厚度 δ 与铅丝厚度平均值之差，如两厚度差为负值便出现间隙，即

$$C = \delta - (d_1 + d_2)/2$$

式中　C——紧力值，mm；

　　　δ——垫片厚度，mm；

　d_1、d_2——测得每条铅丝厚度的平均值，mm。

对于有两块垫铁的上部轴瓦，因为顶部不能放铅丝，所以铅丝只能放在两侧垫片的上面。

2. 测量轴瓦紧力时出现误差的原因

（1）轴瓦组装不正确，如下半瓦轴瓦放置的位置不正确，定位销蹩劲，轴瓦结合面、垫铁及轴承洼窝清扫不正确或有毛刺等。

（2）轴承盖螺栓紧力不足或紧力不均，铅丝直径太粗，轴承盖紧力过大使轴承盖或轴承变形，这样测出的压铅丝厚度并不是真实间隙。

（3）铅丝和垫片放置不当，垫片表面有毛刺，垫片厚度不均。

（4）测量时选点无代表性，如铅丝过长，只测到铅丝两端厚度。

3. 轴瓦紧力的调整方法

若紧力不符合图纸规定值时，对于垫铁紧力而言，可调整顶部垫铁下面的垫片厚度，要求每块垫铁下垫片数量不超过 3 片。对于球面垫铁而言，如球型轴瓦紧力过小，可在轴瓦结合面上加与结合面形状相同的铜片，但加垫后轴瓦与轴颈间隙应在规定范围内，决不允许将垫片加在球面上，以免影响球面的自由调整作用。如球面紧力过大，可在瓦枕结合面上加铜质或钢质垫片进行调整，通过调整轴瓦顶部的垫片使紧力适当，但垫片必须与轴承固定牢固，防止因振动而发生垫片移位，使紧力失去而引起轴承剧烈振动。

（六）轴颈下沉的测量

轴颈下沉的测量是监视轴瓦在运行中的磨损量和轴承垫片及垫块变化的手段。测量时用各轴承在安装时配置的专用桥规进行，由于轴瓦及垫片的变化量极小，所以桥规应平稳地放在规定的记号上，用塞尺插入桥规凸肩与轴颈之间的间隙，塞尺片应不多于 3 片，以免测量误差过大。对于一些三油楔轴承，因上、下瓦组合后，需转 35°，所以无法用桥规监视轴瓦的磨损和垫块的变化，但下瓦顶轴油池的深度是监视轴瓦磨损的依据。

（七）调整垫块接触面的检查和研刮

为了调整汽轮发电机组轴系中心，超（超）临界汽轮机轴承均设有供调整用的球面或圆柱面瓦块，垫块与轴承座接触的好坏，直接影响汽轮机的振动，所以，检修时应检查轴

承瓦块的接触情况，检查时一般先用塞尺检查，下半轴瓦的三块或两块垫铁在转子搁在轴承上时，用0.03mm塞尺塞应塞不进，底部垫块在转子未搁在轴承上时，应有0.06~0.08mm的间隙，这样即使转子质量将轴承压变形，也可保证垫块受力均匀，若塞尺检查结果均无间隙，可取出轴承进一步用涂红丹粉检查垫块与轴承座的接触情况，接触面积应大于总面积的75%以上且分布均匀。垫块接触不符合标准时，应进行研刮。

轴承调整块的研刮工艺与其他零件研刮工艺的区别，前者必须在重载下检查接触情况，后者一般以自重检查接触情况。当接触面存在0.10mm以上间隙时，可用锉刀或角向砂轮机进行粗刮，直到间隙小于0.10mm时，应复测油挡洼窝中心，并根据洼窝中心，改用刮刀精刮，精刮工作首先在轴承座洼窝内涂薄薄一层红丹粉，将轴瓦放进轴承座，放下转子，用起重吊钩将轴瓦在洼窝内往复移动2~3次，每次移动量为10~20mm，然后，将转子抬高，取出轴瓦检查下瓦垫块的红丹粉印痕，用刮刀按印痕修刮垫块印痕部分表面，如此反复进行，直到最后阶段。下瓦几块垫块应同时进行研刮，并防止刮过量及刮偏斜，使轴瓦位置歪斜和引起四角油楔不相等，使研刮工作走弯路，从而增加检修工作量和影响检修工期。当同时研刮下瓦三块调整垫块时，应计算出底部和两侧垫块的研刮量，同时结合联轴器中心、汽缸洼窝中心等情况，综合分析考虑。一般情况下，研刮工作与联轴器找中心工作同时进行。

垫块与轴承座接触质量全部合格后，将底部垫片抽去0.03~0.05mm即可。在最后放准轴承位置时，由于转子质量大，搁在轴承上会使轴承在洼窝内左右移动时摩擦力大，移动困难。因此，必须用抬轴架将转子抬起0.10~0.20mm后，轻击轴承，使位置放准，再放下转子，切不可在转子搁在轴承上时，用紫铜棒或其他物件猛击轴瓦中介面，以免在轴承中分面上击出毛边或产生凹凸不平的现象。

（八）接触腐蚀的处理

轴承垫块与轴承座之间的接触，经过研刮，接触面之间虽然大部分面积已无间隙，但尚有小部分面积接触不会很密合，或轴承垫块与轴承座的装配过盈不够。当机组运行中发生振动时，垫块与轴承座出现在接触时脱开现象，此时轴电流就会对两接触表面产生电蚀，并出现金属熔化面，形成表面光亮的凹坑，且表面硬度较高，这种现象通常称之为接触腐蚀。对于接触腐蚀的处理，一般用涂镀或喷涂方法解决。

（九）轴承合金的修补

轴承合金出现裂纹、碎裂、严重脱胎、密集气孔、夹渣或间隙超过标准时，可根据实际情况，采用局部补焊或整体堆焊的办法进行修复。修补时必须将裂纹、碎裂、脱胎、气孔、夹渣等缺陷，用小凿子轻轻剔干净，并用着色法探伤、查明确实不存在裂纹、脱胎、气孔、夹渣等缺陷的残留部分后，然后用酒精或四氯化碳将修补区域擦洗干净。但必须注意，四氯化碳气体有毒，吸入过多，对人体肝脏有损伤，现场应尽量少用或采取防护措施。用电烙铁对轴瓦本体进行挂锡、挂锡厚度应小于0.5mm，并与本体合金咬牢。当修补面积较大时，为了使轴承合金与轴瓦本体互相结合得更好，可在补焊区的轴瓦本体上钻孔攻丝，加装一定数量材质为轴承合金的M8~M12的螺栓。补焊时，为了防止轴瓦温度升高，而影响其他部分轴承合金的质量，必须将轴瓦浸在凉水里，使补焊处露出水面，由熟练的气焊工用小火焰气焊枪进行施焊，施焊应严格控制温度，并经常用手触摸，应没有很烫的感觉，即施焊处温度不超过 100℃，否则，应暂停片刻，用间断法进行施焊。

轴承合金补焊结束，待冷却后应用紫铜棒轻轻敲击，细听声音是否有脱胎现象，然后用刮刀进行研刮，并放在轴承座内盘动转子，检查接触情况，直到符合标准为止。

当轴承合金脱胎情况轻微时，可作好记录，不予处理；当脱胎情况中等时，可在轴瓦合金脱胎处锚数只孔，并用 M8～M12 攻丝扳牙，旋入轴承合金螺栓，用小火嘴加热螺栓，使其与本体轴承合金融合成一体，并使其与轴承合金内表面光滑平齐；当脱胎位于四角或边缘时，也可改用紫铜沉头螺钉，将螺钉旋入轴承本体，螺钉头埋入轴承合金 2mm 左右，并将合金压紧，最后在沉头螺栓头部融入轴承合金，使该处比其他轴承合金平面高 2～3mm，用刮刀研刮到光滑平齐即可。

当轴瓦油隙过大，采用整体堆焊时，应将轴承合金表面油类清洗干净，然后用局部补焊的工艺进行堆焊，但堆焊必须间断进行。堆焊结束，应按图进行切削加工，最后放在轴承座内，吊进转子，检查接触情况，凡不符合标准者应进行研刮，直到符合标准为止。

（十）油挡环的检修

轴承座上的油挡环多采用铸铝或生铁铸成，也有用钢板加工而成的。铸铝的油挡环上车成锯齿形齿，有些车成反螺旋齿，借助反螺旋作用将挡下的油向轴承室内流，以减少油的向外泄漏量。生铁或钢制的油挡环，一般均在槽内镶嵌铜齿，铜齿车得很尖，厚度一般为 0.10mm，齿与轴颈的间隙，不同类型的汽轮发电机所规定的标准不同。见表 2-14～表 2-16。

表 2-14　　　　　　　　N1000-25/600/600 机组可倾瓦瓦块油挡环间隙　　　　　　（mm）

轴　　承	油挡间隙设计值			
	左	下	右	上
第 1 轴承	$0.34{+0.10 \atop -0.03}$	$0.15{+0.10 \atop -0.03}$	$0.34{+0.10 \atop -0.03}$	$0.52{+0.10 \atop -0.03}$
第 2 轴承	$0.39{+0.10 \atop -0.03}$	$0.15{+0.10 \atop -0.03}$	$0.39{+0.10 \atop -0.03}$	$0.62{+0.10 \atop -0.03}$
第 3 轴承	$0.40{+0.10 \atop -0.03}$	$0.15{+0.10 \atop -0.03}$	$0.40{+0.10 \atop -0.03}$	$0.64{+0.10 \atop -0.03}$
第 4 轴承	$0.40{+0.10 \atop -0.03}$	$0.15{+0.10 \atop -0.03}$	$0.40{+0.10 \atop -0.03}$	$0.64{+0.10 \atop -0.03}$

表 2-15　　　　　　N1000-25/600/600 机组（设计值）轴承油挡环间隙标准　　　　（mm）

机组（设计值）$T{+0.09 \atop -0.03}$	油挡名称	顶部	左右侧	底部
	第 1 轴承	0.38	0.38	0.38
	第 2～4 轴承	0.85	0.60	0.35
	第 5～8 轴承	1.2	0.6～1.0	0.4

表 2-16　　　　　　　　N600/24.2/566/566 机组轴承油挡环间隙　　　　　　（mm）

油　挡　名　称	上　部	两　侧	中　部
轴承盖处油挡间隙	0.84～0.94	0.46～0.56	0.08～0.18

油挡的泄漏，除了做准油挡间隙外，更重要的是要保证轴向平面与水平中分面相互垂直，并研刮到该棱台面无间隙。当油挡齿径向间隙小于标准时，可将齿尖轻轻刮去一些，反之，应更换油挡齿，重新车准间隙。当油挡齿无备品时，可自制油挡齿进行更换，其工艺和方法如下。一般油挡齿用厚度为 2.0～2.5mm 黄铜板弯制而成，先将黄铜板在剪刀机上剪成宽度比油挡齿宽度大 2～3mm 的铜条，用氧—乙炔火焰对铜条加热到 500℃ 左右进行退火。然后将退火铜条一端嵌入圆盘槽内，用螺钉紧上，将滚轮转到铜条端部，使铜条的另一部分嵌入滚轮的槽机，扳动手柄，使滚轮沿圆盘转动。这样，铜条便被滚轧成弯的油挡齿。在加工滚轮工具时，圆盘的外径应比油挡齿内径小 10mm 左右，圆盘上槽的深度为铜条宽度的 3/4，滚轮上槽的深度为铜条宽度的 1/5，圆盘和滚轮上槽的宽度比铜条厚度大 0.10mm 左右。弯制成的油挡齿直径比油挡体略大些，以便镶嵌在油挡体上。油挡齿镶嵌时，先用木锤将齿整平，然后用木锤轻轻打入油挡体槽内，最后用捻子在齿的两侧捻打（工艺与镶汽封齿类似）牢固。镶完后将水平接合面处的齿研刮到与油挡体平齐，把油挡齿在机床上加工到所需尺寸，同时把齿车尖，其尖端厚度为 0.10mm 左右，装配油挡时用厚度为 2mm 左右的耐油纸板垫片，垫片的两面均应涂 609 密封胶，对于油挡螺栓与轴承室相通的螺孔，应将螺孔内侧用堵头密封。同时，油挡齿必须刮薄刮尖，疏油孔必须用压缩空气吹通。

检修中应检查浮动油挡轴承合金无碎裂、脱胎等异常，表面应光滑、无毛刺，装配后浮动环应灵活、不卡，轴向和径向间隙符合标准。

（十一）常用轴承的检修

1. 三油楔轴承的检修

三油楔轴承的检修是轴瓦合金，不可研刮。装配时有的三油楔轴承需翻转 35°，并放好防转销，该轴承严防装反装错，以免运行中因三个油楔位置改变而导致轴瓦烧毁。

2. 椭圆轴承的检修

椭圆轴承对装配位置的准确性要求甚高，尤其是轴瓦的水平位置，必须做到前、后、左、右四角间隙基本相等。不可有前后倾斜和左右歪斜现象。为了达到这一要求，除了用水平仪测量轴瓦中分面水平和用塞尺检查四角间隙外，还应在轴瓦全部装好后，开顶轴油泵做抬轴试验。试验方法：用一只百分表架在轴承座上，测量杆顶在转子上，开启顶轴油泵。当顶轴油压大于 10kPa 时，轴应抬起 0.05～0.15mm，方算轴瓦装配无误，因为当轴瓦装配出现前后高低不一致时，低的一端由于轴瓦底部与轴的间隙较大，顶轴油从该处泄掉，从而使轴顶不起。这样，在启动时由于轴瓦接触面积的减小，使高的一端轴瓦合金负载过大，将发生磨损或合金熔化事故。

N1000-25/600/600 机组椭圆式轴瓦检修如下：

（1）涂色检查瓦枕垫块与轴承体接触情况。在轴瓦套螺栓的拧紧力矩和球面间隙满足要求后，着色检查球面接触，下部 90° 范围内接触应大于 80%，上、下水平中分面 90° 范围内接触应大于 50%，顶部不接触或轻微接触，不可有局部硬接触。

（2）安装下轴承体，安装轴瓦，涂色检查其接触情况，接触角应为 45° 左右。

（3）检查轴瓦与轴承体间隙。在下轴承体水平结合面左、右各放置 0.1mm 的垫片，在上瓦顶部轴向位置放置直径为 0.20mm 的铅丝，将轴承体上半放在垫片上压铅丝，用力矩扳手拧紧水平面螺栓，然后松开，测量铅丝厚度平均值减去 0.10mm 为球面间隙。

（4）检查球面座力矩，符合图纸要求。

（5）吊走上瓦，检查轴瓦与轴的平行度，如图 2-78 所示，确保四点塞尺伸入深度差分别在 5mm 以内。平行度为 $(GL-GR+TL-TR)/2$，应不大于 0.02mm。

（6）用压铅丝法检查轴瓦顶部油间隙。

3. 可倾瓦轴承的检修

由于可倾瓦在支持环内可自由摆动，因此在揭去轴瓦大盖和松去支持环水平接合面螺栓后，应在上半支持环上的专用螺孔内，用 M12 长螺栓旋入可倾瓦块的螺孔，把上部的瓦块吊牢，并仔细检查瓦块是否吊牢固，防止吊起后瓦块落下而摔坏，确认无误后，方可用行车吊出上轴瓦。翻转后的下瓦应用同样方法吊出。

解体瓦块时应认清前、后、左、右的记号、并作好记录，以防装复时搞错。检查瓦块及支持环应光滑，无毛刺、裂纹等异常，接触良好。组装时应将瓦块记号对准，将吊紧螺栓长度调整到基本相等，并尽量使瓦块靠近支持环，可倾瓦块上瓦装配示意图如图 2-79 所示。吊进轴承座前应在支持环球面等处加清洁润滑油。当发现上、下轴承接合面有较大间隙时，应吊出上半轴瓦，检查图 2-79 中的 a、b、c、d 四个间隙是否相等，瓦块是否已贴紧支持环等。待查明原因并已消除后，方可再吊，切不可用轴承水平接合面螺栓或其他方式强行压下去，以免损坏瓦块。

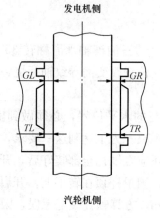

图 2-78　轴瓦与轴的平行度检查

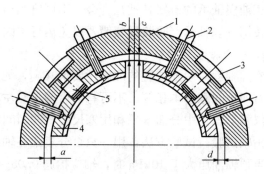

图 2-79　可倾瓦块上瓦装配示意图
1—轴瓦支持环；2—临时固定螺栓；3—调整块；
4—瓦块；5—支点块

N1000-25/600/600 机组可倾瓦轴承检修如下。

（1）轴瓦解体。

1）拆除轴承盖上热工元件，拉出立销，拆除水平结合面螺栓，吊走轴承盖。

2）拆除瓦枕及轴瓦结合面螺栓，吊走瓦枕及轴瓦并记录修前轴瓦球面间隙和轴瓦顶部间隙。

3）瓦枕和轴瓦的紧固螺栓，应有相应的固定编号，螺栓应定点放置。

(2) 1号、2号、3号、4号可倾瓦检查。

1) 涂色检查瓦枕块与轴承座洼窝接触面。

2) 在正下方90°范围内的接触面在95%以上，侧面两块接触面在80%以上，在标高调整不超过0.03mm的状态下可不重新修刮垫块接触面。

3) 安装下瓦，涂色检查倾斜垫球面座与轴瓦洼窝接触面，不研磨，若球座上涂色尺寸超过10mm，与日立公司商议，更换一套倾斜垫。

4) 安装倾斜垫，用塞尺和百分表检查每块倾斜垫的位移。

5) 测量轴承平行度：轴瓦与轴颈前、后、左、右四点，用内径千分尺或塞尺检查轴瓦与轴颈的平行度，平行度符合以下要求：$[(a+b)-(c+d)]/2 \leqslant 0.025$mm（其中$a$：前右、$b$：后右、$c$：前左、$d$：后左）。

6) 检查轴瓦顶部间隙：在轴颈顶部放置两根铅丝，铅丝直径为1.3～1.5倍的设计油间隙，长度约50mm，然后，将带三个倾斜垫的上瓦装配到下瓦，用力矩扳手拧紧水平螺栓，测量记录铅丝厚度，即为油间隙，如图2-80所示。轴承顶部间隙设计值见表2-17。

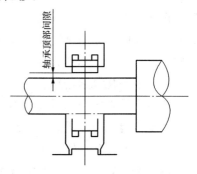

图2-80　1号～4号轴承顶部间隙

表2-17　　　　　　　　　　1号～4号轴承顶部间隙设计值

轴承号	顶部间隙设计值	螺栓紧固力矩设计值（N·m）	轴承号	顶部间隙设计值	螺栓紧固力矩设计值（N·m）
1号	0.47～0.62	800～900	3号	0.59～0.74	960～1040
2号	0.57～0.72	910～1000	4号	0.59～0.74	960～1040

7) 复装上瓦时不要改变轴颈平行度。

4. 发电机、励磁机轴承的检修

对于发电机、励磁机轴承的检修，除了按轴承的一般检修工艺检修外，还必须测量轴承座与基础的绝缘电阻应大于1MΩ。所以轴承解体后，应将轴承座与基础之间的绝缘垫片及绝缘套管放在干燥通风的地方，必要时放在室温较高的管道层烘烤，使垫片内水分蒸发掉。装复时用干的清洁布擦干净，将绝缘垫装在垫块上面，垫片四周应比轴承座大15mm左右，以防掉下的垃圾使轴承座接地，导致轴承合金产生电腐蚀。如果绝缘电阻值不合格，应将绝缘垫片取出重新烘烤和擦擦，并逐只检查地脚螺栓的绝缘套管是否完好，绝缘电阻是否合格，直到排除故障。

5. 推力轴承的检修特点

如前所述，推力轴承是汽轮机在运行时，承受全部轴向推力的部件，一旦发生烧毁事故，可能使通流部分、动静部件发生碰擦，造成严重损坏。由于至今对推力的计算方法还不够完善，还不能精确地计算出汽轮机在运行中可能产生的最大推力和推力轴承所能承受的最大推力。因此，除了如上所述轴承常规检修外，还应根据推力轴承的特殊性进行检修。

(1) 测量瓦块厚度。推力轴承的承力面是一个与汽轮机轴线相垂直的光滑平面，各瓦块在运行时承受的推力应基本一致，因此要求各瓦块厚度应相等，其误差应小于0.02mm。检修中应将椎力瓦块平放在精密平板上，用百分表测量瓦块的厚度。当同一瓦块或各瓦块厚度误差大于0.02mm时，应进行研刮。每块瓦块的接触面积应大于总面积的75%，否则也应研刮。每块瓦块研刮达到要求后，还应将全部瓦块放在推力轴承球面座内，复查接触情况。

当推力轴瓦磨损严重，接触不均匀或更换备品时，应进行瓦面研刮。研刮工作一般分以下三步进行。首先，将瓦块分别放在平板上检查和研刮，使接触面基本达到要求。其次，将瓦块按编号组装在瓦座或支承环上，使瓦面紧贴精密大平板，同时将另一块精密大平板压在瓦座（球面座侧外）或支承环上。在圆周四等分处测量两平板的距离，若四点距离相等或差值小于0.03mm，则证明瓦块平行度良好。但测量时必须在上面的平板中心施加压力，使各瓦块紧密贴合，否则因瓦块贴合不良将导致上平板倾斜，测得距离误差太大，达不到检查研刮的目的。按照测得的数据，掌握各瓦块的研刮量，如此反复检查研刮，直至符合标准。最后，将研刮好的推力瓦及其部件清洗干净，装入轴承室内，将转子向被检查的推力瓦一侧靠足，使瓦块紧贴在推力盘平面上，盘动转子，然后取出瓦块，检查接触情况。若接触不良，应查出原因后再决定研刮与否。一般来说，推力瓦经过第一、二步检查研刮后，在转子推力盘上复核，接触情况是好的。但也有个别瓦块接触略差的情况，只要稍加修刮，即可达到要求。

（2）推力轴承球面座检查。推力轴承球面座接触情况的好坏，影响瓦块受力的均匀性和各瓦块的温度。

（3）温度元件的检查和更换。推力轴承测温元件是监护推力轴承安全运行的重要手段。目前超（超）临界汽轮机多数采用测量瓦块轴承合金温度的监护方法，该方法是在瓦块的外圆边缘上，向内圆方向钻孔装设热电阻测温元件，测量瓦块温度。测温元件通常是外购定型产品，可按各机组推力轴承的结构选购。测温元件直径一般为5mm，长约50mm，钻孔直径应比元件直径大0.10mm左右，孔的深度以元件能全部埋入孔内为准。钻孔必须与瓦块平面平行，孔的外径离瓦块轴承合金工作表面2~3mm，切不可钻穿和距工作表面太薄。孔内铁屑必须清理干净，并用酒精或四氯化碳将孔清洗干净，测温元件装入孔内，必须用环氧树脂胶粘牢。元件引出线必须用塑料套管保护好，用专用夹子夹紧，以防扣轴承上盖时压坏。为保证质量，轴承扣盖后应立即测试，发现线路不通，应立即揭盖查明原因后再扣大盖。

6. 推力轴承的检修

N1000-25/600/600机组推力轴承的检修如下。

（1）解体检查。

1）解体前测量修前推力间隙。

2）拆除推力瓦枕紧固螺栓，吊出瓦枕检查球面接触情况，测量球面间隙，标准为0.02~0.05mm。

3）拆除推力瓦球面螺栓，吊出上半推力瓦，测量浮动油挡间隙，标准为0.15~0.30mm。

4) 在转子吊出后分别吊出下半推力瓦球面和瓦枕。

5) 检查推力瓦块表面乌金应光滑，完整，无裂纹、脱胎，脱落，磨损，磨蚀痕迹和过载发热，过热溶化及其他机械损伤。各瓦块工作印痕均匀，接触宽度是扇形体宽度的 1/2 或更大。

（2）推力间隙的测量与调整。

1) 清理干净推力瓦和轴承座，将推力瓦下瓦吊入轴承座。

2) 将高压转子就位，复装推力瓦上半，紧固好瓦盖螺栓。

3) 在转子上装一块百分表，球面上左、右各装一块百分表，瓦枕上装一块百分表。

4) 用千斤顶分别向前、后推动转子至极限位置，记录百分表数值，用转子窜动量减去球面窜动量即为推力间隙。即

推动间隙＝汽机侧和发电机侧总的转子位移－轴承位移数值

5) 推动汽轮机联合转子需 5t 力，推动汽轮机和发电机联合转子需 10t 的力。

6) 在左右均安装千分表。

7) 推力间隙为 0.46～0.51mm，通过正、反向垫环加工调整，作上述测量时球面的轴向位移不超过 0.13mm。

8) 在每一个推力板和轴承壳之间配有调整衬里，这些衬里用于调整转子的轴向位置，如果需要的话，也可改变推力轴承间隙。

9) 技术要求：推力间隙为 0.46～0.51mm；球面间隙为 0～0.025mm。调整推力使瓦壳轴向移动小于 0.13mm；推力轴承与轴承体之间的接触面积大于或等于 50%，推力间隙设计值见表 2-18。

表 2-18　　　　　　　　　　推力间隙设计值　　　　　　　　　　（mm）

推力间隙		0.46～0.51		油封总间隙	0.1～－0.30
密封环间隙	汽轮机侧	上	12.5	球面间隙	0.02～0.05
		下	12.5	轴承套上下紧固螺钉件把紧力矩（N·m）	1600
	发电机侧	上	12.5	球面配合力矩（上下方向）（N·m）	2160～2700
		下	12.5	轴承箱与瓦套两侧总间隙	0.076～0.155

（十二）轴承的组装

1. 轴承室和进出油孔的清理

润滑油用来冷却、润滑轴承和控制调节系统，因此对润滑机油的纯净度要求很高，所以轴承室内不应残留任何工具、杂物和纱头、布屑。清理时应先用海绵将轴承室内的油吸干，然后用拌好的湿面粉团粘去轴承室内和进出油孔内的铁屑和垃圾。

2. 轴瓦、球衬、球面座等部件检查

对于轴承的各部件，组装前应逐件逐项进行检查，各零件上应无毛边、棱角、翻边、凸起等现象。每吊装一零件均应用压缩空气吹清，然后用黏性好的湿面粉团粘去微粒垃圾，最后用白布检查应无脏污痕迹。并特别注意死角的清理，如调整垫块螺栓内六角孔等

处，往往积满垃圾，并被疏忽。

3. 核对各零件组装位置

轴承零件吊装顺序应从直径大的向直径小的逐件进行，同时核对零件上的记号，前后、左右切不可装反、装错和漏装。吊入前应在每个零件接触面间加清洁润滑油，装入时应灵活、不卡，扣轴承大盖时，必须先上紧对角定位螺栓，然后再上紧其他螺栓。

4. 全面复查各零件的装配情况

轴承各零件组装完后，扣轴承大盖前，应对轴承室内全部零件逐一进行复核。如各螺栓的保险应完整无缺，浮动油挡环应灵活、不卡，防转销装配位置应正确，定位销应不搞错，轴瓦应无错位，各堵头及其他保卫工作物应不遗漏在轴承室内，胀差、轴向位移、测温元件等性能应良好，技术记录应齐全并确保正确无误等。一切确认妥当后，签好扣盖许可证，方可正式扣轴承大盖。大盖扣下时，应能自由地落下（吊车缓慢放下），发现卡住或别劲，应吊出并查找原因后再装，切不可用螺栓强行压下去，以防损坏设备或发生装配错误。

5. 核对胀差、轴向位移和各测温元件

轴承组装基本结束时，应由热工仪表人员对轴承室内的胀差、轴向位移等表计进行核对，核对的数据由汽轮机检修人员用内径千分尺测量联轴器平面到轴承端面的距离，经车间专职技术人员现场复测，两者测量误差应小于 0.02mm，并以此距离换算到热工表计应有的读数，然后，以书面方式提供给热工人员，不符合该读数时，由热工人员进行调整。另外，对于轴承室内其他测点，亦应一一查对校验，确认无误。

6. 装复轴承盖上的元件

轴承大盖扣好后，应及时装复大盖上的测振、测温元件，组装时应核对记号，按编号装复，不得装错、装反和漏装。

7. 清理检查各轴承座、疏油槽、疏油管

轴承检修工作结束后，应及时将轴承座周围的疏油槽、疏油管清理干净，吸去槽内存油。用压缩空气将疏油管内垃圾及油垢吹清，保证疏油管畅通。当疏油管不通时，应查明原因疏通，由于疏油管不畅，因而漏油、跑油，并引起的火灾常有发生。

N1000-25/600/600 机组轴承的组装顺序如下。

（1）清理干净轴承座，清洗好轴瓦。

（2）将下瓦吊入轴承座内，检查垫铁接触良好。

（3）吊入转子，盘动一周无异常后，复装上瓦、瓦枕和瓦盖，复装过程中复测各部间隙应均在标准范围内。

（4）按力矩要求紧固各接合面螺栓，复装完毕后测量轴瓦套左、右间隙差应在标准范围内，否则应查明原因修复。

（5）联系热工复装各热工元件。

六、轴承常见问题处理方法

1. 支持轴承回油温度高的原因及处理方法

（1）支持轴承回油温度高的原因。

1) 轴承供油量不足，如油管堵塞，节流孔堵塞或孔径太小等。

2) 轴承油隙太小。

3) 轴承巴氏合金接触不良或接触面积太大。

4) 轴承负荷太大。

5) 轴承巴氏合金面、轴颈表面质量差。

（2）回油温度升高的处理方法。回油温度升高可能有以上一种或几种原因所致，所以应具体问题具体分析。

1) 首先观察是所有的轴承温度均升高，还是仅某一轴承油温升高。同时还应考虑以往轴承油温记录，是该轴承温度一致偏高，还是突然升高。

2) 汽轮机运行中出现各轴承回油温度普遍升高时，首先应检查润滑油压力、供油量是否正常。如供油压力、流量正常，可以检查冷油器出口油温，如冷油器出口油温升高，说明冷油器的冷却水量不足或中断，或者冷油器冷却水管出现油垢，此时应切换工业水或备用冷油器，如发现油压过低，则应启动润滑油泵，同时检查回油箱油位是否正常，注油器工作是否正常。

3) 若只有个别回油温度偏高，则说明轴承本身在安装或结构上的缺陷，应从机组中心、节流孔板直径、轴承油间隙及轴承合金浇铸质量等方面找原因，然后给予针对性的治理。

2. 支持轴承巴氏合金磨损及处理方法

（1）支持轴承巴氏合金轴承磨损原因。机组在运行中没有发现明显异常，但在轴承解体后发现巴氏合金磨损，可能有以下原因引起。

1) 巴氏合金表面质量差。

2) 巴氏合金质量不良，浇铸时巴氏合金过热，有夹杂、脱胎，合金本身强度低等。

3) 油间隙不正确。

4) 机组振动过大或供油量不足。

5) 轴电流腐蚀。

6) 轴承负荷过大。

（2）支持轴承巴氏合金磨损的处理方法。

1) 若轴承巴氏合金质量有问题，需重新浇铸。

2) 若间隙不合格，重新调整。

3) 若下轴承巴氏合金轻微磨损，可直接用刮刀研刮磨损部位，以降低轴承的负荷。

4) 若磨损严重，需进行重新补焊及机械加工。另外，需查找振源，并予以消除。

3. 支持轴承振动超标原因及处理方法

（1）引起轴承振动超标的原因较多，而且复杂。由于轴承本身原因而引起的转动有如下几方面。

1) 轴承垫铁接触不良，轴瓦紧力不够。

2) 轴承座刚性不足引起轴向振动。

3) 轴承巴氏合金脱胎，油间隙不正确。

4) 轴颈撑力中心沿轴向周期性变化，而轴承座与基础板之间连接刚性又不大，将引起轴承的轴向振动。

5) 轴承油膜震荡。

(2) 轴承振动的处理方法。查明原因根据不同情况应采取不同的措施，例如研刮垫铁、调整轴承紧力、加固轴承座等，消除油膜震荡可采用增加负荷、减小轴颈与轴承合金的接触面、适当增大轴承两侧油间隙、减小轴承顶间隙等方法。

4. 支持轴承巴氏合金磨损、脱胎及碎裂处理方法

汽轮机轴承合金在机组大修中均应进行检查，发现缺陷及时处理。轴承合金的主要缺陷就是磨损、脱胎及碎裂等，应根据轴承合金损伤情况，决定处理方法。

(1) 局部巴氏合金磨损（未脱胎）补焊工艺。

1) 先用一段角钢作为模具，将巴氏合金融化成条状，准备数根以便补焊时使用。

2) 用刮刀将要补焊的部位均匀地刮去薄薄一层，露出金属本色，并清除油污，保证焊面清洁。

3) 若补焊面积较大，为了防止原有巴氏合金温度升高过快或熔化，可将轴承放入水中，将需要补焊的部位露出水面。

4) 加热被堆焊面，用合金条去擦加热处，待巴氏合金熔化即可焊上巴氏合金，合金条逐步向前移动，移动速度要快，避免合金过热，只要补焊的合金与原有合金能熔合在一起即可。若出现熔池凹陷，说明温度偏高，此处应立即停止补焊，应重新在温度较低的其他部位进行补焊。

5) 补焊时可分成小块，一块一块地进行，若补焊的厚度不够，可以分层补焊，每层厚度一般以不超过 3mm 为宜，补焊层太厚会引起合金过热，使合金发脆、易裂、易脱落。

6) 焊后检查，合格后保温至室温状态下，然后进行机械加工及研刮等工作。

(2) 巴氏合金全部脱胎的轴承补焊工艺。

1) 超声波检查轴承合金的脱胎部位，做好标记。

2) 将木炭和巴氏合金放入坩埚内，用火焊加热坩埚将合金融化，木炭粒浮在上层形成保护膜，防止合金氧化。当坩埚内合金全部融化后，将浮在上层的木炭粒清除干净，防止轴承补焊时出现气孔、夹渣，然后迅速将液体合金倒入一事先准备好的角铁内，进行自然冷却、凝固，最后将凝固后的巴氏合金分成一段段长度为 800～1000mm 左右的长条。用同样的方法，也可将焊锡加工成长条状。

3) 准备翻转轴用的铁架。

4) 准备一个专用挡板，在补焊轴承两边合金时使用。

5) 将原有的脱胎部分合金清除干净，瓦胎处要漏出金属光泽，尤其在燕尾槽处更应注意，用 10％NaOH 热碱水清洗挂锡表面，并用清水洗净，然后用钢丝刷将瓦胎刷干净。

6) 用火焊将瓦胎面烤一遍，以彻底清除残留在瓦胎上的杂物，然后加热轴承脱胎部位的背面，用红外线测温仪监视温升，当表面温度达到 250～300℃ 左右时，将氧化锌水溶液涂在瓦胎表面，迅速用锡条摩擦加热面，使融化的锡与瓦体表面融合，此工作要反复进行多次，直至所需挂锡表面全部均匀为止。

7) 挂锡后应立即补焊巴氏合金，不能放置时间太长，以免氧化。用导链将轴承的一端悬挂，根据补焊部位需要调整轴承的高低，始终保持轴承体补焊位置在水平方向。补焊轴承两边时，用专用挡板挡在轴承侧面，防止融化的合金流掉。若脱胎面积较大，应分成若干小块，逐块进行补焊。补焊合金时应控制温度以防过热，同时也应防止将未脱胎部分的巴氏合金融化。先用火焊加热挂锡后的瓦胎面，并用合金条摩擦，当合金开始融化时便可添加巴氏合金，同时向前移动。堆焊可以一层层进行，每次不可太厚，一般在 3mm 左右，合金补焊要均匀，不能有气孔、夹渣，同时注意监视轴承体温度变化，不能过低，防止焊后脱胎。特别注意合金补焊后应符合要求，不能有缺肉现象。焊后时间不能少于 6h。

8) 超声波检查轴承合金，确认补焊后是否存在缺陷，若有气孔、夹渣时，则应用小尖铲将缺陷部位铲除，剔出其中的杂物，漏出新的轴承合金面再补焊。若深度较大，则应将四周铲成斜坡形，然后进行堆焊。待确认巴斯合金与瓦背结合良好后，方可进行切削加工。

5. 支持轴承现场重新浇铸巴氏合金的工艺措施

对于轴承巴氏合金严重损坏，不宜采用补焊修补时，可以进行重新浇铸，其工艺如下：

(1) 准备轴承图纸、巴氏合金、纯锡、有关专业工具等。

(2) 清理瓦胎时，最好采用车床车削，使瓦胎金属露出金属本色。

(3) 进行挂锡工作，挂锡的目的是要增加轴承合金对瓦胎的附着力，在挂锡前，先在瓦胎表面涂上一层盐酸，数分钟后，再用清水把酸液清洗干净。将瓦胎均匀预热至 250℃ 左右，在加热过程中可用锡条在瓦胎上轻轻地擦，锡条熔化即表示达到所需要的温度，然后在轴承胎面上均匀涂一层氯化锌溶液，再撒一层氯化铵粉末，最后用细钢丝刷把粉末刷匀，将锡条用锉刀锉成粉末，均匀地撒在瓦胎面上，焊锡即熔化在瓦胎表面上，接着用干净的湿布把熔化的锡珠涂抹均匀，瓦胎上将挂一次很薄而且均匀的锡层，挂好锡的瓦胎表面成发亮的暗红色；如果出现淡黄色或者斑点，则必须将挂上的锡熔化掉，重新挂锡。

(4) 待挂锡后的轴承冷却后，将下半轴承组合好。瓦胎上所有的油孔，都要用石棉绳或棉泥严密堵住，装上膜芯一同预热至 250~280℃ 左右。预热的目的主要是使轴承合金浇入后瓦胎与轴承合金同时冷却收缩，以防发生脱落。其次，经过预热还可以清除瓦胎与膜芯上的油脂和潮气，保证浇铸质量。预热温度以刚刚能熔化焊锡为宜，温度过高，会发生剧烈的氧化反应，有时会把焊好的焊锡熔化流掉，影响轴承合金与瓦胎的结合，温度太低，容易发生脱胎或产生气孔和沙眼。

(5) 将选用的轴承合金放入专用的坩埚内加热至 390~400℃，在确认轴承无任何泄漏处开始浇铸。用干净木棒把轴承合金搅均匀，然后撒开浮在液面上的木炭和氧化皮，将其注入铸模内。浇铸时应连续的在 1.5~3.0min 内一次浇完。由于合金冷却收缩，所以应向浇口内多浇一些轴承合金，浇铸完毕，在铸模上部放一些木炭，使整个铸体自上而下逐渐冷却下来。轴承合金凝固后，至少还要在空气中静置 8h。

(6) 轴承合金冷却到 60℃ 以下就可打开铸模。用手锯锯下浇口气孔等多余的轴承合金，并仔细清理轴承合金结合面。在车床上将轴承合金内圆粗车后进行质量检查，经检查合格后即可按图纸要求进行精车。若轴承合金与瓦胎接触不良，必须重新浇铸。

6. 支持轴承巴氏合金加工工艺方法

轴承巴氏合金补焊后可进行车削加工。首先将两半轴承结合面互相研好，然后将其组合。根据轴承的结构形式，判断该轴承合金是否加垫片。

对于圆筒形轴承，在结合面处不添加垫片，在车床上找正后根据轴颈的直径来车璇轴承的合金面，待更换时用研刮方法刮出两侧间隙及顶部间隙。如果为了减少更换轴承时的研刮工作量，可以按轴颈直径加上顶部间隙值来加工，但为了预留研刮下轴承的裕量，应在结合面加一厚度等于1/2顶部间隙的垫片，并在车床上按上半轴承的结合面为中分面进行找正，使预留的研刮量全部留在下轴承上，使上半轴承基本上无需刮研。

对于椭圆形轴承，应在水平结合面处放入薄钢垫片，垫片的厚度为轴承两侧间隙之和减去顶部间隙值。

一切准备好后，吊至车床上根据轴承的断面、巴氏合金的未加工面、球面、轴瓦垫铁外表面等处进行找正。车璇的轴承内圆直径应为轴颈的直径加上两侧间隙。

轴承在进行轴承合金的表面车璇时，应该使用圆形车刀，其圆弧半径为 4mm 左右，车刀的刀口不应有毛口。在车最后一刀时，车下去的合金厚度不应大于 0.5mm，进刀转速为每转 0.1mm，转速为 30～40r/min。三油楔轴承需在坐标镗床上按图纸分别找中心来加工油楔。在车床加工结束后，便可根据图纸钻油孔、开油槽等。

7. 更换支持轴承的方法

当轴承的巴氏合金出现脱胎、裂纹、熔化、瓦背损坏及其他严重损伤而又来不及修复时，可以更换备用新轴承。

更换新轴承的工艺要求如下。

(1) 用洗涤剂或煤油清洗备用轴承，检查巴氏合金表面质量，有无损伤、裂纹、气孔、脱胎等现象。

(2) 核对备品轴承的各尺寸是否符合图纸要求，测量巴氏合金面的加工裕量，测量轴颈直径，并在车床上加工到所要求的间隙值。

(3) 开两侧油囊，然后以轴颈为基准，初步研刮巴氏合金面，使轴承扣在轴颈上，在 15°范围内来回转动，直至有间隙接近设计值。初刮时不能刮偏，注意垫铁接触面情况。

(4) 巴氏合金初刮以后开始研垫铁，其工艺方法按轴承正常检修中研刮垫铁的方法进行。球形瓦尚需检查球面的接触情况，一般不必研刮，因为球形瓦的球面加工精度较高。

(5) 垫铁研刮合格后对巴氏合金面精刮，主要是下半轴承的接触角要求精刮。在下轴承合金表面均匀涂少许红丹粉，放入轴承座内，放入转子，盘动转子 3～5 周，然后用专用抬轴工具将轴顶起，翻出下瓦，检查接触情况，首先检查下部接触角和油间隙，要求下部接触角 50°～60°度范围内接触角均匀分布，接触面不应小于 75%。

(6) 对三油楔轴承不进行第 (5) 项工作，但应检查阻油边直径，并以阻油边为基准，用刀口尺检查油楔形状及深度。

(7) 对于下轴承是两块的可倾瓦，检查巴氏合金接触面积，应占每块瓦块的1/3。

（8）测量油挡间隙，测量轴承紧力，安装顶轴油管等。

8.支持、推力联合式密切尔型推力轴承推力瓦工作瓦块温度高的原因分析及处理方法

（1）所有推力瓦工作瓦块温度偏高的原因及处理方法。

1）轴向推力大。

2）润滑油供给不足。

3）推力盘瓢偏度超标或磨损严重。因此，可采取减小轴向推力；增大润滑油供给量；加工推力盘等方法解决。

（2）只有一半（上半或下半）工作瓦块温度偏高的原因及处理方法。这种情况一般是由轴承合金面定位销位置不正或配合过松，使上半轴承与下半轴承轴向错位所致。如果上半轴承偏前，则上半工作瓦块温度偏高；如果上半轴承偏后，则下半工作瓦块温度偏高。可采用上、下半轴承重新定位、配制新销的方法解决。

（3）部分工作瓦块温度偏高，另一部分工作瓦块温度偏低的原因及处理方法。这种情况可能由于轴承下面的弹簧弹力过小，导致轴承前倾，或者推力瓦块后面的调整垫片厚度不均，以及推力瓦块立面与支持轴承底部合金轴向水平面不垂直等原因所致。轴承前倾可采用加大轴承下面的弹簧力及适当减小轴承接触角、加强球面轴承自位能力的方法解决。若推力瓦块后面的调整垫片厚度不均，可进行处理或更换新垫片，若推力瓦块立面与支持轴承底部合金轴向水平面不垂直，可将支持轴承下半合金进行补焊，然后重新加工。

（4）只有个别工作瓦块温度偏高的原因及处理方法。这种情况可能由于研刮推力瓦块合金时，测量推力瓦块厚度出现误差，使个别工作瓦块厚度超标所至，可采用将温度偏高的工作瓦块厚度重新修刮到标准范围的方法解决。

如果在检修现场很难判断工作瓦块温度偏高的原因，可采用一个通用的治理方法——工作瓦块整体研磨法。先在各推力瓦块合金表面涂一层薄薄的红丹粉，然后拆除非工作瓦块，将轴承全部组装，用专用的推轴工具将推力盘靠在推力瓦块上，然后在保持适当轴向推力的情况下，缓慢盘动转子，盘动2～3周后停止，解体推力轴承，根据红丹粉痕迹修刮工作瓦块的合金表面，然后组装、检查、修刮，反复进行几次，直到推力盘与全体工作瓦块接触均匀为止。但需要注意的是，工作瓦块表面合金经修刮后的厚度必须大于允许的最小厚度，否则应更换瓦块。

第七节　发电机密封装置检修

氢气冷却的发电机均设有氢密封瓦。氢密封瓦本体为黄铜或钢制作的圆环，内孔表面浇铸轴承合金，它实际上与浮动油挡类似，是利用径向和轴向的油膜来封闭氢气的外泄。由于氢气外泄易引起爆炸等重大事故，所以对氢密封瓦的检修工艺要求非常高。

一、密封瓦工作原理及特点

超（超）临界汽轮机组密封瓦一般采用环式密封瓦，其结构特点是发电机转子上未设密封盘，氢气的密封主要靠密封环与密封轴颈间的密封油流来实现。特点是结构简单，解

体、检修、安装方便，检修工艺要求高，运行安全可靠。

N600-24.2/566/566 发电机采用双流环式油密封，油密封装置置于发电机两端端盖内，其作用是通过轴颈与密封瓦之间的油膜阻止了氢气外逸。双流即密封瓦的氢侧与空侧各自是独立的油路，平衡阀使两路油压维持均衡，严格控制了两路油的互相串流，从而大大减少了氢气的流失和空气对机内氢气的污染，使氢气的消耗量少于单流环式油封，而且又省掉了真空净油装置，简化了维护工作。密封瓦可以在轴颈上随意径向浮动，但为了防止其随轴转动，在环上装有方键，定位于密封座内。从密封瓦流出的氢侧回油汇集在密封座下与下瓣端盖组成的回油腔进行氢油分离，分离氢气后的油流回氢侧回油腔，在独立的氢侧油路中循环，而顺轴流出的空侧回油则与轴承的回油一起流入主油箱。油中带有的少量氢气在氢油分离箱中分离，再由抽烟机排出室外，从而使回到主油箱的轴承油中不含氢气，保证了主油箱运行安全。氢侧和空侧油流同时也分别润滑了密封瓦和轴颈，在任何运行状态下油压高于氢压 0.083 ± 0.01 MPa，此值靠油系统的压差调节阀自动维持。

N1000-25/600/600 机组发电机密封瓦转轴穿过端盖处的氢气密封是依靠油密封的油膜来实现的。油密封采用单流环式结构，密封瓦采用瓦体上浇注轴承合金制作而成，装配在端盖内腔中的密封座内。密封瓦分为上、下两半，径向和轴向均用卡紧弹簧箍紧，密封瓦径向可随转轴浮动，密封座上、下均设有定位销，可防止密封瓦切向转动。压力密封油经密封座与密封瓦之间的油腔流入密封瓦与转轴之间的间隙，沿径向形成油膜，防止氢气外泄。密封油压高于发电机内氢气压力 0.055MPa 左右，流向发电机内的密封油经端盖上的排油管回到氢侧油箱，流向发电机外的密封油与润滑油混在一起，流入轴承排油管。该系统具有配置简单，运行维护方便的特点，尤其在油系统中设置有真空净油装置，能有效去除油中水分，对保持机内氢气湿度有明显的作用。励磁机端油密封设有双层对地绝缘，以防止轴电流烧伤转轴。N1000-25/600/600 密封瓦结构如图 2-81 所示。

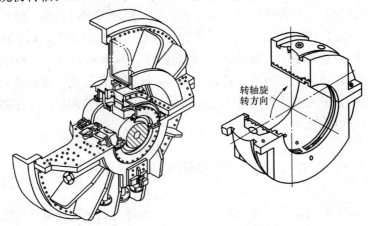

转轴旋转方向

图 2-81　N1000-25/600/600 密封瓦结构

二、氢密封瓦的解体

（1）发电机氢密封瓦解体前，必须将发电机上的人孔打开，排尽内部的氢气。由专人用检测仪进行测量，确认无氢气残留，同时盘车停止方可开工。

（2）拆去发电机两端上端盖。拆去发电机侧小端盖，松去密封瓦与端盖的端面连接螺栓，吊去上端盖。拆去励磁机侧上端盖人孔，拆去密封瓦与端盖的连接螺栓，吊走上端盖。

（3）氢密封瓦解体前的准备。

1）拆去风扇套筒、扩压管及动、静风叶。

2）拆去氢气冷却器上、下端盖，吊出氢气冷却器。

3）准备专用工具。

（4）测量、记录氢密封瓦上、下、左、右径向间隙。拆氢密封瓦壳体中分面连接螺栓，用专用吊架吊出密封瓦上壳体，检查并记录各零件记号。在中分面处用塞尺测量下部密封瓦的轴向间隙，然后将下瓦翻转到轴颈上部，用专用吊架吊出下密封瓦壳体。

三、密封瓦的检查和修理

（1）氢密封拆下后应用煤油或洗涤剂清洗干净，用肉眼进行宏观检查，瓦面应无压伤、凹坑、磨损、毛刺和变形。然后，用着色法探伤检查瓦面轴承合全，应无裂纹、气孔、脱胎等现象。瓦面毛刺、棱角等应用细油石修光。

（2）将上、下密封瓦合在一起。用百分表测量水平中分面前、后、左、右错口，应小于0.02mm，上、下接合面间隙小于0.03mm，且接触良好，接触面积应占总接触面积80%以上。

（3）检查水平中分面定位销应无弯曲、咬毛现象。用红丹粉检查接触面积应占总接触面积80%以上。打入定位销后，密封环错口等无明显变化，且符合标准。

（4）清理检查密封环上各油孔，应清洁、无垃圾，各孔均畅通。

（5）密封环必须放在清洁橡皮垫或海绵垫上，绝不可与硬质物体相碰。

四、密封瓦的径向和轴向间隙测量

（1）测量前12h应将密封环和内、外径千分卡等测量工具放在同一地点，以便被测物和工具的温度保持一致，便于对测量间隙的修正。

（2）密封环和工具禁止放在日光下照射或在高温环境下受到热辐射。

（3）测量时密封环应清理干净，放平放稳，保持环境清洁、测量时间不能太长，以免环境温度变化大，给修正带来困难和影响其正确性。

（4）测量工作应由熟练的技工进行，并带精白棉纱手套，严禁用手直接触摸密封瓦。

（5）测量前应对内、外径千分尺校正"0"位，严禁用不符合精度要求的工具进行测量。

（6）测量时应如实记录实测数值、环境温度值，以及测量工具、密封瓦、密封瓦壳体、电机转子轴颈等温度值。

（7）由于密封环加工精度高，它与发电机转子的径向间隙要求在0.23～0.28mm（应按制造厂提供的标准），防止氢气泄漏，加上密封环与转子材质不同，其线膨胀系数也不同，因此必须对密封瓦所测的间隙进行修正。一般将间隙修正到环境温度为20℃时的值，然后与质量标准进行比较。如密封环（黄铜）线膨胀系数为18.8×10^{-6}，转子（钢）线膨胀系数为11.8×10^{-6}，转子轴颈外径为450mm，当温差为1℃（测量时环境温度与20℃之差）时膨胀差为

$$(18.8-11.8) \times 10^{-6} \times 450 = 0.003\ 15 (\text{mm})$$

根据这个原则，将有关密封瓦各零件修正到温度为 20℃时的值，并以此值与标准值进行比较，不符合标准者应报上级同意后进行调整。

（8）测量密封瓦轴向间隙时，应分别测出密封瓦厚度及密封瓦壳体槽的宽度，并分别将密封瓦与壳体在圆周方向上分 18 等分，测出每等分线上沿半径方向 3 点的值（共 36 个值），求出算术平均值，然后将密封瓦放入壳体槽内进行临时组装，用 4 把塞尺把密封瓦轴向塞紧，用塞尺在轴向每侧测量 38 点，求出算本平均值，与上述测量比较，误差应小于 0.03mm。

（9）测量密封瓦径向间隙时，应分别测量密封瓦的内径和转子轴颈的外径，并分别将密封瓦和轴颈在圆周方向上分成 16 等分，在每等分点上沿轴向按前、中、后 3 处测出 3 个值。分别求出密封瓦和轴颈的算术平均值即可。测量完毕后，按上述方法进行温度影响的修正。

五、氢密封瓦的组装

1. 组装准备

（1）按样板分别制作发电机侧和励磁机侧的密封瓦纸板垫片。垫片应为经绝缘清漆处理的（华尔卡）耐油纸板，并制成整圈无接缝的垫片。

（2）检查密封瓦处转子轴颈，应无毛刺和高低不平现象，用天然细油石研磨光滑。轴颈的椭圆度和锥度应小于 0.02mm，表面粗糙度应为 1.6～3.2。

（3）密封瓦壳体应清理干净，接触平面应光滑、无毛刺。密封瓦应清洁，各油孔均畅通。

（4）各油挡齿整修光滑、平直、无毛刺，齿尖厚度应小于 0.15mm，齿顶应刮尖。

（5）组装前仔细查对记号，前、后、上、下不可装错、装反。

2. 下半密封瓦壳体的组装

（1）将垫片和端盖的密封面用清洗剂洗去油及垃圾。

（2）在垫片及下端盖上涂一层环氧绝缘清漆，用专用样板压紧 24h 以上，使垫片固定在端盖上。

（3）拆除样板，对密封油孔进行修正，防止阻塞油孔。

（4）在密封瓦下半壳体的密封面上涂一层环氧绝缘清漆，待略干后（约 3h），可临时紧固端面螺栓。

（5）放入密封瓦下半瓦，检查径向和轴向的接触情况，不符合要求应进行研刮，直到接触面积占总接触面积的 80％以上。然后用塞尺测量径向和轴向间隙，并与组装前测得的间隙进行比较，不符合质量标准时，应查明原因消除后才可继续组装。

（6）测量密封瓦壳绝缘，并经电气专职人员验收合格。

（7）测量调整油挡间隙应符合如下标准。下部间隙为 0.05～0.20mm；左、右间隙为 0.45～0.65mm；顶部间隙为 0.75～1.00mm（根据制造厂标准）。

（8）用力矩为 490～588N·m 的力矩扳手将密封面螺栓正式紧固。

3. 上部密封瓦的组装

（1）将上半密封瓦壳体清理干净，各油孔应畅通，密封端面应光滑、无毛刺。

（2）上半密封瓦壳体端面及垫片应涂环氧绝缘清漆，并用样板压牢。

（3）吊进上端盖，并检查垂直和水平接合面间隙应小于 0.03mm。

（4）用力矩为 617～755N·m 的力矩扳手，初紧外端面上 M72 水平接合面螺栓；用力矩为 1656～2029N·m 的力矩扳手，紧固内端面上 M36 的水平接合面螺栓；用力矩为 882～1078N·m 的力矩扳手，紧固 M36 的垂直接合面螺栓；各螺栓按要求紧固后，复测水平和垂直接合面间隙，用 0.03mm 塞尺塞应塞不进，即为合格。

（5）用力矩为 490～588N·m 的力矩扳手，紧固上密封瓦壳体与端盖的垂直接合面螺栓。

4. 氢密封瓦的活动试验

为了鉴定氢密封瓦的装配质量，在密封瓦检修安装好后第一次油冲洗结束，轴承上瓦未盖前，应开启油泵，做密封瓦的活动试验。

（1）将 3 只百分表指针头旋去，配制 300mm 左右的接长杆，旋在百分表指针上。用 3 只磁性表架分别将 3 只百分表接长杆架在密封瓦的轴向平面的左、上、右 3 点上，并将各表读数调整在 50 刻度位置上，以便于读数。

（2）按顺序启动空气测油泵、氢气侧油泵、浮动密封油泵，同时将三台油泵出口压力调整到空气侧油压为 0.08MPa；氢气侧油压比氢压高 0.4MPa；密封油压为氢侧油压的 1.3 倍，每启动一台泵，停留约 3min，记录 3 只表读数。

3 台泵全开后，再按逆顺序停上述 3 种泵，记录所有读数，最后 1 台泵停后，3 只百分表读数应回复到原位，误差应小于 0.02mm。

（3）分别计算出 3 只百分表最大和最小读数的差值，该差值大于氢密封瓦轴向间隙的一半时，说明密封瓦活络不卡，安装质量符合要求；反之，应查明原因并将其消除。

应根据设备实际情况，采取适当的方法，做密封瓦的活动试验，以检验密封瓦。

5. 密封瓦的检修

东汽-日立 N1000-25/600/600 型超超临界 1000MW 汽轮机机组密封瓦的检修顺序如下：

（1）汽轮机侧、集电环侧轴瓦解体。

1）拆汽轮机侧、集电环侧外油挡盖，作好修前油挡与轴的间隙记录。

2）拆轴承盖热工元件及连接螺栓，用专用工具吊走轴承盖，作好修前记录。

3）轴瓦检查。其质量标准见轴承部分。

4）把千分表指在轴颈顶部，将支撑工具安装就位，顶起转子 0.35～0.40mm，将下轴瓦翻转，用专用工具吊走（注意防止轴损伤），支撑工具安装如图 2-82 所示。

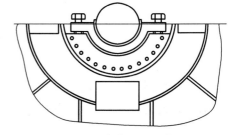

图 2-82 支撑工具安装图

（2）汽轮机侧、集电环侧密封瓦解体。

1）在检修和拆卸过程中，应做好组装部件各相对位置标记。如图 2-83 所示。

2）拆除密封瓦座锁定螺栓的钢丝及水平垂直结合面的螺栓（注意集电环侧螺栓的绝缘套）。将上半密封座用专用吊具吊走。

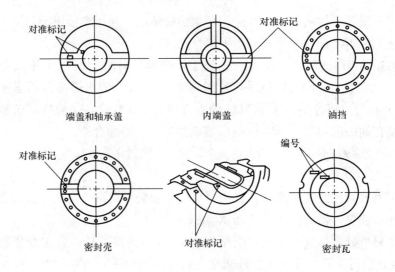

对准标记　对准标记　对准标记
端盖和轴承盖　　内端盖　　　油挡

对准标记　　　　对准标记　　　编号
密封壳　　　　　对准标记　　　密封瓦

图 2-83　密封瓦各部件对准标记

3）装上夹具，并拆除下半密封座端盖螺栓，涂上润滑油，将下半密封座慢慢转至上半部位，用吊索吊走。

（3）密封瓦的修整检查。

1）环与轴之间的间隙测量。按标记匹配好，并按测量间隙规定组装，用橡胶带系住环的外部，并按箭头所示的方向往上推，使环的 4 个匹配点任一点不存在间隙，然后测量 A 的间隙。

2）滑环动面检查，滑环接触面积在 80% 以上，无腐蚀、过热熔化现象。

3）密封环间隙测量如图 2-84 所示。

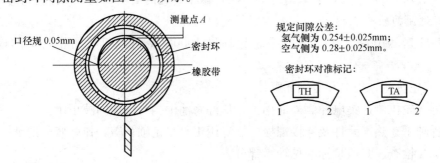

测量点 A
口径规 0.05mm
密封环
橡胶带

规定间隙公差：
氢气侧为 0.254±0.025mm；
空气侧为 0.28±0.025mm。

密封环对准标记：

| TH | | TA |
| 1 | 2 | 1 | 2 |

图 2-84　密封环间隙测量

4）外壳和环之间接触状况检查，应接触均匀，无毛刺、麻点、裂纹、剥落等缺陷。

5）结合面销钉无滑出。

6）检查槽式弹簧应无变形、拉断现象。

7）套管绝缘测量，用 1000V 绝缘电阻表测量绝缘电阻，其电阻值应大于或等于 1MΩ。

8）检查内、外油挡间隙应符合下表 2-19 的要求（注：从汽轮机头向发电机看设定为左、右）。

表 2-19 　　　　　　　　　　内、外油挡间隙　　　　　　　　　　(mm)

位　置		上	下	左	右
内油挡	汽轮机侧	1.25～1.35	0.35～0.45	1.25～1.35	0.35～0.45
	集电环侧	1.1～1.20	0.30～0.40	1.10～1.20	0.30～0.40
外油挡	汽轮机侧	1.25～1.35	0.35～0.45	1.25～1.35	0.35～0.45
	集电环侧	1.10～1.20	0.30～0.40	1.10～1.20	0.30～0.40

(4) 复装。

1) 发电机中心测量完毕，上、下端盖安装就位，上、下接合面处无错口，间隙不大于 0.05mm。

2) 油挡盖及油流不应有异物存在，不应有裂纹，安装表面不应有毛刺，5 孔/寸钢丝布应清洁无堵塞，安装表面涂以 NO1102 黏结剂，紧固并锁定结合面螺栓。用 1000V 绝缘电阻表测其绝缘电阻应大于或等于 $1M\Omega$。

3) 密封瓦就位前，将 4 块瓦块对号入座，分别装入密封座，拧紧弹簧挂钩螺栓并打样冲固定。

4) 密封座就位，拧紧螺栓并用钢丝锁定，集电环侧用 1000V 绝缘电阻表测量，其绝缘电阻不小于 $1M\Omega$。

5) 调整外油挡间隙应符合要求，并用钢丝锁定螺栓，集中环侧绝缘电阻用 1000V 绝缘电阻表测量，其绝缘电阻不小于 $1M\Omega$。

6) 密封瓦装配如图 2-85 所示，装配要求见表 2-20 和表 2-21。

表 2-20　发电机汽轮机端装配要求 (mm)

序号	数　据
a	2.5
b	0.65
c	92
d	0.75
e (双边)	氢侧 0.204±0.025
f	空侧 0.28±0.025
	9.5 (双边)
g	1.62+0.1 (双边)
h	0.65

表 2-21　发电机 CLR 侧装配要求 (mm)

序号	数　据
a	2.5
b	0.5
c	25
d	0.75
e (双边)	氢侧 0.20±0.02
f	氢侧 0.18±0.02
	9.5 (双边)
g	(双边) 1.64+0.10
h	0.5

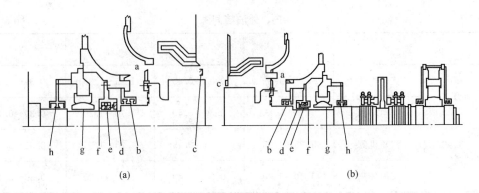

(a)　　　　　　　　　　　　　　　　　(b)

图 2-85　密封瓦装配

（a）发电机汽轮机端装配要求；（b）发电机 CLR 侧装配要求

六、密封瓦检修过程中的故障处理

1. 环式密封瓦密封间隙严重超标的处理工艺

在密封瓦解体后，如果测量发现密封间隙过大，需要处理，在进行瓦体与乌金面结合情况的探伤检查时又确认密封瓦乌金没有脱胎，则采用下面的处理工艺进行修复处理较好。

（1）将密封瓦用清洗剂清洗干净之后组合在一起。

（2）乌金表面用砂布或刮刀去掉表面氧化层，使其完全露出乌金的金属光泽。

（3）用工业酒精擦洗干净，自然干燥，乌金面上不能有异物。

（4）把焊锡用角钢化成 $\phi 4 \sim \phi 6$ 的细条（事先把角钢用磨光机清扫干净，不能有任何锈垢）。

（5）用角钢把乌金化成 $\phi 5 \sim \phi 9$ 的细条。

（6）用石棉绳将密封瓦的油槽、油孔全部堵上，以充满润滑油且不外露为合格。

（7）将密封瓦环垂直放置，即中心线平行于地面，用烤把均匀加热，加热到 $180 \sim 240℃$，如果现场没有测温计的话，以划然火柴的温度为标准。

（8）在乌金表面上，薄薄补焊一层焊锡层，焊锡层厚度要求在 0.20～0.30mm，焊锡层要均匀，不能过厚，也不能薄、厚不均，尤其不能有露焊的地方。

（9）将焊锡层用钢丝刷与工业酒精配合，清洗干净。

（10）在焊锡层上堆焊乌金，要求堆焊的速度不能过快，而且用烤把慢慢地、均匀地加热瓦体，使瓦温度控制在 $150 \sim 180℃$ 之间；在堆焊乌金时，一边堆焊乌金一边转动瓦体，使得焊把的火焰始终与地平面呈固定角度，堆焊的高度可根据内径的大小来确定，比如轴颈的直径为 D，则堆焊后的密封瓦的内径比 D 小 5.5～8mm。

（11）乌金补焊厚度合格之后，用挡板托着找一下各环的边、棱部分，不能有露焊或焊肉不足现象，以加工后不能有缺肉现象为合格。

（12）密封瓦乌金堆焊合格后，用硅酸铝毡将四周包严，进行保温，保温层厚度要在 60～80mm 之间，保温的时间约为夏季 24h、冬季 16h，当密封瓦温度下降到 60℃ 以下后，可以进行机械加工。

（13）密封瓦密封面的加工以车床和镗床为宜，由于环式密封瓦的瓦体比较单薄，因此加工时，固定瓦体的方法采用压板压牢的方法，不能用卡盘从四周向中间卡紧的方法，防止将密封瓦环卡变形，造成密封瓦报废，将密封瓦环找正以后，进行加工，加工的尺寸比标准尺寸要小 0.05～0.10mm。

（14）密封瓦加工完以后，要再次进行乌金探伤检查，确认乌金和瓦体没有脱胎现象为合格。

（15）加工后的密封瓦用清洗剂清扫干净，将石棉绳全部取出来，吹扫干净，并用直角尺检查乌金表面与端面是否垂直；用内径千分尺校对加工尺寸是否合格；用直角尺检查乌金表面的接触点，并进行研刮，要求接触点均匀，并且每环内径尺寸均合理、合格。

（16）在标准平台上检查密封瓦的变形情况，将密封瓦环水平放置在擦干净的标准平台上，用塞尺检查接触情况，如果能塞入塞尺的最大间隙大于 0.05～0.06mm，最大塞入宽度大于 35mm，则为合格。

上述各项工作做完之后，如未发现异常现象，则补焊后密封瓦就可以充当新瓦使用了。

2. 环式密封瓦椭圆过大的处理工艺

（1）将密封瓦等分成 16 份，在 16 点上测出 8 个直径 D1～D8，测密封瓦内径如图 2-86 所示，比较这 8 个尺寸偏差 ΔD_{max}，如果 ΔD_{max} 超过 0.06mm，则密封瓦的椭圆度超标，需进行修补。

（2）将直径偏大的区域用排点的方法测出来，并找出磨损区间，做好标记。

（3）将磨损区间用刮刀或砂布去除表面氧化层后，进行补焊乌金，补焊的方法同处理密封间隙过大的补焊方法相同，补焊的厚度不能过厚，一般在 2.0～3.0mm 为宜。

（4）在车床上加工密封瓦时，以未补焊的部位为基准进行找正，找正的偏差标准为不大于 0.015mm。

（5）加工时，以未碰到未加工的最大极限为准，如果检修时间允许的话，上述过程可以用乌金面满焊的方法代替，整个面补焊较局部补焊更易加工成标准瓦，但满焊的方法也容易引起乌金脱胎。具体采用什么方法，可根据现场实际情况确定。

3. 环式密封瓦端面拍击出坑痕的原因及处理工艺

（1）环式密封瓦解体后，发现在瓦的两个侧面有严重的拍击痕迹，如图 2-87 所示，原因如下：

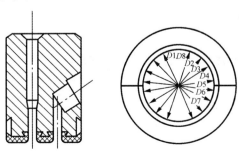

图 2-86　测密封瓦内径

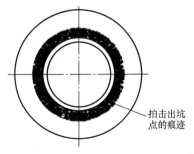

图 2-87　密封瓦两侧拍击痕

1）密封瓦油压不稳，产生不规律的波动，引起密封瓦的轴向不规则窜动。

2）密封瓦轴向厚度过小，与瓦壳间隙过大时，在大机组振动加大时，瓦随轴振而振，引起拍击，造成拍击频率加大。

3）密封瓦的密封间隙过大，瓦在轴上有自由波动趋势，当油压有波动时，瓦在瓦壳内有跳舞趋势，产生波动。

4）密封瓦与瓦壳的间隙不均匀，引起油压作用力不均匀，当油压有波动时，作用在瓦上的不均匀力使得密封瓦不规则颤动，产生拍痕。

（2）环式密封瓦端面拍击出坑痕的处理工艺。

1）将密封瓦瓦环解体后，用清洗剂清洗干净，尤其是锈垢一定要清扫干净。

2）清扫之后，将密封瓦组合在一起，测出各点的瓢偏值，并作好记录。

3）确定拍击痕迹的宽度。

4）在侧面用车床加工燕尾槽，如图 2-88 所示，然后挂乌金，挂乌金的方法同密封瓦挂乌金的方法相同，即加热至 $180\sim240℃$，清扫干净燕尾槽内、外的油及杂物，先焊上一层 $0.20\sim0.30mm$ 厚的焊锡，之后堆焊乌金，堆焊乌金的厚度应能保证机械加工要求。

5）将乌金瓦固定在车床上进行加工，应注意，固定时要用百分表找正，瓢偏的偏差与原始记录要相同。

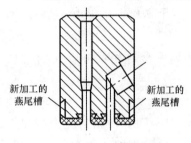

图 2-88　加工燕尾槽示意图

加工完一侧端面后加工另一侧端面，加工前计算好一侧端面应补起高度值 a，加工第一个端面时，用深度游标卡尺测量，以保证 a 值，加工另一侧面时，保证补起高度值 b 的值在合格范围内，且留有 $0.05mm$ 的研刮余量。

6）密封瓦车完后，放在标准平台上研乌金面，使得接触点均匀，且保证补起高度值 b 的标准要求值。

7）检验合格后组装。

4. 环式密封瓦卡涩的处理工艺

在密封瓦组装上以后，扣上密封瓦上瓦壳，用螺丝刀检查密封瓦的活动情况，当发现密封瓦拨不动、卡涩时，需进行如下处理工艺。

（1）将密封瓦壳重新解体，并吊走上半瓦。

（2）将瓦环用手锤木柄轻轻敲动（不要伤到乌金），使其活动自如。

（3）用塞尺复查密封间隙，很有可能是间隙在标准下限，由于间隙小，组装过程中，密封瓦轻微碰动，就有可能造成密封瓦与轴卡涩。如果情况确实是这样，应将密封瓦解体后，再组合在一起，用内径千分尺校对密封间隙情况，并用刮刀将间隙调整在密封瓦间隙标准的上、下限的中间值。

（4）将密封瓦环在轴上组合在一起，并用手调整到活动自如。

（5）在扣瓦壳过程中，一边向下落一边用特制工具或螺丝刀波动密封瓦瓦环，使得瓦环在组装过程中始终处于自由状态。

（6）密封瓦瓦壳扣上以后，再检查瓦环的活动情况，如活动自如，则瓦环卡涩处理完毕。

5. 环式密封环瓦壳侧面变形的处理工艺

在检修过程中，经常会发现如图 2-89 所示的环式密封瓦瓦壳侧面，即 *A*、*B* 面发生瓢偏和弯曲变形，这种情况严重影响密封瓦密封效果，解体检验处理的工艺方法如下。

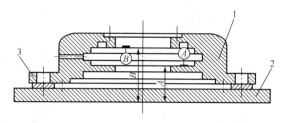

图 2-89　检验密封瓦瓦壳变形量示意图
1—密封瓦外壳；2—标准平台；3—标准垫铁

（1）将密封环组装在一起，放在标准平台上进行检验，确认密封瓦瓢偏在标准范围内后，将瓦环清洗干净。

（2）将密封瓦壳用砂布、油石、清洗剂配合清扫干净。清扫干净之后，水平放置在标准平台上，并测出 *B* 面距平台的高度，作好记录。

（3）将密封瓦放在瓦壳内，组合密封瓦壳体上、下半，并将其定位销就位。

（4）用塞尺塞下部瓦环 *B* 面之间的间隙情况，再用塞尺检查瓦环与 *A* 面的间隙情况，并作好记录。

（5）如果发现各部件间隙不均匀，或检修超过标准值，则需要处理密封瓦壳的 *A*、*B* 两面。

（6）如果不采用上述方法，而是用内径千分尺测量瓦壳槽宽值，也可得到同样的效果，但不如用瓦直接测量方便。

（7）将密封瓦壳体解开，取走密封瓦环后再组合在一起。

（8）用光谱分析检查密封瓦壳体 *A*、*B* 两面的材料。

（9）选择合适的焊条，将 *A*、*B* 面各补焊起来 4～6mm，补焊时将 *A*、*B* 面各 8 等分，对称补焊，如在冬季，最好用烤把将瓦壳加热到 90～150℃后再对称补焊，整个面要焊满，汇交处不能有焊渣、咬边等现象。焊后加热到 400～500℃消除一下焊接应力后，用硅酸铝毡等保温，保温层厚度在 80～100mm，保温时间为 32～48h，彻底冷却到室温后，再将保温打开。

（10）在车床上加工时，以大立面为基准进行找正，找正标准在 0.10～0.15mm。

（11）加工时先以床身平面为准，用高度游标尺测量密封瓦与床身的高度加工 *B* 面，与在标准平台上测量的结果进行比较；校对 *B* 平面位置，将 *B* 平面加工出来，根据标准宽度要求，加工 *A* 面，用内径百分表或内径千分尺测量 *A* 面与 *B* 面的值，以到达标准值以下 0.03mm 为准，留有 0.05mm 的研刮余量。

（12）用涂红丹粉的方法研磨 *A*、*B* 面，使得 *A*、*B* 面平行度在 0.02mm 以内。

（13）用密封瓦环检验 *A*、*B* 面是否平行及间隙是否合理。

（14）若没有异常现象，密封瓦壳体瓢偏变形的处理工作结束。

（15）如果密封瓦壳材料为铸铁结构，可直接在车床上按最小量车削，将 *A*、*B* 两面车平，并按标准轴向间隙将密封瓦环厚度加厚，重新加工配制。

6. 密封瓦密封胶垫厚度不均引起漏油的处理方法

发电机密封瓦立面所用的密封垫一般是定做的绝缘垫，在机组检修工期紧张的情况

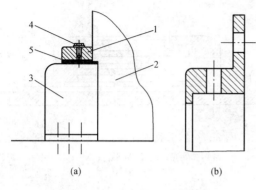

图 2-90　密封瓦带压堵漏示意图

(a) 立面不带法兰的卡子；(b) 立面带法兰的卡子

1—堵漏卡子；2—发电机端盖；3—密封瓦外壳；

4—打胶后密封螺栓；5—打胶口

下，一般采用绝缘性能比较好的橡胶垫，然而橡胶垫存在一个比较大的问题就是，有些橡胶垫厚度不均，且厚度差相差很大，安装后会发生漏油、漏氢现象。在这种情况下，现场一般采用的方法是及时解体密封瓦，重新换上厚度均匀的橡胶垫，在特殊情况下，机组不能停机，还要处理漏油、漏氢的缺陷方法是：加工一个带有环形打胶室的卡子，卡子的内径与密封环壳子的外径相差0.5mm，而且需要与瓦壳子研合，对口加工螺栓法兰，密封瓦带压堵漏示意图如图 2-90 (a) 所示。卡上密封瓦壳子。对口螺栓紧固到没有间隙为止，从打胶口向环形打胶室内打胶，直到氢、油不外漏为止。如有必要，可以加工成立面带法兰螺栓的形式，如图 2-90 (b) 所示。打胶前在发电机立面上用铁质黏合剂黏上几个螺栓，将立面螺栓拧紧靠实，在卡紧时打胶效果会更好。

第八节　盘车装置检修

一、概述

1. 概念

汽轮机启动前和停机后，为避免转子弯曲变形，使转子保持连续转动的装置称为盘车。

2. 作用

(1) 防止转子受热不均匀产生热弯曲而影响再次启动或损坏设备。

(2) 机组启动前盘动转子，可以用来检查机组是否具备运行条件（如转子是否产生热弯曲及发生动静部分摩擦等）。

(3) 机组启动冲转时，可以减小蒸汽对叶轮的冲击作用。

二、盘车的分类

盘车一般分为低速盘车和高速盘车两类，高速盘车的转速一般为 40~80r/min，而低速盘车一般为 2~10r/min。一般情况下，高速盘车对动压油膜的建立较为有利，对转子的加热或冷却较为均匀，并可以减小轴颈与轴瓦之间的干摩擦或半干摩擦，达到保护轴颈、轴瓦表面的目的。但盘车装置的功率较大，高速旋转时如果温降速度控制不好，容易磨坏汽封齿，另外，高速盘车需要一套可靠的顶轴油系统，系统较复杂，从发展方向看，有向低速盘车发展的趋势。

三、盘车的检修工艺

1. 注意事项

(1) 建议每项零部件从设备上移开时，做上标记，以便以后重新装配。

（2）盘车装置重新装配之前，确保所有要装配的零件无锈蚀，污物，颗粒等，必须用白布擦干净，尽管它们没有在运动机械上，但是棉纱、破布还是有可能引起事故。

（3）不用汽油作为清洁剂，除非另有规定，要用煤油和工业酒精作为清洁剂。

（4）任何情况下，包含垫片的接头被拆卸，再次连接时不能使用同一垫片，一旦垫圈被压，第二次使用时会使密封面损坏；再者，密封面的缺陷会引起结合面漏油，最终损坏垫圈座。

2. 盘车解体

（1）拆除供油管和相应法兰。

（2）拆除盘车装置的安装用螺栓。

（3）拆解盘车装置，将盘车装置起吊放置在专用支架上，禁止啮合齿轮与地板接触。

（4）移去链盖，移去操作把和盖子，测量并记录驱动链的偏差。

（5）拆卸内齿轮，把盘车装置上部转向下，把盘车装置放在支架上。

3. 盘车的检查修理

（1）齿轮间隙的测量。在一侧固定齿轮轴，在另一个齿轮面长度方向的中间安装一指示表。通过指示表测量齿轮轴的间隙。

（2）测量并记录齿接点。对互锁齿轮，负荷齿轮面侧的所有侧面刷上深蓝色或红丹粉，转动齿轮，让深蓝色面朝向其他控制方向的齿轮齿，检查其他齿轮齿面蓝色标记的形状、尺寸。

（3）测量并记录轴和轴套筒间的间隙。拆解空转齿轮和啮合齿轮，测量并记录轴和套筒间的间隙。

（4）检查齿轮的啮合情况、凹痕、裂纹、锈蚀等。

（5）连杆转轴的检修。主要检查灵活性、叉杆两侧套筒与壳体轴向间隙、两叉杆平行情况、操作手柄凸轮等。

4. 盘车的组装

（1）按解体程序逆顺序复装各部件，结合面要涂密封胶。装复后检查校验各活动部件。

（2）电动机对轮找中心前先检查四角台板接触情况。

四、常见缺陷及处理

1. 叉杆轴承碎裂

（1）检查叉杆轴承在滑动啮合齿轮中端面和啮合齿轮的外圆间隙是否符合要求，若不符合，应检查叉杆和连杆转轴固定销有无变化；检查叉杆两侧小轴套，如不符合标准，应予消除。

（2）检查叉杆轴承的小轴有无变形磨损，两侧小轴是否同心，否则应重新加工小轴并校正中心。

（3）检查叉杆是否平行，否则应予校正。

2. 叉杆端部磨损严重

在盘车组合好的情况下，将手柄推到啮合位置，检查滑动啮合齿轮和限位凸肩是否靠足，如未靠足，应拔出连杆转轴和叉杆的固定销，将滑动啮合齿轮和限位凸肩靠足，重新整定固定销的位置，同时调整活塞弹簧的紧力。

3. 滚动轴承难以拆卸

当轴承用紫铜棒或拉具拆不下来时，可用 80℃左右热油浇在滚动轴承上，再用拉具拉或紫铜棒敲。当实在难以拆卸时，才允许将其破坏，但要保证轴的完好和防止过热。

4. 盘车油挡渗油

（1）检查羊毛毡填料是否完好，否则应予更换。

（2）配准外油挡间隙。

（3）检查回油孔是否堵塞。

5. 油管接头渗油

（1）检查有无脱焊、开裂。

（2）检查耐油石棉垫是否挤裂。

（3）检查球面接触有无断续。

（4）检查管子是否憋劲，造成螺纹损伤，使球面接头接触不良。

（5）如有上述原因分别进行补焊、更换垫片、研磨，并将管子头割开重新浇焊。

第九节　汽轮机典型事故及预防

一、汽轮机真空下降

汽轮机在运行中，凝汽器真空下降，将导致排汽压力升高，可用焓减小，同时机组出力降低；排汽缸及轴承座受热膨胀，轴承负荷分配发生变化，机组产生振动；凝汽器铜管受热膨胀产生松弛、变形，甚至断裂；若保持负荷不变，将使轴向推力增大以及叶片过负荷，排汽的容积流量减少，末级要产生脱流及旋流；同时还会在叶片的某一部位产生较大的激振力，有可能损伤叶片。因此机组在运行中发现真空下降时必须采取如下措施：

（1）发现真空下降时首先要对照表计，如果真空表指示下降，排汽室温度升高，即可确认为真空下降。在工况不变时，随着真空降低，负荷相应地减小。

（2）确认真空下降后应迅速检查原因，根据真空下降原因采取相应的处理措施。

（3）应启动备用射水抽气器或辅助空气抽气器。

（4）在处理过程中，若真空继续下降，应按规程规定降负荷，防止排汽室温度超限，防止低压缸大气安全门动作。汽轮机真空下降分为急剧下降和缓慢下降两种情况。

（一）真空急剧下降的原因和处理

1. 循环水中断

循环水中断的故障可以从循环水泵的工作情况判断出。若循环水泵电动机电流和水泵出口压力到零，即可确认为循环水泵跳闸，此时应立即启动备用循环水泵。若强合跳闸水泵，应检查水泵是否倒转；若倒转，严禁强合，以免电动机过载和断轴。如无备用水泵，则应迅速将负荷降到零，打闸停机。循环水泵出口压力、电动机电流摆动，通常是循环水泵吸入口水位过低、滤网堵塞等所致，此时应尽快采取措施，提高水位或清除杂物。如果循环水泵出口压力、电动机电流大幅度降低，则可能是循环水泵本身故障引起。如果循环水泵在运行中出口误关，或备用泵出口门误关，造成循环水倒流，也会造成真空急剧下降。

2. 射水抽气器工作失常

如果发现射水泵出口压力，电动机电流同时到零，说明射水泵跳闸；如射水泵压力电流下降，说明泵本身故障或水池水位过低。发生以上情况时，均应启动备用射水池和射水抽气器，水位过低时应补水至正常水位。

3. 凝汽器满水

凝汽器在短时间内满水，一般是凝汽器铜管泄漏严重，大量循环水进入汽侧或凝结水泵故障所致。处理方法是立即开大水位调节阀并启动备用凝结水泵，必要时可将凝结水排入地沟，直到水位恢复正常。铜管泄漏还表现为凝结水硬度增加，这时应停止泄漏的凝汽器，严重时则要停机。如果凝结水泵故障，可以从出口压力和电流来判断。

4. 轴封供汽中断

如果轴封供汽压力到零或出现微负压，说明轴封供汽中断，其原因可能是轴封压力调节器失灵、调节阀阀芯脱落或汽封系统进水。此时应开启轴封调节器的旁路阀门，检查除氧器是否满水（轴封供汽来自除氧器时）。如果满水，迅速降低其水位，倒换轴封的备用汽源。

(二) 真空缓慢下降的原因和处理

因为真空系统庞大，影响真空的因素较多，所以真空缓慢下降时，寻找原因比较困难，重点可以检查以下各项，并进行处理。

1. 循环水量不足

循环水量不足表现在同一负荷下，凝汽器循环水进、出口温差增大，其原因可能是凝汽器进入杂物而堵塞。对于装有胶球清洗装置的机组，应进行反冲洗。对于凝汽器出口管有虹吸的机组，应检查虹吸是否破坏，其现象是凝汽器出口侧真空到零，同时凝汽器入口压力增加。出现上述情况时，应使用循环水系统的辅助抽气器，恢复出口处的真空，必要时可增加进入凝汽器的循环水量。凝汽器进、出口温差增加，还可能是由于循环水出口管积存空气或者是铜管结垢严重。此时应开启出口管放空气阀排除空气或投入胶球清洗装置进行清洗，必要时在停机后用高压水进行冲洗。

2. 凝汽器水位升高

导致凝汽器水位升高的原因可能是凝结水泵入口汽化或者凝汽器铜管破裂漏入循环水等。凝结水泵入口汽化可以通过凝结水泵电流的减小来判断，当确认是由于此原因造成凝汽器水位升高时，应检查水泵入口侧法兰盘根是否不严，漏入空气。凝汽器铜管破裂可通过检验凝结水硬度加以判断。

3. 射水抽气器工作水温升高

工作水温升高，使抽气室压力升高，降低了抽气器的效率。当发现水温升高时，应开启工业水补水，降低工作水温度。

4. 真空系统漏入空气

真空系统是否漏入空气，可通过严密性试验来检查。此外，空气漏入真空系统，还表现为凝结水过冷度增加,并且凝汽器端差增大。

二、汽轮机超速

汽轮发电机组是在高速下工作的精密配合的机械设备,汽轮机作为原动机,具有强大的动力矩,在运行中调节系统一旦失灵。就可能使汽轮机转速急剧升高,转子零件的应力将达到不允许的数值,可能使叶片甩脱、轴承损坏、转子断裂,甚至整个机组报废。因此,汽轮机超速是对人身安全和设备危害极大的恶性事故。为了防止汽轮机超速,在设计时考虑了多道保护措施,但汽轮机超速事故仍不能完全避免。

(一)汽轮机超速事故主要原因

1. 调节系统有缺陷

(1)调速汽门不能正常关闭或关闭不严。

(2)调节系统迟缓率过大或调节部件卡涩。

(3)调节系统动态特性不良。

(4)调节系统整定不当,如同步器调整范围、配汽机构膨胀间隙不符合要求等。

2. 汽轮机超速保护系统故障

(1)危急遮断器不动作或动作转速过高。

(2)危急遮断器滑阀卡涩。

(3)自动主汽门和调节汽门卡涩。

(4)抽汽止回阀失灵,发电机跳闸后高压加热器疏水汽化或邻级抽汽进入本汽轮机。

3. 运行操作调整不当

(1)油质管理不善,油中有杂质,酸价过高,汽封漏汽过大,油中进水,引起调速和保护部套卡涩。

(2)运行中同步器调整超过了调整范围或调整范围过大。

(3)蒸汽品质不良,造成主汽门、调节汽门结垢。

(4)超速试验操作不当,转速飞升过快。

(二)汽轮机超速事故的预防措施

避免超速的发生,重在预防,应采取如下措施:

1. 对调节保安系统的一般要求

(1)各超速保护装置均应完好并正常投入。

(2)在正常参数下调节系统应能维持汽轮机在额定转速下运行。

(3)在额定参数下,机组甩去额定负荷后,调节系统应能将机组转速维持在危急保安器动作转速以下。

(4)调节系统的速度变动率应不大于5%,迟缓率应小于0.2%(大机组)。

(5)自动主汽门、再热主汽门及调节汽门应能迅速关闭严密、无卡涩。

(6)调节保安系统的定期试验装置应完好、可靠。

2. 调节保安系统定期试验

(1)调节保安系统定期试验是检查调节保安系统是否处于良好状态,在异常情况下是否能迅速准确动作,防止机组严重超速的主要手段之一。有关定期试验要按规定进行。

（2）新安装机组或大修后、危急保安器解体或调整、停机一个月后再交启动时、机组甩负荷试验前，应提升转速进行危急保安器动作试验。提升转速试验时，应满足制造厂对转子温度的要求。

（3）机组每运行 2000h 后应进行危急保安器充油试验。部分 200MW 机组在高压缸胀差超过＋3mm 时进行危急保安器充油试验，可能出现危急保安器杠杆脱不开，而造成机组跳闸。

（4）每天进行一次自动主汽门活动试验。带固定负荷的机组，每天或至少每周进行一次负荷较大范围的变动，以活动调速汽门。装有中压调节汽门定期活动装置的机组，每天或至少每周进行一次中压调速汽门活动试验。

（5）每月进行一次抽汽止回阀关闭试验，当某一抽汽止回阀存在缺陷时，禁止汽轮机使用该段抽汽运行。

（6）大修前后应进行汽门严密性试验。

（7）机组安装后应与制造厂联系，取得同意后进行甩负荷试验。试验前应先进行调节系统静态试验、危急保安器动作试验、汽门严密性试验、抽汽止回阀试验，并在各项试验合格后才能进行。

3. 防止汽门卡涩的措施

（1）汽轮机严重超速事故大多数是由于汽门卡涩等原因不能及时严密关闭而引起的。防止汽门卡涩，保证其能迅速严密关闭，是防止严重超速事故的关键。

（2）高、中压自动主汽门错油门下部节流旋塞应拧紧、冲捻固定。

（3）调节汽门凸轮间隙及调节汽门框架与球形垫之间间隙应调整适当，以保证在热态时调速汽门能关闭严密，可在热态停机后检查凸轮是否有一定间隙来核对冷态凸轮间隙是否适当。

（4）大修中应检查门杆弯曲和测量阀杆与套筒间隙，不符合标准的应进行更换或处理。

（5）检修中检查门杆与阀杆套是否存在氧化皮，对较厚的氧化皮应设法清除，氧化皮厚的部位可用适当放大间隙的办法来防止卡涩。

（6）检修中应测量主汽门及各调节汽门预启阀行程，并检查是否卡涩，如有卡涩，必须解体检查处理，解体时应彻底除去氧化皮，阀蝶与阀座接触部分的垢迹及氧化皮也应认真清理，并且用红丹粉作接触检查。

（7）蒸汽品质应符合要求，防止门杆结垢、卡涩。

（8）避免阀座松动、抬起，导致门杆跳动甚至运行中门杆断裂。

4. 对油系统的要求

（1）调速部套油系统管道中的铸造型砂等杂物应彻底清理干净。

（2）润滑油中可添加防锈剂，检修时调节部套可在防锈母液中浸泡 24h，以提高防锈效果。

（3）为防止大量水进入油系统，应采用不易倒伏的汽封形式。汽封间隙应调整适当，汽封系统设计及管道配置应合理，汽封压力自动调节正常投入。

(4) 前箱、轴承箱负压不宜过高，以防止灰尘及水、汽进入油系统。一般前箱、轴承箱负压以 120～200Pa 为宜（或轴承室油挡无油及油烟喷出即可）。

三、汽轮机水冲击

水或冷蒸汽进入汽轮机，可能造成设备严重损坏。水冲击将造成叶片的损伤、动静部分碰磨、汽缸裂纹或产生永久变形、推力轴承损坏等。对此，设计和运行部门必须高度重视。关于汽轮机进水事故，应以预防为主，若运行中一旦发生，必须采取迅速果断的措施进行处理。下面根据水或冷汽的来源分别进行讨论。

1. 来自锅炉及主蒸汽系统

由于误操作或自动调整装置失灵，锅炉蒸汽温度或汽包水位失去控制，有可能使水或冷蒸汽从锅炉经主蒸汽管道进入汽轮机，严重时会使汽轮机发生水冲击。汽轮机进水时，必须迅速破坏真空，紧急停机，并开启汽轮机本体和主蒸汽管道上的疏水门，进行疏水。凡因水冲击引起停机时，应正确记录转子惰走时间及惰走时真空变化。在惰走过程中仔细倾听汽轮机内部声音，检查窜轴表指示及推力瓦块温度。对于中间再热机组，因主蒸汽温度下降发生水击时，由高压缸进水，就使得反轴向推力增大，所以要重点监视非工作瓦块金属温度。在滑参数启动和停机过程中，由于某种原因调速汽门突然关小，造成汽压升高，则可能使蒸汽管积水。在滑参数停机时，如果降温速度太快而汽压没有相应降低，使蒸汽的过热度很低，就可能在管道内产生凝结水，到一定程度，积水就可能进入汽轮机。

2. 来自再热蒸汽系统

再热蒸汽系统中通常设有减温水装置，用以调节再热蒸汽温度。水有可能从再热蒸汽冷段反流到高压缸或积存在冷段管内，其现象：冷段止回阀法兰冒白汽，高压外缸下缸金属温度降低。发生上述现象时，应立即通知锅炉人员将减温水门关闭。旁路减温水未关严，会造成同上述情况一样的后果。对再热蒸汽热段，如果疏水管径太小，启动时疏水不畅，也会造成汽轮机进水。

3. 来自抽汽系统

水或冷蒸汽从抽汽管道进入汽轮机，多数是加热器管子泄漏或加热器系统故障引起。其现象：某台加热器水位升高，加热器汽侧压力高于抽汽压力，壳体或管道有水冲击声，抽汽止回阀门杆冒白汽或溅水滴，胀差向正值发展。发现上述情况时，首先开大加热器疏水调节阀。如果确认加热器泄漏，立即将其停止。另外，若除氧器漏水，水可能从抽汽、门杆漏汽倒入汽缸。

4. 来自轴封系统

汽轮机启动时，如果汽封系统暖管不充分，疏水将被带入汽封内。事故情况下，当切换备用汽源时，轴封也有进水的可能。在正常运行中，轴封供汽来自除氧器的机组，若除氧器满水时，轴封就要带水，轴封加热器满水也有可能使水倒入轴封。发现轴封进水时，应立即开启轴封供汽管道的疏水阀，适当控制进汽量，检查除氧器水位、轴封抽汽器水位、轴封抽风机运行情况，分别进行处理。

5. 来自凝汽器

凝汽器灌水而进入汽轮机的事故曾多次发生。在汽轮机正常运行时，凝汽器水位是受到重视的，而且水位升高会严重影响真空，所以在汽轮机正常运行时，凝汽器水位一般不会灌入汽缸。但在停机以后，往往忽视对凝汽器水位的监视，如果进入凝汽器的补水阀关闭不严，就会使水灌入汽缸，造成水击。

6. 来自汽轮机本身疏水系统

从疏水系统向汽缸返水，多数是设计方面的原因造成的。如果不同压力的疏水接到一个联箱上，而且泄压管的尺寸又偏小，这样压力大的漏水，就有可能从压力低的管道进入汽缸。这时的事故现象，首先表现为上、下缸温差增大，继而使汽缸变形，动静部分发生碰磨。汽轮机进水、进冷蒸汽的可能性是多方面的，根据不同机组的热力系统，还会有其他水源进入汽轮机的可能性，所以运行人员要根据具体情况进行分析。为了预防发生水冲击，在运行维护方面着重采取以下措施：

（1）当主蒸汽温度和压力不稳定时，要特别注意监视，一旦汽温急剧下降到规定值，通常为直线下降50℃时，应按紧急停机处理。

（2）注意监视汽缸的金属温度变化和加热器、凝汽器水位，即使停机后也不能忽视。如果发觉有进水危险时，应立即查明原因，迅速切断可能进水的水源。

（3）热态启动前，主蒸汽和再热蒸汽要充分暖管、保证疏水畅通。

（4）当高压加热器保护装置发生故障时，加热器不能投入运行。运行中定期检查加热器水位调节装置及高水位报警装置，应保证经常处于良好状态。加热器管束破裂时，应迅速关闭抽汽管上相应的进汽门及止回阀。

（5）在锅炉熄火后蒸汽参数得不到保证的情况下，不应向汽轮机供汽。

（6）对除氧器水位加强监督，杜绝事故发生。

（7）滑参数停机时，汽温、汽压按着规定的变化率逐渐降低，保持必要的过热度。

（8）定期检查再热蒸汽和Ⅰ、Ⅱ级旁路的减温水阀的严密性，如发现泄漏应及时检修处理。

（9）只要汽轮机在运转状态，各种保护就必须投入，不准退出。

（10）运行人员应该明确，汽轮机在低转速下进水，对设备的威胁更大，此时尤其要注意监督汽轮机进水的可能性。

四、轴承损坏

轴承损坏事故，主要针对汽轮发电机组的推力轴承和支持轴承而言。现分述如下。

（一）推力轴承烧损的原因及处理原则

如果仅仅是推力轴承烧损，则常常是和轴向位移事故联系在一起的。当正向或负向推力超过推力瓦承载能力时，或推力瓦油膜破坏时，都将发生推力瓦烧损事故。造成推力瓦烧损的原因一般有以下几个方面：

（1）汽轮机发生水击或蒸汽温度下降处理不当。

（2）由于蒸汽品质不良，叶片结垢。

（3）机组突然甩负荷或中压缸汽门瞬间误关。

（4）油系统进入杂质，使推力瓦油膜破坏。推力瓦烧损的事故主要表现为轴向位移增大，推力瓦乌金温度及回油温度升高，外部特征是推力瓦冒烟。当发现轴向位移逐渐增加时，应迅速减负荷使之恢复正常，特别注意检查推力瓦块金属温度和回油温度，并经常检查汽轮机运行情况和倾听机组有无异音，测量振动。

（二）支持轴承烧损的原因及处理

支持轴承烧损的原因主要是润滑油压降低，轴承断油，个别情况也有电流击穿油膜，油质不良或油温过高，使油膜破坏。

1. 轴承断油的原因

（1）运行中进行油系统切换时发生误操作，而对润滑油压未加强监视，使轴承断油，造成烧瓦。

（2）机组定速后，停调速油泵时未注意监视油压，射油器因进空气而工作失常，使主油泵失压，润滑油压降低而又未联动，几个因素合在一起，使轴承断油，造成轴瓦烧损。

（3）油系统积存大量空气未及时排除，使轴瓦瞬间断油。

（4）汽轮发电机组在启动和停止过程中，高、低压油泵同时故障。

（5）主油箱油位降到零以下时，空气进入射油器，使油泵工作失常。

（6）厂用电中断，直流油泵不能及时投入，如熔断器熔断，直流电源或油泵故障等。

（7）安装或检修时，油系统存留棉球等杂物，使油管堵塞。

（8）轴瓦在检修中装反，运行中移位。

（9）机组强烈振动，轴瓦乌金研磨损坏。轴瓦烧损的事故现象是轴瓦乌金温度及回油温度急剧升高，一旦油膜破坏，机组振动增大，轴瓦冒烟。此时应立即手打危急保安器，解列发电机。为减轻轴瓦损坏程度，遇到下列情况之一时，也应立即打闸停机：

1）任一轴承回油温度超过 75℃ 或突然连续升高超过 70℃。

2）轴瓦乌金温度超过 90℃。

3）润滑油压下降到 0.04MPa，启动交、直流油泵无效。

2. 防止轴瓦烧损的技术措施

（1）为保证油泵和联动装置的可靠性，润滑油泵的电源必须可靠，调速油泵和交流润油泵的电源由两段厂用电分供，以防两台油泵同时失去电源，机组在运行中，高压油泵、交流油泵、直流油泵和低油压保护装置应定期进行试验，保证可靠好用。在每次机组启动前，要进行油压联动试验。在正常停机前要先试验交、直流油泵，确认其良好后，再进行停机。直流润滑油泵和直流密封油泵故障应及时修复。直流润滑油泵电源熔丝，在许可的情况尽量选用较高等级。机组大、小修后，均应进行直流油泵的带负荷启动试验。调速油泵和润滑油泵工作失常时，按下述原则处理：在汽轮机启动过程中，调速油泵发生故障时，应迅速启动交流润滑油泵，停止故障油泵，并停止汽轮机的启动。打闸停机过程中，交流润滑油泵发生故障时，应迅速启动直流油泵，继续停机。停机时发现交、直流润滑油泵都故障时，应保持主机在正常下继续空负荷运行，直到一台油泵修复为止，此时故障泵应设法迅速修复。

（2）为防止油系统切换时发生误操作，冷油器油侧进、出油门应有明显的禁止操作的警告牌。在进行油系统操作时，如串联与并联运行方式的切换，投入备用冷油器或滤油器等必须按事先填好的操作票逐项进行，并注意将容器内的空气排净，操作时由汽轮机运行负责人监护，操作人与司机密切配合，注意监视油压、油温、油流。机组启动前向系统供油时，应首先启动交流润滑油泵，缓慢开出口门，通过充油门排除调速系统积存的空气，然后再启动调速油泵。在启动盘车前，要确认油压、油温、油流正常。

（3）机组启动定速后，停用调速油泵时，要缓慢地关闭出口门，设专人监视主油泵出口油压和润滑油压的变化。发现油压降低时，立即通知操作人员开启油泵出口门，查明原因，采取相应措施。

（4）安装或检修时，对有可能发生位移的瓦胎，应加止动装置，切实防止轴瓦位置装错、油孔不对、加堵板不拆或有棉纱布等杂物留在油系统内。

（5）汽轮机轴承应装有防止轴电流的装置，保证轴瓦乌金温度及润滑油系统内各油温测点指示准确。

五、通流部分动静磨损

中间再热式汽轮机，参数高、容量大、汽缸数目多，又有内、外缸之分，因此汽缸和转子的膨胀关系比较复杂。汽轮机通流部分的磨损，一般发生在机组启、停和工况变化时，产生磨损的主要原因是汽缸与转子不均匀加热和冷却，启动与运行方式不合理，保温质量不良及法兰螺栓加热装置使用不当等。动静部分在轴向和径向磨损的原因，往往很难绝对分开，但仍然有所区别。在轴向方面，沿通流方向各级的汽缸与转子的温差并非一致，因而热膨胀也不同。在启动、停机和变工况运行时，转子与汽缸膨胀差超过极限数值，使轴向间隙消失，便造成动静部分磨损，在消失的时候，便产生汽封与转子摩擦，同时又不可避免地使转子弯曲，从而产生恶性循环。另外，机组振动大和汽封套变形都会引起径向摩擦。

通流部分磨损事故的征象和处理如下：转子与汽缸的相对胀差表指示超过极限值或上、下缸温差超过允许值，机组发生异常振动，这时即可确认为动静部分发生碰磨，应立即破坏真空，紧急停机。停机后，如果胀差及汽缸各部温差达到正常值，方可重新启动。启动时要注意监视胀差和温度的变化，注意听音和监视机组的振动。

如果停机过程转子惰走时间明显缩短，甚至盘车启动不起来，或者盘车装置运行时有明显的金属摩擦声，说明动静部分磨损严重，要揭缸检修。为了防止通流部动静磨损，应采取如下措施：

（1）认真分析转子和汽缸的膨胀关系。

（2）在启动、停机和变工况下，加强对胀差的监视。

（3）在正常运行中，由于某种原因造成锅炉熄火，应根据蒸汽参数下降情况和胀差的变化，将机组负荷减到零。

（4）合理调整通流部分间隙。

（5）防止上、下缸温差过大和转子热弯曲，以防振动过大等。

（6）正确使用汽封供汽、防止汽封套变形。

（7）调节级导流环必须牢固、可靠，保证挂耳的焊接质量。

六、汽轮机叶片损坏

汽轮机发生的事故中，由于叶片的损坏而导致的事故占主要部分。所谓叶片事故，通常指叶片的断裂、拉金和围带断裂、铆头断裂以及叶轮损坏等。

叶片在运行中的损坏是各式各样的，引起叶片损坏的原因也是多方面的，下面介绍常见叶片事故发生时的征象、原因及预防措施。

（一）叶片断落的征象

汽轮机在运行中发生叶片断落一般有下列现象：

（1）汽轮机内部或凝汽器内有突然的响声，此时在汽轮机平台底层常可清楚地听到。

（2）机组发生强烈振动或振动明显增大，这是由于叶片断落而引起转子平衡破坏或转子与断落叶片发生碰撞摩擦所致。但有时叶片的断落发生在转子的中间级，发生动静部分摩擦时，机组就不一定会发生强烈振动或振动明显增大，这在容量较大机组的高、中压转子上有时会遇到。

（3）当叶片损坏较多而且较严重时，由于通流部分尺寸改变，蒸汽流量、调速汽阀开度、监视级压力等与功率的关系将发生变化。

（4）若叶片落入凝汽器，则会将凝汽器的铜管打坏，使循环水漏入凝结水中，从而表现为凝结水硬度和导电度突增。

（5）若机组抽汽部位叶片断落，则叶片可能进入抽汽管道，使抽汽止回阀卡涩，或进入加热器使管子损坏，导致水位升高。

（6）停机过程中，听到机内有金属摩擦声，惰走时间减少。

（7）在停机或升速过程中越过临界转速时，机组振动有明显的增大或变化。

（二）叶片损坏的原因

叶片损坏的原因很多，但不外乎下列三个方面：

1. 叶片本身的原因

（1）振动特性不合格。由于叶片频率不合格，运行时产生共振而损坏的，在汽轮机叶片事故中为数不少。如果扰动力很大，甚至运行几个小时后即能发生事故，这个时间的长短，还和振动特性、材料性能以及叶片结构、制造加工质量等有关。

（2）设计不当。叶片设计应力过高或栅结构不合理，以及振动强调特性不合格等，均会导致叶片损坏。个别机组叶片甚薄，若铆钉应力较大，则铆装围带时容易产生裂纹。叶片铆头和围带开裂事故发生的情况也不在少数。

（3）材质不良或错用材料。材料机械性能差，金属组织有缺陷或有夹渣、裂纹等，叶片经过长期运行后材料疲劳性能及衰减性能变差，或因腐蚀冲刷机械性能降低，这些都导致叶片损坏。

（4）加工工艺不良。加工工艺不严格，例如表面粗糙度不好，留有加工刀痕，扭转叶片的接刀处不当，围带铆钉孔或拉筋孔处无倒角、倒角不够或尺寸不准确等，均能引起应力集中，从而导致叶片损坏。

有时低压级叶片为了防止水蚀而采用防护措施，当此措施的工艺不良时能使叶片损坏。国内由于焊接拉筋或围带安装工艺不良引起的叶片事故也较多，应引起重视。

2. 运行方面的原因

（1）偏离额定频率运行。汽轮机叶片的振动特性都是按运行频率为 50Hz 设计的，因此电网频率降低时，可能使机组叶片的共振安全率变化而落入共振状态下运行，使叶片损坏和断裂。

（2）过负荷运行。一般机组过负荷运行时各级叶片应力增大，特别是最后几级叶片，叶片应力随蒸汽流量的增大而成正比增大外，还随该几级焓降的增加而增大。因此，机组过负荷运行时，应进行详细的热力和强度核算。

（3）汽温过低。新蒸汽温度降低时，带来两种危害：一是最后几级叶片处湿度过大，叶片受冲蚀，截面减小，应力集中，从而引起叶片的损坏；二是当汽温降低而出力不降低时，流量增加，从而引起叶片的过负荷，造成叶片损坏。

（4）蒸汽品质不良。蒸汽品质不良会使叶片结垢，造成叶片损坏。叶片结垢使通道减小，造成级焓降增加，叶片应力增大。另外结垢也容易引起叶片腐蚀，使强度降低。

（5）真空过高或过低。真空过高时，可能使末级叶片过负荷和湿度增大，加速叶片的水蚀，容易引起叶片的损坏。另外，真空过低仍维持最大出力不变时，也可能使最后几级过负荷而引起叶片损坏。

（6）水冲击。运行时汽轮机进水的可能性很多，特别是近代大容量再热机组，由于汽水系统相应复杂，汽轮机进水的可能性更有所增加，蒸汽与水一起进入汽轮机，产生水击和汽缸等部件不规则冷却和变形，造成动静部件碰磨，使叶片受到严重损坏。

（7）机组振动过大。

（8）启动、停机与增减负荷时操作不当，如改变速度太快，胀差过大等，使动静部分发生摩擦，导致叶片损坏。

（9）停机后主汽阀关闭不严而未开启疏水阀，有可能使蒸汽漏入机内，引起叶片腐蚀等。

3. 检修方面的原因

属于检修不当的主要原因有：动静间隙不合标准，隔板安装不当，起吊搬运过程中碰伤损坏叶片，或机内和管道内留有杂物等。新安装机组管道冲洗不干净，通流部分零件安装不牢固，运行时有型砂异物或零件松脱等，有可能打坏叶片。检修中对叶片拉筋、围带等的修理要特别注意，过去曾因拉筋和叶片银焊时发生过热而使叶片断裂的事故为数不少，而且对这种事故的原因一般较难分析。

此外，调节系统不能维持空负荷运行，危急保安器失灵，以及抽汽系统止回阀失灵，汽轮机甩负荷时发生超速，或超速试验时发生异常情况等，均能使机组严重超速而引起叶片损坏。

（三）叶片事故原因的分析

引起叶片事故的原因，常常是很复杂的，而且是多方面的，但是其中必有一种因素起主要作用。分析叶片事故时应当抓住主要因素，并从以下几个方面进行考虑：

（1）检查叶片损坏情况。事故发生后，应首先检查事故的范围和情况，并作好记录，然后检查断落位置及断面特征，初步分析事故的原因。

（2）分析运行及检修资料。检查叶片事故发生前的运行工况有无异常，如运行参数是否正常，有无超载、超速及低频率运行，有无叶片结垢、腐蚀、水刷等情况。查看检修资料，检查动静间隙是否符合标准，有无重大改进和改造等，对运行和检修资料进行全面细致的分析。

（3）测定叶片的振动特性。根据历次振动特性试验记录进行分析，必要时进行振动特性试验，对照运行频率进行分析。叶片的振动特性数据主要为 A0、B0、A1 型振动频率、轮系振动频率以及 Zn 附近±20％的高频数据，并将历次数据进行分析比较。

（4）分析损坏叶片的断面性质。对叶片损坏的断面进行仔细的分析，往往能帮助我们找出叶片损坏的原因，因此这项工作很重要。

（5）金属材料检验分析。对叶片材料进行金相检查和材质分析，如有可能，应进行疲劳性能和衰减性能试验。

（6）强度核算。复核叶片几何尺寸，进行热力和强度核算，检查应力是否过大，设计制造上是否有问题。

（7）与同类机组进行比较。

（四）防止叶片断裂事故的措施

汽轮机运行事故中，因叶片损坏而造成事故的比重很大。随着单机容量的增大，运行系统的操作更加复杂，因此叶片损坏事故并未减少。特别是大容量机组，发生水击而损坏叶片的事故更是常见。防止叶片损坏事故极为重要，除制造厂在设计和制造方面应更合理，更完善以外，运行部门还应从运行和检修等方面着手，共同采取措施，防止叶片断裂和损坏事故的发生。

1. 在运行管理方面应采取的措施

在运行管理方面，特别是电网频率的管理方面，应采取以下措施：

（1）电网应保持在定额频率和正常允许变动范围内稳定运行。根据叶片损坏事故的分析统计，电网频率偏离正常值是造成叶片断裂的主要原因，因此对电网频率的管理极为重要。

（2）避免机组过负荷运行，特别是防止既是低频率运行又是过负荷运行。对于机组的提高出力运行，必须事先对机组进行热力计算和对主要部件进行强度核算，并确认强度允许后才可运行，否则是不允许的。

（3）加强运行中的监视。机组启停和正常运行时，必须加强对各运行参数（例如汽压汽温、出力、真空等）的监视，运行中不允许这些参数剧烈波动。严格执行规章制度，启停必须合理，防止动静部件在运行中发生摩擦。

近年来，超（超）临界机组不断增加，由于运行和启停操作复杂，这些机组发生水击而损坏叶片的情况为数不少。另外，由于超（超）临界机组末几级使用长叶片，水蚀也是一个威胁。

（4）加强汽水品质监督，防上叶片结垢、腐蚀。

（5）经常倾听机内声音，检查振动情况的变化，分析各级汽压数值和凝结水水质情况，若出现断叶征象，如通流部分发生可疑响声，机组出现异常振动，在负荷不变或相对减小情况下中间级汽压升高或凝结水硬度升高，导电度突然增大等，应及时处理，避免事故扩大。

（6）停机后加强对主汽阀严密性的检查，防止汽水漏入汽缸。停机时间较长的机组，包括为消除缺陷安排的工期较长的停机，应认真做好保养工作，防止通流部分锈蚀损坏。

2. 在检修管理方面应采取的措施

（1）每台汽轮机的主要级叶片，应建立完整的技术档案。

（2）新装机组，投运前必须对叶片的振动特性进行全面测定。对不调频叶片，要检验频率分散率；对调频叶片，除分散率外，尚需鉴定其共振安全率。对调频叶片，若发现叶片落入共振状态，应尽快采取措施，按实际情况进行必要的调整。

（3）检修中认真仔细地对各级叶片及其拉筋、围带等进行检查。发现有缺陷或怀疑缺陷时，应进行处理并设法加以消除。对具有阻尼拉筋的叶片，要特别细心检查，必须保持阻尼拉筋的完好。

在检查过程中，如果怀疑叶片或叶根有裂纹，则要进行必要的探伤。目前，采用超声波探伤，不仅能检查叶片和叶轮等部件的表面有无裂纹存在，而且能对叶根在轮槽内部的部位进行探伤，检查叶根有无裂纹。

（4）严格保证叶片检修工艺质量。检修中除换新叶片的工艺质量必须良好以外，其他一般拉筋银焊工艺、型线变化处的圆角或倒角等均应保证工艺质量良好。调换或重装叶片，应严格执行检修工艺质量标准。注意叶片铆钉头处及拉筋孔处的倒角及加工粗糙度，叶根应修刮，使其接触紧密，封口片应有足够的紧力。新装叶片的单片和成组频率、分散率应合格（即小于8%），围带铆接应保证质量良好。

（5）喷嘴叶片如发现有弯曲变形，应设法校正，通流部分应清理干净，防止遗留杂物，紧固件应加松保险，以防振动脱落。

（6）起吊搬运时防止将叶片碰损，喷砂清洗时砂粒要细，叶片和叶轮上不准用尖硬工具修刮，更严格禁止电焊，叶片酸洗时不应将叶片冲刷过度，清洗后应将酸液清洗干净，防止腐蚀。避免用单个叶片或叶片组来盘动转子，以免将叶片弄弯。

（7）当发现叶片有明显的热处理工艺不当而遗留下过大的残余应力时，应进行高温回火处理。

（8）发现叶片断落、裂纹和各种损伤变形，要认真分析研究，找出原因，采取措施。对损坏的叶片，应用肉眼检查有无加工不良、冲刷、腐蚀、机械损伤、扭曲变形、松动位移等异常迹象。对断落、裂纹叶片要保留实物，保护断面，仔细检查分析断口位置、形状、断面特征、受力状态等，并对照原始频率数据，作必要的测试鉴定。在叶片换装、拆卸过程中，要对叶片的制造、安装质量作出鉴定。为进一步分析损伤原因，应对断面和裂纹作出金相、硬度检验，必要时进行材料分析和机械性能试验，以确定裂纹和材质状况。

对同级无外观损伤的叶片进行探伤检验，并根据损伤叶片的原因分析总结，采取相应的处理措施，防止重复发生。对受机械损伤或摩擦损伤的叶片，除认真排除原因外，对可能造成应力集中的裂纹和缺口应进行整修，以防止缺陷扩大，对弯扭变形叶片的加热整形要慎重，须按材质严格控制加热温度，防止超温淬硬，必要时进行回火处理，消除残余应力和淬硬组织。一般来说，对于叶片被打毛的缺陷，仅用细锉刀将毛刺修光即可，对于打凹的叶片，若不影响机组安全运行，原则上不做处理。一般不允许用加热的办法将打凹处敲平。因为加热不当会使叶片金相组织改变，机械性能降低；另外也由于将叶片打凹处敲平，材料又一次受扭扩，往往在打凹处产生微裂纹，成为疲劳裂纹的发源处，只有在有把握控制加热温度的情况下，才能采取加热法整平叶片，但加热温度应适当，以防叶片产生裂纹。对于机械损伤在出口边产生的微裂纹，通常用细锉刀将裂纹锉去，并倒成大的圆角，形似月亮弯。对于机械损伤造成进、出口边有较大裂纹的叶片，一般采取截去或更换措施。当截去某一叶片时，应在对角180°处截去同等质量的叶片或重新校动平衡。总之，对于机械损伤的叶片，处理应仔细，严防微裂纹遗漏，造成事故隐患。

（9）对异常水刷或腐蚀造成的叶片损伤应查明原因，采取措施，消除不利因素。叶片的焊补必须持慎重态度，应按不同材质制定专门焊接工艺方案，通过小型试验成功后再采用。对于水蚀损伤的叶片，一般可不做处理，更不可用砂纸、锉刀等把水蚀区产生的尖刺修光。因为这些水蚀区的尖刺像密集的尖针竖立在叶片水蚀区的表面，当水滴撞来时，能刺破水滴，有缓冲水蚀的作用。所以，水蚀速度往往在新机组刚投产第1～2年最快，以后逐年减慢，10年以后水蚀就没有明显的发展。同时，由于水蚀损伤在叶顶处最严重，其强度的减弱几乎与因水蚀冲刷掉的金属质量而减小的离心力相当。因此，由此产生断叶片可能性较小，如某台汽轮机末级叶片水蚀损伤已发展到拉筋孔附近，有的叶片已被水蚀成穿孔，但运行近10年没有断裂。所以在没有有效的防水蚀措施前，对水蚀损伤的叶片不必做任何处理。

（10）水击损伤的叶片，损伤严重时应予更换；对于损伤轻微的叶片，一般不做处理。

采取以上措施将能帮助我们把叶片的断裂事故控制在最低程度，从而提高汽轮机运行的安全性和经济性。

七、汽轮机转子弯曲

转子弯曲通常分为热弹性弯曲和永久性弯曲。热弹性弯曲即热弯曲，是指转子内部温度不均匀，转子受热后膨胀而造成转子的弯曲，这时转子所受应力未超过材料在该温度下的屈服极限，所以，通过延长盘车时间，当转子内部温度均匀后，这种弯曲会自行消失。永久弯曲则不同，转子局部地区受到急剧加热（或冷却），该区域与临近部位产生很大的温度差而受热部位热膨胀受到约束，产生很大的热应力，其应力值超过转子材料在该温度下的屈服极限，在剧烈摩擦时，温度高达650～1300℃，使转子局部产生压缩塑性变形，当转子温度均匀后，该部位将有残余拉应力，塑性变形并不消失，造成转子的永久弯曲。转子永久弯曲后往往可以发现肇事过程中转子热弯曲的高位恰好是永久弯曲后的低位，其间有180°的位差，这也说明了因热弯曲摩擦而发热的部位，恰好是受周围温度低的金属挤压产生塑性变形的部位。由此可见，转子的永久弯曲是由过大的热应力引起的，往往是由暂时弯曲和摩擦振动引起的。造成转子弯曲的因素主要有两大类，一是转子动静部分严重摩擦。转子旋转时动挠度与转子的偏心值成正比，原始的热挠曲越大，动挠度越大。当转速小于临界转速时，振动的位置与转子质量偏心方向相一致。对于200MW机组，中压转子临界转速在1680r/min左右，所以在中速以前振动过大时轴的瞬间振动方向与摩擦高位点之间的相位角是小于90°的锐角，说明热变形与转子原来的偏心方向趋于一致，互为叠加。偏心引起摩擦，摩擦热变形进一步加大偏心，此种情况可以在短时间内使动挠度大大加剧，振动恶化，此处是引起转子弯曲危险区域。二是汽缸进冷汽、冷水，使转子局部受到急剧冷却。下面分别加以讨论。

（一）摩擦振动引起的转子永久性弯曲

机组在启运过程中，由于下述原因可能引起摩擦：

（1）转子热弯曲，即转子受热不均匀。

（2）转子动弯曲，即转子自身不平衡，引起同步振动。

（3）汽缸热挠曲，即汽缸受热不均匀，上缸温度大于下缸温度，引起缸体向上拱背弯曲或者法兰加热不足时，汽缸前部呈立椭圆，中部呈扁椭圆，容易引起动、静部分间隙消失，产生摩擦。

（二）汽缸进冷汽、冷水

机组在启动过程中，如有冷汽、冷水进入汽轮机，机组将产生激烈振动。这时，下汽缸突然冷却，使得汽缸产生拱背变形，造成通流部分径向间隙消失，使转子汽封体产生摩擦，转子无法盘车而停止。转子在高温条件下突然受到冷水侵袭，转子下半部受到冷却，转子表面急剧收缩，使转子弯曲，浸入冷水的下半部为凹面，受到没有冷却部分的约束，承受拉应力。根据计算，热态停机后，如汽水系统隔离不当而使下部进水，当转子上、下出现200℃的温差时，冷却部分的拉热应力将超过屈服极限。

（三）防止转子弯曲的措施

1. 在基础技术和管理方面

主要值班人员应熟悉掌握以下数据、资料：

（1）转子晃度表测点安装位置，转子原始弯曲的最大晃动度值和最大弯曲点的轴向位置及圆周方向的相位。

（2）汽轮发电机轴系各级临界转速点及正常启动运行情况的各轴承振动值。

（3）正常情况下的盘车电流及电流摆动值。

（4）正常停机时的惰走曲线和紧急破坏真空停机时的惰走曲线。

（5）停止后正常情况下高压内、外缸及中压缸上、下壁温度的下降曲线。

（6）通流部分轴向、径向间隙。

2. 在运行操作方面

（1）汽轮机冲转前必须符合以下条件，否则禁止启动。

1）转子晃动度不超过原始值的0.02mm。

2）高压内缸上、下温差不超过35℃，高压外缸及中压缸上、下温差不超过50℃。

3）主蒸汽、再热蒸汽温度至少高于汽缸最高金属温度60~100℃，但不应超过额定汽温，蒸汽过热度不低于50℃。

（2）冲转前进行充分盘车，一般不少于2~4h，并尽可能避免中间停止盘车。

（3）热态启动时应严格遵守运行规程中的操作规定，当汽封需要使用高温汽源时，应注意与金属温度相匹配，轴封和管路经充分疏水后方可投汽。

（4）启动升速中应有专人监视轴承振动，如果有异常，应查明原因并进行处理。

（5）机组启动中，因振动异常而停机后，必须经过全面检查并确认机组已符合启动条件，仍要连续盘车 4h，才能再次启动。

（6）启动过程中疏水系统投入时，应注意保持凝汽器水位低于疏水扩容器标高。

（7）当主蒸汽温度较低时，调节汽阀的大幅度摆动，有可能引起汽轮机一定程度的水冲击。

（8）机组在启、停和变工况运行时，应按规定的曲线控制参数变化。当 10min 内汽温直线下降 50℃以上时，应立即打闸停机。

（9）机组在运行中，轴承振动一般不应超过 0.03mm，超过 0.05mm 时应设法消除。

（10）停机后应立即投入盘车。当盘车电流较正常值大、摆动或有异音时，应及时汇报、分析、处理。当汽封摩擦严重时，应先改为手动的方式盘车 180°，待摩擦基本消失后投入连续盘车。当盘车盘不动时，禁止用行车强行盘车。

（11）停机后应认真监视凝汽器、除氧器、加热器的水位，防止冷汽、冷水进入汽轮机，造成转子弯曲。

（12）停机后应检查再热器减温水阀和Ⅰ级旁路减温水阀是否关闭严密。

（13）汽轮机在热状态下，如主蒸汽系统截止阀不严，则锅炉不宜进行水压试验，如确需进行，应采取有效措施，防止水漏入汽轮机。

（14）热态启动前应检查停机记录，并与正常停机曲线比较，发现异常情况应及时汇报处理。

（15）热态启动时应先送汽至汽封，后抽真空，高压汽封使用的高温汽源应与金属温度相匹配，轴封汽管道应充分暖管、疏水。防止水或冷汽从汽封进入汽轮机。

第三章 超(超)临界汽轮机调节、保护及供油系统设备检修

汽轮机调节系统的任务，一方面是供应用户足够的电量，及时调节汽轮机的功率以满足外界用户的需要；另一方面又要使汽轮机的转速始终保持在规定范围内，从而把发电频率维持在规定的范围内。保安系统保护机组在事故情况下的安全，油系统润滑各轴承，并带走转子转动时摩擦产生的热量。

第一节 超（超）临界汽轮机调节、保护及油系统简介

超（超）临界汽轮发电机组的调节保安系统都采用数字式电动液压控制系统（DEH），液压部分采用高压抗燃油系统（EH）。

一、数字式电动液压控制系统

数字式电液调节系统（digital electro-hydraulic）是对汽轮发电机组实现闭环控制的数字式电液调节控制系统。

汽轮发电机组是被控对象。在启动阶段，DEH 系统先后通过高压缸的主汽阀和调节汽阀来控制机组，按要求的方式进行升速，直至并网。如果机组配有旁路系统，在启动时旁路系统投入运行，那么由中压缸调节汽阀进行调节控制，汽轮机升速至一定转速再切换至高压主汽阀控制。在正常运行时，DEH 系统是通过高压调节汽阀来控制机组的输出功率。当电网部分甩负荷时，DEH 系统中压缸调节汽阀执行快速关闭和开启来保护电网的稳定。当发电机主油开关跳闸时，DEH 系统控制中压缸调节汽阀的开启和关闭来防止机组超速，并由高压调节汽阀来控制转速，维持机组在规定转速下空载运行。

为了实现上述功能，DEH 系统必须获得机组运行的有关信息。这些信息包括汽轮机转速信号、发电机输出功率信号和代表汽轮机负荷的调节级压力信号。这三个信号用来作为转速和负荷控制的反馈信号。此外，还有主汽压力、励磁机开关状态信号、再热蒸汽压力等反映机组运行状态的信息。

主汽阀、主调节汽阀和中压调节汽阀的液动执行机构是由一套高压油系统来驱动的。高压油系统是由两台互为备用的电动油泵及减压阀来建立一定油压的。在正常运行情况下，它根据 DEH 的控制信号来调整主汽阀或调节汽阀的开度。当出现危急状态时，通过自动停机跳闸电磁阀来泄掉有关的驱动油实现紧急停机。自动停机跳闸（保安油）母管是

通过节流阀与高压油系统相连接的。另外，它又通过一个常闭隔膜阀与机械超速和手动跳闸母管相连接，后者的油压是润滑油系统经过节流建立的，一旦出现机械超速的跳闸时，该母管压力就降低，使常闭隔膜阀打开，泄掉自动停机跳闸母管的压力，使汽轮机停机。自动停机跳闸母管上还装有电磁阀，可接受电气跳闸信号。这些随机出现的跳闸信号有凝汽器真空低、轴承油压低、推力轴承磨损（窜轴保护）、电液调节系统油压低、汽轮机超速以及用户需要的其他跳闸保护信号。其中任一跳闸信号出现，均可使汽轮机停机，此外，超速保护控制器动作时，仅关闭高、中压调节汽阀，而自动停机跳闸母管的油压不变，使高、中压主汽阀处于开启状态。

DEH 数字电液调节控制系统由以下几个主要部分组成：

1. 电子控制器

电子控制器将转速或负荷的给定值和汽轮机各反馈信号进行基本运算，并发出控制各汽阀伺服执行机构的输出信号。

2. 操作盘、屏幕（CRT）和打印机

操作盘布置在控制室内，是机组的控制中心。盘上有指示灯、信号灯、按钮及在线指示汽轮机各变量的数字显示器，如转速给定、功率给定、汽阀位置、汽阀阀位限制和升负荷率等。

运行人员可通过各按钮改变电子控制器的输入给定值，以改变机组转速和负荷，通过屏幕运行人员可以观察故障报警、汽轮机信息以及压力、温度等参数。

3. 汽阀伺服执行机构

各个蒸汽阀的位置是由各自的执行机构来控制的，一个汽阀配置了一个油动机，其开启由抗燃油压力驱动，而关闭靠弹簧力，油动机通常是单侧进油式，其优点是当油系统发生断油故障时，仍可将汽阀迅速关闭。液压油缸与一个控制组块连接，每个阀动作，只关闭调节阀，不关闭主汽阀。

正常运行时，电磁阀（20/AST）被励磁关闭，这样就闭锁了自动停机时危急遮断母管中抗燃油的泄放，油动机下部油压可以建立。如果电磁阀开启，则泄油，致使油动机动作，将关闭汽阀而停机。20/AST 电磁阀为串联布置，这样具有多重的保护性，每个通道中只需有一只电磁阀开启，即可导致停机。

其余两只电磁阀（20/OPC）是由超速保护控制器（OPC）所控制，布置成并联。正常运行时，电磁阀（20/OPC）被励磁关闭，闭锁了 OPC 母管油液的泄放，使调节阀和再热蒸汽调节阀、油动机活塞下部建立油压。当汽轮机转速达 103％额定转速时或甩负荷超过 30％时，OPC 就动作，使调节阀和再热蒸汽调节阀关闭，而此时主汽阀和再热主汽阀保持全开。当转速降到额定转速时，该电磁阀动作，调节阀和再热蒸汽调节阀重新打开，从而由调节阀来控制，维持在额定转速。

二、高压抗燃油系统

超（超）临界汽轮机为了减小油动机体积，提高调节灵敏度，调节油压不断提高。这些具有高压力的油管又布置在车头靠近主蒸汽管道处，由于泄漏很容易引起火灾，为此已将润滑油系统和调速油分开，调速油采用三芳基磷酸酯抗燃油。管道采用 1Cr13 不锈钢，不用法兰连接，全部是焊接结构。油管采用套管式，内部管中为高压油，套管内为低压油。

采用高压抗燃油后的 DEH 系统还具有以下特点：

（1）由于采用单阀控制阀门，其非线性可以得以修正，可实现安排调阀重叠，可实现阀门管理，并能实现中压缸启动。

（2）采用独立油系统，油质有保证，提高了系统的可靠性，避免了油中带水造成部套腐蚀，进而增加油中颗粒杂质，造成部套卡涩。

（3）由于是高压介质，油缸容积小，油动机动作灵敏，故能改善动态特性。

（4）单阀控制比只有一个电液转换器的电液并存系统，可靠性进一步提高。

EH 供油系统的功能是提供高压抗燃油，并由它来驱动阀门和执行机构。它是由安装在座架上的不锈钢油箱、有关管道控制件、EH 油泵、电动机、滤油器以及冷油器等组成，这些部件组成重复的两套，其中一套投运时，另一套备用。

EH 供油装置目前有两种供油形式：

一种是以变压 12.4~14.5MPa 之间连续地循环向系统供油，系统中设置了两只卸载阀，用来实现变压运行，使供油泵时而向系统供油运行，时而在卸载阀卸载情况下运行，目的在于减少泵的磨损，延长泵的使用寿命。当总管中蓄压器达 13.5~14.5MPa 时，卸载阀卸载，将油送回油箱，总管内油压逐渐下降，当总管中油压降到约 12.4MPa 时，卸载阀关闭，总管中油压又逐渐上升，如此循环。

设计变压运行的初衷是延长 EH 油泵的使用寿命，减少能耗，以及保证 EH 油温不迅速上升。但是实际运行下来存在如下缺点：

1）多次发生卸载阀不卸载或不承载现象。

2）EH 油系统多次泄漏。主要是因为 EH 油系统在承载与卸载状态的时间比例为15：25左右，一台机组年运行时间以 4000h 计算，系统承受的交变应力次数为 $\frac{4000 \times 3600}{15+25} = 3.6 \times 10^5$（次），在这么多次的交变应力作用下，系统的密封圈或焊缝等处必然产生疲劳损坏，从而产生泄漏。

另一种是以常压 13.8MPa 向系统供油，由于供油压力为常压，故不需要卸载阀，其供油装置类似于变压运行的装置，由于常压运行，这样可以减少因为油压变化所引起的波动影响。

三、国内典型超临界汽轮机组的调节保安系统

N600-24.2/566/566 型汽轮机调速采用高压抗燃油数字电液控制系统（DEH）。液压部分采用高压抗燃油系统（EH）。DEH 硬件即可以与 DCS（分散控制系统）的硬件相同，也可以是独立的硬件。调节保安系统见图 3-1。

本调节保安系统大致可分为 DEH 系统（电子部分）、EH 供油系统、EH 执行机构、危急保安系统、ETS（危急遮断系统电子部分）和 TSI 系统几大部分：

（1）EH 系统的总的功能是接受 DEH 信号操纵汽轮机的进汽阀以调节通过汽轮机的蒸汽流量。EH 系统可分为 EH 供油系统、EH 执行机构。

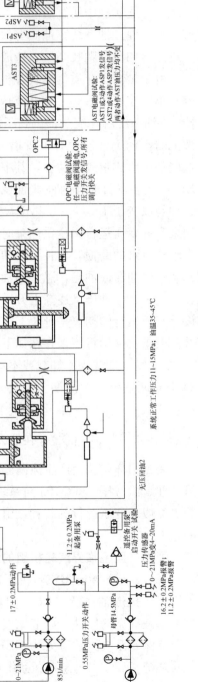

图 3-1　调节保安系统

（2）EH 供油系统是以高压抗燃油作为工质，为各执行机构及安全部套提供动力油源并保证油的品质。

（3）EH 执行机构用来直接控制各汽阀的开度。EH 执行机构共包含有主汽门油动机 2 台，高压调门油动机 4 台，再热主汽门油动机 2 台和再热调节汽阀油动机 4 台。油动机的开启、关闭或开度的大小均由 DEH 的电信号控制，同时还设有由 AST（高压遮断模块）油压控制的联锁保护功能。

（4）危急保安系统由危急遮断控制块、隔膜阀、超速遮断机构和综合安全装置等组成，为系统提供超速保护及危急停机等功能。

（5）ETS（电子部分）是汽轮机的紧急停机装置，它根据汽轮机安全运行要求，接受就地一次仪表、TSI 二次仪表及其他系统要求汽机停机的信号，控制停机电磁阀，使机组紧急停机，保护汽轮机。

（6）TSI 是汽轮机的监测保护系统，在汽轮机盘车、启动、运行和超速试验以及停机过程中，可以连续显示和记录汽轮机转子和汽缸机械状态参数，并在超出预置的运行极限时发出报警，当超出预置的危险值时发送停机信号给 ETS，使机组自动停机。

第二节　汽轮机调节、油系统一般设备的检修方法和质量要求

一、一般设备的检修方法及注意事项

调节及油系统在汽轮机组长时间的运行过程中，有些零部件会由于不断的摩擦而损伤，各弹簧销子、螺栓等因经常受到交变应力可能断裂，油系统的不清洁可能使滑阀与套筒卡涩。为了保证机组的安全运行，把事故消灭在萌芽阶段，应该严格执行定期检修、应修必修的方针，并提高检修的质量，确保设备的安全运行。

检修中一般应进行如下工作：

（1）测量并调整各部件间的组装间隙，更换不合格的部件。

（2）检查部件的健康状况，发现存在的缺陷，找出原因并及时解决。

（3）解体、清理各部件，并正确组装。

（一）检修前的准备

1. 检修的计划与技术措施

检修前应制定好检修项目。检修项目中除了标准项目外，还需根据设备在运行中所存在的缺陷，制定出消除缺陷的技术措施，尽量提出完整的检修与调整方案，并使检修者做到心中有数。

（1）准备技术资料。技术资料的准备是检修工作的重要环节，包括设备台账、上次大修技术记录、试验记录、技术总结、图纸、机组的运行分析、机组运行中存在的缺陷和问题的统计及检修质量标准和检修工艺规程、备品备件等。所谓备品，是指设备在正常情况下，为了保证安全生产，必须经常储备的设备、部件、材料和配件。备品必须经常保持良好状态，以便随时可以使用。

（2）确定检修项目。根据所掌握的技术资料，应组织相关技术人员对机组进行全面分

析，结合安全、节能、环保、经济等方面要求，确定检修项目。具体的分析内容如下：

1）从上次大、小修到本次检修机组的运行小时和启动次数、负荷功率情况及停机的原因分析。

2）机组运行中的主要技术指标，如真空度、汽轮机各汽缸效率、汽耗、功率，并与设计值比较，分析发生原因。

3）分析上次检修后，设备发生的各种异常情况，并分析发生原因，提出改进措施。

4）对于上次检修中所进行的技术革新工作，分析取得的效果和存在的问题，提出进一步改进的措施。

5）全面了解检修前机组运行情况，对于所存在的问题进行分析。

6）对于机组运行中的主要技术参数，如功率、凝结水含氧量、蒸汽压力、温度、真空严密性、凝汽器及加热器端差、机组的各轴承振动、轴承温度、汽缸的膨胀情况、超速试验情况等，应与设计值进行比较，对于出现偏差的技术参数，如汽轮机轴承振动偏大等，应分析原因，并提出改进措施。

7）认真研究上次检修的技术总结和检修后机组投入运行后的情况报告，从中吸取相关的经验教训，为本次检修提供参考。

（3）编写检修计划。检修项目确定后，接下来就应着手编写检修计划，在检修计划中应包括以下主要内容：

1）设备运行工况和存在的问题，如设备存在的泄漏（包括内漏）。

2）检修目标和主攻方向，即通过本次检修应达到的目标（包括文明生产程度）以及要解决的主要问题。

3）检修项目（包括标准项目、重大特殊项目、一般特殊项目）和技术措施。

4）确定检修项目（包括标准项目、重大特殊项目、一般特殊项目）的负责人。

5）主要协助、配合项目和要求。

6）检修控制进度表，即汽轮机检修的控制网络图和分段（可分大修前期、中期、后期）的具体工序控制表。

7）确定检修项目工序控制的验收人。在制定技术措施时，应对重大特殊项目进行理论计算，制定这些重大特殊项目施工中的质量、工艺、安全等方面的措施。

（4）落实责任制，明确检修任务。编制计划结束后，各班组应依据这一计划，划分工作小组及确定各小组的工作内容、进度等，同时确定各小组的负责人。

各班组根据本班组的检修标准项目和特殊项目，学习相关的技术措施、质量标准、工艺要求、安全措施和进度工期，真正使检修人员明确自己所承担的检修项目、技术标准、工艺要求、工料定额和进度工期，知道所检修设备的缺陷、产生原因和消除措施。

各施工班组依据检修项目，制定所需备品、备品消耗性材料计划，并上报部门专工审核，由专工统一上报上一级部门审核批准，同时各班组应准备相应的检修工、器具，另组织专人在停机前对所属设备进行全面检查，以确保设备运行情况的真实可靠。

各班组应对检修过程的文明生产提出具体要求，切实保证机组检修中的文明施工。为了保证检修过程中的安全文明，专工应在上级主管部门的协调下制定现场的定置图，以确保所拆下设备堆放整齐,同时保障各班组有合适的空间。

2．检修场地、工具与材料的准备

检修前,在汽轮机的运行层选择一采光较好的洁净场地,临时用栏杆与走道隔开。准备好木枕、油盘、油布和准备放置零部件的木箱、工具箱。检修前,除了应准备一般常用的工具、材料外,还应准备一些专用工具,如固定扳手、专用油石等,并与一般工具分开保管,准备好必须更换的备品配件,配好各重要法兰上所用的垫片等专用材料。

3．测量工具的准备

需准备的测量工具有外径千分尺、游标卡尺、片状塞尺、深度游标尺、百分表及磁性表架、内径百分表等。另外还可以准备一些其他量具,如测量齿轮的公法线百分尺、测量错油阀窗口的高度游标卡尺等。在测量零件高度时,为了保证其准确性,可与精密平板联合使用。

4．检修过程

(1) 解体阶段。这一阶段主要注意以下几方面工作:

1) 办理设备停机的热力工作票和动火工作票,作好设备、系统隔离的申请工作。

2) 准备好设备解体所需的工具、机具、量具等。

3) 做好现场安全设施委托和复查工作,如搭脚手架以及对已搭好的脚手架的配合工作,对有问题的应通知相关班组进行整改,切实保证这些设施的安全使用。

4) 保证解体拆卸工作中工序、工艺正确,使用工具、仪器正确。

5) 随着文明生产要求的逐渐提高,在解体工作中,应努力做到无油迹、无水、无灰,同时所拆卸设备应按定置管理的要求摆放整齐,所用的工、器具及备件也应堆放整齐。

6) 认真检查设备,作好测量、记录工作,力争掌握设备的老化、磨损、腐蚀、裂纹、变形等方面的规律,以便制定出相应的技术措施,解决这一系列的问题。

7) 在这一阶段,要查早、查细、查全、查深,对解体后的现状、运行工况、数据进行对照分析。

8) 对于解体时发现的问题,及时做好分析工作,并予以汇总,汇总的问题及时上报专业工程师。

9) 专业工程师在1/3检修工期的时间内应组织相关部门和各班组开好解体分析会,在认真听取各方面意见的基础上,对发现的问题提出具体的措施和要求。

(2) 修理、装复阶段。检修人员要坚持"质量第一"的方针,严格按照技术措施和工艺进行检修,使设备检修后达到下列要求:

1) 达到规定的质量标准。

2) 消除设备缺陷。

3) 恢复功率,提高效率。

4) 消除漏汽、油、灰、水等现象。

5) 设备在检修完毕后应保证现场整洁。

6) 检修技术记录应正确、完整。

在这阶段,要精心修理,精心装复,不修坏设备,不碰坏设备,不装错(漏装)零部件，不将杂物（工具）遗留在设备内，不放过任何一条设备缺陷。

5. 检修验收

验收工作的好坏直接影响整个机组的检修质量，因此，这一阶段的工作显得尤为重要。各小组依据计划中的检修项目认真作好测量、记录工作，按照检修工艺的要求，在相关阶段，请相应的验收人员对工序中的工作进行验收。验收合格后，由验收人员在验收单上签字认可。对于验收未达到标准的且不影响正常运行，需要让步放行时，应由班组提交申请上报专工，再由专工向上一级部门申报，经同意方可让步，否则应按标准进行检修。验收工作应注意以下问题：

（1）检修人员应按质量标准精心检修，在自检合格、技术记录齐全的情况下，才能申请验收。

（2）验收人员对所验收项目应严格把关，确保质量，验收后签字。

（3）验收人员在验收过程中，要验收检修质量是否符合工艺要求和质量标准，验收技术记录是否完整、齐全、正确，验收测试条件和检修手段是否正确无误。

（4）专业负责人应作好机组检修的分段验收工作，对于如扣缸这种重大工序应单独进行分段验收，验收合格方可进行扣缸，切实保证验收工作的顺利进行。

（5）验收人员在验收时应注意所验收设备的周边环境是否符合要求，如现场的整洁情况，保温、油漆是否完整，缺陷是否消除等。

6. 设备试转

试转是检修质量的主要环节，为确保试转工作的一次启动成功，应注意以下问题：

（1）每项设备检修完毕、验收已合格、技术记录完整、异动报告齐全、现场整洁及相关设备允许后，由班组或专业申请，且得到相关部门会签后，交于值长。在值长统一指挥下，进行相关设备的试转。

（2）试转时，应严格检查，并按规定进行相关的测量工作，在相关部门均认可的情况下，试转工作方可结束。对于试转工作中发现的问题，要认真分析，并制定相应的修正方案，重新修正后，按照试转程序重新试转。

（3）试转工作结束后，由专工对试转设备进行初步评价，然后汇报运行部门和生产技术部门进行会议评价。

（4）在分步试转全部结束后，方可进行大系统和整机的启动工作，如给水泵开压、给水泵汽轮机升速等。

7. 检修总结

试转工作结束，由专工对检修工作进行全面的总结，总结中应注意以下主要内容：

（1）检修项目的实施情况，增加、减少项目的原因，发现的一些重大问题及技术分析和处理情况。

（2）检修工期与计划工期的比较、分析。

（3）检修的安全文明生产情况。

（4）检修工艺作风的情况。

（5）检修项目的分段验收情况。

（6）分步试转和整机启动试转的情况，发现的问题及分析、处理情况。

（7）检修后的缺陷发生情况及分析、处理意见。

（8）检修后尚存在的问题和措施。

（9）主要运行技术、经济指标的比较、分析。

（10）金属、化学、绝缘监督的执行情况。

通过上述的总结，使检修的管理工作得到进一步提高，完善了管理机制，从而达到检修质量逐步提高的目的。

（二）基本测量工艺

1. 错油阀阀芯与套筒的测量

测量前，应用细油石及水砂纸打光。用外径千分尺测量阀芯的外径，要求对测点不少于 4 点；用内径千分尺测量套筒的内径，要求上、中、下 3 个部位，每个部位对称测点不少于 4 点。

2. 断流式错油阀的重叠度测量

（1）如图 3-2 所示，用外径千分尺或游标卡尺测量阀芯凸缘 a、b、c 及 d 的数值。

（2）利用 L 形专用工具测量错油阀套筒油口宽度及凸缘尺寸，如图 3-3 所示。专用工具的测杆放在定位套内，应保持 0.03～0.05mm 间隙。要求定位套筒有一定的长度，孔与底平面要求垂直、平整。

测量杆与套筒不应外斜。上、下移动测杆，使千分表的读数变化，变化值为 Δ_1，则油口宽度如下

$$S_1 = L_1 + \Delta_1$$

式中　L_1——单足测量杆宽度。

对应的阀芯凸缘尺寸与对应油口高度尺寸之差即为错油阀重叠度。

也可将错油阀阀芯放入套筒内测量错油阀重叠度，方法是在其端部放置一个千分表，用透光法测量，如图 3-4 所示，移动错油阀阀芯，直到油口能透光亮为止。记下千分表读数，反向移动错油阀阀芯，

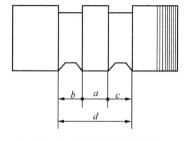

图 3-2　错油阀凸缘测量

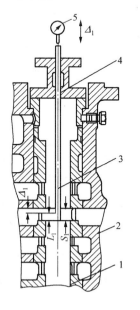
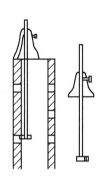

图 3-3　用专用工具测量

1—套筒；2—壳体；3—单足测量杆（L形）；

4—定位套筒；5—千分表

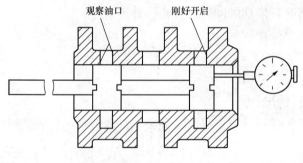

图 3-4　用透光法测量错油阀重叠度

直到油口另一侧能透过光亮，记下千分表读数，两次测量读数之差即为重叠度。

由于重叠度的存在，降低了调节系统的灵敏度。但是，同时错油阀套筒油口也有效地克服或减少了由于各种原因引起错油阀上下微小摆动而产生油动机活塞的晃动和负荷、转速波动。

3. 晃度的测量

零件在圆周上的不圆程度称为晃度。将千分表装置在零件表面的上部，将所测的圆周划分 8 等分，然后盘动转子，将圆周各点千分表的指示值记录下来，圆周对应点最大差即为晃度。

4. 瓢偏度的测量

端面与轴线的不垂直程度叫瓢偏度。测量瓢偏度一般应放置两块千分表，分别安装在 1 和 5 的位置，瓢偏度的测量如图 3-5 所示。然后将表正、负指示方向留有适当余量，将表针定在刻度 50 上，盘转一圈后两表的指示应相同，然后盘动转子 360°，测量各点读数，并作好记录。瓢偏度应为表 A 读数减表 B 读数的最大差值，减去表 A 读数减表 B 读数的最小差值，再除以 2 所得数值。

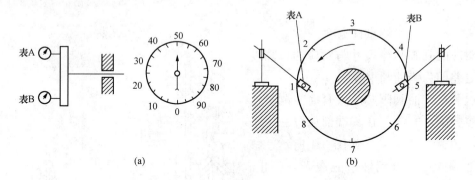

(a)　　　　　　　　　　　　　　(b)

图 3-5　瓢偏度的测量

（a）瓢偏度的测量方法；（b）测量位置图

5. 弯曲度的测量

原则上与测量晃度一样。如果测量轴上某一点的弯曲，测量方法与测量晃度完全一样。如果轴较长，可沿轴向将轴分成数等分，在各等分点依次测量，记下测量后的最大差值，并除以 2 即为轴的弯曲量。

6. 轴瓦间隙紧力的测量

一般采用压铅丝的方法测量，测量轴瓦紧力时，选择铅丝直径略大于瓦间隙，在轴径顶部和轴瓦左、右结合面各放一铅丝，然后把瓦盖扣上，将瓦盖螺栓对称紧好，一般不要紧力过大，然后揭开瓦盖，取下左、中、右铅丝，用0～25mm外径千分尺测量每一根铅丝厚度并取其平均值，然后再用下式算出间隙，即

$$轴瓦间隙 = 中间铅丝厚度 - \left(\frac{左侧铅丝厚度 + 右侧铅丝厚度}{2}\right)$$

测量轴瓦紧力时，将中间铅丝放置在瓦盖与瓦枕之间顶部，左、右两侧铅丝放在瓦盖结合面上，其余均同间隙测量法，计算结果应该是负值，即为轴瓦紧力。

7. 主油泵密封环间隙测量

测量密封环总间隙时，可将叶轮和密封环取下，用内径千分尺测量密封环的内径，用外径千分尺测量与密封环相配合处叶轮的直径，两者之差即为总间隙。当叶轮不从轴上取下时，可用千分表指于密封环顶部，从叶轮的下部将密封环托起，看千分表的最大变化值，即为密封环的总间隙。转子在组装前，应测量密封环间隙的分布情况，为此将转子放在轴瓦内，然后将千分表指于密封环顶部，用手或小撬杠提起密封环，直至叶轮接触为止，千分表所增加的数值即为下部间隙。总间隙减去下部间隙即为顶部间隙。

二、检修记录的内容及填写方法

作好技术记录，是保证检修工作顺利进行、提高检修质量的关键，每个检修人员都必须掌握测量记录技术，有些检修工作质量不良，甚至返工，往往是忽视了技术记录所引起。

技术记录内容包括重要的调整尺寸，间隙和零件的重要变化情况等。技术记录的项目不要过多，否则会增加检修的工作量。对于已经确定的记录项目应认真对待，因为这些记录将作为分析确定检修方案的重要依据。不正确的记录可能得出错误的决定，因此技术记录应做到不错、不漏。

技术记录的格式应该包括一个说明记录位置的简单结构图、上次检修的数据、本次检修解体时的数据和装复时的数据。在检修前，工作人员应将上次检修的记录填写到记录上。为了做到不漏，可以在解体的时候，顺着程序由检修人员边解体、边检查、边记录。解体结束时，将解体检查所得的数据同上次检修时的数据相比较。

具体记录以下内容：

(1) 设备解体前原部件的相对位置。如解体前错油阀上弹簧调节螺杆的露出长度、油动机与调节汽阀拉杆长度等。有些部件一经解体，其原来的相对位置即无据可查，如果不作好记录，将增加启动时的调整工作量。

(2) 各部件的组装间隙。该间隙是反映部件的组装质量及了解磨损程度的重要依据，通过检查、测量，可以了解组装间隙是否恰当，为进一步调整提供依据。

(3) 重要的情况记载。对于部件的磨损情况，检修中更换了哪些备品，处理了哪些缺陷，这些情况都应在技术记录上重点记录。

三、检修工作包

在检修之前，编制检修工作包。以汽轮机主油泵大修工作包为例，大修工作包编制见表3-1～表3-9。

表 3-1 工 作 总 览

工作包号		检修等级	大修
检修计划名称	汽轮机专业大修标准项目计划		
设备名称	汽轮机主油泵		
工作描述	汽轮机主油泵大修		
检修项目类型	标准项目		
验收方式	分段验收		
技术监督项目	金属监督 0 项　化学监督 0 项		
质检点设置	H 3 个　W 0 个		
是否需要再鉴定	品质再鉴定 □　功能再鉴定 □		
QDR 统计	有□　QDR（　　）项　无□		

计划开始时间	年　月　日	计划完成时间	年　月　日
实际开始时间	年　月　日	实际完成时间	年　月　日

工作先决条件：

工作包编写人（班组技术员）	姓名		年　月　日
一级技术校核（队技术专工）	姓名		年　月　日
一级安全校核（队安培专工）	姓名		年　月　日
二级技术校核（生技部专工）	姓名		年　月　日
二级安全校核（安监部专工）	姓名		年　月　日
三级校核（生技部汽轮机主管）	姓名		年　月　日
审　定	姓名		年　月　日
批　准	姓名		年　月　日
工作包接受单位	汽轮机队	工作负责人	日期　　月　日

注　检修项目类型分为：标准项目、非标项目、技改项目、科技项目、日常维修、消缺项目。

表 3-2		工 作 申 请		
工作票号			当前状态	大　修
设备名称	汽轮机主油泵			
设备型号	单级双吸卧式离心式油泵			
设备编码				
地理位置				

工作描述：汽轮机主油泵大修

详细描述：详见检修程序

修前状态：

主油泵工作正常、油压正常

检查人：日期：　　　年　月　　日

工作批准时间	年　月　日　时　分～　年　月　日　时　分
批准时间内 未完成工作延期到	

表 3-3 资 源 准 备

工作名称	汽轮机主油泵大修

工作所需工作人员计划

人员技术等级	需用人数	需用工时
高级工	1	248
中级工	1	184
初级工	1	156
合计	3	744

工作所需物资、备品计划

编号	名称	单位	数量	单价	总价
1	破布	kg	5	5	25
2	煤油	kg	5	10	50
3	水砂纸	张	10	1.2	120
4	砂纸（80目）	张	10	0.8	8
5	白布	m	2	3	6
6					
合计					209

工作所需工器具计划

编号	工具名称	型号	数量
1	塞尺	0～100mm	1
2	套筒扳手		1套
3	活口扳手	12″	2
4	三角刮刀		1
5	平口螺丝刀		1
6	铜棒		1
7	百分表		1
8	磁性表座		1

以上准备工作已全部完成。

工作负责人（签字）：　　　　　　　　日期：　年　月　日

表 3-4 　　　　　　　　　　　　　质量与技术监督计划

工作名称	汽轮机主油泵大修				
工作指令、质量计划、技术监督计划					
序号	操作描述	工时	质检点	技术监督	备注
1	修前准备	52			
2	主油泵解体检修	192			
3	检查轴瓦、油封环,测量各部间隙	56	H1		
4	检查叶轮、泵轴	72	H2		
5	测量、调整油挡洼窝中心	96	H3		
6	主油泵复装	120			

表 3-5 　　　　　　　　　　　　安全风险分析及预防措施

工作名称	汽轮机主油泵大修			
序号	风险及预防措施	执行时间	执行情况	备注
1	碰撞(挤、压、打击)			
	(1) 正确佩戴合格劳动防护用品			
	(2) 禁止使用不合格的工器具,并正确使用各种工器具			
2	防止触电的措施			
	(1) 严格遵守安全规程"电气工具和用具的使用"有关规定			
	(2) 检修电源必须配置漏电保护器			
	(3) 临时电源使用前必须检查漏电保护器,应完好			
3	防止外力伤害的措施			
	(1) 防止使用行车起吊时所造成的起吊伤害,正确执行起吊作业规程			
	(2) 正确使用合格的工器具			
	(3) 及时清理油箱存油,防止滑跌			
4	防止火灾、爆炸的措施			
	(1) 尽量避免在油箱内动火,动火前应清理干净积油,并将附近其他易燃物品清理干净			
	(2) 准备好灭火器,正确安全动火,动火后作好检查清理火种工作			
	(3) 工作负责人应在收工后晚离开 1h,来进一步检查现场,防止死灰复燃			
5	防止异物落入的措施			
	(1) 将所有管口用专用堵板封好,并作好记录			
	(2) 工作人员穿连体工作服,做好人员及工器具登记清点工作			
	(3) 工作结束,清点工器具数量			
6	防止环境污染的措施			
	清理出的废油应放入废油桶内集中处理,禁止倒入地沟或随处存放,防止人员滑跌			
7	检修人员精神状态			
	(1) 不能酒后作业			
	(2) 精神不振,打瞌睡禁止作业			
以上安全措施已经全体工作组成员学习。 签字:				

表 3-6 检 修 程 序

检修程序	汽轮机主油泵大修	页码：

一、概述

本程序依据厂家说明书，厂家有关说明及有关图纸和历次检修经历编写，适用于汽轮机主油泵的大修，本程序需经生技部专工审核，生技部主任审定，检修副总经理批准后方可使用；检修工作应按照该程序进行检修，确保检修周期及检修质量，检修后的各项指标应符合该程序内的检修质量标准，检修过程无不安全情况发生。

二、开工前准备工作确认

	开工前准备情况	确认
1	安全预防措施	
	工作票内所列安全措施应全面、准确，得到可靠落实后，方可开工	
	工作现场照明充足	
	工作现场做好防火措施，严禁吸烟	
	检修工器具经检验合格方可使用	
	设备已完全隔离	
2	现场工作条件	
	通风和照明良好	
	检修工作场地准备好	
	设置临时围栏、警戒绳	
3	工器具	
	常用机械检修工具齐全	
4	备品备件	
	备品备件准备齐全	

三、检修工序与质量标准

1. 主油泵解体、检查和测量

☑ （1）联系热工拆卸热工元件。

☑ （2）拆卸前箱结合面定位销及螺栓。

☑ （3）将行车调至前箱盖正上方，四角拴牢钢丝绳，用倒链找平，然后平稳吊下放至检修场地。

☑ （4）联系热工拆卸测速装置等热工元件。

☑ （5）拆卸主油泵轴瓦及润滑油管，取出主油泵结合面定位销及紧固螺栓，平稳吊出上盖放置在检修场地。

☑ （6）用手转动密封环，应能够自由转动、无卡涩。

☑ （7）测量密封环与叶轮径向间隙。

☑ （8）拆除密封环中分面连接螺栓，将前后密封环的上、下半部取出，注意作好标记。

☑ （9）检查密封环应无毛刺、裂纹等缺陷，否则应进行修复。

☑ （10）测量修前油挡洼窝中心，并作记录。

☑ （11）盘动高压转子，测量叶轮晃动度，应小于 0.05mm。

☑ （12）高压转子吊开后检查叶轮表面及油泵各部件，应无裂纹、气蚀等缺陷，两侧轴瓦乌金无裂纹、划痕、干磨痕迹，否则应进行修复。

检修程序		汽轮机主油泵大修		页码:	
质检点类型及序号	H1		质检点内容	检查轴瓦、油封环，测量各部间隙	
维修描述	□修理 □更换 □调整 □保持原状态				
验收人员	签 名		验收意见		
班 组					
检修队					
生技部					
诊断工					
质检点类型及序号	H2		质检点内容	检查叶轮、泵轴	
维修描述	□修理 □更换 □调整 □保持原状态				
验收人员	签名		验收意见		
班 组					
检修队					
生技部					
诊断工					

☑ (13) 汽轮机转子中心调整完成后测量修后油挡洼窝中心应符合：$|a-b|=0^{+0.05}_{0}$ mm，$\left|\dfrac{c-(a+b)}{2}\right|\leqslant$ 0.05mm。否则应进行调整。

☑ (14) 检查浮动瓦的上、下乌金，乌金表面应光滑、完整，无脱胎、裂纹及磨损，接触面应均匀。测量浮动瓦径向间隙符合标准。

质检点类型及序号	H3		质检点内容	测量、调整油挡洼窝中心	
维修描述	□修理 □更换 □调整 □保持原状态				
验收人员	签名		验收意见		
班 组					
检修队					
生技部					
诊断工					

☑ (15) 按拆卸顺序复装主油泵。

2. 检修结束

☑ (1) 清点工具和仪表，清扫现场卫生。

☑ (2) 检查所检修设备的设备标示牌应无缺失和损坏，否则进行补全和修理。

☑ (3) 退回工作票，撤离工作区

表 3-7　　　　　　　　　　　　　　检 修 报 告 一

检修报告		汽轮机主油泵大修	工作包号
检修日期	年　月　日　时～　年　月　日　时		页码：1/3

设备名称或编码及主要参数：

名称：汽轮机主油泵检修

检修工序与质量验证记录（可使用表格或文字描述）

检修记录

序号	名　称	标准	修前	修后
1	浮动瓦径向间隙			
2	密封环与叶轮径向间隙			
3	测量油挡洼窝中心			
4	叶轮晃动度			
5				

测量人：

记录人：

测量日期：

测量工器具：内径千分尺；外径千分尺；内径量表；百分表。

编号：

检验日期：

表 3-8 检 修 报 告 二

检修报告	汽轮机主油泵大修		工作包号	
检修日期	年 月 日 时～	年 月 日 时		页码：2/3

检修工序记录

序号	检修项目	检修结果	工作负责人
1	检查轴瓦、油封环，测量各部间隙		
2	检查叶轮、泵轴		
3	测量、调整油挡洼窝中心		
4	主油泵复装		

实际消耗工时统计

序号	工序名称	工时统计					
		初级工		中级工		高级工	
		计划	实际	计划	实际	计划	实际
1	修前准备						
2	主油泵解体检修						
3	检查轴瓦、油封环，测量各部间隙						
4	检查叶轮、泵轴						
5	测量、调整油挡洼窝中心						
6	主油泵复装						

表 3-9 检 修 报 告 三

检 修 报 告	汽轮机主油泵大修	工作包号	
检 修 日 期	年 月 日 时～ 年 月 日 时		页码：3/3
检修结果叙述及设备检修后健康状况分析			
检修更换的备品配件名称、型号和数量			
检修中使用的主要材料名称和数量			
设备检修异常及消除缺陷记录			
设备变更和改进情况			
尚未消除的缺陷及未消除原因			
技术监督情况（监督项目、报告结果、报告日期、报告人）			

信息反馈	发现本项检修工作作业程序、图纸存在的问题			
	对本厂设备管理、质量验证、工艺标准等方面有何建议			

整体验收	程序已全部执行	是□ 否□		
	验收评价	优□ 良□ 合格□ 不合格□		
	验收人员	签名	日期	
	班 组			
	检修队			
	生技部			

四、调速、保安、油系统检修通用要求

（1）在检修前，工作人员必须对检修设备的构造、作用原理、装配工艺等有充分的了解。

（2）汽侧部套检查应在专用场地上进行，地面应垫有枕木或胶皮，油侧部套应在油盘子内进行解体，以防止部套内部积油泄漏到地面上。

（3）所有部套在解体前均应作明显标志。

（4）对于所有检修设备的油口、油管道的油口、应用帆布袋封住，复装前应检查，防止掉入杂物。

（5）对于 EH 油系统设备部件的检修必须在环境卫生达到标准要求时方可进行。

（6）油系统中，所使用的密封垫，均应采用耐油石棉垫，严禁使用耐油橡皮、塑料垫。

（7）各部套应用煤油、酒精或丙酮清洗，用压缩空气吹净，用白布或绸子擦干。

（8）待复装的重要部套，应妥善保管，用白布或塑料布包好，放入工具橱内。

（9）所有测量记录，必须正确可靠，详细记录，不准随便涂改，应有测量人、记录人、验收人的签字。

（10）由于在调节、保安、油系统中均含有以下工件，所以在此规定其质量标准，以后不再注明：

1）弹簧无严重锈蚀、变形、裂纹、弹簧自由长度及特性变化，弹簧与弹簧座接触良好，中心一致。

2）活塞、错油门表面无磨损、毛刺、锈蚀，进、出油口边缘应为直角，活塞杆与活塞配合良好，活塞杆无弯曲、磨损。

3）套筒内表面应光滑，无磨损、毛刺、型砂等杂质，与外壳配合不松动。

4）外壳无裂纹、砂眼，内壁无毛刺，各油口畅通，结合面平整，管接头严密不渗漏，焊口无砂眼。

5）蝶阀阀口应平整，无松口、磨损，蝶阀座平面应光滑，接触线均匀，与壳体配合不松动，蝶阀与蝶阀座中心一致。

6）轴承不松动、无卡涩、无锈蚀、转动灵活、配合良好。

7）销子表面光滑，无毛刺、弯曲，装配牢固。

8）门杆、调整螺杆应无变形、锈蚀、卡涩、磨损、松动、弯曲，测量其高度，按原位复装，螺母与螺杆配合良好、无松动，止动垫片完整，背帽应紧固、无松动。

9）节流孔，空气孔，排油孔，进、出油口，抽汽口等应畅通无堵塞现象、安装位置正确。

10）复装后各活动性部套应动作灵活、无卡涩，松动现象。

11）检修工作结束后，应检查有无漏装部件，发现问题，应查明原因，进行处理。

第三节　配汽机构检修

以东汽－日立 N1000－25/600/600 型超超临界 1000MW 汽轮机的配汽机构检修为例。

一、高压主汽门（MSV）检修

1. 高压主汽门的作用及结构

高压主汽门位于汽轮机调节阀前面的主蒸汽管道上，主要功能是在紧急状态时快速地截止流向汽机的蒸汽流，也用作锅炉断流阀。高压主汽门的结构如图 3-6 所示。

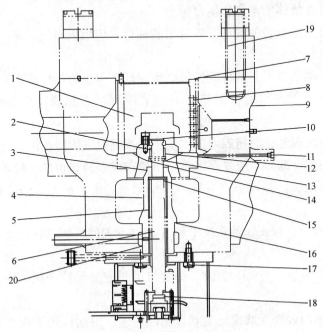

图 3-6　高压主汽门

1—阀盖；2—预启阀阀蝶；3—密封盖；4—渗氮衬套；5—渗氮衬套；6—阀杆；7—垫片；8—滤网；9—阀壳；10—锥形凹头螺栓；11—凹头螺栓；12—固定环；13—销；14—阀蝶；15—密封环；16—金属垫片；17—垫圈贴面螺栓；18—联轴器；19—双头螺栓；20—渗氮衬套

2. 高压主汽门的检修工艺

（1）拆除上部盖的保温层。

（2）拆卸连接阀的有关漏汽管道。

（3）用螺栓加热棒加热双头螺栓（图 3-6 中 19），拧松并卸下螺母。

（4）使用倒链拆卸上部盖，如上部盖不能拆卸掉，可均匀加热阀壳（9）。

拆卸螺栓（11），用倒链拆卸掉蒸汽滤网（8），检查滤网应无裂纹、吹损、变形，焊缝无裂纹，网孔无异物堵塞，防转销完好。

（5）拆卸联轴器（18）。

（6）测量预启阀行程（7.9±1.6）mm，阀杆全行程（165.1±3）mm。

（7）拆卸螺栓（17），吊出带有阀杆（6）、压力密封盖（3）以及衬套（4）、（5）的阀门体。

（8）拆卸螺栓（10），旋下阀盖（1），预启阀阀蝶（2）。

（9）取出销子（13），拆卸固定环（12），取下阀蝶（14）。

(10) 抽出阀杆（6）。

(11) 将螺栓（10）、（17）、（19）进行裂纹和硬度测试。

(12) 对阀蝶（14）和阀座的密封面（接触面）进行金属探伤。

(13) 对压力密封盖和阀壳（9）接触面进行金属探伤。

(14) 测量阀杆（6）的弯曲度应小于或等于0.18mm。测量各部间隙：阀杆（6）与衬套（4）的径向间隙0.85～0.90mm；阀杆（6）与衬套（5）的径向间隙0.62～0.67mm；阀杆（6）与衬套（20）的径向间隙0.67～0.72mm。各选3个测点测量。

(15) 经修复，各间隙符合标准后，按解体逆顺序组装阀体，包括（1）、（2）、（3）、（4）、（5）、（6）。重新测量预启阀行程s和主汽门全行程H，符合标准，以保证阀杆顶部膨胀间隙。

(16) 放好垫片（16）后，紧固螺栓（17）。

(17) 安装好滤网（8）、垫片（7）后，紧固螺栓（19），测量上部盖与阀壳表面的间隙，达到设计值，按规定伸长量（0.34～0.43mm）对螺栓（19）进行热紧，冷却后检查螺栓（19）伸长量是否符合规定值，并重新测量间隙。

(18) 安装联轴器（18）和漏汽管道。

二、高压调节汽门（CV）检修

1. 高压调节汽门的作用

在正常速度/负载控制条件下控制进入汽机的蒸汽流量，并在失去负载时快速截断蒸汽流量，以防止汽轮机/发电机发生超速。

2. 高压调节汽门的检修工艺

高压调节汽门的结构见图3-7。

(1) 拆卸有关漏汽管道。

(2) 拆卸上、下支架的四个销子。

(3) 用倒链将上、下支架吊至检修场地，也可以将上、下支架分别吊出。

(4) 拆卸阀杆定位销及支柱与阀台连接螺栓。

(5) 将弹簧组件和支柱整体吊至检修场地。

(6) 测量门杆行程和预启阀行程。调速汽门行程为57.15±3.0mm；预启阀行程为5±0.1mm。

(7) 拆卸十字头组件和防转销。

(8) 拆卸阀台与阀柜连接螺栓。

(9) 将阀台和阀芯一起吊出，吊至检

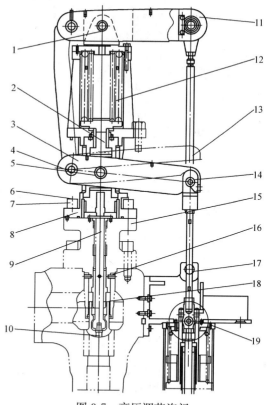

图3-7　高压调节汽门

1—防转销；2—十字头组件；3—支架；4—销；5—支柱；6—螺母；7—螺栓；8—阀台；9—门杆；10—阀瓣；11—支架；12—弹簧组件；13—渗氮衬套；14，17，19—销；15—阀柜；16—连接销；18—套筒

修场地。

（10）卸掉两条弹簧座圈与接座连接螺栓，换上两根专用长螺栓，其背帽背紧后，卸掉其余连接螺栓，取出弹簧检查，应无严重锈蚀、变形、裂纹，测量弹簧自由长度，弹簧筒、弹簧座应无变形、无裂纹。

（11）将阀台和套筒的连接销取出，拆下阀台、固定环，然后取出套筒、渗氮衬套。

（12）检查清理各部件，阀壳、阀芯、连杆、弹簧等各部件无氧化皮、裂纹、腐蚀、变形等缺陷，阀蝶密封线连续均匀，门杆（9）弯曲度小于或等于0.18mm。

（13）测量各部间隙：门杆与门杆套间隙为0.40～0.45mm；阀蝶与套筒（18）间隙为0.36～0.41mm。

（14）对阀蝶、阀座密封面进行金属探伤，测量螺栓硬度，均应符合要求。

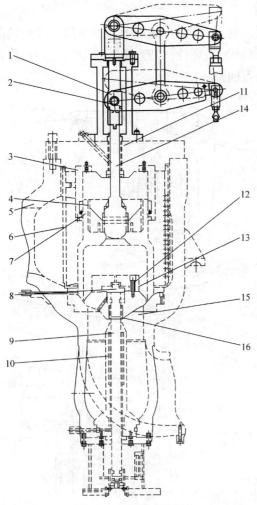

图3-8 中压联合汽门

1—十字头组件；2—销；3—上部盖；4—阀盖；5—壳体；6—滤网；7—凹头螺栓；8，16—阀蝶；9，14—阀杆；10—压力密封盖；11—渗氮衬套；12—螺栓；13—阀盖；15—阀座

（15）按解体相反顺序组装，复装时各工件表面要涂上黑铅粉，调速汽门螺栓热紧伸长量为0.16～0.20mm。

三、中压联合汽门检修

1. 中压联合汽门的作用

中压联合汽门的作用是：控制中压缸的进汽量。

2. 中压主汽门的检修工艺

中压联合汽门的结构见图3-8。

（1）拆除中压联合汽门的保温层。

（2）拆卸有关漏汽管道。

（3）取下杠杆的连接销，并吊出杠杆。

（4）测量主汽门行程及预启阀行程：主汽门行程为263.6±3mm；预启阀行程为22.3±0.5mm。

（5）采用加热棒，卸掉上部盖（3）与壳体（5）连接螺栓，送金属组检查硬度及探伤。

（6）用行车使用可靠的钢丝绳和倒链平稳地将主汽门吊至检修场地。

（7）用专用吊耳将蒸汽滤网（6）吊出检查，滤网表面应无裂纹、吹损、堵塞及变形，固定键安装方向应正确，焊缝无裂纹。

（8）打掉主汽门上的销（2），拆掉十字头组件（1），将阀盖（4）吊出。

（9）拆下阀体凹头螺栓（7），将阀芯取出。

（10）测量各部间隙：十字头与套筒间隙 A 为 $0.47\sim0.52$mm；主汽门阀杆与套筒间隙 B、C、D、E 为 $0.69\sim0.74$mm；主汽门阀蝶与壳体间隙 F、G 为 $0.46\sim0.505$mm。

门杆弯曲度应小于或等于 0.18mm。

（11）对主汽门阀蝶、预启阀蝶及其阀座密封面进行金属探伤，并测量阀杆硬度。

（12）修复、打磨并验收合格后按解体相反顺序复装，上部盖（3）紧固螺栓热紧伸长量为 $0.25\sim0.32$mm。

3. 调速汽门的检修工艺

（1）拆除油动机活塞杆与调速汽门杆连接装置。

（2）测量调速汽门行程及预启阀行程为 257.9 ± 1.5mm；预启阀行程为 42 ± 0.1mm。

（3）拆卸法兰与下汽封套筒的连接螺栓，取下法兰。

（4）用行车将调速汽门芯挂好后，用专用工具将调速汽门阀杆（9）从下部顶起，吊出后，用盖板封好汽口，拆下调节阀上的凹头螺栓（12）。

（5）取下阀盖（13），旋下预启阀蝶（8），抽出阀杆（9）。

（6）测量各部间隙：调节阀杆与阀蝶套间隙 H、I 为 $0.50\sim0.58$mm；

调节阀杆与阀杆套间隙：K、L、M、N 为 $0.45\sim0.50$mm；

测量调节阀杆（9）的弯曲度应小于或等于 0.18mm。

（7）对调节阀蝶（16）及阀座（15）密封面进行金属探伤，调节阀杆（9）测量硬度 $HV\geqslant700$。

（8）修复、打磨并验收合格后按解体相反顺序复装。

四、配汽机构日常维护检查

维护、检修项目应在汽轮机大修或正常运行时执行，见表3-10。

表3-10　　　　　　　　　　配汽机构日常维护检修项目

序号	检查项目	检查周期	检查方法
1	正常运行时蒸汽泄漏	每天一次	直观检查
2	正常运行时阀门行程	每天一次	根据手动操作规程在线试验
3	螺栓的硬度和裂缝	两年一次	超声波探伤、硬度试验
4	阀蝶及阀座的接触面	两年一次	涂红丹粉后检查接触
5	套筒及阀壳之间的接触面	两年一次	涂红丹粉后检查接触
6	阀杆及阀套之间间隙	两年一次	记录该间隙
7	阀杆的弯曲度	两年一次	记录弯曲度
8	阀壳的裂缝	两年一次	着色检查，必要时可进行超声波探伤或磁粉探伤
9	密封件的压缩厚度、密封件的接合面是否有损伤	两年一次	直观检查，用游标卡尺
10	蒸汽滤网的裂缝和堵塞	两年一次	直观检查，必要时可进行着色检查
11	阀杆的腐蚀	两年一次	直观检查
12	阀杆与阀碟导向槽之间的磨损	两年一次	直观检查定位销的磨损

五、配汽机构故障检修

如果出现下列问题，请按表 3-11 办法处理。

表 3-11 配汽机构故障及处理办法

序号	故 障	处理办法
1	阀杆卡涩	拆开阀门，检查阀杆的弯曲度和间隙
2	螺栓的裂缝和硬度	如果有裂缝或硬度过大，换螺栓
3	阀蝶和阀座不完全接触	用研磨剂重新研磨使其接触表面达到接触要求
4	套筒与阀壳的不完全接触	用研磨剂重新研磨使其接触表面达到接触要求
5	阀杆与阀套之间的间隙超过规定值	如果该间隙少于设计值，打磨阀杆和阀套；如果间隙大于设计值，更换阀杆或阀套
6	阀杆弯曲	如果阀杆弯曲度超过设计值，校直阀杆；如果仍无法达到设计值，更换阀杆
7	密封材料的压缩厚度	如果尺寸"Z-X"少于 1.3mm，则用新的更换
8	滤网裂缝、堵塞	用细刷刷去杂物，补焊
9	阀杆被腐蚀	打磨后计算阀杆强度并测量阀杆和套筒的间隙，如果不能满足要求，则更换阀杆
10	阀杆与阀碟之间定位销磨损	重新铰孔后配做定位销

第四节 调节保安系统检修

一、调节保安系统作用

以东汽—日立 N1000-25/600/600 型超超临界 1000MW 汽轮机的调节保安系统检修为例。

调节保安系统是高压抗燃油数字电液控制系统（DEH）的执行机构，它接受 DEH 发出的指令，完成挂闸、驱动阀门及遮断机组等任务。本机组的调节保安系统满足下列基本要求：挂闸；适应高压缸启动；具有超速限制功能，需要时，能够快速、可靠地遮断汽轮机进汽；适应阀门活动试验的要求；具有超速保护功能。

机组的调节保安系统按照其组成可划分为低压保安系统和高压抗燃油系统两大部分。而高压抗燃油系统由液压伺服系统、高压抗燃油遮断系统和高压抗燃油供油系统三大部分组成。

二、低压保安系统

1. 低压保安系统组成

东汽—日立 N1000-25/600/600 型超超临界 1000MW 汽轮机低压保安系统由危急遮断器、危急遮断装置、危急遮断装置连杆、手动停机机构、复位试验阀组、机械停机电磁铁（3YV）和导油环等组成，见图 3-9。润滑油分两路进入复位电磁阀，一路经复位电磁阀（1YV）进入危急遮断装置活塞腔室，接受复位试验阀组 1YV 的控制；另一路经喷油电磁阀（2YV），从导油环进入危急遮断器腔室，接受喷油电磁阀阀组 2YV 的控制。手动停机机构、机械停机电磁铁、高压遮断组件中的紧急遮断阀通过危急遮断装置连杆与危急遮断器装置相连，高压保安油通过高压遮断组件与油源上高压抗燃油压力油出油管及无压排油管相连。

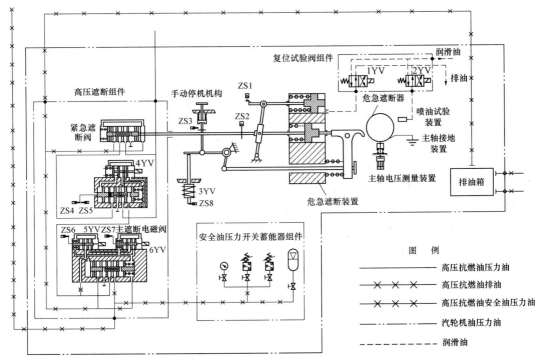

图 3-9　东汽—日立 N1000-25/600/600 型超超临界 1000MW 汽轮机低压保安系统

2. 低压保安系统的主要功能

（1）挂闸。复位电磁阀（1YV），危急遮断机构的行程开关 ZS1、ZS2 供挂闸用。

（2）遮断。从可靠性角度考虑，低压保安系统设置有电气、机械及手动三种冗余的遮断手段。

3. 危急遮断器检修

危急遮断器的结构（见图 3-10）。

（1）危急遮断器的作用。当汽轮机的转速达到 110%～111%（3300～3330r/min）额定转速时，危急遮断器的飞环在离心力的作用下迅速击出，打击危急遮断装置的撑钩，使

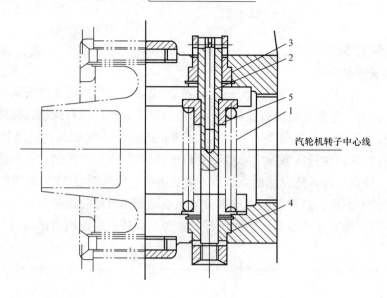

图 3-10　危急遮断器
1—弹簧；2—导柱；3—导向衬套；4—限位衬套；5—弹簧座

撑钩脱扣，调整危急遮断器的飞环弹簧的预紧力可改变动作转速。

（2）危急遮断器的检修工艺。

1）揭开前箱后，将转子转至危急遮断器与撑钩的测量位置，测量修前脱扣间隙。

2）拆卸开口销、螺栓，取出限位衬套、导柱、弹簧、导向衬套并检查。

导柱（2）与导向衬套（3）径向间隙为 0.152～0.203mm；

导柱（2）与限位衬套（4）径向间隙为 0.152～0.203mm；

导向衬套（3）与壳体径向间隙为 0.025～0.064mm。

3）按解体相反顺序复装。

（3）脱扣转速调整。

1）通过提高弹簧的预紧压力，可提高危急遮断器的脱扣转速和复位转速，但应控制在较小范围内，弹簧压力的调整可通过旋紧转轴调整至合适位置。在旋动转轴前，取出锁紧销，调整好后应将锁紧销放回原位，并确定其尺寸和长度与取出前一致。

2）危急遮断器的脱扣转速应按以下方法进行调整：大幅度调整时，将导柱顺时针方向旋转，则动作转速上升，反之则下降；小幅度调整时，将螺栓向外移动，则动作转速上升，反之则下降，并保证开口销穿过螺栓槽。

3）组装结束后，应确认飞环组件外表面无任何凸起物。

（4）汽轮机转子中心调整完成后，将转子转至危急遮断器与撑钩的测量位置，测量调整修后脱扣间隙。

（5）喷油试验。机组在 3000r/min 即可进行喷油试验，一般不带负荷在机组首次冲转到 3000r/min 即进行。

（6）超速试验。机组在进行超速试验之前，应在规定的新汽参数和中压缸进汽参数下，带 20％额定负荷连续运行 3～4h，以满足对转子温度要求的规定。机组并网，带

25%的额定负荷，做机组超速试验，试验结果合格，两次转速差不超过 18r/min。

4. 危急遮断装置检修

(1) 危急遮断装置的作用。当汽轮机超速时危急遮断器的飞环在离心力的作用下迅速击出，打击危急遮断装置的撑钩，使撑钩脱扣，通过危急遮断装置连杆使高压遮断组件的紧急遮断阀动作，泄掉高压保安油，从而使主汽阀、调节阀迅速关闭。

(2) 危急遮断装置的检修工艺。

1) 测量修前脱扣间隙。

2) 拆卸自复位电磁阀来润滑油管道。

3) 拆卸销、拉杆的制动器，取下撑钩，对弹簧和轴套进行检查。

4) 拆卸铰链机构，拆卸壳体与底座的定位销及连接螺栓。

5) 拆卸门盖与壳体的连接螺栓，取出门盖、活塞、复位活塞、弹簧、导杆和拉杆，进行检查。复位活塞行程为 67 ± 0.4mm；导杆行程为 16 ± 0.4mm；拉杆行程为 13 ± 0.4mm。

6) 检查清理壳体。

7) 按解体相反顺序复装。

8) 测量修后脱扣间隙应在 1.59～1.99mm 范围内，否则应进行调整。

5. 复位试验阀组检修

(1) 复位试验阀组的作用。在掉闸状态下，根据运行人员指令使复位试验阀组的复位电磁阀 1YV 带电动作，将润滑油引入危急遮断装置活塞侧腔室，活塞上行到上止点，通过危急遮断装置的连杆使危急遮断装置的撑钩复位。在飞环喷油试验情况下，使喷油电磁阀 2YV 带电动作，将润滑油从导油环注入危急遮断器腔室，危急遮断器飞环被压出。

(2) 复位试验阀组的检修工艺。

1) 拆卸与复位试验阀组相连油管路，并将各油口封堵好。

2) 整体拆除复位试验阀组，外送专业厂家对其进行清洗、更换密封件、试验。

3) 确认电磁阀已清理干净、密封件已更换、活动灵活、验收合格后进行复装。

4) 与复位试验阀组连接油管用压缩空气吹扫后复装。

6. 手动停机机构检修

(1) 手动停机机构的作用。为机组提供紧急状态下人为遮断机组的手段。运行人员在机组紧急状态下，转动并拉出手动停机机构手柄，通过危急遮断装置连杆使危急遮断装置的撑钩脱扣。并导致遮断隔离阀组的紧急遮断阀动作，泄掉高压保安油，快速关闭各进汽阀，遮断机组进汽。

(2) 手动停机机构的检修工艺。

1) 将手柄从垂直面逆时针旋转 30°，检查滑套是否有卡涩，测量滑套行程为 25.4mm。

2) 拆卸螺钉，取下弹簧底座，取下弹簧进行检查。

3) 拆卸手柄、连杆，取下滑套进行检查。

4) 按解体相反顺序复装。

三、液压伺服系统

(一) 液压伺服系统的组成

液压伺服系统由阀门操纵座及油动机两部分组成,主要完成控制阀门开度和实现阀门快关的功能。

系统设置有 4 个高压调节阀油动机,4 个高压主汽阀油动机,2 个中压主汽阀油动机,2 个中压调节阀油动机。其中高压、中压调节阀及 2 号、3 号高压主汽阀油动机由电液伺服阀实现连续控制,1 号、4 号高压主汽阀油动机、中压主汽阀油动机由电磁阀实现二位控制。

系统所有蒸汽阀门均设置了阀门操纵座,阀门的关闭由操纵座弹簧紧力保证。停机时,保护系统动作,高压安全油压被泄掉,阀门在操纵座弹簧紧力作用下迅速关闭。

(二) 油动机检修

1. 油动机的作用

油动机是系统的执行机构,受 DEH 控制完成阀门的开启和关闭。所有油动机均为单侧进油,其开启由抗燃油压力驱动,而关闭是靠操纵座上的弹簧力,以保证在失去动力源的情况下油动机能够关闭。当油动机快速关闭时,为使汽阀阀蝶与阀座的冲击应力在许可的范围内,在油动机活塞底部设有液压缓冲装置。油动机由油缸、位移传感器和一个控制块相连而成。油动机按其动作类型可分为两类,既连续控制型和开关控制型。高压调节阀油动机、2 号、3 号高压主汽阀油动机和中压调节阀油动机属连续控制型油动机,其中在控制块上装有伺服阀、关断阀、卸载阀、遮断电磁阀和测压接头等,而 1 号、4 号高压主汽阀油动机、中压主汽阀油动机属开关控制型油动机,在控制块上则装有遮断电磁阀、关断阀、卸载阀、试验电磁阀和测压接头等。

2. 油动机的检修工艺

油动机的结构(见图 3-11)。

(1) 油动机的检修程序。

1) 拆除所有连接油管路,并封好各管口。

2) 拆除活塞杆与阀杆的连接销子和油动机与阀体的固定螺栓,将油动机从系统上解除。

3) 松开长螺栓顶丝,拆出上、下端盖连接螺栓,取下上、下端盖,将活塞从油缸内取出。

4) 拆掉上端盖固定螺钉,取下铜衬套。

5) 用专用工具将胀圈从活塞上取下,测量各部尺寸并作好记录。

6) 拆除螺杆与活塞固定螺母,取下活塞杆。

7) 检查油缸磨损情况,测量各部间隙,并作好记录。

8) 所有零部件全面进行检查、测量,并用石油醚或丙酮清洗,包好放在专用橱内。

9) 检修完毕,经验收后,以拆卸相反的顺序进行复装。

(2) 油动机的检修质量标准。

1) 油缸内表面应光滑,无磨损、沟痕、毛刺等缺陷 。

2) 活塞及活塞环应完好,无毛刺、卷边、沟痕等缺陷。

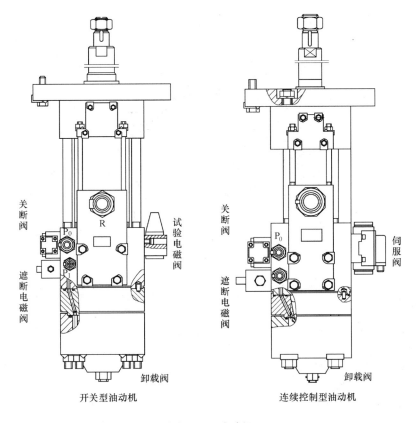

图 3-11　油动机

3）油缸与上、下端盖结合面应光洁平整，无毛刺、麻点、凹坑、划伤等缺陷。油缸端面与活塞杆中心线成 $90°±0.05°$。

4）铜衬套与活塞杆配合间隙为 $0.05～0.12mm$。

5）活塞杆应光滑，无锈迹、弯曲、裂纹、卡涩等现象。

6）活塞环装在活塞上，无歪斜、扭曲、卡涩等现象，活塞环端缝应符合标准，如超标应更换活塞环。

7）油动机行程、缓冲行程，应符合标准要求，否则应调整。

8）上、下端与压盖两平面应平行，平面间距离为 $0.08mm$。

9）各油路应畅通、清洁，复装应彻底检查。

（三）伺服阀检修

伺服阀的结构（见图 3-12）。

1. 伺服阀的作用

伺服阀接受 DEH 来的信号控制油缸活塞下的油量。当需要开大阀门时，伺服阀将压力油引入活塞下腔室，则油压力克服弹簧力和蒸汽力作用使阀门开大，LVDT 将其行程信号反馈至 DEH。当需要关小阀门时，伺服阀将活塞下腔室接通排油，在弹簧力及蒸汽力的作用下，阀门关小，LVDT 将其行程信号反馈至 DEH。当阀位开大或关小到需要的位置时，DEH 将其指令和 LVDT 反馈信号综合计算后使伺服阀回到电气零位，遮断其进

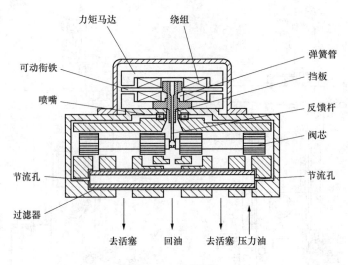

图 3-12　伺服阀

油口或排油口，使阀门停留在指定位置上。伺服阀具有机械零位偏置，当伺服阀失去控制电源时，能保证油动机关闭。

2.伺服阀的检修工艺

（1）安装伺服阀前应确认：

1）安装面无污粒附着。

2）供油和回油管路正确。

3）底面各油口的密封圈齐全。

4）定位销孔位正确。

（2）伺服阀从液压系统卸下时，必须做到：

1）将阀注满清洁工作液，装上运输护板。

2）妥善保护好安装座上各油口，以免污物侵入。

（3）伺服阀的清洗。

1）每个大修周期伺服阀至少应外送专业厂家清洗检修一次。

2）清洗检修复装后应在专业试验台上进行试验，试验合格后方可复装。

3.伺服阀常见故障及原因

伺服阀常见故障及原因见表 3-12。

表 3-12　　　　　　　　　　　伺服阀常见故障及原因

序号	常 见 故 障	原　　　因
1	阀不工作（无流量或压力输出）	（1）外引线断路。 （2）电插头焊点脱焊。 （3）线圈霉断或内引线断路（或短路）。 （4）进油或回油未接通，或进、回油口接反
2	阀输出流量或压力过大或不可控制	（1）阀安装座表面不平，或底面密封圈未装妥，使阀壳体变形，阀芯卡死。 （2）阀控制级堵塞。 （3）阀芯被脏物或锈块卡住

序号	常见故障	原因
3	阀反应迟钝，响应降低，零位偏差增大	(1) 系统供油压力低。 (2) 阀内部油滤网太脏。 (3) 阀控制级局部堵塞。 (4) 调零机械或力矩马达(力马达)部分零组件松动
4	阀输出流量或压力(或执行机构速度或力)不能连续控制	(1) 系统反馈断开。 (2) 系统出现正反馈。 (3) 系统的间隙、摩擦或其他非线性因素。 (4) 阀的分辨率变差、滞性迟增大。 (5) 油液太脏
5	系统出现抖动或振动(频率较高)	(1) 系统开环增益太大。 (2) 油液太脏。 (3) 油液混入大量空气。 (4) 系统接地干扰。 (5) 伺服放大器电源滤波不良。 (6) 伺服放大器噪声变大。 (7) 阀线圈绝缘变差。 (8) 阀外引线碰到地面。 (9) 电插头绝缘变差。 (10) 阀控制级时堵时通
6	系统变慢(频率较低)	(1) 油液太脏。 (2) 系统极限环振荡。 (3) 执行机构摩擦大。 (4) 阀零位不稳(阀内部螺钉或机构松动，或外调零机构未锁紧，或控制级中有污物)。 (5) 阀分辨率变差
7	外部漏油	(1) 安装座表面粗糙度过大。 (2) 安装座表面有污物。 (3) 底面密封圈未装妥或漏装。 (4) 底面密封圈破裂或老化。 (5) 弹簧管破裂

(四) 试验电磁阀检修

1. 试验电磁阀的功能

安装于开关控制型油动机，正常时试验电磁阀不带电，压力油进入油动机使阀门打开。当阀门进行活动试验时，试验电磁阀带电，将油动机负载腔的油压经节流孔与回油相通，阀门活动试验速度由节流孔来控制，当单个阀门需作快关试验时，只需使遮断电磁阀带电，油动机和阀门在操纵座弹簧紧力作用下迅速关闭。

2. 试验电磁阀的检修工艺

1) 将电磁阀整体拆除，并将各油口封堵好。

2) 外送专业厂家对其进行清洗、更换密封件、试验。

3) 确认电磁阀已清理干净，密封件已更换，活动灵活，验收合格后进行复装。

四、高压抗燃油遮断系统

高压抗燃油遮断系统由能实现在线试验的主遮断电磁阀、隔离阀及紧急遮断阀组成。

1. 高压遮断组件检修

（1）高压遮断组件的组成。主要由主遮断电磁阀、隔离阀、紧急遮断阀、油路块、行程开关等附件组成，它接受 ETS 或 DEH 跳闸信号，主遮断电磁阀（5YV、6YV）失电，遮断机组，是调节保安系统中最重要的部套之一。

主遮断电磁阀可以在线做电磁阀动作试验。在提升转速试验时，高压遮断组件的隔离阀处在正常状态，进入主遮断阀的高压安全油由紧急遮断阀提供，高压遮断组件正常动作。在飞环喷油试验情况下，隔离阀 4YV 带电动作，截断由紧急遮断阀提供给主遮断阀的高压保安油，隔离阀直接向主遮断阀提供高压安全油，保证机组在飞环喷油试验情况下不会被遮断，此时系统的遮断保护由主遮断电磁阀（5YV、6YV）及各阀油动机的遮断电磁阀来保证。

（2）高压遮断组件的检修工艺。

1）拆卸与高压遮断组件相连油管路，并将各油口封堵好。

2）整体拆除高压遮断组件，外送专业厂家对其进行清洗、更换密封件、试验。

3）高压遮断组件返厂、验收合格后，进行复装。

4）复装后应进行油冲洗，对相应管道电磁阀进行清洗。

2. 安全油蓄能器检修

（1）安全油蓄能器的作用。为防止高压安全油的波动，特别是在危急遮断器喷油试验时，为防止隔离阀动作引起高压安全油压的瞬间跌落，在高压安全油路上配有蓄能器。

（2）安全油蓄能器的检修工艺。安全油蓄能器见图 3-13。

1）用充气阀排空储气罐内的气体，把活塞推至端盖。

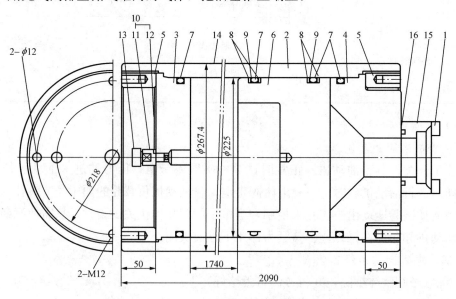

图 3-13 安全油蓄能器

1—油管接口；2—油缸；3—上端盖；4—下端盖；5—紧定螺钉；6—活塞；7，12，16—O 形圈；8—密封环；9—滑动密封；10—充氮组件；11—充氮阀体；13—堵头；14—铭牌；15—固定法兰

2）将储气罐和油管道分开，并将其从支架上拆除。

3）用扳手取掉紧定螺钉（5）和下端盖（4）。

4）再将旋转紧定螺钉（5）上紧。

5）把拉杆旋进活塞（6）的螺纹孔内，缓慢拉动拉杆将活塞拉出（注意要沿直线拉动）。

6）取掉紧定螺钉（5），慢慢取出活塞，不要让它碰着筒体的螺纹。

7）取掉活塞旧的密封材料（O形密封环、垫片密封环、滑动密封片）。

8）清洗干净环型密封槽，装上垫片密封环。

9）装上O形密封环，并在其表面涂上润滑油，装上滑动密封片。

10）要确保让顶盖和底盖的O形密封环和垫片密封环在合适位置。

11）在活塞表面涂上润滑油。

12）把活塞（6）放入油缸（2）内，再把活塞放进去，将其推入。

13）装上顶盖和底盖，拧紧紧定螺钉。

（3）充氮步骤。

1）准备好充氮专用工具（见图3-14）、软管、氮气。

2）逆时针旋转充氮专用工具的把手A，逆时针旋转把手B，使其处于开启状态。

3）移开储气罐的阀门防护罩和气体阀盖，固定充氮专用工具。

4）用软管将充氮专用工具和氮气瓶连接起来。

5）稍稍开启氮气瓶的阀门，氮气从充氮专用工具的B口缓缓排出，大约 0.1～0.2MPa。顺时针旋转把手B直到转不动为止，保证不漏气。顺时针旋转把手A直到转不动。

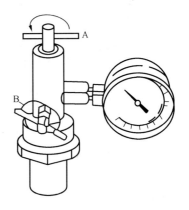

图3-14　充氮专用工具

6）逐渐打开氮气瓶的阀门，使氮气平缓地流入储气罐。观察压力指示表，当压力达到要求压力时，关闭氮气储气罐阀门。

7）当压力达到要求压力时，关闭氮气瓶阀门。如果压力过高，逆时针旋转把手B使气体平缓的回流。

8）逆时针旋转把手A直到转不动，逆时针旋转把手B释放存储器和软管之间的压力。

9）拆除软管和充氮专用工具。

10）在固定阀门防护罩和气体阀盖之前，用肥皂水检查气体阀门是否漏气。

11）关闭储气罐排汽阀。

五、高压抗燃油供油系统

1. 高压抗燃油供油系统组成

供油系统为调节保安系统各执行机构提供符合要求的高压工作油（11.2MPa）。其主要由EHG供油装置（含再生装置）、高压蓄能器、滤油器组件及相应的油管路系统组成。

2. 主油泵检修

(1) 概述。本系统采用双泵工作系统。一台泵工作,另一台泵备用,以提高供油系统的可靠性,两台泵布置在油箱的下方,以保证正的吸入压头。

两台 EHC 泵均为压力补偿式变量柱塞泵。当系统流量增加时,系统油压将下降,如果油压下降至压力补偿器设定值时,压力补偿器会调整柱塞的行程将系统压力和流量提高。同理,当系统用油量减少时,压力补偿器减小柱塞行程,使泵的排量减少。

(2) 设备主要参数。

生产厂家:VICKERS

型　　号:PVH098R01AD30A250000002001AB010A

(3) 检修工艺。

1) 出故障时更换新泵,旧泵外送专业厂家进行修复。

2) 换泵时,拆开油泵出、入口活结,检查密封圈并封堵好。

3) 松开油泵及靠背轮护罩螺栓,将电动机抽出,检查弹性块和键,并取下靠背轮检查。

4) 检查新泵,清扫干净后复装。

5) EH 油泵出口压力可由该泵上部压力调整阀调整,松开锁紧螺母,用内六方扳手调整,顺时针为增压,逆时针为减压,调整合适后将锁紧螺母拧紧。

6) EH 油泵流量调整可由该泵上部流量调整阀调整,松开锁紧螺母,用扳手调整螺杆,顺时针为流量减小,逆时针为流量增加,调整合适后将锁紧螺母拧紧。

3. 高压蓄能器组件检修

(1) 概述。高压蓄能器组件安装在油箱 EHG 供油装置旁,蓄能器均为丁基橡胶皮囊式蓄能器,共 6 组,预充氮压力为 8.0MPa。高压蓄能器组件通过集成块与系统相连,集成块包括隔离阀、排放阀以及压力表等,压力表指示的是油压而不是气压。它用来补充系统瞬间增加的耗油及减小系统油压脉动。关闭截止阀可以将相应的蓄能器与母管隔开,因此蓄能器可以在线修理。

(2) 检修工艺。蓄能器为气囊式,其皮囊由耐腐蚀的丁基橡胶材料制成。其结构示意如图 3-15 所示。

1) 关闭蓄能器隔离阀,打开蓄能器排放阀,将蓄能器内的存油放尽。

2) 拆除连接油管路,并将蓄能器从基础上取下。

3) 松开下部油阀组件背帽螺母,将油阀组件取出。

4) 拆卸蓄能器端部螺母,取出旧

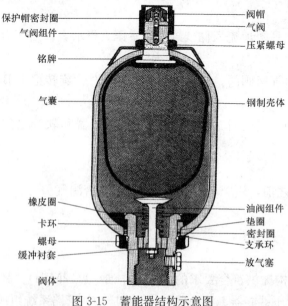

图 3-15 蓄能器结构示意图

保护帽密封圈
气阀组件
铭牌
气囊
橡皮圈
卡环
螺母
缓冲衬套
阀体

阀帽
气阀
压紧螺母
钢制壳体
油阀组件
垫圈
密封圈
支承环
放气塞

皮囊。

5）取出各密封圈、密封环并检查，如有损坏进行更换。

6）与解体相反的顺序进行复装。

7）用专用充氮工具将蓄能器充氮气到标准压力值，高压蓄能器为 8MPa。

4.冷油器检修

（1）冷油器作用。两个冷油器装在油箱上。设有一个独立的自循环冷却系统（主要由循环泵和温控水阀组成），温控水阀可根据油箱油温设定值，调整水阀进水量的大小。以确保在正常工况下工作时，油箱油温能控制在正常的工作温度范围之内。

（2）检修工艺。

1）拆卸冷油器放油门丝堵，开启冷油器放油门，将冷油器腔室内的油放净。

2）拆卸进、出口水管，并封好口。

3）拆卸冷油器水室端盖，联系化学进行修前化学监督。

4）做好防污染措施后，用清洗机和专用通枪对各不锈钢管和表面进行冲洗。冲洗干净，无水垢。联系化学进行修后化学监督。

5）验收合格后，将冷油器复装。

5.再生装置检修

（1）概述。油再生装置由离子交换过滤器和精密过滤器组成，再生装置配有一个压力表和过滤器的压差指示器。压力表指示装置的工作压力，当压差指示器动作时表示过滤器需要更换了。

离子交换过滤器以及精密过滤器均为可调换式滤芯，关闭相应的阀门，打开滤油器盖即可调换滤芯。

油再生装置是保证液压系统油质合格的必不可少的部分，当油液的清洁度、含水量和酸值不符合要求时，启用液压油再生装置，可改善油质。

（2）检修工艺。

1）自过滤器底部放油门放油。

2）打开过滤器上端盖，取出旧滤芯。

3）更换新滤芯，检查端盖 O 形圈无损坏后，用手紧上上端盖。

6.油箱检修

（1）概述。油箱用不锈钢板焊接而成，密封结构，设有人孔板供今后维修清洁油箱时用，油箱上部装有空气滤清器和干燥器，使供油装置对空气有足够的过滤精度，以保证系统的清洁度。油箱中还插有磁棒，用以吸附油箱中游离的铁磁性微粒。

（2）检修工艺。

1）打开油箱放油至专用油罐，将油全部放入专用油罐。

2）建立专用作业区，严禁其他非工作人员入内。

3）油箱顶部清理干净后，揭开上部盖板及人孔盖。

4）通知化学人员检查修前油箱内部情况。

5）从人孔门进入油箱内部，用专用盖板将油箱内部放油口堵住。

6）检查主油泵入口滤网应完整干净，无破损及堵塞；如有破损应更换。用煤油将滤网清理干净后再用压缩空气将煤油吹干净。

7）用白布、煤油将油箱内部清理干净，用面团将油箱内部沾干净，通知化学人员进行验收。

8）取出油箱内部放油口专用盖板。注意：应彻底检查油箱内无异物。

9）油箱注油，扣上盖板及人孔门盖板。

10）关闭油箱放油门。

六、抗燃油系统冲洗

（1）从油动机上拆下伺服阀（或安装板），装上冲洗阀，并将冲洗阀置于中位。

（2）关闭每一个油动机滤油器上的所有阀门。

（3）选择一个位置最高的油动机，开启其滤油器进口及出口阀门。

（4）用冲洗滤芯替代下列滤油器中原来的滤芯：油动机滤油器（共 12 只）；主油泵出口滤油器（每台泵 1 只）；循环泵回油滤油器。

（5）从各油动机上拆下所有节流孔及卸荷阀（卸荷阀视情况可以不拆），将其挂上标签，（记录拆下的位置）放置在安全、干净的地方（如干净及密封良好的塑料袋中）。

（6）使高压遮断组件的隔离阀（4YV）带电，以使高压安全油由隔离阀提供，在危急遮断器掉闸状态下完成油冲洗。

（7）将高压遮断组件上两个电磁阀（5YV、6YV）用相应的手动冲洗阀代替。

（8）冲洗油动机供油管及回油管。

1）确认油温已大于 24℃。

2）确认循环泵回油滤油器差压已稳定。如果差压仍在上升，则继续进行油箱净化（即循环回路继续运行）直到差压稳定。

3）不管是何种情况，油箱净化至少连续运行 4h 以上。

4）短暂的将 1 号主油泵控制开关置于"投入"位置。

5）调整 1 号泵压力补偿器使 1 号主油泵出口压力低于 4.1MPa。

6）短暂地将 2 号主油泵置于"投入"位置。

7）调整 2 号泵压力补偿器，使 2 号主油泵出口压力与 1 号主油泵出口压力相等，在冲洗过程中使两台主油泵同时运行。

8）缓慢开启供油管的隔离阀。

9）检查系统泄漏情况及油箱油位处于正常范围。

10）在冲洗过程中，任何一个滤油器的差压达到设定值就应立即更换。

11）在冲洗位置最高的油动机、供油管及回油管 4h 后，检查各滤油器压差是否已稳定。如果继续上升，则继续冲洗，如果压差已稳定，则开启另一个油动机滤油器进口及出口隔离阀。如此逐个开启所有油动机滤油器进口及出口的隔离阀。

12）冲洗系统直到所有滤油器的压差稳定。

13）缓慢开启高压蓄能器的隔离阀。

14）缓慢开启各蓄能器的排放阀，冲洗 1h 以上。

15) 当冲洗可以结束时（即所有滤油器压差已稳定），停 2 台主油泵。

16) 当供油压力表读数为 0 时，将各油动机对应的卸荷阀及节流孔重新装上。

17) 关闭各蓄能器的排放阀。

18) 启动 2 台主油泵。

19) 将所有冲洗阀手柄放在关闭位置。

20) 利用冲洗阀的开关使各油动机从关到开，再从开到关循环 8～12 次，以保证有足够的流量流过油缸。

21) 将冲洗阀手柄置于关闭位置。

（9）使高压遮断组件的隔离阀（4YV）失电，操纵相应的手动冲洗阀，冲洗高压遮断组件 30min 以上。

（10）上述冲洗过程至少应进行 18h，此时检查各滤油器压差，如果压差不稳定，则应重新进行油冲洗程序，直到压差稳定。

（11）压差稳定后采样检验。

（12）在等待检验结果的同时，应继续进行油冲洗程序。

（13）当检验合格后，将 2 台主油泵停止。

（14）当供油压力表读数为零时，将冲洗阀拆下，将伺服阀装上。

（15）关闭供油管隔离阀。

（16）短暂地置 1 号主油泵控制开关于"运行"位置。调整压力补偿器，使其设定值缓慢升至 11.2MPa。

（17）开启供油管的隔离阀，检查整个系统有无泄漏，如有泄漏应采取措施。

（18）停止 1 号主油泵。

（19）关闭供油管的隔离阀。

（20）短暂地置 2 号主油泵控制开关于"运行"位置，调整压力补偿器，使其设定值缓慢升至 11.2MPa。

（21）缓慢开启供油管的隔离阀，检查系统有无泄漏。

（22）停 2 号主油泵。

（23）关闭供油管的隔离阀。

（24）短暂地置 1 号主油泵控制开关于"运行"位置，调整压力补偿器，使其设定值缓慢升到 14MPa。注意应先将该泵的出口安全阀设定提高。

（25）缓慢开启供油管的隔离阀，检查系统有无泄漏。

（26）试验完成后，重新设定安全阀于 14MPa。

（27）调整压力补偿器，使其设定值缓慢降至 11.2MPa。

（28）停 1 号主油泵。

（29）将冲洗用滤芯拆下，换上工作滤芯。

（30）打开油再生装置进口阀门，使油液充满再生滤油装置。

（31）利用再生装置壳体盖上的排气阀将装置中的气体排出。

（32）运行再生装置 24h 以上。

（33）注意事项。

1）抗燃油系统冲洗完毕后的油质应合格。

2）新油不是合格油，冲洗完毕后不得直接加入新油。

3）每次加油时，都应将充油管清理干净。

4）在冲洗过程中，每隔一定时间应用木棒在管路的不同位置敲打油管路。

七、抗燃油系统检修与维护

抗燃油是 EH 系统的工作介质，油质是否合格对系统能否正常工作有重大影响。运行温度过高或过低都是不允许的，温度过低造成油的粘度升高，容易使泵、电动机过载；运行温度过高，易使油产生沉淀及产生凝胶。故油的运行温度应控制在 30～54℃ 之间。抗燃油清洁度要求：①在机组正常运行期间要求 NAS6，机组检修后要求为 NAS5。②含氯量小于 100mg/kg 含氯量过高会对系统零件造成腐蚀，并进而污染油质本身。③含水量小于 0.1%，含水量过高会使油产生水解现象，故应严格控制。④酸值＜0.2mmgKOH/g，酸值增加会使油的腐蚀性加大，同时，含水量及酸值增加均会使油的电阻率下降，加剧伺服阀的腐蚀。

1. 采样

运行过程中应对抗燃油定期采样检验，其周期如下：

（1）油系统冲洗完成后应立即采样检验。

（2）油系统冲洗完成后一个月内，每两周采样检验一次。

（3）正常运行中每 3 个月采样检验一次。

（4）如果发现运行参数中任一参数超标，都应立即采取措施。

2. 油质清洁度标准

油质清洁度标准见表 3-13 、表 3-14。

表 3-13 　　　　　　　　NAS1638 标准每 ml 溶液油质清洁度标准

颗粒 等级	>5～15μm	>15～25μm	>25～50μm	>50～100μm	>100μm
* NAS5 级	8000	1425	253	45	8
NAS6 级	16000	2850	506	90	16

* 系统要求必须达到的油质清洁度。

表 3-14 　　　　　　　　MOOG 标准每 ml 溶液油质清洁度标准

颗粒 等级	>5～10μm	>10～25μm	>25～50μm	>50～100μm	>100～150μm
* 2 级	9700	2600	380	56	5
3 级	24000	5360	780	110	11

* 系统要求必须达到的油质清洁度。

3. 注意事项

（1）由于不同生产厂家生产的抗燃油的成分有所差异，故不允许将两个厂家生产的抗燃油混合使用。

（2）对于桶中储存的抗燃油，建议其储存期不超过一年，且存放期间应定期对其进行采样检验，采样后应立即将其密封，防止空气及杂质进入。

（3）装载抗燃油的桶内部一般都涂有一层防腐层，故在运输过程中应特别小心，以免损坏防腐层。

（4）对每一次采样结果都应仔细保管，作为抗燃油的历史依据。

（5）在对系统进行维修时，如有油泄漏，应立即用锯末将其混合并作为固体垃圾处理。

（6）定期换油，建议 4 年 1 次。

（7）鉴于系统对油的清洁度要求较高，除非不得已的情况，最好不要打开系统，以免空气及杂物进入系统。

（8）系统中所有 O 形圈只能采用氟橡胶材料，不得采用其他与抗燃油不相容的材料。

（9）抗燃油的其他一些使用维护要求，请参阅国际电工委员会标准：IEC 60978—1989《三芳基磷酸酯涡轮机控制液的维护和使用指南》。

第五节　润滑油系统检修

汽轮发电机组是高速运转的大型机械，其支持轴承和推力轴承需要大量的油来润滑和冷却，因此汽轮机必须配有供油系统用于保证上述装置的正常工作。供油的任何中断，即使是短时间的中断，都将会引起严重的设备损坏。

润滑油系统和调节油系统为两个各自独立的系统，润滑油的工作介质采用 GB 11120—1989《L-TSA 汽轮机油》。

润滑油系统的主要任务是向汽轮发电机组的各轴承（包括支撑轴承和推力轴承）、盘车装置提供合格的润滑、冷却油。在汽轮机组静止状态，投入顶轴油，在各个轴颈底部建立油膜，托起轴颈，使盘车顺利盘动转子；机组正常运行时，润滑油在轴承中要形成稳定的油膜，以维持转子的良好旋转；同时由于转子的热传导、表面摩擦以及油涡流会产生相当大的热量，也需要一部分润滑油来进行换热。另外，润滑油还为低压调节保安油系统、顶轴油系统、发电机密封油系统提供稳定可靠的油源。

以东方 1000MW 汽轮机组润滑油系统为例介绍系统检修。

东方 1000MW 汽轮机组润滑油系统组成主要有主油泵（MOP）、油涡轮（BOP）、集装油箱、事故油泵（EOP）、启动油泵（MSP）、辅助油泵（TOP）、冷油器、切换阀、油烟分离器、顶轴装置、油氢分离器、低润滑油压遮断器、单舌止回阀、套装油管路、油位指示器及连接管道，监视仪表等设备构成。如图 3-16 所示。

一、主油泵（MOP）检修

主油泵为单级双吸离心式油泵，安装于前轴承箱内，直接与汽轮机主轴连接，由汽轮机转子直接驱动。主油泵是汽轮机润滑油供油系统中最重要的元件。在汽轮机组达到额定转速后，机组正常运行期间，它为油涡轮、前箱和汽轮发电机的所有轴承供油。

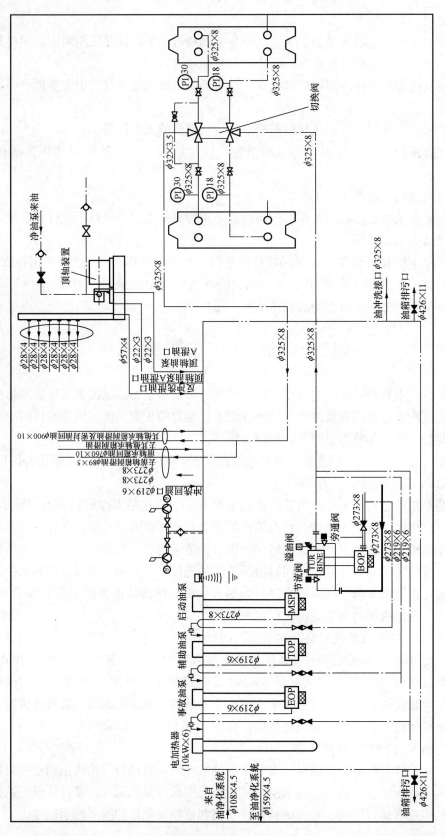

图 3-16 润滑油供油系统

1. 主要参数

类型：单级双吸离心式泵

吸入压力：127.4 kPa

出口压力：1.548 MPa

流量：0.158m³/h

转速：3000r/min

2. 主油泵的检修工艺

主油泵的结构如图 3-17 所示。

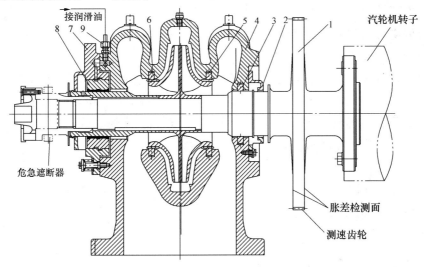

图 3-17　主油泵

1—转子；2—右端盖；3—挡油环；4—泵壳；5，6—密封环；7—左端盖；
8—支撑瓦；9—管接头

（1）拆下主油泵上盖螺栓，吊出上盖，并检查结合面，接触应良好。

（2）检查叶轮，表面应光滑、无毛刺，叶片应良好，无裂纹、汽蚀。

（3）检查支撑瓦，乌金应完好，无明显磨损。

（4）各处泵轴外径的偏转公差允许值调整：主油泵泵轴处为 0.025mm；油封环处为 0.05mm；危急遮断器的偏心飞环处为 0.25mm；挡油环处为 0.05mm。

（5）测量瓦口间隙和主油泵泵轴跳动值。瓦口间隙为 0.08～0.16mm；主油泵泵轴跳动小于或等于 0.05mm。

（6）用手转动密封环应能自由转动，无椭圆度、毛刺、磨损。

（7）测量支撑瓦顶部间隙和密封环径向间隙。支撑瓦顶部间隙为 0.15～0.25mm；密封环径向间隙为 0.10～0.20mm。

（8）主油泵叶轮一般不予解体，当有必要解体时，应检查测量各工件，键槽应无明显挤压、变形、损伤、裂纹，轴应无弯曲、锈斑。

（9）检查上盖及泵壳体。

（10）检修过程中，应时刻注意防止杂物落入前轴承箱和泵壳内。

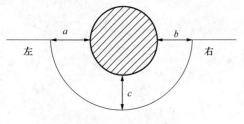

图 3-18　主油泵洼窝中心

（11）汽轮机转子中心调整完成后测量修后油挡洼窝中心，见图 3-18，应符合 $|a-b| \leqslant 0.05\text{mm}$，$\left|c-\dfrac{a+b}{2}\right| \leqslant 0.05\text{mm}$（最大不超过 0.23mm 时可以不进行调整），否则应进行调整。

（12）按解体相反顺序复装，在复装过程中，应把各测量数据再复测一遍并和原始值比较，当不符合标准或差别较大时应查明原因，处理后方可继续复装。

二、交流电动启动油泵（MSP）检修

1. 概述

在机组启动阶段为主油泵提供油源。当汽轮机的转速达到 2750r/min 以前，主油泵出口油压不足以驱动油涡轮升压泵，这时，由电动启动油泵完成油涡轮升压泵的功能，向主油泵供油。另外，在异常情况下，当主油泵供油压力低于 68.6kPa 时，压力开关闭合，从而电动启动油泵将快速启动。该泵的主要参数如下：

类型：OV-CV

电动机功率：75kW

额定流量：7600L/min

出口压力：0.24MPa

工作转速：1500r/min

电压：AC 380V

转向（从电动机端看）：顺时针

制造商：YOSHIKURA LTD

2. 检修工艺

（1）拆除联轴器护罩，拆卸联轴器螺栓，联系电气吊开电动机。

（2）拆卸油出口管道法兰螺栓。

（3）拆卸油入口滤网室螺栓，取下滤网。

（4）测量叶轮与端盖、泵壳之间的间隙。标准为 0.31～0.39mm。如果泵振动超标或者叶轮与端盖之间、叶轮与泵壳之间的间隙超过 0.78mm，则更换叶轮、端盖或者泵壳。

（5）拆卸油箱顶部 MSP 支座螺栓。

（6）整体吊出 MSP。

（7）拆卸叶轮背帽，取下叶轮。

（8）拆卸轴承室螺栓，取下轴承。

（9）测量轴与叶轮轴承之间的间隙。标准为 0.08～0.144mm。如果泵振动超标或者轴与叶轮之间的间隙超过 0.288mm，则更换轴承。

（10）检查密封环、轴承的磨损情况，如损坏则应更换。

（11）按解体相反顺序复装。

三、交流电动辅助油泵（TOP）检修

1. 概述

交流电动辅助油泵为离心式油泵，在汽轮机启动或停机时直接向润滑油系统供油，维持前轴承箱标高油压不低于98kPa。当主油泵或油涡轮的出口油压出现异常下降时，该泵即自动启动。因此，该泵也是润滑油系统中的一台备用油泵。其主要参数如下：

类型：OV-CV

电动机功率：90kW

额定流量：7750L/min

出口压力：0.35MPa

工作转速：1500r/min

电压：AC 380V

转向（从电动机端看）：顺时针

制造商：YOSHIKURA LTD

2. 检修工艺

（1）拆除联轴器护罩，拆卸联轴器螺栓，联系电气吊开电动机。

（2）拆卸油出口管道法兰螺栓。

（3）拆卸油入口滤网室螺栓，取下滤网。

（4）测量叶轮与端盖、泵壳之间的间隙。标准为0.37~0.466mm。如果泵振动超标或者叶轮与端盖之间、叶轮与泵壳之间的间隙超过0.78mm，则更换叶轮、端盖或者泵壳。

（5）拆卸油箱顶部支座螺栓。

（6）整体吊出油泵。

（7）拆卸叶轮背帽，取下叶轮。

（8）拆卸轴承室螺栓，取下轴承。

（9）测量轴与叶轮轴承之间的间隙。标准为0.08~0.144mm。如果泵振动超标或者轴与叶轮之间的间隙超过0.288mm，则更换轴承。

（10）检查密封环、轴承的磨损情况，如损坏则应更换。

（11）按解体相反顺序复装。

四、油涡轮升压泵（BOP）检修

1. 概述

正常运行时，主油泵出口的压力油驱动装在油箱上的油涡轮上，与油涡轮同轴装有离心式升压泵，此升压泵的排油供主油泵的吸油。流量为9500L/min；油涡轮驱动压力为1.13MPa；升压泵出口压力0.26MPa。

2. 检修工艺

油涡轮升压泵结构如图3-19所示。

（1）油涡轮升压泵相关管道放油，拆卸油涡轮升压泵的管道、法兰。

（2）用行车将油涡轮升压泵吊至专用检修座架上。

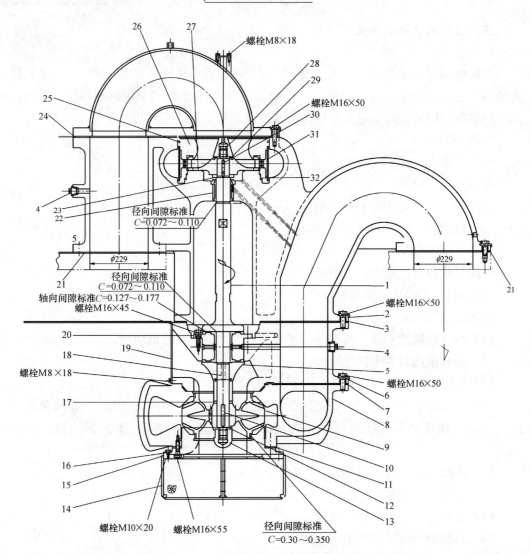

图 3-19 油涡轮升压泵

1—轴；2—油蜗轮壳体；3，7—垫片（$\phi390/\phi660$）；4—旋塞；5—调整垫块；6—滤网体；8—升压泵泵壳；9—升压泵叶轮；10，29—垫圈；11—垫片（$\phi378/\phi308$）；12，18，30—键；13，28—螺母；14，19，31—滤网；15—垫片（$\phi438/\phi295$）；16—端盖；17，23—调整垫片；20，22—轴承；21—垫片（$\phi362/\phi229$）；24—垫片（$\phi640/\phi780$）；25，32—□形密封圈；26—油嘴隔板；27—汽轮机油叶轮

（3）拆卸油涡轮上盖，测量叶轮与壳体径向间隙。

（4）测量旁路阀、喷嘴阀、轴承油安全阀背帽高度，并作好修前记录，作好记号后，拆下 3 个阀门，检查各阀阀芯，应无磨损、毛刺、腐蚀，弹簧应无变形、锈蚀，垫片应完好、无破损，并测量挡油环间隙，为 0.08～0.20mm。

（5）取出油涡轮叶轮，并检查是否有过热点、磨损点，油涡轮上、下轴承乌金面应完好。

（6）将油涡轮升压泵倒置。

（7）拆去滤网，升压泵上盖，用塞尺测量叶轮油封径向间隙，为 0.10～0.18mm，取出泵叶轮及油涡轮升压泵泵轴。

（8）用煤油将各部件清洗干净，检查油涡轮叶轮、升压泵叶轮，叶轮应无裂纹，表面应光滑、无毛刺、无气蚀、无摩擦过热点。

（9）测量油涡轮升压泵轴跳动值，应不大于 0.03mm，并打磨轴上锈垢。

（10）测量各部间隙。油涡轮叶轮与轴径向间隙为 0.020～0.028mm；升压泵叶轮与轴径向间隙为 0.025～0.035mm；油涡轮轴承与轴径向间隙为 0.072～0.110mm；升压泵轴承与轴径向间隙为 0.072～0.110mm；升压泵轴承与轴轴向间隙为 0.127～0.177mm；轴窜动量为 0.13～0.75mm；升压泵叶轮油封间隙为 0.10～0.18mm。

（11）验收合格后，按解体相反顺序复装。

五、汽轮机润滑油冷油器检修

1. 汽轮机冷油器组成

汽轮机冷油器为板式冷油器，如图 3-20 所示，主要由固定压紧板（1）、上导杆（2）和下导杆（3）以及活动压紧板（4）构成。有些板式换热器还带一个前支柱（7），固定压紧板和前支柱之间悬挂着数量经过计算的板片（5），每块板片都配有密封垫片，板片都装在框架上，相邻板片之间的旋转角度为 180°。板束由一些压紧螺柱及螺母（6）压紧。

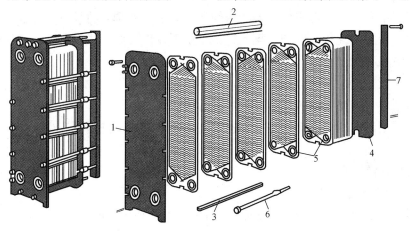

图 3-20　汽轮机冷油器

2. 主要数据参数

型号：CX-145X373

设计压力：1.0MPa

设计温度：110 ℃

试验压力：1.4MPa

换热面积：567.6m²

冷却面积：567.6m²

冷却油量：570m³/h

冷却水量：188.8kg/s

进口油温：65℃

出口油温：45 ℃

冷却水温：36℃

3. 检修工艺及质量标准

给水泵汽轮机冷油器、闭式水冷器、定子水冷器、电动给水泵换热器等板式换热器均可参照该检修过程。

（1）选用合适扳手拆卸活动压紧板和固定压紧板的压紧螺栓，但必须保持对角线上 2 个或 4 个螺栓在原位上，将其余螺栓拆下（注意：勿使固定压紧板和活动压紧板倾斜），再均匀地将最后几个螺栓松开，拆下的螺栓放好，以防丢失。

（2）在各个板片上按拆装顺序打上序号，沿上、下导杆活动方向先拉开活动压紧板，再逐片拉开每块板片。

（3）检查每块板片的密封垫片，有无老化、变形、破损，若损坏，需更换新密封垫片。

（4）检查连接管道法兰结合面应平整、无腐蚀，如有锈垢，用刮刀清理干净，密封垫片应完好，如老化、损坏，需更换。

（5）检查每块板片两壁应清洁、无污物、无堵塞，否则用高压水枪冲洗干净。

（6）如有结垢现象应选用合适的洗涤剂和毛刷进行刷洗，将垢除去〔注意：不得破坏不锈钢板片表面上的钝化（保护）膜，钝化模是不锈钢抗腐蚀主要屏障；不得使用含氯化学品，如盐酸〕。

（7）如果板片上结垢或有机物很厚，则应将板片从板框中取出，卸出密封垫片，将板片置于洗涤剂中，当污垢溶解以后对板片进行清洗。

（8）最后用清水冲洗，特别是板和密封垫片的下部，清洗后易积聚余尘，必须特别仔细清洗。

（9）板片清洗干净后，使之干燥，装上新密封垫片。

（10）几种洗涤剂的应用。

1）Mobisol 77B 或 Castrol Solvex Ice 1130：可除去板片附着的油脂。

2）氢氧化钠（NaOH）：可除去板片上的有机物和脂类污垢。氢氧化钠使用最高浓度为 1.5%，最高温度为 85℃。

3）硝酸（HNO_3）：可除去板片上的积垢，还有利于形成不锈钢表面钝化模。硝酸使用最高浓度为 1.5%，最高温度为 65℃。

（11）仔细检查每片板片及垫片，不得有缺陷和污物（即使是沙子之类的微小异物也会导致泄漏，损坏密封垫片）。

（12）任何有缺陷的板片必须换下。如板片已从板框中拆下，应将其装回至板束中原来位置。

（13）松动的密封垫片必须仔细地清洗并粘接。垫片在清洗时必须拆下。

（14）板片必须依次旋转 180℃，保证要求的流道，按顺序记号，进行排列。

（15）最大和最小压紧尺寸（活动压紧板和固定压紧板之间距离）在铭牌上标出。该铭牌固定在固定压紧板上。

（16）均匀对角或对边紧固螺栓。在整个压紧期间，固定压紧板和活动压紧板应始终保持平行，压紧度的测量应在两侧的顶部、中部及底部进行。

（17）固定压紧板和活动压紧板的间距的最大误差为固定压紧板（活动压紧板）宽度的1%。例如，固定压紧板（活动压紧板）宽度为400mm，则间距的最大误差为

$$400 \times 1\% = 4 \ (mm)$$

（18）约在一个月正常操作后将板束压紧至最小尺寸，但对于新换热器/新密封垫片，则装配后应立即压至最小尺寸。

（19）乙丙橡胶新密封垫片初次压紧分阶段进行：每隔2h（或更长一些时间）压紧最小尺寸的+15%；每隔12h（或更长一些时间）压紧最小尺寸的+7.5%；逐步压紧至最小尺寸。

4. 换板片和密封垫片

（1）检查新板片是否同旧板片相同，即孔的开闭和字母H与原先板片完全一样。

（2）板束中将有缺陷的板片取出，插入备用板片即可完成。

（3）在取下旧垫片之前，记下密封垫片在板片上形成的流动图形，按原图形更换新密封垫片，否则将造成两种液体混合，换热器无法正常投运。

5. 故障排除

（1）清洗。如板式换热器能力降低或压降增加，需拆下板片并清洗，然后按铭牌上指示，将板束压紧至规定尺寸。

（2）外漏。

1）检查换热器工作压力，如超压立即降至规定的工作压力。

2）检查板束压紧是否在规定尺寸范围内（注意不得在有压力状态下紧固压紧螺栓），固定压紧板和活动压紧板应始终保持平行。

3）拆开板式换热器，检查板片是否变形或结垢，密封垫片是否有弹性、是否变形，表面是否清洁。

4）如果经清理并压紧至最小尺寸后板束还出现泄漏，应更换密封垫片。

（3）内漏。拆去一个下部管路，给对面一侧的管路加压，如果流体继续从该下部接口流出，则表示一块板或多块板在泄漏；拆开板束，仔细检查每一块板，对怀疑有问题的板用着色渗透剂加以检查，更换损坏板片；找出损坏原因，并采取避免措施。

六、汽轮机油箱检修

1. 概述

本机组油箱采用集装式油箱，正常运行容量为47m³，最大运行容量为69m³。油箱底部设有事故放油管，管上又设有放水和机械杂质的放油管，油箱顶部设有油位指示器和离心式排烟风机，油箱内部分污段、净段，全部回油和补充油先进入污段，经两组滤网进入油箱中部，净段油供给润滑油泵和油涡轮升压泵入口。

2. 检修工艺

（1）打开油箱放油门，将油放净。

（2）将油箱顶部清扫干净后，揭开盖板，将盖板下的活动滤网提出检查，若有破损应

补焊或更换。检查油箱内设备、螺丝应无松动。

（3）经化学人员查看油箱内部情况后，从人孔门进入油箱内部清理，首先用盖板将放油口堵住，分别用白布、煤油和面团粘净，经化学人员验收合格后，准备复装。

（4）检查油位指示器。

（5）将放油门盖板拿出，检查油箱内无遗物后，放进滤网，扣上盖板及人孔门盖板。

（6）关闭油箱放油门及事故放油门，将油注入油箱至规定值。

七、双舌止回阀检修

1. 概述

为了保证润滑油系统中各辅助油泵的投入、切除及系统的正常运行，在油泵出口设置了止回阀。止回阀采用双舌结构，即使其中一只阀芯出现卡涩、关闭不严及密封不好的情况，亦能保证系统的正常工作，从而保证汽轮机正常、安全运行。

双舌止回阀由两只阀芯、阀体、连接法兰等零部件组成，如图3-21所示。同一通径的止回阀阀芯，可以互换。当阀前压力大于阀后压力与止回阀开启压力之和时，止回阀在压差的作用下自动开启，当阀前的压力小于阀后的压力时，止回阀自动关闭。为了防止止回阀开度过大，并且保证止回阀关闭严密，采用加长阀蝶轴的手段限制阀的开度，并将阀的密封面设计成与液体流动方向成75°夹角的结构形式。

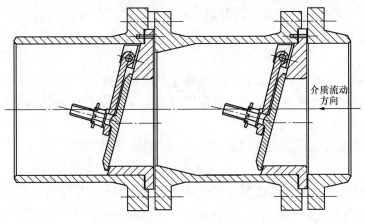

图3-21　双舌止回阀

2. 检修和维护

（1）止回阀应随机组大修期进行定期维护、检修。

（2）止回阀拆卸时，只需拧下两端法兰上的螺栓即可，如发生管道干涩时，可采用手动葫芦适当地拉开管道，使止回阀能方便卸下。

（3）双舌止回阀拆下来的仅是一只阀芯，而另一只阀蝶仍在管道上，这时可采用专用工具，将阀芯拉出。

（4）止回阀的检修应以检查阀芯与阀蝶间密封面为主，密封面不得有凹坑、划痕、附着物。如有上述情况，应将阀蝶与密封面对研，保证密封要求。

（5）当止回阀出现卡涩现象时，应以调整阀臂与阀蝶间间隙为主，以保证阀蝶密封面与阀座密封面平行。

（6）止回阀检修时，应按相应图样上的技术要求作密封性试验。

（7）止回阀密封试验可借助于相应的阀体进行。

第六节 油净化装置检修

以东汽-日立 N1000-25/600/600 型超超临界 1000MW 汽轮机的油净化装置检修为例。

一、润滑油净化装置组成

为了使润滑油保持良好的性能，以延长润滑油的使用寿命，每台机组（包括两台给水泵汽轮机）设置一套油净化装置，其处理能力为汽轮发电机组总油量的 20%。系统构成：1 台润滑油净化器；1 只净－污组合储油箱；1 台交流电动输油泵；1 台处理供油泵。

润滑油净化器主要由节流阀、电磁阀、分离箱、集油箱、滤油器室、通风机、空气滤清器、液位控制器、油泵、安全阀等组成。油净化器并联于汽轮机油系统中，它既可与汽轮机油系统同时运行，对主油箱内的油做连续处理，也可以单独运行，对储油箱内的油做循环处理净化。

二、润滑油净化器分离机检修

分离机是润滑油净化器的核心设备，它是由阿法拉伐公司生产的 MAB206 型离心式分离机，通过离心力原理将油中的固体杂质和水分分离出去。其结构见图 3-22。

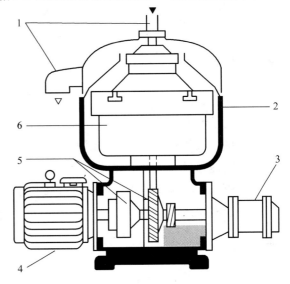

图 3-22　润滑油净化器分离机

1—进、出口；2—机架部件；3—泵；4—电动机；
5—动力传递；6—分离筒

1. 离心分离机技术参数

型号：MAB206

型式：立式

流量：10600 L/h

扬程：2.5 MPa

2. 检修工艺

（1）确保转鼓完全停止。

（2）松开球状把手。

（3）松开固定件，打开顶盖。

（4）用两个锁紧螺钉锁紧转鼓。

（5）用专用扳手松开小锁圈。

（6）用专用扳手和锤头松开大锁圈。

（7）用提升机构提出转鼓盖、蝶片组和分流筒。

（8）用专用吊装工具提出沉淀筒。

（9）松开盖形螺母。

（10）松开锁紧螺钉。

（11）用专用吊装工具提出转鼓体。

（12）从顶盖处取出水平环和排油泵。

（13）分离机的检查和清理：

1）检查鼓盖、转鼓体、锁圈、分流筒的腐蚀和磨蚀情况。

2）检查顶盖、排油泵、比重环、蝶片是否有裂纹等异常情况。

3）清理转鼓和沉淀筒中的杂质。

4）用煤油清洗所有拆卸下来的零部件。

5）擦拭转鼓轴锥端和转鼓体锥孔，然后用干净布擦拭并涂润滑油于转鼓轴顶端处。

（14）将转鼓体仔细地安装于转鼓轴上。

（15）拧紧盖形螺母。

（16）安装干净的沉淀筒。

（17）安装蝶片到分流筒上。

（18）把排油泵和带O形圈的水平环装于顶盖中。

（19）将顶盖和转鼓置于蝶片组上。

（20）用提升机构将以上部件至于转鼓体中。

（21）用润滑油润滑锁圈螺纹、接触面和导向面。

（22）拧紧大锁圈。

（23）安装比重环，用专用扳手将小锁圈拧紧。

（24）上顶盖，拧紧固定件。

（25）球状把手压住进油管，旋转球状把手，直到进油管螺纹配合上排油泵螺纹，然后拧紧球状把手。

第四章　超(超)临界汽轮机水泵设备检修

第一节　超(超)临界汽轮机水泵设备简介

水泵是用来把原动机的机械能转变为流体的动能和势能的一种动力设备，在火力发电厂中，它是维持蒸汽动力循环不可缺少的设备，是火力发电厂的主要辅助设备之一。在火力发电厂中，有许多不同类型的泵配合汽轮机工作，如用给水泵向锅炉提供给水、用凝结水泵将凝汽器中的凝结水输送到除氧器、用循环水泵向凝汽器供应冷却水。为便于凝汽器中的不凝结气体排出，要用真空泵和射水泵；为排除管路和加热器中的疏水，要用疏水泵；为补充发电厂的汽水损失，要用补充水泵；汽轮发电机组在启动和运行中各轴承与轴的润滑要用顶轴油泵、启动油泵和主油泵等。

泵是电厂的耗电大户，特别是给水泵素有"电老虎"之称。据统计，各种泵耗电量约占厂用电的 50%（采用汽动给水泵除外）约为机组容量的 5%～10% 左右；从安全角度看，由于泵故障而引起停机、停炉的事例是很多的，并且由此造成了很大的直接和间接的经济损失，应引起我们的足够重视。经验表明，增加安全可靠性和提高效率相比，有着同等的甚至更大的经济效益，特别是随着机组向大容量、高效率、自动化方向的发展，对泵安全可靠性也提出了越来越高的要求。对泵的维修及保养予以高度重视，才能确保发电厂安全、经济、稳定的运行。

一、泵的分类

泵的应用广泛、种类繁多，有着许多不同的分类方法。但是，主要的分类方法有以下三种：

1. 按产生的全压高低分类

若水泵压力为 p，则 $p<2\text{MPa}$ 的为低压泵；$2\text{MPa}\leqslant p\leqslant 6\text{MPa}$ 的为中压泵；$p>6\text{MPa}$ 的为高压泵。

2. 按工作原理分类

可分为叶片式泵、容积式泵以及喷射泵等其他类型的泵。

3. 在火力发电厂中按在生产中的用途分类

可分为给水泵、凝结水泵、循环水泵、主油泵、灰渣泵等。

二、叶片式泵的工作原理

叶片式泵是依靠装在主轴上叶轮的旋转运动，通过叶轮的叶片对流体做功来提高液体能量，从而输送液体的。根据流体在其叶轮内的流动方向和叶片对流体做功的原理不同，叶片式泵又可分为离心式、轴流式和混流式等多种形式。

1. 离心式泵

（1）离心式泵的工作原理。

如图 4-1 所示的离心式泵，充满液体时，只要原动机带动它们的叶轮旋转，则叶轮中的叶片就对其中的液体做功，迫使它们旋转。旋转的流体将在惯性离心力作用下，从中心

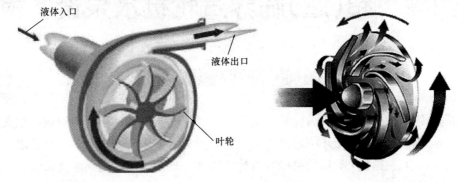

图 4-1　离心泵工作简图

向叶轮边缘流去，其压力和流速不断增高，最后以很高的速度流出叶轮进入泵壳内。如果此时开启出口阀门，流体将由压出室排出，这个过程称为压出过程。与此同时，由于叶轮中心的流体流向边缘，在叶轮中心形成了低压区，在吸入端压力的作用下，流体经吸入室进入叶轮；形成水泵的吸入过程。叶轮不断旋转，流体就会不断地被压出和吸入，形成了泵的连续工作。

图 4-2　轴流泵结构示意图

（2）离心式泵的特点。

离心式泵和其他形式泵相比，具有效率高、性能可靠、流量均匀、易于调节等优点，特别是可以制成各种压力及流量的泵以满足不同的需要，应用最为广泛。在火力发电厂中，给水泵、凝结水泵以及大多数闭式循环水系统的循环水泵等都采用离心泵。

2. 轴流式泵、混流式泵

（1）轴流式泵的工作原理。如图 4-2 所示的轴流式泵，当它们浸在流体中的叶轮受到原动机驱动受力而旋转时轮内流体就相对叶片作绕流运动，根据升力定理和牛顿第三定律可知，绕流流体会对叶片作用一个升力，见图 4-3，而叶片也会同时给流体一个与升力大小相等、方向相反的反作用力，称为推力，这个叶片推力对流体做功，使流体的能量增加，并沿轴向流出叶轮，经过导叶等部件进入压出管路，与此同时，叶轮进口处的流体被吸入，只要叶轮不断地旋转，流体就会源源不断地被压出和吸入，形成轴流式泵与风机的连续工作。

（2）轴流式泵的特点。轴流式泵适用于大流量、低压头的情况。它们具有结构紧凑、外形尺寸小，质量轻等特点。大多用作大型电站的开式循环水系统中的循环水泵。

（3）混流式泵工作原理。混流式泵的简单结构如图 4-4 所示，这种泵因流体是沿介于轴向与径向之间的圆锥面方向流出叶轮，工作原理又是部分利用叶形升力、部分利用惯性离心力的作用，故称为斜流式（或混流式）泵。其流量较大、压头较高，是一种介于轴流式与离心式之间的叶片式泵。混流式泵在火力发电厂的开式循环水系统或大型热力机组的循环水系统中，常用作循环水泵。

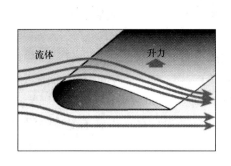

图 4-3　轴流泵叶片受力图

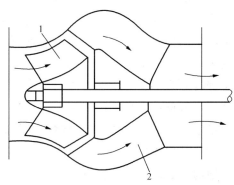

图 4-4　混流式泵结构示意图
1—叶轮；2—导叶

（4）轴流式及混流式泵的分类。轴流式泵及混流式泵都具有比离心式泵流量大、扬程低的特点。这个特点使其随着发电机组单机容量的不断增大，越来越多地在火力发电厂中被采用。因此，将轴流式泵及混流式泵的几种常见分类介绍如下。

1）按主轴与水平地面的位置关系可分为立式和卧式两种。

2）按动叶安装方式可分为固定叶片式和动叶可调节式，其中动叶可调节式又有半调节式和全调节式之分。

三、汽轮机常用泵简介

泵作为汽轮机的主要辅机，是完成发电厂的蒸汽动力循环不可缺少的设备，承担着流体的输送任务。通常根据用途分为给水泵、凝结水泵、循环水泵、疏水泵、轴冷泵、真空泵等。由于用途不同，其工作条件也不同，因此，这些泵的性能和结构特点也各不相同。现分别介绍如下：

（一）给水泵

给水泵是用来将除氧器水箱中具有一定温度、压力的水连续不断地输送到锅炉中去的设备。随着单元机组容量的增大，给水泵越来越趋向于大容量、高转速、高效率、自动化程度高的方向发展。对给水泵的性能要求如下：

（1）由于输送的给水温度和压力不断提高，要求给水泵耐高温和高压。

（2）输送的给水接近饱和状态，当外界工况变化时（如除氧器压力降低、给水箱水位降低或给水泵长时间低负荷运行等），给水泵极易汽蚀，所以要求给水泵应具有较好的抗汽蚀性能。

(3) 给水泵是热力发电厂辅机中功率消耗最大的设备之一，要求具有较高的效率。

(4) 需要保证连续不断的供水，要求给水泵有较好适应机组负荷变化的性能，其 $q_V—H$ 性能曲线为流量变化较大时扬程变化较小的平坦形曲线，以保证负荷变化时的给水供应。

由于给水泵是发电厂高耗能设备，拖动给水泵所需要的功率，随汽轮机单机容量和蒸汽初参数的提高而增加，超临界参数机组高达 $5\%\sim7\%$，由于超临界机组给水泵能耗的百分比较高，所以应采用高转速给水泵以降低其功率消耗。给水泵的结构既要牢固严密，保证有良好的抗汽蚀性能和适应高温、高压运行的能力，又要便于拆卸维修。超临界机组给水泵常用圆筒形多级离心泵，机组配置两台汽动给水泵，作为正常工作时保证锅炉工作需要的给水，一台电动泵作为备用。

为了提高除氧器在滑压运行时的经济性，同时又保证主给水泵的安全，通常在主给水泵前加装一台低速泵，称为前置泵，它与主给水泵串联运行。由于前置泵的转速低，其必需汽蚀余量较小，故可以降低除氧器的安装高度，减少主厂房的建设费用。同时给水经前置泵升压后，其出水压头高于主给水泵的必需汽蚀余量和它在小流量工况下的附加汽化压头，有效地防止了给水泵的汽蚀。

（二）凝结水泵

凝结水泵也称为冷凝泵或复水泵。其作用是将凝汽器热水井中的凝结水升压，经低压加热器送往除氧器。由于凝汽器中维持了很高的真空值，凝结水泵吸入口是负压吸水，低负荷时，凝汽器热水井水位降低，凝结水量减少，极易造成凝结水的汽化而产生汽蚀，或发生空气漏入泵内，这些都会影响泵的正常工作，因此对凝结水泵的抗汽蚀性和密封性能有很高的要求。凝结水泵的流量应能适应汽轮机负荷的变化，即在输出能头变化不多的情况下，流量有较大范围的变动，所以，凝结水泵应具确较平坦的 $q_V—H$ 性能曲线，为保证其具有较高的抗汽蚀性能，不宜采用较高的转速。故大容量、高扬程的凝结水泵多采用多级低速泵，转速一般均在 2950r/min 以下，并且将第一级叶轮制成双吸式或在入口加装诱导轮；而有的机组为了增加全扬程，还相应地配置了凝结水升压泵。凝结水泵的形式主要有卧式和立式两种，超临界机组多采用立式离心泵。通常每台汽轮机组配置两台主凝结水泵与两台凝升泵，其中用一台主凝结水泵和一台凝升泵保证汽轮机的正常运行，另外一台主凝结水泵和凝升泵作为备用。

（三）循环水泵

在凝汽式火力发电厂中，将大量的冷却水送往凝汽器冷却水侧（在铜管内），以冷却汽轮机乏汽，使之在铜管外凝结成水，建立凝汽器高度真空的水泵称为循环水泵。循环水泵是汽轮发电机的重要辅机，失去循环水，汽轮机就不能继续运行，同时循环水泵也是火力发电厂中主要的辅机之一，在凝汽式电厂中循环水泵的耗电量约占厂用电的 $10\%\sim25\%$。火力发电厂运行中，循环水泵总是最早启动，最先建立循环水系统。循环水泵的工作特点是流量大而压头低，一般循环水量为凝汽器凝结水量的 $50\sim70$ 倍，即冷却倍率为 $50\sim70$。为了保证凝汽器所需的冷却水量不受水源水位涨落或凝汽器铜管堵塞等原因的影响，要求循环水泵的 $q_V—H$ 性能曲线应为陡降形。超临界机组则趋于采用立式轴流泵及混流泵。由于混流泵具有大流量和高于轴流泵扬程的特点，因此目前在国内超临界机组中使用的循环水泵趋于采用立式混流泵。每台汽轮机设两台循环水泵，其总出力等于该机组的最大计算用水量。

（四）疏水泵

疏水泵是用来将加热器及其管路中的疏水打入凝结水系统，以提高机组的热经济性。通常一台机组配置两台疏水泵，其中一台运行，一台备用。

（五）轴冷泵

轴冷泵的作用是输送冷却水以冷却机组各设备的轴承，保证运行设备的轴承温度在允许范围内。通常一台机组配置两台轴冷泵，一台运行，一台备用。

（六）真空泵

真空泵的作用是将凝汽器中的不凝结气体排出，以维持凝汽器的真空。一台机组配置两台真空泵，一台运行，一台备用。

第二节　水泵一般项目的检修

一、轴封泄漏的处理

轴封泄漏是水泵运行中最常见的缺陷，它直接影响到泵的安全运行和效率。这里我们介绍的就是填料密封泄漏的处理方法，即通常所说的加盘根的方法。

（一）工作过程

（1）首先应将填料涵内彻底清理干净，并检查轴套外面是否完好，有无明显的磨损情况，若确认轴套可以继续使用，即可加入新的盘根圈。

（2）盘根的规格应按规定选用，性能应与所输液体相适应，尺寸大小应符合要求。如果盘根过细，既使填料压盖拧得很紧，也起不到轴封的作用。

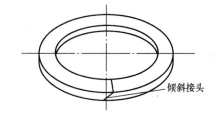

（3）切割盘根时，刀子的刀口要锋利，每圈盘根均应按所需长度切下并靠在靠膜 *A* 面上，接口应切成 $30°\sim45°$ 的斜角，切面应平整，如图 4-5 所示。切好的盘根装在填料涵内必须是一个整圆，不能短缺，也不能超长。

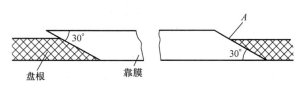

图 4-5　盘根接口切割

（4）切好的盘根装入填料涵内以后，相邻两圈的接口要错开至少 $90°$。如果轴套内部有水冷却结构时，要注意使盘根圈与填料涵的冷却水进口错开，并把水封环的环形室正好对正此进口，如图 4-6 所示。

（5）当装入最后一圈盘根时，将填料压盖装好并均匀拧紧，直至确认盘根已经到位。

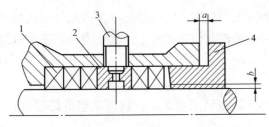

图 4-6　填料涵结构

1—填料；2—水封环；3—密封水来水管；

4—填料压盖

然后，松开填料压盖，重新拧紧到适当的紧力。

（6）盘根被紧上之后，压盖四周的缝隙 a 应相等。有些水泵的填料压盖与轴之间的缝隙 b 较小，最好用塞尺量一下，以免压盖与轴产生摩擦，参见图 4-6。

（二）填盘根后的检查

填完盘根后，还应检查填料压盖紧固螺母的紧力是否合适。若紧力过大，盘根在填料涵内被过分压紧，泄漏量虽然可以减少，但盘根与轴套表面的摩擦将迅速增大，严重时会发热、冒烟，直至把盘根与轴套烧毁；若紧力过小，泄漏量又会增大。因此，填料压盖的紧力必须适当，应使液体通过盘根与轴套的间隙逐渐降低压力并生成一层水膜，用以增加润滑、减少摩擦及对轴套进行冷却。水泵启动后，应保持有少量的液体不断地从填料涵内流出为佳。填料压盖的压紧程度可以在水泵启动后进行调整，直至满意为止。

二、滚动轴承检修工艺

1. 滚动轴承的构造及分类

滚动轴承由四部分组成：外圈、内圈、滚动体、保持架。滚动轴承按其承受载荷的方向可分为向心轴承（主要承受径向载荷）、推力轴承（只能承受轴向载荷）和向心推力轴承（能同时承受径向和轴向载荷）。

由于滚动轴承有着各种不同的类型，各类型又有不同的结构、尺寸精确度和技术要求，为了便于使用，国家标准中规定了滚动轴承代号。轴承代号由 7 位阿拉伯数字及 1 位拉丁字母组成，其代号的意义如图 4-7 所示。

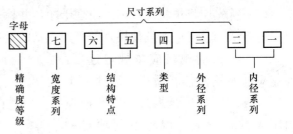

图 4-7　滚动轴承代号意义

（1）第一、第二位数字表示内径系列代号，表示轴承内圆的孔径。除 00、01、02、03 外，其余轴承内径尺寸均为内径代号数字乘以 5。00、01、02、03 轴承内径尺寸为 10、12、15、17mm。

（2）第三位数字表示外径系列代号，为了满足不同承载能力的需要，同一内径的轴承可使用不同大小的滚动体，因而轴承的外径和宽度也随之改变。这种将内径相同而外径不同的轴承以号相区别，其代号称外径系列。

（3）第四位数字表示轴承的类型代号，滚动轴承共有 10 个类型，其代号从 0 到 9，分别代表：0——向心球轴承；1——向心球面球轴承；2——向心短圆柱滚子轴承；3——向心球面滚子轴承；4——向心长圆柱滚子轴承、滚针轴承；5——向心螺旋滚子轴承；6——向心推力轴承；7——向心推力圆锥滚子轴承；8——推力球轴承和推力向心球轴承；9——推力滚子轴承和推力向心滚子轴承。

（4）第五、第六位数字表示轴承的结构特点代号，如无特殊要求时，其代号为零，可不标出。

（5）第七位数字表示宽度系列代号，对内、外径尺寸都相同的轴承，配有不同宽度，如宽度无特殊要求时，其代号为零，可不标出。由于通常所使用的轴承多为通用型结构，且宽度无特殊要求，故代号的第五、六、七位数字均可省略。因此，常见的轴承代号就只有四位数字。

（6）精确度等级代号，国家标准中规定的精确度等级及其代号，见表4-1，其中G级精确度最低，称为标准级，其精确度代号可不标出，凡在轴承的端面代号组中无精确度等级号的，均为G级。在选用轴承时，应尽量优选标准级，不能因G级精确度最低而理解为G级就是代用品甚至是次品。G级是轴承的标准级，其精确度标准完全可以满足在无特殊要求的设备上使用。

表 4-1 　　　　　　　　　　　　　　**滚动轴承轴精确度等级代号**

精确度等级代号	C	D	E	G
精确度等级	超精级	精密级	高级	标准级

2. 滚动轴承轴向固定及配合

为了使轴和轴上的零件在泵内运转时有相对稳定的位置，以及轴承能承受转子的轴向推力，滚动轴承沿轴向位置应固定。轴承的固定分内、外圈固定和轴承组合轴向定位三种。

（1）滚动轴承内圈固定。

1）用轴肩单向固定，如图4-8（a）所示。这种固定方法只能承受轴向单向推力。

2）用弹性挡圈、轴端挡圈及圆螺帽固定，如图4-8（b）～（d）所示。此种固定方法承受轴向双向推力。

3）利用轴上的套装件固定，如图4-8（e）所示。

4）用锥套固定，如图4-8（f）所示，这种固定方法仅适用于内锥形轴承。

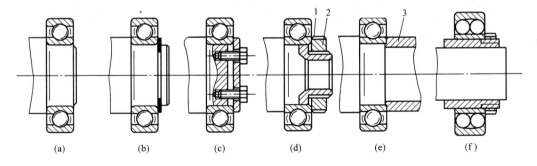

图 4-8　轴承内圈的固定方法

（a）轴肩单向固定；（b）弹性挡圈固定；（c）轴端挡圈固定；

（d）圆螺帽固定；（e）套装件固定；（f）锥套固定

1—止退垫圈；2—圆螺帽；3—轴套

（2）滚动轴承外圈固定。

1）用轴承端盖单向固定，如图4-9（a）所示。

2）用轴承端盖和轴承座内凸肩双向固定，如图4-9（b）所示。这种结构可承受双向推力。如图 4-9（c）所示的是类似结构，它用弹簧挡圈代替端盖。

3）用内、外轴承端盖固定，如图 4-9（d）所示。

4）用卡环将外圈卡在槽内定位，如图 4-9（e）所示。

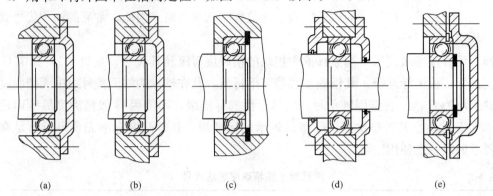

图 4-9　轴承外圈的固定方法

（a）用轴承端盖单向固定；（b）用轴承端盖和轴承座内凸肩双向固定；（c）用弹簧挡圈和轴承座内凸
肩双向固定；（d）用内、外轴承端盖固定；（e）用卡环将外圈卡在槽内定位

（3）轴承组合轴向定位。

1）双支点单向定位，它是在轴的两零点支点上分别限制轴的单向移动，两个支点合在一起就能限制轴的双向移动，如图 4-10（a）所示。

2）单支点双向定位，它是在轴的一个支点上限制轴的双向移动，另一个支点可沿轴向移动，如图 4-10（b）所示。

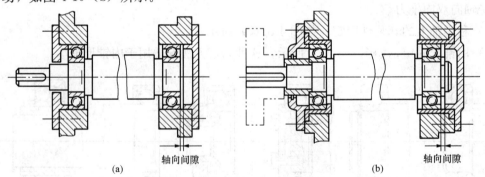

图 4-10　轴承组合的轴定位

（a）单向定位；（b）双向定位

无论采用哪种轴承组合定位，均要考虑轴的热胀冷缩性能。同轴的两个轴承必须有一个轴承外圈沿轴向留有间隙，以保证外圈能沿轴向移动。

（4）滚动轴承配合。滚动轴承在工作时，轴承内圈与轴颈之间及外圈与轴承孔之间不允许发生相对转动，为此要求轴与轴承孔的装配有一定的紧力。在轴承装配过程中轴承内圈与轴颈的配合为基孔制；轴承外圈与轴承孔的配合为基轴制。

3.滚动轴承的游隙

滚动轴承的游隙分为径向游隙和轴向游隙，见图 4-11，固定一个套圈，则另一个套圈沿径向的最大活动量称为径向游隙，沿轴向的最大活动量称为轴向游隙。两类游隙之间有着密切的关系，一般来说，径向游隙越大，则轴向游隙也越大，反之，径向游隙越小，轴向游隙也越小。

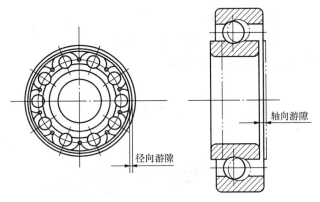

图 4-11 轴承游隙

（1）轴承径向游隙的大小，通常作为轴承旋转精度高低的一项指标。由于轴承所处的状态不同，径向游隙分为原始游隙、配合游隙和工作游隙。

1）原始游隙：轴承在未安装前自由状态下的游隙。

2）配合游隙：轴承装配到轴上和外壳内的游隙。其游隙的大小由过盈量决定，配合游隙小于原始游隙。

3）工作游隙：轴承在工作时因内、外圈的温差，使配合游隙减小，又因工作负荷的作用，使滚动体与套圈产生弹性变形而使游隙增大，但在一般情况下，工作游隙大于配合游隙。

（2）轴承的轴向游隙是由于有些轴承结构上的特点或为了提高轴承的旋转速度，减小或消除其径向间隙，所以有些轴承的游隙必须在装配或使用过程中，通过调整轴承内、外圈的相互位置而确定，如角接触球轴承和圆锥滚子轴承等，这些轴承在调整游隙时，通常是将轴向游隙值作为调整和控制游隙大小的依据。

（3）轴承游隙过大，将使同时承受负荷的滚动体减少，轴承寿命降低。同时还将降低轴承的旋转精度，引起振动和噪声，负荷有冲击时，这种影响尤为明显。轴承的游隙过小，则易发热和磨损，这也会降低轴承的寿命。因此，按工作状态适当选择游隙，是保证轴承正常工作、延长轴承使用寿命的重要措施之一。

4. 滚动轴承的拆装方法

（1）铜棒手锤法。如图 4-12（a）所示，其优点是方法及工具简单，缺点是铜棒易滑位而使珠架受伤及铜屑易落入轴承的滚道内。

（2）套管手锤法。如图 4-12（b）所示，此法较前方法优越，能使敲击的力量均匀地分布在整个滚动轴承内圈的端面上。注意所选套管的内径要稍大于轴径，其外径要小于轴承内圈的滚道直径。

（3）加热法。即在拆装滚动轴承之前，先将其加热，此时轴承内径胀大，不用很大的力量就可在轴上拿下或装上。在生产现场安装轴承时，一般是用热源体（如电热炉、热管道等）直接传热或是用热油浸泡加热的方法，以使轴承胀大而便于装配，此时应注意对加热温度的控制，以防轴承退火。另外，安装轴承时也可用蒸汽或热水加热，但应保证轴承不会生锈，注意在轴承装好后将水除净并涂上润滑油。拆卸轴承时可用热油浇淋，但应将附近的轴包好不使其受热。对已损坏的轴承可用气焊加热，实在太紧时可用气割法割掉。

（4）捋子法。主要用在拆卸轴承时，方法如图4-12（c）所示。操作时要保持主螺杆与轴心线一致，不能偏斜。

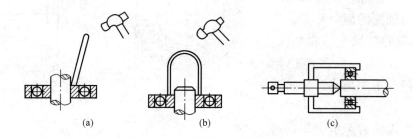

图4-12　滚动轴承的拆装方法

（a）铜棒手锤法；（b）套管手锤法；（c）捋子法

（5）拆装注意事项。

1）确保施力部位的正确性原则：与轴配合的轴承打内圈，与外壳配合的打外圈，如图4-13所示。应尽量避免滚动体与滚道受力变形或压伤。

2）要保证对称地施力，不可只打一侧而引起轴承歪斜、啃伤轴颈。

3）在拆装工作前将轴和轴承清理干净，不能有锈垢及毛刺等。

5. 滚动轴承检查

（1）检查轴承内的润滑油。用手指蘸少许润滑油，先查看油质状况，然后用拇指和食指相互搓动，检查油中是否有硬性杂质，如果有说明轴承已损坏。

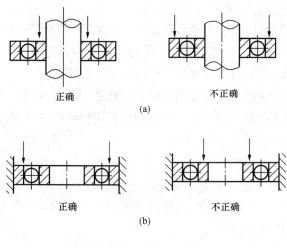

图4-13　滚动轴承施力部位

（a）与轴配合；（b）与外壳配合

（2）检查保持架是否完整，位置是否正确，活动是否自如。若保持架损坏无法修复时，应更换新轴承。

（3）检查滚动轴承的旋转情况。用手指插入孔内旋转轴承，然后让其自行逐渐减速停止。一个良好的轴承，在旋转时应该转动平稳，有轻微的转动响声，但无振动；如轴承不良，在转动时会发生杂声和振动，停止时不是逐渐减速停止，而是突然停止。

（4）滚动体及滚道表面不能有斑、孔、凹痕、剥落、脱皮等现象。

（5）滚动轴承游动间隙测量。径向游隙可用塞尺测量或用铅丝在滚珠下面滚压一次，测量其厚度；也可将内圈固定，用百分表测量外圈的窜动值（轴向和径向）。测量滚动轴承的径向游隙和轴向游隙，径向游隙可用塞尺测量，如图4-14（a）所示；或用铅丝在滚珠下面滚压一次，测量其厚度，如图4-14（b）所示；也可以将内圈固定，用百分表测量外圈的窜动值（轴向和径向），如图4-14（c）、（d）所示。一般径向游隙大于轴向游隙，轴承的最大径向游隙允许值见表 4-2。

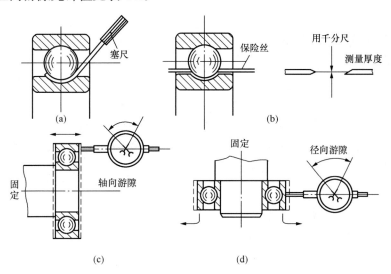

图 4-14　轴承游隙的测量方法

（a）用塞尺测量；（b）用压铅丝法测量；（c）用百分表测量轴向游隙；（d）用百分表测量径向游隙

表 4-2　　　　　　　　　　　　　　**轴承的最大径向游隙允许值**　　　　　　　　　　　　　　（mm）

轴承内径	<10	12~30	35~70	75~100	105~200
最大径向游隙		2D/1000	1.5D/1000	D/1000	0.8D/150

6. 滚动轴承损坏的原因

滚动轴承损坏有两种情况：一是轴承已达到寿命极限而磨损报废；二是由于检修质量不良，维护保养不当，造成的提前损坏。目前大多数轴承损坏属于提前损坏，其主要原因如下。

（1）安装不良，轴中心线歪斜，造成滚道表面局部受力，滚道和滚动体迅速疲劳。

（2）装配时将硬质微粒落入轴承内，滚道歪曲，当滚动体通过时，造成滚道压伤和金属剥落。

（3）润滑不良。包括缺油、油质乳化等。

（4）轴承内圈与轴配合过盈量小，造成内圈与轴磨损。

（5）轴承外圈与轴承体之间有间隙，引起外圈与轴承体之间磨损。

7. 轴承发热的处理

（1）轴承发热的主要原因有。

1）油位过低，使进入轴承的油量太少。

2）油质不合格，掺水、混入杂质或乳化变质。

3）带油环不转动，轴承的供油中断。

4）轴承的冷却水量不足。

5）轴承已损坏。

6）轴承压盖对轴承施加的紧力过大而使其径向间隙被压死，轴承失去了灵活性，这也是轴承发热的常见原因。

（2）滚动轴承发热的处理方法。

1）对因润滑油位低而引起的轴承发热，将润滑油加到规定位置即可。

2）因油质损坏而引起的轴承发热，可将轴承油室彻底清理干净后，更换上合格的、新的润滑油或润滑脂。

对采用润滑脂润滑的轴承，若油脂供给太多，反而会因油脂的搅拌使轴承发热。因此，在更换润滑脂时，只需注满轴承室容积的 $1/3 \sim 1/2$ 即可。

3）由于轴承损坏而引起的轴承发热，则需更换新的轴承。

4）因冷却水量不足而引起轴承发热的，将轴承的冷却供水增大到适当程度即可。

5）因其他原因造成轴承发热的，可根据实际情况加以适当调整即可。

三、滑动轴承的检修工艺

（一）滑动轴承的种类和构造

滑动轴承的种类有整体式轴承和对开式轴承，如图 4-15 所示。根据润滑方式又可分为自身润滑式轴承和强制润滑式轴承。整体式轴承是一个圆柱形套筒，它以紧力镶入或螺栓连接的方式固定在轴承体内。其与轴接触的部分（瓦衬）可以镶青铜或挂乌金。对开式轴承由上、下两半组成，也叫轴瓦，轴瓦上面由轴承盖压紧。

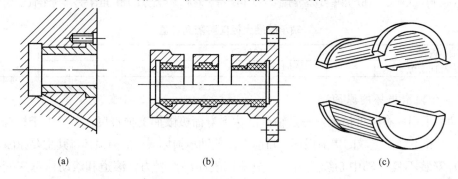

(a)   (b)   (c)

图 4-15　滑动轴承

(a)、(b) 整体式；(c) 对开式

1. 顶部间隙

为便于润滑油进入，使轴瓦与轴径之间形成楔形油膜，在轴承上部都留一定的间隙。一般为 $0.002D$，D 是轴直径。间隙过小会使轴承发热，特别是高速机械，在转数高时采用较大间隙，两侧的间隙应为顶部间隙的 $1/2$，下瓦与轴的接触如图 4-16 所示。

2. 油沟

为了把油分配给轴瓦的各处工作面，同时起贮油和稳定供油作用，在进油一方开有油沟。油沟顺转动方向应具有一个适当的坡度。油沟坡度取 0.8 轴承长度，一般是在油沟两端留有 $15 \sim 20\mathrm{mm}$ 不开通。

3. 油环

正常情况下，一个油环如图 4-17 所示，可润滑两侧各 50mm 以内长度的轴瓦。轴径小于 50mm 与转数不超过 3000r/min 的机械都可以采用油环润滑。大于 50mm 的轴径采用油环时，其转数应放低一些。油环有矩形和三角形等，内圆车有 $3 \sim 6$ 条沟槽时可增加带油量。油环宽度 $b=B-$ （2～5mm）；油环厚度 $\delta=3\sim5$mm；油环浸入油面的深度为 $D/4\sim D/6$。

滑动轴承的轴承胎大多是用生铁铸成的，大型重要的轴承胎则用钢制成。由于生铁含有片状石墨，不易与乌金结合，所以轴承胎上开有纵、横方向的燕尾槽。

（二）瓦衬常用的几种材料

（1）锡基巴氏合金。含锡 83%，另外含有少量的锑和铜，是很好的轴承材料，用于高速重载机械。

（2）铅基巴氏合金。含锡 15%～17%，用于没有很大冲击的轴承上。

（3）青铜。有磷锡青铜、锡锌铅青铜、

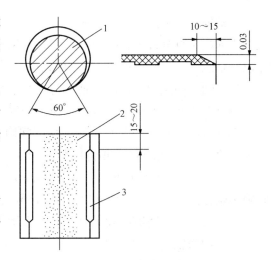

图 4-16　轴瓦与轴的接触
1—泵轴；2—下瓦接触痕；3—油沟

铅锡青铜、铝铁青铜等，青铜耐磨性、硬度、强度都很好，在水泵中常用在小轴径或低转速的轴承上。

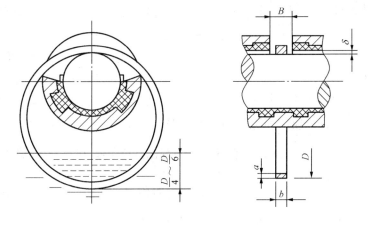

图 4-17　油环

以上材料作瓦衬时，厚度一般都小于 6mm，直径大时取大值，巴氏合金作瓦衬时，厚度应小于 3.5mm，这样可使疲劳强度得到提高。

滑动轴承的优点是工作可靠、平稳、无噪声，因润滑油层有吸振能力，所以能承受冲击载荷。

（三）滑动轴承的检修工艺

轴承座解体后先用煤油清洗干净，检查轴承座是否变形，将滑动轴承安装在轴承座上检查二者的接触情况是否良好。

1. 滑动轴承检修前的测量

铸铁或铸钢滑动轴承的本体，其内孔加工出燕尾槽，然后衬轴承合金，再加工出所需要的形状。

滑动轴承解体后，将轴承各部件用煤油清洗干净，轴承结合面用砂布清理干净，下轴承翻出前应用百分表测轴颈的下沉值，并用塞尺及压铅丝的方法，测量轴承两侧及顶部间隙以及轴承紧力。具体测量方法为：

（1）轴承间隙的测量应在轴承与轴颈接触情况修刮合格后进行。圆筒形轴承间隙的数值，应符合制造厂的规定，也可参照下列规定：

1）轴径大于 100mm 时，轴承顶部间隙为轴径的 1.5/1000～2/1000（较大数值适用于较小直径），两侧间隙为顶部间隙的一半；

2）轴径小于 l00mm 时，轴承顶部间隙为轴径的 2/1000，但不得小于 0.10mm，两侧间隙为轴径的 1/1000，但不得小于 0.06mm。

（2）轴承两侧间隙的测量是用塞尺在轴瓦水平结合面四个角（瓦口）处进行。塞尺的插入深度约为轴直径的 1/10～1/12。检查两侧间隙是否对称，可用 0.03mm 厚的塞尺沿瓦口插入，检查插入深度是否一致。若不一致，常常是因轴承的下部接触面不对称或接触不良所造成。

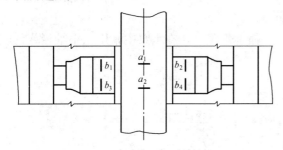

图 4-18　轴瓦顶部间隙测量

（3）轴承顶部的间隙通常是用压铅丝方法进行的，如图 4-18 所示，取直径比轴承顶部间隙大的铅丝，截取约 50mm 长 6 段，将 6 段铅丝编上记号 a_1、a_2、b_1、b_2、b_3、b_4 将 a_1、a_2 在轴颈上，将 b_1、b_2、b_3、b_4 放在上下轴承结合面上，扣上上轴承并均匀拧紧轴承结合面螺栓，使铅丝受压变形，然后打开轴承，分别测量各段铅丝厚度，计算顶部间隙，顶部间隙为顶部铅丝厚度的平均值减去两侧铅丝厚度的平均值，即为 $\dfrac{a_1+a_2}{2}-\dfrac{b_1+b_2+b_3+b_4}{4}$。检查顶部间隙是否出现楔形，可将前后端的平均值分别进行计算，即前端顶隙 $\dfrac{b_1+b_2}{2}$，后端顶隙 $\dfrac{b_3+b_4}{2}$，前后端的顶隙应相等，若不等，则证明顶部出现楔形间隙。如果测量顶部间隙过大，则应刮削上、下瓦结合面或上瓦补焊乌金，然后修刮，若数值偏小，则修到至合格。

（4）轴承紧力的测量通常也用压铅丝方法测得，轴承紧力的作用是保证轴承在运行中的稳定。轴承紧力测量方法与轴承顶部间隙测量方法相同，只是放铅丝的位置不同。如图 4-19 所示，在上瓦顶部放一截 O 形铅丝，在两轴承座结合面两侧对称放置两条厚度相同的平钢垫片，将上轴承座扣好后，均匀的拧紧轴承座螺栓，然后打开上轴承座，用千分尺分别测量铅丝与垫片的厚度，计算轴承的紧力值。设瓦顶铅丝厚 a_1，轴承座结合面两侧垫片厚度平均值为 b_1，则瓦顶部紧力为

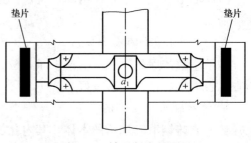

图 4-19　轴承紧力的测量

a_1-b_1，一般要求轴承顶部紧力为 $0\sim0.03$mm，如果测量的数值偏大，则应修到轴承座结合面，如测量数值小于标准值，则应在轴承座结合面处加适当厚度的不锈钢垫片，或修刮轴瓦结合面。

2. 滑动轴承检查

滑动轴承解体后，首先检查轴承合金磨损程度，看有无裂纹、局部脱落、脱胎及腐蚀等。检查轴承合金的磨损程度，除观察其表面磨损的痕迹外，还应根据轴瓦图纸尺寸核算轴承合金现存厚度。

轴承合金脱胎的检查方法，除脱胎很明显地可直接检查看出外，一般都需要将轴承合金与瓦胎的接合处浸在煤油中，停留片刻取出擦干，将干净纸放在接合处或用白粉涂在接合处，然后用手挤压轴承合金面，若纸或白粉有油迹，则证明轴承合金脱胎。或是用着色探伤检查轴承合金是否有裂纹、脱胎等现象，也可用手锤木柄轻轻敲击轴承合金，听其声音是否沙哑和手摸有振动感，如果有上述现象发生，则证明轴承合金有脱胎现象。

滑动轴承一旦发生脱胎现象后，合金易熔化。一般可采用浇铸或补焊的方式对轴承进行修复。

产生上述缺陷的原因如下。

（1）轴承的供油系统发生故障，轴瓦的润滑油中断或部分中断，造成轴承合金熔化。

（2）润滑油质量不良，常表现为油中水分超标及有杂质，油质不良会导致轴颈和轴瓦发生腐蚀，产生磨损及轴承温度升高等。严重时油膜被破坏，出现混合摩擦，最后造成轴承合金熔化。

（3）轴承合金质量不好或浇铸工艺不良。如轴承合金熔化时过热、有杂质；瓦胎清洗工作不良；浇铸后冷却速度控制不好等，都会造成轴承合金有夹渣和气孔，出现裂纹，脱胎等现象。

（4）泵组振动超标，轴颈不断撞击轴承合金，使合金表面出现裂纹。

（5）由于轴承合金的油隙及接触角修刮不合格，或轴瓦位置安装不正确，使轴瓦与轴颈的间隙不符合要求或接触不良，造成轴瓦润滑及负载分布不均，引起局部干摩擦而导致的轴承严重磨损。

3. 推力瓦的检修工艺

推力轴承解体后应用清洗剂清理干净。首先检查各瓦块和固定底盘有无毛刺和损伤，瓦块乌金有无严重磨损、变形、剥落、脱开、划痕等现象，然后按如下内容进行。

（1）检查上、下推力瓦块工作印痕大小是否大致相等，乌金表面有无磨损及电蚀痕迹。

（2）检查乌金是否有裂纹、脱胎、气孔、夹渣等缺陷。

（3）检查瓦块的厚度应均匀，两块的厚度差不应超过 0.02mm，推力瓦块的乌金厚度应为 (1.5 ± 0.2)mm。

（4）检查推力瓦块与推力盘的接触情况，将推力瓦组合好，边盘动转子，边用专用工具将转子推向需要研磨的推力瓦一侧。转动数圈后，将轴承拆下，根据接触痕迹进行修刮，其接触面积应占每块瓦块总面积的 75% 以上并且分布均匀。

（四）滑动轴承的修刮

（1）首先，进行外观检查，看有没有气孔、裂纹等缺陷；检查尺寸是否正确；乌金是否脱胎（可浸煤油试验）。如合格，可进行第二步工作。

（2）第二步属于初步修刮，目的是使轴与轴瓦之间出现部分间隙，一般来讲，车削后的轴承内径比轴径要大一些，只留一半左右的修刮量，但有时也会内径小，轴放不进去，这时就要扩大间隙，方法是把轴瓦扣在轴上、轴瓦乌金表面涂一层薄形的红丹粉，然后研磨。研后用刮刀把接触高点除去，对圆筒式轴套，则试着往轴上套，如套不进，可均匀地刮去一层乌金，再试，直到出现部分间隙为止，间隙一般不超过正常间隙的 2/3。

这一步的特点是轴瓦扣在轴上研，而不是放在轴承体内之后再与轴研。

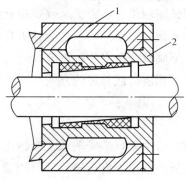

图 4-20　轴承内孔与轴承体不同心
1—轴承体；2—轴承

（3）把轴承放在轴承体内，涂上红丹粉研磨。此项工作不可在初步修刮中就把轴瓦间隙刮够，因为初步修刮后的轴承中心，不一定和轴承体的中心相一致，如图 4-20 所示。这样虽然在初步修刮中就把间隙磨够了，但当轴承放入轴承体内之后，间隙就是不合适，因轴承内孔与轴承体中心产生了扭斜，使轴承间隙偏向了一侧，这样的轴承是无法工作的，所以必须限制第一步的修刮量，进行把轴承放在轴承体内的修刮工作，这样才能把出现的扭斜纠正过来。

研刮合适后的轴承，其下部与轴的接触角 θ 为 60° 左右（见图 4-21），接触面上每平方厘米不少于 3 块接触点。两侧间隙用塞尺测量，插进深度为轴径的 1/4。下瓦研刮好之后，再把上瓦放在轴承体内研刮，并把两侧间隙开够。圆筒式轴承用长塞尺测量顶部和侧面间隙。间隙合适后，在水平结合面处开油沟，油沟大小要合适，一般来说，瓦大油沟大，瓦小油沟小。为了使润滑油顺利流出，在轴瓦两端开有 0.03mm 的斜坡。

（4）在没有进行第二步工作之前，要检查轴承放在轴承体内后，轴瓦的下部是否有间隙，如属于局部间隙，则有可能在修刮中消除；如属于全部有间隙，则是不合适的，因为这样的轴承失去了支撑转子的作用。因此，首先检查泵的穿杠（拉紧）螺栓，由于水泵上部的几根螺栓紧力不够，使中段的接合缝上部张口，出现轴承托架向下低头，使轴瓦下部出现间隙，也可能是轴承托架本身紧偏造成的。对于蜗壳式水泵来说，不涉及穿杠螺栓的问题，这时只有将轴瓦垫高或重新浇铸轴瓦。

四、密封环的磨损与间隙调整

在水泵叶轮的入口处，一般均设有密封环。当水泵工作时，由于密封环两侧存在压差，即一侧近似为叶轮出口压

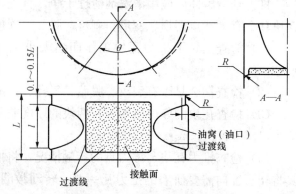

图 4-21　下瓦刮削后的最终形状

力,另一例为叶轮入口压力,所以始终会有一部分水沿密封间隙自叶轮出口向叶轮入口泄漏。这部分水虽然在叶轮里获得了能量,却未能输出,这样就减少了水泵的供水量。水泵在运行的过程中,随着密封环的磨损将使得密封环与叶轮之间的间隙加大,泄漏量增多。

在水泵大修的解体过程中,应注意检查叶轮和密封环的间隙,若此间隙太大,则要重新配制密封环,方法是:将固定密封环内径车一刀(见圆为止),然后按该尺寸做一个保护环镶在叶轮上。一般大型低压泵的叶轮原来就镶有保护环,重新配制时应先将旧环卸下后再换上新的。至于叶轮与密封环的配合间隙,可参照表 4-3 所提供的数值选取。

表 4-3 叶轮与密封环的配合间隙 (mm)

密封环内径	总间隙		密封间隙极限值
	最 小	最 大	
80~120	0.30	0.45	0.60
120~180	0.35	0.55	0.80
180~260	0.45	0.70	1.00
260~320	0.50	0.75	1.10
320~360	0.60	0.80	1.20
360~470	0.65	0.95	1.30
470~500	0.70	1.00	1.50
500~630	0.80	1.10	1.70
630~710	0.90	1.20	1.90
710~800	1.00	1.30	2.10
900	1.00	1.35	2.50

五、联轴器找中心

联轴器找中心就是根据联轴器的端面、外圆来对正轴的中心线,也叫作对轮找正。因为水泵是由电动机或其他类型的原动机带动的,所以要求两根轴连在一起后,其轴心线能够相重合,这样运转起来才能平稳、不振动。

(一)找中心原理

以图 4-22 为例,图 4-22(a)是找正前轴心线的情况,联轴器存在上张口,数值为 δ,电动机轴心线低,差值为 Δh,为使两轴轴心线重合,应进行如下调整。

(1)消除联轴器张口。可在前支座 A 及后支座 B 下分别增加不同厚度的垫片,根据图 4-22(a)中三角形 $\triangle FHG$、$\triangle EAC$、$\triangle EBD$ 的相似关系,可计算出前支座 A,后支座 B 需加垫片的数值,关系如

$$AC = \frac{AE \cdot GH}{FH}$$

式中 GH——上张口,mm;

AE——电动机前支座 A 到联轴器端面的距离,mm;

FH——联轴器的直径,mm。

同理,后支座加垫的数值为

$$BD = \frac{BE \cdot GH}{FH}$$

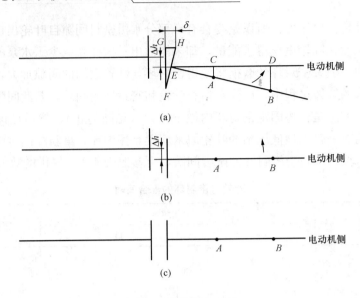

图 4-22　找中心示意

(a) 原始中心情况；(b) 联轴器消除张口舌中心情况；(c) 调整完毕后中心情况

（2）消除联轴器高度差。电动机前、后支座同时垫起即可消除联轴器的高度差，情形如图 4-22（b）所示。

（3）综合上述两个步骤，总调整量为：电动机前支座 A 加垫厚为 $\Delta h + AC$，电动机后支座 B 加垫厚度应为 $\Delta h + BD$。

（4）如果联轴器出现下张口且电动机轴偏高的情形，则计算方法与上述相同，不过，这时所需的不是加垫而是减垫。

（二）水泵联轴器找正步骤

在水泵检修完毕以后，为使其正常运行，就必须保证运转时水泵和原动机的轴处于同一直线上，以免水泵和原动机因轴中心的互相偏差造成轴承在运行中的额外受力，进而引起轴瓦发热磨损和原动机的过负荷，甚至产生剧烈振动而使泵组停止运行。

水泵检修后的找正是在联轴器上进行的。开始时先在联轴器的四周用水平尺比较一下原动机和水泵的两个联轴器的相对位置，找出偏差的方向以后，先粗略地调整使联轴器的中心接近对准，两个端面接近平行。通常，原动机为电动机时，应以调整电动机地脚的垫片为主来调整联轴器中心；若原动机为汽轮机，则以调整水泵为主来找中心。在找正过程中，先调整联轴器端面，后调整中心比较容易实现对中的目的。下面分步来进行介绍。

1. 测量前的准备

根据联轴器的不同形式，配以图 4-23 所示的专用工具架（桥尺），利用塞尺或百分表直接测量圆周间隙 a 和端面间隙 b。在测量过程中还应注意：

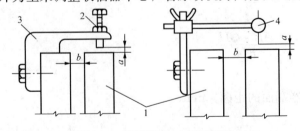

图 4-23　联轴器 a、b 间隙测量

（用桥尺或百分表）

1—联轴器；2—可调螺栓；3—桥尺；4—百分表

（1）找正前应将两联轴器用找中心专用螺栓连接好，若是固定式联轴器，应将二者插好。

（2）测量过程中，转子的轴向位置应始终不变，以免因盘动转子时前后窜动引起误差。

（3）测量前应将地脚螺栓都正常拧紧。

（4）找正时一定要在冷态下进行，热态时不能找中心。

2. 测量过程

将两联轴器作上记号并对准，使记号处于零位（垂直或水平位置）。装上专用工具架或百分表，调整好百分表，转子转一周，百分表的 0° 和 360° 读数不变。开始计数，沿转子回转方向自零位起依次旋转 90°、180°、270°，同时测量每个位置时的圆周间隙 a 和端面间隙 b，并把所测出的数据记录在如图 4-24 所示的图内。

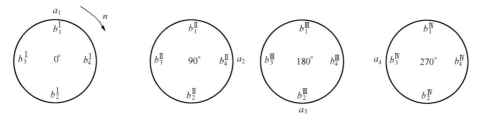

图 4-24　a、b 间隙记录图

根据测量结果，将两端面内的各点数值取平均数，按照图 4-25 所示记好，即

$$b_1 = \frac{b_1^{\mathrm{I}} + b_1^{\mathrm{II}} + b_1^{\mathrm{III}} + b_1^{\mathrm{IV}}}{4}$$

$$b_2 = \frac{b_2^{\mathrm{I}} + b_2^{\mathrm{II}} + b_2^{\mathrm{III}} + b_2^{\mathrm{IV}}}{4}$$

$$b_3 = \frac{b_3^{\mathrm{I}} + b_3^{\mathrm{II}} + b_3^{\mathrm{III}} + b_3^{\mathrm{IV}}}{4}$$

$$b_4 = \frac{b_4^{\mathrm{I}} + b_4^{\mathrm{II}} + b_4^{\mathrm{III}} + b_4^{\mathrm{IV}}}{4}$$

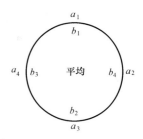

图 4-25　平均间隙记录图

综合上述数据进行分析，即可看出联轴器的倾斜情况和需要调整的方向。

3. 分析与计算

一般来讲，转子所处的状态不外乎以下几种：

（1）联轴器端面彼此不平行，两转子的中心线虽不在一条直线上，但两个联轴器的中心却恰好相合，如图 4-26 所示。

调整时可将 3、4 号轴承分别移动 δ_1 和 δ_2 值，使两个转子中心线连成一条直线且联轴器端面平行。δ_1、δ_2 值计算公式可根据相似三角形的比例关系推导得出，即

$$\delta_1 = \frac{\Delta b}{D} L_1$$

$$\delta_2 = \frac{\Delta b}{D} (L_1 + L_2)$$

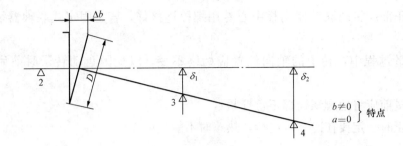

图 4-26 联轴器同心、不平行

式中 Δb——上、下端面间隙差（$\Delta b = b_1 - b_2$），mm；

  D——联轴器直径，mm；

  L_1——被调整联轴器至 3 号轴承的距离，mm；

  L_2——3 号、4 号轴承之间的距离，mm。

（2）两个联轴器的端面互相平行，但中心不重合，如图 4-27 所示。

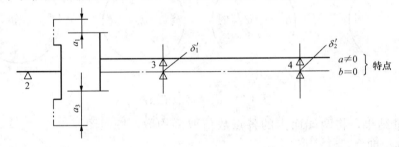

图 4-27 联轴器平行、不同心

调整时可分别将 3 号、4 号轴承同移 δ_1'，则两个转子同心共线。δ_1'、δ_2' 的计算公式为

$$\delta_1' = \delta_2' = \frac{a_1 - a_3}{2}$$

（3）两个联轴器的端面不平行，中心又不吻合，这是最常见的情况，如图 4-28 所示。调整量的计算公式如下：

1）3 号轴承的上、下移动量为

$$\delta_3 = \delta_1 + \delta_1' = \frac{\Delta b L_1}{D} + \frac{a_1 - a_3}{2}$$

2）4 号轴承的上、下移动量为

$$\delta_4 = \delta_2 + \delta_2' = \frac{\Delta b}{D}(L_1 + L_2) + \frac{a_1 - a_3}{2}$$

3）3 号轴承的左右移动量为

$$\delta_3' = \frac{\Delta b' L_1}{D} + \frac{a_4 - a_2}{2}$$

式中 $\Delta b'$——左、右端面间隙差（$\Delta b' = b_3 - b_4$），mm。

4）4 号轴承的左、右移动量为

$$\delta_4' = \frac{\Delta b'}{D}(L_1 + L_2) + \frac{a_4 - a_2}{2}$$

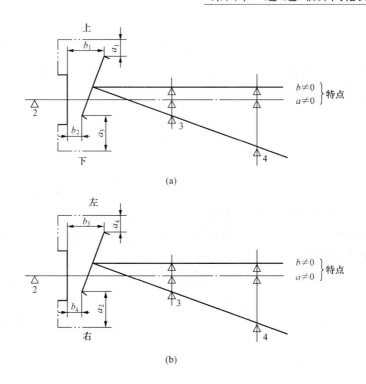

图 4-28　联轴器不平行、不同心
(a) 联轴器上下不平行、不同心；(b) 联轴器左右不平行、不同心

当 δ_3、δ_4、δ_3'、δ_4' 的计算结果均为正数时，3、4 号轴承应向上向左（这里的左、右方向是假想观察者站在两联轴器间，面对被调整转子的联轴器而得到的）移动；若计算结果均为负值时，3、4 号轴承则应向下、向右移动。

调整时首先消除上、下张口，然后消除外圆上、下高低值，最后调整左、右张口及外圆的左、右偏差。

4. 调整时的允许误差

调整垫片时，应将测量表架取下或松开，增减垫片的地脚及垫片上的污物应清理干净，最后拧紧地脚螺栓时应把外加的楔铁或千斤顶等支撑物拿掉，边紧地脚螺栓边监视百分表数值的变化，以防联轴器轴心线又产生偏移。

联轴器找中心的质量要求随泵的结构、参数等而异，如转速高，质量要求也高；转速低，对质量要求也低。联轴器是弹性的或是刚性的也与质量要求有关。联轴器找中心时的允许偏差值可参考表 4-4、表 4-5。

表 4-4　　　　　　　　　　　联轴器找中心的允许偏差值　　　　　　　　　　(mm)

转　　　速	固　定　式		非固定式	
	径向	端面	径向	端面
$n \geqslant 3000$	0.04	0.03	0.06	0.04
$3000 > n \geqslant 1500$	0.06	0.04	0.10	0.06
$1500 < n \geqslant 750$	0.10	0.05	0.12	0.08
$750 > n \geqslant 500$	0.12	0.06	0.16	0.10
$n < 500$	0.16	0.08	0.24	0.15

表 4-5 联轴器找中心的允许误差 （mm）

联轴器类别	允 许 误 差	
	周距（a_1、a_2、a_3、a_4 任意两数之差）	面距（Ⅰ、Ⅱ、Ⅲ、Ⅳ 任意两数之差）
刚性与刚性	0.04	0.03
刚性与半挠性	0.05	0.04
挠性与挠性	0.06	0.05
齿轮式	0.10	0.05
弹簧式	0.08	0.06

另外，水泵与电机联轴器实现对中后，其间还应保证留有一定的轴向距离。这主要是考虑到运行中两轴会发生轴向窜动，留出间隙可防止顶轴现象的发生。一般联轴器端面的距离随水泵的大小而定表 4-6。

表 4-6 水泵联轴器端面距离 （mm）

设备大小	端面距离	设备大小	端面距离
大型	8~12	小型	3~6
中型	6~8		

六、叶轮的静平衡

水泵转子在高转速下工作时，若其质量不均衡，转动时就会产生一个较大的离心力，造成水泵振动或损坏。转子的平衡是通过其上的各个部件（包括轴、叶轮、轴套、平衡盘等）的质量平衡来达到的，现代火力发电厂中高压、高速的大型水泵对转子精确平衡的要求更高，特别是在检修、更换转子上的零件后，找平衡成为检修中十分重要的一个环节。这里就对转子静平衡的设备及操作方法做一简单的介绍。

目前我国发电厂最常用的静平衡设备是平行导轨式静平衡台，其结构简单、使用方便且精确度高，最适于水泵叶轮的静平衡试验。此种平衡台主要由两根截面相同的平行导轨和能调整高度的支架组成，如图 4-29 所示。

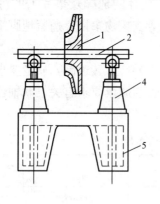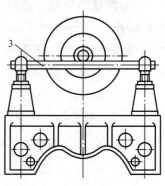

图 4-29 平衡导轨式静平衡台

1—叶轮；2—心轴；3—平衡台；4—调整支架；5—基础

除平衡台外，找平衡时还需用专门的心轴、百分表、天平及铅皮等。具体的方法是：

（1）先调整平衡台，使两导轨的水平偏差小于 0.05mm/m，两导轨的平行度偏差小于 2mm/m。将专用的心轴插入叶轮内孔，并保持一定紧力。

（2）叶轮的键槽要用密度相近的物质填充，以免影响平衡精确度，把装好的转子放在平衡台导轨上往复滚动几次，确定导轨无弯曲现象时，即可开始工作。用手轻轻地转动转子，让它自由停下来，可能出现两种情况：

1）当转子的重心在旋转轴心线上时，转子转到任何一角度都可以停下来，这时转子处于静不平衡状态，这种平衡为随意平衡。

2）当转子的重心不在旋转轴线上时，若转子的不平衡力矩大于轴和导轨之间的滚动摩擦力矩，则转子就要转动，使转子的重心位于下方，这种静不平衡为显著静不平衡；若转子的不平衡力矩小于轴和导轨之间的滚动摩擦力矩，则转子有转动趋势，但却不能使其重心方位向下，这种静不平衡为不显著静不平衡。

（一）显著静不平衡的找法

用两次试加重量法找转子不平衡的工艺步骤，如图 4-30 所示。此法只适用于显著静不平衡的转子找静平衡。

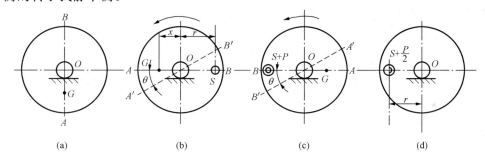

图 4-30 两次加重法找转子不平衡的工艺步骤

（1）用水平仪将道轨找平，使其水平度在 0.5mm/m。

（2）把转子转动 3～4 次，若每次转动停止后，总是停留在同一位置，则停止时的最低点为转子的偏重方向，设该方向偏重为 G，如图 4-30（a）所示。

（3）把 G 于水平位置，在 G 对应面转子边缘加一试重 S，使转子按 G 作用的方向旋转一定角度 θ（一般以 30°～45°为宜），后取下 S 称重记下，再把 S 放回原处，如图 4-30（b）所示。

（4）把转子旋转 180°使 S、G 在同一水平面上，并在 S 处再加一适当质量 P，使转子转动与第一次相同的 θ 角度，后取下 P 称重并记下。如图 4-30（c）所示。

（5）根据力矩平衡原理，两次转动所产生的力矩：第一次所产生的力矩是 $Gx-Sr$；第二次所产生的力矩是 $(S+P)r-Gx$。因两次转动角度相等，故其转动力矩也相等，即

$$Gx - Sr = (S+P)r - Gx$$

所以

$$Gx = \frac{2S+P}{2}r$$

在转子滚动时，导轨对轴颈的摩擦力矩：因两次的滚动条件近似相同，其摩擦力矩相差甚微，故可视为相等，并在列等式时略去不计。

(6) 若使转子达到平衡，所加平衡重 Q 应满足 $Qr = Gx$ 的要求，将 Qr 代上式，得：

$$Qr = \frac{2S + P}{2}r$$

所以

$$Q = S + \frac{P}{2}$$

说明：第一次加重 S 后，若是 B 点向下转动 θ 角，则第二次试加重 P 应加在 A 点上（加重半径与第一次相等），并向下转动 θ 角。其平衡重应为

$$Q = S - \frac{P}{2}$$

(7) 在加试重 S 的地方，加上质量 Q。

(8) 校验。将 Q 加在试加重位置，若转子能在轨道上任一位置停住，则说明该转子已不存在显著静不平衡。

(二) 找剩余静不平衡

在消除了显著静不平衡后，找剩余静不平衡。

1. 试加重周移法

试加重周移法找转子不显著不平衡，如图 4-31 所示。

(1) 将转子圆周分成若干等分（通常为 8 等分），并将各等分点标上序号。

(2) 将 1 点的半径线置于水平位置，并在 1 点加一试加重 S_1，使转子向下转动一角度 θ，然后取下称重。用同样方法依次找出其他各点试加重。在加试加重时，必须使各点转动方向一致，加重半径 r 一致，转动角度一致，如图 4-31 (a) 所示。

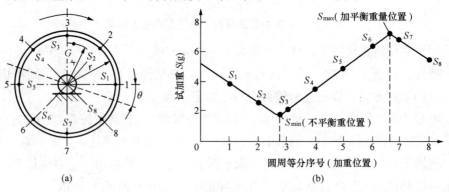

图 4-31 试加重周移法找转子不显著不平衡
(a) 求各点试加重；(b) 试加重与加重位置曲线

(3) 以试加重 S 为纵坐标，加重位置为横坐标，绘制曲线图，如图 4-31 (b) 所示。曲线最低点为转子不显著不平衡 G 的方位。但要注意：曲线最低点不一定与最小试加重位置相重合，因为最小试加重位置是在转子编制的序号上，而曲线的最低点是试加重曲线的交点，曲线最高点是转子的最轻点，也就是平衡重应加的位置。同样应注意曲线最高点

与试加重最重点的区别。

(4) 根据图 4-31 可得下列平衡式

$$Gx + S_{min}r = S_{max}r - Gx$$

所以

$$G_x = \frac{S_{max} - S_{min}}{2}r$$

若使转子达到平衡，所加平衡重 Q 应满足 $Qr=Gx$ 的要求，将 Qr 代上式，并化简得

$$Q = \frac{S_{max} - S_{min}}{2}$$

把平衡重 Q 加在曲线的最高点，该点往往是一段小弧，高点不明显，可在转子与曲线最高点相应位置的左、右作几次试验，以求得最佳位置。

称出加重块的质量。通常，我们不是在叶轮较轻一侧加质量，而是在较重侧通过减质量的方法来达到叶轮的平衡。

2. 用秒表消除剩余不平衡法

(1) 在转子的 8 点或 16 点上，逐次加一个相同的试加质量 Q，把该点放到水平位置上，使其转动不同的角度，记录下摆动周期，从摆动的周期长短，看其不平衡位置，可用下式计算其不平衡质量，即

$$m = \frac{T_{max}^2 - T_{min}^2}{T_{max}^2 + T_{min}^2} \times Q$$

式中　m——不平衡质量，g；

　　　Q——试加质量，一般应不大于 50g，g；

　　　T——时间（周期），s。

(2) 剩余不平衡质量的位置，应在叶轮的后盖板上做好永久记号，以便组装时将其位置相互错开。如果去掉时，就在不平衡重心点上去掉不平衡质量部分。

(3) 为了更准确地求出不平衡质量，应绘制曲线图，用秒表消除剩余不平衡的曲线图见图 4-32。横轴表示叶轮等分点的编号，纵轴用某种比例表示摆动周期。如果设备无问题，则作出的曲线将是正弦曲线，在曲线图上可确定不平衡质量所在位置。

在实际操作中，不可能恰好把试加质量 Q 加在与不平衡质量互相重合或相对应的位置上，为了求得正确的结果，在用上述公式进行

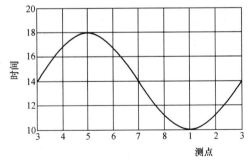

图 4-32　用秒表消除剩余不平衡的曲线图

计算时，不要用秒表法实际测得最大与最小周期进行计算，而应采用曲线图上的最大与最小周期进行计算，以免造成误差。

叶轮去掉不平衡质量时，可用铣床铣削或是用砂轮磨削（当去除量不大时），一般使用端面铣刀铣削。铣削时应以质心为中心成为扇面形向两端扩展，需去掉的不平衡质量应

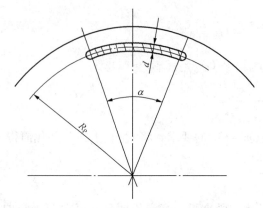

图 4-33　叶轮用端面铣刀铣削
不平衡质量后的形状

比试加质量略小一些。一般一次很难达到要求，需重复以上步骤，一直到满足平衡要求为止。但注意铣削或磨削的深度不得超过叶轮盖板厚度的 1/3，切削部分应与圆盘平滑过渡。

当用端面铣刀去重时，所形成的面积是扇面状的圆环形，如图 4-33 所示。去掉金属的深度不要超过图纸的规定。

这样调整不平衡质量后，仍然会有一小部分剩余不平衡，但只要剩余不平衡质量在正常运行时发生的离心力不超过转子质量的 4%～5%就可以认为合格。

一般离心式水泵叶轮静平衡允许误差列于表 4-7 中。

表 4-7 　　　　　　　　　　　　　水泵叶轮静平衡允许误差

叶轮外径 D_2（mm）	叶轮最大直径上的不平衡量（g）	叶轮外径 D_2（mm）	叶轮最大直径上的不平衡量（g）
<200	3	700～900	20
200～300	5	900～1200	30
300～400	8	1200～1500	50
400～500	10	1500～2000	70
500～700	15	2000～2500	100

七、水泵动平衡试验

转子高速找动平衡一般是在机体内进行的，其平衡转速通常低于或等于工作转速。找平衡时，是同时测出转子的振动振幅及使转子产生振动的不平衡重相位。现将刚性转子高速找动平衡的方法分述如下。

在作高速动平衡时，有一重要的物理现象，就是振幅始终滞后于引起振动的扰动力一个角度，即振幅和不平衡力不同相，振幅要滞后于该力一个相位角，称此角为滞后角。滞后角有以下特性。

（1）滞后角是一物理现象，对每个已定型的转子，如转速、轴承结构、转子结构均不改变，其滞后角是一定值。滞后角表示在机械振动中，由于惯性效应的存在，振幅始终滞后于引起振动扰动力一个角度，该角度和振动系统的自振频率及系统阻尼有关。

（2）当转子上有两个以上不平衡力时，各力总是以合力的形式出现，其振幅也是按矢量关系变化。

（3）滞后角是一个未知数，在作动平衡时并不需要测出滞后角值，而是根据滞后角是一定值的特征进行找动平衡工作。

测相法找动平衡是采用一套灵敏度高的闪光测振仪同时测量振幅和相位（振动的方

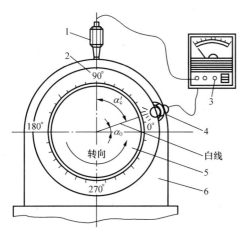

图 4-34　闪光测相布置

1—拾振器；2—刻度盘；3—闪光测相仪；
4—闪光灯；5—轴端头；6—轴头座

位)，又称相对相位法。

高速测相法找动平衡必须具备两个条件：

1) 轴承振幅与不平衡重产生的离心力成正比。

2) 当转速不变时，轴承振动与不平衡重之间的相位差保持不变（即滞后角不变）。

闪光测相布置如图 4-34 所示，通常由拾振器（电磁传感器、涡流传感器）、闪光灯和主机三部分组成。使用前，按说明书的要求接好主机与拾振器、闪光灯的连接线，然后接通主机电源（注意电源电压），将拾振器固定在测振部位，转子启动并到达平衡转速后，打开主机开关，测振仪即可投入工作。拾振器将感受到的振动转化为电信号输入主机，主机显示其振动峰值，同时控制闪光灯闪光。闪光灯的光线应正对划有白线的轴端面，并保持最佳距离，闪光灯灯泡的寿命较短，应尽量减少不必要的闪光时间，同时在单独用测振仪测振时，要将闪光开关关闭。测量前，在轴端面划一径向白线，在轴承座端面贴张 360° 的刻度盘，将拾振器（电磁传感器）放置在轴承盖的正上方（也可放在水平方向）。

①相位与振幅。转子上的不平衡力作用在轴承上，以振动形式反映出来。在轴承上测量振动时，其位置是固定不变的，而转子上的不平衡力是跟随转子的旋转而不断地改变其方向的，也就是说在转子转动一圈中，在轴承上所测得的振幅是个变量，其值的大小决定于不平衡力在当时所处的角度，在物理学上称这角度为相或相位或相位角。转子旋转 360°，振幅的变化成一正弦曲线，相位与振幅如图 4-35 所示。通常所说的振幅是指不平衡力经过测点时的振幅值，即振动的峰值。在找动平衡时，力以振动形式出现时，是以振幅表示其大小，振幅的计量单位是 mm。力的向量标示法为

$$\vec{G} = A_0 \angle \alpha_0$$

式中　$\vec{G}$——力的向量标示（含大小与方向）；

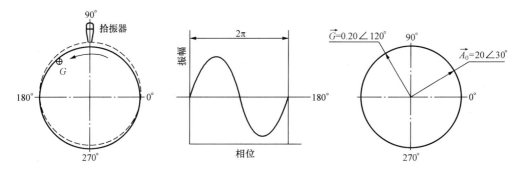

图 4-35　相位与振幅

243

A_0——$\vec{G}$ 产生的振幅峰值，mm 或 1/100mm；

$\angle\alpha_0$——力的相位角（与初相的夹角）。

②相对相位。在作高速动平衡时，在转子的轴端划了一条径向白线，这条白线是任意划的，但只要一划上，就固定了白线与转子上不平衡重的相对应的关系，只要找到在高速旋转中的白线，就意味着找到了不平衡重在转子上的方位，找高速旋转中的白线是通过闪光灯实现的。启动转子后，将闪光灯正对轴端白线处，当闪光的频率与转子的转速同步时，由于人眼睛的时滞现象，白线便停留在某一位置不动了。根据贴在轴承端面的刻度盘，就可读出白线所在角度（即白线的相位）

③质量向量与相对相位振幅向量的关系。在测试条件不变的情况下，当质量相位（质量向量）改变时，白线显现的相对相位（即振幅向量）也相应改变，其改变的角度相等、方向相反。

启动转子后，测得不平衡重 $\vec{G}$ 的振幅 A_0 和白线显现位置Ⅰ线，Ⅰ线就是已知的振幅向量 $\overline{A}_0$ 的位置。

在转子上加上试加重 $\overline{P}$，启动转子，测得 $\vec{G}+\overline{P}$ 的合振幅 A_{01} 和白线第二次显现位置Ⅱ线，Ⅱ线就是合振幅 $\vec{G}+\overline{P}$ 的相对相位。

现有已知条件：试加重 P（g）；$\vec{G}$ 的振幅向量 $\overline{A}_0$（mm）；$\vec{G}+\overline{P}$ 的振幅向量 $\overline{A}_{01}$（mm）；Ⅰ线与Ⅱ线的相位角。

根据上述已知条件，将振幅向量用同一比例，作 $\vec{G}$、$\overline{P}$ 的相对相位振幅向量平行四边形，如图 4-36 所示，从图中可得到 P 的相位和大小。在实际工作中，只需绘一个向量三角形，即可求得 A_1（试加重 P 振幅）。

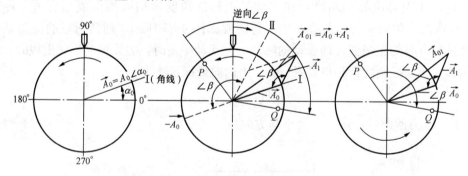

图 4-36　用相对相位法找动平衡

若要使转子平衡，应将 A_1（图 4-36 中Ⅱ线）顺转向 $\angle\beta$ 至 $-\overline{A}_0$ 的位置（注意是相对相位），则平衡重的位置应自试加重 P 的位置逆转向一个 $\angle\beta$（半径不变）。平衡重的大小为

$$Q=P\frac{A_0}{A_1}$$

式中　Q——平衡重的大小，g；

　　　P——试加重，g；

A_0——原始振幅，mm；

A_1——试加重振幅，mm。

八、泵轴的检修及直轴工作

泵解体后，对轴的表面应先进行外观检查，通常是用细砂布将轴略微打光，检查是否有被水冲刷的沟痕、两轴颈的表面是否有擦伤及碰痕。若发现轴的表面有冲蚀，则应做专门的修复。

在检查中若发现下列情况，则应更换为新轴：

(1) 轴表面有被高速水流冲刷而出现的较深的沟痕，特别是在键槽处。

(2) 轴弯曲很大，经多次直轴后运行中仍发生弯曲者。

（一）轴弯曲的测量方法

轴弯曲之后，会引起转子的不平衡和动静部分的磨损，所以在大修时都应对泵轴的弯曲度进行测量。

(1) 将泵轴放在专用的滚动台架上，也可使用车床或 V 形铁为支撑来进行检查见图4-37。

(2) 在泵轴的对轮侧端面上做好 8 等分的永久标记，一般以键槽处为起点，如图 4-37 (b) 所示。在所有检修档案中的轴弯曲记录，都应与所做的标记相一致。

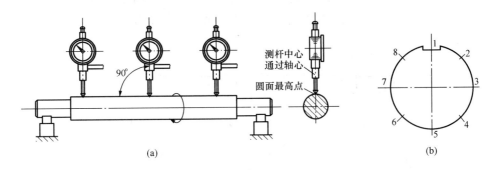

图 4-37　泵轴联轴器侧断面记号
(a) 轴弯曲的测量方法；(b) 标记方法

(3) 开始测量轴弯曲时，应将轴始终靠向一端而不能来回窜动（但轴的两端不能受力），以保证测量的精确度。

(4) 对各断面的记录数值应测 2～3 次，每一点的读数误差应保证在 0.005mm 以内。测量过程中，每次转动的角度应一致，盘转方向也应保持一致。在装好百分表后盘动转子时，一般自第二点开始记录，并且在盘转一圈后，第二点的数值应与原数相同。

(5) 测量的位置应选在无键槽的地方，测量断面一般选 10～15 个即可。进行测量的位置应打磨、清理光滑，确保无毛刺、凹凸和污垢等缺陷。

(6) 泵轴上任意断面中，相对 180°的两点测量读数差的最大值称为该端面的"跳动"或"晃度"，轴弯曲即等于晃度值的一半。每个断面的晃度要用箭头表示出，根据箭头的方向是否一致来判定泵轴的弯曲是否在同一个纵剖面内。根据记录计算出各断面的弯曲值绘制相位图，如图 4-38 所示。

单位：0.01mm

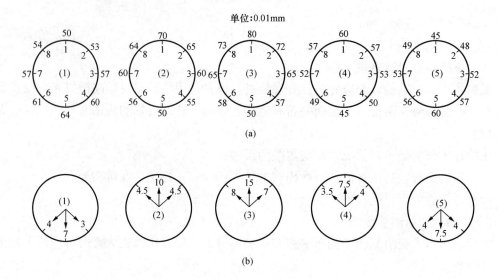

(a)

(b)

图 4-38　测量记录与相位图

（a）测量记录；（b）相位

（7）将同一轴向断面的弯曲值，列入直角坐标系。纵坐标为弯曲值，横坐标为轴全长和各测量断面间的距离。由相位图的弯曲值可连成两条直线，两直线的交点为近似最大弯曲点，然后在该两边多测几点，将测得各点连成平滑曲线与两直线相切，构成轴的弯曲曲线，如图 4-39 所示。

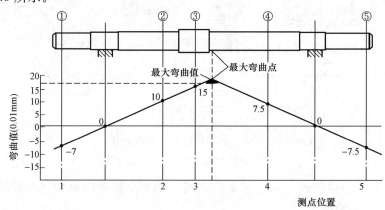

图 4-39　轴的弯曲曲线

（8）如轴是单弯，那么自两支点与各点的连线应是两条相交的直线。若不是两条相交的直线，则有两个可能：在测量上有差错或轴有几个弯。经复测证实测量无误时，应重新测其他断面的弯曲图，求出该轴有几个弯、弯曲方向及弯曲值。

（9）检查泵轴最大弯曲不得超过 0.04mm，两端不超过 0.02mm。否则应采用"捻打法"或"内应力松弛法"进行直轴，而"局部加热直轴法"则尽量不要采用。

（二）直轴工作

1. 直轴前的准备工作

（1）检查裂纹。对轴最大弯曲点所在的区域，用浸煤油后涂白粉或其他的方法来检查裂纹，并在校直轴前将其消除。消除裂纹前，需用打磨法、车削法或超声波法等测定出裂纹的深度。对较轻微的裂纹可进行修复，以防直轴过程中裂纹扩展；若裂纹的深度影响到轴的强度，则应当予以更换。裂纹消除后，需做转子的平衡试验，以弥补轴的不平衡。

（2）检查硬度。对检查裂纹处及其四周正常部位的轴表面分别测量硬度，掌握弯曲部位金属结构的变化程度，以确定正确的直轴方法。淬火的轴在校直前应进行退火处理。

（3）检查材质。如果对轴的材料不能肯定，应取样分析。在知道钢的化学成分后，才能更好地确定直轴方法及热处理工艺。

在上述检查工作全部完成以后，即可选择适当的直轴方法和工具进行直轴工作。直轴的方法有机械加压法、捻打法、局部加热法、局部加热加压法和应力松弛法等。下面就一一加以介绍。

2. 捻打法（冷直轴法）

捻打法就是在轴弯曲的凹下部用捻棒进行捻打振动，使凹处（纤维被压缩而缩短的部分）的金属分子间的内聚力减小而使金属纤维延长，同时捻打处的轴表面金属产生塑性变形，其中的纤维具有残余伸长，因而达到了直轴的目的。

捻打时的基本步骤为：

（1）根据对轴弯曲的测量结果，确定直轴的位置并做好记号。

（2）选择适当的捻打用的捻棒，捻棒的材料一般选用 45 号钢，其宽度随轴的直径而定（一般为 10～15mm），捻棒的工作端必须与轴面圆弧相符，边缘应削圆、无尖角（$R_1 = 2～3mm$），以防损伤轴面。在捻棒顶部卷起后，应及时修复或更换，以免打坏泵轴。捻棒形状如图 4-40 所示。

（3）直轴时，将轴凹面向上放置，在最大弯曲断面下部用硬木支撑并垫以铅板，如图 4-41 所示。另外，直轴时最好把轴放在专用的台架上并将轴两端向下压，以加速金属分子的振动而使纤维伸长。

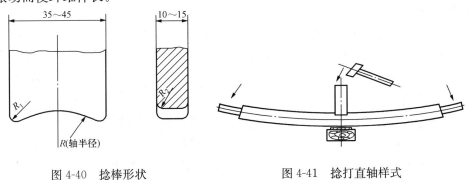

图 4-40　捻棒形状　　　　　　　　图 4-41　捻打直轴样式

（4）捻打的范围为圆周的 1/3（即 120°），此范围应预先在轴上标出。捻打时的轴向长度可根据轴弯曲的大小、轴的材质及轴的表面硬化程度来决定，一般控制在 50～100mm 的范围之内。

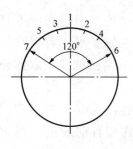

图 4-42　锤击次数

捻打顺序按对称位置交替进行，捻打的次数为中间多、两侧少，如图 4-42 所示。

（5）捻打时可用 1～2kg 的手锤敲打捻棒，捻棒的中心线应对准轴上的所标范围，锤击时的力量中等即可而不能过大。

（6）每打完一次，应用百分表检查弯曲的变化情况。一般初期的伸直较快，而后因轴表面硬化而伸直速度减慢。如果某弯曲处的捻打已无显著效果，则应停止捻打并找出原因，确定新的适当位置再进行捻打，直至校正为止。

（7）捻打直轴后，轴的校直应向原弯曲的反方向稍过弯 0.02～0.03mm，即稍校过一些。

（8）检查轴弯曲达到需要数值时，捻打工作即可停止。此时应对轴各个断面进行全面、仔细地测量，并作好记录。

（9）最后，对捻打轴在 300～400℃进行低温回火，以消除轴的表面硬化及防止轴校直后复又弯曲。

上述的冷直法是在工作中应用最多的直轴方法，但它一般只适于轴颈较小且轴弯曲在 0.2mm 左右的轴。此法的优点是直轴精度高，易于控制，应力集中较小，轴校直过程中不会发生裂纹。其缺点是直轴后在一小段轴的材料内部残留有压缩应力，且直轴的速度较慢。

3. 内应力松弛法

内应力松弛法直轴见图 4-43，此法是把泵轴的弯曲部分整个圆周都加热到使其内部应力松弛的温度（低于该轴回火温度 30～50℃，一般为 600～650℃），并应热透。在此温度下施加外力，使轴产生与原弯曲方向相反的、一定程度的弹性变形，保持一定时间。这样，金属材料在高温和应力作用下产生自发的应力下降的松弛现象，使部分弹性变形转变成塑性变形，从而达到直轴的目的。

（1）校直的步骤。

1）测量轴弯曲，绘制轴弯曲曲线。

2）在最大弯曲断面的整修圆周上进行清理，检查有无裂纹。

3）将轴放在特制的、没有转动装置和加压装置的专用台架上，把轴的弯曲处凸面向上放好，在加热处侧面装一块百分表。加热的方法可用电感应法，也可用电阻丝电炉法。加热温度必须低于原钢材回火温度 20～30℃，以免引起钢材性能的变化。测温时是用热电偶直接测量被加热处轴表面的温度。直轴时，加热升温不盘轴。

4）当弯曲点的温度达到规定的松弛温度时，保持温度 1h，然后在原弯曲的反方向（凸面）开始加压。施力点距最大弯曲点越近越好，而支撑点距最大弯曲点越远越好。施加外力的大小应根据轴弯曲的程度、加热温度的高低、钢材的松弛特性、加压状态下保持的时间长短及外加力量所造成的轴的内部应力大小来综合考虑确定。

5）由施加外力所引起的轴内部应力一般应小于 0.5MPa，最大不超过 0.7MPa。否则，应以 0.5～0.7MPa 的应力确定出轴的最大挠度，并分多次施加外力，最终使轴弯曲

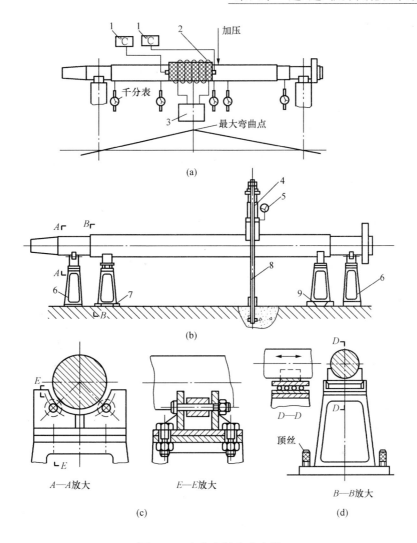

图 4-43 内应力松弛法直轴

（a）总体布置；（b）支撑与加压装置；（c）滚动支架；（d）承压支架（膨胀端）

1—热电偶温度表；2—感应线圈；3—调压器；4—千斤顶；5—油压表；

6—滚动支架；7—承压支架（活动）；8—拉杆；9—承压支架（固定）

处校直。

6）加压后应保持 2～5h 的稳定时间，并在此时间内不变动温度和压力。施加外力应与轴面垂直。

7）压力维持 2～5h 后取消外力，保温 1h，每隔 5min 将轴盘动 180℃，使轴上下温度均匀。

8）测量轴弯曲的变化情况，如果已经达到要求，则可以进行直轴后的稳定退火处理；若轴校直得过了头，需往回直轴，则所需的应力和挠度应比第一次直轴时所要求的数值减小一半。

（2）直轴时应注意的事项。

1）加力时应缓慢，方向要正对轴凸面，着力点应垫以铅皮或紫铜皮，以免擦伤轴表面。

2）加压过程中，轴的左右（横向）应加装百分表监视横向变化。

3）在加热处及附近，应用石棉层包扎绝热。

4）加热时最好采用两个热电偶测温，同时用普通温度计测量加热点附近处的温度来校对热电偶温度。

5）直轴时，第一次的加热温升速度以 100～120℃/h 为宜，当温度升至最高温度后进行加压；加压结束后，以 50～100℃/h 的速度降温进行冷却，当温度降至 100℃ 时，可在室温下自然冷却。

6）轴应在转动状态下进行降温冷却，这样才能保证冷却均匀、收缩一致，轴的弯曲顶点不会改变位置。

7）若直轴次数超过两次以后，在有把握的情况下可将最后一次直轴与退火处理结合在一起进行。

内应力松弛法适用于任何类型的轴，而且效果好、安全可靠，在实际工作中应用的也很多。关于内应力松弛法的施加外力的计算，这里就不再介绍，应用时可参阅有关的技术书籍中的计算公式。

4．局部加热法

这种方法是在泵轴的凸面很快地进行局部加热，人为地使轴产生超过材料弹性极限的反压缩应力。当轴冷却后，凸面侧的金属纤维被压缩而缩短，产生一定的弯曲，以达到直轴的目的，见图 4-44。

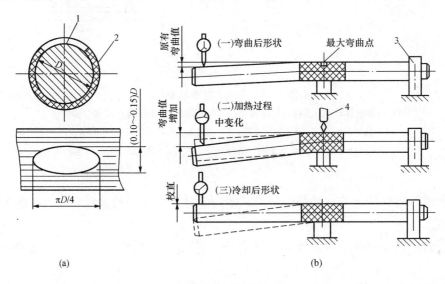

图 4-44　局部加热法直轴

（a）加热孔尺寸；（b）加热前后轴的变化

1—加热孔；2—石棉布；3—固定架；4—火嘴

（1）具体操作方法为：

1) 测量轴弯曲，绘制轴弯曲曲线。

2) 在最大弯曲断面的整个圆周上清理、检查并记录好裂纹的情况。

3) 将轴凸面向上放置在专用台架上，在靠近加热处的两侧装上百分表以观察加热后的变化。

4) 用石棉布把最大弯曲处包起来，以最大弯曲点为中心把石棉布开出长方形的加热孔。加热孔长度（沿圆周方向）约为该处轴径的 25%～30%，孔的宽度（沿轴线方向）与弯曲度有关，约为该处直径的 10%～15%。

5) 选用较小的 5 号、6 号或 7 号焊嘴对加热孔处的轴面加热。加热时焊嘴距轴面约 15～20mm，先从孔中心开始，然后向两侧移动，均匀地、周期地移动火嘴。当加热至 500～550℃时（轴表面呈暗红色），立即用石棉布把加热孔盖起来，以免冷却过快而使轴表面硬化或产生裂纹。

6) 在校正较小直径的泵轴时，一般可采用观察热弯曲值的方法来控制加热时间。热弯曲值是当用火嘴加热轴的凸起部分时，轴就会产生更加向上的凸起，在加热前状态与加热后状态的轴线的百分表读数差（在最大弯曲断面附近）。一般热弯曲值为轴伸直量的 8～17 倍，即轴加热凸起 0.08～0.17mm 时，轴冷却后可校直 0.01mm，具体情况与轴的长径比及材料有关。对一根轴第一次加热后的热弯曲值与轴的伸长量之间的关系，应作为下一次加热直轴的依据。

7) 当轴冷却到常温后，用百分表测量轴弯曲并画出弯曲曲线。若未达到允许范围，则应再次校直。如果轴的最大弯曲处再次加热无效，应在原加热处轴向移动一位置，同时用两个焊嘴顺序局部加热校正。

8) 轴的校正应稍有过弯，即应有与原弯曲方向相反的 0.01～0.03mm 的弯曲值，待轴退火处理后，这一过弯曲值即可消失。

(2) 在使用局部加热法时应注意以下问题：

1) 直轴工作应在光线较暗且没有空气流动的室内进行。

2) 加热温度不得超过 500～550℃，在观察轴表面颜色时不能戴有色眼镜。

3) 直轴所需的应力大小可用两种方法调节，一是增加加热的表面；二是增加被加热轴的金属层的深度。

4) 当轴有局部损伤、直轴部位局部有表面高硬度或泵轴材料为合金钢时，一般不应采用局部加热法直轴。

最后，应对校直的轴进行热处理，以免其在高温环境中复又弯曲，而在常温下工作的轴则不必进行热处理亦可。

5. 机械加压法

这种方法是利用螺旋加压器将轴弯曲部位的凸面向下压，从而使该部位金属纤维压缩，把轴校直过来，如图 4-45 所示。

6. 局部加热加压法

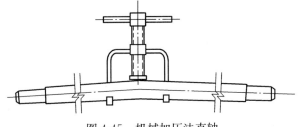

图 4-45　机械加压法直轴

这种方法又称为热力机械校轴法，其对轴的加热部位、加热温度、加热时间及冷却方式均与局部加热法相同，所不同点就是在加热之前先用加压工具在弯曲处附近施力，使轴产生与原弯曲方向相反的弹性变形。在加热轴以后，加热处金属膨胀受阻而提前达到屈服极限并产生塑性变形。

这样直轴大大快于局部加热法，每加热一次都收到较好的结果。若第一次加热加压处理后的弯曲不合标准，则可进行第二次。第二次加热时间应根据初次加热的效果来确定，但要注意在某一部位的加热次数最多不能超过 3 次。

5 种直轴方法中，机械加压法和捻打法只适用于直径较小、弯曲较小的轴；局部加热法和局部加热加压法适用于直径较大、弯曲较大的轴，这两种方法的校直效果较好，但直轴后有残余应力存在，而且在轴校直处易发生表面淬火，在运行中易于再次产生弯曲，因而不宜用于校正合金钢和硬度大于 HB180～190 的轴；应力松弛法则适于任何类型的轴，且安全可靠、效果好，只是操作时间要稍长一些。

第三节 给水泵检修

一、超（超）临界机组给水泵结构特点

锅炉给水泵是火力发电厂的重要辅机，其运行的可靠性直接影响到机组的满负荷稳定运行。超（超）临界机组给水泵常用双壳体圆筒形多级离心泵，泵的壳体采用筒体式，泵芯包为水平、离心、多级筒体式，此泵特点是：壳体对称性好，热变形均匀，可靠性高。检修时，由于不必拆装焊接在固定的圆筒壳体上的进、出水管，内部组件可以整体从泵外筒体内抽出的芯包的结构，以便于快速检修泵，芯包内包括泵所有的部件。相同型号的泵组芯包内所有部件具有互换性。筒体内所有受高速水流冲击的区域都采取适当的措施以防止冲蚀，所有接合面都采取了保护措施。发生故障时，只要把备用的内壳体装入，调整外壳体与前端盖及后端盖的同心度，就可恢复运转。从而使单元机组的停运时间缩短到最低限度（如有备用内壳体，一般 8h 内即可更换好）。给水泵运行时，其内外壳之间充满着自末级叶轮输出的高压水，内壳体在水的外周压力作用下，结合面保持了极高的严密性。圆筒形双壳体可保证各部件在组合时对轴心线对称并减少压差、温差，使热冲击和热变形均匀对称，从而提高给水泵运转的可靠性和经济性。目前，典型泵主要是引进德国 KSB 技术生产的 CHT 系列，如50CHTA/6、80CHTZ/4、CHTC5/5；引进英国 WEIR 技术生产的 FK 系列，如FK6F32、FK4E39；引进法国 SUIZER 技术生产的 HPT 系列，如 HPT、HPT300。给水泵结构示意图如图 4-46 所示。

二、给水泵检修工艺

下面以日立 400mm/450mm BGM-CH 汽动给水泵为例，介绍一下给水泵的结构性能及检修工艺方法，给水泵结构简图如图 4-47 所示。

（一）给水泵技术参数

日立 400mm/450mm BGM-CH 汽动给水泵技术参数见表 4-8。

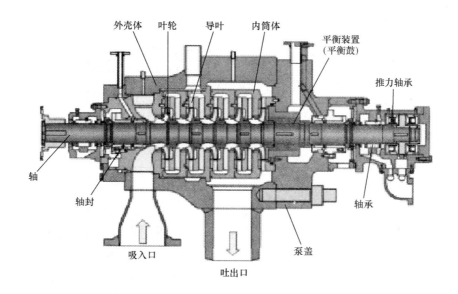

图 4-46　给水泵结构示意图

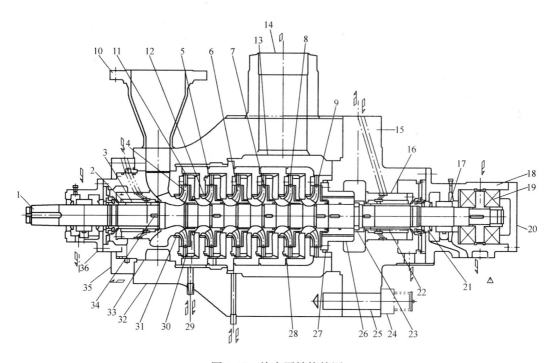

图 4-47　给水泵结构简图

1—泵轴；2—密封套；3—密封座；4~9—叶轮；10—入口端盖；11—导叶；12—导叶衬套；
13—中段泵壳；14—泵出口；15—泵筒体；16—轴封；17—径向轴承；18—轴头；19—密封件；
20—轴头压盖；21—出水段轴承；22—轴套；23—开环；24—螺帽；25—螺栓；26—平衡盘；
27—开口环；28—结合端口；29—级间套筒；30—导叶；31—密封环；32—壳体；33—中开环；
34—平键；35—端盖；36—轴封压盖

表 4-8   日立 400mm/450mm BGM-CH 汽动给水泵技术参数

扬程（kPa）	35.5	泵总压头（MPa）	31.254
泵吸入压力（表压）（MPa）	1.984	抽头压力（表压）（MPa）	9.6
泵出口压力（表压）（MPa）	33.238	抽头流量（t/h）	151.65
额定流量（m³/h）	1592.35	最小流量（m³/h）	570
进水温度（℃）	186.3	最高工作转速（r/min）	5200±2
级数	5	效率（%）	85.6%
轴功率（kW）	19650		

（二）给水泵的结构

泵的壳体采用筒体式，泵芯包为水平、离心、多级筒体式，为便于快速检修泵，内部组件设计成可以整体从泵外筒体内抽出的芯包的结构，芯包内包括泵所有的部件。相同型号的泵组芯包内所有部件具有互换性。筒体内所有受高速水流冲击的区域都采取适当的措施以防止冲蚀，所有接合面都采取了保护措施。该泵属于允许对泵内部零件进行拆卸的五级卧式筒形泵，从驱动汽轮机到泵的驱动是通过扰性管夹形联轴节传动的。泵和驱动汽轮机安装在一个共用的底座上，驱动联轴节封闭在一个连接保护器内。泵壳与泵轴的密封形式为迷宫密封，主要原理是通过间隙控制泄漏的方式进行汽动给水泵的密封工作。轴承配置包括在非驱动端的复合双止推及轴颈轴承，和在驱动端的平面轴颈轴承，每个轴承从润滑油系统上得到润滑。

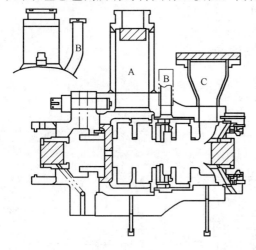

图 4-48　给水泵壳体结构简图

1. 泵壳

给水泵泵壳由不锈钢材料 SF440A 制成，其结构如图 4-48 所示，内表面铸有水力通道。泵壳、支撑板和底板的设计，能使泵的对中不受接管载荷或运行参数变化的影响。泵的支撑整体地铸造在泵的两侧，泵壳下面的一个纵向键，布置在底板键台的滑动垫块之间，以保证泵的正确对中，这样允许泵的自由胀缩，同时保持了轴的中心不变。

2. 轴

轴由优质不锈钢（SUS403）锻件制成，泵轴示意如图 4-49 所示，表面镀铬以使轴颈有硬的耐磨表面。泵轴长 3.2m，跳动值标准为小于 0.03mm。轴是传递扭矩的主要部件。

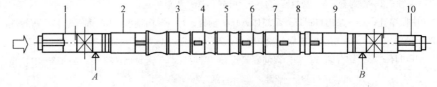

图 4-49　给水泵泵轴结构简图

泵轴采用阶梯轴,叶轮用热套法装在轴上,叶轮与轴之间没有间隙,不致使轴间串水和冲刷,但拆装困难。

3. 叶轮

给水泵叶轮采用封闭单吸式结构,叶轮材料采用抗汽蚀的不锈钢(SCS2),为单侧进水形,与轴配合后并经高速动平衡处理。叶轮在轴上的轴向定位,一侧是依靠定位套筒和轴肩,另一侧是依靠定位套筒和轴端螺母。轴端螺母锁紧套筒,以组成一个牢靠的锁紧装置。叶轮采用过盈配合和键装在轴上。在制作时叶轮套装在轴上,并做低速和高速动平衡对转子进行质量平衡。

4. 轴承

联轴器侧轴承是套筒轴承,反联轴器侧轴承是由套筒轴承和 Kingsberry 公司生产的14inch 形推力轴承(可倾瓦块结构)组成,轴承的润滑油是强制润滑。Kingsberry 形推力轴承可以承受水力平衡装置平衡后剩余的轴向推力,以及由于负载的急剧的变动的轴向推力。转子的轴向位置是由推力轴承的位置来决定的。另外,转子是以推力轴承的推力面为中心向联轴器侧膨胀的,但是和筒体形壳体的膨胀方向是相反方向,所以相互抵消,两者的相对位置保持一定。推力轴承与径向轴承支撑在同一个轴向中分的轴承座上,并由轴承座以及推力轴承上盖和轴承端盖共同保持在其位置上。

5. 中间抽头

给水泵第二级以上设有中间抽头,中间抽头的出水压力、流量能满足再热器喷水减温的要求,抽头出口设置逆止门。中间抽头位于筒体右侧(由联轴器向筒体端方向看)与进口管成 30°夹角,汽动泵在下侧,电动泵在上侧。抽头设计流量为 172.3m³/h。

6. 平衡装置

泵的水力平衡装置为平衡鼓结构,通过平衡鼓平衡大部分轴向推力,其余轴向力通过推力轴承平衡。整套平衡装置能防止主泵在任何工况下转子的轴向窜动。推力轴承应在所有的稳态和暂态情况下,包括泵起动和停止时,应能维持纵向对中和可靠的平衡轴向推力。

7. 轴封

轴封装置采用迷宫衬套密封方式。使用寿命长(零部件交换周期大约是 10 年)、使用简单、具有高可靠性。

(三)检修前准备工作

1. 确定工作负责人、资源准备

(1)人员准备。一般 1000MW 火力发电机组一台给水泵检修需配备 4~5 人。人员结构上,高级、中级、初级三种级别应适当搭配。人员配备除在数量上满足以外,还应注意人员素质。提高素质可以适当弥补人数上的不足,从中确定一位工作负责人。

(2)技术准备。开工前由技术人员编写技术措施,并进行技术交底,明确技术责任。检修人员一定要熟悉有关泵的图纸,对所要检修的设备应了解它的工作原理、运行方式、内部结构、零件用途及零件之间关系,牢记重要零件的装配方法及要求。认真学习技术人员的大修技术交底内容,必要时作好笔录,严格按质量标准检修。

（3）备品、备件准备。

1）消耗材料。包括各种清洗剂、螺栓松动剂、红丹粉、黑铅粉等。

2）油料。包括汽油，煤油、常用机油、润滑脂等。

3）备件。准备好泵易磨损的备件，以免在拆卸完毕后没有备件而延长泵组的检修工期。

4）工具。包括各种常用工具、专用工具（自行配制加工或制造厂供给的）、各种普通或精密量具、小型千斤顶、链条葫芦等。

2. 运行状态参数采集与分析评审

在泵组检修停运之前，有关部门要做好泵运行时状态参数记录工作，如温度、振动、转速、压力等，了解设备运行中存在的问题及设备缺陷。检查所记录的技术参数是否与泵的额定参数相符，如果与额定参数不符则应在本次设备的检修工作中侧重处理。泵检修停运前技术参数与检修后泵运行技术参数相比较，也是评测人员检修技术水平高低的一个手段。

3. 按照规定要求办理热力机械工作票

设备检修开工前必须先办理检修工作票，在开工时要检查检修措施是否完备，泵内存水是否放净等，确认检修措施完备后，方可进行检修工作。

4. 对检修工作的要求

（1）工作场地要清洁，无杂物，做到物放有序。

（2）在检修工作中严禁强行拆装，防止零件碰伤或损坏，如零件拆不下就用大锤敲打，螺栓拧不动就用錾子錾。

（3）正确地使用工具，不允许超出其使用范围，如活扳手当榔头用，螺丝刀当扁铲、撬棍等用。

（4）对检修的设备必须按检修规程认真严格执行，严禁马虎、凑合。检修中应注意节约，禁止大材小用。

（5）做好标识，防止零件回装时装错。

5. 检修安全措施

（1）开工前班长根据工作需要及人员精神状态，确定工作负责人及检修人员，技术员组织工作组成员学习检修工艺规程，安全工作规程，工序卡及本项安全措施。

（2）检修前必须检查泵体内汽水放尽，并确认无压力后方可开始检修。钢丝绳检查，外观无断股、变形、磨损、腐蚀，接口无松动，内部无锈蚀，新钢丝绳必须有产品合格证，并经试验合格后才能使用。

（3）倒链全面检查，吊钩、链条完整，无变形、断裂、开扣及磨损，且润滑良好，拉动灵活，升降正常，制动装置可靠。

（4）行车要全面检查，大车、跑车、吊钩行走、提升正常，限位、制动装置可靠，并经生产、安监部门验收合格。

（5）检修用的电动工器具必须试验合格，并有合格证。

（四）给水泵检修工艺方法

1. 拆卸

(1) 拆联轴器保护罩、联轴器润滑油管及连接螺栓，拿下中间加长套并测量记录联轴器中心及推力间隙。找中心时两对轮要按运行方向旋转相同角度，读数记录要准确。

(2) 拆除在泵盖和轴承体上的润滑油管、冷却水管、平衡水管、排水管及测温元件等；油管、水管管口要用布包好，以防落入杂物；密封圈以及螺栓、短小管路应妥善保管。

2. 吊出转子

(1) 拆除分隔拉环和泵壳以及入口导板之间的紧固螺栓，并且拆下拉环。

(2) 用六角螺栓将第一级张力管固定到轴承室上，然后将胀紧螺栓拧入泵轴端的锥形孔中。

(3) 紧固螺帽，以吸收旋转组件和卡盘的自由轴向位移（用力不要太大）。

(4) 将抽出管旋到第一级张力管上，直到管面相接。

(5) 将安全环套在抽出管上，并且用锁紧螺丝固定。

(6) 将驱动端千斤顶放置在泵的基板上。

(7) 调整千斤顶，直到和张力管相接触，用调整槽确保千斤顶在中心位置，然后用螺栓将千斤顶紧固到基板上。

(8) 拆除出口端盖螺帽。

1) 用螺栓将顶起装置上到径向相对的壳体螺杆上，用插入壳体螺杆的方法确保两个顶起装置拧到出口盖上。

2) 通过软管和连接器将手动操作的液压泵和两个顶起装置相连。

3) 操作手泵，向系统注油，然后将系统中的压力升高到133MPa，将螺杆卸载，使用撬棒松开出口盖螺帽。

4) 释放系统中的油压，通过操作泵上的阀门将油返回泵。

5) 重复上述步骤，以松开剩下的出口盖螺帽，确保按正确的顺序进行，以免使盖子变形。

(9) 使用螺栓和垫圈紧固支架，以支撑轨道。

(10) 用螺栓、螺帽和千斤顶组装支撑轨道，支架组件。

(11) 用螺栓将紧固卡箍组紧固到出口盖上。

(12) 用水平仪和调整装置，找平支撑轨道，确保它们与出口盖上的卡箍组件相接触。

(13) 检查千斤顶始终与张力管牢固接触。

(14) 拆下驱动侧定位堵板。

(15) 紧固螺栓和垫圈，保持支撑轨道的位置，在支撑轨道上安装止动销。

(16) 通过出口盖的锥形孔拧紧螺栓，并且将泵的支座卡盘顶起，脱离泵壳。

(17) 将转子组件从壳中抽出，直到安全箍触到千斤顶组件。

(18) 将第二个抽取管拧入第一个抽取管上，固定好安全箍。

(19) 以此类推逐次将抽取管都加上，并且转子组件已经从泵壳中抽出。

(20) 安装吊具，把转子吊起。

(21) 拆除抽取管组件。

（22）吊起转子组件，运至适当的检修场地，将卡盘适当支撑，确保转子放平，拆掉吊具。

3. 转子解体

（1）解体准备。

1）用专用工具把转子组件紧固。

2）拆除驱动端轴承室的张力螺帽、板和螺杆，以及第一级张力管。

（2）拆除驱动端轴承室。

1）拆除外部护油圈和轴承室之间螺栓，并且将护油圈抽出。

2）拆除上半轴承室和下半轴承室之间的固定螺栓。

3）吊走上半轴承室。

4）拆下上轴瓦并保存护油圈防转动销。

5）仔细地绕轴转动下半轴瓦衬套和护油圈，并且拆下。

6）使用合适的吊具吊起下半轴承室的重量。

7）抽出定位销，并且拆除下半轴承室的紧固螺栓，然后吊走下半轴承室。

8）在轴上标注抛油圈的位置，松开平头螺栓，并且将抛油圈和外部护油圈从轴上滑出。

（3）拆除非驱动端轴承室。

1）拆除端盖和驱动端轴承室之间的连接螺栓，并且拆除端盖，O形圈报废。

2）拆除上半轴承室和出口盖之间的螺栓。

3）拆除固定并且定位上下轴承室的六角螺帽和销子。

4）将上半轴承室吊走。

5）吊走轴颈轴承的上半部分和护油圈，拆除并保存护油圈防转动销。

6）通过热工拆除推力瓦上的测温元件。

7）依次拆除每个推力隔板套环。

8）承担轴的重量，然后仔细地绕轴转动下半轴承衬套和护油圈，并且拆下。

9）使用合适的吊具承担非驱动端下半轴承室的质量。

10）松开垫圈，使用专用扳手松开并拆除推力环，锁紧垫圈报废。

11）使用专用抽出装置，将推力环从轴上拉出，将推力环键从轴上的键槽中拆除并保存。

12）将推力环间隔垫从轴上拆下，并测量其厚度记入记录本上。

13）在轴上标注抛油圈的位置，将轴上的平头螺钉松开并滑出抛油圈。

（4）泵内部组件的解体。

1）将螺杆拧入出口盖的两个相对的锥形孔中，然后将夹板放置到轴上与轴肩相接。

2）在每个螺杆上拧入螺母，并且紧固到刚刚能限制旋转组件的自由运动，不要过分紧固螺帽。

3）将吊具连接出口盖的活结螺栓，仔细地将转子组件升至竖直位置。注意：提升组件时，必须确保任何时间组件的重量不能由泵轴突出端承担。

4）将组件下降，放置在合适的支撑架上，轴端要离开地面，拆掉吊具和螺杆以及增值板，在轴的驱动端的下面放置一合适的千斤顶或木块支撑，调整千斤顶的高度，直到能够支撑轴的重量。

5）将紧固转子组件的双头螺栓拆除。

6）在出口盖上挂吊具，将盖吊出，拆除并保存第一级扩散器的防止动销。

7）松开并拆除平头螺栓，然后使用专用扳手松开并拆掉平衡鼓。

8）使用抽出装置，对平衡鼓均匀加热，并且将平衡鼓从轴上抽出，拆下键并作记号保存。

9）将圆盘弹簧从末级扩散器上吊走。

10）拆除末级扩散器和末级环件之间的固定螺栓，吊起扩散器，拆掉并保存扩散器定位销。

11）对末级叶轮均匀加热，并且将叶轮从轴上抽出，拆除并保存叶轮键，将分隔剪切环从轴上的槽中拆掉并保存。

12）依次拆下第三级，第二级叶轮，直到第一级叶轮停留在轴上。

13）将轴的起吊吊耳拧到轴的驱动端，仔细地提升泵轴组件，使之与入口导板和组件脱离。

14）将轴支撑在水平位置，使用环形加热器对第一级叶轮进行加热，并且将叶轮从轴上拆下，拆除并保存轴上键槽中的叶轮键，并且将分隔环从轴上拆掉并保存。

15）吊走入口导板的隔板级环件。

16）拆除入口导板和支持框架之间的螺钉，使用适当的吊具将入口导板吊离支持框架。

4. 解体后检查

（1）叶轮与泵壳耐磨环检查。

1）检查叶轮是否已有腐蚀的情况，尤其是在中片顶端，检查叶轮流道内是否有任何在解体过程中发生的损坏，并且清理所有的毛刺，以确保叶轮流道完好光滑，没有任何变形。

2）检查叶轮和泵壳耐磨环，测量叶轮与泵壳耐磨环的间隙，如超标应更换密封环，更换程序如下：

①加工叶轮的密封耐磨面，去掉所有的标记并且恢复叶轮中心孔的同心度。

②拆下锁定埋头螺栓，将被磨损的耐磨环从入口导板和环形组件及扩散器上取下并车削加工。

③保护耐磨部位的清洁，然后把新换的耐磨环浸入液态氮中几分钟，将其热态就位。

④当耐磨环的温度升到已加热部件的温度时，用平头螺栓将其就位。

⑤将新换的耐磨环车削加工，使其间隙达到规定要求尺寸。

叶轮密封环经车修后，为防止加工过程中胎具位移而造成同心度偏差，应用专门胎具进行检查，如图 4-50 所示。具体的步骤为：用一带轴肩的光轴插入叶轮内孔，光轴固定在钳台上并仰起角度 α，确保叶轮吸入侧轮毂始终与胎具轴肩相接触并缓缓转动叶轮，在叶轮密封环处的百分表指示的跳动值应符合要求，否则应重新修整。

3）如果叶轮损坏严重，无法修复，则更换新叶轮，对新换的叶轮应进行下列工作。检查合格后方可使用：

①叶轮的主要几何尺寸，如叶轮密封环直径对轴孔的跳动值、端面对轴孔的跳动、两端面的平行度、键槽中心线对轴线的偏移量、外径 D_2、出口宽度 b_2、总厚度等的数值与图纸尺寸相符合。

②叶轮流道清理干净。

③叶轮在精加工后，每个新叶轮都经过静平衡试验合格。

对新叶轮的加工主要是为保证叶轮密封环外圆与内孔的同心度、轮毂两端面的垂直度及平行度，如图 4-51 所示。

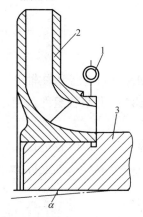

图 4-50　检查叶轮密封环同心度的方法
1—百分表；2—叶轮；3—专用胎具

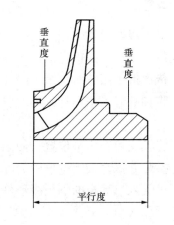

图 4-51　叶轮平行度和
垂直度的检查

（2）出口外罩环形部件、扩散器和入口导向装置的检查。

1）检查出口外罩环形部件、扩散器和入口导向装置是否磨损或腐蚀，尤其检查通道内的部位。

2）检查入口导向装置的孔、环形部件和扩散器、耐磨环以及平衡鼓限制衬管是否磨损或变成椭圆形，视必要予以更换或修理。

（3）泵轴检查。

1）将轴打磨、清理。

2）将轴放到车床上或放于专用支架上，测量各部跳动。

3）检查轴表面有无冲刷、电蚀现象，测量各轴肩轴向跳动。

4）从入端开始，依次测量配合处的轴径尺寸。

（4）平衡装置检查。

1）检查平衡鼓、平衡套、支撑环有无轴向磨痕和擦伤。

2）用外径千分尺分别测量平衡鼓与轴配合紧力，应为 0.03～0.05mm。

3）测量平衡鼓与平衡套的配合间隙。

（5）推力轴承检查。

1）检查推力盘两平面，如有毛刺、沟痕，应在磨床上进行修光。

2）检查扇形瓦块的表面，接触是否良好，应无脱胎及沟痕。

（6）检查径向轴承。

1）检查轴承的乌金表面，应无擦伤，脱胎。

2）检查轴瓦的接合面，瓦衬端面应无伤痕。

（7）检查迷宫密封。

复查密封轴套与衬套间隙：如果间隙过大，就会造成密封水作用失效。

（8）检查挠性联轴器。

检查联轴器的部件是否存在磨损，损坏迹象严重时加以更换。

5. 组装

（1）组装泵的内部组件。

1）确保支撑架牢固固定在外搁架上，然后将入口导板吊装在支架上，用支撑吊耳和螺栓将入口导板紧固在支撑支架上。

2）将隔板级环件吊到入口导板的位置。

3）水平方向支撑泵轴，然后将第一级叶轮键安装到轴上的键槽中，并将叶轮剪切环放在轴的切槽中。

4）均匀地加热第一级叶轮的轮壳，然后将叶轮滑动安装到轴上，在键上就位并与剪切环相连。

5）将吊耳拧入轴的非驱动端，使用适当的吊具将轴升到位，并且缓慢地降低直到第一级叶轮大约高于入口导板耐磨环的位置，在轴的下面放置一个千斤顶或木块，调整千斤顶或木块直到于轴端接触，拆掉吊具和吊耳。

6）确保第一级扩散器中的防转动销就位，并且扩散器在第一级的环件中的位置正确。

7）将第一级环件和扩散器，吊到轴的上方，并就位于隔板级环件中，用定位销定位。

8）用螺栓将第一级环件固定到隔板级环件上。

9）在进行下面的工作之前，检查总的轴向间隙。

10）依次复装第二、三、四、五级叶轮。

11）将圆盘弹簧安装到末级扩散器的切槽中。

12）将平衡鼓键插入轴上的键槽中，均匀加热平衡鼓，然后将平衡鼓滑动到键上，直到与轴肩相接。

13）使平衡鼓冷却到环境温度，然后将密封环以及填料压紧环安装到平衡鼓的腔体中。

14）使用平衡鼓螺帽将平衡鼓在轴上固定，用平头螺栓将平衡鼓螺帽锁紧就位。

15）适当的吊起出口盖到轴的上方，确保平衡鼓和限位衬垫不被损坏，并且出口盖正确就位。

16）在双头螺栓上装一个衬垫，拧紧螺帽以夹紧卡盘，锁紧组件，测量出口盖的剪切面和支撑支架之间应无间隙，确认旋转组件轴向移动不变。

17）将螺杆拧入出口盖的两个相对的锥形孔中，将夹板放置在轴肩上。

18）紧固到刚刚能限制旋转组件的自由运行，不要过分紧固螺帽。

19）用合适的吊具吊起转子，水平放置，将固定旋转组件的夹板及螺杆拆除，复查转子轴向窜量保持不变。

（2）驱动端轴承的复装。

1）将密封键在轴上的键槽中就位，并将密封组件安装到轴上，和槽键相吻合。

2）用六角螺栓将密封盖紧固到密封室上，确保充水管径向位置正确。

3）将剪切环在轴上的套中就位，然后将密封套螺帽上到密封套端部，并且使用专用扳手紧固螺帽。

4）将抛油圈滑动至拆卸时在轴上标注的位置，用平头螺钉将抛油圈紧固到泵轴上。

5）用合适的起吊工具和下半轴承连接，并且将其吊装至入口导板上，用销子和六角螺栓将轴承室入口导板紧固。

6）承担起轴的质量，将下半护油圈和轴颈轴承放置在轴上，并且将其转动至下半轴承室中，释放轴的质量。

7）将上半轴颈轴承和护油圈放置在下半部分上，确保防转动销就位。

8）将上半轴承室放置在下半轴承室，确保轴颈轴承和护油圈的防转动销位置正确。

9）用定位销将上下轴承室固定就位，并且用六角螺栓固定。

10）用六角螺栓紧固上半轴承室和入口导板。

11）用螺栓紧固护油圈和轴承室。

（3）组装非驱动端轴承。

1）将密封键在轴上的键槽中就位，并且将密封组件安装到轴上，和键槽相吻合。

2）用六用螺栓将密封盖紧固到密封室上，确保充水管径向位置正确。

3）将剪切环在轴上的套中就位，然投后将密封套螺帽上到密封套端部，并且使用专用扳手紧固螺帽，使密封套和剪切环上紧。

4）将密封组件定位器从密封套的槽中拆下，并且用螺栓进行固定。

5）将抛油圈滑动至拆卸时在轴上标注的位置，用平头螺钉将抛油圈紧固到泵轴上，将推力瓦间隔块在轴上就位，直到各轴肩相接。

6）将推力盘键插入泵的键槽中，然后将推力瓦安装到轴上，和间隔块对接。

7）将新的锁紧垫圈上到推力瓦轮壳上，并且用专扳手紧固，用锁紧垫圈锁位螺帽。

8）将合适的起吊工具和下半轴承连接，并且将其吊装复位，用销子和六角螺帽在出口盖上就位，释放轴的质量。

9）将下半护油圈和轴颈轴承放置在轴上，并且将其转动至下半轴承室中，释放轴的质量。

10）将端盖固定到下半轴承室上，确保间隔块固定到端盖上。

11）联系热工安装测温元件。

12）依次安装推力隔板套环，步骤如下：

放置隔板半环（不带止动销），使推力瓦接触止推轴承环的表面并且将其旋转进入轴承室中，放置另一半环（带止动销）在第一半上，旋转整个隔板套环，直到止动销进入下半轴承室，重复这一步骤，止推轴承环另一侧安装第二个隔板套环。

13）将上半轴承室放在下半轴承室上，确保轴颈轴承和护油防转动销安装正确。

14）将上半轴颈轴承和护油圈安装到上半轴承室中，确保防转动销在上半轴承室的孔中正确就位。

15）用销子将上半轴承室就位在下半轴承室上，并且用六角螺栓进行固定。

16）用六角螺栓将上半轴承室固定到出口盖上。

17）将端盖安装到轴承室，并且紧固就位，测量推力间隙。

（4）找中心复装管道。

1）安装找中心专用工具，测量中心情况，如超标应进行调整。

2）将联轴器挠性元件和间隔件放回原位，连接对轮并紧固。

3）安装联轴器的护罩。

4）安装在拆卸时拆下的油管道、冷却水管、密封水管及其他管道。

6.质量标准

（1）主轴各部位无裂纹、严重吹损及腐蚀，各键及卡环应完好，轴镀铬不脱落，螺纹完好无损。配合不松旷。

（2）轴最大跳动值不大于 0.03mm。

（3）叶轮两端面不平等度不大于 0.02mm，叶轮与轴配合紧力为 0.05～0.07mm。

（4）壳环与叶轮间隙为 0.28～0.32mm。

（5）级衬套与叶轮间隙为 0.362～0.402mm。

（6）叶轮与键配合，两侧不松旷。

（7）叶轮表面无严重磨损，整个叶轮无裂纹，流道光滑。

（8）泵芯组装好后，测量转子总轴窜应在 8～10mm 范围内。

（9）转子的抬量一般为转子间隙的一半加 0.10±0.03mm。

（10）平衡鼓、限位套应无轴向、径向的磨痕和擦伤，擦伤表面修正后其跳动不大于 0.01mm。

（11）平衡鼓与限位套之间间隙为 0.47～0.55mm。

（12）径向轴承顶部间隙为 0.216～0.254mm。

（13）轴瓦乌金应无脱壳、裂纹、气孔、凹坑等缺陷，乌金表面应光洁无损伤，油槽无堵塞。

（14）推力盘两侧的摩擦面应光滑、无损伤，两摩擦面不平行度不大于 0.01mm，外圆跳动不大于 0.02mm，与轴配合间隙为 0.01～0.03mm，端面跳动不大于 0.005mm。

（15）推力间隙为(0.50±0.05)mm。

（16）密封轴套与衬套应光洁，不得有任何划伤。

（17）密封轴套与衬套应无裂纹、锈蚀、两端面与中心线的不垂直度不大于 5%。

（18）密封衬套与密封套筒间隙：里侧为 0.500～0.538mm；外侧为 0.450～0.488mm。如果间隙过大，就会造成密封水作用失效，无法保证密封效果；而间隙过小，又会造成动静部分的摩擦，导致泵芯损坏。

（19）中心：圆距不大于 0.05mm，面距不大于 0.05mm；特殊要求：要求给水泵比给水泵汽轮机高 0.04m。

三、主给水泵故障的原因分析及措施

主给水泵故障的原因分析及措施见表 4-9。

表 4-9　　　　　　　　　　　　主给水泵故障的原因分析及措施

症　状	可能引起原因	措　施
泵不能启动	汽轮机故障	检查汽轮机
	泵组卡住	将汽轮机柔性联轴器拆除以找出"卡住"方位，必要时进行大修
	泵组处于"跳闸"状态	调查产生原因，进行"跳闸"值的重设定
泵组性能低下	汽轮机或供电故障	检查汽轮机和蒸汽供给
	再循环装置故障	检查再循环装置运作状况
	泵内部磨损严重	解体泵并测试内部，必要时进行大修
	泵进口压力低下	检查进口状况
	泵进口或出口阀非"全开"	检查阀门位置
轴承过热	润滑油不充分或油质污染	检查润滑油供油情况
	润滑油等级不当	检查油级
	轴承磨损严重或对中不良	测试轴承
	泵和汽轮机对中不良	检查对中情况
泵组不能满足出力需要	出口压力过低	检查流量
	泵静件和动件间摩擦阻力大	检查间隙
	泵内间隙过大	检查间隙
泵过热或卡住	泵运行断水	检查进口隔绝阀是否打开、进口滤网是否洁净
	泵内摩擦阻力过大	检查间隙
	润滑油不充分或油质污染或等级不符合要求	检查供油和油级
	润滑油系统有故障	检查润滑油系统
	轴承磨损严重或对中不良	测试轴承
	泵组对中不良	检查对中情况
噪声或振动过大	转动部件平衡不良	检查并鉴别此泵组零部件引起转动组件的动平衡故障
	联轴器对中严重有误	检查对中
	轴承磨损严重	检查轴承
	地脚螺栓松弛	检查螺栓
	泵内部间隙过大	检查间隙
	进口压力过低	检查进口系统
	管路支撑不当引起共振	检查调整管路和支撑
	柔性联轴器受损	检查联轴器（参考制造厂说明书）

第四节　液力耦合器检修

超（超）临界机组从经济性和适应滑参数启动以及变压运行考虑，目前多数电厂均采用较经济的配置方案——正常运行时以给水泵汽轮机驱动给水泵供水，同时配置由液力耦合器变速驱动作为备用电动给水泵。

电动给水泵由定转速的交流电动机拖动，在变工况时，只能依靠液力耦合器来改变给水泵的转速以满足相应工况的要求。液力耦合器可以实现无级变速运行，工作可靠操作简便，调节灵活维修方便。采用液力耦合器便于实现工作全程自动调节，以适应载荷的不断变化，可以节约大量电能，液力耦合器是借助液体为介质传递功率的一种动力传递装置，具有平稳地改变扭转力矩和角速度的能力。在电动给水泵中液力耦合器具有调速范围大、功率大、调速灵敏等特点，能使电动给水泵在接近空载下平稳、无冲击地启动。液力耦合器使用在高转速给水泵的变速控制当中。通过无级变速便于实现给水系统自动调节，使给水泵能够适应汽轮机和锅炉的滑压变负荷运行的需要。一般在机组负荷率低于 70％～80％时可以显现良好的节能效益。此外，采用液力耦合器可以减少轴系扭振和隔离载荷振动，且能起到过负荷保护的作用，提高运行的安全性和可靠性，延长设备的使用寿命。

一、液力耦合器工作原理

液力耦合器主要由主动轴、泵轮、涡轮、旋转内套、勺管和从动轴等组成。液力耦合器和传动齿轮安装在一个箱体内，功率传输从电动机到液力耦合器，再传到电动给水泵上。液力耦合器运行系统简图如图 4-52 所示。

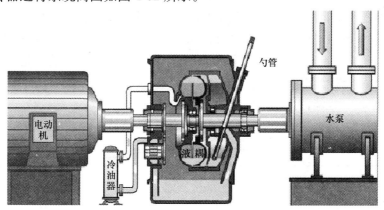

图 4-52　液力耦合器运行系统简图

其中泵轮和涡轮分别套装在位于同一轴线的主、被动轴上，泵轮和涡轮的内腔室相对安装，两者相对端面间留有一窄缝，不能进行扭矩的直接传递。泵轮和涡轮的形状相似，尺寸相同，相向布置，合在一起很像汽车的车轮，分开时均为具有 20～40 片径向直叶片的叶轮，涡轮的片数一般比泵轮少 1～4 片，以避免共振。泵轮和涡轮的环形腔室中装有许多径向叶片，将其分隔成许多小腔室；在泵轮的内侧端面设有进油通道，压力油经泵轮上的进油通道进入泵轮的工作腔室。在主动轴旋转时，泵轮腔室中的工作油在离心力的作

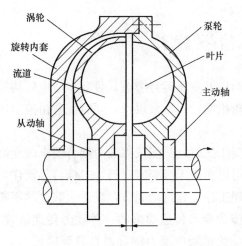

图 4-53　液力耦合器原理图

用下产生对泵轮的径向流动，在泵轮的出口边缘形成冲向涡轮的高速油流，高速油流在涡轮腔室中撞击在叶片上改变方向，一部分油由涡轮外缘的泄油通道排出，另一部分回流到泵轮的进口，这样在泵轮和涡轮工作腔室中形成油流循环。在油循环中，泵轮将输入的机械能转变为油流的动能和压力势能，涡轮则将油流的动能和压力势能转变为输出的机械能，从而实现主动轴与从动轴之间能量传递的过程。液力耦合器原理图见图 4-53。

二、液力耦合器结构

以 R17K500M（德国）液力耦合器为例，耦合器基本构成为耦合器本体、输入轴（低速齿轮轴）、高速齿轮轴、输出轴、齿轮润滑油泵及工作油泵组件、辅助电动润滑油泵组件、转速控制组件。这些部件和部分油管道集装在一个箱体中，箱体下部为储油箱，油泵通过吸入管从油箱中吸油供给各轴承润滑、冷却用油和耦合器动力传动用油。三根转轴分别由 6 只支持滑动轴承支撑，由 3 只推力轴承实现 3 根轴的轴向定位并承受各种工况下的轴向推力。润滑油泵和工作油泵由输入轴通过齿套式联轴器拖动，辅助润滑油泵由电动机驱动。具体布置如图 4-54 所示。

耦合器本体是传递扭矩的核心部件，由涡轮和泵轮组成，涡轮用螺栓固定在高速齿轮轴一端，泵轮用螺栓固定在输出轴一端，罩壳用螺栓固定在涡轮上，运行时随涡轮一起旋转。转速控制组件由勺管、工作油流量控制阀、勺管驱动装置组成。输入轴与输出轴分别用弹性联轴器与驱动电动机和给水泵连接，输入转速为 1485r/min，由一对增速齿轮增速为 6036r/min，通过耦合器将此转速无级传递给输出轴，拖动给水泵，完成电动给水泵转速的无级调节。

三、液力耦合器性能数据

液力耦合器性能数据见表 4-10。

表 4-10　　　　　　　　　　　液力耦合器性能数据表

项　目	单　位	数　据	项　目	单　位	数　据
型号及厂家		Voith-R17K 500M	润滑油流量/冷却水量	m³/h	65
轮距	mm	500	工作油冷油器面积	m²	150
齿轮增速比		4.06∶1	润滑油冷油器面积	m²	44
输入转速	r/min	1485	油箱容积	m³	2
输出转速	r/min	5871（最大）	增速齿轮型式		人字齿轮
额定输出功率	kW	9298	调节机构型式		VEHS
额定滑差	%	2.73	润滑/工作油泵生产厂商		Voith
动作时间	s	10	输出轴旋转方向		顺时针（从主泵向液力耦合器看）
工作油流量/冷却水量	m³/h	227			

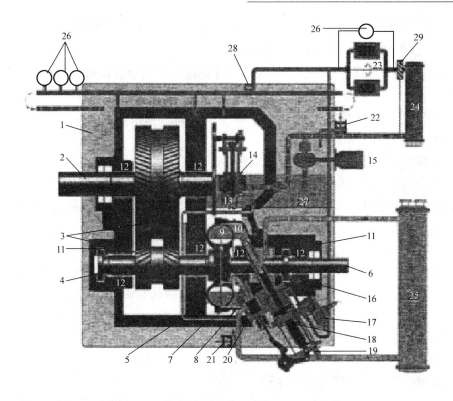

图 4-54 电泵液力耦合器及变速箱布置图

1—组件箱；2—输入轴；3—变速箱；4—主动轴；5—主动轮；6—从动轴；7—从动轮；8—液力耦合器壳体；9—工作室；10—勺管室；11—推力轴承；12—支撑轴承；13—工作油泵；14—润滑油主油泵；15—润滑油辅助油泵；16—勺管；17—VEHS控制系统；18—液压缸；19—勺管位置指示；20—油循环阀；21—工作油压力施放阀；22—润滑油压力施放阀；23—双联滤网；24—润滑油冷油器；25—工作油冷油器；26—压力表；27—止回阀；28—压力调整节流孔；29—油温控制阀

四、液力耦合器检修工艺

（一）液力耦合器检修前的准备工作

1. 确定工作负责人和资源准备

（1）人员准备。一般一台液力耦合器检修需配 3～5 人。人员结构上应高级、中级、初级工适当搭配。使初级工能在检修过程中逐步提高自己的实际操作水平，尽早地独立工作，人员的配备除在数量上满足要求外，还应注意人员素质。提高人员素质可以适当弥补人数上的不足。人员配备后，从其中确定一位工作负责人，负责本次检修的质量、进度及安全工作。

（2）技术准备。检修开工前，工程技术人员要编写检修技术措施，并进行大修技术交底，明确技术责任。检修工作人员一定要熟悉有关液力耦合器的图纸和技术标准，对所要检修的设备应了解它的工作原理、运行方式、内部结构、零件用途及零件之间的配合，牢记各个零件的装配方法和要求。认真学习工程技术人员的大修技术交底内容，必要时作好笔录，严格按照质量标准去工作。

（3）备品备件准备。

1) 消耗性材料。包括各种清洗剂、螺栓松动剂、红丹粉、黑铅粉、密封胶等。

2) 油料。包括汽油、煤油、润滑脂等。

3) 备件。准备好耦合器的易磨损备件，以免在拆卸完毕后没有备件而延长耦合器的检修工期。

4) 工器具。包括各种常用工具、专用工具、各种普通精密量具等。

2. 运行状态参数的采集与分析评审

设备检修停运前，有关部门要做好耦合器运行过程中的状态参数记录工作，如轴承温度、冷油器进出口油温、振动、勺管开度与对应的转速等，了解设备运行过程中存在的问题，并检查所记录的技术参数是否与耦合器的额定参数相符，如果不符应分析其原因，并在检修过程中做专项治理。

3. 办理开工工作票

在检修开始前，工作负责人一定要办理检修工作票，在工作票上写明所要检修设备的措施，并在开工前认真检查所做措施是否完备，确认检修措施完备后方可开始检修工作。

(二) 液力耦合器的检修

1. 解体

(1) 将液力耦合器壳体内润滑油和工作油排空。

(2) 解体与给水泵、电动机联轴器罩、联轴器螺栓，将联轴器罩放到指定位置。

(3) 拆下联轴器并检查螺栓应无毛刺，电动机与液力耦合器之间联轴器内 O 形圈完好。

(4) 拆卸耦合器大盖螺栓，两端油挡螺栓，用顶丝将大盖顶起 3mm。用单轨吊钢丝绳挂住耦合器，另一端挂在行车上，用倒链调节大盖水平。指挥行车稍微起钩，将大盖吊放到指定位置，将其反转过来，清理结合面。

(5) 拆卸泵轮和旋转外壳结合螺栓，并将旋转外壳从直口中用紫铜棒敲出。

(6) 将泵轮转子吊出，吊拆过程中，防止损坏推力瓦块。

(7) 将涡轮转子连同供排油腔一同吊出，放到指定位置。

2. 清理、检查

(1) 检查泵轮和涡轮应完好、无裂纹。

(2) 检查轴承、推力瓦情况，轴瓦、推力瓦应完好、无脱胎、无划痕现象。

(3) 检查勺管机构的磨损情况，勺管应动作灵活、无卡涩，滤网无破损，腔室内清理干净。

(4) 检查易熔塞，必要时更换新备件。

(5) 重新研刮轴瓦后回装（必要时研磨轴径）。

(6) 清理转动外壳内的积油及污垢。

3. 组装

(1) 清洗零件表面，除去油污，并用压缩空气吹净，对齿轮和轴承应特别精心清洗，以免影响精度，所使用擦洗油需清洁、无杂质和无腐蚀性，建议用煤油。

（2）拆卸零件时，应检查上面的标记。无标记时，应在非工作面上打上标记，以免安装时发生错误。

（3）按解体相反的步骤复装。

五、液力耦合器的调试和试运行

（一）调试

液力耦合器开始运行时，必须满足正常的油温油压值。液力耦合器只能在规定的运行参数条件下，允许功率传输和速度控制。启动时油的黏度不能超过 $250\text{mm}^2/\text{s}$，最低温度为 $5℃$，如低于 $5℃$，则油箱需要加热。

（二）试运行

（1）对整个系统检查正常，可以投运。

（2）启动辅助油泵，当油压正常时启动主电机。

（3）主电机运行升速后，观察辅助油泵自动停止也可以手动停泵，检查润滑油压应正常。

（4）以最小转速启动设备，检查运行应平稳，油温、油压和滤油器正常。

（5）缓慢升速，通过冷却水流量来调整润滑油和工作油的温度。但必须保证最小流量通过冷油器，检查油温变化直到其稳定。按要求重新调整工作油流量，进入工作油冷油器的温度不能大于 $110℃$。

（6）记录下整组设备运行的转速、振动和勺管的位置。

（7）降转速至最小转速。停主电机后，观察油压下降过程中辅助油泵自动启动。在主电机和转动机械停止后停辅助油泵。

（8）试运行后，清理滤油器。然后重新充油，检查油位正常。

六、液力耦合器常见故障与处理

液力耦合器常见故障与处理见表 4-11。

表 4-11   **液力耦合器常见故障与处理**

故障类别	原因分析	消除方法
润滑油压力太低	润滑油冷油器内缺水或流动慢	增加冷却水量
	润滑油冷油器中进了空气	排出空气
	润滑油过滤器堵塞	清洗过滤器滤网
	润滑油安全阀损坏或安装不当	正确安装安全阀
	润滑油泵吸入管堵塞	检查并清理入口管
	润滑油系统管路有泄漏	检修或更换损坏部分
耦合器进口油温太高	工作油冷器内水量不足或流动慢	增加供水量
	工作油中进空气	排出空气
耦合器内油压太高	工作油溢流阀安装不正确	重新安装
	工作油溢流阀有故障	检修或更换弹簧

故障类别	原因分析	消除方法
耦合器内油压太低	工作油过滤器堵塞	清洗过滤器滤网
	工作油溢流阀安装不正确或损坏	清除故障，正确安装
	工作油泵吸入管堵塞	检查并清理入口管
	工作油泵内吸入空气	检查吸入管密封，清除泄漏
润滑油压力太高	润滑油溢流阀安装不正确	重新安装
润滑油压不够规定要求	润滑油系统管路有断裂	检查并接通
	润滑油过滤器太脏	清理滤芯
耦合器内油压不够规定要求	工作油系统管路有断裂	检查并接通
	液力耦合器安全塞熔化	更换新的安全塞
主油泵不工作	传动轴断裂	检查更换新轴
过滤器中的污物过多	油管道脏污（如管道中有未除净的焊渣等）	清理滤网
	油泵磨损（油中有金属屑）	清除泵内杂质并检查
	油箱中的油脏	清理油系统，更换新油
勺管卡涩或不灵活	勺管与其套筒摩擦	适当增大套筒间隙
	控制电磁装置故障	检查消除故障
	控制油脏	清理油系统
齿轮传动装置出现周期性撞击	齿轮损坏	更换损坏部件
	轴瓦磨损	检查并修复、研刮轴瓦
齿轮传动装置振动	齿轮传动装置中心不正	检查并按要求校正
	液力耦合器不平衡	消除不平衡
	叠片式联轴器不平衡	消除不平衡
	齿轮传动装置地脚螺栓松动	重新紧固
	液力耦合器转子损坏	修复或更换

第五节　前置泵检修

火力发电厂给水泵入口的水温接近该压力下的饱和温度，工作条件恶劣，很容易发生汽化，为提高除氧器在滑压运行时的经济性，同时又确保给水泵的运行安全，通常在给水泵前加设一台低速前置泵，与给水泵串联运行。由于前置泵的工作转速较低，所需的泵进口倒灌高度（即汽蚀裕量）较小，从而降低了除氧器的安装高度，节省了主场房的建设费用；并且给水经前置泵升压后，满足主给水泵在各种工况下必须汽蚀余量的要求，并应留有足够的裕量。从而大大改善了给水泵抗汽蚀的性能。前置泵的设计考虑在最小流量工况下及系统甩负荷工况共同作用下，前置泵自身不发生汽蚀，其主要部件均采用抗汽蚀材料制成，在结构上考虑了热膨胀等因素。

下面分别介绍卧式中心分开式前置泵和单级双吸入口筒壳形前置泵的检修工艺。

一、中心分开式前置泵的检修工艺

以 N600-24.2/566/566 机组的汽动给水泵前置泵,沈阳水泵生产的 QG400/300C 型离心泵为例,介绍其结构及检修工艺。

(一)前置泵的技术参数及结构

QG400/300C 型为水平、单级轴向分开式,具有一支撑在近中心线的壳体以允许轴向和径向自由膨胀,从而保持对轴线中心一致。泵整体安装在装有适合的排水装置的刚性结构的泵座上。

前置泵主要由泵壳、叶轮、叶轮密封环、轴承、轴、联轴器及泵座等部件组成。前置泵主要技术规范见表 4-12。

表 4-12 前置泵(汽动给水泵组前置泵/电动给水泵组前置泵)技术规范

序号	参数名称	单位	额定工况点	最大工况点	单泵最大点	单泵最小点
1	进水压力	MPa(a)	1.055	1.13	1.173	1.173
2	进水温度	℃	174.9	178.4	180.3	180.3
3	流量	t/h	868/540	950/586	997/615	280/170
4	扬程	m	140/49	137/47	135/46	151/56
5	转速	r/min	1490	1490	1490	1490
6	必须汽蚀余量	m	3.4/3.1	3.5/3.5	3.3/3.5	2.8/2
7	泵的效率	%	78/83	80/83	81/83	43/53
8	轴功率	kW	405/80	425/84	435/87	268/49
9	泵出口压力	MPa	2.28/1.48	2.32/1.54	2.35/1.57	2.49/1.66
10	设计水温	℃	210			
11	正常轴承振动值	mm	0.04(0.08 报警)			
12	旋转方向		顺时针(从传动端向自由端看)			
13	轴承形式		滑动轴承加推力轴承			
14	驱动方式		电动机驱动			

汽动给水泵前置泵结构示意图见图 4-55。壳体结构为双蜗壳形、水平中心线分开、进出口水管在壳体下半部,材质为采用高强度、抗汽蚀的材料。设计成双蜗壳的目的是为了平衡泵在运行时的径向力,因为径向力的产生对泵的工作极为不利,使泵产生较大的挠度,甚至导致密封环、套筒发生摩擦而损坏;同时径向力对于转动的泵轴来说使一个交变的载荷,容易使轴因疲劳而损坏。

壳体通过一个与其浇铸在一起的泵脚,支撑在箱式结构钢焊接的泵座上,壳体和泵座的接合面接近轴的中心线,而键的配置可保持纵向与横向的对中以适合热膨胀。壳体上盖设有排气阀。

叶轮是双吸式不锈钢铸件,精密加工制造而成,流道表面光滑并经过动平衡校验以保证较高的通流效率。双吸式结构可降低泵的进口流速,使其在较低的进口静压头下也不发生汽蚀;同时保证叶轮的轴向力基本平衡稳定运行。叶轮由键固定在轴上,轴向位置是由

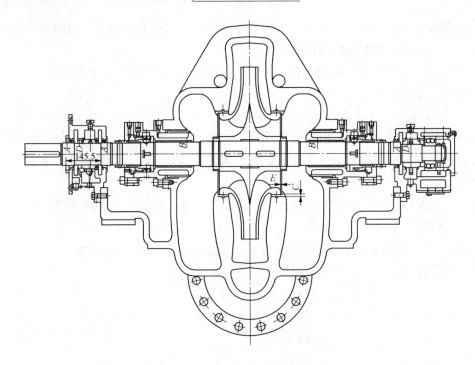

图 4-55　汽动给水泵前置泵示意图

其两端轮毂的螺母所确定，这种布置使得叶轮能定位在涡壳的中心线上。叶轮密封环用于减少泄漏量，安装于壳体腔内由防转动定位销定位。

汽动给水泵前置泵轴承采用滚动轴承，润滑方式为稀油润滑并装有冷却水室及温度测点。轴承安装于与泵壳体端部牢固连接的轴承支架上。

泵体装有平衡型机械密封，由弹簧支撑的动环和水冷却的静环所组成。机械密封工作时，在动环和静环之间形成一层液膜，而液膜必须保持一定的厚度才能使机械密封有效地吸收摩擦热，否则动静间的液膜会发生汽化，造成部件老化、变形，影响使用寿命和密封效果。为此分开的填料箱设有一套水冷系统，将来自机组的闭式冷却水输送至密封腔内，直接冲洗、冷却密封端面。

（二）检修前的准备工作

1. 安全预防措施

（1）工作票内所列安全措施应全面、准确，得到可靠落实后，方可开工。

（2）工作现场照明充足。

（3）电气焊作业时，氧气瓶与乙炔瓶应竖直放置牢靠，且氧气瓶与乙炔瓶之间的距离不小于 8m，工作现场做好防火措施，严禁吸烟。

（4）钢丝绳、千斤顶、专用扒子、倒链等起吊工具应检验合格后方可使用。

（5）在开始检修工序之前，须保持泵壳内表压为零。泵组必须按以下方法隔离：

1）切断电动机及润滑油系统的电源。

2）切断所有仪表电源。

3）检查泵组进口和出口阀及再循环系统进口和出口阀门是否关闭。

4）检查冷却水水源是否被切断。

5）打开放水、放气孔，把泵壳内水排出。

6）打开轴承座放油塞，排出轴承润滑油。

7）断开并拆下所有影响解体的仪表。

8）拆下所有影响解体的小口径管道。

9）检查所有起吊装置和专用工具是否良好。

注：传动端泵轴上的螺纹是左旋螺纹，自由端是右旋螺纹。为了便于安装，如有必要在每一组件重新标上新的记号。

2．现场工作条件

（1）通风和照明良好。

（2）检修工作场地准备好。

（3）设置临时围栏、警戒绳。

3．工器具

（1）常用机械检修工具应齐全。

（2）干净塑料布、煤油、破布等。

（三）前置泵的检修工艺和方法

1．泵的解体

（1）传动端机械密封拆卸。

1）传动端轴承拆卸步骤：

① 拆下传动端轴承座冷却水管。

② 打开轴承座放油塞，放掉轴承润滑油。

③ 拆下轴承测温元件。

④ 拆下联轴器防护罩。

⑤ 拆下联轴器螺栓，并取下联轴器叠片组件。

⑥ 拆下锁紧联轴器螺帽的紧定螺钉，然后用专用工具拆下联轴器螺帽。

⑦ 在联轴器和泵端部系上强力衬垫，从轴上拔下半联轴器，拆下联轴器螺帽。

⑧ 拆下传动端外端轴套锁紧螺母及锁紧垫圈。

⑨ 拆下传动端轴承座与端盖之间的六角螺栓与弹簧垫圈。

⑩ 拆下传动端轴承座与泵体之间的六角螺栓、定位销。

⑪ 拆下传动端轴承座及单列向心短圆柱滚子轴承外圈。

2）拆下传动端外端轴套。

3）拆下单列向心短圆柱滚子轴承内圈。

4）拆下传动端轴承座端盖。

5）拆下传动端内端轴套。

（2）自由端机械密封拆卸。

1）自由端轴承拆卸步骤：

① 拆下自由端轴承座冷却水管。

② 打开轴承座放油塞，放掉轴承润滑油。

③ 拆下轴承测温元件。

④ 拆下自由端轴承座与端盖之间的六角螺栓与密封垫。

⑤ 拆下自由端轴承座与自由端轴承座端盖之间的六角螺栓和弹簧垫圈。

⑥ 拆下自由端轴承座与泵体之间的六角螺栓及定位销，并拆下轴承座。

⑦ 拆下外侧单列圆锥滚子轴承的外圈和轴承中间的隔离圈。

⑧ 清洗检查轴承及油封有无损坏和磨损，若有损坏和磨损，则进行：

（a）拆下轴承锁紧螺母和锁紧垫圈；

（b）拆下外侧单列圆锥滚子轴承的内圈；

（c）拆下内侧单列圆锥滚子轴承的内圈和外圈；

（d）拆下自由端轴承座端盖；

（e）调换新的单列圆锥滚子轴承：用专用夹具将内侧和外侧轴承按装配位置夹紧，并测量两外圈之间的间距，从而确定中间隔圈的尺寸为间距加 0.15mm；

（f）换上新的油封，装上自由端轴承座端盖；

（g）装内侧轴承的外圈、内圈及外侧轴承的内圈；

（h）装上轴承锁紧垫圈和锁紧螺母。

2）拆下轴承锁紧螺母和锁紧垫圈。

3）拆下外侧单列向心短圆锥滚子轴承内圈。

4）拆下内侧单列向心短圆锥滚子轴承内圈和外圈。

5）拆下自由端轴承座端盖。

6）拆下自由端内端轴套。

（3）拔出泵体和泵盖连接的定位销，旋下紧固螺母。

（4）拆下两端机械密封和密封冷却壳体的连接螺钉、机械密封轴套的紧定螺钉，将机械密封从轴上滑出。

（5）拆下两端密封冷却壳体与泵壳的连接螺栓。

（6）把起吊装置装入泵壳上的吊耳里，用顶升螺钉将泵盖顶起，小心吊起泵盖并吊离。

（7）装上起吊装置，吊住转子。

（8）绕着叶轮旋转泵壳磨损环，直至其脱离泵体的槽，然后吊开转子，送到已准备好的适当的维修场地。

（9）转子解体。

1）把转子水平放置在支架上，确保转子牢固、平稳地在架子上。

2）从泵轴上拆下传动端和自由端机械密封组件、机械密封轴套和轴套键。

3）从泵轴上拆下传动端和自由端的冷却壳体和泵壳磨损环。

2. 检查、更换和维修程序

（1）叶轮和泵壳磨损环。

1）检查叶轮是否有冲蚀现象，特别是在叶片的端部；

2）检查叶轮和与之对应的泵壳磨损环，测量两者之间的径向间隙，若间隙超过0.59～0.75mm，应重新配置泵壳磨损环。

(2) 轴和轴套。

1）检查轴的任何损坏和弯曲情况并检查同心度，同心度应在表读数0.025mm之内；

2）检查机械密封轴套有无损坏或磨损情况。

(3) 机械密封。检查机械密封有无损坏和磨损，必要时换新。

(4) 轴承。彻底清洗并检查轴承及油封有无损坏或磨损，必要时更换新的。

(5) 一般维修。

1）检查所有的双头螺栓、螺母和螺栓有无损坏或变形，按需要更换新的；

2）组装时所有的接头垫片和O形圈都要换新的；

3）检查联轴器的各个部件和螺栓有无磨损或损坏，必要时更换新的。

(6) 动平衡。若更换新的叶轮，尽管该新叶轮在制造期间自身是平衡的。但它要影响整个转子的动平衡，因此要进行动平衡检查和必要的调整。若要在不检查转子动平衡就组装和运行泵，应事先与制造厂联系。

(7) 装配备用叶轮。只有在需要装配备用叶轮或轴时，才从轴上拆下叶轮，从泵轴上拆卸叶轮之前，要认真辨别叶轮在泵轴上原来的位置，为组装时作准备。更换叶轮时按下列步骤进行。

1）松开叶轮锁紧螺母的锁紧垫圈，用专用工具拆下两端叶轮螺母和锁紧垫圈。

2）从轴上拆下叶轮和键。

3）检查键与备品叶轮或轴的键槽的配合是否合适。

4）在轴上装上叶轮，安装时注意叶轮的方向，并确保叶轮的键槽准确地和键对齐。

5）确保叶轮的轴向位置与原来位置相同以保证叶轮对中。

6）装上叶轮锁紧垫圈和叶轮螺母，并轻轻预紧。

3. 组装泵

在组装泵之前，必须清洗所有部件，所有的孔和油路也必须清洗。

注：在组装时，建议在轴上和轴套孔内涂上胶体石墨或类似的东西，待其干燥后再擦洗。

(1) 将泵轴和叶轮组件支撑在木架上。

(2) 将泵壳磨损环装到叶轮盖板上。

(3) 将两端的冷却壳体换新的密封垫装到轴上。

(4) 将机械密封装到机械密封轴套上。

(5) 机械密封轴套键装到轴上，并在轴套内孔的槽内装上新的O形圈。

(6) 将两端的机械密封轴套装到轴上，并将轴套键插入轴套的键槽内。

(7) 机械密封盖上换上新的密封垫，把它装到机械密封轴套上。

(8) 把转子拴好，小心地吊起，放进泵体内，在放转子时注意将泵壳磨损环准确嵌到泵体的凹槽内，保证冷却壳体准确就位，注意不要损坏密封垫。

(9) 装上自由端轴承：

1）调换新的单列圆锥滚子轴承：用专用夹具将内侧和外侧轴承按装配位置夹紧，并测量两外圈之间的间距，从而确定中间隔圈的尺寸为间距加 0.15mm。

2）换上新的油封装上自由端轴承作端盖。

3）装内侧轴承的外圈、内圈及外侧轴承的内圈。

4）装上轴承锁紧垫圈和锁紧螺母。

5）将中间隔离圈、外侧轴承的外圈连同轴承座一起装上。

6）装定位销，旋紧轴承座与泵体之间的六角螺栓。

7）装上并旋紧轴承座与自由端轴承座端盖之间的弹簧垫圈和六角螺栓。

8）装上密封垫与端盖，并旋紧六角螺栓。

9）装上轴承测温元件。

10）装上轴承座冷却水管。

（10）测量传动端轴承座与泵体结合的端面到轴承座与单列向心短圆柱滚子轴承轴向接触面之间的尺寸 L，测量轴承宽度 B 和传动端轴套轴向长度 l，确保泵体与传动端轴承座结合的端面到泵轴与传动端内端轴套装配台肩的轴向尺寸＝$l+B-L$，按下列所述步骤装上传动端轴承及半联轴器。

1）装上传动端外端轴套。

2）将单列向心短圆柱滚子轴承外圈装到传动端轴承座内，换上新的油封，并装上轴承座及定位销。

3）旋紧轴承座与泵体之间的六角螺栓。

4）装上轴承座与端盖之间的弹簧垫圈和六角螺栓。

5）装上传动端外端轴套的锁紧垫圈和锁紧螺母。

6）把联轴器键装入键槽内，并把半联轴器装到轴上。

7）用专用工具旋紧联轴器螺帽，并装上紧定螺钉。

（11）测量并调整叶轮，检查叶轮传动端端面尺寸，然后锁紧叶轮螺母和锁紧垫圈。

（12）更换新的泵体中分面密封垫。密封垫应切成外侧能配合泵盖外缘，内侧能准确地配合泵壳内腔的轮廓。

（13）将起吊装置装到泵盖的吊耳内，确保所有结合面都很清洁，把泵盖小心吊起并吊到泵体上。

（14）用定位销把泵壳定位在泵体上，然后用螺栓螺母把泵盖紧固到位。

（15）用内六角螺钉把冷却壳体紧固到泵壳上。

（16）将机械密封盖用内六角螺钉紧固到冷却壳体上，为了使机械密封调整到运行位置，将机械密封轴套向外拉，直到密封紧贴密封盖，再将机械密封轴套向内退 2mm，然后用紧定螺钉将机械密封轴套固定到轴上。

（17）检查联轴器对中情况，然后装上叠片组件，用螺栓和螺母将其紧固。

（18）接好机械密封冷却水的进、出口管道，接好泵壳放气管道，并接好在拆卸时断开的其他小口径管道。

（19）用螺钉装好联轴器保护罩。

（20）将在拆卸时拆除的仪表线接好。

二、单级双吸入口筒壳形前置泵的检修工艺

以东汽—日立 N1000—25/600/600 型超超临界 1000MW 汽轮机机组的 450mm/400mm DV—CH 型汽动前置泵为例，介绍检修工艺。

（一）前置泵的技术参数及结构

450mm/400mm DV-CH 型汽动前置泵易于就地拆卸而不需要拆开任何主要管路。给水泵前置泵结构如图 4-56 所示。

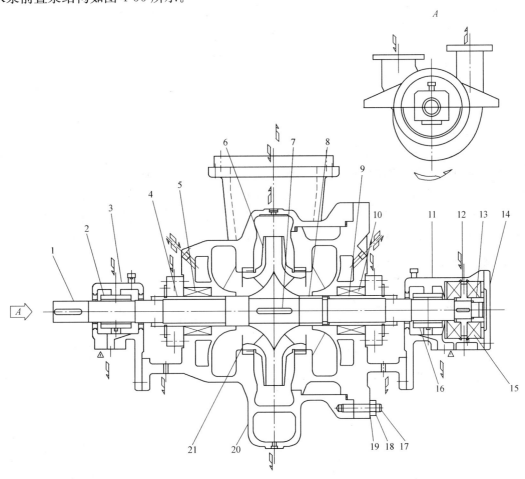

图 4-56 给水泵前置泵结构简图

1—泵轴；2，16—支撑瓦；3—轴承室；4，9—密封轴套；5，10—机械密封；6—叶轮；7—平键；
8—分隔套筒；11—推力瓦轴承室；12—推力盘；13—推力盘备幅；14—端盖；15—推力瓦；
17—螺栓；18—螺母；19—泵壳端盖；20—泵壳；21—口环

1. 前置泵结构

前置泵主要由壳体、轴、叶轮、轴承、轴封等部分组成。由泵和两个吸入盖组成了该泵的蜗壳，密封环安装在吸入盖上，轴承体、冷却水室以法兰形式连接在主吸入盖上。泵体与吸入盖用缠绕垫密封，轴向力通过双吸叶轮平衡，剩余值由推力轴承承受，整个转子用两个径向滑动轴承支撑。轴封采用机械密封。

（1）泵壳。泵壳体采用高强度、抗汽蚀的材料，由马氏体不锈钢铸件（SCW410）材料制造，为双蜗壳形，详见图 4-57。进出口法兰接管均位于壳体的上半部。

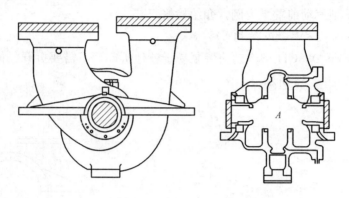

图 4-57　前置泵蜗壳简图

泵壳、支撑板和底板的设计，能使泵的对中不受接管载荷或运行参数变化的影响。泵的支撑整体地铸造在泵的两侧，泵壳下面的一个纵向键，布置在底板键台的滑动垫块之间，以保证泵的正确对中，这样允许泵的自由胀缩，同时保持了轴的中心不变。

（2）轴。轴由优质不锈钢（SUS403）锻件制成，表面镀铬以使轴颈有硬的耐磨表面。轴按"钢性轴"的原理设计，其挠度较小。前置泵轴头带有润滑油主油泵，因此该泵决不允许倒转。前置泵泵轴示意图如图 4-58 所示。

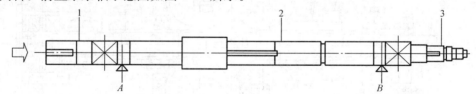

图 4-58　前置泵泵轴示意图

（3）叶轮。叶轮材料采用抗汽蚀的不锈钢（SCS6），为双面进水形，与轴配合后并经高速动平衡处理。叶轮在轴上的轴向定位，一侧是依靠定位套筒和轴肩，另一侧是依靠定位套筒和轴端螺母。轴端螺母锁紧套筒，以组成一个牢靠的锁紧装置。叶轮采用过盈配合和键装在轴上。装在叶轮任一侧的定位套筒的形状，保证了有一个平滑的进水流道，便于水流平稳地进入叶轮，即叶轮和端盖的形状保证了水流具有最小的扰动并使泵具有良好的抗气蚀性能。

（4）轴承。前置泵轴承为滑动轴承，装有温度测点，轴承采用稀油润滑，自带油站，同时该油站保证向电动机轴承提供润滑油。

（5）机械密封。前置泵采用机械密封，并配有冷却水套和过滤器等附件，密封动静环材料为 SiC/石墨。机械密封泄漏量标准为小于或等于 2000ml/h。

2. 汽动泵前置泵的技术数据

汽动泵前置泵的技术数据见表 4-13。

表 4-13　　　　　　　　　　　　　　汽动泵前置泵的技术数据

项　目	单　位		运行工况		
		额定工况	设计工况	单泵运行流量	单泵最小流量
泵型号		DV-CH			
进水温度	℃	183.3	186.3	162.1	
进水压力	MPa（g）	1.209	1.279	0.782	1.279
流量	m³/h	1714.6	1981	1802.5	250
扬程	m	108.85	102.4	106.61	127
关闭扬程	m	151	151	151	151
效率	%	86	85.7	86	
必需汽蚀余量	m	6.9	7.8	7.1	
密封形式		机械密封			
转速	r/min	1485			
出水压力	MPa（g）	2.152	2.163	1.729	2.39
轴功率	kW	555	602	583	330
质量	kg	3000			
接口法兰 公称压力	进口	MPa（g）	4.65		
	出口	MPa（g）	4.65		
接口管子规格	进口	mm	450		
	出口	mm	350		
旋转方向		逆时针（从电动机向泵看）			
轴承形式		滑动轴承			
驱动方式		电动机			

（二）检修工艺方法

1. 拆卸

（1）拆下联轴器外罩，卸下联轴器螺钉，拿下中间套。

（2）在联轴器处检查泵的中心并作好记录。然后用专用拉出器把泵上联轴器拉出。

（3）推力轴承的拆卸。

1）测量推力间隙并作好记录。

2）对称地松开前端轴承盖上的螺母，把前端轴承盖拆下，并测量轴串。

3）卸下轴螺母，取下推力轴承。

4）检查转子总窜动量。

（4）径向轴瓦的拆卸。

1）拆开上下轴承体连接螺栓的螺母并取下，必要时可连同螺栓一起取下，取出定位销，拿下上半轴承体。

2）用内六方扳手拆下轴瓦的调整块，取下上半轴瓦并用压铅丝法测量间隙和紧力，然后再测量转子抬量。

注意：压铅丝法测量间隙和紧力时铅丝的压扁量不能大于其本身直径的1/3，否则应更换合适的铅丝或垫片，转子抬量测量时应把迷宫环取下。

3）测量完毕后取出轴瓦与甩油环。

4）拆下两端轴承体。

（5）机械密封拆卸。

1）对称地拆下静环座紧固螺栓，取下静环座。

2）取下动环及O形圈。

3）用专用工具拉出动环座，并把动环座键取出。

（6）泵体拆卸。

1）拆下两端盖固定螺栓，用顶丝顶出端盖放在指定地点。

2）把整个转子拉出泵体，放在专用支架上。

（7）转子的测量。

1）测量叶轮定位尺寸。

2）旋下两侧定位销，拆下叶轮衬套。

3）拆下叶轮。

2. 检查测量

（1）轴的检查测量。用砂布把轴的各部位打磨干净，检查轴的弯曲度。

（2）检查轴承。

1）检查径向轴承内孔的摩擦纹痕，必要时进行轻微的修刮。

2）检查轴承面与轴承座的接触情况。

3）检查轴套的磨损情况，损伤较严重的轴套用新的来更换。

4）检查叶轮有无裂纹、腐蚀，检查所有的表面、结合面，测量叶轮口环间隙。

3. 复装

与拆卸步骤相反

4. 注意事项

（1）O形圈不允许与油脂或油接触。

（2）在整个装配过程中，叶轮与挡套的配合表面不能损伤。

（3）必须彻底清理所有的泵部件，特别是端面的配合面。

5. 质量标准

（1）转子。

1）最大跳动度不大于0.03mm。

2）转子抬量为(转子间隙)/2。

（2）轴。

1）轴颈表面应光滑，各过渡区无裂纹，镀铬层无剥落，轴上螺纹应完好。

2）轴最大允许跳动值小于0.03mm

3）原则上轴的弯曲不能用冷热方法直轴，轴的跳动度最大允许值不能超过0.03mm，否则应更换新轴。

(3) 叶轮。

1) 叶轮盖板及流道应光滑，叶轮密封环与口环公差：电动泵前置泵为 0.50～0.55mm，汽动泵前置泵为 0.60～0.65mm。

2) 叶轮内孔与轴配合的间隙为 0.02～0.05mm。

(4) 轴套。

1) 轴套与轴配合间隙为 0.02～0.05mm。

2) 轴套与外圆跳动不大于 0.04mm。

(5) 轴承。

1) 径向轴承乌金应无脱胎、裂纹，气孔等缺陷。

2) 径向轴承顶部间隙：电动给水泵前置泵为 0.127～0.177mm，汽动给水泵前置泵为 0.150～0.200mm。

3) 推力间隙为 0.50mm。

(6) 中心要求。

圆距不大于 0.05mm，面距不大于 0.05mm。

三、前置给水泵故障、原因分析及措施

前置给水泵故障的原因分析及措施见表 4-14。

表 4-14 前置给水泵故障、原因分析及措施

故障类别	可能产生原因	措 施
泵不能启动	电源故障	检查电源
	驱动电动机故障	检查电动机
	启动器故障	检查启动器
	泵或电动机卡住	将泵与电动机脱连以确定卡住方位。有必要时，拆卸更新零件
	泵组处于"跳闸"状态	调查原因，重新整定"跳闸"值
泵特性降低	驱动电动机或供电故障	检查电动机电源（按制造厂说明书）
	转向有误	检查转向
	再循环装置故障	检查再循环装置工作状况
	泵内极度磨损	泵解体检查，必要时进行大修
	泵进口压力过低	检查进口状况
	泵进、出口阀未"全开"	检查阀门位置
轴承过热	润滑油不足或油质污染	检查润滑油状况
	润滑油等级不符	检查油级
	轴承烧坏或中心调整有问题	测试轴承
	泵和电动机对中不好	检查对中
泵在额定功率时功率过大	出口压力太低	检查流量
	泵动静元件间摩擦阻力	检查间隙
	泵内间隙过大	检查间隙
	机械密封安装不当	测试密封

故障类别	可能产生原因	措　施
泵过热或卡住	泵运行断水	检查进口隔离阀是否打开、进口滤网是否干净
	泵内部摩擦阻力	检查间隙
	润滑油不足、油质污染或等级不符合要求	检查油等级和油状况
	轴承磨损或对中不良	测试轴承
	泵组对中不良	检查对中
噪声异常和（或）振动异常	转子组件不平衡	分辨出泵组引起故障的元件并对转子组件动平衡进行检查
	联轴器对中差	检查对中
	轴承磨损	测试轴承
	地脚螺栓松动	检查螺栓
	泵的内间隙过大	检查间隙
	进口压力低下	检查进口系统
	由于支撑管路不当引起共振	检查和调整管路和支撑件
	柔性联轴器受损	检查联轴器

第六节　凝结水泵检修

凝结水泵也称为冷凝泵或复水泵。其作用是将凝汽器热水井中的凝结水升压，经低压加热器送往除氧器。由于凝汽器中维持了很高的真空值，凝结水泵吸入口是负压吸水，低负荷时，凝汽器热水井水位降低，凝结水量减少，极易造成凝结水的汽化而产生汽蚀，或发生空气漏入泵内，这些都会影响泵的正常工作，因此对凝结水泵的抗汽蚀性和密封性能有很高的要求。凝结水泵的流量应能适应汽轮机负荷的变化，即在输出能头变化不多的情况下，流量有较大范围的变动，所以，凝结水泵应具备较平坦的 $q_V - H$ 性能曲线。为保证其具有较高的抗汽蚀性能，不宜采用较高的转速。故大容量、高扬程的凝结水泵多采用多级低速泵，转速一般均在 2950r/min 以下，并且将第一级叶轮制成双吸式或在入口加装诱导轮；而有的机组为了增加全扬程，还相应地配置了凝结水升压泵。凝结水泵的形式主要有卧式和立式两种。超临界机组则多采用立式离心泵。

一、立式凝结水泵结构特点

图 4-59 为立式筒袋式多级离心泵，共有四级叶轮。凝结水泵主要由外壳体、出水接管、泵轴、四级叶轮、联轴器、密封部件、泵座等部件构成。凝泵结构示意图见凝结水由吸入管经外壳体进入喇叭状吸入口，水流通过首级叶轮两侧的导流器被吸进首级叶轮，首级叶轮的排水由环形导叶通道引入后三级叶轮，经升压后由出水管排出。图 4-60 为立式筒袋式多级离心泵外形图。

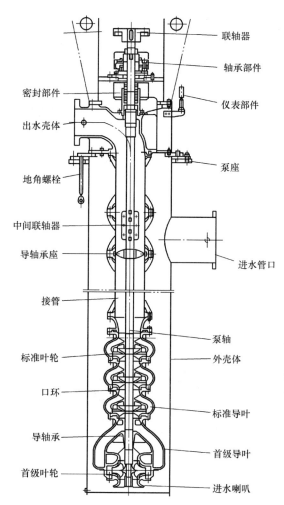

联轴器
轴承部件
密封部件
仪表部件
出水壳体
泵座
地角螺栓
中间联轴器
导轴承座
进水管口
接管
泵轴
标准叶轮
外壳体
口环
标准导叶
导轴承
首级导叶
首级叶轮
进水喇叭

图 4-59 凝结水泵结构示意图

图 4-60 凝结水泵外形图

凝结水泵将凝汽器热水井中的凝结水输送到除氧器。其工作环境恶劣，抽吸的是处于真空和饱和状态的凝结水，容易引起汽蚀，因此要求叶轮有良好的轴端密封和抗汽蚀性能。

凝结水泵的以下结构特点保证了其具有良好的抗汽蚀性能。

（1）泵体立式安装，降低了泵的吸入口高度，提高有效汽蚀余量，改善了泵的吸入性能。

（2）首级叶轮采用双吸叶轮，降低了泵的必须汽蚀余量，其材料采用具有良好抗汽蚀性能的材料 CA-6NM，保证汽蚀余量均大于必需汽蚀余量。

（3）首级双吸叶轮两侧设有导流器，使首级叶轮的入口水流分布均匀，降低吸入口带气的可能性。

（4）首级叶轮进口处壳体设计成喇叭状，增大了吸入口的直径和首级叶轮叶片的进口宽度，使叶轮入口部分流体的流速降低，减少了泵的必需汽蚀余量。

（5）外壳体上设有一个进水管排空接至凝汽器，将泵入口水中的空气抽走，防止泵吸入空气。泵投运前必须充分注水排空,正常运行中该阀门也保持一定开度。

凝结水泵的轴端密封采用机械密封形式,密封性能良好。密封水取自凝结水或凝结水补水系统。

凝结水泵和电动机通过挠性联轴器连接,可有效地避免电动机和泵的轴向尺寸积累误差与轴向推力的相互干扰而引起的主推力轴承超负荷而烧瓦的事故。与刚性联轴器相比,最大限度的避免了因连接定值精度的原因引起的立式泵横向振动。

二、凝结水泵的检修工艺

下面以 9LDTNB-5PJ 凝结水泵为例简要介绍一下凝结水泵的检修工艺。

(一)技术规范与结构特点

1. 凝结水泵参数

进水温度:设计点为 35.2℃,正常运行点为 35.2℃;

进水密度:设计点为 994kg/m³,正常运行点为 994kg/m³;

进水压力:98.2kPa;

出口压力:3.26MPa;

流量:$Q=1286\text{m}^3/\text{h}$(该流量为两台泵并泵后总流量的一半);

流量调节范围:85~1940m³/h;

扬程:$H=318\text{m}$(该扬程为两台泵并泵后的扬程);

扬程调节范围:48~360m;

效率:$\eta=83.5\%$;

轴功率:1325kW;

泵的必需汽蚀余量:NPSHr≤3.8m(到泵首级叶轮中心线);

泵转速:1489r/min;

密封形式:机械密封。

2. 凝结水泵结构

LDTN 型凝结水泵是立式筒袋形双层壳体结构,首轮为单吸或双吸形式,次级叶轮与末级叶轮通用,为单吸形式。凝结水泵结构简图见图 4-61。首级壳为碗形壳或螺旋壳,次级、末级壳为碗形壳;泵轴设有多处径向支撑,泵转子轴向负荷可由泵本身推力轴承承受,也可由电动机承受;轴封可以为填料密封或机械密封,泵转子轴系含两根轴,轴间连接为卡环筒式联轴器,泵机连接为弹性柱销联轴器或刚性联轴器连接;吸入与吐出接口分别位于泵筒体和吐出座上,并呈 180°水平布置(可按 15°的整数倍任意变位)。凝结水泵外形图见图 4-62。

LDTN 型泵由以下几部分组成:泵筒体、工作部分、出水部分、推力平衡装置部分和机械密封部分。

(1)泵筒体。泵筒体是由优质碳素钢板卷焊制成的圆形筒体部分,其一侧设有吸入法兰;泵筒体用以构成双层壳体泵的外层压力腔,正常工作时腔内处于负压状态。

(2)工作部分。工作部分由多级叶轮同向排列构成的泵转子和在其外围形成导流空间的导流壳组成。

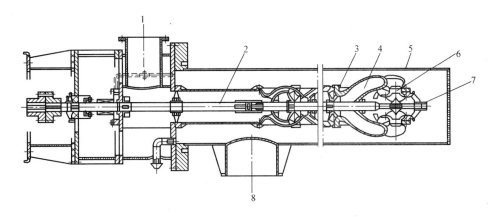

图 4-61 凝结水泵结构简图

1—压出口；2—泵轴；3—道级叶轮；4—诱导轮；5—筒体；6—下轴承支座；7—下轴承；8—吸入口

图 4-62 9LDTNB-5PJ 凝结水泵外形图

1）泵转子由叶轮、泵轴、键、轴套等件组成。

2）叶轮是将原动机的能量转换成泵送液体能量的核心元件。

3）泵轴既作为叶轮的载体，又传递着转子的全部负荷。

4）导流壳的作用是以最小的损失将流出叶轮的液体导向后均匀地进入下一级叶轮。导流壳的连接是止口定位，最后用螺栓把紧。

（3）出水部分。出水部分由接管、泵座等件组成；泵的传动轴从该部分的中心穿过；从泵工作部流出的液体经该部分后水平进入泵外压力管道。泵座上设有密封函体、泄压孔、脱汽孔；泄压孔用以将轴封腔内压力减至最低；脱汽孔用以将泵筒体内的气体及时排至凝汽器。

（4）推力平衡装置部分。推力平衡装置由推力轴承、轴承体、调整螺母等组成。泵产生的轴向推力由平衡鼓平衡掉 95%，其余残余轴向推力由推力轴承承受。如果轴向推力由电动机承受，则没有此部分。

轴承：泵内设有多处水润滑导轴承，用以承受泵转子径向力，其一在中间轴承座内，其二在密封函体内，其余在工作部内。

（5）轴封。轴封可采用填料密封或机械密封，密封水管由出水口接至密封函体，密封水要求见随机产品外形图。凝结水泵的进口密封采用集装式机械密封。该机械密封有两个密封端面，一个密封端面外接密封水，用于正常运行时的密封，另一个密封端面与凝结水泵的出口母管相连，专门用来保证泵在备用状态时泵内的真空度。两道密封可保证水泵机械密封的完整性、可靠性。密封水系统平衡（泄压）水由水泵本体回收。水泵的设计考虑泵在备用状态时能保证出口的真空度。

(6) 联轴器。

泵轴与传动轴用卡套和固定套连接；传动轴与电动机轴的连接用弹性柱销联轴器或刚性联轴器连接。

(二) 检修工艺

1. 检修前的准备

制定安全风险分析及预防措施 (见表 4-15)，并组织检修人员学习，确保执行。

表 4-15　　　　　　　　　　　　安全风险分析及预防措施

工作名称	凝结水泵 9LDTNB-5PJ 大修			
序号	风险及预防措施	执行时间	执行情况	备注
1	碰撞（挤、压、打击）			
	(1) 戴好安全帽，穿合格的工作服			
	(2) 在工作中戴工作手套			
	(3) 必要时设置安全标志或围栏			
2	高空作业带来的风险			
	(1) 高处作业均须先搭设脚手架或采取防止坠落措施，方可进行			
	(2) 高处作业时下面应拉好围栏，设置隔离带，禁止无关人员停留或通行			
	(3) 在脚手架周围设置临时防护遮栏，并在遮栏四周外侧配置"当心坠落"标志牌			
	(4) 禁止交叉作业			
3	起重工作带来的风险			
	(1) 起重人员在起重前检查索具			
	(2) 要有专人指挥且起重人员要戴袖标			
	(3) 起重过程中，重物下严禁站人			
4	异物落入设备的风险			
	(1) 临时封堵拆除的人孔门			
	(2) 设备回装前检查设备内干净无异物			
5	检修人员精神状态			
	(1) 不能酒后作业			
	(2) 遵守电业安全规程			
6	临时电源带来的风险			
	(1) 检修电源必须配置有漏电保护器			
	(2) 临时电源使用前必须检查漏电保护器应完好			
7	动火作业带来的风险			
	(1) 工作负责人（或现场消防人员）应在收工后晚离开 1h 等措施方法，来进一步检查现场，防止死灰复燃			
	(2) 使用电气焊时，应清理周围可燃物，并做好防火措施			
	(3) 油管道动用电气焊必须办理动火工作票			
以上安全措施已经全体工作组成员学习。				
工作成员签字：				

2. 开工前的准备

做好开工前的准备工作，制定开工前准备工作确认表，见表 4-16。

表 4-16 开工前准备工作确认表

序号	开工前准备情况	确 认
1	安全预防措施	
	（1）工作票内所列安全措施应全面、准确，得到可靠落实后，方可开工	
	（2）工作现场照明充足	
	（3）电气焊作业时，氧气瓶与乙炔瓶应竖直放置牢靠，且氧气瓶与乙炔瓶之间的距离不小于8m，工作现场做好防火措施，严禁吸烟	
	（4）钢丝绳、千斤顶、专用扒子、倒链等起吊工具应检验合格后方可使用	
	（5）设备已完全隔离	
2	现场工作条件	
	（1）通风和照明良好	
	（2）检修工作场地准备好	
	（3）设置临时围栏、警戒绳	
3	工器具	
	（1）常用机械检修工具齐全	
	（2）干净塑料布、煤油、破布等齐全	
4	备品备件	
	机械密封	
	轴承	

3. 检修工序与质量标准

（1）准备工作。

1）检修现场铺胶皮。

2）将工具橱及放转子的支架运到检修现场。

3）工作现场装设围栏。

（2）泵的解体。

1）拆除出口法兰及辅助水系统的管路。

2）将推力轴承的油室内润滑油放净，并联系热工将推力轴承的热电阻测温元件拆除。

3）拆开机械密封上的定位板，旋入机械密封槽内就位，松开密封件与轴的紧固螺栓。

4）在联轴器上标示醒目标记，然后缓慢地拆下联轴器螺栓，将水泵转动组件下落直到叶轮进入下半个泵壳的耐磨圈内。

5）联系电气，起吊电动机放到合适位置。

6）拆除泵侧联轴器。松开推力轴承上的防尘盘，通过调整螺母，复查泵的窜量。

7）拆去推力轴承盒的螺栓，把轴承及轴承座吊起。

8）拆下紧固机械密封的螺栓，并从轴上抽出机械密封装置。

9）拆下紧固泵头部和基础环的螺栓。

10）利用顶丝从筒体法兰上顶起泵头部组合件（组件）。

11）继续提升泵组件，直到安装环夹可装在顶部法兰以下环绕着的上部主上升管上，把组件放在安装环夹上。

12）拆下紧固泵头部和上部主上升管的螺栓和调整垫圈，并且小心地把泵头部从顶部轴处起吊起来，移到预选准备好的维护工作区域，拆下起吊装置。

13）通过安装环夹，继续提升泵组件，把泵组件吊至合适的检修位置，在泵筒上装设坚固的盖板，防止人员被碰伤和阻挡异物落入筒体之内。

14）准备好适当的枕木，并把泵组件放平。

15）拆除泵接管后，松开传动轴上的紧固螺钉后，分别拆除平衡鼓、卡环、键、O 形密封圈、固定键，轴套等部件。

16）松开筒形联轴器固定套上的紧固螺钉，把固定套推向一侧，取下轴上的卡套，分离泵轴和传动轴。解体时应保证轴系处于水平状态，避免因应力造成部件损坏。

17）用垫木将泵的工作部分放平，检查转子总窜量后，拆除吸入喇叭口。

18）选用合适的起吊工具，依次拆除末级导流壳、末级叶轮、次导流壳、次级叶轮、首级导流壳、首级叶轮，分别取下轴上的键、轴套和锁紧螺母做好记号并保存好。

（3）检查、更新和维修。

1）叶轮的检查。检查叶轮是否已有腐蚀的情况，尤其是在叶片顶端，检查叶轮流道内是否有任何在解体过程中发生的损坏，并且清理掉所有的毛刺，以确保叶轮流道完好光滑，没有任何变形。

2）检查叶轮和泵壳耐磨环，测出叶轮与泵壳耐磨环的间隙。

密封环和叶轮的间隙超过表 4-17 中值时或流量有明显降低时，应更换密封环。更换方法：一般先将叶轮密封面校圆，根据校圆后的尺寸自己配置密封环内径。

表 4-17 密封环和叶轮的间隙

水泵型号	密封环名义间隙（mm）	允许最大使用间隙（mm）
9.5LDTN-5	0.55	1.2

密封环更换程序如下：

① 轻轻地擦机械加工叶轮的耐磨面，去掉所有的标记并且恢复叶轮中心孔的同心度。

② 拆下锁定埋头螺栓，将被磨损的耐磨环从泵壳和喇叭入口上取下并车削加工。

③ 保持耐磨环部位的清洁，然后把新换的耐磨环浸入液态氮中几分钟，将其热态就位。

注意：耐磨环在液氮中浸泡后，如果没有适当的保护措施，耐磨环不能进行处理。

④ 当耐磨环的温度升到已加热部件的温度时，用平头螺栓将其就位。

⑤ 将新换的耐磨环中心孔车削加工，以保证密封环间隙在 0.55～0.80mm。

3）导轴承或轴套的更换。检查衬套是否存在磨损、损坏，检测轴套和轴承衬套之间的径向间隙，名义间隙为导轴承与轴套的间隙超出表 4-18 中值时应同时更换导轴承与轴套或更换其中磨损严重的件。

表 4-18　　　　　　　　　　　　　　　导轴承与轴套的间隙

水泵型号	导轴承名义间隙（mm）	允许最大使用间隙（mm）
9.5LDTN-5	0.15	0.4

4）检查泵轴。

① 检查这些泵轴有无受损和弓形弯曲，并检查其同心度，同心度应保持在指示器全量程的 0.05mm 以内。

② 检查所有的螺纹是否完好无损和所有键槽中有没有毛刺。

5）轴承套和壳体轴承衬套的检查。

① 轴套表面不得有剥落及明显凹坑等缺陷，否则予以更换；

② 每一轴套外圆跳动不大于 0.02mm，端面跳动不大于 0.015mm。

6）测量各部间隙，保持原状态。

7）密封用胶圈的更换。胶圈的失效具有潜伏性，凡经大修的水泵均使用新的胶圈。

8）机械密封的拆卸与检查。机械密封的型号为 SP-80148。拆卸时严禁使密封件受冲击，以防密封件受破坏，拆卸后密封件仍然要保持组装状态，便于管理及下次安装。

（4）泵的复装。

1）清理各零部件配合表面，尤其是止口配合面和轴与转动零件的配合面，发现有磕碰、划伤，应仔细修理好。

2）把待装的泵轴平放在垫木上。

3）泵轴上装上键、首级叶轮、轴套。

4）装上轴套，并用小圆螺母锁紧。

5）通过泵轴装上首级导流壳，再装上吸入喇叭管（先在吸入喇叭管上装上 O 形密封圈），用螺柱把紧。

6）再通过泵轴装上次级叶轮、次级导流壳（先在次级导流壳上装上 O 形密封圈）直到装完末级导流壳。

7）检查转子总窜量。总窜量为：8～10mm。

8）分别在泵轴和传动轴相连接的一端装上相应的键，装上筒形联轴器的固定套并推向一端，装上卡套，然后把固定套推回与固定键靠实，用螺钉紧固。传动轴在连接前应装好键、O 形密封圈、平衡鼓、卡环、填料轴套、固定键、轴套，并用螺钉紧固。

9）连接后应保证轴系处于水平状态，避免因装配应力造成的损坏。

10）装入接管，在法兰处应装 O 形圈，然后用螺柱均匀把紧。

11）安装（装配）过程中的注意事项：

①装 O 形胶圈时，要仔细观察，让胶圈保持平整，避免因其脱离槽口被挤坏。

②装配前凡有止口配合处需均匀涂刷一层黄油（稀油），应注意油类勿与胶圈接触，以防胶圈变质失效。

③装叶轮、轴套、联轴器时，在轴的相应处应涂（MoS2）。装紧定轴套联轴器的螺钉时应在螺钉上涂密封胶。

12）把泵组件吊入泵筒并装上专用安装环夹，用垫木垫牢。

13）在泵筒体密封槽上平整地放好 O 形圈，把泵头部分吊起，泵芯组件连接牢固，用螺栓把紧（应加弹垫），然后缓缓把泵落入泵筒体中，把紧地脚螺栓。

14）装上机械密封，用螺栓把紧，与传动轴之间先不固定，待调整窜量后再把紧。

15）把已更换推力轴承的轴承室、支撑座吊起，通过传动轴装在泵座上，用螺柱把紧。

16）拧上调整螺母，根据要求调整窜量，旋转调整螺母，使转子处于恰当位置（提升量为转子总窜的一半），然后用螺钉将调整螺母固定，再装上防尘盘并把紧。

17）将泵端联轴器装在传动轴上。

18）把电动机吊起落在电动机支座上。

19）调整机座上的调节螺栓使中心符合标准。圆距：不大于 0.05mm；面距：不大于 0.05mm。

20）把紧机械密封，拆开机械密封上的定位板，接上密封水管路。

21）连接出口法兰及泵辅助水系统的管路。

22）将推力轴承的油室内加入适量 20 号润滑油，并联系热工将推力轴承的热电阻测温元件恢复。

（5）凝结水泵机械密封。

1）概述。型号为 SP-70147。SP-70147 机械密封为内装，多弹簧，静止式平衡型整套机械密封，采用快装结构，串联定位，卡紧装置传动的方法。

2）凝结水泵机械密封冷却系统要求：安装前必须将系统的各部件清洗干净，运行前必须把系统管路排净气体，以避免密封腔出现气蚀现象，影响密封寿命。

3）凝结水泵机械密封检修、安装方法：将整套的串联机械密封整部装入泵腔后，先用 M6×100 螺栓将密封固定在泵体，然后用卡紧盘甲，卡紧盘乙，卡套把轴套固定到泵轴上，卸下定位板，螺栓 M8×16。

4）注意事项：快装式密封最终定位应在泵处于备用状态时进行（及转子不再窜动），卡紧机构处泵轴不可抹油。按以上顺序装好后，手动盘车试验，如转动灵活，则装配良好，否则应查找原因，重新装配。

5）机械密封拆卸方法：拆卸顺序与组装顺序相反，在拆卸时严禁使密封件受冲击，以防密封件受破坏，拆卸后密封件仍然要保持组装状态，便于管理及下次安装。

三、故障与分析

表 4-19 分析了凝结水泵可能发生的常见故障及其可能的原因和故障的排除方法。

表 4-19　　　　　　　凝节水泵常见故障、原因分析及故障排除

故　障	原　因	排　除
出口压力不足或出水量不足	（1）进口压力低于要求值。 （2）转速太低。 （3）转向不对。 （4）液体中空气或蒸汽量过大。 （5）吸入部分、工作部分被堵塞或有异物。 （6）密封环损坏严重。 （7）键损坏	（1）开足进口阀门。 （2）核对电源电压。 （3）重新接线。 （4）检查进水系统是否漏气并予以纠正。 （5）拆泵，清理清除异物。 （6）更换密封环。 （7）更换键

故 障	原 因	排 除
电动机电流增大或超过额定值	(1) 转速太高。 (2) 泵轴承卡住或回转键粘住。 (3) 水中含有大量颗粒物质	(1) 核对电源频率。 (2) 拆泵更换零件。 (3) 偏小工况运行（但有损泵寿命）
泵出口断流	(1) 水源不足。 (2) 液体中含有过量空气或蒸汽。 (3) 联轴器损坏或键破损。 (4) 叶轮卡住。 (5) 进口管道堵塞	(1) 确认进水阀全开，检查液位。 (2) 检查进水系统是否漏汽，并予以纠正。 (3) 更换零件。 (4) 解体检修。 (5) 清除异物
水泵振动	(1) 联轴器松动。 (2) 液体为汽水混合物。 (3) 中心不正。 (4) 叶轮中有异物，造成不平衡。 (5) 轴弯了。 (6) 导轴承磨损严重	(1) 拧紧螺母。 (2) 放空气，检查有否泄漏处，紧法兰螺栓。 (3) 重新找正。 (4) 拆泵，清除异物。 (5) 拆泵检修。 (6) 换件
密封函泄漏量过大	(1) 填料未放好。 (2) 填料已磨损。 (3) 机械密封损坏	(1) 重新调整填料。 (2) 换填料。 (3) 更换机械密封
水泵有异常噪声	(1) 汽蚀。 (2) 零部件有松动	(1) 检查灌注头。检查水温。检查进口管系统是否有异物。 (2) 调整或更换受损零部件

生产中还常见凝结水泵跳闸事故，现具体分析如下。

1. 现象

(1) LCD报警，电流到零，备用凝结水泵联启。

(2) 凝结水母管流量骤降，出口压力稍降。

(3) 凝汽器热水井水位上升，除氧器液位下降。

2. 处理

(1) 首先应确认备用凝结水泵自启，否则手启。

(2) 调整凝汽器水位和除氧器水位至正常值。

(3) 如备用泵启动不成功，可强行再启动一次跳闸泵。强起不成功应根据当前负荷考虑是否降负荷处理。

(4) 查明跳闸原因，联系检修处理。

第七节 循环水泵检修

循环水泵是汽轮发电机的重要辅机，失去循环水，汽轮机就不能继续运行，同时循环水泵也是火力发电厂中主要的辅机之一，在凝汽式电厂中循环水泵的耗电量约占厂用电的10％～25％。火力发电厂运行中，循环水泵总是最早启动，最先建立循环水系统。其作用是将大量的冷却水输送到凝汽器中去冷却汽轮机的乏汽，使之凝结成水，并保持凝汽器的高度真空。循环水泵的工作特点是流量大而压头低，一般循环水量为凝汽器凝结水量的50～70 倍，即冷却倍率为50～70。为了保证凝汽器所需的冷却水量不受水源水位涨落或凝汽器换热管堵塞等原因的影响，要求循环水泵的 q_V—H 性能曲线应为陡降形。此外，为适应电厂负荷的变化及汽温的变化等，循环水泵输送的流量应相应变化，通常采用并联运行的方式，每台汽轮机设两台循环水泵，其总出力等于该机组的最大计算用水量。对集中水泵房母管制供水系统，安装在水泵房中的循环水泵数量，应达到规定容量时应不少于4 台，总出力满足冷却水的最大计算用水量，不设置备用泵。在国内超（超）临界机组中使用的循环水泵趋于采用立式混流泵。

立式混流泵具有如下特点：

（1）体积小，质量轻，机组占地面积小，节省水泵房投资。

（2）泵效率可达 80％～90％，高效区较宽。功率曲线在整个流量范围内较平坦。

（3）汽蚀性能好，由于泵吸入口深埋在水中，不容易汽蚀。启动前不用灌水。

（4）结构简单、紧凑，容易维修，安全可靠，使用寿命长。

（5）流量大，扬程高，应用范围大。

一、循环水泵的性能与结构

下面主要介绍型号为 88LKXA-30.3 型混流泵的循环水泵结构。

（一）设备型号及结构概述

循环水泵型号	88LKXA-30.3
88	泵吐出口径为 88 英寸，即 2200mm
L	立式
K	内体可抽出式
X	吐出口在泵安装基础层之下
A	设计顺序
30.3	泵设计扬程为 30.3m

从电动机侧往泵看，叶轮为逆时针方向旋转。

循环水泵为立式单级导叶式、内体可抽出式混流泵，输送介质为淡水，供电厂冷却循环系统之用，也可用作城市给排水和农田排灌工程。水泵的叶轮、轴及导叶为可抽式、固定式叶片，其主轴由两段组成，采用套筒联轴器连接，共有 3 只水润滑赛龙轴承，叶轮在主轴上的轴向定位采用叶轮哈夫锁环。

本型泵在泵外筒体不拆卸的情况下，内体可单独抽出泵体外进行检修，电动机与泵直联，泵吸入口垂直向下，吐出口水平布置。从进口端看，泵顺时针方向旋转，泵轴向推力由电动机承受。

（二）88LKXA-30.3 型泵的有关数据

循环水泵及驱动电动机参数资料（见表 4-20）。

表 4-20　　　　　　　　　　　　　**循环水泵及驱动电动机参数资料**

循　环　水　泵			
形式	88LKXA-30.3 型立式斜流泵	流量	33480m³/h
扬程	30.3m	转速	370r/min
必需汽蚀余量	8.47m	轴功率	3173.8kW
输送介质	淡水	最小淹深	4.5m
效率	87.1%	制造	长沙水泵厂
转子提升高度	4mm		
循环水泵电动机			
型号	YKSL3650-16/2600-1 型	功率	3650kW
电压	10kV	电流	279.2 A
转速	370r/min	绝缘等级	F
接线形式	4Y	功率因数	0.8
制造	湘潭电机厂		
辅助冷却水泵			
形式	36LKXA-26 型立式斜流泵	流量	3996m³/h
扬程	26m	制造	长沙水泵厂
辅助冷却水泵电动机			
型号	YKSL5004-8 型	功率	450kW
电压	10kV	电流	35.3 A
转速	745r/min	绝缘等级	F
制造	湘潭电机厂		

（三）循环水泵结构

本泵采用立式、单基础层安装，吐出口在基础层之下，泵过流部分及壳体部分铸件，其余为钢板焊接结构，转子提升高度由轴端调整螺母来调节。循环水泵结构示意图见图4-63。

循环水泵由以下零部件组成：吸入喇叭口、外接管（a、b）、泵安装垫板、吐出弯管、电动机支座、叶轮、叶轮室、导叶体、主轴（a、b）、内接管（a,b)、导流片、导流片接管、填料函体、轴套、填料轴套、轴套螺母、赛龙轴承、套筒联轴器、连接卡环、止推卡环、叶轮哈夫锁环、泵联轴器、电动机联轴器、调整螺母、填料压盖、键、螺柱、螺钉、螺母、O 形密封圈、转向牌、标牌、纸垫等。

泵的密封：各密封连接面采用机械密封胶密封，轴采用填料密封，其余采用密封垫和O 形密封圈。

在水泵运转层上可调节转动部分及叶轮边缘与静止部分的间隙。叶轮与叶轮室之间的间隙值可通过位于安装基础层上的联轴器处的调整螺母予以调节和补偿。

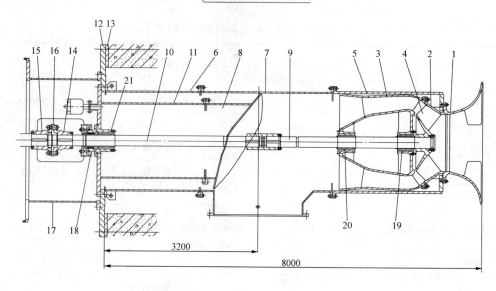

图 4-63 循环水泵结构示意图

1—吸入喇叭口；2—叶轮室；3—导叶体；4—叶轮；5—外接管（下）；6—外接管（上）；7—吐出弯管；
8—导流片；9—下主轴；10—上主轴；11—导流片接管；12—泵支撑板；13—安装垫板；14—泵联轴器；
15—电动机联轴器；16—调整螺母；17—电动机支座；18—填料函体；19—导轴承（下）；20—导轴承（中）；
21—导轴承（上）

（四）循环水泵（包括辅助冷却水泵）各部件材质（见表 4-21）

表 4-21   循环水泵及辅助冷却水泵各部件材质

序　号	部　　件	材　　质
1	壳体	HT250（≥25mm）
2	叶轮	316
3	主轴	316
4	导叶	316
5	轴套（填料套）	2Cr13
6	吸入喇叭口	316
7	出水弯管	HT250（≥25mm）
8	泵盖（即泵支撑板及安装垫板）	Q235-A
9	叶轮室	ZG1Cr13Ni1
10	导轴承	进口赛龙轴承（SXL白色）
11	套筒联轴器	2Cr13
12	填料函	HT250
13	电动机支座	Q235-A（≥20mm）
14	叶轮哈夫锁环	2Cr13

二、循环水泵检修前的准备工作

制定检修前所需工作人员计划，物资备品及检修所需工器具计划（表 4-22），质量与技术监督计划（表 4-23），并按计划执行。制定安全风险分析及预防措施（表 4-24），并组织检修人员学习并执行。

表 4-22 资 源 准 备

工作名称	88LKXA-30.3 型循环水泵		
工作所需工作人员计划			
人员技术等级	需用人数	需用工时	统计工时
高级工	1		
中级工	2		
初级工	1		
助手			
合计	4		

工作所需物资、备品计划					
序号	名称	单位	数量	单价	总价
1	破布	kg	50		
2	煤油	kg	20		
3	松锈剂	瓶	5		
4	盘根	kg	5		
5	生胶带	盘	1		
6	胶皮	kg	10		
合计					

工作所需工器具计划			
序号	工具名称	型号	数量
1	梅花扳手	17/19	1 套
2	螺丝刀	200	2 件
3	敲击扳手		1 件
4	手锤	1.5 磅	1 把
5	剪刀		1 把
6	撬棍		2 件
7	百分表		1 个
8	表座		1 个
9	千分尺		1 件
10	铜棒		2 件
11	专用扒子		1 件
12	套筒扳手		1 套
13	重型套筒扳手		1 套
14	活扳手		1 套

以上准备工作已全部完成。

工作负责人（签字）： 日期： 年 月 日

表 4-23   **质量与技术监督计划**

工作名称	88LKXA-30.3型循环水泵检修				
工作指令、质量计划、技术监督计划					
序 号	操作描述	工时	质检点	技术监督	备注
1	修前准备	16			
2	电动机拆卸	32			
3	导瓦推力瓦检查	8	W1		
4	吸入喇叭口检查	16	H1		
5	更换循环水泵盘根	16	W2		
6	回装	12			
7	品质再鉴定	12			
8	功能再鉴定	12			

表 4-24   **安全风险分析及预防措施**

工作名称	88LKXA-30.3型循环水泵检修			
序号	风险及预防措施	执行时间	执行情况	备注
1	碰撞（挤、压、打击）			★
	（1）戴好安全帽，穿合格的工作服			
	（2）在工作中戴工作手套			
	（3）必要时设置安全标志或围栏			
2	高空作业带来的风险			
	（1）高处作业均须先搭设脚手架或采取防止坠落措施，方可进行			
	（2）高处作业时下面应拉好围栏，设置隔离带，禁止无关人员停留或通行			
	（3）在脚手架周围设置临时防护遮栏，并在遮栏四周外侧配置"当心坠落"标志牌			
	（4）禁止交叉作业			
3	起重工作带来的风险			
	（1）起重人员在起重前检查索具			
	（2）要有专人指挥且起重人员要戴袖标			
	（3）起重过程中，重物下严禁站人			
4	异物落入设备的风险			
	（1）临时封堵拆除的人孔门			
	（2）设备回装前检查设备内干净无异物			
5	检修人员精神状态			
	（1）不能酒后作业			
	（2）遵守电业安全规程			
6	临时电源带来的风险			

工作名称	88LKXA-30.3型循环水泵检修			
序号	风险及预防措施	执行时间	执行情况	备注
	(1)检修电源必须配置有漏电保护器			
	(2)临时电源使用前必须检查漏电保护器完好			
7	动火作业带来的风险			
	(1)工作负责人(或现场消防人员)应在收工后晚离开1h等措施方法,来进一步检查现场,防止死灰复燃			
	(2)使用电气焊时,应清理周围可燃物,并做好防火措施			
	(3)油管道动用电气焊必须办理动火工作票			
以上安全措施已经全体工作组成员学习。				
工作成员签字:				

三、循环水泵检修工艺

(一)开工前准备工作确认

检查开工前准备工作,是否按计划执行。确保准备工作已做好。见表4-25。

表4-25　　　　　　　　　　　　开工前准备工作确认表

项目	开工前准备情况	确认
安全预防措施	工作票内所列安全措施应全面、准确,得到可靠落实后,方可开工	
	工作现场照明充足	
	电气焊作业时,氧气瓶与乙炔瓶应竖直放置牢靠,且氧气瓶与乙炔瓶之间的距离不小于8m,工作现场做好防火措施,严禁吸烟	
	钢丝绳、千斤顶、专用扒子、倒链等起吊工具应检验合格后方可使用	
	设备已完全隔离	
现场工作条件	通风和照明良好	
	检修工作场地准备好	
	设置临时围栏、警戒绳	
工器具	常用机械检修工具齐全	
	干净塑料布、煤油、破布等	
备品备件	轴套	
	盘根	
	轴承	

(二)检修方法及工艺

1. 泵的解体

(1)解体注意事项:

1)在各零部件配合处作好标记,以便下次安装能顺利进行。

2)拆卸下来的小型零件和紧固件应用一些小箱子保管好,并作好标记,注明是从何处拆卸的，切记混杂。

3）拆卸下来的零部件，清洗干净后加工表面要涂上防锈油。

4）零部件的油漆表面如有锈蚀部位，则要铲除锈蚀，重新油漆。

5）O形密封圈、填料等锈坏的紧固件一般往往不能复用，需要准备备件。

（2）拆掉水泵周围的润滑水管路系统。

（3）拆卸联轴器螺栓，做好标记，保管好。

注意：在拆卸过程中，必须打上相对位置标记。

（4）起吊电动机。

（5）拆除泵内壳与基础面连接螺栓，整体吊出转子，放到指定检修场地。

（6）拆除水泵联轴器。

（7）拆卸填料压盖和上轴承填料函体、胶圈。

（8）拆除上内接管。

（9）松掉内吐出弯管与内中间接管的连接螺栓，拆卸中间轴承体的胶圈、轴承。

（10）拆卸吸入嗽叭管，拆下叶轮螺母盖后，打开叶轮螺母上的内鼻止动垫片上的翻边，用叶轮螺母扳手拆卸螺母。注意：叶轮螺母为右旋螺纹，因此应旋松开。

（11）拆出叶轮。

（12）松掉轴保护管。

（13）拆卸泵轴。

2. 检查、更新和维修

（1）用钢丝刷新清理所有的零件，检查零件是否有磨损、腐蚀和锈蚀，检查叶轮、导叶体是否有裂纹，并作好记录。

（2）按下列方法检查泵轴 I：将轴置于 V 形垫铁上，检查轴某些截面的径向跳动，径向跳动应在 0.025mm 以内。支撑泵轴的 V 形垫铁用两块，位置靠近轴的两端，而且轴径大致相等的轴承或联轴器部位上。II：在轴的每一轴承和联轴器部位每 300mm 的跨距上进行测量。记录测量数据的测量部位距轴某一端的距离。轴的最大径向跳动：$\delta = 0.083 \times L$（L 最大为 1/2 轴长），轴长单位为 m，超出此范围的轴要矫直。

（3）检查轴套和导轴承之间的间隙，当总间隙值超过 1.6mm 时则需要更换其中之一或全部。若轴套磨损了，则更换轴套。方法是：松开轴套上的 3 个 M10×12 的螺钉，将轴套从轴上取下，用新的轴套装上。若轴套上的定位螺孔与原来的方位不对，则要根据新轴套在轴上重新钻孔，再在轴套上攻丝，装上定位螺钉。若轴承磨损了则需要更换轴承。

（4）作叶轮动平衡试验检查叶轮磨损情况。

3. 泵的复装

（1）壳体部分的安装。

注意：在任何情况下，都不能用吸入喇叭口作为泵支撑或者用喇叭口作为类似用途。

1）将泵安装垫板置于基础预留孔内，并在垫板下塞置垫铁，通过调整垫铁调正垫板水平。

2）在喇叭口法兰配合面上均匀涂上密封胶，用 M36×90 的螺柱将喇叭口与外接管 a

连接起来。

3）在泵安装垫板上放置枕木或其他支撑物，将连接好的外接管 a 与吸入喇叭口置于枕木或其他支撑物上。

4）在外接管 b 法兰面上均匀涂上密封胶，用螺栓将吐出弯管与外接管 b 连接起来，支撑板用螺柱 M36×100 与外接管 b 连起来，把此组件用螺栓与外接管 a 连接起来置于枕木或其他支撑物上。

5）吊起上述已连接好的壳体，移开支撑物，将泵安装垫板配合面清理干净，并均匀涂上一周密封胶，放下泵壳体，并用地脚螺栓初步将壳体坚固在基础上。

6）校正泵的水平度，使垫板水平度在 0.05mm/m 以下。

7）拧紧地脚螺栓，灌浆浇固泵安装垫板。

（2）可抽部分的安装。

1）从主轴的叶轮端装进轴套，滑过短键槽处，在短键槽处装上 1 根 B16×10×70 的键，将轴套退回至键位顶住，在轴套 3 个螺孔处拧上 3 个 M10×12 的螺钉。在轴的另一端的短键槽处装上 1 根 B16×10×70 的键，装上轴套，用紧定螺钉固定在轴上。

2）将叶轮（已装叶轮密封环）放置在 1 人高左右的梁架上，在主轴下端装叶轮处装上 1 根 B56×32×460 的键，在主轴的另一端拧上吊环螺钉，将主轴吊至叶轮上方，放下主轴，使主轴穿过叶轮的主轴孔，在主轴和叶轮上装上叶轮锁环，用 4 组 M24×75 的螺栓、弹簧垫圈将叶轮锁环固定在叶轮上，然后吊起组装好的部件，放入叶轮室中。

3）用 M20×50 的螺柱、螺母、双耳止动垫圈将橡胶导轴承装于导叶体下部，同时用 M20×85 的螺柱将内接管与导叶体（已装好导轴承）连接起来，吊起此组件至主轴上方，穿过主轴，慢慢放下，用 M36×90 的螺柱将导叶体和叶轮室连接起来。注意：装配上述组件时，在各配合面须涂机械密封胶。

4）吊起主轴组件置于泵壳内，并将其支撑在枕木上，并在主轴上端装上 1 根 B56×32×325 的键。

5）在主轴装轴套部位装上 1 根 B16×10×70 的键，装上轴套，在装填料轴套部位装上 1 根 B14×10×70 的键，装上填料轴套及轴套螺母并在另一端装上 1 根 B56×32×360 的键。用 3 个 M10×12 的螺钉将轴套螺母紧固在轴上。

6）将套筒联轴器直立于一平台上，使带有 4 个螺孔的一端朝下。

7）将主轴吊起至套筒联轴器上方，慢慢放下，使主轴从套筒联轴器内孔穿过，将套筒联轴器顺轴上推，直至露出键为止，并在联轴器外圆上拧上两个固定螺钉将其固定于轴上。

8）将上主轴吊至下主轴上方，两轴对中，将连接卡环装于轴上，松开联轴器上的固定螺钉，使其缓缓下落并滑过连接卡环至止推卡环位置上并与止推卡环用 M16×55 的螺栓连接起来，与此同时，把两内接管用 M20×90 的螺栓连起来。

9）吊起轴连接件，移开枕木，放入外接管内，注意使叶轮室的防转块卡在外接管的防转槽内，以防开车时的旋转。

（3）导流片接管、导流片、填料部件的安装。

1）用行车将导流片组件吊至主轴上方，调整好导流片的方向，穿轴放下，用 1 组 M36×120 的螺柱将导流片接管与支撑板连起来。

2）将导轴承 a 用螺柱 M20×50 装进填料函体的轴承腔中，用行车吊起至主轴 b 上方，穿轴放入导流片接管上填料函体腔内，用 1 组 M30×80 的螺柱将填料函体连接在导流片接管上。

3）在主轴 b 的上部装上泵联轴器和轴端调整螺母。

4）电动机支座和电动机的安装：将电动机支座吊至导流片接管上方，用 M36×110 的螺柱将其与泵支撑板连接起来。电动机支座安装好后，在电动机支座上法兰面打水平度，水平度允差为 0.05mm/m。

（4）泵、电动机轴的对中。

1）电动机与泵轴对中：在电动机联轴器上安装百分表，用盘车转动电动机，并调整电动机支架，使中心偏差在 0.05mm 以内。

2）电动机与泵轴对中之后，用螺栓将电动机固定在电动机支座上，并用定位销定位。

（5）转子间隙的调整。

1）判断转子是否已落在极下位置。

2）卸下泵联轴器与轴端调整螺母之间的连接螺栓。

3）旋转轴端调整螺母直至上端面与电动机联轴器法兰面贴紧。

4）向下旋转轴端调整螺母，使转子高度提升 4mm，若泵联轴器与轴端调整螺母的螺孔位置不合，则应继续向下旋转轴端调整螺母，直至两螺栓孔重合。

5）装上联轴器、轴端调整螺母之间的连接螺栓，对角交替地逐渐上紧螺母，最后用 920～1080N·m 的力矩拧紧其连接螺母。

（6）填料的安装。

1）取下填料压盖，清理干净填料函。

2）每次将一环填料装进填料函内，并确保填料落在正确的位置。

3）各环填料的切口位置要错开放置，当最后一环填料装进时，再装上分半填料压盖，均匀地拧紧螺母直至齐平，然后松开螺母，再适当紧固。

四、循环水泵常见故障、原因及措施

（一）循环水泵入口滤网差压高

1. 现象

（1）滤网表面脏污，循环水泵吸水井水位低。

（2）循环水泵吸水井水位过低时，循环水泵电动机电流波动，出口水压波动。严重时将发生循环水泵汽蚀。

2. 原因

（1）循环水水质差。

（2）滤网清污机故障、效果差或未按规定投运。

（3）有较大杂物堵塞。

3. 处理

(1) 联系检修处理清污机,尽快投运。

(2) 若滤网差压继续增大,应严密监视循环水泵工作情况,发现循环水泵发生汽蚀时应立即启动备用循环水泵,停运该循环水泵。

(3) 若滤网差压达到9.8kPa时,应启动备用循环水泵,停运该循环水泵。

(4) 若循环水质差,联系化学加药处理。

(二) 循环水泵轴承温度高

1. 现象

(1) 循环水泵温度检测仪显示温度升高。

(2) 就地轴承油色异常,且有可能发生乳化现象。

2. 原因

(1) 循环水泵润滑油油质差,油位低。

(2) 循环水泵冷却水系统异常,冷却水量低。

(3) 循环水泵温度检测仪温度测点故障。

(4) 循环水泵过负荷,振动大或轴承损坏。

3. 处理

(1) 循环水泵温度异常时,应对比其他温度测点,若为测点故障,则应联系热工处理,否则按以下规定处理。

(2) 若为单一轴承温度高,则应检查该轴承油位、油色是否正常,该冷却水门位置是否正确。

(3) 若所有轴承温度均升高,则应检查冷却水系统总门,确认位置是否正常。

(4) 若推力轴承温度高,应检查循环水泵电流情况,严禁超负荷运行。

(5) 任一轴承温度达到80℃时,立即紧急手动停运该循环水泵,汇报单元长。

(三) 循环水泵倒转

1. 现象

(1) 循环水母管压力降低,倒转循环水泵出口压力有指示。

(2) 就地循环水泵反向转动。

(3) 倒转严重时,循环水泵入口吸水井水位升高。

2. 原因

(1) 循环水泵未运行时,出口蝶阀开启。

(2) 循环水泵电动机电源在试验位置时启动循环水泵,出口蝶阀开启。

(3) 循环水泵电动机相序接反,启动后倒转。

3. 处理

(1) 若倒转循环水泵蝶阀控制站未失电,立即将蝶阀控制方式切至"就地",手动关闭蝶阀。若已失电,应立即开启泄压手动门,使蝶阀关闭,并尽快恢复控制电源。

(2) 若因循环水泵在试验位置启动而导致蝶阀开启,应立即停止试验,关闭蝶阀。待联系热工短接有关接点后再进行。

（3）若为电动机相序接反，应立即停运，联系检修处理。

4．其他故障

（1）电动机上下轴承油位降低时，应检查放油门是否关严，油管路是否有泄漏，并及时补油。

（2）电动机上下轴承油位升高时，应检查油质是否乳化或是否有白色泡沫，从而判断是否有水进入油中，必要时停泵处理。

（3）泵组振动异常增大时应检查电动机电流，倾听泵内声音，若出口压力、循环水泵电流晃动大，应检查循环水泵吸水井水位是否过低，入口滤网是否堵塞。若循环水泵电动机电流增大，母管压力降低，应检查循环水泵出口蝶阀是否下滑或关闭，若发现下滑应重开一次，开不起来，联系检修处理。

（4）循环水泵电动机绕组温度高时，应检查排风机运转是否正常，通风道有无堵塞。

（5）循环水位高时，及时启动排污泵，并查出水源，严防淹没蝶阀控制部分。

为方便故障分析和处理，将故障原因分析与处理方法汇总于表 4-26 中。

表 4-26　　　　　　　　　循环水泵故障类别、原因分析与处理方法

故障类别 原因项目	泵起不动	出力不足	打不出水	超负荷	异常振动和噪声	填料泄漏过量和温升过高	处理方法
电动机系统毛病	●	●	●		●		检查电动机系统
转动部件中有异物	●	●		●	●		清理转子部件
轴承损坏	●			●	●		更换轴承
启动条件不满足	●		●				满足应满足的条件
吸入侧有异物		●			●		清理滤网、叶轮和吸入喇叭口
叶片与叶轮室间隙过大		●					调整间隙
叶片损坏		●	●		●		更换叶片
转速低		●					测量电压、周波，检查电动机
有空气吸入		●			●		提高吸入水位或在水面放一浮体
汽蚀		●			●		提高水位，调整工况
转向反了			●				校正转向
泵内有异物	●	●	●	●	●		除去异物
入口有反向预旋		●	●		●		设消旋装置
转动部件不平稳					●		检修
一相断线，单向运行				●			检查修理供电线路和电动机接线

续表

故障类别 原因项目	泵起不动	出力不足	打不出水	超负荷	异常振动和噪声	填料泄漏过量和温升过高	处理方法
装配精度不高				●	●	●	提高装配精度
吸入水面过低		●			●		提高水位
轴弯曲				●	●		校直
联轴器螺栓松动损坏					●		拧紧或更换螺栓
基础不紧固					●		增加基础的刚性
排出管路的影响					●		检查和排除影响
填料压盖过紧或不均匀						●	放松压盖,正确压紧填料
填料磨损或装配不当						●	重装填料
轴磨损或偏位				●		●	换轴或校正

第八节 真空泵检修

汽轮机内凝汽器的真空,无论是在汽轮机启动时的建立,还是正常运行时的维持,都需要有专用的凝汽器抽汽设备。真空泵作为凝汽器的抽汽设备具有很多优点,它本身有一套独立的工作系统,在机组启动前就能独立运行,以建立凝汽器的真空,而且能源消耗较少,比射水、射汽抽气器少70%,并且真空泵运行安全可靠,使用寿命长。超临界机组大部分采用水环式真空泵。

一、水环式真空泵的工作过程

下面以日本粟村制作所生产的250EVMA型水环式真空泵为例作介绍。

250EVMA型真空泵系双级单作用的水环式真空泵。它利用泵壳和叶轮的不同心地安装的结构,在叶轮作旋转时,构成与叶轮成偏心水环,充满在叶片间的水,随着叶轮的旋转,在叶片之间不断地作周期性的往返运动,改变叶片中间的容积,在固定的吸气和排气口的相应配合下,完成吸气、压缩和排气作用。如图4-64中所示A处便形成一空洞状态,相邻两个叶片之间的空间形成气缸,而水就像活塞一样,沿着叶片上下移动,这种运行方式如同往复真空泵一样。换句话说,当叶轮旋转时,气体通过壳体的吸入口(INLET)处进入壳体,再从

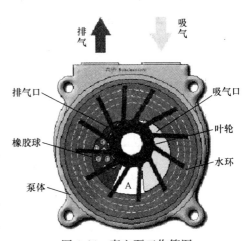

图4-64 真空泵工作简图

孔板的吸气口进入叶轮（如图中→箭头所示），并在移动过程中经膨胀和压缩后，从孔板排气口向壳体的排出口（OUTLET）排出（如图中→箭头所示）。而双级的作用就是第一级排气口排出的气体被第二级吸气口吸入，然后经过第二级的压缩排出，第二级的作用是减少第一级排气压强，以提高第一结构比较紧凑，回转部分由一根轴和两级叶轮组成，固定部分由进出气机座，两个泵环和配气盘轴承支架组成。电动机和泵部分的传动用蛇形联轴器连接，泵和电动机安装在一个公共底座上。除了把液体作为活塞外，由于泵体结构简单，几乎没有机械摩擦产生，因此真空泵内部不需要润滑。

二、250 EVMA 液环式真空泵设计参数（见表 4-27）

表 4-27　　　　　　　　　　250 EVMA 液环式真空泵设计参数

名　　称	数　　据	名　　称	数　　据
制造厂家	日本粟村制作所	吸入温度（℃）	22
形式及型号	250EVMA 水环式机械真空泵	旋转方向（从被驱动端看）	顺时针
抽吸干空气量（kg/h）	75（凝汽器压力为 5.1kPa） 126（凝汽器压力为 11.8kPa）	级数/泵转速（r/min）	2/500
		台数（台）/容量	3/50%
吸入压力（kPa）	3.5	极限真空度（kPa）	3.39

三、真空泵结构

250 EVMA 液环式真空泵为单机液环式，用于传递气体和蒸汽，最主要的作用是形成高度真空。它由转子、泵壳体、轴承体、泵两侧端盖、通道板等构成。泵组还包括汽水分离器和工作液冷却器。从驱动端看，叶轮在圆柱体泵座内顺时针旋转，该座相对轴线偏心布置。在吸入侧，液体升离叶片毂而输入的气体通过入口轴间进入扩大了的体积，在排出侧液体再次进入轮毂并通过排汽口轴向返出以压缩的气体。驱动端轴承起浮动支撑作用，非驱动端轴承作导向支撑，在泵顶部有压力接口的情况下为保持起动前的工作液面，吸入侧端盖上装有一个自动排放阀，端盖底部装有排放阀，用于泵的排放及冲洗杂物。

四、检修前的准备工作

制定检修前所需工作人员计划，物资备品及检修所需工器具计划（见表 4-28），质量与技术监督计划（见表 4-29），并按计划执行。制定安全风险分析及预防措施（见表 4-30），并组织检修人员学习并执行。

表 4-28　　　　　　　　　　资源准备计划表

工作名称	250 EVMA 液环式真空泵检修		
工作所需工作人员计划			
人员技术等级	需用人数	需用工时	统计工时
高级工	1	120	
中级工	2	240	
初级工	1	120	
助手			
合计	4	480	

工作名称		250 EVMA 液环式真空泵检修			
工作所需物资、备品计划					
序号	名称	单位	数量	单价	总价
1	破布	kg	50		
2	煤油	kg	20		
3	松锈剂	瓶	5		
4	盘根	kg	5		
5	生胶带	盘	1		
6	胶皮	kg	10		
合计					
工作所需工器具计划					
序号	工具名称		型号		数量
1	梅花扳手		18/19		1套
2	螺丝刀		200		2件
3	敲击扳手				1件
4	手锤		1.5磅		1把
5	剪刀				1把
6	撬棍				2件
7	百分表				2个
8	表座				2个
9	千分尺				1件
10	铜棒				2件
11	专用扒子				1件
12	套筒扳手				1套
13	重型套筒扳手				1套
14	活扳手				1套

表 4-29　　质量与技术监督计划

工作名称		250 EVMA 液环式真空泵检修			
工作指令、质量计划、技术监督计划					
序号	操作描述	工时	质检点	技术监督	备注
1	修前准备	16			
2	拆卸	32			
3	检查测量	8	H1		
4	复装	8			
5	分离器检查	16	W1		
6	冷却器检查	16	W2		
7	联轴器对中	4	W3		
8	品质再鉴定	12			
9	功能再鉴定	8			

表 4-30 安全风险分析及预防措施

序号	工作名称	250 EVMA 液环式真空泵检修		
	风险及预防措施	执行时间	执行情况	备注
1	碰撞（挤、压、打击）			
	（1）戴好安全帽，穿合格的工作服			
	（2）在工作中戴工作手套			
	（3）必要时设置安全标志或围栏			
2	高空作业带来的风险			
	（1）高处作业均须先搭设脚手架或采取防止坠落措施，方可进行			
	（2）高处作业时下面应拉好围栏，设置隔离带，禁止无关人员停留或通行			
	（3）在脚手架周围设置临时防护遮栏，并在遮栏四周外侧配置"当心坠落"标志牌			
	（4）禁止交叉作业			
3	起重工作带来的风险			
	（1）起重人员在起重前检查索具			
	（2）要有专人指挥且起重人员要戴袖标			
	（3）起重过程中，重物下严禁站人			
4	异物落入设备的风险			
	（1）临时封堵拆除的人孔门			
	（2）设备回装前检查设备内干净无异物			
5	检修人员精神状态			
	（1）不能酒后作业			
	（2）遵守电业安全规程			
6	临时电源带来的风险			
	（1）检修电源必须配置有漏电保护器			
	（2）临时电源使用前必须检查漏电保护器完好			
7	动火作业带来的风险			
	（1）工作负责人（或现场消防人员）应在收工后晚离开 1h 等措施方法，来进一步检查现场，防止死灰复燃			
	（2）使用电气焊时，应清理周围可燃物，并做好防火措施			
	（3）油管道动用电气焊必须办理动火工作票			

以上安全措施已经全体工作组成员学习。

工作成员签字：

五、检修方法及工艺

（一）拆卸

真空泵结构见图 4-65。

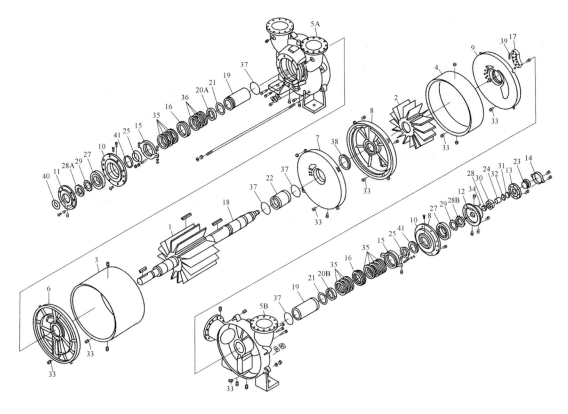

图 4-65　真空泵结构图

1—第一级叶轮；2—第二级叶轮；3—第一级机壳；4—第二级机壳；5A，5B—侧盖；6—联轴器侧孔板；7—压出侧孔板；8—吸入侧孔板；9—末端孔板；10—轴承箱；11—轴承端盖；12—轴承；13—止推轴承压盖；14—端盖；15—轴封压盖；16—水封环；17—球架；18—轴；19—轴套；20A，20B—锁紧螺母；21—锁紧垫圈；22—叶轮轴衬；23—推力架；24—轴承衬套；25—防水板；26—定位片；27—滚柱轴承；28A，28B—轴承固定螺母；29—轴承垫圈；30—推力轴承；31—轴承固定螺母；32—轴承止动锁紧垫圈；33—定位销；34—螺旋弹簧；35，36—填料；37—O 形圈；38—密封垫；39—四氟球；40，41—油封

1. 将真空泵从底座上拆下

（1）排空壳体和侧罩中的液体（利用壳体和侧罩的疏水塞和疏水阀门）。

（2）拆除所有与真空泵相连的管线。同时，把管子的洞口封住，以免杂质进入。

（3）将联轴器罩旋松并卸下。

（4）拆下真空泵的压紧螺栓，并从底座上取走真空泵运至修理厂房进行检修。

（5）松开真空泵联轴器对开外罩上的固定螺钉，并取走联轴器。接下来使用拉码拉下联轴器。在此过程中，在联轴器和拉码之间插入 1 根软管，以防止轴的中心孔损坏。

（6）取下联轴器的键。

2. 在轴承两端进行拆卸工作

（1）拆下联轴器侧的轴承盖；竖起锁紧垫圈的止动垫圈，松开并拆下固定螺母。（锁紧螺母的方向与转向相反）。

（2）从两侧侧罩上拆下轴承座。拆开轴承座的固定螺钉，此时用定位螺栓取出轴承座，并拆下轴承座。与此同时，滚柱轴承（外圈和滚轴）随轴承座一并拆下。

（3）拆下末端盖板和带有调整螺母的调整法兰。用调整螺母能取出调整法兰。将止动垫圈耳竖起，然后松开并取出圆螺母。（圆螺钉的方向与转向相反）

（4）用止推轴承与轴瓦拆除滚柱轴承座。（注意螺旋弹簧的缺失）

（5）将滚柱轴承侧端的止动锁紧垫圈耳竖起，然后松开并取出圆螺母。

（6）从真空泵末端的端盖上拆下轴承箱。

（7）将轴承机壳的固定螺母拆下，此时用定位螺栓取出轴承机壳。与此同时，滚柱轴承（外圈和滚轴）随轴承机壳一并拆下。

（8）从两端（联轴器侧及末端）轴承机壳上拆下滚柱轴承（外圈和滚轴）。

（9）从两侧将防水板和滚柱轴承（内圈）拆除。然后在防水板上装上轴承拉码。在此过程中，在轴端和轴承拉码之间插入一根软管，以防止轴的中心孔受损。轴承拆除器设在防水板的后面，通过旋启中心螺栓到工具内来拉出防水板和内圈。

（10）拆下两侧的压盖。

3. 壳体的拆卸

（1）旋松锁紧螺栓上的螺母 8～10mm。接下来，用树脂锤轻轻敲打轴面两侧，将机壳与分配器分开，拆卸的时候，将末端的端盖放在操作台上会方便拆卸工作。

（2）旋松并取出锁紧螺栓上的螺母。

（3）卸下联轴器侧的分配器、压盖填料以及其中的液封环。

（4）卸下第一级机壳。

（5）取出带有叶轮和中间分配器的轴，在联轴器的轴侧表面装上吊环螺栓，再抬起并卸下。

（6）卸下第二级机壳。

（7）从两侧端盖上拆下分配器，松开末端分配器上阀球压盖的固定螺栓并卸下阀球压盖，然后卸下阀球及球架。

（8）拆下两侧端盖上的填料压盖和水封环。

（9）当仅限于更换油封时，才从轴承壳和轴承盖上拆下油封。

4. 第二级叶轮与叶轮间分配器的拆卸

（1）注意事项：首先确认第二级叶轮与叶轮间分配器的拆卸与重装情况。如果没将两者拆除，会在分配器表面产生泄漏。第一级叶轮是通过热套固定在轴上，如果将第一级叶轮拆开，不论是叶轮还是轴都不能再次使用，所以小心别将它们拆开。

（2）拆除侧套筒螺帽和锁紧垫片，竖起锁紧垫圈，然后旋松并取出套筒螺帽。

（3）拆除带有 O 形圈末端轴套，然后在轴套上装上拉码。此过程中，在轴端和轴套拉码之间插入一根软管，以防止轴的中心孔受损。

（4）拆下轴套侧端的固定键。

（5）从轴上拆下第二级叶轮，用叶轮上的螺栓孔从轴上拆下第二级叶轮。因为此间的收缩尺寸都是对应的，所以转子不能被相互分离到第一级的叶轮和轴之间。请不要用额外的力从轴端拆下第一级叶轮。

（6）拆下第二级叶轮的固定键。

（7）取出分配器装配组件，然后再分开。从分配器上拆下压盖填料。

（8）拆下带有O形圈的叶轮轴衬。

（9）拆下联轴器侧套筒螺母和锁紧垫片，竖起锁紧垫片，旋松并取出套筒螺母。

（10）拆下带有O形圈的联轴器侧轴套。

（二）各部检查及标准

主要部件的检查方法及标准见表4-31，主要部件的磨损限度见表4-32。

表 4-31 主要部件的检查方法及标准

项　目	目　　的	方　　法	限　　度
叶轮、孔板和四氟球	叶轮、孔板和四氟球的磨损	目视检查	叶轮和孔板之间的偏差应符合要求（该值大小取决于操作真空度）
壳体和侧盖	壳体和侧盖内的磨损和凹陷	目视检查	把由于磨损造成的凹陷与原状况加以比较，应在1mm以下
填料盒	检查压盖是否损坏，以及真空泵的套环是否堵塞	目视检查	填料盒是否损坏。如有必要更换之
轴	测量轴的跳动度。轴的跳动造成叶轮和孔板等滑动件之间的磨损	千分表	轴的容许跳动度在5/100mm之内
轴套	检查轴套表面，从而查出压盖填料下的磨损度	目视检查或游标卡尺	轴套的磨损量应符合要求
轴承	检查轴承中的润滑脂，并进行清洗；如有必要，则更换新润滑脂。还应检查轴承，必要时更换新轴承	目视检查或听诊检查	约每年一次更换润滑脂。对于滚动轴承发现有不正常声音则需更换新轴承
联轴器螺栓上的橡胶衬套	检查联轴器螺栓上衬套的磨损度和变形量	目视检查	如果橡胶衬套有明显的变形，有必要更换之（更换所有的衬套）

表 4-32 主要部件的磨损限度

部件	变化限度	备　　注	
叶轮和孔板	C 大于 0.5mm 标准偏差 $2C=0.4\sim0.6$mm		虽然 C 超过了左面的数值，但如果不影响实际使用时，可继续使用
轴套	轴套一侧表面的磨损量超过：$(B/2)\times(0.025\sim0.03)$ 直径 B：190mm		如果压盖填料有变形产生而且最大深度大于左边值（大约 $1\sim1.5$mm），更换新件
轴承	工作小时：30 000～50 000h	如果观察到异常声音、振动或高热，不论工作时间多少，都应进行检查，如有必要，则更换新件	

（三）复装

1. 叶轮与孔板的安装（吸入口侧与排出口侧）

（1）为轴上联轴器端的轴套安装键。

（2）将新的 O 形圈安装到联轴器端的轴套上，再把该轴套安装到带有第一级叶轮的在联轴器端的轴上。

（3）将锁紧紧垫片安装到联轴器端，将套筒螺帽装到轴上，旋紧，然后将锁紧垫片的一端弯曲，放入套筒螺母的凹槽中，以防旋转。

（4）将压盖填料安装到排出口端的孔板中去，给排出口端与吸入口端的孔板表面加一层膜，用密封衬垫将孔板连接起来（只用于排出口端的孔板上）。加膜 3～5min 后装配孔板。

（5）用测微计测量定距衬垫的长度 L_1，然后检查叶轮与孔板之间的空隙，使其在按图 4-66 所示安装后，大小在偏差范围内。即

$$L_1 = D_1 + D_2 + C_1 + C_3 + B_2$$

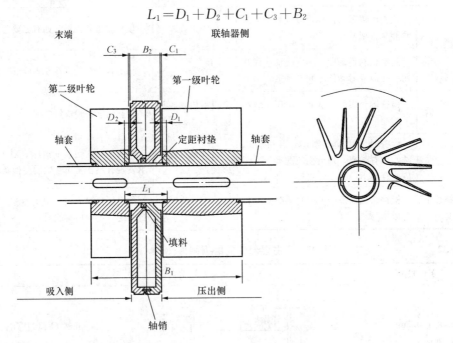

图 4-66　叶轮与孔板之间的空隙

（6）检查完尺寸后，将定距衬垫安装到轴上。然后安装新的 O 形圈到定距衬垫上。

（7）安装连接在轴上的孔板。

（8）为轴上第二级叶轮安装键。

（9）将第二级叶轮插到轴上。（此时注意叶轮的方向）

（10）为轴上轴套的末端安装键。

（11）将新的 O 形圈安装到轴套的末端，再把该轴套安装到轴的末端。

（12）将锁紧垫片安装到末端，将套筒螺帽装到轴上，旋紧，然后将锁紧垫片的一端

弯曲，放入套筒螺母的凹槽中，以防旋转。

（13）如图 4-66 所示，用测隙规检查间隙的尺寸 $C_1 + C_3 = (0.5 \pm 0.1)$mm。

（14）如图 4-66 所示，测量 B1 和 B2 的装配尺寸，以及图 4-68 所示 B3 和 B4 的壳体宽度，安装完毕后计算内部间隙 "$C_2 + C_4$" 的大小。标准的空隙大小为 $C_2 + C_4 = (0.5 \pm 0.1)$mm。

2. 侧罩（联轴器端及末端）和孔板的安装

（1）将球架安装在排出端孔板上。将球放在孔板的排放孔上，把定距块放在螺栓孔上，罩上球架。穿过球架和垫片的孔，用固定螺栓将球架和孔板紧固。如图 4-67 所示。

（2）为侧罩表面加一层膜，用密封衬垫将其与孔板和壳体相连（只用于侧罩），加膜后

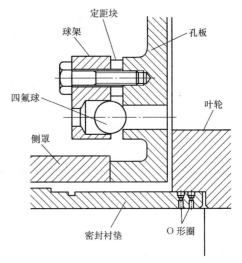

图 4-67 球架周围的安装详图

的 3~5min 后装配孔板，然后用 M16 的内六角头有帽螺钉将孔板固定在压盖端的侧罩上。

3. 主体的安装

（1）将末端的侧罩水平放到台面上，然后安装，以使部件向上堆积。

（2）为第一、二级壳体的表面加一层密封胶，然后将第二级壳体与分配器相连（只用于壳体）。3~5min 装配这些部件。

（3）安装末端侧罩上的第二级壳体，按标注线对齐。

（4）插入带有叶轮和孔板的轴，将 M30 的有眼螺栓安装到联轴器端的轴表面，然后提起并将其插入。

（5）然后按安装第二级壳体的方法安装第一级壳体。

（6）安装（带有孔板的）联轴器端侧罩。

（7）将连接螺栓穿过侧罩上安装孔，然后在两边分别轻轻地将螺母、垫片和螺钉安装上去。

（8）把侧罩支脚放置在平板上。接着，用木锤轻轻敲打进气端与排气端法兰的上部，以调整支脚的水平。

（9）支脚调整完毕后旋紧连接螺栓上的螺母。

（10）先插入压盖填料，然后是液封环、压盖填料，最后安装压盖。

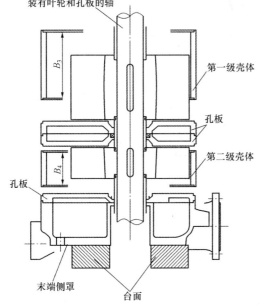

图 4-68 主体安装

(11) 将 O 形圈插到轴上,在插到挡水板上。

(12) 将轴承内圈安装到轴上。

(13) 当从轴承盖上卸下油封时装上新的油封。

(14) 将轴承盖安装到侧板上(当心别损坏安装在轴承盖内的油封口)。

(15) 将涂有润滑脂的轴承外圈安装到轴承盖里去。

(16) 将轴承垫片插到侧罩上,将轴承螺母装到轴上,旋紧,然后将轴承垫片的一端弯曲,放入套筒螺母的凹槽中,以防旋转。

(17) 当从联轴器端的轴承盖上卸下油封时装上新的油封。

(18) 充填润滑脂到联轴器端的轴承盖和滚柱轴承座内。安装轴承盖上的涂有润滑脂的联轴器端的轴承盖和滚柱轴承座(此时当心别损坏油封口)。

(19) 将滚柱轴承座内的螺旋弹簧插入。

(20) 充填润滑脂到止推轴承内。在滚柱轴承座上安装涂有润滑脂的止推轴承。然后将球形衬套插到轴上去。

(21) 将轴承垫圈插到末端上去,将轴承螺母装到轴上,旋紧,然后将轴承垫片的一端弯曲,放入套筒螺母的凹槽中,以防旋转。

(22) 安装调节法兰到滚柱轴承座上。

(23) 将调整螺母装到调整法兰上。安装调整螺母的固定螺钉,以防旋转。

(24) 安装端盖,以调整法兰。

4. 间隙调整

间隙调整见图 4-69。

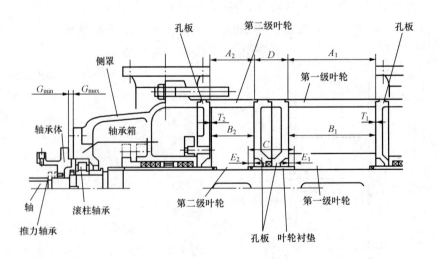

图 4-69　间隙调整

(1) 叶轮和壳体尺寸测量和间隙计算。测量第一级壳体的宽度为 A_1,测量第一级叶轮的宽度为 B_1,测量第二级壳体的宽度为 A_2,测量第二级叶轮的宽度为 B_2。间隙"T_1"或"T_2",可按下列的公式计算,即

$$T_1 = A_{1-}B_1 \quad (\text{mm})$$

$$T_2 = A_2 - B_2 \quad (\text{mm})$$

0.4mm $\leqslant T_1 + T_2 \leqslant$ 0.6mm，当间隙大小在参照值"T"范围内时，接着进行，如果间隙超出参照值"T"的范围，进行叶轮或壳体的加工，使之达到这一个范围。

(2) 叶轮衬垫和孔板尺寸测量和间隙计算。测量叶轮衬垫的长度为 C，测量孔板的宽度为 D，测量叶轮衬垫沟的深度为 E_1 和 E_2，两侧的间隙"T_3"，可按下列的公式计算，即

$$T_3 = C - D - E_1 - E_2 \quad (\text{mm})$$

0.4mm $\leqslant T_3 \leqslant$ 0.6mm，如当间隙大小在参照值"T"范围内时，进行下一道工作"临时装配工作"，如间隙超出参照值"T"的范围，加工叶轮衬垫或叶轮，使之达到这一个范围。

(3) 临时装配工作。尺寸的调整需要在滚珠轴承座周围展开，在临时装配工作中注意以下项目，以方便检修工作：孔板需完全严格的装配，侧罩要连接到联轴器端和末端；滚珠轴承座的垫片无需装配，轴承垫圈先别装上。

(4) 证实临时装配时的间隙大小。

1) 用力推轴，使叶轮侧面接触联轴器端的孔板（手动转动轴并确认有一定的摩擦）。

2) 测量从轴承箱的边缘到滚珠轴承座侧面的最小距离"$G_{\min}$"。

3) 拉动滚珠轴承座，使叶轮侧面接触末端的孔板（手动转动轴并确认有一定的摩擦）。

4) 测量从轴承箱的边缘到滚珠轴承座侧面的最大距离"$G_{\max}$"。

5) 滚珠轴承座的垫片可根据以下公式进行计算：

叶轮左、右总间隙 T_4 为

$$T_4 = G_{\max} - G_{\min} \quad (\text{mm})$$

0.4mm $\leqslant T_4 \leqslant$ 0.6mm，当间隙大小在参照值"T"范围内时，进行下一道工作"轴的定位"。如果间隙超出参照值"T"的范围，加工机壳或叶轮，使之达到这一个范围。

(5) 轴的定位。

1) 临时装配滚珠轴承座的垫片（先不要安装螺母），能保持轴不向联轴器侧移动这一状态。

2) 在临时装配状态下，确保叶轮左右两侧的间隙大小"T_1"和"T_2"是相等的。可按照图"图 4-70 末端轴承详图"装上针盘量规来测量轴的移动。

3) 测量出的位移值"T_2"相当于末端的间隙：

当"$T_2 = T_1 = T_4/2$"偏差大小：(0.25 ±0.05)mm 就不必再调整了。

当"T_1"不等于"T_2"时，加工滚珠轴承座垫片并进行必要的调整。

4) 间隙调整完毕后（例如轴的定位等），对滚珠轴承座和止推轴承进行实质性装配工作。将止推架拧到止推盖上，直到止推架接触到止推轴承的外环为止。然后，调整止推轴承的内部间隙。

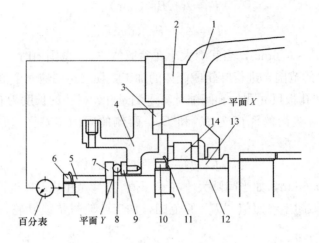

图 4-70　末端轴承详图

1—侧罩；2—轴承箱；3—滚珠轴承座垫片；4—滚珠轴承座；5—轴承垫片；6—止推螺母；

7—中心圈；8—定位止推轴承；9—内圈；10—轴承螺母；11—轴承垫圈；12—轴；

13—挡水板；14—滚柱

5）当将轴从联轴器端脱离时，不能确定旋转力。要将轴重新放置到末端。

6）确保不移动轴。最大的移动值不大于 0.01mm。然后，拧上止推架，在它的停止位置将其微微地旋松一些，随后，找到某一使止推盖上的螺钉孔与止推架上的孔能对齐的位置。插入一个有六角孔的定位螺钉，以锁住止推架。

7）在末端边装上针盘量规，测量轴的位移。然后，来回调整止推架，使得轴的位移在 0.04～0.05mm 范围内（手动转动轴并确认转动平滑）。

（6）装上末端盖子。

5.真空泵安装

将真空泵安装到地基基板上。

6.管线安装

安装管线，如吸入管线、滤网、排出管线、密封液管线和压盖填料的排水管线。

7.对中调整

电动机和泵对中，符合标准后紧固地脚螺栓。

8.防护装置安装

安装联轴器防护装置。

（四）泵试运行

启动该泵，测量泵振动情况在规定范围内，试车 4h 后，测量电动机轴瓦及泵轴承温度，无异常，方可投入备用。

（五）检修结束

（1）清点工具和仪表，清扫现场卫生。

（2）退回工作票，撤离工作区。

六、填写下列形式检修报告

检验报告形式见表 4-33～表 4-37。

表 4-33 检 修 报 告 一

检修报告	真空泵检修		
检修日期			页码：1/5
设备名称或编码及主要参数			
名称：真空泵		型号：250EVMC	

检修工序与质量验证记录
对轮找正测量记录

部　　位	修前测量值（mm）		修后测量值（mm）	
	圆距差	面距差	圆距差	面距差
电动机侧	—	—	—	—
泵侧				
修前测量人	修前记录人	测量工具及编号	测量时间	是否合格
		百分表 百分表 百分表		是□ 否□
修后测量人	修后记录人	测量工具及编号	测量时间	是否合格
		百分表 百分表 百分表		是□ 否□

表 4-34   检 修 报 告 二

检修报告	真空泵检修	
检修日期		页码：2/5

设备名称或编码及主要参数

名称：真空泵	型号：250EVMC

检修工序与质量验证记录
真空泵试运行数据记录
试运行振动数据记录

序号	部　位	垂直振动值（μm）	水平振动值（μm）	轴向振动值（μm）
1	电动机驱动端轴承			
2	电动机非驱动端轴承			
3	泵驱动端轴承			
4	泵非驱动端轴承			

测量人	记录人	测量工具及编号	测量时间	是否合格
		测振仪 VM-6A		是□ 否□

试运行温度数据记录

序号	部　位	温　度（℃）
1	电动机驱动端轴承	
2	电动机非驱动端轴承	
3	泵驱动端轴承	
4	泵非驱动端轴承	

测量人	记录人	测量工具及编号	测量时间	是否合格
		测温仪 PT-205		是□ 否□

表 4-35　　　　　　　　　　　**检 修 报 告 三**

检修报告	真空泵检修	
检修日期		页码：3/5

设备名称或编码及主要参数		
名称：真空泵	型号：250EVMC	

检修工序与质量验证记录
实际工时消耗统计表

序号	工序名称	工　时					
		高级工		中级工		初级工	
		计划	实际	计划	实际	计划	实际
1	修前准备						
2	拆卸						
3	检查测量						
4	复装						
5	分离器检查						
6	冷却器检查						
7	联轴器对中						
8	品质再鉴定						
9	功能再鉴定						
10							
11							
12	合计						

表 4-36 检 修 报 告 四

检修报告	真空泵检修	
检修日期		页码：4/5

设备名称或编码及主要参数

名称：真空泵　　　　　　　　　型号：250EVMC

检修工序与质量验证记录

其他

（1）修前中心检查：

圆距差：　　　mm，面距差　　　mm。

（2）测量泵与电动机对轮间隙：　　　mm。

（3）解体泵：检查叶轮、孔板、壳体和侧盖、填料盒、轴、轴承等都符合标准范围内。

（4）检查发现轴套磨损严重，要求大于　　　mm。

（5）更换新轴套。

（6）复装泵体：装配泵两端轴承，轴窜量　　　mm。

装配推力轴承，压盖后轴窜量：　　　mm。

装配驱动侧轴承压盖后，轴窜量：　　　mm。

（7）修后中心测量：

圆距差：　　　mm，圆距差：　　　mm

表 4-37   检 修 报 告 五

检修报告	真空泵检修	
检修日期		页码：5/5
检修结果叙述及设备检修后健康状况分析		
检修更换的备品配件名称和数量		
检修中使用的主要材料名称和数量		
设备检修异常及消除缺陷记录		
设备变更和改进情况		
尚未消除的缺陷及未消除原因		
技术监督情况（监督项目，报告结果，报告日期，报告人）		
信息反馈	您发现本项检修工作作业程序、图纸存在的问题	
	您对本厂设备管理、质量验证、工艺标准等方面有何建议	
整体验收	程序已全部执行	是□ 否□
	验收评价	优□ 良□ 合格□ 不合格□
	验收人员	签名 / 日期
	班 组	
	检修队	
	生技部	

七、日常检查点及判断

日常检查点及其判断标准见表 4-38。

表 4-38 检查点及其判断标准

检 查 点	判 断 标 准
真空泵的特性：如出口压力、气体流量等	通过压力表来判断真空泵的特性参数
密封液的流量	检查密封液的流量，同时检查密封液管道中过滤器是否堵塞，因为堵塞降低流速
密封液的温度	通过温度计的测量来比较
填料盒的泄漏	填料盒不应过紧（填料盒产生的持续滴液可防止产生过热现象，同时减少轴承的磨损）
轴承的温升	用温度计测量轴承壳体的表面温度（轴承的上端），不应超过环境温度 40℃
电动机负荷	当电压为电动机铭牌所示数值时，电流强度不应超过额定值
振动和异常声音	通过听（用听棒）、触摸或振动计来进行判断

八、振动允许值

振动允许值见表 4-39。

表 4-39 振 动 允 许 值

真空泵转速	总 振 幅
<890r/min	约 80μm

九、故障检测

故障检测及补救措施见表 4-40。

表 4-40 故障检测及补救措施

项 目	可能出现的故障	补 救 措 施
真空度或容量不足	密封液不够	注入正确数量的密封液（检查密封液压力，并检查管线内是否堵塞）
	密封液温度过高	把密封液温度降为正确值（检查冷却器是否堵塞，并检查冷却水的温度）
	吸入管路的空气泄漏	进行管路泄漏试验，修补泄漏点
	吸入管路的阻力	检查阀门开气度，并检查过滤器是否有堵；然后排除原因
	主件磨损或腐蚀	拆卸并修理，或换新
	真空泵转向不对	改变电动机接线，便可纠正转向
不能旋转	由于异物造成滑动面卡滞	拆卸并除去异物，然后修理零部件
	由于锈蚀造成滑动面卡滞	长时间不使用可能生锈，拆卸并去除铁锈，再进行清洗
	线路故障	当能手动转动真空泵时，则可能是电路断开。检查并修理之

项 目	可能出现的故障	补 救 措 施
电动机超负荷	密封液体过量	调整阀门的流量
	电路故障	检查是否由于电压下降而造成电流过量
	电子仪器不准确	检查伏特计或安培计
	转动件损坏或失灵	拆卸并检查滑动面是否接触,轴承是否损坏。必要时,进行修理和更换
	真空泵排出侧有背压	检查阀门开度比以及管路阻力;然后消除背压的原因
噪声和振动	密封液过量	调整阀门的流量
	吸入压力太低	可能产生气穴:消除压力下降的原因
	转动件损坏或失灵	拆卸并检查滑动面是否接触,轴承是否损坏。必要时,进行修理和更换
	安装或管路不正确	调查原因,并修理
壳体过热	密封液不充分	注入规定用量的密封液 (还应检查密封液的压力以及管道是否堵塞)
	密封液温度高	把密封液温度降为正确值 (检查冷却器是否堵塞,并检查冷却水的温度)
轴承过热	联轴器调整不恰当	重新组装
	泵(真空泵)安装不正确	重新组装
	润滑脂加入过量或不足	按照"润滑脂一览表"调节油脂量
	润滑脂中混有杂物或异物	拆开并清洗轴承,加入新润滑脂
	轴承损坏	拆卸,更换新轴承

第五章　超(超)临界汽轮机辅机设备检修

汽轮机的辅机设备包括凝汽器、高压加热器、低压加热器、除氧器、疏水冷却器等热交换设备，虽然它们结构各不相同，在热力系统内的作用也不尽相同，但它们有一共同特点——承担热量的交换。热交换的方式可分为混合式和表面式两种。其中，除氧器主要用于除去锅炉给水中的氧气和其他气体，同时也起回热加热工质的作用，因加热工质和被加热工质混合，故称为混合式加热器；高压加热器的作用是加热锅炉给水；低压加热器、疏水冷却器和轴封加热器的作用是加热凝结水，提高热力循环的经济性。加热时，加热工质和被加热工质的传热是通过分隔表面进行的，故为表面式加热器。凝汽器也是表面式热交换器，其主要作用是使汽轮机排汽口建立并保持高度真空，增加机组的做功能力，提高热经济性。

热交换设备检修前，应对该设备的构造、原理、工作时承受的压力和温度，有一个清楚的了解。设备所使用的材质、连接结合面所用的垫片、螺栓等材料的规格、尺寸等应按图检查清楚。因热交换设备传热效果的好坏直接影响热力系统的经济性，因此应对这些设备的管子进行检查清理，使加热面清洁无垢、无堵塞，管子不泄漏，加热器组装后，法兰、管阀等连接件不漏。这样才能达到热交换效果好、无工质损失的目的。

第一节　高压给水加热器检修

一、高压给水加热器作用及工作原理

高压给水加热器(简称高加)是火力发电厂回热系统中的重要设备，它是利用汽轮机的抽汽来加热锅炉给水，使其达到所要求的给水温度，从而提高电厂的热效率并保证机组出力。高压加热器是在发电厂内最高压力下运行的设备，在运行中还将受到机组负荷突变，给水泵故障，旁路切换等引起的压力和温度的剧变，这些都将给高压加热器带来损害。为此，高压加热器除了在设计、制造和安装时必须保证质量外，还应加强运行、监视和维护，加强操作人员业务素质培训，才能确保高压加热器处于长期安全运行和完好状态。根据实际情况对高压加热器进行使用、维护和监视，以满足安全、经济和满发的要求。

为了减小端差，充分利用加热蒸汽的过热度及降低疏水的出水温度，提高热经济性，通常把高压加热器的传热面设置为三部分：过热蒸汽冷却段、蒸汽凝结段和疏水冷却段。

具有过热蒸汽冷却段、蒸汽凝结段和疏水冷却段的加热器蒸汽的定压放热过程和给水温升过程如图 5-1 所示。

二、高压加热器的结构

由于高压加热器水侧工作压力很高，所以其结构比较复杂。目前，我国常用的主要有管板—U 形管式和联箱—螺旋管式两种。联箱—螺旋管式加热器虽然运行可靠，但由于它存在体积大，消耗金属材料多，管壁厚，热阻及水阻大，热效率低，检修劳动强度大等缺点，故在大容量机组中不再采用。超（超）临界机组广泛采用的管板—U 形管式高压加热器。

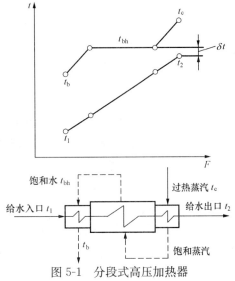

图 5-1 分段式高压加热器

如图 5-2 所示分别为卧式管板—U 形管式高压加热器的外形图、剖视图和结构示意图。该加热器主要由壳体、水室、换热面等组成。

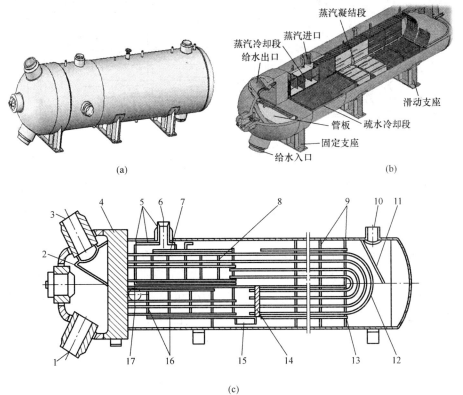

(a)

(b)

(c)

图 5-2 卧式管板—U 形管式高压加热器

（a）加热器外形；（b）加热器剖视图；（c）加热器结构示意图

1—给水进口；2—水室；3—给水出口；4—管板；5—遮热板；6—蒸汽进口；7—防冲板；8—过热蒸汽冷却段；9—隔板；10—上级疏水进口；11—防冲板；12—U 形管；13—拉杆和定距杆；14—疏水冷却段端板；15—疏水冷却段进口；16—疏水冷却段；17—疏水出口

三、高压加热器检修工艺

下面以东汽—日立 N1000-25/600/600 型超超临界 1000MW 汽轮机组所选用的高压加热器为例介绍。

（一）设备结构特点

N1000-25/600/600 型超超临界 1000MW 汽轮机组高压加热器采用 2 系列（系列 A 和系列 B）3 级布置，每一系列单独设有大旁路系统，高压加热器为 U 形管表面式换热器，1 号、2 号、3 号高压加热器加热汽源来至汽轮机的第 1，2，3 级抽汽。

本机组高压加热器采用管板、U 形管全焊接结构，内部设有过热蒸汽冷却段、蒸汽凝结段和疏水冷却段三段（见图 5-3）。高压加热器主要部件包括：壳体、水室、管板、换热管、支撑板、防冲板、包壳板等。每台高压加热器设有 3 个支座以支撑高压加热器就位，位于高压加热器管板下的支座为固定支座，在壳体的中部和尾部设有滑动支座（中部滑动支座滚轮在运行时拆除），当壳体受热膨胀时，可沿轴向滑动，保证设备安全运行。壳体亦可以拉出。

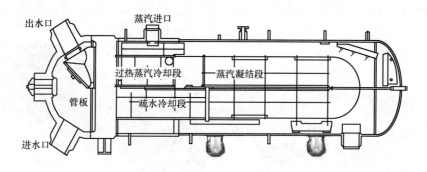

图 5-3　高压加热器的设备简图

壳体为全焊接结构。依照技术条件壳体进行焊后热处理和无损检验，除安全阀接管外高压加热器的所有部件均为全焊接的非法兰结构。当高压加热器需拆除壳体时，须沿着所附装配图壳体上的切割线切割。

高压加热器的水室由锻件与厚板焊接而成，封头为耐高压的半球形结构。水室上设椭圆形人孔以便于进行检修。椭圆形人孔为自密封结构，采用带加强环的不锈钢石墨缠绕垫。水室内设有将球体分开的密闭式分程隔板，为防止高压加热器水室内给水短路，在给水出口侧设有膨胀装置，以补偿因温差引起的变形及瞬间水压突变引起的变形与相应的热应力。给水进口侧设置有防冲蚀装置。

使用 U 形管作为加热管，高压加热器管子与管板采用焊接加胀接结构。在换热管的全长上布置有一定数量的支撑板，使蒸汽流能垂直冲刷管子以改进传热效果，并增加管束的整体刚性，防止振动，并且保证管子受热能自由膨胀。支撑板用拉杆和定位管固定在规定的位置处。为防止由蒸汽和上级疏水的冲击引起换热管的损坏，在蒸汽和上级疏水入口处均设有不锈钢防冲板。为了把过热段、疏水段与凝结段隔离开，设置有包壳板，且确保过热段、疏水段的密封性和独立性。

（二）检修前的准备

制定检修前所需工作人员计划，物资备品及检修所需工器具计划（见表5-1），质量与技术监督计划（见表5-2），并按计划执行。制定安全风险分析及预防措施（见表5-3），并组织检修人员学习并执行。

表 5-1 资 源 准 备

工作名称	高压加热器大修				
工作所需工作人员计划					
人员技术等级	需用人数			需用工时	
高级工	1				
中级工	1				
初级工	1				
合计	3				
工作所需物资、备品计划					
编号	名 称	单 位	数 量	单 价	总 价
1	人孔门拆卸专用工具	套	1		
2	人孔门缠绕垫	套	1		
3	阀门缠绕垫	套	6		
4	石墨盘根	只	30		
5	蛇皮管	kg	20		
6	胶皮	kg	100		
7	M10双头螺栓	条	30		
8	石棉板	kg	20		
9	电焊线	m	50		
10	氧气	瓶	3		
11	乙炔	瓶	1		
合计					
工作所需工器具计划					
编 号	工具名称		型 号	数 量	
1	电焊机		交流	1台	
2	倒链		1t	2个	
3	倒链		2t	1个	
4	气割工具			1套	
5	敲击扳手		M55	1把	

表 5-2   **质量与技术监督计划**

工作名称		8号机3号B高压加热器大修			
工作指令、质量计划、技术监督计划					
序号	操作描述	工时	质检点	技术监督	备注
1	高压加热器检漏、检查内部各部件	48	W1		
2	高压加热器复装	16	W2		
3	水位计及安全阀检查	16	W3		
4	筒体焊缝探伤检查	24	W4	金属监督	
5	疏水弯头测厚	12	W5	金属监督	

表 5-3   **安全风险分析及预防措施**

工作名称		8号机3号B高压加热器大修			
序号	风险及预防措施	执行时间	执行情况	备注	
1	碰撞（挤、压、打击）				
	（1）戴好安全帽，穿合格的工作服				
	（2）在工作中戴工作手套				
	（3）必要时设置安全标志或围栏				
2	在容器内工作带来的风险				
	（1）进入前需确定空气流通并测氧				
	（2）在外部有专门的监护人，不得随意离开				
	（3）工作结束后，工作负责人必须清点工作人员、工器具、材料等检查是否遗留在内部。检查完毕确认无误后方可关闭孔、门				
	（4）使用24V以下的行灯照明，行灯变压器应可靠接地				
3	起重工作带来的风险				
	（1）起重人员在起重前检查索具				
	（2）要有专人指挥且起重人员要戴指挥袖标				
	（3）起重过程中，重物下严禁站人				
4	异物落入设备的风险				
	（1）临时封堵拆除的人孔门				
	（2）设备回装前检查设备内干净无异物				
5	检修人员精神状态				
	（1）不能酒后作业				
	（2）遵守电业安全规程				
6	行灯用电带来的风险				
	（1）使用的行灯变压器有检验合格证				
	（2）行灯变压器外壳有良好的接地				
	（3）行灯变压器应放在高压加热器人孔门外面				

以上安全措施已经全体工作组成员学习。

工作成员签字：

（三）检修工艺方法与质量标准

1. 水室密封面的检修

高压加热器人孔采用自密封结构，密封衬垫采用不锈钢石墨缠绕衬垫或不锈钢石墨高强度复合衬垫，经过一段时期运行之后，如衬垫产生泄漏则必须及时更换为新的衬垫。在高压加热器再次启动时，必须对衬垫施加一定的预紧力，在管道注水后，应再次适当拧紧螺母。当高压加热器停运而不需要打开人孔盖时，应在泄压前再次拧紧螺母。

（1）水室密封件的拆卸及解体。

1）拆除固定人孔盖的双头螺栓和压板。

2）用专用螺栓将拆装装置固定在人孔座上。

3）将人孔门的拆装装置配在托架上并和人孔盖的中心相连接（用合适的手动葫芦和滑轮组支吊拆装人孔盖）。

4）拆除人孔盖的另外一只螺栓和压板。

5）松开人孔盖将其推入水室。

6）沿逆时针方向放置拆装装置的螺杆将其退出。

7）将人孔盖沿任一方向旋转 90°并留出空隙，小心地退出人孔盖并放置妥当（见图5-4）。

8）用手动葫芦或滑轮组等支吊牵拉工具将人孔盖取出。

9）将人孔盖从拆装装置上拆下。

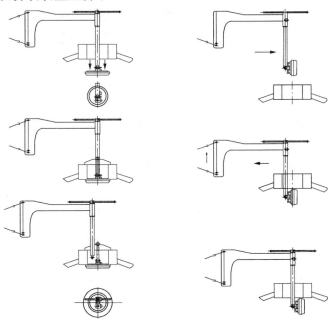

图 5-4　水室密封件的拆卸

（2）孔盖结合面的清理与检查。

1）在人孔盖拆下密封垫圈，并将盖、座两密封面清理干净。

2）检查结合面有无裂纹、沟槽及毛刺等缺陷。

3）如有缺陷须根据情况处理，应保证密封面的清洁光滑、无凹凸和毛刺。

4）用煤油、钢丝刷清理螺栓、螺帽，然后涂铅油，待用。

（3）人孔盖的安装程序：

1）首先要检查与清理人孔盖及人孔座表面等，然后换上新衬垫，将拆卸装置起吊至适当高度。

2）将人孔盖与拆卸装置连接固定牢靠。

3）旋人孔盖，使其推入人孔口，再朝人孔密封座方向旋转90°就位。

4）装上压板与两个预紧螺栓，用手旋紧，交叉旋紧螺栓，使结合面受力均匀，保证密封。

5）拆去拆卸装置。

6）进行泄漏试验。检查结合面的密封情况，若有泄漏须调整螺栓紧力均匀。

说明：加热器投运后，需再次检查人孔结合面的密封。当人孔盖受内压后，切勿将人孔盖螺栓旋的过紧，否则一旦泄压后，螺栓会因过紧而不易拆卸。

2. 水室的检修

（1）水室隔板的检查处理。

1）人孔盖打开后，进入水室，检查隔板的焊缝及表面，进行除锈清理，然后检查是否有裂纹、变形、吹蚀等缺陷。

2）若发现有裂纹、变形等缺陷，应进行处理。方法为：用磨光机或扁铲除去所有裂纹。打磨出一个 V 形坡口，之后将该区域所有杂物清扫干净，用焊条重新补焊。注意：补焊时，应对管口及人孔密封座结合面进行保护，并做好通风措施，人孔处必须有监护。

3）若有变形，则根据情况予以整形处理。

4）处理完毕，应对水室内部进行彻底清理，确保无异物遗留在内。

（2）换热管的泄漏检修。

1）在高压加热器的运行过程中，一旦出现疏水调节阀开度的增大、高压加热器水位突然上升、产生振动和声音异常、给水压力的下降（在发生低给水流量时）、给水流量变化（对比除氧器出口与锅炉入口之间的给水流量）等现象，则可以判定加热器内发生换热管泄漏。

此时，应停用高压加热器，并对其管系进行检测。检测方法是：

①壳侧放净疏水，利用给水对高压加热器作通水试验，根据高压加热器水侧的压力变化情况与放水阀的排水情况，可判断高压加热器有无泄漏，并估计泄漏程度。一般漏水量大的是管子本身泄漏，漏水量少的是管端处的焊接接头泄漏。

②在确认高压加热器有泄漏后，通过管程的放水口放掉内部积水，用专用的拆卸工具将水室人孔盖拿出，拆下水室上分程盖板，并拆除防冲蚀装置，由壳侧通以 0.5～0.8MPa 的压缩空气，在管端涂以肥皂水，可用 10 倍放大镜对管板表面焊接接头作细微观察，如果气流从该管径内射出则为管子本身泄漏，如有微量气流冲破焊接接头处肥皂水膜而逸出，则为管端焊接接头泄漏并可确定泄漏位置。

③在壳侧加一定的气压（0.1～0.5MPa）或抽成真空，然后在泄漏的管子内插入一个

形状如图 5-5 所示可移动的塞子。当移动此塞子到泄漏部位时，根据气流的改变和声音的变化，便可测定管子具体泄漏位置（深度）。

④当壳程不可能加压或抽真空时，将壳侧泄压至大气压，在 U 形管内插入一个可移动的塞子，如图 5-6 所示，同时封闭管子另一端，管内充气加压。然后缓慢地移动塞子，当移动塞子通过泄漏位置时，与此管相连的压力表的指针会发生较大的变化。

⑤有条件的电厂也可采用内窥镜进行检测。

⑥检漏期间应将确切的管端焊接接头泄漏位置标上记号，并在管板布孔图上记录下相应位置。

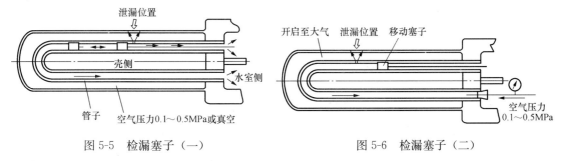

图 5-5　检漏塞子（一）　　　　　　　　图 5-6　检漏塞子（二）

2）当检测到高压加热器管系泄漏并确定了泄漏位置时，就应对泄漏管进行检修。高压加热器换热管和管端焊接接头的泄漏可能会有管端焊接部位的微小泄漏（有水从裂纹或非贯穿性气孔中渗出）、管端焊接部位的较大泄漏（管板上的管孔被冲蚀）、因管子出现针孔或断裂所产生的泄漏等 3 种状态，此时应根据不同的情况采取不同的检修方法。

当漏点位置距水室侧管板平面小于 6mm 时，基本是管端焊接接头部位泄漏。此时应：

①用直径 $\phi16/\phi11$ 的阶梯钻头钻削掉原焊接接头及漏点缺陷（如有防磨套管时，须同时钻削掉相应套管翻边部分）。

②管端烘干，清除水渍、油污、锈斑等影响焊接质量的污垢，最后清洁工作用清洁的丙铜，禁止使用氯化物溶剂（如：四氯化碳、三氯乙烯、全氯乙烯），露出金属光泽。用手工氩弧焊或焊条电弧焊焊妥管端处焊接接头。

注意事项：不要烧到附近管子的焊缝和管孔带；不要使管板过分受热；不要使附近的管子与管板密封焊缝过分受热；不要使电弧碰到附近的管端及其他密封焊缝；不要使机械工具损害密封焊缝。

3）当漏点位置距水室侧管板平面大于 6mm 时，基本是管子孔泄漏和断裂。此时应采用堵塞焊堵，堵塞有Ⅰ型（通用型）和Ⅱ型（仅用于无法钻削掉其间的防磨套管和管子时）两种，如图 5-7 所示。

Ⅰ型堵塞的使用方法是：

①用直径 $\phi16$ 的钻头，对管端进行钻孔，钻孔深度约 30mm，钻削掉其间的防磨套管和管子。

②插入一个Ⅰ型堵塞到管孔内并定位焊。

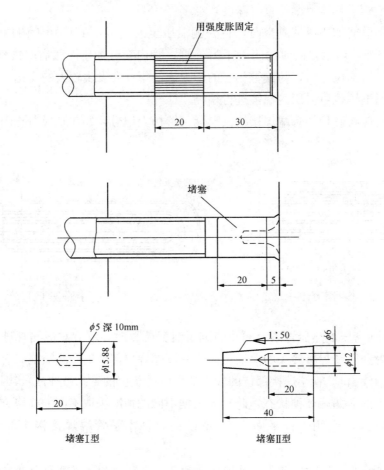

图 5-7　堵塞结构图

③用手工氩弧焊或焊条电弧焊焊接堵塞。

Ⅱ型堵塞的使用方法是：

①用直径 $\phi11$ 左右的铰刀铰圆管口。

②插入一个堵塞Ⅱ型到管子内并定位焊。

③用手工氩弧焊或焊条电弧焊焊接堵塞。

凡管子本身发生泄漏时，对泄漏管子和周圈管子应进行保护性堵管。

3. 壳体检修

（1）壳体焊缝的切割与拆卸。

1）在检修前参照高压加热器说明书，制造三个定位支架，将抽壳轨道运至现场固定好，并做好安全措施。

加热器解列，放净汽、水两侧积水和余汽，然后关闭所有与壳体相连的有关阀门。

2）拆除保温，松开管道法兰，焊接管道则用气弧刨或气割切割。切割线在焊接焊缝上，切至管内壁余 1.5mm 厚度，然后用薄形切割砂轮割断。

3）根据总图要求，定出壳体切割中心线（画出草图）。

4）在壳体上装妥中间滚轮组。

5）将三个定位支架沿壳体周向大致相隔120°布置并骑跨在切割线上，在焊接区域预热至121℃，用分段焊方法焊满角焊缝。

6）在切割区域预热至121℃（对于小于32mm的壳体推荐采用，对于大于或等于32mm的壳体必须采用）。气弧刨将壳体刨至表面留1.5mm厚度，然后用薄形切割砂轮割。注意：在切割区域内部设有环形不锈钢防护板，以保护管束，在切割时，只能用气弧刨，决不能用氧乙炔割枪，以免给抽壳带来困难。

7）将牵引滑链在合适的地点固定好，吊耳生根一定要安全可靠，开始拉壳体。注意：管束隔板支撑板与壳体之间为滑动配合，必须小心地操作，以防壳体管束之间发生卡住和擦伤。

8）按照制定的起吊安全措施，使用手拉葫芦严格控制，起吊时用的起吊工具应能安全地承受壳体的估计质量可能受到阻碍和摩擦所增加的负载之和。

9）壳体拆除时，沿壳体长度在每个隔板部位都要牢靠地支撑好管束，然后将壳体安放在适当的位置，以便整修。

（2）壳体拆卸后的检查与修理。

1）清除壳体与管束部件，除去锈垢。

2）检查过热段、疏冷却段包壳板及端板的腐蚀情况和焊道有无裂纹、板有无变形等情况。

3）检查隔板、支撑板的腐蚀、变形情况。

4）检查各管口防冲板所有护板的腐蚀、变形情况。

5）将断裂较严重的管子用锯锯掉。

6）上述检查若有缺陷，则进行相应的修整，更换及焊补，修整应按原尺寸修，保证其装配尺寸，焊接时必须注意做好管束及筒壁的保护措施，且使用亚弧补焊，焊后去掉所有氧化皮、焊渣等。

7）修复后彻底检查和清理，严禁在管束中和壳体内留有任何异物，管束应清洁，无锈垢、焊瘤、砂眼等现象，最后用压缩空气吹净灰尘和锈沫。

（3）壳体的复装。

1）按总图要求制备壳体的焊缝坡口。

2）从焊缝表面和邻近的母材表面，除去所有的油污等异物。

3）准备一条厚3mm、宽16mm、A3钢圈，直径同壳体内径相同。

4）安装衬圈：将准备好的钢圈放入壳体短节内，高出焊接坡口边缘14mm，然后与壳体短节进行装配点焊：断续角焊，长25mm、间隔150mm、焊条为φ3结506，焊后清理氧化皮及焊渣。

5）壳体与短节的组装对正时，装一个临时夹具，把壳体和短节对准夹紧，在壳体和短节各离开焊边大约250mm的环形线上点焊四个对称的角铁，尺寸为75mm×75mm×6mm，角铁间距90°。在每个角铁上钻一个孔，以穿过12mm粗的拉杆连接对连接角铁，收紧每根拉杆，直到壳体与定位块相碰为上，严禁用加热和锤击的方法进行装配。

（4）焊接。

1）在焊缝及邻近母材预热至 121℃ 并保持焊接始终。使用结 507 焊条，沿环向均匀固定 8 个点，焊接时使用反极直流电焊（壳体接在阴极上，焊条应烘干、并保持短弧杆，每个固定焊缝约长 50mm，使用 120～130A 的电流，焊接必须由合格焊工施焊。具体的焊接程序及技术措施另定。

2）焊接完毕后，从壳体外拆去角铁和定位支架，将壳体焊缝打磨至原来的外形，注意不要损伤壳体。修整焊缝表面缺陷，加强厚度为 2.5～3mm。

3）焊后进行消除应力热处理。在壳体上设置 4 个热电偶，其位置分别是水平垂直线的端点，必须左右交叉地设置在离焊缝中心线 50mm 的部位。用感应或电阻板加热器或包覆式加热器包覆在焊缝及其左、右两侧各 150mm 的环带上加热，并用绝缘材料覆盖。升温不得超出 5550 除以焊缝厚度毫米数的速率，直至温度升到（621±28）℃，要控制热量输入，使任何两个热电偶之间的最大温差不超过 83℃，当厚度小于 50mm 时，每 5mm 增加保温时间为 1h，厚度大于 50mm 时，每 25mm 增加保温时间 15min，保温结束后，用 5550 除以焊缝厚度毫米的速率将温度降至 427℃，从 427℃ 降至环境温度的冷却过程可置于静止空气中。

（5）检验。

1）壳体 $b>32$mm 时，焊好的焊缝必须进行射线拍片检查，其工艺及标准须遵照 GB 3323—1982《焊缝射线探伤标准》的规定。

2）检验完毕后，即恢复与系统管道的连接，拆装去中间滚轮支架。

4. 水压试验

检修完毕后，按要求进行水侧和汽侧水压试验。试验全部工作按"压力容器安全监察规程"有关要求执行。

（1）试验要求。

1）压力容器上水前，要对各压力容器及有关的系统及设备全面检查一遍，需重点检查的焊缝等薄弱部位应将保温拆除，保证耐压试验的顺利进行。

2）将与各压力容器相连的抽汽管道加堵板封严，若有内漏可加堵板，以防汽轮机进水；同时按试验要求将打压用的临时管道安装好。

3）压力容器注满水后，要对焊缝、密封面、附件等进行仔细检查，确认无渗水、泄漏现象后方可加压。

4）试验过程中，应保持压力容器外表面干燥。试验时应缓慢升压（小于 0.3MPa / min），当压力上升到设计压力时，应暂停升压，进行初步检查。若无漏水或异常现象，可再升高到试验压力，并在试验压力下保持 30min，然后将压力降到设计压力，保持压力 30min，再进行仔细检查。

5）水压试验中如发现异常需处理时，应在降压后进行。

6）注入水后，当压力上升至设计压力时暂停，若无泄漏或异常现象可再升压至试验压力，并在此压下保持 10～30min，然后降至设计压力，再仔细检查，保持 30min。

（2）水位计及安全阀检查。

1）水位计显示清晰；

2）锅炉打压时检查水位计无泄漏；

3）安全阀密封面严密，动作灵活、无卡涩；

4）对汽侧安全阀起座压力整定合格。

（3）气密试验使用对应的抽汽。

（四）高压加热器的检验

高压加热器在长期使用中应定期作如下检验：

（1）检查设备壳体、封头过渡区和其他应力集中部位及所有焊接接头处是否有裂纹，特别是水室管板的圆角过渡区处及管板与水室筒身的对接焊接接头，对有怀疑的部位应采用 10 倍放大镜检查或采用磁粉、着色进行表面探伤。如发现表面裂纹时，应采取超声波或射线进一步抽查焊接接头总长的 20％，裂纹应铲除，用与母材性能相同的材料，按工艺要求，补焊好，经探伤合格后，设备方可投入运行。

（2）每次在水室内施工时，应检测管板的变形情况，如发现管板凹陷应立即采用 10 倍放大镜或采用磁粉着色对管板圆角过渡区域进行表面探伤。如发现严重裂纹时应组织有关人员进行研究，分析原因并采取措施加以消除、修理或报废；对存在难以消除的严重裂纹，而又要继续使用，必须由有关人员鉴定，并经断裂力学分析和计算，确认有足够的安全可靠性方可继续使用。

（3）安全保护装置在使用过程中应加强维护与定期检验，经常保持安全附件齐全灵敏可靠，在停机检修中和投运高压加热器之前，对全部保护装置进行试验，定期检查并试验疏水调节阀、给水自动旁路装置、危急疏水和抽汽逆止阀、进汽阀的连锁装置等。

（4）定期由清洗口对管程、壳程进行清洗（或化学清洗），避免管子结垢，影响传热效果。

（5）定期冲洗水位计，检查上、下阀门的通向是否正确，防止出现假水位。

（6）应定期检查空气管是否堵塞，以免空气积聚在传热面上，影响高压加热器的传热效果和引起管束的腐蚀。

（7）无法进行内部检查的应定期进行耐压试验，每 3 年至少进行 1 次。

高压加热器的安装、运行、维护和检修、检验均应按照国家技术监督局颁发的"压力容器安全技术监察规程"执行。

（五）高压加热器全面检验。

（1）管表面宏观内外部焊缝进行 100％检查。

（2）全部焊缝内部面及开孔进行着色检查。

（3）对高压加热器筒体、底座做 100％超声检查。

（4）在允许条件下，进行 100％射线检查。

（5）对筒体和封头进行多点硬度检查。

（6）对筒体及封头进行多点测厚。

（7）分配水管、给水管进行超声检查。

（8）疏水弯头进行测厚。

四、加热器的停用防腐和清洗

（一）加热器的停用防腐

采用碳钢管的给水加热器（包括不锈钢管）在设备调试运行后将按规定程序进行防腐处理和储存。

短期（1～3 天）停运时，高压加热器的壳侧应采用蒸汽密封，即利用流动的除氧器启动蒸汽（辅助蒸汽）经由高压加热器壳程排气管道进入高压加热器作蒸汽密封，密封压力应控制在大约 0.049～0.098MPa，检查无负压产生。蒸汽因热量散失将冷凝，使设备水位上升，监测水位并在水位上升时打开放水阀放水。当不具备蒸汽密封条件时，应利用源自于氮气密封系统的氮气进行密封，氮气密封压力应控制在大约 0.049～0.098MPa，其氮气纯度不低于 99.5％。同时高压加热器的管侧应充满除氧水（含氧量 5～7mg/m³ 以下）。

中等周期（4～14 天）停运时，高压加热器的壳侧应采用充氮或充除氧水保护，采用充氮时，充氮气压力为 0.049～0.098MPa，充氮气的纯度不低于 99.5％；采用充除氧水时，其含氧量为 5～7mg/m³，pH 值在 9.2～9.6，联胺（N_2H_4）浓度 100～150g/m³。高压加热器的管侧应充水密封，水侧充满无压力含联胺（N_2H_2）100～150g/m³，pH 值在 9.2～9.6 的除氧水（含氧量为 5～7mg/m³）。当不具备充水储存条件时，应采用充氮密封，氮气密封压力应控制在 0.049～0.098MPa，氮气的纯度不低于 99.5％。

长期（15 天或更长）时，管侧与壳侧均应采用充氮气保护，其方法是将管侧、壳侧排净积水，待加热器冷却后用抽真空或烘干法使设备完全干燥，然后管侧、壳侧分别充氮，氮气纯度不低于 99.5％，充氮压力为 0.049～0.098MPa，当压力低于 0.049MPa 时，应重新充氮。

当系统停运时（与时间多长无关），若为正常停运，则在设备解列后，无论在壳侧与管侧均应充满含有一定浓度防腐液（钝化水）的水 12h 以上，在生成防锈膜层后将水排除。依正常停运的时间长短，按上面所述方法维护高压加热器，以防止高压加热器的腐蚀。若为紧急停运，则当设备停运后或切换至旁路时，应尽快地开始供（充）水或将疏水排放掉（当内部温度高于 100℃时）。当加热器压力降至 0.2MPa 时，逐渐保持氮气压力大约为 0.02MPa，在排除水后继续充氮密封。当温度降至更低时打开水室，在内部温度仍然较高时，用空气干燥它。因为内部要充满氮气，在打开水室和开始内部工作之前进行空气清洗是必要的。由于上述工作是在湿度较小的状态下完成的，且在运行前水室和管子的内表面已形成稳定的保护膜，故不必担心会发生腐蚀问题。

（二）加热器的停用清洗

加热器，尤其是碳钢管加热器，经长期运行后会在管子内外表面形成以氧化铁为主的污垢，降低传热效果，增加压力损失。除了在运行时严格控制水质，停用时进行充分的防腐保护外，还需定期冲洗污垢，常用的清洗方法为：

（1）高压水喷射冲洗。该方法简单易行，但不能冲洗到管子深处和 U 形管弯头处。

（2）化学清洗。用柠檬酸胺可以有效地溶化黏附在管子内外壁的污垢。推荐的清洗温度为（85±5）℃。管内清洗流速为 0.5m/s，管外清洗流速为 0.1 m/s。

第二节　低压加热器检修

一、低压加热器作用及工作原理

按凝结水的流动方向，位于除氧器之前的加热器，由于其水侧承受凝结水泵的出口压力，压力较低，故称之为低压加热器。低压加热器结构形式一般为管板式，按布置方式可分为立式和卧式两种。超临界机组一般为卧式单列表面式加热器。低压加热器的结构和工作原理类似于高压加热器。由于低压加热器所承受的压力和温度远低于高压加热器，因此不仅所用材料次于高压加热器，而且结构上也简单些。

卧式低压加热器主要由壳体、水室、U形管束、隔板、防冲板等组成，并设计成可拆卸壳体结构，以便于检修时抽出管束，如图5-8所示。壳体由钢板焊接成圆筒后再与法兰焊成一体，并与短接法兰连接而成。水室由钢板焊制成的圆筒通过法兰与大平端盖连接，再焊接在管板上构成。壳体材料为碳钢，管板、大平端盖和壳体法兰为低合金材料，U形管材料为不锈钢。

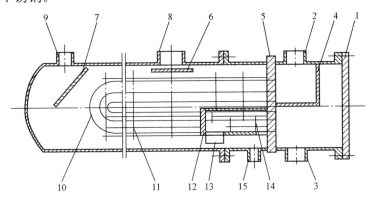

图5-8　卧式低压加热器

1—端盖；2—凝结水进口；3—凝结水出口；4—水室隔板；5—管板；6、7—防冲板；8—蒸汽进口；9—上级疏水进口；10—U形管；11—隔板；12—疏水冷却段端板；13—疏水冷却段进口；14—疏水冷却段；15—疏水出口

卧式低压加热器的传热面一般设计成两个区段：凝结段和疏水冷却段。在国产机组上，对应抽汽过热度较大的低压加热器，同样也设置蒸汽冷却段。

二、低压加热器检修工艺

下面以N1000-25/600/600型超超临界1000MW汽轮机组所选用的低压加热器为例介绍低压加热器的检修工艺。

(一)设备结构特点

如图5-9所示低压加热器为卧式U形管换热器，由7号、8号低压加热器合并而成。7号、8号低压加热器均设置有凝结段和内置式疏水冷却段，给水流经换热管管内，汽轮机抽汽及其疏水流经换热管管外。汽轮机抽汽在低压加热器凝结段凝结成饱和水，接着经疏水冷却段进一步冷却成过冷水，最后经疏水出口管流出低压加热器。给水首先进入水

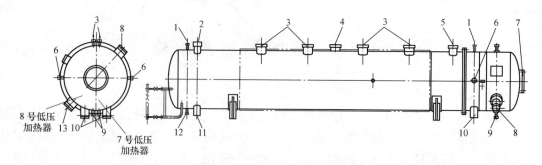

图 5-9 7 号、8 号低压加热器外形图

1—汽侧放气口；2—7 号低压加热器疏水进口；3—8 号低压加热器蒸汽进口；4—7 号低压加热器蒸汽进口；5—8 号低压加热器疏水进口；6—抽空气口；7—人孔；8—凝结水出口；9—水室放水口；10—疏水出口；11—事故出水口；12—汽侧放水口；13—凝结水进口

室，然后进入 8 号低压加热器管系的疏水冷却段与管外的疏水进行热交换，吸收热量温度升高。再进入 8 号低压加热器凝结段与管外的蒸汽进行凝结传热，给水在该段吸收大部分热量，温度得到较大提高，凝结段是低压加热器的主要工作段，然后给水离开 8 号低压加热器管系进入水室，在水室转向后进入 7 号低压加热器管系，经 7 号低压加热器管系的疏水冷却段、7 号低压加热器凝结段升温后再进入水室，最后由给水出口管离开低压加热器到上一级低压加热器。

低压加热器内部结构示意图如图 5-10 所示。本低压加热器由壳体、管系、水室等部分组成，低压加热器壳体内设有一垂直的大隔板将低压加热器分隔为左右互不相通的两个腔室，7 号、8 号低压加热器的管系就分别装在这两个腔室内。管系分别由支撑板支撑，并引导蒸汽沿管系流动，各管系内的疏水冷却段由包壳密封，以保证疏水畅通流动。为防止蒸汽直接冲刷换热管，在蒸汽进口处设置有特殊的不锈钢防冲挡板。为抽出低压加热器中的不凝结气体，沿整个管系长度方向，设置有抽空气管；在管系下部设置有滑轨和滑块，便于整个管系的装配与检修；在水室上设置有人孔。

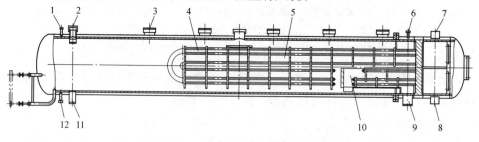

图 5-10 7 号、8 号低压加热器结构示意图

1，6—汽侧放气口；2—疏水进口；3—蒸汽进口；4—管系；5—蒸汽凝结段；7—凝结水出口；8—凝结水进口；9—疏水出口；10—疏水冷却段；11—事故疏水口；12—汽侧放水口

(二) 检修工艺方法

低压加热器的检修分为运行中的检修和定期检修两种情况。低压加热器进行检修必须在汽轮机停机且设备冷却后进行，设备应进行自然冷却，如时间紧迫确需人工冷却时，必

须控制温度降不得超过 2℃/min，严禁往低压加热器内灌冷水或用压缩空气进行强制冷却，否则将严重影响低压加热器的使用寿命。低压加热器内部有压力时，不得进行任何修理和紧固工作。

1. 运行中的检修

（1）壳侧大法兰的泄漏。低压加热器壳侧大法兰采用金属缠绕垫片，经过长期运行后也可能发生损坏，一旦出现损坏，须停运更新垫片，更换方法为：先卸去法兰螺栓，然后抽出管系，拆除旧垫片更换新垫片，最后再装上管系，这里应注意：抽出管系时应保护好各密封面和支撑板，并将法兰面清理干净；装拆、移动、起吊管系，均须将管系置于专用支撑上以免其损伤；同时在更换新垫片时，也可彻底检修该低压加热器，将一切隐患消除干净。

（2）法兰密封的泄漏。低压加热器各法兰接口，长期使用后密封垫片可能老化而损坏，从而引起泄漏，处理办法是一经发现就立即更换垫片，同时把法兰密封面清理干净。

（3）低压加热器水室隔板泄漏的检修。应在停机待设备冷却后，放尽水室内存水，打开人孔法兰盖，然后进行检修。检修时先将出现泄漏的焊缝挑掉，清理干净然后补焊，补焊范围不宜过大。如泄漏是因水室内盖板泄漏引起，则只需校平内盖板，清理干净密封面，更换新垫片，均匀拧紧螺栓即可。

（4）正常疏水口疏水排放不畅。低压加热器启动时用事故疏水口排放疏水，而正常疏水口则在正常运行时使用。当正常运行时疏水排放不畅，而设备本身及疏水控制设备无问题时，则可能是系统布置不当，如疏水管道阻力过大，使疏水在管道内降压闪蒸所致，此时须采取措施减小管道阻力，最好把疏水控制设备（如调节阀等）布置在下一级低压加热器疏水进口处，同时尽量减少管道的弯头数量。

（5）低压加热器水位失控，采取措施仍不能得到有效控制。发生该紧急事故，表明 U 形管与管板连接处发生泄漏或是个别 U 形管破裂了，此时应立即停机，按事故停机程序进行，停机后检修按如下步骤进行：

1）开启水侧、汽侧所有放气、放水阀，释放设备所有压力，让设备自然冷却。

2）设备自然冷却后，放尽水室内部存水，打开水室人孔，拆下水室内盖板，将管板表面清理干净。

3）关闭汽侧所有连接管道上的阀门，如果阀门关不严就须用法兰盖或端盖将接口密封住，保证任何接口均无泄漏。

4）从汽侧放气口往低压加热器汽侧内充入氮气或其他不燃气体，使其内压力升至 0.05MPa。

5）在水室内管板表面涂刷肥皂液并仔细观察，如果发现管子与管板连接处有气泡或有气体冲出，即可判定该处有泄漏；如果发现 U 形管孔内有气体冲出，则说明该管子破裂。如果是管板与 U 形管连接处泄漏，则只需去除泄漏部分的焊缝，重新焊接就行了；如果是管子破裂，则需要堵管，具体方法是在损坏的管子两端分别打入锥形塞，然后将锥形塞与管端焊严，保证不泄漏即可。但应特别指出，由于堵管会减少加热器的换热面积，故在检修这类缺陷时应慎重、准确。锥形塞如图 5-11 所示，锥形塞材料使用低碳奥氏体

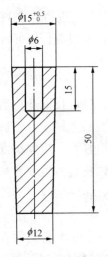

图 5-11 锥形塞

不锈钢。

(6) 接管紧固件损坏。这类问题发生时，由于难以保证安全运行，故须按事故停机程序处理，待找出原因并解决后经检查合格才能投运。

(7) 管系检修。如确实必要，可将低压加热器管系拆出检修，此时只需要将壳体大法兰处的螺栓、螺母去掉即可抽芯。装拆、移动、起吊管系，均须将管系放置在专用支撑装置上以免损伤。当管系检修完毕后，需小心、仔细将管系套装入壳体内，注意在套装前需将壳体、管系清理干净，套装时应注意不要强力装入，不要将管系碰弯划伤，绝对不允许撕裂疏水冷却段包壳。管系装配完毕后，应按规定进行水压试验。

2. 定期检修

(1) 水室隔板泄漏。低压加热器水室隔板焊缝出现裂缝或冲蚀，可按下述方法修复。

1) 用打磨、碳弧气刨或铲削法除去受影响部分的一些金属材料，切割或打磨出一个 V 形坡口；

2) 从该部位清除所有异物；

3) 使用直径为 3mm 的焊条修复。

(2) 堵管方法。

1) 确定所有受损管子。并测定受损管子两端的内径，按要求机械加工相应需要的堵头。堵头长约 50mm，锥度 1∶200，大端比管子内孔大 0.2mm，将堵头塞入对应的管孔中，用工具将堵头敲紧，但不要用力过猛，以免影响附近管子的密封。

2) 修理完成后，对壳侧进行水压试验，其压力与温度按总图规定，水压试验时，谨防堵头弹出伤人。

(3) 换管。如管子堵管达到相当数量（大约总管子数的 15%），并且已明显影响加热器的性能和机组的运行效率时，应及时换管，换管时拆卸水室大法兰（对人孔水室是人孔盖）、管板、壳体大法兰（可下面壳体的拆卸），拆去水室、吊出管板和管束，将老的传热管拆去。装上新的传热管，机械胀管可采用厂家提供的随机附件辊管器。

预制与其管束架相配的钢结构固定架，如图 5-12 所示。着重介绍更换铜管时所必须做的工作。

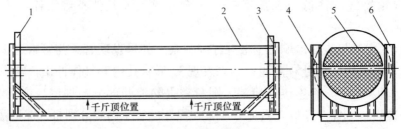

图 5-12 管束固定架

1，3—管板；2，5—管束；4—固定螺栓；6—固定架

1) 用起重机具把加热器管束移至固定架上。两端管板与地平面应保持垂直,管束底部用两只千斤顶顶紧,以防止整个管束架弯曲变形。

2) 校对管束架外形尺寸,作好记录。

3) 拆除过热段隔板,做好配合标记。

4) 可采用手锯、长柄扁凿等方法将距管板两端150~200mm的铜管割断拔出。保管好每根铜管间的防震插条,并作好位置记录。抽铜管的顺序应由上至下逐排进行。

5) 用磁座电钻固定在管板上,因磁座电钻要不断地改变工作位置,为防止它失磁跌落,可用滑轮与平衡物配合,保持磁座电钻的平稳安全工作。用 $\phi14.5$ 的钻头钻去孔板内铜管,注意钻头应与管子同心,以防损伤管板。

6) 剔除铜管后,应逐孔用 $\phi13$ 电钻配备 $\phi18\sim\phi20$ 圆柱形钢丝刷清理管板,直到管孔露出金属光泽后,用压缩空气吹净。

7) 检查管板孔内无毛刺或纵向划痕,否则应用铰刀铰光。铰过的孔,做好记号,量出孔径,以便在以后的胀管工作中区别对待。

8) 复测去掉铜管后的两端管板的垂直位置。

9) 穿新铜管的顺序为由下到上,上下、左右之间,特别是在通过隔板时绝对不能搞错。穿管前铜管两端约100mm长的一段用砂纸打磨干净,露出金属光泽。搬运铜管应做到轻拿轻放,铜管长度应比标准尺寸长5~8mm。

10) 穿管工作结束后,使管束出水侧管口与管板保持平齐,注意不能插到管板内。

11) 在胀管之前,每根铜管两端的孔内均需涂上少量牛油做润滑剂。铜管的一端进行胀管时,另一端应用铁棒等工具压住,以防铜管在管板孔内转动。胀管工作可在管板两侧同时进行,但必须是交换对角进行。

12) 再一次复测两端管板的垂直度及整体管束架长度,垂直度误差应小于0.02mm/m,整体长度误差应控制在±3mm范围之内。

13) 管束进水侧管口应伸出管板2mm,多余部分可用割管器割去,然后用翻边工具对管口伸出部分翻边。

14) 清洁管束架,插入防震条,装复过热段隔板,加热器管束架复位。

3. 壳体焊缝

(1) 壳体的拆卸。包括壳体拆卸和环缝焊接,拆卸完壳体和把壳体重新焊接之前。要做好充分、细致的准备,熟悉技术措施和安全措施,查看有关图纸和说明。

1) 使加热器停运,排除水侧和汽侧的水。

2) 拆除所有可能妨碍壳体拆卸的各接口管道。用气弧刨切割在管道上的现场焊接缝,至管道内壁留下1.5mm的厚度。剩余管壁用薄形切割砂轮割断(砂轮厚度小于或等于3mm)。

3) 定出现场切割中心线,划一条连续的圆周线,表明准备切割的确切位置。

4) 将事先造好的3个定位支架,按下列要求焊于加热器壳体上,应沿着壳体周向大致相隔120°布置并骑跨在切割线上。将定位支架焊接区域预热至121℃,用间断焊方法焊满角焊缝。

定位支架的定位销起对中的作用。间距定位块使短接与壳体之间保持原来的间隔或距离，以便重新焊接。

5) 不锈钢板制成的防护环放在现场切割的环形区域下面。当切割和重新焊接时，它可保护管束。壳体材料的切割只能用气弧刨。决不能用乙炔切割。因为内部积有熔渣。阻碍滑动配合，使壳体拉出时增加麻烦。

6) 为了预防火焰切割裂缝，气弧刨前在热切割区域预热至121℃。对厚度小于32mm壳体是推荐采用；对厚度大于或等于32mm壳体则必须采用。

7) 用气弧刨将壳体材料，刨至内表面留下约1.5mm，壳体厚度见总图。气弧刨割成的坡口形式按规定要求操作。留下1.5mm材料用高速磨头和薄形（厚度小于或等于3mm）切割砂轮磨断。

8) 开始拉壳体。卧式加热器管束隔板之间的下面配有滑动导轨，必须小心地操作以防壳体与管束隔板、支撑板之间卡住和擦伤。

9) 使用手动葫芦能很好地控制起吊和牵拉。当可使用行车时，手动葫芦连在行车和加热器之间。壳体尺寸和估计质量见总图。手动葫芦和其他工具的规格应由能安全地承受这些力，加上其他可能的阻碍和摩擦所增加的负荷来确定。

10) 壳体拆除时，沿着壳体长度，在每个管束隔板部位都要把管束支撑好。在隔板下放置斜楔垫块或可调节的管式支撑，都能很好地用作支撑。

11) 壳体要安放在适当的位置，以便在重新焊接前整修端部表面。

(2) 焊缝坡口的制备。

1) 用砂轮清除切割部位的残留老焊缝和熔渣。不要铲坏壳体金属。如果切割时不慎铲坏壳体金属，要用结506焊条（根据壳体材料）将铲除部位补好，并且磨光使其恢复到原来的外形。

2) 按照总图或附图的要求制备加热器壳体的焊缝坡口。壳体厚度小于或等于19mm的应采用单斜度坡口，厚度大于19mm的应采用单斜度坡口或组合斜度坡口。

3) 从焊缝表面和邻近的母材表面，除去所有的油污、油脂、污垢或其他异物。

(3) 壳体的组装和重新焊接。

1) 组装。焊接前装一个临时夹具，把分开的壳体夹紧。在壳体现场切割中线的两侧离开焊过大约250mm的圆周上各点焊4个对称的角铁（尺寸75mm×75mm×6mm）。

在每个角铁上钻1个孔，能穿过12mm粗的拉杆，连接对边的角铁，收紧每根拉杆，直到壳体与定位体相碰为止（另一种办法是用坚固的C型钢做跨接定位支架），不要用加热和锤击的方法进行装配。

2) 焊接。

①接头厚度大于19mm时，将接头表面和邻近母材预热至121℃。并在整个过程中保持这个温度。接头厚度小于或等于19mm时，母材温度至少应是15℃。

注：表面潮湿时不能焊接。强风期间要把焊接区域遮盖严实。

②使用结507焊条。

③用直径为3mm的焊条沿环向间隔大致相等地固定8个点。焊接时使用反极直流电

(壳体接在阴极上)。为了避免焊缝金属出现气孔，要使用干燥和烘热的焊条，并保持短弧焊，每个固定焊缝约长 50mm。使用 120～130A 的电流。所有焊接必须由合格焊工操作。

④焊第一道根部焊道。焊接必须谨慎，使焊道与每一个固定焊缝熔合。对垂直的焊缝，要自下而上地焊接。

⑤拆去角铁和定位支架。去除电焊疤，打磨时必须小心，切勿损坏壳体。

⑥目测检查根部焊道的裂缝和其他缺陷，如可能，进行磁粉探伤；但必须小心，以免触头引起电弧烧伤。如不能使用磁粉探伤设备，可用液态渗透检查(着色检查、抽查和萤光探伤等)。继续焊接前，要清除焊缝区域所有残留的着色剂和显示剂。

⑦继续堆焊焊道，持短弧焊接，不要过分摆动。焊道宽度不能大于焊条芯直径的 6 倍，不要抖动或抽动焊条。每个焊道在焊第二道以前要清除所有焊渣、焊药或异物。检查每条焊道的裂缝、咬边、气孔和夹渣等缺陷。继续焊接前，要除去所有缺陷，建议用小的轮形或尖形硬质磨头打磨或铲除掉这些焊缝缺陷。

⑧应修整焊接表面过分凸起和凹陷的部位。加强厚度不能超出表 5-4 尺寸。

表 5-4 加强厚度不能超出尺寸

板材厚度 δ	最大加强厚度 δ_{max}	板材厚度 δ	最大加强厚度 δ_{max}
$\delta \leq 12$	1.5	$25 < \delta \leq 50$	3
$12 < \delta \leq 25$	2.5	$50 < \delta$	4

3)检验和试验。

①壳体与壳体短接的焊接和检查完毕后，必须安上管道接头以备水压试验和投运。

②以总图上标明的试验压力和温度进行水压试验。

4)有关焊接的综合说明。

①焊接准备。焊接前所有油污、油脂、污垢和其他异物要从接头表面及离接头边缘 25mm 宽的母材上除掉。由于加热，可能落到焊缝上的任何物质必须全部清除。用溶剂或清洁剂洗去焊接区域的所有油污。焊接前表面上不能残留清洁剂的混合物。

②填充金属。应使用合格的药皮电焊条，(焊条牌号为结 507)药皮焊条必须装在密封的容器内，使用时可直接从该容器中取出。离容器开启后的时间不能超过 9h。所有其他的电焊条应放在温度为 121～177℃ 的烘干箱内，至少 8h 后才能使用。焊条从烘干箱里取出超过 9h，在使用前必须重新烘干，天气潮湿时电焊条接触空气时间要缩短或使用手提式电焊条烘箱。

③电流。手工操作的涂药金属电弧焊应使用反极直流电，母材应与导线负极相连。

④组装和固定焊。支撑好所有的部件，以便尽可能地对准，并使固定焊和根部焊道的应力尽量减小。使用定位块和足够数重的固定焊以保持规定的根部缝隙。

如需要固定焊时则按焊接的规定预热。应由合格焊工进行固定焊。固定焊必须像焊第一道焊道一样谨慎，确保完全焊透。有裂缝或其他缺陷的固定焊必须在焊前除掉，并修补好。

⑤焊接工艺。

ⓐ焊条直径、电流和焊道层数应按要求使用。

ⓑ为了保证良好的根部焊道即第一道焊道，对坡口对准根部间隙和焊条操作要严格控制。第一道焊道必须将每个固定焊缝熔合。

ⓒ如可能，根部焊道应从一侧堆焊，并从另一侧清除背部至露出金属。

ⓓ如可能，应在平焊即俯焊位置焊接。

ⓔ立焊位置时应自下而上地焊接。

ⓕ所有焊道要尽可能地保持狭小，焊道宽度不应超出焊条芯直径的 6 倍。换用一根新焊条时，要在弧坑前约 6mm 处起弧，然后回到凹坑处。这样可在继续焊接前加热母材和消除弧坑。

ⓖ建议采用起弧板，不允许抖动和抽动焊条。整个焊接过程中必须保持短电弧。

ⓗ焊接下道焊道前，必须从每一焊道上清除所有焊渣和焊剂。用铲磨或刨的方法除去可见的和明显的缺陷；如气孔、裂缝或咬边。气弧刨前要求预热并用机械方法除去所有的锈垢，不允许用锤击或激冷的方法。

ⓘ不允许有迭盖、咬边或突然的隆起或凹陷。最后单道或多道焊缝的表面层应清除焊渣或焊剂，并有均匀和良好的外形。

4.停运后的保养

低压加热器在现场停运期间的保养措施对其寿命有很大影响，故在短期停运时，低压加热器汽、水侧须充满凝结水进行保养；如果停运 2 个月以上则须进行充氮保护，方法为先将内部积水放尽，用压缩空气干燥内部，密封各管口，然后抽去内部空气，形成真空后充入氮气，充氮压力为 0.1～0.15MPa，并经常检查，使氮压维持在 0.05～0.15MPa 之间。

第三节　凝汽器检修

一、凝汽器的工作过程

目前发电厂中基本上采用表面式凝汽器，图 5-13 所示为其结构及工作过程示意图。

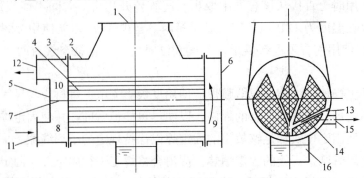

图 5-13　表面式凝汽器结构简图

1—排汽进口；2—凝汽器外壳；3—管板；4—冷却水管；5，6—水室的端盖；7—水室隔板；8～10—水室；11—冷却水进口；12—冷却水出口；13—挡板；14—空气冷却区；15—空气抽出口；16—热水井

它由外壳、管系及水室等构成。外壳通常是圆柱形、椭圆形和方箱形,超临界机组常采用方箱形。上部为排汽的进口,通常称之为接颈,它直接或通过补偿器接到汽轮机的排汽管上。两端是水室,它是由端盖、外壳和管板形成的,为数甚多的冷却水管安装于开有同样多孔的管板上。下部是收集凝结水的汇集井,通常称它为热水井。通常在热水井水位上方还布置有除氧装置,对凝结水进行初步除氧,防止低压设备的氧腐蚀。

凝汽器的空间被分成两部分:管内为冷却水空间(水侧);管外为蒸汽空间(汽侧)。冷却水从冷却水进口进入凝汽器的水室,沿图中箭头方向在管内流动,进入另一端的水室后从冷却水出口流出,吸收管外蒸汽放出的热量。汽轮机的排汽进入凝汽器的汽侧,在冷却水管的外表面被冷却凝结成水,最后汇集到热水井。

二、凝汽器的类型

电厂中常用的凝汽器有多种不同的形式,常见的分类如下。

1. 按汽侧压力分

按凝汽器的汽侧压力可分为单压式和多压式凝汽器。单压式凝汽器是指汽侧只有一个汽室的凝汽器,汽轮机的排汽口都在一个相同的凝汽器压力下运行。随着汽轮机单机功率的增大和多排汽口的采用,把凝汽器的汽侧分隔成与汽轮机排汽口相应的、具有两个或两个以上互不相通的汽室,冷却水串行通过各汽室的管束,由于各汽室的冷却水温度不同,所建立的压力也不相同,这种具有两个或两个以上压力的凝汽器,称为双压或多压式凝汽器。

图 5-14 为双压式凝汽器的原理示意图,它的汽侧被密封隔板分成两个汽室。进入 1 汽室的蒸汽受较低温度冷却水的冷却,进入 2 室的蒸汽受较高温度冷却水的冷却。因此,1 室的汽压低于 2 室的汽压。同理,可将凝汽器设计成三压或四压式。

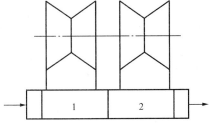

图 5-14　双压凝汽器示意图

多压式凝汽器与单压式相比较,由于每个汽室的吸、放热平均温度较为接近,热负荷均匀,因此,在同样的传热面积和冷却水量的条件下,多压式凝汽器的平均压力较低,真空度较高,热经济性好。另外,多压式凝汽器合理布置,还可使凝结水的过冷度和抽气负荷减小。

2. 按汽流的形式分

凝汽器的抽气口安装在不同的部位,就构成了凝汽器中的不同汽流方向。按汽流的流动方向不同,凝汽器可分为汽流向下、汽流向上、汽流向心和汽流向侧式等四种形式,如图 5-15 所示。目前应用最多的是后两种形式,这两种形式凝汽器中的蒸汽能直接流到底部加热凝结水,从而减小凝结水的过冷度,热经济性较好。而且,汽流到抽气口的流程较短,汽阻较小,能保证凝汽器有较高的真空度。

3. 按其他方式分

按冷却水在冷却水管中的流程,还可分为单流程、双流程和多流程凝汽器。单流程是指冷却水凝汽器的一端进入由另一端直接排出,双流程是指冷却水在凝汽器中要经过一次往返后才排出,依次类推,还有三流程和四流程。一般多采用单流程或双流程凝汽器。

另外,凝汽器冷却水进、出水室用垂直隔板分成对称独立的两部分,称为对分式。这

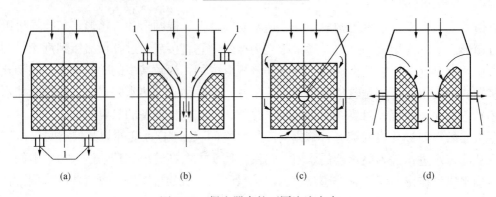

图 5-15　凝汽器中的不同汽流方向

(a) 汽流向下式；(b) 汽流向上式；(c) 汽流向心式；(d) 汽流向侧式

种形式的凝汽器可以进行不停机情况下的单侧清洗或检修，增加了运行的灵活性，减少了机组的启停次数，多用于现代大型机组。

三、凝汽器检修

现以 N-60000 型凝汽器检修为例，N-60000 型凝汽器的主要特性参数见表 5-5。

表 5-5　　　　　　　　　N-60000 型凝汽器的主要特性参数

项　　目	参　　数	项　　目	参　　数
冷却面积	60 000m²	冷却水设计流量	27.208m³/s(97 948.8m³/h)
冷却水设计进口温度	21.5℃	设计背压	平均蒸汽压力 5.1 kPa(a)
冷却水设计压力	0.50MPa(g)	冷却水介质	淡水

此外，装配好后无水时凝汽器质量约 1350t（含低压加热器）。凝汽器正常运行时质量约 2400t，汽室中全部充满水时的质量约 4450t。

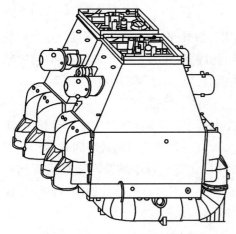

图 5-16　N-60000 型凝汽器外形

(一) N-60000 型凝汽器的结构

本凝汽器系双壳体、单流程、双背压表面式凝汽器。是由两个斜喉部、两个壳体（包括热水井、水室），循环水连通管，汽轮机排汽缸与凝汽器连接所采用的不锈钢波形膨胀节，底部的滑动、固定支座等组成的全焊结构，其外形如图 5-16 所示，其结构如图 5-17 所示。

1. 喉部

凝汽器喉部由高压侧（HP 侧）喉部和低压侧（LP 侧）喉部两部分组成。凝汽器喉部的四周由 30mm 厚的钢板焊成，内部采用一定数量的钢管及工字钢组成井架支撑，因此整个喉部的刚性较好。喉部上布置有组合式低压加热器、给水泵汽轮机的排汽接管、汽轮机旁路系统的三级减温减压器等。汽轮机的第五、六、七、八段抽汽管道以及汽封回汽、送汽管道单独从喉部顶部引入，第五、六段抽汽管分别通过喉部端部引出，第七、八段抽汽管接入布置在喉部内的组合式低压加热器。抽汽管以及汽封回汽、送汽管道的保温设计，应用气体隔热原理，采用钢板或钢管为保温罩，从而避免了采用一般保温材料作保温层时，由于保温材料的剥落而影响凝结水水质的缺陷。抽空气系统为串联，抽气管道在 LP、HP 侧喉部之间通过节流孔板串联连接，从 LP 侧喉部侧壁引出。

2. 壳体

壳体分为低压侧（LP 侧）壳体和高压侧（HP 侧）壳体，每个壳体四周都由 20～25mm 厚的钢板以及端管板组件拼焊而成。每个壳体内有四组管束，在每组管束下部均设有空冷区。主凝结区外围和空冷区的管子采用 $\phi 25\times 0.7$/TP317L 的不锈钢管，主凝结区中的管子采用 $\phi 25\times 0.5$/TP317L 的不锈钢管。端管板为不锈钢复合板。冷却管的两端采用胀接加焊接的方式固定在端管板上，端管板组件与壳体采用焊接形式构成一整体，中间管板通过支撑杆与壳体侧板及底板相焊。在壳体内还设置了一些挡汽板。在靠近两端管板处，还设置有凝结水取样槽等。

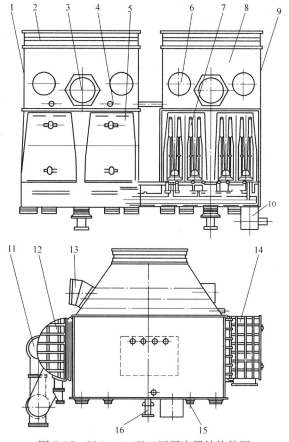

图 5-17 N-60000 型双压凝汽器结构简图

1—低压凝汽器；2—凝汽器补偿节；3—低压加热器接口；4—低压侧抽气口；5—水室端盖；6—机组旁路减温减压器接口；7—管束；8—凝汽器接颈；9—高压凝汽器；10—热水井；11—联通管；12—后水室；13—给水泵汽轮机排汽接口；14—前水室；15—支撑座；16—死点座

壳体下部为热水井，凝结水出口设置在高压侧壳体热水井底部，凝结水管出口处设置了滤网和消涡装置。

3. 水室

前后水室均为由钢板卷制成的弧形结构，水室全部内表面涂 0.5mm 厚的防腐保护层和阴极保护。

本凝汽器采用循环冷却水双进双出形式，其中水室分为八个独立腔室，在 A 排柱靠汽机侧两个水室为进水室，在 A 排柱靠发电机侧两个水室为出水室，其余靠 B 排柱四个水室，与循环水连通管相连，水室与端管板采用法兰连接。在喉部、壳体下部、水室上均设有人孔，以便对凝汽器进行检修、维护，水室上还开有通风孔、放气孔等。

4. 连接和支撑方式

凝汽器与汽轮机排汽口采用不锈钢波形膨胀节弹性连接，凝汽器下部为刚性支撑，运行时凝汽器垂直方向的热膨胀由喉部上面的不锈钢波形膨胀节补偿。在每个壳体的底部设有一个固定支座、六个滑动支座，滑动面板采用聚四氟乙烯（PTFE）板，在凝汽器壳体底部中间处采用固定支撑，其位置与汽轮机低压缸死点一致，如图 5-18 所示。

5. 循环水连通管

整台凝汽器有两根循环水连通管，用以连通 B 排柱的四个水室。循环水连通管布置在壳体的下面，如图 5-19 所示。现场安装时，循环水管卷制的纵向拼焊焊缝应错开，内部焊缝应圆滑过渡，其最小半径不小于 5mm。连通管内表面（含人孔盖板及法兰盖板内表面）采用涂环氧煤沥青防腐保护。

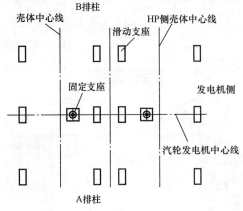

图 5-18　N-60000 型凝汽器的支撑

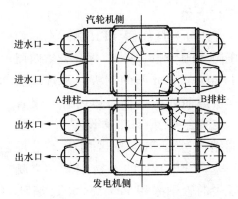

图 5-19　N-60000 型凝汽器的循环水连通管

（二）N-60000 型凝汽器的工作过程

凝汽器正常工作时，冷却水由 A 排柱靠汽轮机侧的两个进水室进入，经过靠汽机侧凝汽器壳体内冷却水管，流入 B 排柱靠汽轮机侧另外两个水室，经循环水连通管水平转向后进入 B 排柱靠发电机侧的两个水室，再通过靠发电机侧凝汽器壳体内冷却水管流至 A 排柱靠发电机侧的两个出水室并排出凝汽器。蒸汽由汽轮机排汽口进入凝汽器，然后均匀地分布到冷却水管全长上，经过管束中央通道及两侧通道使蒸汽能够全面地进入主管束区，与冷却水进行热交换后被凝结；部分蒸汽由中间通道和两侧通道进入热水井。HP 侧壳体与 LP 侧壳体的凝结水通过凝结水连通管进行混合，最后通过 HP 侧的凝结水出口流走。剩余的汽气混合物经空冷区再次进行热交换后，少量未凝结的蒸汽和空气混合物经抽气口由抽真空设备抽出。

（三）凝汽器检修工艺方法和质量标准

1. 开工前工作准备

（1）办理工作票，使凝汽器停运，放净汽水两侧存水。

（2）作好检修前材料、工具的准备工作。

2. 水侧检查与清理

（1）拆开凝汽器水室人孔门或拆水室大盖（拆大盖需专人指挥，将大盖吊下放在指定地点）内部接入安全电压行灯。

注意事项：进入下水室工作前，应用专用木板将循环水进口管道口封闭，防止人员或工具掉落。进入水室时，应防止地滑伤人。

（2）检查人孔门结合面应平整、无贯穿槽痕或腐蚀，检查水室及管口、管板防腐层有无气泡、脱落现象，如有应进行防腐处理。

（3）不锈钢管清理：

1）出水侧水室搭好架板，进水侧水室铺盖木板与塑料布。

2）凝汽器不锈钢管有污垢时，结垢较轻可采用高压水枪逐根清理或采用压缩空气打胶球的方法。结垢严重：在运行中确认已造成凝汽器真空下降，影响机组热效率时，采用酸洗方法进行处理。

3）打胶球时，将胶球逐排逐根塞入不锈钢管内，用专用工具从出水端向进水端将胶球打出，对打不通的不锈钢管，作以记号，另行处理。

4）高压水枪清理时，将高压清洗机压力调至合适位置，然后用高压水枪对不锈钢管逐根清理方法同上。

5）记录清理异物情况，分析堵管原因。如不锈钢管结有较厚硬垢，应与化学车间及厂有关部门共同制定酸洗措施。

（4）水室清理：首先将水室内的杂物清理干净，作好记录以备分析之用。再用消防水和尼龙刷将水室及管板的泥垢清理干净，但不得损伤管板、管口表面的防腐漆。

3．汽侧的检查与清理

（1）检查。打开汽侧人孔门，检查凝结管板及不锈钢管表面是否有垢和锈，检查不锈钢管、不锈钢管表面是否有落物造成的伤痕，不锈钢管应无严重脱锌、腐蚀、开裂等现象；凝汽器拉筋、焊口有无断裂、开焊，如有需更换新拉筋、进行补焊。

（2）清理。汽轮机本体检修及检查工作结束后，将汽侧（热水井）内落物、杂物、垢物清理干净。

4．不锈钢钢管检漏

（1）将壳体内所有物件，工具等清理干净，关闭人孔门、放水门及所有对外接口一次门，用压缩空气吹干水室侧管板面及管接头存水。

（2）在汽侧注水、随水位升高，在管板端面逐根检查不锈钢钢管是否有泄漏现象，若有泄漏即用堵头堵牢，若胀口泄漏，可用胀管器补胀，注水至上层管子以上100mm且应保持2h无渗漏方可合格。

（3）将检漏情况在管板图上作好记录。

（4）壳体内注满水后须同时检查壳体特别是底板的变形情况，并据情处理。

（5）检漏工作完毕后，应立即将水放净，以防腐蚀。

（6）机组运行单侧检漏，可借助负压用烟进行查漏。

（7）堵管根数不应超过不锈钢钢管总数的10％。

5．凝汽器换热管的更换工艺

（1）不锈钢管凝汽器更换不锈钢管工艺方法。不锈钢管的泄漏程度不同所采用的措施不同，少量时可采用堵管法处理；堵头如图5-20所示；当超过总数的10％时，应采取部

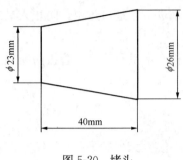

图 5-20 堵头

分更换，并作好管板图记录，腐蚀严重或使用年久损坏时，应进行全部换管工作。

1）抽管。

①先用不淬火的鸭嘴扁铲在不锈钢管胀口处，将旧不锈钢管口凿成三叶花形（注意：不可在管孔内凿出伤痕、沟槽）。

②然后用不淬火的 A3 圆钢管冲出至一定距离，用手拉出。

③全部拉出后，清理检查管板管孔，应符合下列要求：

ⓐ管孔用专用工具进行管孔打磨，至表面光洁，无纵向贯通沟槽。

ⓑ不锈钢管与管孔的间隙为 0.25～0.40mm。

2）新管更换前检查。

①外观检查：每根不锈钢管表面无裂纹、砂眼、腐蚀、凹陷和毛刺。管内无杂物和堵塞。

②新不锈钢换热管应为焊接直管，不锈钢管的端面须光滑而无毛刺，弯曲度在 900mm 长度上不得超过 0.8mm，须具有原厂材质报告。

③新换热管应进行 100％在线涡流探伤检查并符合质量要求。

④拉伸及硬度试验：每批不多于 50 根换热管中取样 1 根钢管进行拉伸试验，如每批多于 50 根钢管取样 2 根钢管；试验结果须满足表 5-6 的要求。

⑤反向弯曲试验：每 450m 进行一次，按照 ASTMA249—1998 标准进行 "反向弯曲试验" 并符合要求。见表 5-6。

表 5-6　　　　　　　　　　　拉伸、硬度试验

屈服强度（MPa）	抗拉强度（MPa）最小	延伸率（％）最小	洛氏硬度最大
170	485	35	B90

⑥压扁试验：每 125 根换热管取一根管子两端做（该根管子不是用于卷边试验的那根管子）。

⑦卷边试验：从每批（125 根）钢管中取 1 根成品钢管，从其两端各取样进行一次卷边试验。

⑧按 GB/T 4334—2008 要求做 "晶间腐蚀试验" 应合格。

3）不锈钢换热管安装。

①凝汽器换热管的更换必须使用换管专用工器具（如胀管机、管端铣平刀、引管器等）、符合要求的测量工具。

②凝汽器换热管更换安装之前，必须对管板及管板上的管孔清理干净并得到确认。

③凝汽器换热管更换过程中胀管施工必须分区进行，防止管板变形。

④胀管时，先把管子摆好，不锈钢管在进口端管板露出 2～3m 多余部分用管端铣平

刀割除，如果冷却管尺寸不够长时，应更换足够尺寸的冷却管禁止用加热或其他强力方法伸长冷却管。胀接时不得使用任何润滑剂，以保证辘管质量及其密封性。

4) 放入胀管器手动胀管，胀好后左旋退出胀管器。为防止初胀时不锈钢管窜动，应在不锈钢管另一端由专人挟持定位，电动胀管器胀管时，转速不应超过 200r/min。

5) 胀接标准：

①胀口处管壁扩胀率为 4%～6%，胀管后内径的合适数值 D_a 用下式计算，即

$$D_a = D_1 - 2\delta\ (1-a)\ \text{mm}$$

式中　D_1——管板孔直径，mm；

　　　δ——不锈钢管壁厚，mm。

　　　a——扩胀系数，4%～6%。

② 胀口及翻边应平滑光洁、无裂纹和显著的切痕，进水端翻边角度一般为 15°左右。

③ 胀口的胀接深度为管板厚度的 75%～90%，不少于 16mm，不大于管板厚度，胀管应牢固，管壁胀薄在 4%～6% 管壁厚度，胀接部分和未胀部分应光滑过渡，无任何凹坑和沟槽。避免久胀、漏胀和过胀。

6) 待胀管完毕后，用氩弧焊进行钢管的焊接，焊接施工必须分区进行，防止管板变形，钢管焊接好后，进行注水试验，如有渗漏应进行补胀。

7) 水压试验。凝汽器每次检修或更换不锈钢管后，为保证真空系统严密性，必须对凝汽器汽侧注水检漏。汽侧注水注至超过不锈钢管 500mm 处。

①接临时水位计。

②用压缩空气吹干不锈钢管内积水，并用棉纱将水室管板及管孔擦干，以便于检查轻微泄漏。

③边注水边检查不锈钢管及胀口泄漏情况，不锈钢管泄漏用堵头堵掉，胀口渗漏对焊口进行补焊，必要时可使水位放去后更换新不锈钢管，换新不锈钢管后，需再次注水检漏。

(2) 铜管凝汽器更换局部铜管工艺方法。凝汽器铜管损坏 10% 以上时要更换铜管，但新铜管需要经有关人员进行检查化验合格后，方可使用。

1) 抽管方法。先用不淬火的鸭嘴扁錾［见图 5-21 (a)］在铜管两端胀口处沿管径圆周三个方向施力［如图 5-21 (c) 所示］，把铜管挤在一起，然后用大样冲［如图 5-21 (b) 所示］向一头冲击，冲出一段后，就可用手直接拉出来。如果用手拉不出来，可把挤扁的管头锯掉，塞进一节钢棍，用夹子夹好后再用力把管子拉出来。

2) 换管方法。先用细砂布把管板孔和已经试验退火合格的铜管两端各 100mm 长管头打磨光滑干净，不要有油污和纵向 0.10mm 以上的沟槽。将铜管装入管板孔内，准备胀管。

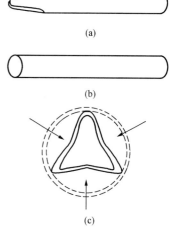

图 5-21　抽管方法示意

3）胀管方法。先将铜管穿上摆好，管子应露出管板 1～3mm，胀管端管内涂少量黄油，另一端有人将管子夹住，防止窜动。放入胀管器，用胀管器胀管。首先进行试胀工作，并应符合下列要求。

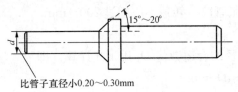

比管子直径小 0.20～0.30mm

图 5-22　翻边工具

①同（1）5）①不锈钢管工艺。

②胀口及翻边处应平滑光洁、无裂纹和显著的切痕。翻边角度一般为 15°左右。翻边工具见图 5-22。

③胀口的胀接深度一般为管板厚度的 75%～90%，但扩胀部分应在管板壁内不少于 2～3mm，不允许扩胀部分超过管板内壁。

4）胀管的质量标准及工艺要求。

①凝汽器壳体应垫平垫稳，无歪扭现象，若壳体组合后经过搬运，在穿胀管子前应将壳体重新垫平，并使管板和隔板的管孔中心达到原始组合的状态。

②管子胀接前应在管板四角及中央各胀一根标准管，以检查两端管板距离有无不一致和管板中央个别部位有无凸起，造成管子长度不足等情况，管子胀接程序应根据管束分组情况妥善安排，不得因胀接程序不合理而造成管板变形。

③正式胀管应先胀出水侧，同时在进水侧设专人监视，防止冷却管从该端旋出损伤。

④正式胀接工作按试胀管要求进行。

⑤胀接好的管子应露出管板 1～3mm，管端光平无毛刺。

⑥管子翻边如无厂家规定时，一般在循环水入口端进行 15°翻边。

⑦冷却管尺寸不够长时，应更换足够尺寸的管子，禁止用加热或其他强力方法伸长管子。

⑧管子胀好后，应进行水压试验，合格后方可结束工作。

（3）钛管板凝汽器的换管工艺方法。对采用钛管或钛管板凝汽器的换管要求更换钛管或钛管板，除应符合对铜管的规定要求外，还应遵守下列规定。

1）工作场所必须采取专门遮蔽措施，严防灰尘，在水室内工作需用风机通风。

2）参加钛管安装的人员和焊工，应经过专门培训并考试合格。

3）安装人员需穿干净的专用工作服及工作鞋，并戴脱脂手套，每班更换一次，当被油脂污染时应立即更换。

4）钛管板及钛管的端部在穿管前应使用白布用脱脂溶剂（酒精、三氯乙烯等不易燃溶剂）擦拭，除去油污，并用塑料布盖好。管子的防油包扎在穿管前不得打开。

5）管孔不得用手抚摸，穿管开始前必须再用酒精清洗。

6）穿管用的导向器以及施工用的工具，每次使用前都必须用酒精清洗，且不得使用铅锤。

7）胀管及切管机具必须彻底清洗，每胀管 2～3 根即用酒精清洗一次，胀管时不得使用胀管机油，需用酒精作清洗剂。

8）胀管用的胀杆和胀子应经常检查，必要时更换。

9）胀管率一般跟铜管相同，最大不得超过 10%。

10）管端切齐尺寸一般为 0.3～0.5mm，切下的钛屑必须及时清理，严防引燃。

11）管子胀好后，在管板外伸部分应用酒精清洗，并用氩弧焊焊接，焊后对焊口应进行外观及渗透液检查。

6. 凝汽器的试验

为了确保机组的运行性能，凝汽器在正式投入运行前，其水侧必须进行水压试验、汽侧进行灌水试验及真空系统进行严密性试验。

（1）水侧的水压试验。N-60000 凝汽器水侧的水压试验压力为 0.6MPa，用于水压试验的水温应不低于 15℃，试验步骤如下：

1）关闭所有与水室连接的阀门。

2）灌清洁水并缓慢加压至 0.6MPa（水室底部）。

3）维护此压力 30min。在试验过程中必须注意水室法兰、人孔及各连接焊缝等处有无漏水、渗水及整个水室有无变形等情况发生。发现问题应立即停止试验，并采取补救措施。若在规定时间内不能做完全部检查工作，则应延长持压时间。

（2）汽侧的灌水试验。为了检验壳体及冷却管的安装情况，在凝汽器运行前灌水试验是不可少的，但不能与水侧水压试验同时进行，汽轮机检修后再次启动前也要做灌水试验。灌水试验水温应不低于 15℃。试验步骤如下：

1）关闭所有与壳体连接的阀门。

2）灌入清洁水，灌水高度应高于凝汽器与低压缸连接处约 300mm。

3）维持此高度 24h。在试验过程中如发现冷却管及与端管板连接处、壳体各连接焊缝等处有漏水、渗水及整个壳体外壁变形等情况应立即停止试验，放尽清洁水进行检查，发现问题的原因并采取处理措施。试验后首先放掉壳体内的水，并吹干。

（3）真空系统的严密性试验。为了检测机组的安装水平，保证整个真空系统的严密性，应进行真空系统严密性试验。检测方法是停主抽气器或关闭抽气设备入口电动门（要求该电动门为零泄漏），测量真空下降的速度，试验时必须遵照本机组"汽轮机启动运行说明书"有关严密性试验的规定、要求。试验步骤如下：

1）停主抽气器或关闭抽气设备入口电动门，注意凝汽器真空应缓慢下降（试验时负荷为 80%～100% 额定负荷），每分钟记录真空读数一次。

2）第五分钟后开启主抽气器或抽气设备入口电动门。

3）真空下降速度取第三分钟至第五分钟的平均值，记录当时的负荷及真空下降的平均值。根据检测结果可以得到机组的整个真空系统的安装水平，真空下降率小于 0.13kPa/min 则机组真空严密性为优，小于 0.27kPa/min 则为良，小于 0.4kPa/min 则为合格，若机组真空严密性不合格，则应检漏并消缺。

7. 凝汽器铜管防腐及保护方法

（1）铜管剧烈振动，产生交变应力，会造成铜管的疲劳损伤。在运行中发现凝汽器铜管振动时，应在管束之间嵌塞竹片或木板条，以减少和消除振动。

（2）清扫是防腐的措施之一。凝汽器清扫有两种，一是胶球清洗，二是反冲洗，即在运行时切换截门，改变水流流动方向，排除杂物。

（3）硫酸亚铁造膜保护，主要用于以海水作循环水的凝汽器。这种方法对淡水作循环水的凝汽器也是有效的。

（4）加装尼龙保护套管。采用尼龙 1010 制成的套管，其外径跟铜管内径相同，形状同管头相似，长度为 120mm，厚度为 0.7～1mm，装在凝汽器铜管入口端。因加尼龙套对胶球清洗有一定妨碍，所以，也有在铜管入口端涂敷环氧树脂，作为保护层的。

8. 凝汽器的胶球清洗系统

凝汽器在运行中，由于循环水水质不良，其中的悬浮物、有机物、微生物以及钙、镁盐类等会堵塞或沉积在冷却水管内，从而导致传热恶化，真空下降，影响机组的热经济性。当发现真空缓慢下降且传热端差逐渐增大，冷却水出口温度稍有升高，以及抽气器抽出的空气温度与冷却水进口温度之间的温差增大时，即可判断是凝汽器冷却水管脏污或堵塞。此时，应根据结垢、堵塞的情况及严重程度，对凝汽器进行清洗。作为预防性措施，就在凝汽器运行中，对凝汽器进行定期清洗。

凝汽器的清洗方法有：用钢丝刷人工捅刷，用橡皮球、毛刷借助压力水中压缩空气冲洗，开式供水系统的反冲洗，对积有泥垢的干燥法清洗以及对积有盐垢的酸洗等。这些清洗的方法均需在停机或减负荷的情况下进行，而且劳动强度大，消耗时间多。目前，大型机组上，多采用胶球连续清洗法。这种方法可在机组正常运行时，定期、自动地对凝汽器进行清洗，避免了上述清洗方法的缺点。

（1）胶球清洗系统的工作原理和布置方式。胶球清洗是将重度近似于水的胶球投入凝汽器循环水中，利用循环水的流动，迫使胶球通过冷却水管从而达到清洗的目的。胶球有硬胶球和软胶球（海绵橡胶球）两类。由于硬胶球和除垢效果、耐磨性能都较差，因此，现在较少采用。目前，广泛采用的是软胶球清洗装置，其清洗效果好。如图

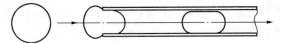

图 5-23　软胶球在冷却水管中的行进示意图

5-23 所示为海绵胶球在冷却水管中的行进过程，海绵球的直径较冷却水管内径大 1～2mm，海绵球被水带进冷却水管时，压缩变形，与管壁全周接触，在流经水管时将水管内壁擦洗一遍。采用高分子材料制成的胶球，可清洗硬垢或沉积特别快及黏附力强的污垢，而不损伤冷却水管中的保护膜。

单元制系统如图 5-24 所示，适合于为 1000MW 以上容量的机组配套使用，优点是对凝汽器各侧可同时进行清洗；另外，任何一侧的胶球清洗系统出现故障，均不会影响另一侧的正常运行。其组成由清洗蝶阀、二次滤网、电动机、收球网、装球室、球阀、胶球泵、收球网板操作机构。

（2）胶球清洗系统的检修、检查和维护。胶球清洗系统的检修随机组大、

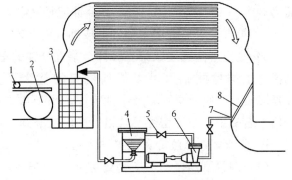

图 5-24　单元制胶球清洗系统

1—排污口；2—清洗蝶阀；3—二次滤网；4—装球室；

5—球阀；6—胶球泵；7—收球网；8—收球网板操作机构

小修同时进行，其检修、检查和维护的主要内容包括：

1）收球网的检查步骤与质量标准。

①检查网板如有脱焊、变形或损坏，应进行补焊修复。

②检查网体与轴连接有无松动，如松动应紧固。

③检查活动网板与固定部分间有无卡碰，如有卡涩应调整。

④检查轴有无弯曲、能否灵活转动，如有弯曲应校正或更换新轴。

⑤检查执行机构手动、电动运转是否正常、到位，指示是否准确，轴承是否泄漏。

⑥检查收球网板有无杂物，如有应清除收球网板上的一切杂物。

2）胶球泵的检修质量标准。叶轮是否完好，轴转动是否灵活，电动机性能是否合格，泵壳有无杂物，电机与泵二轴是否对中，动静部分有无摩擦，地脚螺母是否松动，运行中检查轴承振动及密封有无滴漏。

3）装球室的检查步骤与质量标准。

①检查切换阀能否灵活转动，放气、放水管有无堵塞，如有堵塞应及时疏通；

②检查轴承接合处有无泄漏，执行机手动、电动是否正常，到位指示是否准确；

③检查球室上端压盖结合面及垫片情况；如有渗漏现象，更换垫片；

④检查清理装球室内有无锈垢、杂物等，并清理上端压盖上的玻璃片；

⑤检查清理上端盖结合面，更换新垫片后复装上端压盖。

4）各阀门。操作是否灵活，有无泄露，执行机工作是否正常，开关指示是否准确。

5）控制装置。能否正常运行，仪表、指示灯是否齐全有无破损等。

6）胶球管路。有无泄漏和堵塞。

7）执行机。按执行机说明书要求或根据经验，定期更换润滑剂。

8）密封件。根据使用经验定期更换各轴承密封件。

9）减速机构、转动齿轮。润滑脂每半年补充一次，机组大小修中更换。

10）配装有二次滤网的胶球清洗系统，二次滤网也要经常检查，有污垢经常清理，发现问题及时处理，这样有利于减少水阻，保证收球效果，避免恶性事故发生。

要经常对设备及配套件进行检查，如有缺陷及时消除。

（3）胶球清洗系统的故障及处理。

胶球清洗系统的常见故障及处理措施如表 5-7 所示。

表 5-7　　　　　　　　　　　胶球清洗系统的常见故障及处理方法

设　备	故　障	发 生 原 因	处 理 方 法
收球网	轴转不动或不到位	轴承处生锈，轴或者筒体变形，活动网板与固定部分相卡等	检查、调整或修理
胶球泵	电动机超载	叶轮转动受阻（被异物卡住或动静部分摩擦）	检查、清理、调整或修理
		热继电器的设定值偏低	调整
	轴承温度超过 80℃	润滑剂不合格或失效	更换
		轴承漏油	修理、补充

设 备	故 障	发 生 原 因	处 理 方 法
胶球泵	振动超过0.04mm，噪声大	叶轮不平衡	找平衡
		叶轮损伤	更换
		轴弯曲	校正或更换
	密封压盖发热，密封处无滴漏	动静部分摩擦	修理或更换
		泵与电轴不对中	找中心
		轴承损坏	更换
		电动机损坏	修理
		固定螺栓松动	拧紧
		气体从泵入口侧侵入	修理
		循环水中混进气体	抽气
		压盖安装偏斜，磨轴	调整
		密封压得过紧	调整直至密封处有滴漏
	泵启动异常，出水不足	启动前未充满水	排气
		进口管进入气体	修理
		胶球管路或泵流道堵塞	疏通
		叶轮破损	更换
		叶轮转动受阻	清理或修理
装球室	切换阀转不动或不到位	阀面结垢，轴承处生锈或阀芯被异物卡住等。另外，不到位也可能是限位不准	除垢、检查、清理、调整
球阀	阀芯转不动或不到位	阀芯球面结垢，阀芯被异物卡住等。另外，不到位也可能是限位不准	除垢、检查、清理、调整
收球网、装球室、电动阀用执行机	执行机过负荷	执行机旋转件受阻	检查、清理或修理
		转矩或推力限制机构设定值偏低	调整
		热继定器的设定值偏低	调整
	正常使用中停转	执行机过负荷	检查
		电动机停转	检查、修复
	开度不足或超限	行程开关位置不对或损坏	调整或更换
收球率	收球率低	网板偏离收球位置	使网板处于收球位置
		网板变形或损坏	修复
		网板脏污	收球后反洗
		凝汽器水室隔板有窜通缝隙	消除窜缝
		水室中有存球窜缝	消除窜缝
		水室充水不满	排气充水
		凝汽器管板或冷却管堵塞	清理

设　备	故　障	发 生 原 因	处 理 方 法
收球率	收球率低	胶球直径偏大或硬度不合适	更换胶球
		胶球破损，破损后变成小块	检查胶球通道，清除硬质尖锐杂物
		循环水流速偏低	增加流量
		水室中存在涡流区	消除涡流区
	胶球停止循环	胶球管路堵塞	疏通
		胶球泵停运	检查、修理
		循环水流速过低	增加水量
胶球	胶球磨损严重	胶球质量差，耐磨性不好	更换
		胶球通道不光滑	修理
		胶球通道中存有硬质尖锐杂物	清理

四、凝汽器的故障及处理

凝汽器的故障，主要是凝汽器压力的升高（真空度下降），凝汽器真空下降，将导致排汽压力升高，可用焓减小，同时机组出力降低；排汽缸及轴承座受热膨胀，轴承负荷分配发生变化，机组产生振动；凝汽器铜管受热膨胀产生松弛、变形，甚至断裂；若保持负荷不变，将使轴向推力增大以及叶片过负荷，排汽的容积流量减少，末级要产生脱流及旋流；同时还会在叶片的某一部位产生较大的激振力，有可能损伤叶片；凝汽器压力升高不但影响到整台机组的经济性而且还影响到机组的寿命和安全性。发现凝汽器压力升高应查明原因，设法消除，处理程序如下：

（1）发现真空下降时首先要核对排汽温度、凝结水温度，检查负荷有否变动。如果真空表指示下降，排汽室温度升高，凝结水温度升高，即可确认为真空下降。在工况不变时，随着真空降低，负荷相应地减小。

（2）确认真空下降后当时如有操作，应暂时停止进行，立即恢复原状，应迅速检查原因。检查循环水进、出口压力及温度有无变化；检查抽气设备工作是否正常；检查热水井水位及凝结水泵工作是否正常；检查其他对真空有影响的因素。

（3）应启动备用射水抽气器或辅助空气抽气器。

（4）在处理过程中，若真空继续下降，应按规程规定降负荷，防止排汽室温度超限，防止低压缸大气安全门动作；若凝汽器压力升至本机组"汽轮机启动运行说明书"所规定的报警值或停机值，应相应的报警或停机。

（5）紧急停机时，应打开真空破坏阀。

汽轮机真空下降分为急剧下降和缓慢下降两种情况。

（一）真空急剧下降的原因和处理

1. 循环水中断

循环水中断的故障可以从循环泵的工作情况判断出。若循环水泵电动机电流和水泵出口压力到零，即可确认为循环水泵跳闸，此时应立即启动备用循环水泵。若强合跳闸泵，应检查泵是否倒转；若倒转，严禁强合，以免电动机过载和断轴。如无备用泵，则应迅速将负荷降到零，打闸停机。循环水泵出口压力、电动机电流摆动，通常是循环水泵吸入口水位过低、网滤堵塞等所致，此时应尽快采取措施，提高水位或清降杂物。如果循环水泵出口压力、电动机电流大幅度降低，则可能是循环水泵本身故障引起。如果循环水泵在运行中出口误关，或备用泵出口门误关，造成循环水倒流，也会造成真空急剧下降。

2. 射水抽气器工作失常

如果发现射水泵出口压力，电动机电流同时到零，说明射水泵跳闸；如射水泵压力、电流下降，说明泵本身故障或水池水位过低。发生以上情况时，均应启动备用射水磁和射水抽气器，水位过低时应补水至正常水位。

3. 凝汽器满水

凝汽器在短时间内满水，一般是凝汽器铜管泄漏严重，大量循环水进入汽侧或凝结水泵故障所致。处理方法是立即开大水位调节阀并启动备用凝结水泵。必要时可将凝结水排入地沟，直到水位恢复正常。铜管泄漏还表现为凝结水硬度增加。这时应停止泄漏的凝汽器，严重时则要停机。如果凝结水泵故障，可以从出口压力和电流来判断。

4. 轴封供汽中断

如果轴封供汽压力到零或出现微负压，说明轴封供汽中断，其原因可能是轴封压力调节器失灵，调节阀阀芯脱落或汽封系统进水。此时应开启轴封调节器的旁路阀门，检查除氧器是否满水（轴封供汽来自除氧器时）。如果满水，迅速降低其水位，倒换轴封的备用汽源。

（二）真空缓慢下降的原因和处理

因为真空系统庞大，影响真空的因素较多，所以真空缓慢下降时，寻找原因比较困难，重点可以检查以下各项，并进行处理。

1. 循环水量不足

循环水量不足表现在同一负荷下，凝汽器循环水进出口温差增大，其原因可能是凝汽器进入杂物而堵塞。对于装有胶球清洗装置的机组，应进行反冲洗。对于凝汽器出口管有虹吸的机组，应检查虹吸是否破坏，其现象是：凝汽器出口侧真空到零，同时凝汽器入口压力增加。出现上述情况时，应使用循环水系统的辅助抽气器，恢复出口处的真空，必要时可增加进入凝汽器的循环水量。凝汽器出入口温差增加，还可能是由于循环水出口管积存空气或者是铜管结垢严重。此时应开启出口管放空气阀，排除空气或投入胶球清洗装置进行清洗，必要时在停机后用高压水进行冲洗。

2. 凝汽器水位升高

导致凝汽器水位升高的原因可能是凝结水泵入口汽化或者凝汽器铜管破裂漏入循环水等。凝结水泵入口汽化可以通过凝结水泵电流的减小来判断，当确认是由于此原因造成凝汽器水位升高时，应检查水泵入口侧法兰盘根是否不严，漏入空气。凝汽器铜管破裂可通过检验凝结水硬度加以判断。

3. 射水抽气器工作水温升高

工作水温升高，使抽气室压力升高，降低了抽气器的效率。当发现水温升高时，应开启工业水补水，降低工作水温度。

4. 真空系统泄漏

真空系统是否漏入空气，可通过严密性试验来检查。此外，空气漏入真空系统，还表现为凝结水过冷度增加，真空系统严密性降低，并且凝汽器端差增大。主要泄漏部位：

（1）低压缸轴封；

（2）低压缸水平中分面；

（3）低压缸安全门；

（4）真空破坏门及其管路；

（5）凝汽器汽侧放水门；

（6）轴封加热器水封；

（7）低压缸与凝汽器喉部连接处；

（8）汽动给水泵汽轮机轴封；

（9）汽动给水泵汽轮机排汽蝶阀前、后法兰；

（10）负压段抽汽管连接法兰；

（11）低压加热器疏水管路；

（12）真空泵至凝汽器管路；

（13）凝结水泵机械密封；

（14）热水井放水阀门；

（15）冷却管损伤或端口泄漏；

（16）旁路隔离阀及法兰。

第四节　除 氧 器 检 修

一、除氧器的类型和结构

（一）不同工作压力的除氧器

除氧器按工作压力分为大气式除氧器、真空除氧器和高压除氧器。

1. 大气式除氧器

大气式除氧器的工作压力略高于大气压力，一般为 0.12MPa，以便于把水中离析出来的气体排入大气，这种除氧器常用于中、低压凝汽式电厂和中压热电厂。

2. 真空除氧器

为简化系统，高压以上参数的机组补充水一般是补入凝汽器的。为避免主凝结水管道和低压加热器的氧腐蚀，在凝汽器下部设置除氧装置，对凝结水和补充水进行除氧。

3. 高压除氧器

超（超）临界机组上，广泛采用高压除氧器，额定负荷下的工作压力约为 0.58MPa，给水温度可加热至 158～160℃，含氧量小于 7μg/L。

高压除氧器有以下优点：

（1）节省投资。高压除氧器在回热系统中可作为一台混合式加热器，从而减少高压加热器的数量。

（2）提高锅炉的安全可靠性。当高压加热器因故停运时，可供给锅炉温度较高的给水，对锅炉的正常运行影响较小。

（3）除氧效果好。气体在水中的溶解度系数随着温度的升高而减小。高压除氧器由于其压力高，对应的饱和水温度高，使气体在水中的溶解度降低。

（4）可防止除氧器内"自生沸腾"现象的发生。所谓除氧器的"自生沸腾"现象是指过量的热疏水进入除氧器，其汽化产生的蒸汽量已满足或超过除氧器的用汽需要，使除氧器内的给水不需要回热抽汽加热就能沸腾。这时，原设计的除氧器内部汽与水的逆向流动遭到破坏，在除氧器中形成蒸汽层，阻碍气体的逸出，使除氧效果恶化。同时，除氧器内的压力会不受限制地升高，排汽量增大，造成较大的工质和热量损失。在高压除氧器中，由于除氧器内压力较高，要将水加热到除氧器压力下的饱和温度，所需热量较多，进入除氧器的热疏水所放出的热量满足不了除氧器用汽的需要，因此，不易发生"自生沸腾"现象。

（二）除氧器的技术参数及结构

除氧器的结构形式有：淋水盘式、喷雾式、喷雾填料式和喷雾淋水盘式。由于淋水盘式和喷雾式除氧器难以实现深度除氧，除氧效果较差，因此目前电厂已较少采用，有的也已作了改进。超（超）临界机组上普遍采用高压喷雾填料式除氧器和喷雾淋水盘式除氧器，以 N1000 机组配用的 YC-3184 型除氧器为例进行介绍其结构及特点。YC-3184 型除氧器的有关技术特性参数如表 5-8、表 5-9 所示。

表 5-8 　　　　　　　　　YC-3184 型除氧器最大运行工况（VWO）参数

序号	名　称	流量（t/h）	压力（MPa）	温度（℃）	比焓（kJ/kg）
1	进除氧器凝结水	2278.6	～3	158.2	668.1
2	进除氧器高压加热器正常疏水	653.9	～2.38	197.5	841.3
3	除氧器加热蒸汽	100.4	1.16	392.3	3244.1
4	除氧器出水	3033	1.16	186.3	790.9
5	进除氧器暖风器疏水箱来水	～40	～1.2	159	671.25

表 5-9 　　　　　　　　　　YC-3184 型除氧器主要技术特性数据

项　目	参　数	项　目	参　数
设计压力（MPa）	1.5	腐蚀裕量（mm）	0
设计温度（℃）	395	容积（m³）	120
水压试验压力（MPa）	2.56	安全阀起跳压力（MPa）	1.5
主焊缝系数	筒身：1；封头：1	容器类别	一类
介质	水、蒸汽	设计使用寿命（年）	30
出率（1/h）	3184		

YC-3184 型除氧器配合 YS-290 型除氧水箱，是 1000MW 机组的配套产品，其外形如

图 5-25 所示。本除氧器按机组滑压运行设计，也可用于机组定压运行。除氧器的额定出力不低于锅炉最大连续蒸发量运行时所需给水消耗量的 105%，除氧器的设计压力不低于汽轮机在 VWO工况时所采用的回热抽汽压力的1.25 倍。当一台低压加热器停用时，除氧器的出口水温不低于其对应工况下额定温度的 90%。

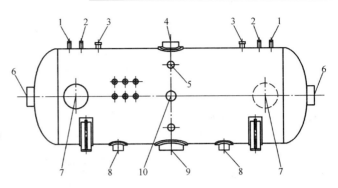

图 5-25　YC-3184 型除氧器外形图

1—启动放气口；2—运行放气口；3—安全阀接口；4—凝结水进口；5—门杆漏气接口；6—蒸汽进口；7—人孔；8—汽平衡管；9—除氧水出口；10—高压加热器疏水进口

本设备设计、制造均采用了先进技术，具有结构合理、安全可靠、运行操作方便，性能稳定，传热效果好，除氧效率高，安装方便，维修简单，使用寿命长等优点。它可以提高电厂热效率，防止热力设备腐蚀，保证电厂安全经济运行。

YC-3184 型除氧器为卧式双封头，喷雾淋水盘式结构，其结构简图如图 5-26 所示。除氧头设运行排汽口 2 只、启动排汽口 2 只、加热蒸汽口、主凝结水（给水）进口、高压加热器疏水进口、暖风器疏水进口及其他接口。内件主要由弹簧喷嘴，喷雾室，淋水盘，汽平衡管及下水管等组成。除氧器外直径为 3046mm，总长 18 700mm，总高 3446mm。外壳筒身、封头壁厚均为 23mm，材质均为 16MnR＋0Cr18Ni10Ti。筒身两侧各装设有一个 DN600 的人孔，供检修除氧头内件用。除氧器顶部设有 DN200 的安全阀 2 只。除氧器共布置有 110 只恒速弹簧喷嘴，恒速弹簧喷嘴的结构如图 5-27 所示。喷嘴弹簧有调节作

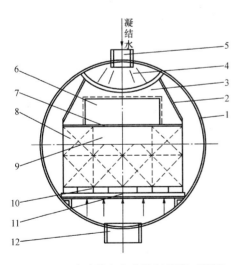

图 5-26　喷雾淋水盘式除氧器断面简图

1—除氧头；2—侧包板；3—恒速喷嘴；4—凝结水进水室；5—进水管；6—喷雾除氧间；7—布水槽钢；8—淋水盘箱；9—深度除氧空间；10—栅架；11—工字钢托架；12—除氧室出水管

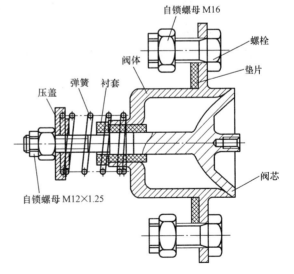

图 5-27　恒速弹簧喷嘴

用，当机组负荷大时，喷嘴内外压差增大，阀瓣开度亦增大，流量随之增大，反之则流量随之减少，使喷出的水膜始终保持稳定的形态，以适应机组滑压运行。喷嘴由不锈钢制造（弹簧除外），且易从壳体上拆卸。淋水盘用防护板保护，当除氧器水箱的压力由于负荷波动造成突然变化时，防护板能保护除氧器淋水盘免受波浪冲击而导致损坏。除氧器加热用喷雾淋水盘用不锈钢制造，并固定使之不会松动。

YS-290 型除氧水箱支座设三支座，两端滚动，中间限位，其结构如图 5-28 所示。内设进水导流管，再热沸腾管，给水出口处设有防涡流装置。整套设备还配有调节系统各附件、安全阀、调节阀、截止阀及其他测量显示仪表。

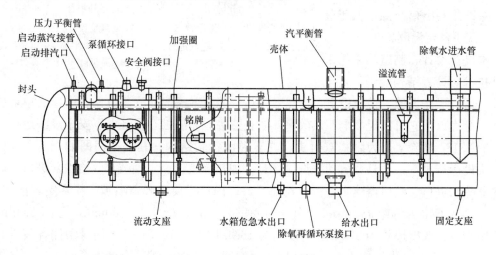

图 5-28　YS-290 型除氧水箱布置图

YC-3184 型除氧器的工作流程是：来自低压加热器的主凝结水（含补充水）经进水调节阀调节后，进入除氧器经喷嘴喷出，形成伞状水膜，与由上而下的加热蒸汽等进行混合式传热和传质，给水迅速达到工作压力下的饱和温度。此时，水中的大部分溶氧及其他气体在喷雾区内基本上被解析出来，达到初步除氧的目的。然后，给水经淋水盘均布后进入第一层水槽盘，再逐层经过交错布置的其余槽盘，在此区域内与由下部进入的加热蒸汽接触再次作混合式传热和传质，以进行深度除氧。从水中析出的溶氧及其他气体则不断地从除氧器顶部的排汽管随着余汽排出除氧器外。进入除氧器的高压加热器疏水也将有一部分水汽化作为加热汽源，所有的加热蒸汽在放出热量后被冷凝为凝结水，与除氧水混合后一起向下经导水管流入水箱内。为了使水箱内的水温保持在工作压力下的饱和温度，可通过再沸管引入加热蒸汽至水箱内。除氧水则由出水管经给水泵升压后进入高压加热器。

二、除氧器的维护与检修

除氧器正常运行时，应定期检查系统各部分工作是否正常，调节阀，电动截止阀等工作时有无异常，各管口有无漏水现象，各法兰连接处螺母有否松动等，如有异常应及时处理。除氧器工作一段时间后，应随机组同时检修，以保证除氧器能继续正常运行。

对安全阀、进水调节阀、进汽调节阀等要进行定期检查，看其动作是否灵活，安全阀开启压力，回座压力是否正常等。对每只温度计、压力表及记录仪表进行重新校核。

弹簧喷嘴是除氧器的关键部件，应逐只检查其弹簧有无断裂及松动，连接螺母有无脱落，弹簧垫圈有否锈蚀等。各进水口内挡水板有无脱落，多孔淋水盘的小孔如有堵塞现象，必须清理。

检修时，为确保检修人员的安全，在检修人员进入水箱之前应在筒体内的人孔处采用防滑措施和设置软梯等设置。

（一）检修前准备

（1）备品材料准备。包括破布、砂纸、托把、毛刷、煤油、松锈剂、行灯及变压器、铅粉、研磨砂、中压石棉板、脸盆、绝缘胶布、测电笔、红丹粉、恒速喷嘴、水位计浮球（不锈钢、2.5MPa）、螺母（M10、M16 不锈钢，各 20 个）。

（2）办理开工申请并提交工作票。

（3）工作组分析除氧器运行状况。

（4）明确各工作人员分工，组织工作组成员进行安全技术及设备资料学习。

（5）联系接口部门做好协调准备。

（6）现场准备：

1）检修场地做好防止地面污染的措施。

2）落实好大修安全措施是否可靠。

（7）工具准备：

包括铜棒、大锤、钢丝刷、手锤、螺丝刀、梅花扳手、活扳手、撬棍、呆扳手、刮刀、锉刀、手锯、钢板尺、卷尺、管钳、研磨平台。

（8）办理工作票开工手续：

1）凭工作票开工，核对现场工况及安全措施。

2）交代注意事项及重要环节。

（二）除氧器的检修工艺

1. 除氧器水箱的外部检查

（1）宏观检查除氧器水箱外部。外表应无裂纹、变形、局部过热等；接管焊缝受压元件无泄漏。

（2）检查清理固定支架。固定支架在基础上固定良好，基础无裂纹，固定螺栓无松动。

（3）检查清理滑动支座滚子与支撑平面。支座滚子无裂纹，能自由移动受力均匀。支撑平面平整，滚子与底面和支座面间清洁，接触良好。

2. 除氧头内部检查

（1）打开两侧人孔门，使容器内余热散失。

（2）打开喷雾除氧段密封板入孔进入该空间，检查恒速喷嘴。对所有恒速喷嘴编号，抽出喷嘴，检查清理消除卡涩等问题。检查喷嘴的弹簧。弹簧无变形、断裂、冲蚀现象。检查喷嘴的调整螺栓，开口销螺栓丝扣完好，无缺口等缺陷；开口销不得脱落。检查喷嘴板与架，喷嘴板与喷嘴架应配合严密、不卡涩，结合面无贯通、沟痕、裂纹。

（3）检查布水槽钢及淋水盘箱的小槽钢是否有开焊、断裂的现象，如有应进行补焊或更换。

（4）检查壳体、焊缝、排汽挡水板、导流筒旁路蒸汽管等。对壳体、焊缝进行宏观检查；对筒体封头、壳体、焊缝进行磁粉超声波探伤和测厚；所有焊缝、封头过渡区和其他应力集中部位无断裂现象。

3. 除氧水箱内部检查

（1）打开人孔门，使容器内余热散发。

（2）检查壳体焊缝及内部支撑架。焊缝、封头过渡区和其他应力集中部位无断裂现象。内部支撑无断裂现象。

（3）检查内表面，清扫水箱，清理打磨。内表面开孔接管处无介质腐蚀或冲刷磨损。对内表面锈垢进行清理，应干净、无杂物、防止杂物落入水箱底部下降管。

（4）对壁厚进行测量探伤。对焊缝进行磁粉、超声波探伤应符合要求。

三、异常和事故处理

除氧器运行中的典型事故主要有压力、水位异常、除氧器振动等。

1. 除氧器压力异常

除氧器压力异常表现为压力的突升和突降。

压力突升的原因，可能是除氧器的进水量突降、机组超负荷运行、高压加热器疏水量大、除氧器的压力调节阀失灵等。发生压力突升时，应立即检查原因，并作相应处理，必要时可手动调节除氧器压力，避免除氧器超压运行持续。

当除氧器压力突降时，应立即检查除氧器的进水量、压力与负荷是否适应；若加热汽源是辅助蒸汽，注意监视辅助蒸汽压力调节阀的动作是否正常，必要时可手动调节。

2. 除氧器水位异常

除氧器水位异常变化主要是由进、出水失去平衡和除氧器内部压力突变引起的；这时应找出主要因素并针对处理，不可盲目调节，防止除氧器满水。

3. 除氧器振动

（1）除氧器在运行中不正常的振动会危及设备及系统的安全，振动原因大致有以下几点：

1）机组启动时，因蒸汽压力低、温度低、预暖设备时间不足，且给水温度、压力较低，在给水入口管处形成水击，引起除氧器大幅振动，从而带动给水箱振动，反过来又加剧振动，再者，启动时凝结水温度低，需再沸腾蒸汽进入，使给水加温并加快除氧，此时也会引起水击，这是除氧器发生初期振动的主要原因。

2）负荷过大，淋水盘溢流阻塞气流通道，产生水冲击而引起振动。

3）排水带汽，塔内气流速度太快而引起振动。

4）喷雾层内压力波动，引起水流速度波动，造成进水管摆动，而引起振动。

5）除氧器内部故障，如喷嘴脱落、淋水盘倾斜，使水流成为柱状落下，引起蒸汽的迅速凝结,造成水击,产生振动,长时期振动会引起其他喷头脱落,使振动加剧,形成恶性循环,这是除氧器在运行中发生异常振动的重要原因。

6)除氧器外部管道振动而引起除氧器振动,除氧器满水,汽水流互相冲击引起振动。

(2)除氧器振动的处理:

1)机组启动时,因除氧器的供汽汽源压力、温度随机组状况确定,是一种相对固定的参数,故可通过增加供汽时间,待温升达到130℃以上,再开始运行设备,设备启动后,打开再沸腾门进行加热除氧。机组带负荷后,应立即关小再沸腾门,按照正常运行方式,适当加长除氧时间。上述措施可降低初期振动发生率和发生时间,这是消除除氧器初期振动的关键操作手段。

2)判明为内部故障后,应停运处理。

3)负荷过大时,应降低除氧器负荷。

4)并列运行的除氧器应进行除氧器间负荷的重新分配。

5)水或排汽带水时,应用调低水位、关小排汽门的方法来调整。

6)检修时,重点对除氧器内部的喷头、挡汽板等易引起振动的焊接构件的焊缝连接处进行检查,必要时进行金相检查,有裂缝时及时挖补焊接。

第五节 轴封加热器及轴封加热器风机检修

轴封加热器又称为轴封冷却器,其作用是防止轴封及阀杆漏汽(汽—汽混合物)从汽轮机轴端溢至机房或漏入油系统中,同时利用漏汽的热量加热主凝结水,其疏水疏至凝汽器,从而减少热损失并回收工质。主凝结水的加热,提高了汽轮机热力系统的经济性。同时,将混合物的温度降低到轴加风机长期运行所允许的温度。

轴加风机主要用来抽出轴封加热器内的不凝结气体,以保证轴封加热器在良好的换热条件下工作,并使轴封加热器汽侧维持一定负压。

一、轴封加热器

(一)轴封加热器结构

轴封加热器一般为卧式、U形管结构,图5-29所示为N1000机组所用的JQ-200型轴封加热器的结构简图,其主要特性参数如表5-10所示。

表5-10 JQ-200型轴封加热器主要特性参数

名　　称	参　　数	名　　称	参　　数
换热面积	200m²	水侧工作压力	3.5MPa(最高为4.3MPa)
设计冷却水量	600t/h	蒸汽侧工作压力	0.0951MPa(绝对)

JQ-200型轴封加热器主要由壳体、管系、水室等部分组成,水室上设有冷却水进出管,管系由弯曲半径不等的U形管和管板及折流板等组成,其U形管为 $\phi 19 \times 0.9/$ TP304的不锈钢,管板材质为20MnMo锻件,管板和换热管采用强度胀加密封焊加贴

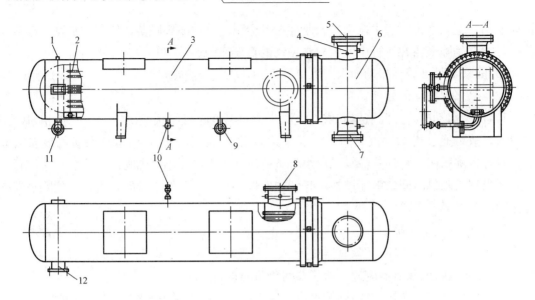

图 5-29　JQ-200 型轴封加热器结构简图

1—汽侧放气口；2—管系；3—壳体；4—水侧放气口；5—冷却水出口；6—水室；7—冷却水进口；
8—汽—气混合物进口；9—事故疏水口；10—水位计接口；11—疏水出口；12—汽—气混合物出口

胀连接。管系在壳体内可自由膨胀，下部装有滚轮，以便检修时抽出和装入管系。U 形管采用 TP304 的不锈钢管，可延长冷却管受空气中氨腐蚀的使用寿命。壳体上设有蒸汽空气混合物进口管、出口管、疏水出口管，事故疏水接口管及水位指示器接口管等。在冷却水进出口管和汽气混合物进口管上装有温度计，汽气混合物进口管上装有压力表，供运行监视用。它由圆筒形壳体、U 形管管束及水室等部件组成。水室上设有主凝结水进、出管，并且可以互换使用。管束主要由隔板和若干根焊接并胀接在管板上的 U 形不锈钢管组成，其下部装有滚轮，使管束在壳体内可以自由膨胀，并便于检修时管束的抽出和装入。

主凝结水由水室进口流入 U 形管管束，在 U 形管束中吸热后，从水室出口流出轴封加热器。汽—气混合物出口与轴封风机或射水式抽气器扩压管相连，风机或抽气器的抽吸作用使加热器汽侧形成微真空状态，汽—气混合物由进口管被吸入壳体，在管束外经隔板形成的通道迂回流动，蒸汽放热凝结成水，疏水经水封管进入凝汽器，残余蒸汽与空气的混合物由轴封风机或射水式抽气器排入大气。

运行中必须监视水位指示器中的水位，如果轴封加热器中凝结水的水位升至已经开始淹没换热管，这将使传热恶化，此时，应开启事故疏水接口。

轴封加热器设有两个支座，靠近水室侧为固定支座，远离水室侧为滑动支座。安装时应加以区别，以保证轴封加热器在正常运行时可以自由膨胀。

（二）轴封加热器检修工艺

1. 解体

（1）解体前先打开汽侧放空气门、放水门及水侧放水门，确认内部无蒸汽，表计压力到"0"后，方可进行解体工作。

（2）用 4 只 0.5t 手拉葫芦分两组分别吊起轴封加热器进、出水短节，稍吃力后，拆除进出口水室法兰及进口门后法兰、出口门前法兰螺栓，吊下两短节。

2. 检查水室

检查水室、管板及换热管内壁及筋片情况，有无冲蚀损坏现象，清理捅刷换热管。应无锈蚀、无冲蚀，否则，进行修理。

3. 检漏、漏点消除

若有必要检漏，壳侧需做隔绝措施（可靠地关闭阀门，加临时堵板等），然后充气或注水检漏，泄漏的管子应在两端堵塞，利用轻锤敲打，将塞堵牢固的打入管口；管子胀口泄漏而管子完好需将管子重新胀管。当堵管总数超过管子总数的 10％时，应更换新管。

4. 更换管子

拆除管子需要使用带有导向和推杆的管子铰刀，导向用来作为定位装置，以避免铰刀倾斜和不小心而铰穿管壁。为了消除管子和管板之间的压力，要求进行扩孔，并形成供推杆用的凸肩，轴封加热器每一端管孔扩孔到超过管子胀管边缘的 0.80mm 的距离，如扩孔在这点之外，则在使用推杆时，易引起管子破裂。在管子的任意一端插入推杆，用足够力敲打推杆以震动管子，并使它跟管板松脱，抽出管子，放入新管，将管子扩口并且和管板一起进行机械清洗，换管结束。

5. 复装

清理法兰结合面后加垫子复装短节。

二、轴封加热器风机

以 N1000 机组所用轴封加热器风机 ALY014.0-035.0-1 检修为例介绍。

为维持汽封排汽系统的 −1.2kPa 的真空度，系统设有两台 100％容量的交流电动轴封加热器风机，结构形式为电动机和风机叶轮同轴，布置在轴封加热器的上部。其中一台风机运行，一台备用。当运行风机出故障时备用风机自动启动。轴封加热器风机入口负压为可调式。设备参数见表 5-11。

表 5-11　　　　　　　　　　　设　备　参　数

型　号	ALY014.0-035.0-1	流　量	2100m³/h
全压	14 000Pa	功率	13.5kW
转速	2900r/min	产品编号	1116
生产厂家	杭州科星鼓风机有限公司		

（一）检修前的准备工作

制定检修前所需工作人员计划，物资备品及检修所需工器具计划（表 5-12），质量与技术监督计划（表 5-13），并按计划执行。制定安全风险分析及预防措施（表 5-14），并组织检修人员学习并执行。

表 5-12 资 源 准 备

工作名称	轴加风机检修		
工作所需工作人员计划			
人员技术等级	需用人数	需用工时	统计工时
高级工	1		
中级工	1		
初级工	1		
助手			
合计	3		

工作所需物资、备品计划

编 号	名 称	单 位	数 量	单 价	总 价
1	破布	kg	20		
2	煤油	kg	20		
3	松锈剂	瓶	2		
4	胶皮	kg	10		
5	生胶带	盘	1		
6					
合计					

工作所需工器具计划

序 号	工具名称	型 号	数 量
1	梅花扳手	17/19	1套
2	螺丝刀	200	2件
3	敲击扳手		1件
4	手锤	15磅	1把
5	剪刀		1把
6	撬棍		2件
7	百分表		1个
8	表座		1个
9	千分尺		1件
10	铜棒		2件
11	专用扒子		1件

表 5-13 质量与技术监督计划

工作名称	8号机 A、B 轴加风机及轴封加热器检修				
工作指令、质量计划、技术监督计划					
序 号	操作描述	工 时	质检点	技术监督	备 注
1	修前准备	32			
2	A轴加风机检查	40	W1		
3	B轴加风机检查	40	W2		
4	轴封加热器水封管道及水位计检查	40	W3		
5	轴封加热器筒体焊缝探伤	40	W4		

表 5-14　　　　　　　　　　　　　　　　　安全风险分析及预防措施

工作名称		轴加风机检修		
序号	风险及预防措施	执行时间	执行情况	备注
1	碰撞（挤、压、打击）			
	（1）戴好安全帽，穿合格的工作服			
	（2）在工作中戴工作手套			
	（3）必要时设置安全标志或围栏			
2	防止触电的措施			
	（1）必须使用合格的电动工器具，无试验合格证的电动工器具禁止使用			
	（2）使用电动工器具时必须配有漏电保护器，没有漏电保护器的不准使用			
	（3）检修电源必须配有漏电保护器			
	（4）临时电源使用前必须检查漏电保护器			
3	起重工作带来的风险			
	（1）起重人员在起重前检查索具			
	（2）要有专人指挥且起重人员要戴指挥袖标			
	（3）起重过程中，重物下严禁站人			
4	异物落入设备的风险			
	（1）临时封堵拆除的设备			
	（2）设备回装前检查设备内干净无异物			
	（3）执行进入容器工作登记制度			
5	检修人员精神状态			
	（1）不能酒后作业			
	（2）遵守电业安全规程			

（二）开工前准备

1. 安全预防措施

（1）工作票内所列安全措施应全面、准确，得到可靠落实。

（2）工作现场照明充足。

（3）电气焊作业时，氧气瓶与乙炔瓶应竖直放置牢靠，且氧气瓶与乙炔瓶之间的距离不小于 8m，工作现场做好防火措施，严禁吸烟

（4）钢丝绳、千斤顶、专用扒子、倒链等起吊工具应检验合格。

（5）检查设备已完全隔离

2. 现场工作条件

（1）通风和照明良好。

（2）检修工作场地已准备好。

（3）设置好临时围栏、警戒绳。

3. 工器具

(1) 常用机械检修工具齐全。

(2) 干净塑料布、煤油、破布等。

4. 备品备件

备品备件准备齐全。

(三) 轴封加热器风机检修工艺

1. 轴封加热器风机解体

(1) 拆掉进口弹簧短节。

(2) 找一合适位置将倒链挂好，挂钩挂住端盖。

(3) 将端盖一圈螺栓松掉，用倒链将端盖轻轻放下。

(4) 将第一级叶轮背帽旋下，用深度尺测量第一级叶轮套深度。

(5) 用铜棒轻轻震击叶轮，使之松动，然后用双手将叶轮拉出，（必要时加工专用工具将叶轮背出）最后将键从键槽中取出，将导叶取下，做好记号。

(6) 用深度尺测量次级叶轮位置，作好记录，用同样方法边用铜棒敲击边用专业工具将次级叶轮拉出，取下键。

2. 轴封加热器风机清理检查

(1) 打磨风机叶轮、密封环、轴。

(2) 检查风机叶轮应光滑、无裂纹，流道光滑；检查风机密封环应光洁、无变形、裂纹。

(3) 检查风机轴应无伤痕、锈蚀现象并测量轴的弯曲度应小于或等于 0.03mm。

(4) 测量风机密封环与叶轮口处单侧间隙不应大于 10mm。

3. 轴封加热器风机进行复装

(1) 使用专用定位套定好中心，用两根铜棒对称敲击，将清理好叶轮装至预定位置。

(2) 旋紧风机叶轮压紧背帽。

(3) 用手转动电动机轴，听是否有异音，如各部正常后紧固电动机地脚螺栓。

(4) 将风机端盖、入口弯管装好。

(5) 各法兰密封面检查，应无锈蚀、贯通沟槽；更换新垫片并涂抹黑铅油。

第六章　超(超)临界机组管道与阀门检修

第一节　管　道　简　介

一、管道

管道的技术规范用公称压力和公称直径表示，用于选择标准管子及附件。

1. 公称压力 (PN)

管道的允许工作压力 $[p]$ 与管道材质和管内介质温度有关。当管道材质一定时，介质温度越高，允许工作压力 $[p]$ 越低。这给管道的设计与制造带来不便。国家为实现设计制造和使用上的标准化，将介质温度与允许工作压力等级化，称为公称压力，用 PN 表示。

公称压力的特点：

(1) 管道公称压力 PN 的数值取自于第一个温度等级的最大允许工作压力。

(2) 在同一公称压力下，随管内介质温度的升高，金属材料的强度下降，管道的最大允许工作压力也降低。

2. 公称直径 DN

公称直径表示管道内径的等级，是统一管子、附件连接尺寸的标准，并不代表管道的实际内径。采用内径作为管道介质通过的流量或流速。我国管道公称直径的范围 1～4000mm，将其划分为 54 个等级。

公称直径特点：

(1) 同材料、同公称直径的管道，特别是高压管道，随着公称压力的增高，壁厚增大。

(2) 公称直径虽然是管道的内径等级，但它只是名义上的计算内径，公称直径在数值上并不一定等于管子的实际内径。

二、电厂热力系统管道分类

管道是指电厂热力系统范围内的汽水输送线路，它的任务是把汽水从一个设备输送到另一个设备或把它们排放至大气、地沟里。

1. 按性质分

(1) 高温高压管道。

(2) 易燃易爆管道。

（3）腐蚀性很强的管道。

2. 主要管道系统

（1）主蒸汽系统。

（2）再热蒸汽系统。

（3）旁路系统。

（4）除氧给水系统。

（5）回热系统。

（6）疏放水系统。

（7）冷却水、工业水系统。

（8）凝结水系统。

三、管道的主要附件

1. 弯头、弯管

弯头是最重要和为数最多的管件，它既是管道走向布置所需要的，又是对管道的热胀冷缩补偿有重要作用的管件。

弯管是指轴线发生弯曲的管子，弯头是指弯曲半径小于 $2D$，且管段小于 $1D$ 的弯管（热压弯头一般不带直管段）。

弯头根据制造方法的不同，可分为冷弯弯头、热弯弯头、热压弯头、电加热弯头和焊接弯头等。

（1）冷弯弯头。是在常温下用人力和机械将钢管弯成的弯头，冷弯弯头管径一般在 DN50 以下，冷弯弯制的优点是制造弯头比较简单。

（2）热弯弯头。将钢管进行加热后再弯制而成的弯头叫热弯弯头。热弯弯头管径一般在 DN400 以下。现场常用的方法是充砂加热弯管法，钢管在加热弯管以前必须向管内充以经过筛分、洗净、烘干的砂子，而且要保证管子内部各处的砂子均匀、密实，充砂的目的就是尽量减少弯头处的变形。

（3）电加热弯头。又称中频电源感应加热弯头，这种加热方法是将工频的交流电源为中频（400～1200Hz）电源，通过一个感应圈将钢管局部加热。

（4）热压弯头又叫热冲压弯头，它是工厂专门生产的弯头，弯曲半径月有 1.5DN 和 1DN 两种，最常用的是 90°热压弯头。由于热压弯头弯曲半径小，在电厂中使用也较为广泛。

弯管产品标记符号如下：

外径 D_w（或内径 D_n）×壁厚－弯曲半径－弯曲角度－材质如：D1368.5×90.9-R2400-90°-P22，弯曲半径见表 6-1。

表 6-1 弯管的弯曲半径 *R*

DN	PN≥20MPa		PN≤10MPa	
	D_w（mm）	R（mm）	D_w（mm）	R（mm）
10	16	100	14	100

DN	PN≥20MPa		PN≤10MPa	
	D_w（mm）	R（mm）	D_w（mm）	R（mm）
15	—	—	18	100
20	28	150	25	100
25	—	—	32	150
32	42	200	38	150
40	48	200	45	200
45	60	300	—	—
50	76	300	57	300
65	89	400	73	300
80	108	600	89	400
100	133	600	108	600
125	168	650	133	600
150	194	750	159	650
175	219	1000	194	750
200	245	1300	219	1000
225	273	1370	245	1300
250	325	1370	273	1370
300	377	1500	325	1370
350	426	1700	377	1500
375	480	1900 或 2400	—	—
400	—	—	426	1700
450	—	—	480	1900 或 2400
500	—	—	530	2100 或 2400
600	—	—	630	2400

2. 三通

在汽水管道中，需要有分支管的地方，就要安装三通，三通有等径三通、异径三通。如图 6-1 所示。

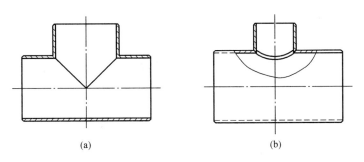

（a）　　　　　　　　　　（b）

图 6-1　三通

（a）等径三通；（b）异径三通

三通按其制造方法的不同又可分为铸造三通、锻造三通和焊接三通，按材质分有碳钢三通、合金钢三通等。

3. 法兰

法兰连接是管道、容器最常用的连接方式，法兰的结构形式可分为整体式法兰、松套式法兰和螺纹法兰。

4. 流量测量装置

中低压汽水管道的流量测量装置，采用法兰连接的流量孔板，高压汽水管道多为短管焊接式并内装标准流量喷嘴，文丘里管和长颈喷嘴也可用于流量测定。如图 6-2 和图 6-3 所示。

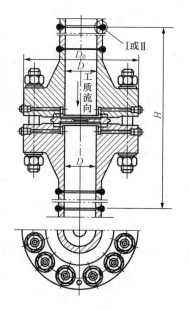

图 6-2　孔板法兰式流量测量装置

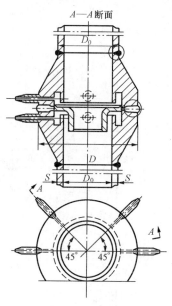

图 6-3　喷管焊接式流量测量装置

5. 堵头、封头、管座、异径管

堵头又称闷头，用于管道各部位的封堵。具有平滑曲线或锥形的称封头。封头由于其造型特征改善了应力条件，多用于压力容器、联箱及高压管道的封堵。

管座用于疏水、放水、放空气及旁路小管等与主管的连接，由于接管座部位的应力特点，其厚度比连接小管的壁厚大，并有各种过渡到与小管等径的造型。接管座易于产生焊接应力，粗糙割口焊渣易引起腐蚀，所以高压管道的接管座孔洞必须采用机械钻孔。对于较大的接管座孔，可在割孔后用角磨机磨削出光滑的孔壁，在小管常处于关闭状态时，接管座部位有温差应力。由于主管带动接管座热位移，当小管的支架安装不当时，将使接管座受到交变低周疲劳损伤，为此不应在靠近管座部位设小管固定支架。异径管俗称大小头，是管道连接中的一段变换流通直径的管件，它以一定的直线锥度或以弧形曲线从某一规格的管径过渡到另一规格的管径，高、中压异径管由锻造或热挤压成型。

四、管道支吊架

发电厂的热力管道都要加以支撑和固定，这些支撑和固定管道的机构设施，就叫管道的支架或吊架。管道支吊架设计得好坏，其结构形式选用得恰当与否，对管道的应力状况和安全运行，有着很大的影响。

（一）支吊架作用及类型

1. 管道支吊架作用

一方面承受管道本身及流过介质的重量；另一方面承受管子所有的作用力、力矩并合理分配这些力，以满足管道热补偿及位移的要求，并能减少管道的振动。

2. 管道支吊架类型及连接形式

包括支架和吊架两种类型。支吊架与管道用包箍或焊接方式相连，有固定和活动两种形式。

（二）支架种类及用途

1. 固定支架

固定支架是指管道上不允许有任何方向位移的支撑点，它承受着管道的自重和热胀冷缩引起的力和力矩，这就要求固定支架本身是具有充足的强度和刚性的结构，它的生根部位应牢固可靠。固定支架必须生根于土建结构、主要梁柱或专门的基础上。固定支架的承受力最大，它不但要承受管道和介质的质量，而且还承受管道温度变化时产生的推力或拉力，安装中要保证托架、管箍与管壁紧密接触，并把管子卡紧，使管子不能转动、窜动，从而起到管道膨胀死点的作用。

图 6-4 为管类式固定支架，它适用于高温管道，一般温度为 540~550℃。

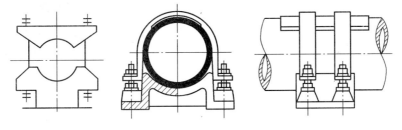

图 6-4　管类固定支架

图 6-5 为焊接固定支架，适用于温度为 450℃ 的水平管子的固定支撑，它是选择和主管材质相同的一段管子与主管焊接在一起，为了对主管在支架部分的保温，可在支撑管内一定的高度上，焊接一个钢板底，这样就可在主管与钢板底之间充填保温材料。

图 6-6 为用槽钢焊接的固定支架，它适用于低温、无温度的水平管道，其结构简单，制造、安装都比较简便容易。

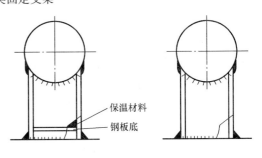

保温材料
钢板底

图 6-5　焊接固定支架

2. 活动支架

活动支架承受管道的质量，而不限制管道的水平移动，为了减少活动支架下面的摩擦力，有时在支架下面安装滚珠或滚柱，这样活动支架又可分为滑动支架和滚动支架两种。

图 6-7 为焊接滑动支架示意图，它适用于温度 $t \leqslant 300℃$ 的管道。

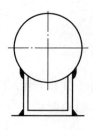
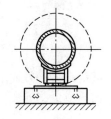
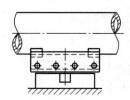

图 6-6　用槽钢焊接的固定支架

（三）吊架种类及用途

1. 刚性吊架

图 6-8 为刚性吊架，又叫硬性吊架。它适用于垂直位移为零或垂直位移很小的管道上。

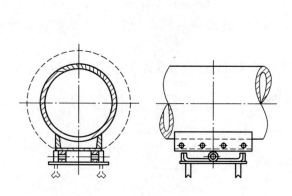

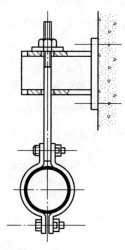

图 6-7　焊接滑动支架　　　　　　　图 6-8　刚性吊架

2. 弹簧吊架

如图 6-9 所示，为用于有垂直方向热位移和少量水平方向位移的管道吊点，它在承重的同时，对吊点管道的各向位移都无限位作用，弹簧吊架管道在尽可能长的吊杆拉吊下可自由热位移。当水平位移较大时，弹簧吊架应加装滚柱或滚珠盘。

对管道支吊架弹簧的外观及几何尺寸的要求：

（1）弹簧表面不应有裂纹、分层等缺陷。

（2）弹簧尺寸的公差应符合图纸的要求。

（3）在自由状态时，弹簧各圈的节距应均匀，其偏差不得超过平均节距的 $\pm 10\%$。

（4）弹簧工作圈数的偏差不超过半圈。

（5）弹簧两端支撑面与弹簧轴线应垂直，其偏差不得超过自由高度的 2%。

3. 恒力弹簧吊架

现代大容量机组的高压管道，在冷态和热态时的温差很大，所引起的热位移也较大，故普通弹簧吊架已不能完全满足需要。为了提高管道的使用寿命、保证管道的安全可靠，

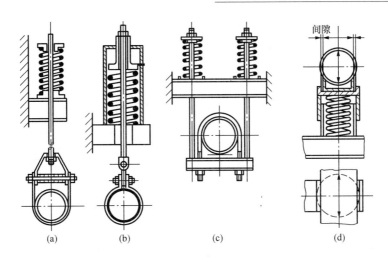

图 6-9 弹簧吊架

(a) 普通弹簧吊架；(b) 盒式弹簧吊架；(c) 双排弹簧吊架；(d) 滑动弹簧支架

可以采用恒力吊架。它允许管道有较大的垂直位移，而其承载能力不变或很小，从而很好的满足管道位移的要求。目前，我国一般在管道的垂直位移超过 80mm 以上时，才采用恒力支吊架。管道的垂直位移在 80mm 以下时，最好采用弹性吊架，其价格低，易于调整。

恒力吊架的结构形式很多，我国常用的有 H-1 和 HZH-1 型等恒力吊架，图 6-10 为 H-1 型恒力吊架。

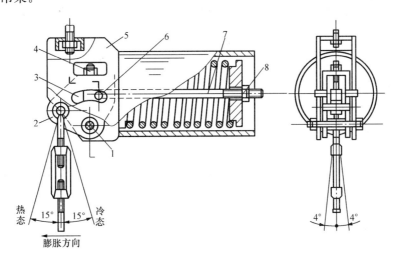

图 6-10 恒力弹簧吊架

1—支点轴；2—内壳；3—限位孔；4—调整螺帽；5—外壳；
6—限位销；7—弹簧拉杆；8—弹簧紧力调整螺帽

恒力弹簧支吊架使用时应注意问题：

(1) 承受吊点处的垂直位移较大处，常用在荷载变化系数大于 0.25 处。

(2) 选用的公称位移量应比计算位移量（包括水平位移引起的吊杆长度的增加量）大

20％，且至少大 20mm。

（3）产品应经工业实验和有关鉴定。

（四）管道的热膨胀、补偿

1. 管道的热膨胀与热应力

发电厂的许多管道经常工作在比较高的温度下，如主蒸汽管道、再热蒸汽管道等。它们工作时温度高达 500℃ 以上，而停运时又只有室温，工作与停运变化可达 500℃ 左右，从而引起管道的热胀冷缩。由于这些管道自身很长，因此其热伸长会达到很大的数值。

管道的热伸长值可用下式计算

$$\Delta L = \lambda L \Delta t$$

式中　λ——管材的线膨胀系数，mm/(m·℃)；

　　　L——管段的长度，m；

　　　Δt——温度差，即管道输送介质时的工作温度与管道环境温度之差，℃。

如果取 1m 长的管道两端加以固定，那么由于管子得不到自由膨胀，将在管壁内产生巨大的应力，其应力值的计算公式如下

$$\sigma = \lambda E \Delta t$$

式中　σ——由于热膨胀产生的热应力，Pa；

　　　E——管材的弹性模数，Pa。

由于管道的热膨胀，对管道两端的固定点将产生推力，其推力数值由下式计算

$$F = \sigma A$$

式中　A——管道的截面积，m^2；

　　　F——管道两端固定点产生的推力，N。

如果管道的布置和支吊架选择不当，将会由于热胀冷缩致使管道和与管道相连的热力设备的安全受到严重威胁，甚至遭到破坏。通过以上分析可见，影响管道热应力和推力的主要因素有以下几项。

（1）温度变化的影响。分析热应力计算公式，温度变化越大，产生的热应力和推力越大。

（2）支吊架的影响。管道上装设的支吊架是管道的约束，它们都不同程度地阻碍着管道在热胀冷缩时的变形。变形受阻越厉害，产生的热应力和对设备的反作用力越大。

（3）管道弹性的影响。在工程上，人为改变管道的弯曲程度，以增大管道的弹性是降低热应力和推力的一个普遍而有效的手段，但是弯曲管道的流动阻力和钢材耗量都较直管大。

2. 管道的补偿

工程上减小管道热应力及作用力的措施称为补偿，在管道设计安装时，必须考虑它的热膨胀和热补偿，一般常用的补偿方法有热补偿和冷补偿两种。

（1）热补偿。热补偿是利用管道自身的弹性变形来吸收热膨胀，减小热应力。管道的热补偿分为自然补偿和人工补偿两种。

1）自然补偿。利用布置中管道本身的弯曲变形来补偿管道的热伸长，称为自然补偿，

该方法适用于压力高于 16MPa（热水网为 25MPa）的管道。

2）人工补偿。在某些情况下，当自然补偿受到管道敷设条件的限制不能采用自然补偿时，可采用人工补偿。人工补偿通过装设人工补偿器来达到管道的补偿目的。

管道的人工补偿器有填料套筒式补偿器、π 形和 Ω 形补偿器、波纹形补偿器和柔性接头补偿等。

①π 形补偿器和 Ω 形补偿器。π 形补偿器和 Ω 形补偿器一般适用压力高于 1.6MPa 的管道。如图 6-11 所示，π 形补偿器和 Ω 形补偿器属于同类补偿器，它是由管子弯制而成的，接近自补偿。它具有补偿能力大、运行可靠及制造方便等优点，适用于任何压力和温度的管道，能承受轴向位移和一定量的径向位移；π 形和 Ω 形补偿器一般布置在具有较大长度的水平管道上，多采用水平布置与水平管成一致的坡度线，它的补偿能力取决于臂长和弯曲半径而与挡距无关。其缺点是尺寸较大，蒸汽流动阻力也较大。

②波纹形补偿器。波纹形补偿器如图 6-12 所示，适用于工作压力在 0.7MPa 及以下，直径为 150mm 的管道，每节可吸收 5～7mm 的伸缩量，且一般有 3 节，最多 6 节。用于水平管道时，必须把每个波纹节中的凝结水放出，否则会引起水冲击。

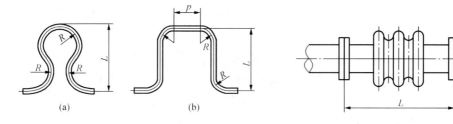

图 6-11　补偿器
（a）Ω 形补偿器；（b）π 形补偿器

图 6-12　波形管补偿器
L—额定长度；δ—冷拉的间隙

③填料式补偿器。填料式补偿器又叫套式补偿器，这种补偿器只能用作管道的轴向补偿，即只能用于直线段的补偿。

填料式补偿器有单项和双向两种类型，如图 6-13 和图 6-14 所示。这种补偿器只能用于一般公称压力不大于 1.3MPa 的低压管道上。

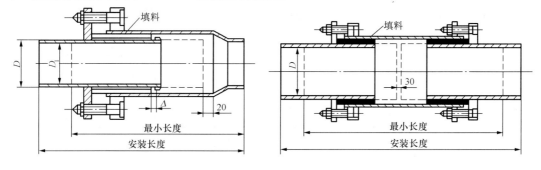

图 6-13　单向的填料式补偿器

图 6-14　双向的填料式补偿器

填料式补偿器的优点是：构造简单、制造容易，尺寸小、流体阻力小等；缺点是：只能用在压力较低的管道上，最主要的是需要经常注意维护更换填料，否则容易产生泄漏现象，一般在发生泄漏后，对于轻微泄漏，靠紧压盖就可解决问题，对泄漏较严重的，只有将管道停止运行，放空后，才能进行堵漏工作，这样就给生产带来很多不便。

④柔性接头补偿。这种装置的原理相当于一种以弹性橡胶密封圈作为填料的自紧密封装置，它也是无直接性连接的一种管接头，可以在低温条件下和以众多连续性安装实现热胀补偿性能，且由于具有自紧性能，故极少有泄漏发生。柔性接头可广泛用于厂外冲灰管，这种灰管必须考虑远距离输送阻力压降而不宜采用π形补偿，而且灰水会在急弯处的油背侧冲刷磨损，带壁使其迅速减薄，在内侧低速区又易于沉集结垢，温度较高时更显著，煤灰颗粒具有类似水泥凝固的活性，会使管道因流速小而变厚，影响流通面积，又会因流速过高，而刷穿管壁，没有柔性接头的灰管易使管线变形离开支墩。

(2) 管道的冷补偿（冷紧）。冷补偿是利用管道在冷状态时，预加以相反的冷紧应力，使管道热膨胀时能抵消或减小其热应力和对设备的推力。其方法是在两固定支架内的管道安装时，在其热伸长最大的方向上（也可在两方向或三方向上进行）割去一段管道，其长度等于或小于热伸长值，然后硬拉拢焊好。对于蠕变条件下（碳钢380℃及以上），低合金钢和高420℃以上工作的管道，应进行冷紧，冷紧比（即冷紧值与全补偿值之比）不小于0.7；对于其他管道，当伸长值较大或需要减少对设备的推力和力矩时，宜进行冷紧，冷紧比一般为0.5。

管道冷拉前要求各固定支架间的焊口焊接完毕（冷拉焊口除外），焊缝必须检查合格，应作热处理的焊口已作过热处理；冷拉区域各固定支架安装牢固，冷拉附近支吊架的吊杆应留足够的调整余量，弹簧支吊架的弹簧按设计值预压缩，并临时固定。管道冷拉后的冷拉焊口必须经检验合格，热处理完毕后，才允许拆除冷拉时所装的拉具。

第二节 管道一般检修工艺

一、弯管、弯头工艺

(一) 弯管的截面变化

发电厂的热力汽水管道，根据设计的要求，往往需要改变自己的走向和位置，因此就要使管道转弯，也就是说要使用各种不同角度的弯管，所以管子的弯制是管道检修的一项重要内容。

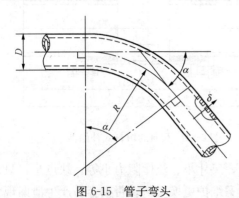

图6-15 管子弯头

弯管是指轴线发生弯曲的管子，是对管子的再加工。但弯曲半径小于$2D$，且直管段小于$1D$的弯管（热压弯头一般不带直管段）是指弯头。如图6-15所示管子弯曲角α、弯曲半径R、直径D、壁厚δ。

管子在弯曲处壁厚及形状，均要发生变化，这种变化不仅影响管子的强度，而且影响介质在管内的流动，因此，对管子的弯制，应了解管子在弯曲时的截面变化。

管子弯曲时截面发生的变化,从图 6-16 可以看出,在中心线以外的各层线段,都有不同程度的拉伸而变长,在中心线以内的各层线段,都有不同程度的压缩。从管子弯曲时截面的变化,可以看到,它的外层受拉,管壁变薄;内层受压,管壁变厚;而在中心线的一层,在弯曲时没变化,与之相应长度也不变,这一层,我们称为中性层。从管子弯曲时形状的变化,可以看到,弯曲线横断面失圆,原来正圆径管子截面在弯制过程中变为近似椭圆形状截面。当外径一定时,弯曲半径越小,拉伸、压缩越严重,弯管壁厚增减越大,弯管失圆越严重。

实际上管子在弯曲时,中性层外的金属不仅受拉伸长,使管壁变薄,而且外弧管壁被拉平,中性层以内的金属,受压缩短,管壁变厚,在挤压变形达到一定极限后,管壁就会出现突胁折皱,呈现波浪状、中性层内移的现象,使横截面变成如图 6-17 所示的形状。

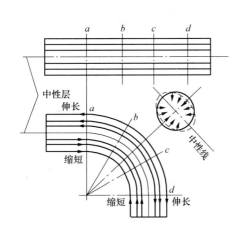

图 6-16　管子弯曲时截面的变化

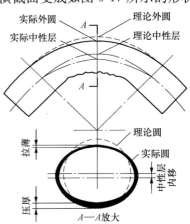

图 6-17　管子弯曲后截面的形状

这样的截面,不仅使管子的截面积减小,而且由于外层管壁被拉薄,管子的强度将直接受到影响,为了防止管子在弯曲时产生缺陷,要求管子的弯曲半径不能太小,弯曲半径大,对管子强度及减小弯管阻力都有利。但若弯曲半径过大,弯管工作量和装配工作量以及管道所占空间都将增大,管道的总体布置也很困难。

管子弯制后,呈椭圆形截面的管段承受内部介质压力的能力将降低,过大的椭圆度,不仅影响管道介质流通阻力,还影响到弯管的使用寿命;过大的减薄率降低了管子的强度,一般说,弯曲角 α 越大,弯曲半径 R 越小,直径 D 越大,管壁越薄,拉伸、压缩越严重,弯管壁厚增减越大;弯管失圆越严重。反之,产生的椭圆度就越小。所以弯管工作中应尽量采取措施,把椭圆度、波浪度、减薄率限制在一定范围内。

1. 弯管的椭圆度

$$b = \frac{D_{\max} - D_{\min}}{D_{\mathrm{NW}}} \times 100\%$$

式中　b——椭圆度,%;

　　$D_{\max}$——弯管处的最大外径,mm;

　　$D_{\min}$——弯管处的最小外径,mm;

D_{NW}——管子公称外径，mm。

一般要求椭圆度在5%以内，对于薄壁钢管可允许8%，高温高压管道$b<5\%$，中温中低压管道$b<7\%$。管子弯曲后椭圆度的许可值见表6-2。

表6-2   管子弯曲后椭圆度b的许可值   (mm)

管子弯曲半径R (mm)		75	100	125	160	200	300	400	500	600	800 以上
管子直径 (mm)	许可值 单位				最大许可值						
38	%	9	8	6.5	5.5	4.5	4				
	mm	3.42	3.04	2.47	2.09	1.67	1.25				
51	%		9	7	6	5.5	5				
	mm		4.59	3.57	3.06	2.8	2.55				
60	%				7	6	5	4	3	2.5	2
	mm				4.2	3.6	3	2.4	1.8	1.5	1.2
76	%					6	5	4	3	2.5	
	mm					4.56	3.8	3.04	2.28	1.9	
83	%						6	5	4	3	
	mm						4.98	4.15	3.32	2.49	
102	%						7	6	5	3.5	
	mm						7.14	6.12	5.1	3.57	
108	%						7.5	6.5	5.5	4	
	mm						8.1	7.02	5.94	4.32	

2. 壁厚的减薄率

$$\theta = \frac{\delta_0 - \delta_{min}}{\delta_0} \times 100\%$$

式中 θ——弯管壁厚的减薄率，%；

     δ_0——管子实际壁厚，mm；

δ_{min}——弯管横断面上最薄处壁厚，mm。

按规程规定管壁的减薄率一般控制在15%以内。对于高压汽水管道，弯头的外层最薄处的壁厚不得小于直管的理论计算壁厚。弯管壁厚减薄率θ允许值见表6-3。

表6-3   弯管壁厚减薄率θ允许值

R/D_w		3.0	3.5	4.0	5.0
减薄率θ	$D_w/\delta_0 < 20$	≤14.0%	≤12.5%	≤11.0%	≤9.0%
	$D_w/\delta_0 \geq 20$	≤16.5%	≤14.5%	≤13.0%	≤11.0%

3. 波浪度

波浪度是指管壁出现突胁折皱的长度，管子弯曲部分的波浪度允许值见表6-4。

表 6-4 弯曲部分的波浪度 δ_1 允许值

方式 外径	冷 弯	中频弯		波浪度 δ 示意图
		$D/\delta>30$	$D/\delta\leqslant30$	
$\leqslant108$	4	4	2.5	
133	5	4	2.5	
159	6	5	3	
219	—	5	3	
273	—	6	3.5	
325	—	6	3.5	
377	—	7	4	
$\geqslant426$	—	8	4.5	

$\delta>4\delta_1$

D—外径；δ—壁厚

【例题 6-1】 有一弯头，公称外径是 $\phi273\times20$，在弯曲部分的同一截面测得最大外径为 $\phi277$，最小外径为 $\phi269$，测得最薄处厚度为 19mm，求椭圆度、减薄率。

解： 已知 $D_{max}=277mm$ $D_{min}=269mm$ $D_{NW}=273mm$

$\delta_{min}=19mm$ $\delta_0=20mm$，所以

$$b=\frac{D_{max}-D_{min}}{D_{NW}}\times100\%=\frac{277-269}{270}\times100\%\approx3\%$$

$$\theta=\frac{\delta_0-\delta_{min}}{\delta_0}\times100\%=\frac{20-19}{20}\times100\%=5\%$$

答： 椭圆度为 3%，减薄率为 5%。

（二）弯管工艺

常用的弯管方法有冷弯、热弯和可控硅中频弯管三种。冷弯就是在常温下进行管子的弯制工作。管内不必装砂，通常用手动弯管器、电动弯管机或液压弯管机弯制。热弯是预先将管内装砂填实，用加热炉或火焊烤把，待加热到管材的热加工温度（一般碳钢为 950～1000℃；合金钢为 1000～1050℃）时，再送到弯管平台上进行弯制。中频弯管是利用可控硅中频弯管机的中频电源和感应圈将不装砂的钢管加热，然后采用机械化弯管。

无论采用哪种弯种方法，都应在弯制前对管子进行全面检查，弯管前还应按设计图纸配制好弯管样板，如图 6-18 所示，以便检查弯曲的角度是否正确。其制作方法是按图纸尺寸以 1:1 的比例放实样图（或对照实物），用细圆钢按实样图的中心线弯好，并焊上拉筋，防止样板变形。由于热弯管在冷却时会产生伸直的变化，冷弯时要补偿回弹量，故样板要多弯 3°～5°。

因管子的弯曲半径影响管子的椭圆度、减薄率，对一定的管段、管径和壁厚是定值，弯曲角应按设计要求予以保证，这样，就只有弯曲半径是决定椭圆度、减薄率的关键性因

素了。要控制椭圆度、波浪度、减薄率不超过允许值，合理的选用弯曲半径是十分重要的。由于弯管的方法不同，管子在受力变形等方面也有较大的差别，故最小弯曲半径也各异。其最小弯曲半径分别为：

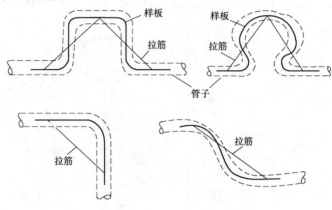

图 6-18 弯管样板

（1）冷弯管时，弯曲半径不小于管子外径的 4 倍，用弯管机冷弯时，其弯曲半径不小于管子外径的 2 倍。

（2）热弯管时，弯曲半径不小于管子外径的 3.5 倍。

1. 热弯管工艺

制作热弯弯管的加热方法有：焦炭加热、石油和天然气加热、乙炔焰加热和电加热法四种。在施工现场常用的方法是充砂加热弯管法，见图 6-19，就是预先在管子里装好干砂，然后用加热炉或氧—乙炔焰进行加热，待加热到管材的热加工温度（一般碳钢为 $950 \sim 1000℃$；合金钢为 $1000 \sim 1050℃$）时，再送到弯管台上进行弯制。管子直径在 60mm 以内的用人力直接扳动弯制；直径在 $60 \sim 100mm$ 的可用绳子滑轮拉动；直径在 $100 \sim 150mm$ 的可用倒链拉动；直径在 150mm 以上的可用卷扬机牵引。一般碳素钢管弯制后不进行热处理，合金钢管弯制后应对其弯曲部位进行热处理。

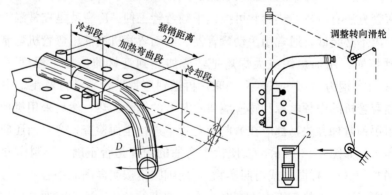

图 6-19 热弯管示意
1—弯管平台；2—卷扬机（用于弯制大口径管子）

充砂加热弯管的工序为制作弯管样板、砂粒准备、灌砂振实、均匀加热、弯管、除砂及质量检查。

（1）制作弯管样板（内容见上）。

（2）砂粒准备。管内充填用的砂子应能耐 1000℃ 以上的高温，经过筛分、洗净和烘干或炒制，不许含水分，以免砂加热后，产生蒸汽，发生伤人和跑砂事故；不得含有泥土、铁渣、木屑等杂物，其粒度大小应符合表 6-5 的规定。

表 6-5　　　　　　　　　　　　钢管充填砂子的粒度　　　　　　　　　　（mm）

钢管公称直径	<80	80~150	>150
砂子粒度	1~2	3~4	5~6

（3）管子灌砂。灌砂前先将管子的一端用堵头堵住，可用木塞和铁堵。将管子立起，边灌砂子边振实，直至灌满振实为止。充砂工作可利用现场已有的适合高度的平台，亦可在特制的充砂架上进行，为使砂子充得密实，可用手锤敲击管子或电动、风动振荡器来振实。

无论采用哪种方法都不要损伤管子表面。经过震动，管中砂不继续下沉时则可停止振动，封闭管口。最后封口的堵头必须紧靠砂面，封闭管口用的是木塞或钢质堵板。木塞用于公称通径小于 100mm 的管子，木塞长度为管子直径的 1.5~2 倍，锥度为 1：25。钢质堵板如图 6-20 所示，用于公称通径大于或等于 100mm 的管子，堵板直径比管子内径小 2~3mm。

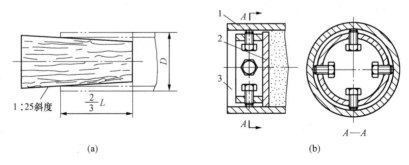

（a）　　　　　　　　　　　　　　（b）

图 6-20　木塞与铁堵

（a）木塞；（b）铁堵

1—管子；2—圆铁板；3—钢管套

（4）管子弧长计算及标识。

根据弯曲半径尺寸，可用下式计算管子弧长 L

$$L = \frac{\pi R \alpha}{180°} = 0.017\ 45 R \alpha$$

式中　L——管子弧长，mm；

　　　R——管子弯曲半径，mm；

　　　α——管子弯曲角度，(°)。

【例题 6-2】　热弯 $\phi 76 \times 5$ 的无缝管成 45°弯头，弯曲半径 $R = 3.5D$，求弯管弧长 L。

解：已知　$R = 3.5D = 3.5 \times 76 = 266$（mm），所以

$$L = \frac{\pi R \alpha}{180°} = \frac{3.14 \times 266 \times 45°}{180°} = 208.8(\text{mm})$$

答：弯管弧长 L 为 208.8mm。

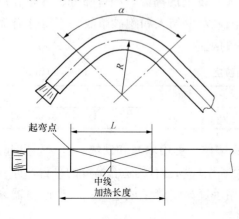

图 6-21　弯曲部位的标记

标识时应按图纸尺寸，将计算好的弧长、起弯点及加热长度，用粉笔（不许用油漆类）在管子圆周标出，如图 6-21 所示。

（5）管子加热。一般少量小管径的管子用火焊烤把加热，较大管径的管子用火炉加热。火炉加热时，用木炭和焦炭生火，将管子的待弯段放在炉火上，上面再盖层焦炭，并用铁板铺盖，在加热过程中要翻转管子使其受热均匀。待加热温度：碳钢为 950～1000℃，合金钢为 1000～1050℃时；不要过早抽出，应在炉中稳一段时间，以使管内砂粒热透。可用热电偶温度计或光学高温计来测量温度；在要求不高的情况下，亦可按管壁颜色的变化来判断大致的温度（见表 6-6）。

表 6-6　　　　　　　　钢的加热温度与颜色对照表

温度（℃）	500～580	580～650	650～730	730～770	770～800	800～830	830～900	900～1050	1050～1150	1150～1250	1250～1300
颜色	深棕	红棕	深红	深鲜红	鲜红	淡鲜红	淡红	橙黄	深黄	淡黄	白色

（6）管子弯制。将加热好的管子放在弯管平台上，用水冷却加热段的两端非弯曲部位（仅限于碳钢管子，合金钢严禁浇水，以免产生裂纹），提高此部位刚性，再将样板放在加热段的中心线上，均匀施力，使弯曲段沿弯管样板弧线弯曲，对已弯到位的弯曲部位，可随时浇水冷却，防止继续弯曲，但当管子温度低于 700℃时，应停止弯曲，若未能成形，则可进行第二次加热再弯曲，但次数不宜多，因多一次加热多一次烧损。弯好后的管子应让其自然冷却。

（7）管子除砂。管子弯制好后，稍冷却即可除砂。加热段的管子在高温作用下，砂粒与管内壁常常烧结在一起，很难清理干净。清理时可用手锤敲打管壁，必要时可用电动钢丝刷进行绞洗，或用喷砂工具冲刷。管子的喷砂冲刷工作要从两头反复进行，直到将管子喷出金属光泽。

（8）碳素钢管弯制后不进行热处理，只有合金钢管弯制后才对其弯曲部位进行热处理。热处理包括正火和回火两个过程，正火和回火的温度、冷却速度和保温时间随管子材质的不同而各异，可查找有关的热处理手册。控制冷却速度和保温时间的方法可用自动调节降温速度的热处理炉，也可用石棉绳（或石棉灰）把正火和回火的部位裹起来让其冷缓至室温这样简易的方法。

（9）质量检查。

1）弯曲管段无裂纹、折皱及鼓包等缺陷，且弯曲弧形与弯曲半径符合图纸要求。

2）弯管的椭圆度、壁厚减薄率、波浪度在标准范围内。

3）弯头角度要与实样角度进行复核，弯制后允许的角度误差为±0.5°。

4）弯头两端留出的直管段长度不得小于70mm。

2. 中频弯管工艺

可控硅中频弯管机：可控硅中频弯管机是利用中频电源感应加热管子，使其温度达到弯管温度，并通过弯管机达到弯管的目的，如图6-22所示。

弯管的过程：首先把钢管穿过中频感应圈（2），再把钢管放置在弯管机的导向滚轮（3）之间，用管卡（6）将钢管的端部固定在可调转臂（7）上，然后启动中频电源，使感应圈内部宽约20～30mm的一段钢管感应发热，当钢管的受感应部位温度升到近1000℃时，起动弯管机的电动机（4），减速轴带动转臂旋转，拖动钢管前移，同时使已红热的钢管产生弯曲变形。管子前移，加热弯曲是一个连续的同步过程，直到弯至所需的角度为止。

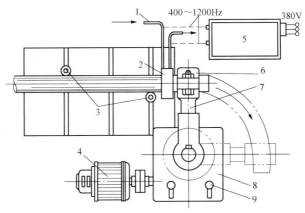

图6-22　可控硅中频弯管机示意

1—冷却水进口管；2—中频感应圈；3—导向滚轮；4—调速电动机；5—可控硅
中频发生器；6—管卡；7—可调转臂；8—变速箱；9—变速手柄

使用这种弯管设备能弯制各种金属材料制成的薄壁和厚壁管子。如果在弯管的各种过程中保持着相应的加热条件，则如同管子处于热处理过程，就可省去随后的调质处理。用这种弯管机弯管，由于管子加热只在一小段管段上，所以加热快、散热也快，其成形是逐步在加热段形成的，故无需任何模具、胎具及样板。改变弯曲半径时，只需调整可调转臂的长度、导向和滚轮的相应位置即可。使用这种弯管机弯制的管子，其弯管尺寸的误差很小，也不会产生折皱鼓包、扁平等缺陷，弯管质量优于其他任何一种弯管质量，尤其是在弯制大直径、厚壁管及各类型的合金钢管时更显示出它的突出性能。

3. 冷弯管工艺

这种弯管工艺，一般都是用薄壁管在现场弯制，多用于低压管道上。冷弯弯制比较简便，不需要充砂加热等步骤，冷弯管大都采用弯管机或模具弯制，下面介绍几种常用的冷弯管机及其弯管方法。

（1）手动弯管机。如图 6-23 所示，这种弯管机通常固定在工作台上，弯管时用管夹把管子固牢，用手扳动把手，小滚轮沿大滚轮滚动，即可成形，该机只适用于弯制 ϕ38 以下的管子。

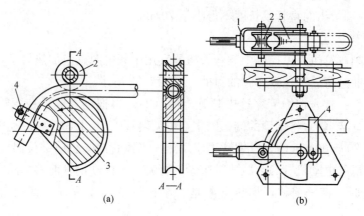

图 6-23　手动弯管机

1—滚动架；2—小滚轮；3—大轮；4—管卡

（2）电动弯管机。电动弯管机大都采用大轮转动，小滚轮定位或成形模具定位，大轮由电动机通过减速箱带动旋转，其转速一般只有 $1\sim2r/min$，见图 6-24。

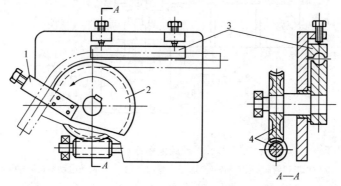

图 6-24　电动弯管机

1—管卡；2—大轮；3—外侧成形模具；4—减速箱

从以上两种冷弯管机的结构中可看出，一副大小轮（相当于模具）只能弯制同一管径和弯曲半径相等的管子。

（3）手动液压弯管机。如图 6-25 所示，弯管时管子被两个限位导向模块支顶着，用手连续上下摇动油泵的手压杆，手压油泵出口的高压油，将工作活塞推向前，工作活塞顶着弯管模具前移，迫使管子弯曲，两个限位导向模块用穿销固定在孔板上，导向块之间的距离可根据管径的大小进行调整，该机配有用于不同管径的成形模具，在使用时必须根据管径选用相应规格的模具。

使用手动液压弯管机弯制 ϕ32×4（如图 6-26 所示）弯管。

具体步骤：

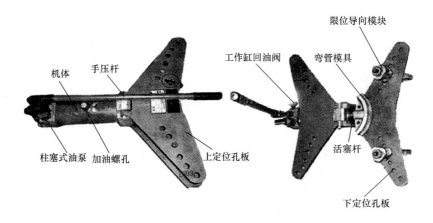

图 6-25　手动液压弯管机

1）管子宏观检查：检查管子光滑程度，有无毛刺、刻痕、裂缝、锈坑、折皱、斑疤、划伤等。

2）管子尺寸测量：管壁厚度、管径椭圆度、弯曲度、管径与图纸要求是否相符，一般在选管子时，最好选壁厚带正公差的管子。

3）弯管样板制作：按照图纸和实际的要求做好弯管样板。做样板时过弯 3°～5°，防止反弹量。

4）计算出弯管耗料长度，则

$$L = a + b + \frac{\pi R \alpha}{180°}$$

式中　R——根据弯管模具来确定，弯管模具（图 6-27）的大小由管子的外径选择。

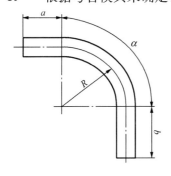

图 6-26　弯管

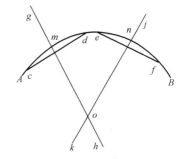

图 6-27　确定弯管模具外缘半径

弯曲半径 R 计算：

①求弯管模具的圆心。画出弯管模具外缘的弧长 AB，如图 6-27 所示，在 $\overline{AB}$ 上任取两弦 cd、ef，作 cd、ef 中垂线 gh 和 jk，gh、jk 交 $\overset{\frown}{AB}$ 于 m、n。gh、jk 相交于 o，则 o 为 $\overset{\frown}{AB}$ 的圆心，mo、no 为弯管模具外缘半径。

②计算弯管的弯曲半径 R。测量弯管模具外缘半径 mo 的长度。测量如图 6-28 中 δ 的长度。则

$$R = mo - \delta + \frac{d}{2}$$

式中　d——管子外径，mm。

5）管子划线下料：在管子上画出弯弧长度，直管段长度（标出弯弧的起弯点）。

6）管子弯制：将选好的弯管模具安装在活塞杆上，固定好限位导向模块（限位导向模块距离由管径确定），关闭工作缸回油阀，管子固定到位，盖上上定位孔板，轻压手压杆，检查管子固定位置，确定管子位置准确后，均匀压动手压杆，将样板放好，防止过弯。（注意事项：上定位孔板盖上前严禁压动油泵手压杆。压杆不要用力过猛，速度过快，用力要均匀）。

7）质量检查：检查弯管的外观缺陷、几何尺寸、椭圆度、壁厚减薄率、波浪度，弯头角度是否在规定范围。

（三）焊制弯头工艺方法

焊制弯头（现场俗称虾米腰）是由若干节、带有规定斜截面的管段焊接而成，弯头的角度分为90°、60°、45°和30°等，根据弯头的弯度不同，其组成的节数也不同，一个弯头一般有两个端节和若干个中间节组成，角度越小则中间节越少。它通常用在工作压力不大于2.45MPa、温度不大于200℃的管道上。焊制弯头可分为预制的焊接弯头和现场制作的焊接弯头两种。

1. 预制焊接弯头

预制焊接弯头见图6-29。

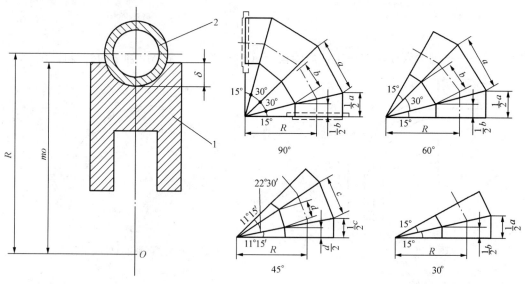

图6-28　确定弯管的弯曲半径

1—弯管模具；2—管子

图6-29　预制的焊接弯头

2. 现场制作焊接弯头

现场制作焊接弯头见图6-30。

现场制作时，其尺寸可参照表6-7所示尺寸。

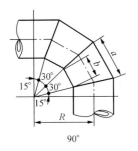
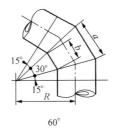
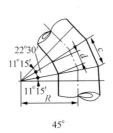
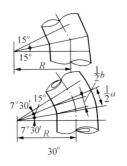

90°　　　　　60°　　　　　45°　　　　　30°

图 6-30　现场制作的焊接弯头

表 6-7　　　　　　　　　　　　　　　　　焊接弯头尺寸

公称直径 D_s	外径 D_w	弯曲半径 $R=1D_s$	90°、60°、30°部件尺寸				45°部件尺寸			
			a	$1/2a$	b	$1/2b$	c	$1/2c$	d	$1/2d$
80	89	80	66	33	18	9	50	25	14	7
100	108	100	82	41	24	12	61	31	18	9
125	133	125	100	50	30	15	76	38	23	12
150	159	150	120	60	38	19	91	46	28	14
200	219	200	164	82	48	24	123	62	36	18
250	273	250	204	102	60	30	154	77	4S	25
300	325	300	244	122	72	36	184	92	55	28
350	377	350	284	142	86	43	214	107	64	32
400	426	400	324	162	98	49	244	122	74	37
450	476	450	368	184	112	56	278	139	84	42
500	530	500	404	202	124	62	304	152	94	47
600	630	600	484	242	150	75	364	182	114	57
700	720	700	558	279	180	90	422	211	135	68
800	820	800	638	319	206	103	481	241	155	78
900	920	900	716	358	232	116	541	271	175	88
1000	1020	1000	796	398	258	129	601	301	195	98
1200	1220	1200	954	477	310	155	720	360	235	118
1400	1420	1400	1112	556	364	182	833	417	275	138
1600	1620	1600	1270	635	416	208	959	479	314	157

　　现场制作的焊接弯头的弯曲半径 R，可以取只等于管子的工称直径 DN，也可以取 R 等于公称直径的 1.5 倍，推荐选用 $R=1.5$DN。

　　对组成弯头的各节角度应根据弯头的角度来选择，弯头中间节的圆心角 a，可按下式计算，即

$$a = \frac{弯头角度}{中间节数+1}$$

式中 a——弯头中间节的圆心角，(°)。

3. 放样制作"虾米腰"弯头

圆柱形多节弯管接头，是根据生产的需要用多节圆柱管组成。常见的有两节、三节、四节、五节等。多节弯管一般都制成直角弯头，俗称"虾米腰"分析圆柱形多节弯头展开，实质上是斜口正圆柱管展开的几次重复。（只限用于工作压力小于或等于 2.45MPa、温度 200℃以下的大口径管道）

例如：制作一个 45°的弯头，其中间节取 1，那么其中间节的圆心角为

$$\alpha = \frac{45}{1+1} = 22.5° = 22°30'$$

弯头的两端节的角度为中间节角度的一半。则两端节的圆心角为

$$\frac{22°30'}{2} = 11°15'$$

以 90°弯头、直径为 D、四节为例，"虾米腰"弯头的下料，具体作图步骤如下：

(1) 找好合适的比例尺（最好用和实物大小一样的大样尺寸来画，将转角前、后的管道位置定好见图 6-31 (a)）。

(2) 在 (a) 图的基础上，画出管子内、外轮廓线的公切圆，把90°所包的公切圆弧分成四段，每段所对应的圆心角分别为 15°、30°、30°、15°，再画出每段弧线的切线，即构成虾米腰的轮廓线见图 6-31 (b)。

(3) 将 (b) 图中的一个节（30°角对应的一节）再画到另一处，并画出其投影图见图 6-31 (c)。将圆周分为 12 等分，并标出等分点 0、1、2、3、4、5、6、5′、4′、3′、2′、1′、0′。

(4) 连接 5′和 5；4′和 4；3′和 3；2′和 2；1′和 1；并延长与左图相交出五条线段，过 0 和 6 也作水平线并交出两条线段，分别给这些线段编号为 0 号、1 号、2 号、3 号、4 号、5 号、6 号，这些线段就是下样板时的实长。

(5) 在样板纸上画长度为 πD［不考虑样板厚度，如果考虑样板厚度 δ，则画线长度为 π(D+δ)］线段，将 πD 长的线段分为 12 等分，并画出等分平行线，在每条线上截取相应长度，依边缘线剪下即成样板，见图 6-31 (d)。

(6) 按样板纸下三个节，并将其中一节短管中分为两半依次可组焊成 90°的虾米腰。或者两节短管在原来的管子上切割，则只需配两节短管且省两道焊口。

二、管道坡口加工工艺

(1) 管子焊接接头坡口加工的目的：使基本金属焊透，保证接头强度，因此坡口制作的好坏直接影响焊接接头的质量。否则会产生气孔、夹渣和未焊透等缺陷。

(2) 在焊接中，管子的坡口形式和尺寸应按图纸确定，当无设计要求时，制作坡口类型主要根据基本金属的壁厚、管径、使用介质参数来确定。但应符合焊接规范中焊接篇的规定。坡口的加工可用剪切、车削、刨削、火焰切割、电弧切割、风铲铲削、砂轮机打磨

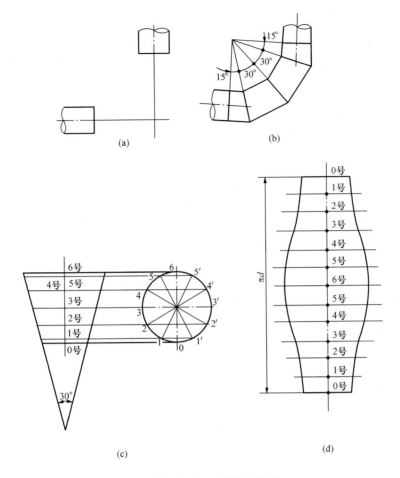

图 6-31 虾米腰下料样板制作

和锉刀锉削、碳弧气刨、专用破口机等方法。壁厚小于 16mm 的小口径管子也可采用锉刀、錾子加工。

（3）坡口工艺要求：

1）管子坡口的端口偏差检查可用直角尺、角度尺或样板，如表 6-8 所示图例。管口端面应与管子中心线垂直，其偏斜度 Δf 不得超过表 6-8 的规定。

表 6-8 管子端面偏差技术要求

图　　例	管子外径(mm)	Δf(mm)
	≤60	0.5
	>60～159	1
	159～219	1.5
	>219	2

391

2）管子的坡口内外壁 10～15mm 范围内的油漆、垢、锈等必须清理干净，直至显示出金属光泽，以免在焊接时出现气孔、夹渣和未焊透等缺陷。

3）常用坡口的形式有 V 形图 6-32、U 形图 6-33、双 V 形水平坡口图 6-34、X 形图 6-35、双 V 形垂直坡口图 6-36。

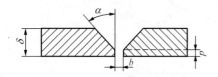

图 6-32 V 形坡口

$\alpha=30°\sim35°$；$b=1\sim3mm$；$p=0.5\sim2mm$；$\delta\leqslant16mm$

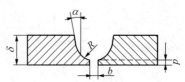

图 6-33 U 形坡口

$\alpha=10°\sim15°$；$b=2\sim3mm$；$p=2mm$；$\delta\leqslant60mm$

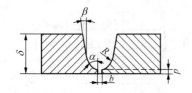

图 6-34 双 V 形水平坡口

$\alpha=30°\sim40°$；$b=2\sim5mm$；$p=1\sim2mm$；

$\beta=10°\sim15°$；$\delta\geqslant16mm$

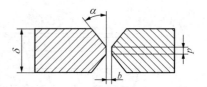

图 6-35 X 形水平坡口

$\alpha=30°\sim40°$；$b=2\sim3mm$；$p=2\sim4mm$；

$\delta>16mm$

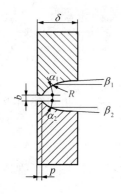

图 6-36 双 V 形
垂直坡口

$\alpha_1=35°\sim40°$；$\alpha_2=20°\sim25°$；$b=1\sim4mm$；$p=1\sim2mm$；$\beta_1=15°\sim20°$；$\beta_2=5°\sim10°$；$\delta>16mm$

4）对壁厚大于或等于 20mm 的坡口应检查是否有裂纹、夹层等缺陷。

5）坡口加工后的直管段、弯管及其他管件均应用油漆编号，标注尺寸和接口方向。

三、管道安装

（一）管道安装一般规定

（1）管道安装应具备下列条件：

1）与管道有关的土建工程经检查合格，满足安装要求；

2）与管道连接的设备找正合格、固定完毕；

3）必须在管道安装前完成的有关工序，如清洗、脱脂、内部酸洗等已进行完毕；

4）管子、管件、管道附件及阀门等已经检验合格，并具备有关的技术证件；

5）管子、管件、阀门等已按设计要求核对无误，内部已清理干净，无杂物。

（2）管道安装若采用组合件方式时，组合件应具备足够刚性，吊装后不应产生永久变形，临时固定应牢固可靠。

（3）管子组合前或组合件安装前，均应将管道内部清理干净，管内不得遗留任何杂物，并装设临时封堵。

（4）管道水平段的坡度方向与坡度应符合设计要求。若设计无具体要求时，对管道坡度方向的确定，应以便于疏、放水和排放空气为原则。在有坡度方向的管道上安装水平位置的Ⅱ型补偿器时，补管器两边管段应保持水平，中间管段应与管道坡度方向一致。

（5）管子对接焊缝位置应符合设计规定。否则，应符合下列要求：

1）焊缝位置距离弯管的弯曲起点不得小于管子外径或不小于100mm；

2）管子两个对接焊缝间的距离不宜小于管子外径，且不小于150mm；

3）支吊架管部位置不得与管子对接焊缝重合，焊缝距离支吊架边缘不得小于50mm，对于焊后需作热处理的接口，该距离不得小于焊缝宽度的5倍，且不小于100mm；

4）管子接口应避开疏、放水及仪表管等的开孔位置，距开孔边缘不应小于50mm，且不应小于孔径；

5）管道在穿过隔墙、楼板时，位于隔墙、楼板内的管段不得有接口。

（6）管道上的两个成形件相互焊接时，应按设计加接短管。

（7）除设计中有冷拉或热紧的要求外，管道连接时，不得用强力对口、加热管子、加偏垫或多层垫等方法来消除接口端面的空隙、偏斜、错口或不同心等缺陷。管子与设备的连接，应在设备安装定位紧好地脚螺栓后自然地进行。

（8）管子的坡口形式和尺寸应按设计图纸确定。当设计无规定时，应按 DL/T 869—2004《火力发电厂焊接技术规程》的规定加工。

（9）管子或管件的对口质量要求，应符合 DL/T 869—2004 的规定。

（10）管子和管件的坡口及内、外壁10～15mm范围内的油漆、垢、锈等，在对口前应清除干净，直至显示金属光泽。对壁厚大于或等于20mm的坡口，应检查是否有裂纹、夹层等缺陷。

（11）管子对口时一般应平直，焊接角变形在距离接口中心200mm处测量，除特殊要求外，其折口的允许偏差 a 见图6-37，应为：

当管子公称通径 DN＜100mm 时，a 不大于 2mm；当管子公称通径 DN≥100mm 时，a 不大于 3mm。

（12）管子对口符合要求后，应垫置牢固，避免焊接或热处理过程中管子移动。

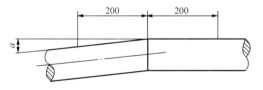

图 6-37　折口的偏差示意图

（13）管道冷拉必须符合设计规定。进行冷拉前应满足下列要求：

1）冷拉区域各固定支架安装牢固，各固定支架间所有焊口（冷拉口除外）焊接完毕并经检验合格，要作热处理的焊口应作过热处理；

2）所有支吊架已装设完毕，冷拉口附近吊架的吊杆应预留足够的调整裕量。弹簧支吊架弹簧应按设计值预压缩并临时固定，不使弹簧承担整定值外的荷载；

3）管道坡度方向及坡度应符合设计要求；

4）法兰与阀门的连接螺栓已拧紧。管道冷拉后，焊口应经检验合格。需作热处理的焊口应作过热处理,方可拆除拉具。

(14)波形补偿器应按设计规定进行拉伸或压缩。松开拉紧装置应在管道安装结束后进行。当内部带有套管时,应根据介质流动方向正确安装(套管的固定端为介质的入口侧)。与设备相连的补偿器,应在设备最终固定后方可连接。

(15)装设流量孔板(或喷嘴)时,对于配管的技术要求,应符合 SDJ 279《电力建设施工及验收技术规范(热工仪表及控制装置篇)》的规定。

(16)管道安装工作如有间断,应及时封闭管口。

(17)管道安装的允许偏差值应符合表 6-9 的规定。

表 6-9 管道安装的允许偏差值

| 项 目 | 架 空 | | 地 沟 | | 埋地 | 水平管道弯曲度 | | 立管铅垂度 | 交叉管间距偏差 |
	室内	室外	室内	室外		DN≤100	DN>100		
允许偏差(mm)	<±10	<±15	<±15	<±15	<±20	1/1000 且≤20	1.5/1000 且≤20	≤2/1000 且≤15	<±10

注 DN 为管子公称直径。

(18)支吊架安装工作宜与管道的安装工作同步进行。

(19)在管线上因安装仪表插座、疏水管座等需开孔、且孔径小于 30mm 时,不得用气割开孔。

(二)高压管道的安装

(1)合金钢管子局部进行弯度校正时,加热温度应控制在管子的下临界温度 A_{cl} 以下。

(2)管道膨胀指示器应按照设计规定正确装设,在管道冲洗前调整指示在零位。

(3)蒸汽管道上若设计要求装设蠕胀测点时,应按设计规定装设蠕胀测点和监察管段。监察管段应在同批管子中选用管壁厚度为最大负公差的管子。监察管段上不得开孔、安装仪表插座及装设支吊架。

(4)安装监察管段前应从该管子的两端各割取长度约为 300~500mm 的一段,连同监察管段的备用管作好标记一同移交电厂。

(5)蠕胀测点应在管道冲洗前做好。每组测点应装设在管道的同一横断面上,并沿圆周等距离分配。

(6)同一公称通径管子的各对称蠕胀测点的径向距离应一致。其误差值不应大于 0.1mm。

(7)下列测量工作应配合金属监督人员进行:

1)监察管段管子两端的壁厚;

2)各对称蠕胀测点的径向距离;

3)蠕胀测点两旁管子的外径或周长。

(8)合金钢管道在整个系统安装完毕后,应作光谱复查。材质不得差错。剩余管段也应及时作出材质标记。

(9)根据设计图纸在管道上应开的孔洞,宜在管子安装前开好。开孔后必须将内部清理干净,不得遗留钻屑或其他杂物。

（10）合金钢管道表面上不得引弧试电流或焊接临时支撑物。

（11）高压管道焊缝的位置，安装完毕后应及时标明在施工图纸上。

（12）厚壁大径管对口时，可采用添加物点固在坡口内，当去除临时点固物时，不应损伤母材，并将其残留焊疤清除干净，打磨修整。

（13）在有条件的地方，导汽管焊接完毕后，宜采用窥镜检查管内有无异物。

（14）导汽管道安装前必须进行化学清洗或喷丸等方法处理，直到管内壁露出金属光泽为止。

（15）斜接弯头（虾米弯）不得安装在高压管道上。

（三）中、低压管道的安装

（1）对管内清洁要求较高并且焊接后不易清理的管道，其焊缝底层必须用氩弧焊施焊。

（2）穿墙及过楼板的管道，所加套管应符合设计规定。当设计无要求时，穿墙套管长度不应小于墙厚，穿楼板套管宜高出楼面或地面 $25 \sim 30$mm。

（3）管道与套管的空隙应按设计要求填塞。当设计没有明确给出要求时，应用不燃烧软质材料填塞。

（4）不锈钢管道与支吊架之间应垫入不锈钢或氯离子含量不超过 5×10^{-4} 的非金属垫片隔离。

（5）大直径焊接钢管的安装工作应满足下列规定：

1）焊缝坡口的形式应符合设计要求，当设计无规定时，应按 DL/T 5210.7—2009 的规定执行；

2）各管段对口时，其纵向焊缝应相互错开不少于 100mm，并宜处于易检的部位；

3）公称通径大于或等于 1000mm 的管子，宜在对接焊缝根部进行封底焊；

4）钢管设计有加固环时，加固环的位置和焊接方式应符合设计规定，加固环对接焊缝应与管子纵向焊缝错开不少于 100mm。

（6）地下埋设的管道，其支撑地基或基础经检验合格后方可施工。

（7）在遇有地下水的情况下铺设管道时，施工支撑地基或基础、安装管道、进行管道严密性试验、回填土等均应在排除地下水后进行。

（8）管道的防腐和水下管道的施工应符合设计要求。

（9）埋地钢管的防腐层应在安装前做好，焊缝部位未经检验合格不得防腐，在运输和安装时应防止损坏防腐层。被损坏的防腐层应予以修补。

（10）地下埋设的管道必须经严密性试验合格、按设计要求进行过防腐蚀处理并作为隐蔽工程验收合格后，方可回填土。回填土施工质量应符合 SDJ 69—1987《电力建设施工及验收技术规范（建筑工程篇）》的要求。

（四）疏、放水管的安装

（1）安装疏、放水管时，接管座安装应符合设计规定。管道开孔应采用钻孔。

（2）疏、放水管接入疏、放水母管处应按介质流动方向稍有倾斜，不得随意变更设计，不得将不同介质或不同压力的疏、放水管接入同一母管或容器内。

（3）运行中构成闭路的疏、放水管，其工艺质量和检验标准应与主管同等对待。

（4）疏、放水管及母管的布线应短捷，且不影响运行通道和其他设备的操作。有热膨胀的管道应采取必要的补偿措施。

（5）放水管的中心应与漏斗中心稍有偏心，经漏斗后的放水管的管径应比来水管大。

（6）不回收的疏、放水，应接入疏、放水总管或排水沟中，不得随意将疏、放水接入工业水管沟或电缆沟。

（五）阀门和法兰的安装

（1）阀门安装前，除复核产品合格证和试验记录外，还应按设计要求核对型号并按介质流向确定其安装方向。

（2）阀门安装前应清理干净，保持关闭状态。安装和搬运阀门时，不得以手轮作为起吊点，且不得随意转动手轮。

（3）截止阀、止回阀及节流阀应按设计规定正确安装。当阀壳上无流向标志时，应按以下原则确定：

1）截止阀和止回阀：介质应由阀瓣下方向上流动；

2）单座式节流阀：介质由阀瓣下方向上流动；

3）双座式节流阀：以关闭状态下能看见阀芯一侧为介质的入口侧。

（4）所有阀门应连接自然，不得强力对接或承受外加重力负荷。法兰周围紧力应均匀，以防止由于附加应力而损坏阀门。

（5）安装阀门传动装置应符合下列要求：

1）万向接头转动必须灵活；

2）传动杆与阀杆轴线的夹角不宜大于 $30°$；

3）有热位移的阀门，其传动装置应采取补偿措施。

（6）安装时注意，阀门手轮不宜朝下，且应便于操作及检修。

（7）法兰或螺纹连接的阀门应在关闭状态下安装。

（8）对焊阀门与管道连接应在相邻焊口热处理后进行，焊缝底层应采用氩弧焊，保证内部清洁，焊接时阀门不宜关闭，防止过热变形。焊接工艺应符合 DL/T 5210.7—2009 的有关规定。

（9）法兰安装前，应对法兰密封面及密封垫片进行外观检查，不得有影响密封性能的缺陷。

（10）法兰连接时应保持法兰间的平行，其偏差不应大于法兰外径的 1.5/1000，且不大于 2mm，不得用强紧螺栓的方法消除歪斜。

（11）法兰平面应与管子轴线相垂直，平焊法兰内侧角焊缝不得漏焊，且焊后应清除氧化物等杂质。

（12）法兰所用垫片的内径应比法兰内径大 2～3mm。垫片宜切成整圆，避免接口。

（13）当大口径垫片需要拼接时，应采用斜口搭接或迷宫式嵌接，不得平口对接。

（14）法兰连接除特殊情况外，应使用同一规格螺栓，安装方向应一致。紧固螺栓应对称均匀、松紧适度。

(15) 安装阀门与法兰的连接螺栓时，螺栓应露出螺母 2～3 个螺距，螺母宜位于法兰的同一侧。

(16) 合金钢螺栓不得在表面用火焰加热进行热紧。

(17) 连接时所使用紧固件的材质、规格、形式等应符合设计规定。

（六）支吊架的安装

(1) 在混凝土柱或梁上装设支吊架时，应先将混凝土抹面层凿去，然后固定。固定在平台或楼板上的吊架根部，当其妨碍通行时，其顶端应低于抹面的高度。

(2) 管道的固定支架应严格按照设计图纸安装。不得在没有补偿装置的热管道直管段上同时安置两个及两个以上的固定支架。

(3) 在数条平行的管道敷设中，其托架可以共用，但吊架的吊杆不得吊装位移方向相反或位移值不等的任何两条管道。

(4) 管道安装使用临时支吊架时，应有明显标记，并不得与正式支吊架位置冲突。在管道安装及水压试验完毕后应予拆除。

(5) 在混凝土基础上，用膨胀螺栓固定支吊架的生根时，膨胀螺栓的打入必须达到规定深度值。

(6) 导向支架和滑动支架的滑动面应洁净、平整、滚珠、滚柱、托滚、聚四氟乙烯板等活动零件与其支撑件应接触良好，以保证管道能自由膨胀。

(7) 所有活动支架的活动部分均应裸露，不应被水泥及保温层敷盖。

(8) 管道安装时，应及时进行支吊架的固定和调整工作。支吊架位置应正确，安装应平整、牢固，并与管子接触良好。

(9) 在有热位移的管道上安装支吊架时，其支吊点的偏移方向及尺寸应按设计要求正确装设。

(10) 有热位移的管道，在受热膨胀时，应及时对支吊架进行下列检查与调整：

1) 活动支架的位移方向、位移量及导向性能是否符合设计要求；

2) 管托有无脱落现象；

3) 固定支架是否牢固可靠；

4) 弹簧支架的安装高度与弹簧工作高度是否符合设计要求。

(11) 整定弹簧应按设计要求进行安装，固定销应在管道系统安装结束，且严密性试验及保温后方可拆除。固定销应完整抽出，妥善保管。

(12) 恒作用力支吊架应按设计要求进行安装调整。

(13) 支吊架调整后，各连接件的螺杆丝扣必须带满，锁紧螺母应锁紧，防止松动。

(14) 吊架螺栓孔眼和弹簧座孔眼应符合设计要求。

(15) 支吊架间距应按设计要求，正确装设。

(16) 管道安装完毕后，应按设计要求逐个核对支吊架的形式、材质和位置。

四、管道缺陷处理

1. 划痕和凹坑

管道表面有尖锐的划痕，其处理的方式是用角向磨光机把划痕圆滑过渡、棱角磨平。

如果划痕很深，进行补焊处理，然后磨平。有凹坑时先把表面磨光，然后用电焊焊满。

2. 裂纹

管道表面出现裂纹，应会同有关金属等工程技术人员，进行分析，查找出现裂纹的原因，制定处理方案。

通过应力分析可知：裂纹不深，打磨掉以后的剩余壁厚还可保证继续使用的强度，则只采用打磨补焊的措施即可；如果裂纹较深，则必须更换一段新管。

管道对接焊口出现裂纹时，应会同金属等有关技术人员分析，制定处理方法。如果出现裂纹较短，用火焊挖补的方式把裂纹部分挖掉，然后用角向磨光机把挖补部分打磨光亮，最后用电焊焊满，合金管焊后须经热处理。

如果裂纹在整圆周的 1/2 以上，只有把焊口切割开；用起重工具把焊口两端拽开，重新片口、打磨，直至对口、焊接。如果是合金管，焊接完后须经热处理，消除应力。

第三节　管　道　检　修

一、管道检查及检验

（一）中低压管道的检查

大修时应有计划地对各种中低压汽水管道进行检查。有法兰连接的管道可将法兰螺栓拆开，用灯和反射镜检查管道内部的腐蚀、积垢情况。对于没有法兰的管子，可根据运行及检修经验选择腐蚀、磨损严重的管段，钻孔或割管检查，并把检查结果认真记入检修台账。若管道腐蚀层厚度超过原壁厚的 1/3，截门以后的疏水排污管道超过原壁厚的 1/2 时，该管应进行更换。原则上，管道实际壁厚小于理论计算壁厚时，该管即应进行更换。汽水管道检查的另一个内容是保温。大修时应检查保温有无裂缝、脱落，膨胀缝石棉是否完整，最外层的白铁皮有无开裂、损坏。如有缺陷时，应及时修复。

（二）高温、高压管道的检查

高压管道的检查内容与要求除与中低压管道相同的支吊架、保温、管道健康状况等项目以外，最重要的一点就是要实施金属监督项目，应根据 DL 438—2009《火力发电厂金属技术监督规程》的规定进行以下项目检查：①检查高温、高压管道有无裂纹、泄漏、冲蚀等缺陷；②进行主蒸汽管道的蠕胀测量；③对焊口进行抽查鉴定和探伤；④对主蒸汽管道进行金相检查，进行管道支吊架的检查，检查更换主蒸汽、给水管道上的弯头、三通和管段等；⑤对管道流量孔板等其他附件进行检查修理等。

1. 检查项目

（1）管道蠕胀测量。高温、高压管道及各承压部件长期在高温高压下运行，管道金属就会产生蠕胀。为了保证安全运行，必须在每次大修时对它的蠕胀情况进行监督测量。

1）蒸汽管道的蠕变变形测量的常用测量方法。

①蠕变测量方法。在管道固定位置的外表面上焊上蠕变测点，用千分尺测量截面的直径，通过直径的变化，监视其蠕变变形情况，蠕变测点一般选用球头蠕变测点或自动对心

蠕变测点头。如图 6-38 所示。

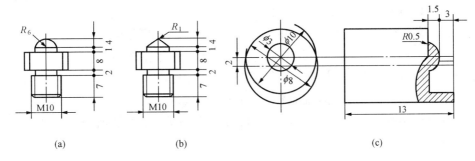

图 6-38　蠕变测点的形状

(a) 球头；(b) 尖头；(c) 自动对心测点

②蠕变测量标记法。在管道固定位置的外表面打上两排互相平行的球面压痕标记，如图 6-39 所示，用特制的钢带缠绕在钢管测量截面的外表面，测量该截面的周长。通过周长的变化，监视其蠕变变形情况。

2）蠕变监督标准。

①蠕变恒速阶段的蠕变速度不应大于 1×10^{-7} mm/(m·h)。

②总的相对蠕变变形量达 1% 时进行试验鉴定。

③总的相对蠕变变形量达 2% 时更换管子。

3）蠕变测量时间间隔。

在设计期限内或经鉴定的超期运行

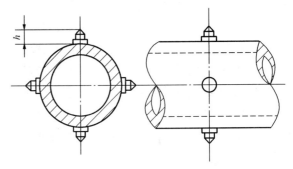

图 6-39　测量标记

期内，当蠕变变形量小于 0.75%，或管道各测量截面间的最大蠕变速度 v_{max} 小于 0.75×10^{-7} mm/(m·h)时，监督段的蠕变测量时间以 15 000h 左右为宜；对其他蠕变测量截面，可采用轮流测量的方法，但其测量时间间隔不超过 30 000h。

蠕胀测点是在管道投入运行前安装的，安装好以后要作好原始记录。每一组测点都要有档案记录，以便测量时参考和对比（可根据两次的测量值计算蠕胀速度）。

（2）主蒸汽管道的金相检查。在大修时应对主蒸汽管道做 1～2 点印膜金相检查，看它的金相组织有无变化。检查地点应选择在支吊架附近，因为这些地方经常处在外界应力下运行，对金属有一定影响，印膜金相检查对主蒸汽管的监视也是一项有力措施。

（3）管道支吊架的检查。在大、小修期间，应对管道支吊架进行一次检查，如发现缺陷，应及时检修处理。主要内容如下：

1）承载结构与根部辅助钢结构是否有明显变形，主要受力焊缝是否有宏观裂纹。

2）变力弹簧支吊架的载荷标尺指示或恒力弹簧支吊架的转体位置是否正常。

3）支吊架活动部件是否卡死、损坏或异常。

4）吊杆及连接配件是否损坏或异常。

5）刚性支吊架结构状态是否损坏或异常。

6）限位装置固定支吊架结构状态是否损坏或异常。

7）减振器结构状态是否正常，阻尼器油系统与行程是否正常。

8）管部零部件是否有明显变形，主要受力焊缝是否有宏观裂纹。

9）固定支吊架的焊口和卡子底座有无裂纹和移位现象。

10）滑动支架和膨胀间隙应无杂物影响管道自由膨胀。

11）检查管道膨胀指示器，看其是否回到原来的位置上，如没有应找出原因并采取措施处理。

（4）管道腐蚀和磨损情况的检查。当管道的承压部件如法兰、阀门、流量孔板拆开或焊口割开后，应对其内壁进行检查。管道内壁应干净光洁，没有锈垢、层皮、夹渣、气孔、砂眼、麻点和腐蚀凹坑等不良现象。用测厚仪测量管壁壁厚，以检查管壁是否磨损。管道的磨损不允许大于壁厚的 1/10，如果磨损过大，应对管道进行更换。

（5）高压管道及附件的更换。当高压管道及附件磨损、腐蚀严重或有其他重大缺陷时，应予以更换。更换时应检查的项目有：

1）材质要符合设计规范、符合压力与温度等级；

2）有出厂证件、采取的检验标准和试验数据。

（6）对焊缝的检查。每次大修期间，应对焊缝进行抽查鉴定和探伤。打开保温，并将准备抽查的焊缝两侧 20mm 的范围打磨光，由金属监督人员检查裂纹、砂眼及内部的金相组织情况，如有缺陷，应按要求打出坡口重新焊接。焊缝应饱满，无气孔、砂眼、夹渣等缺陷，没有裂纹和损伤，金相结构符合要求，并经金属监督人员检查、探伤验收合格和水压试验合格后，方可投入使用。

2. 检查可用以下几种方法：

（1）表面裂纹的检验。检修人员应配合金属监督人员首先对管道、阀门及其他附件、焊缝等进行表面裂纹的检验，常用的方法有着色探伤、磁粉探伤法。由于许多裂纹都是从部件表面开始发展的，实践经验表明，有 90% 的损伤都可由表面探伤检验出来。

（2）内部检查。内部检查不管是用肉眼还是用仪器，都是一种重要的辅助手段，它可以用来确定内壁上存在的缺陷，或者用来判断内壁上有无沉积物或异物附着以及检查内壁的冲蚀或腐蚀。管道内壁可通过打开专用的封头、附件上的盖子，或拆除阀门附件等办法来检查。

检查内部时，应有足够亮度的照明。检验小直径钢管时，会遇到影响观察的阴影，可用在另一个部位放置第二个照明源的方法解决。作为观察用的辅助工具可以是光学检验仪器和内窥镜。值得注意的是由于内部检验位置往往很别扭，检验人员感到费劲，所以检验观察时定位要准，判断要确切，避免出错。

（3）外部目检。如怀疑管材存在着较大的缺陷，可先用目检法检查焊缝以外区域氧化层外部形态，把氧化层清除后，再用放大镜或显微镜仔细检查有无疲劳裂纹。这种方法常用于弯管的外侧和热挤压支管的颈部。

（4）超声波检验。用超声波探伤不仅可以检验出部件表面的缺陷，而且也能探测出内部深处的缺陷，因此超声波探伤是检修中最常用的一种方法。超声波检验由有资格的无损探伤人员操作，检修人员配合。

（5）壁厚的测量及透视检验。在检查过程中一般都要用测厚仪测量管子的壁厚，以对管子经过若干小时运行后的壁厚状况心中有数，并决定个别壁厚减薄超标的管子是否更换。

检查中，必要时还可采用 X 射线或 Y 射线对管子进行透视检验，此时检修人员应按金属监督人员的要求，做好清理、打磨、搭架等工作。

另外，在机组检修时，应在热态时对每个支吊架的状态进行测量和记录，停机后再进行冷态的检查，确定其是否卡死或处于正常的工作状态。如吊架松弛，意味着设计错误或管道发生了位移，则应根据管道测量的有关规定和方法，进行校验调整。

二、管道的拆除

拆除旧管道时应注意以下几个问题：

（1）管道拆除前应先做好系统隔离的安全措施，与运行系统的隔离应采取可靠的方式，如加装堵板或盲板。如管道有保温，须先将保温拆除。

（2）如局部拆除管线，应先将断口处保留的管道可靠地固定好。如果拆除的管道为高温大口径管道，如主蒸汽管，需在断口处的保留管道上制作标记，将管道原始的绝对位置和相对位置作好记录。

（3）如整条拆除管线，应做好管道割断后的支吊，防止割下的管子或未割的管子发生坠落或翻转。

（4）如割除管道后需更换恢复，应复检管道材质，对于局部更换的合金管，应根据材质确定割管的工艺。

（5）局部更换管子应尽可能从焊口处割管，并将焊口去除，以减少管道焊口数量。

（6）拆除下的管道应注意检查管子内外腐蚀、磨损情况，如需取样化验，一定要将管子保存好。以便积累经验，对该部位管子的运行情况做到心中有数。

（7）对于拆除后保留管道的开口，应及时做好临时封堵措施。

三、管道更换

（一）管子使用前的检查

凡更换的管子在使用前都进行检查。

1. 检查项目

（1）材质检查：凡领用管子应检查制造厂的合格证明书，有关指标（化学成分分析结果；力学性能试验结果：抗拉强度、屈服强度、延伸率，管壁厚度大于或等于 12mm 的高压合金钢管子冲击韧性试验结果，合金钢管的热处理状态说明或金相分析结果）应符合现行国家或行业技术标准。

（2）表面宏观检查：

1）无裂纹、缩孔、夹渣、粘砂、折叠、漏焊、重皮锈蚀、褶皱、斑痕等缺陷；

2）表面应光滑、无毛刺，不允许有尖锐划痕等管子外伤；

3）凹陷深度不得超过 1.5mm，凹陷最大尺寸不应大于管子周长的 5%，且不大于 40mm。

（3）管子在使用前应按设计要求核对其规格、材质及技术参数：

1）检查管壁厚度。在管子两端面互相垂直的两个直径上，分别量出外径和内径，其两数之差除以 2 即为管壁厚度。可沿管端选取 3～4 个点来测量。测量计算后的 4 个壁厚的平均值和管子公称厚度的差值即厚度公差，其值不能大于公称厚度的 1/5～1/6。

2）检查管子的外径。从管子的全长中选取 3～4 个位置测量管外径，将测量的 4 个外径的平均值与公差外径相比，其差值不得大于表 6-10 所列数值。

表 6-10　　　　　　　　　　　　　管子外径公差允许数值

钢　种	外径(mm)	正公差(%)	负公差(%)
合金钢管	245～426	+1.5	−1
	114～219	+1.25	−1
	51～108	+1	−1
碳钢管	159 以上	+1.5	−1.5
	114～159	+1	−1
	51～108	+1	−1
	51 以下	+0.5	−0.5

3）检查管子的椭圆度：量取管子的 4 个断面相互垂直的两个直径，其平均差值与管子公称直径比值的百分数即为管子的椭圆度。其值的允许范围为：椭圆度不超过 0.05%。

4）检查弯曲度：采用平板测量和拉钢丝方法测量。

管子的弯曲度检查应符合下列要求：①冷轧钢管的弯曲度每米不超过 1.5mm；②热轧钢管：当壁厚 $\delta \leqslant 20mm$ 时，弯曲度不超过 1.5mm/m；当壁厚 $\delta = 20～30mm$ 时，弯曲度不超过 3mm/m；当壁厚＞30mm 时，弯曲度不超过 5mm/m。

5）中、低合金钢管子、管件、管道附件及阀门，在使用前应逐件进行光谱复查并作出材质标记，检验合格的钢管应按材质、规格分别放置，妥善保管，防止锈蚀。

2. 管件检查

（1）中、高压管道，施工前对所使用的管件应确认下列项目符合现行国家或行业技术标准：

1）化学成分分析结果；

2）合金钢管件的热处理状态说明或金相分析结果；

3）高压管件的无损探伤结果。

（2）法兰密封面应光洁，不得有径向沟槽，且不得有气孔、裂纹、毛刺或其他降低强度和连接可靠性方面的缺陷。

（3）带有凹凸面或凹凸环的法兰应自然嵌合，凸面的高度不得小于凹槽的深度。

（4）法兰端面上连接螺栓的支撑部位应与法兰接合面平行，以保证法兰连接时端面受力均匀。

（5）法兰使用前，应按设计图纸校核各部尺寸，并与待连接的设备上的法兰进行核对，以保证正确地连接。

(二) 中低压管道的更换

中低压管道一般使用碳钢管，焊前不需预热，焊后也不需要热处理，更换工作比较简单。但在更换时应注意以下几个问题：

(1) 所更换的水平管段应注意倾斜方向、倾斜度与原管段一致。

(2) 管道连接时不得强力对口。

(3) 管子接口位置应符合下列要求：管子接口距离弯管起点不得小于管子外径，且不少于 100mm；管子两个接口间的距离不得小于管子外径，且不少于 150mm；管子接口不应布置在支吊架上，接口距离支吊架边缘不得少于 50mm。管子接口应避开疏、放水及仪表管等的开孔位置。

(4) 应将更换的管段内部清理干净。中途停工时，应及时将敞开的管口封闭。

(5) 管子更换完毕后，应恢复保温并清理工作现场，按要求刷色漆。

(三) 高压管道的更换

更换高压管道及附件时，除了与中低压管道相同的要求外，应该注意高压管道的特点，制定切实可行的施工方案，保证检修质量。

(1) 对口。更换管道或管件，特别是大直径厚壁管子或管件时，吊到安装位置时，应对标高、坡度或垂直度等进行调整。管子对口时可在管端装对口卡具，依靠对口卡具上的螺丝调节管端中心位置（使两管口同心），同时依靠链条葫芦和人力移动，使对口间隙符合焊接要求。对口调节好后即可进行对口焊接，这时应注意两端管段的临时支撑与固定，避免管子质量落在焊缝上，避免强力对口。

(2) 焊接。高压管道及附件的焊接应符合国家或主管部门的技术标准要求，并特别注意以下几点：

焊件下料宜采用机械方法切断，对淬硬倾向较大的合金钢材，用热加工法下料后，切口部分应进行退火处理。所有钢号的管子在切断后均应及时在无编号的管段上打上原有的编号。

不同厚度焊件对口时，其厚度差可按图 6-40 的方法处理。

焊接时应注意环境温度，低碳钢允许的最低环境温度为 -20℃，低合金钢为 -10℃。工作压力大于 6.4MPa 的汽水管道应采用钨极氩弧焊打底，以保证焊缝的根层质量。直径大于 194mm 的管子对接焊口应采取二人对称焊，以减少焊接应力与变形。

壁厚大于 30mm 的低碳钢管子与管件、合金钢管子和管件在焊后应进行热处理，并注重焊前的预热。

(3) 检验。焊接工作完成后，应按有关标准要求进行焊缝表面质量、无损探伤、硬度等项目的检查。

四、管道支吊架修理及调整

(1) 修理管夹、管卡、套筒，使其牢固固定管子，不偏斜。

(2) 修理吊杆、法兰螺栓、连接螺栓和螺母。

(3) 按设计调整有热位移管道支吊架的方向尺寸。

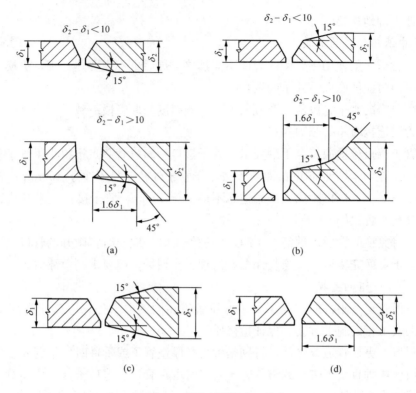

图 6-40　不同壁厚的对口形式

（4）顶起导向支座、活动支座的滑动面、滑动件的支撑面，更换有效活动件。

（5）调整弹簧支撑面与弹簧中心线垂直，调整弹簧的压缩值。

（6）更换弹簧时，做弹簧全压缩试验和工作载荷压缩试验。

（7）修补焊缝。

（8）埋件处理。

第四节　阀　门　简　介

一、阀门

1. 阀门的用途

阀门是一种用来控制管道内介质流动，具有可动机械的机械产品的总称。它是一种需用量大而面广的通用产品，阀门是管道系统中不可缺少的部件，它在系统中起截断、调节、接通、排放、减压的作用。阀门是保证设备和管道的安全运行的基本保证。

2. 阀门概述

阀门的种类繁多，超临界机组的阀门压力、温度较高，对阀门的工艺和质量要求也要迈上一个新的台阶。

随着机组向大容量、高参数方向发展，阀门也随着介质参数的提高，不断地向高温高压方向发展，管道介质工作压力的提高，要求阀门相应地改进密封结构，提高密封性能，采用新型密封面材料，为了简化管道系统出现了一阀多用的组合阀门，随着自动控制的提高，实行集中控制和遥控，对阀门的驱动装置和执行机构提出了新的要求，实用性能好，强度高，操作方便，维修简单，低噪声。热力系统中常由于一只阀门发生故障造成整个系统或机组停止运行，给工厂带来不可挽回的损失，所以对阀门的设计、制造和对从事阀门操作、阀门检修的工程技术人员和工人提出了更新、更严格的要求。

3. 阀门分类

(1) 按关闭件的动力来源分。

1) 自动阀：依靠介质自身的力量，自动操作的阀门。如：安全阀，疏水阀，止回阀、调节阀、疏水阀、减压阀等。

2) 驱动阀门：借助手动、电动、液动、气动来操纵动作的阀门。如闸阀、截止阀、节流阀、蝶阀、球阀、旋塞阀等。

(2) 按用途分。

1) 切断阀：用来切断或接通管内介质。如：闸阀、截止阀、球阀等。

2) 止回阀：用来防止介质倒流用的阀门。

3) 分配阀：用来改变介质的流向，起分配作用的阀门，如三通阀、分配阀、滑阀等。

4) 调节阀：用来调节介质的压力和流量，如：减压阀、调节阀、流量阀。

5) 安全阀：用来排除多余介质，防止压力超过规定值，保证管路系统及设备安全，如安全阀、事故阀。

6) 其他特殊用途：如疏水阀、放空阀、排污阀等。

(3) 按公称压力分。

1) 真空阀门：公称压力 PN<0.1MPa 的阀门。

2) 低压阀门：0.1MPa≤PN≤1.6MPa 的阀门。

3) 中压阀门：2.5MPa≤PN≤6.4MPa 的阀门。

4) 高压阀门：10MPa≤PN≤80MPa 的阀门。

5) 超高压：公称压力 PN≥100MPa 的阀门。

(4) 按介质工作温度分。

1) 超低温阀门：用于介质工作温度 $t<-100℃$ 的阀门。

2) 低温阀门：用于介质工作温度 $-100℃≤t<-40℃$ 的阀门。

3) 常温阀：用于介质工作温度 $-40℃≤t<120℃$ 的阀门。

4) 中温阀：用于介质工作温度 $120℃≤t≤450℃$ 的阀门。

5) 高温阀：用于介质工作温度 $t>450℃$ 的阀门。

(5) 按公称通径分。

1) 小口径阀门：公称通径 DN<40mm 的阀门。

2) 中口径阀门：公称通径 DN 在 50～300mm 的阀门。

3) 大口径阀门：公称通径 DN 在 350～1200mm 的阀门。

4) 特大口径阀门：公称通径 DN≥1400mm 的阀门。

(6) 按操作方法分。

1) 手动阀：借助手轮、手柄、杠杆、链轮、由人力来操作的阀门。

2）气动阀：借助压缩空气来操作的阀门。

3）液动阀：借助水、油等液体的压力来操作的阀门。

4）电动阀：借助电动机、电磁等电力来操作的阀门。

（7）按连接方式分。

1）螺纹连接：阀体带有内螺纹或外螺纹与管道连接的。

2）法兰连接：阀体带有法兰与管道法兰连接的。

3）焊接阀门：阀体带有焊接坡口与管道焊接连接的。

4. 阀门型号的编制

阀门的型号是用来表示阀类、驱动及连接形式、密封圈材料和公称压力等要素的。

由于阀门种类繁杂，为了制造和使用方便，国家对阀门产品型号的编制方法做了统一规定。阀门产品的型号是由七个单元组成，用来表明阀门类别、驱动种类、连接和结构形式、密封面或衬里材料、公称压力及阀体材料。其排列顺序如下：

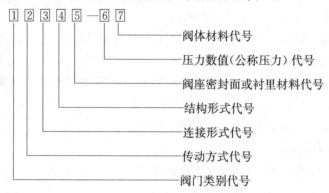

（1）第一单元用汉语拼音字母表示阀门类别，如闸阀用 Z 表示。每类阀门的代表符号如表 6-11 所示。

表 6-11　　　　　　　　　　　　阀门类别代号

阀门类别	闸 阀	截止阀	止回阀	节流阀	球 阀	蝶 阀	给水分配阀
代号	Z	J	H	L	Q	D	F
阀门类别	隔膜阀	安全阀	调节阀	旋塞阀	减压阀	疏水阀	水位计、水位平衡器
代号	G	A	T	X	Y	S	B

（2）第二单元用一位阿拉伯数字表示传动方式。对于手轮、手柄、扳手传动及自动阀门则省略本单元；对于气动或液动阀门，常开式用 6K、7K 表示，常闭式用 6B、7B 表示，气动带手动用 6S 表示；对于电动阀门，防爆电动用 9B 表示，户外耐热式用 9R 表示。阀门传动方式代号如表 6-12 所示。

表 6-12　　　　　　　　　　　　阀门传动方式代号

代号	0	1	2	3	4	5	6	7	8	9
传动方式	电磁传动	电磁-液动	电-液动	蜗轮传动	圆柱齿轮传动	圆锥齿轮传动	气动	液动	气-液动	电动

（3）第三单元用一位阿拉伯数字表示连接方式。阀门连接方式代号如表 6-13 所示。

表 6-13 阀门连接方式代号

代 号	1	2	3	4	5	6	7	8	9
连接方式	内螺纹	外螺纹	法兰	法兰	法兰	焊接	对夹式	卡箍	卡套

注 1. 用于双弹簧安全阀。
  2. 用于杠杆式安全阀、单弹簧安全阀。
  3. 焊接包括对焊和承插焊。

（4）第四单元用一位阿拉伯数字表示结构形式。结构形式因阀门类别不同而异，不同类别的阀门各个数字所代表的意义不同。常用阀门结构形式代号如表 6-14 所示。

表 6-14 阀门的结构形式代号

代号	1	2	3	4	5	6	7	8	9	0
闸阀	明杆楔式刚性单闸板	明杆楔式刚性双闸板	明杆平行式刚性单闸板	明杆平行式刚性双闸板	暗杆楔式刚性单闸板	暗杆楔式刚性双闸板	暗杆平行式刚性单闸板	暗杆平行式刚性双闸板	—	明杆楔式弹性闸板
截止阀（节流阀）	直通式	—	直通式Z形	角式	直流式	带平衡装置直通式	带平衡装置角式	波纹管式	三通式	—
止回阀（逆止阀）	升降直通式	升降立式	升降直通式Z形	旋启式单瓣	旋启式多瓣	旋启式双瓣	升降直流式	升降节流式再循环	蝶式	—
旋塞阀	—	—	直通式	T形三通式	多通式	—	—	—	—	—
疏水阀	浮球式	—	波纹管式	膜盒式	钟形浮子式	—	节流孔板式	脉冲式	圆盘式	—
减压阀	薄膜式	弹簧薄膜式	活塞式	波纹管式	杠杆式	—	—	—	—	—
隔膜阀	屋脊式	—	截止式	—	直流式	—	闸板式	—	—	—
球阀	浮动球直通式	—	浮动三通式Y形	浮动三通式L形	浮动三通式T形	固定四通式	固定球直通式	—	—	—
蝶阀	垂直板式	—	斜板式	—	—	—	—	—	—	杠杆式
调节阀	升降式多级柱塞式Z形	升降式单级针形式	—	升降式单级柱塞式	升降式单级套筒式Z形	升降式单级闸板式	升降式单级套筒式	升降式多级套筒式	升降式多级柱塞式	回转式套筒式
给水分配阀	柱塞式	回转式	旁通式	—	—	—	—	—	—	—

代号		1	2	3	4	5	6	7	8	9	0
安全阀	弹簧	封闭微启式	封闭全启式	不封闭带扳手双弹簧微启式	封闭带扳手全启式	不封闭带扳手微启式	不封闭带控制机构全启式	不封闭带扳手微启式	不封闭带扳手全启式	—	封闭带散热片全启式
	杠杆	—	单杠杆	—	双杠杆	—	—	—	—	—	—
	脉冲	—	—	—	—	—	—	—	脉冲	—	—

注 杠杆式安全阀在类型代号前加"G"。

（5）第五单元用汉语拼音字母表示密封面或衬里材料，如表 6-15 所示。

表 6-15 密封面或衬里材料代号

代 号	密封面或衬里材料	代 号	密封面或衬里材料
H	耐酸刚、不锈钢	C	搪瓷
T	铜合金	F	氟塑料
Y	硬质合金	N	尼龙
D	渗氮钢	P	渗硼钢或皮革
X	橡胶	B	巴氏合金（锡基合金、轴承合金）
CJ	衬胶	CQ	衬铅

注 1. 由阀体直接加工的阀座密封面材料代号用"W"表示。

2. 当阀座与阀瓣（闸板）密封面材料不同时，用低硬度材料代号表示（隔膜阀除外）。

（6）第六单元用数字直接表示公称压力数值，并用短线与前五单元分开。当介质最高温度小于 450℃时，标注公称压力数值。当介质最高温度大于 450℃时，标注工作温度和工作压力，工作压力用 p 表示，并在"p"的右下角附加介质最高温度数字，该数字是介质最高温度数值除以 10 所得的整数。如 $p_{54}100$ 表示最高工作温度为 540℃，工作压力为 100MPa。

（7）第七单元用汉语拼音字母表示阀体材料。对于 PN≤1.6MPa 的灰铸铁阀门或 PN≥2.5MPa 的碳素钢阀门，则省略本单元。阀门阀体材料代号如表 6-16 所示。

表 6-16 阀门阀体材料代号

代 号	Z	K	Q	T	L	C
阀体材料	灰铸铁	可锻铸铁	球墨铸铁	铜合金	铝合金	碳钢
代 号	I	P	R	V	S	G
阀体材料	铬钼钢	铬镍钛钢	铬镍钼钢	铬钼钒钢	塑料	高硅铁

以上代号只是一般规定，不包括各制造厂自行编制的型号和新产品型号。现在，只要提出阀门型号，我们就可以知道阀门的结构和性能特点。

（8）阀门型号举例：

例一：E948-10 型表明闸阀、电动驱动、法兰连接、暗杆单行式双闸板、密封面由阀体材料直接加工而成、公称压力 1MPa、阀体材料为灰铸铁。产品全称：电动暗杆平衡式双闸板闸阀。

例二：J63H-19.6V 表明截止阀、手动传动、焊接连接、直通式密封面为合金钢、公称压力 19.6MPa、阀体材料为铬钼钒钢、适合于蒸汽介质的截止阀。

例三：2948W-10 型含义为闸阀、电动机驱动、法兰连接、暗杆平行式双闸板、密封面由阀体直接加工、公称压力为 1Ma、阀体材料为灰铸铁。全称为：电动暗杆平行式双闸板闸阀。

二、阀门涂漆和标志识别

1. 阀件标志识别

在阀件的壳体上，有带箭头的横线，横线上部的数字表示公称压力的等级，有的则表示温度参数和工作压力，如 PN10、PT510 表示在 10MPa 和 510℃工作参数下使用。在横线下部的数字，表示连接管道的公称直径。

→ 表示阀件是直通式的，介质进口与出口的流动方向，在同一或相平行的中心线上。

┌ 表示阀件是直角式的，介质作用在关闭件上。

↔ 表示阀件是三通式的，介质有几个流动方向。

2. 阀件材料涂漆色

阀件材料涂漆色见表 6-17。

表 6-17 阀件材料的涂漆色

项　目	涂漆部位	涂漆颜色	材　料
阀体材料	阀体	黑色	灰铸铁、可锻铸铁
		银色	球墨铸铁
		灰色	碳素钢
		浅蓝色或不涂色	耐酸钢或不锈钢
		蓝色	合金钢
密封圈材料	驱动阀、门的手轮、手柄、扳手，或自动阀门的盖上、杠杆上	红色	青铜或黄铜
		黄色	巴氏合金
		铝白色	铝
		浅蓝色	耐酸钢或不锈钢
		淡紫色	渗氮钢
		灰色周边带红色条	硬质合金
		灰色周边带蓝色条	塑料
		棕色	皮革或橡胶
		绿色	硬橡胶
		与阀体涂色相同	直接在阀体上做密封面
衬里材料	阀门连接法兰的外圆柱表面	铝白色	铝
		红色	搪瓷
		绿色	橡胶或硬橡胶
		黄色	铝锑合金
		蓝色	塑料

第五节　阀门一般项目的检修工艺

一、阀门研磨工艺

因为阀门的密封面是阀门上最容易损坏的部位，它经常在比较复杂的运行条件下工作，当阀门开启或关闭时，由于摩擦而产生磨损，也会由于快速流过的介质作用而产生侵蚀，也会由于一些介质，如酸、碱以及气体或水中氧的作用，使密封面受到腐蚀，或由于一些杂物等损伤密封面，阀瓣与阀座密封面上出现的麻点、刻痕时都要进行研磨。所以阀门的阀芯与阀座密封面研磨是阀门检修的主要项目。若深度超过 0.5mm 时，应先在车床上光一刀再进行研磨。研磨材料的选择应根据阀瓣、阀座的损坏程度和材料而不同。通常用研磨砂或砂布。

（一）研磨头与研磨座

阀门检修时，大量而重要的工作是进行阀瓣和阀座密封面的研磨。开始研磨密封面时，不能将门芯与门座直接对磨，因其损坏程度不一致，直接对磨既浪费材料，又易将门芯、门座磨偏，故在粗磨阶段应采用胎具分别与门座、门芯研磨。研磨头和研磨座不但应数量足够，尺寸和角度也都要与阀瓣、阀座相符，所用材料的硬度应比阀座、阀瓣略小，一般用普通碳素钢和铸铁制成。常用的研磨头和研磨座如图 6-41 所示。

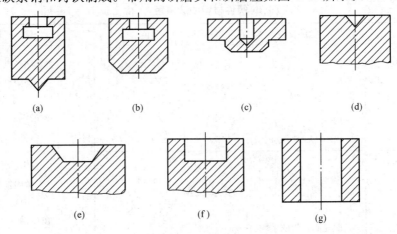

图 6-41　研磨头和研磨座

（a）研磨小型节流阀用的研磨头；（b）研磨斜口阀门用的研磨头；（c）研磨平口阀门用的研磨头；（d）研磨小型节流阀用的研磨座；（e）研磨斜口阀门用的研磨座；（f）研磨平口阀门用的研磨座；（g）研磨安全阀用的研磨座

手工研磨时，研磨头或阀瓣要配置各种研磨杆（图 6-42）。研磨头与研磨杆装配到一起置于阀座中，可对阀座进行研磨；阀瓣与研磨杆装配到一起置于研磨座中，可对阀瓣进行研磨。

研磨杆与研磨头（或阀瓣）用固定螺栓连接，要装配得很直，不能歪斜。使用时最好按顺时针方向转，以免螺栓松动。

研磨杆的尺寸根据实际情况来定，较小阀门用的研磨杆长度为 150mm，直径为

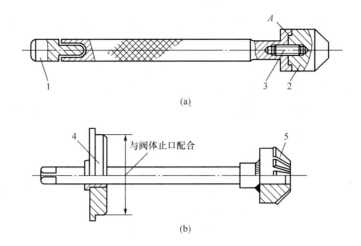

(a)

(b)

图 6-42　研磨杆

(a) 活动头研磨杆；(b) 锥度铣刀头研磨杆

1—活动头；2—研磨头；3—丝对；4—定心板；5—洗刀头

20mm 左右；40～50mm 阀门用的研磨杆长度为 200mm，直径为 25mm 左右。为便于操作常把研磨杆顶端做成活动头如图 6-42（a）所示。

研磨杆的头部也可安装锥度铣刀头 5（一般根据门座结构进行配制），直接对门座进行铣削，以提高研磨效率，如图 6-42（b）所示。

在研磨过程中，研磨杆与门座要保持垂直，不可偏斜。图 6-42（b）所示的研磨杆用一嵌合在阀体上的导向定心板进行导向，使研磨杆在研磨时不发生偏斜。如发现磨偏时，应及时纠正（见图 6-43）。

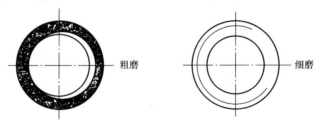

图 6-43　研磨时的磨偏现象

（二）研磨材料

研磨材料主要用于研磨管道附件及阀门的密封面。常用的研磨材料有砂布、研磨砂和研磨膏等。

1. 砂布

它是用布料作衬底，在其上面胶粘砂粒而成。根据砂粒的粗细分为 00 号、0 号、1号、2 号等号码。00 号最细，以后每一号都粗于前一号，2 号最粗。

2. 研磨砂

研磨砂的规格是按其粒度大小编制的。分为：10、12、14、16、20、24、30、36、46、54、60、70、80、90、100、120、150、180、220、240、280、320、M28、M20、

M14、M10、M7 和 M5 等号码。其中 10~90 号称为磨粒；100~320 号称为磨粉；M28~M5 称为微粉。

管道附件或阀门的密封面研磨，除个别情况用 280、320 号磨粉外，主要是用微粉。

为了加快研磨速度，有时先采用粗磨。粗磨可用大粒度 320 号磨粉（颗粒尺寸 42~28μm）；细磨可采用小粒度的 M28~M14 微粉（颗粒尺寸 28~10μm）；最后可采用 M7 微粉（颗粒尺寸 7~5μm）。常用研磨砂见表 6-18。

表 6-18   常 用 研 磨 砂

名　　称	主要成分	颜　色	粒度号码	适用于被研磨的材料
人造钢玉	$Al_{20}O_3$ 92~95%	暗棕色到淡粉红色	12~M5	碳素钢、合金钢、可锻铸铁、软黄铜等（表面渗氮和硬质合金不适用）
人造钢玉	$Al_{20}O_3$ 97~98.5%	白色	16~M5	
人造碳化硅 （人造金刚砂）	Si_2C 96~98.5%	黑色	16~M5	灰铸铁、软黄铜、青铜、紫铜
人造碳化硅 （人造金刚砂）	Si_2C 97~99%	绿色	16~M5	
人造碳化硼	B72~78% C20~24%	黑色		硬质合金与渗碳钢

注　金刚砂不宜用于研磨阀门密封面。

3. 研磨膏

研磨膏是用油脂类（石蜡、甘油、三硬脂酸等）和研磨微粉合成的。它是细研磨料，分为 M28、M20、M14、M10、M7、M5 等，有黑色、淡黄色和绿色的

（三）阀门的研磨

1. 手工研磨

（1）阀座密封面的研磨。

阀座密封面位于阀体内腔，研磨比较困难。通常使用自制的手工研磨工具，放在阀座的密封面上，对阀座进行研磨。研盘上有导向定心板，以防止在研磨过程中研具局部离开环状密封面而造成研磨不匀的现象。图 6-44 为截止阀阀座密封面的手工研磨示意图，图 6-45 为研磨工具的外形图。

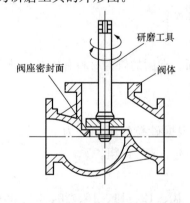

图 6-44　阀体平面密封面的手工研磨

图 6-45　阀门平面密封面研磨工具的外形图

研磨前应将研具工作面用丙酮或汽油擦净，并去除阀体密封面上的飞边、毛刺，再在密封面上涂敷一层研磨剂。

用研磨砂研磨截止阀密封面可分为四个步骤：

1) 粗磨。阀门密封面锈蚀坑大于 0.5mm 时，应先在车床上光一刀，再进行研磨。具体做法是：在密封面上涂一层 280 号或 320 号磨粉，用约 15N 的力压着胎具顺一个方向研磨，磨到从胎具中感到无砂粒时把旧砂擦去换上新砂再磨，直至麻点、锈蚀坑完全消失。

2) 中磨。把粗磨留下的砂擦干净，加上一层薄薄的 M28～M14 微粉，用 10N 左右的力压着胎具仍顺一个方向研磨，磨到无砂粒声或砂发黑时就换新砂，经过几次换砂后，看密封面基本光亮，隐约看见一条不明显、不连续的凡尔线，或者在密封面上用铅笔划几道横线，合上胎具轻轻转几圈，铅笔线被磨掉，就可以进行细磨。

3) 细磨。用 M7～M5 微粉研磨，用力要轻，先顺转 60°～100°，再反转 40°～90°，来回研磨，磨到微粉发黑时，再更换微粉，直至看到一圈又黑又亮的连续凡尔线，且占密封面宽度的 2/3 以上，就可进行精磨。

4) 精磨。这是研磨的最后一道工序，为了降低粗糙度和磨去嵌在金属表面的砂粒。磨时不加外力也不加磨料，只用润滑油研磨。具体研磨方法与细磨相同，一直磨到加进的油磨后不变色为止。磨料粒度的选择见表 6-19。

表 6-19　磨料粒度的选择

密封面需要表面粗糙度		磨料颗粒度
粗磨	$Ra\leqslant0.8$	60、80、120、180
精磨	$Ra\leqslant0.4$	220、320、400
抛光	$Ra\leqslant0.1$	500、600、1200

用砂布研磨的优点是研磨速度快、质量好，故在电厂和安装工地得到了广泛应用。

使用砂布研磨时，也要根据阀瓣和阀座的尺寸、角度配制研磨头和研磨座，所不同的是要考虑到砂布的固定问题。对斜口球形阀和针形阀，可在其研磨头上开一条横槽（见图 6-46）。

将砂布剪成图 6-46 右上角所示的形状，按图用线绳将其缚在研磨头的槽中即可。

对平口阀，其研磨头如图 6-47 所示，砂布剪成圆环形，用固定螺母将其压紧在导向圆筒上即可。

使用砂布研磨阀门密封面可分为三个步骤，先用 2 号粗砂布把麻坑、刻痕等磨平，再用 1 号或 0 号砂布把 2 号粗砂布研磨时造成的纹痕磨掉，最后用抛光砂布磨一遍即可。如阀门有一般缺陷也可分两步研磨，先用 1 号砂布把缺陷磨掉，再用 0 号或抛光砂布磨一遍。如阀门有很轻的缺陷，可直接

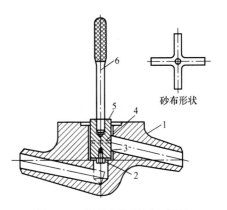

图 6-46　用砂布研磨斜口阀门

1—阀门；2—压砂布螺栓；3—砂布；4—用棉线扎砂布的槽；5—导向铁；6—研磨杆

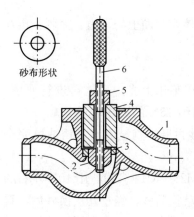

图 6-47 用砂布研磨平口阀门

1—阀门；2—压砂布螺栓；3—砂布；

4—导向圆筒；5—固定螺母；

6—研磨杆

用 0 号或抛光砂布研磨。

用砂布研磨阀门时，可一直按前进方向研磨，不必向后倒转，要经常检查，只要把缺陷磨掉就应更换较细砂布继续研磨。

用砂布研磨阀门时，工具和阀门间隙要小，一般每边间隙为 0.2mm 左右，如间隙太大容易磨偏，故在制造研磨工具时应注意此点。在用机械化工具研磨时要用力轻而均匀，否则易使砂布皱叠而把阀门磨坏。

以上所述是指阀座而言，若阀瓣有缺陷可用车床车光，紧接着用抛光砂布磨光；也可用抛光砂布放到研磨座上或平板上进行研磨。

（2）阀芯、闸板密封面的研磨。

阀芯、闸板密封面可使用研磨平板进行手工研磨。研磨平板应平整，研磨用平板分刻槽平板和光滑平板两种，如图 6-48 所示。研磨工作前，先用丙酮或汽油将研磨平板的表面擦干净，然后在平板上均匀、适量地涂一层研磨砂或把砂布放在平板上，对闸板或阀芯的密封面进行研磨。用手一边旋转一边作直线运动，或作 8 字形运动。由于研磨运动方向的不断变更，使磨粒不断地在新的方向起磨削作用，故可提高研磨效率。图 6-49 所示为闸板密封面的手工研磨。

为了避免研磨平板的磨耗不均，不要总是使用平板的中部研磨，应沿平板的全部表面上不断变换部位，否则研磨平板将很快失去平面精度。

楔状闸板，密封平面圆周上的质量不均，厚薄不一致，容易产生磨偏现象，厚的一头容易多磨，薄的一头会少磨。所以，在

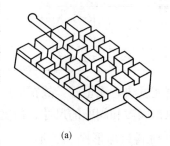
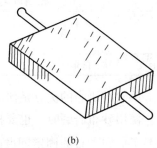

(a)   (b)

图 6-48 闸板密封面的手工研磨

(a) 刻槽平板；(b) 光滑平板

研磨楔式闸板密封面时，应附加一个平衡力，使楔式闸板密封面均匀磨削。图 6-50 所示为楔式闸板密封面的整体研磨方法。

无论是使用研磨砂研磨还是使用砂布研磨，都只能研磨中、小型阀门，对于大型闸板阀（如循环水管道阀门）则只能用刮刀进行刮研。研磨方法是先将阀瓣放在标准平板上用色印法（即在平板上涂红丹粉与机油混合物）研磨，再用刮刀把不平的部位刮平，要达到每平方厘米接触两点以上；把刮研好的阀瓣放到阀门中，用着色法刮研阀座，待阀座上的接触点也达到每平方厘米面积上接触两点为止。

研磨工作也不一定必须从粗磨开始，可视密封面损坏程度来确定。

（3）电钻式研磨工具。

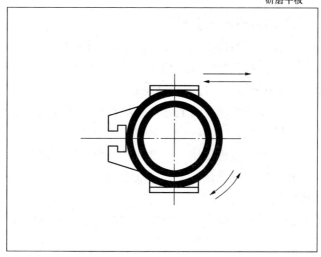

图 6-49 研磨用平板

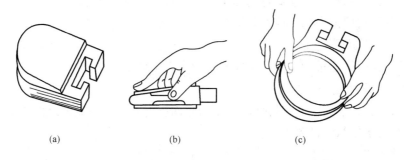

图 6-50 楔式闸板密封面的整体研磨

为了减轻研磨阀门的劳动强度,加快研磨速度,对小型球形阀常用手电钻带动研磨杆进行研磨。用这种方法研磨,速度较快,如阀座上有深 0.2~0.3mm 的坑,用研磨砂或自粘砂纸只需几分钟就可磨平,然后再用手工稍加研磨即可达到质量要求。

2. 机械研磨

为了减轻研磨阀门的劳动强度,加快研磨速度,常在阀门检修时的粗磨和中磨阶段,采用各种研磨机进行研磨。

手动研磨一般适用于小口径、小研磨量的密封面,而大口径、大研磨量的最好采用研磨机进行研磨,以降低劳动强度,提高工作效率。

3. 研磨中应注意事项

(1) 整个研磨过程中,研具必须经常进行平整,且应妥善存放。

(2) 注意清洁,对不同粒度或不同号数的研磨剂不能相互掺和,且应严密封存,以防杂质混入。

(3) 研磨过程中应有多块磨盘或平板,不能在同一块磨盘上或平板上同时使用不同粒度或不同号数的研磨剂。

(4) 研磨时作用于磨盘的力不应太大,因为人工操作不易把握,并可以避免因磨料压碎而划伤密封面。

(5) 阀瓣与阀座的密封面不允许对研。

一般不宜采用高硬度的硬质合金材料制成的平板进行研磨。

4. 研磨时常见缺陷、产生原因及防止方法

(1) 密封面成凸形或不平整。其原因可能是：

1) 研具不平整。应重新磨平研具再研磨，并注意检查研具的平面度。

2) 研磨时挤出的研磨剂积聚在工件边缘末擦去就继续研磨，应擦去后再研磨。

3) 研磨时压力不匀，研磨过程中后应时常转换一角度后再研磨。

4) 研磨剂涂得太多，应均匀适量使用，涂抹适当。

5) 研具与导向机构配合不当，应适当配合。

6) 研具运动不平稳。研磨速度应适当，防止研具与工件非研磨面接触。

(2) 密封面不光洁或拉毛。其原因可能是：

1) 研磨剂选择不当，应重新选择研磨剂。

2) 研磨剂掺入杂质，应先做好清洁工作再进行研磨操作。

3) 研磨剂涂得厚薄不匀，应均匀涂抹。

4) 精研磨时研磨剂过干。

5) 研磨操作时压力过大，压碎磨粒或磨料嵌入工件中。

5. 密封面效果的检验

(1) 表面检查：表面呈光滑镜面，观察密封面反射光，均匀无显现的明暗差异。

(2) 校验台上气封性试验。

(3) 光学检查：适合于 (2) 不能进行查测的阀门以及焊接阀门（主要用于安全阀）。

单色光的干涉法方法如下：将一透镜平放到密封面上，旁边入射一束单色光（如钠灯），人眼在透镜上方观察出现的光线干涉条纹（图 6-51）。

图 6-51　安全阀干涉光平面度检测

原理：入射光是单色光，因此波长一样。光线在透镜上表面反射，同时透过透镜到达密封面后再反射，再透过透镜射出。两份光线互相干涉。如果正好是波峰遇到波峰，亮度最强，如果是波峰遇到波谷，亮度最暗。最亮和最暗就形成了干涉条纹。两个相邻亮纹间的高度差为半波长，同一条纹的高度相同。这样，通过数条干涉条纹就可以进行量化评估该密封面的平面度情况。充满氦气的灯管发出橘黄色的光线，这种光源的波长是

0.000 598mm，在检测平面时仅用半波长进行，则测量半径约为 0.3μm，就是说产生的干扰条纹单位是 0.3μm，即光学镜片两条暗纹中心之间部件的水平度为：高或低 0.3μm。如图 6-52 所示。

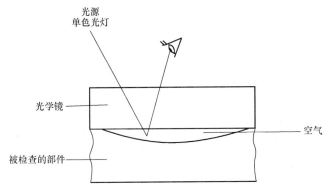

图 6-52 干涉光平面度检测的原理

要提高研磨的质量，首先要弄清楚研磨过程的质量控制要求，从另一方面讲，也就是说要搞清楚影响密封性的要素以及相应的检查方法。

平面密封：对于平面密封的研磨，主要控制以下三个方面：平面度、粗糙度、密封比压。

平面度良好的平面度意味着密封面没有凹陷、突起或是瓢面。

对于平面度的检测有：刀口尺、蓝油或红丹试验、单色光干涉法等方法。

良好的粗糙度能够达到更好的密封效果。

实践证明，保证良好的平面度，以 1000 目的砂纸进行细磨后就可以达到足够高的密封效果。密封比压指密封面上的压强，单位是 MPa。

密封比压＝密封面上的作用力/密封面贴合面积。

显然，提高阀门密封比压肯定有利于提高密封性，但应该以密封面材料的强度为极限。如果阀门解体检查发现阀瓣或阀座密封面上有较明显压痕，说明该阀门密封面上的密封比压已经超过最大允许密封比压（设计上一般是密封面材料屈服强度乘以系数），此时就要考虑阀门密封面的材料是否合适（如硬质合金层的厚度要求）、密封面的宽度是否符合标准、阀门是否适用于当时的工况等。

同样，如果密封面宽度太宽，就会造成密封比压不够，导致阀门内漏。

因此研磨后测量密封面的宽度是很有必要的。如果密封面太宽，可以通过车削的方法来纠正，但要注意密封面堆焊层的厚度是否足够。

同轴度显而易见，阀杆、阀瓣和阀座的同轴度会明显影响阀杆和阀座的贴合，会使密封面在圆周方向上受力不均，有可能出现密封面某部分密封力超过允许密封比压，产生密封面损坏；而同时某一其他部位的密封力达不到必须密封比压，导致内漏。

发现同轴度不好，一般从以下几个方面来查找原因：

1）阀杆的同轴度不好。

2）阀座加工偏斜。

3) 阀杆导向结构的偏斜。

二、阀门填料的检修

阀门的盘根是用于密封门杆或密封盘的，它能阻止工作介质的流出。阀门盘根除起到密封作用外，还要求与阀杆的摩擦小，不应阻碍阀杆动作。阀门盘根密封严密与否，直接与检修和维护的质量有关，是大小修与维护工作中的一项很重要的工作。

1. 盘根的规格与使用

盘根大多数是绳状，截面大多是方形，规格有 6、8、10、15、30mm 等多种。超临界机组所用的缠绕柔性石墨填料成环状，其截面也是方形或三角形，使用时可直接填入。绳状填料用多少切多少，切口成 45°斜口，弯成环状填入填料函。填料的种类：铜丝石棉橡胶盘根、镍丝石棉橡胶盘根、缠绕柔性石墨盘根等。

阀门盘根的选择应根据工作介质、压力和温度的不同，采用的盘根材料和形状也不相同。

常用的盘根分类、性能和使用范围，见表 6-20。

表 6-20　　　　　　常用的盘根分类、性能和使用范围

种　类	材　料	压　力(MPa)	温　度(℃)	介　质
棉盘根	棉纱编结棉绳、油浸棉绳、橡胶棉绳	<20~25	<100	水、空气、油类
麻盘根	麻绳、油浸麻绳、橡胶麻绳	<16~20	<1m	
普通石棉盘根	油和石墨浸渍过的石棉线；夹铝丝石棉编织线，用油、石墨浸渍；夹铜丝石棉编织线，用油和石墨浸渍	<4.5 <4.5 <6	<250 <350 <450	水、空气、蒸汽、油类
高压石棉盘根	用石棉布(线)，以橡胶为黏合剂，石棉与片状石墨粉的混合物	<6	<450	水、空气、蒸汽
石墨盘根	石墨做成的环，并在环间填充银色石墨粉，掺入不锈钢丝，以提高使用寿命	<14	540	蒸汽
碳纤维填料(盘根)	经预氧化或碳化的聚丙烯纤维，浸渍聚四氯乙烯乳液	<20	<320	各种介质
氟纤维填料(可制成标准形状)	聚四氟乙烯纤维，浸渍聚四氟乙烯乳液	<35	260	各种介质
金属丝填料	铅丝、铜丝	<35	230 500	油 蒸汽
RSM-O 形柔性石墨密封圈	成品为矩形截面圆圈	<32		用于高压阀门

2. 阀门填料检修注意事项

(1) 填料压盖与阀杆的间隙不能过大，一般为 0.1~0.2mm，阀杆与填料接触的部分要光滑，腐蚀深度不能超过 0.1mm，填料开裂或太干都不能使用。填料压盖要平整，不能有弯曲变形，压盖螺栓紧力要均匀，四周间隙要一致。

（2）更换旧填料时，盘根钩子的硬度不能大于阀杆材料的硬度。换新填料时，各层接口要错开 90°～180°。如图 6-53 所示，上下搭接，每装入 1～2 层应用压盖压紧一次，不

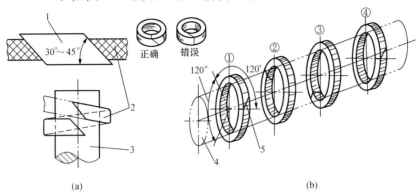

图 6-53　盘根接头与填装

（a）盘根接头；（b）盘根填装

1—样板；2—盘根；3—与阀杆等径的圆棒；4—阀杆；5—盘根接头

能装满一次性压紧。每一层填料都要压实，对于填料函较深的阀门应制作专门的假压盖，保证每一层填料都要压实。拧紧压盖螺栓时，压盖伸入填料函的深度为可深入部分的 1/2～2/3，且不得小于 5mm，以便留有热紧余量。如图 6-54 所示。

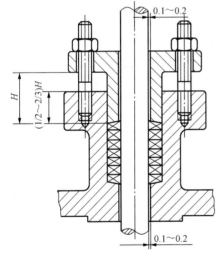

图 6-54　阀杆间隙和盘
根压盖的压入深度

三、阀门的阀杆检修工艺

检查阀杆的弯曲和磨损腐蚀情况，阀杆与填料接触的部位应光滑平直，弯曲度一般不超过 0.10～0.15mm/m（安全阀阀杆全长的弯曲度应小于 0.05mm/m）。椭圆度（一般不超过 0.02～0.05mm），表面锈蚀和磨损深度不超过 0.10～0.20mm，否则应更换新杆或校直，更换新杆材质应与原材质相同。

阀杆校直处理的方法有静压校直、冷作校直和火焰校直三种。

1. 静压校直法

静压校直阀杆，一般是在校直台上进行，校直台是由两个 V 形铁、平板、压力螺杆、压头、手轮、百分表和表座组成，如图 6-55 所示。

（1）用百分表测量出阀杆各部位的弯曲值，并作好标记和记录，确定弯曲最高点和最低点。

（2）把阀杆最大弯曲点朝上，放在两个 V 形铁中央，操作手轮，使压头压住最大弯曲点，慢慢加力使阀杆最大弯曲点向相反方向压弯。

（3）阀杆压弯量应视阀杆刚度而定，一般为阀杆弯曲量的 8～15 倍。

（4）阀杆在校直压弯后，压弯校正的稳定性随压弯量的增加而提高，也随旋压时间延长而提高。

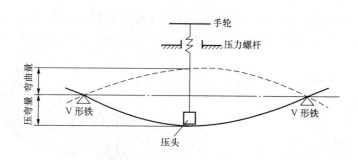

图 6-55 静压校直阀杆示意

2. 冷作校直法

冷作校直法是用圆锤、尖锤或用圆弧工具敲击阀杆弯曲的凹侧表面，使其产生塑性变形，受压的金属层挤压伸展，对相邻金属产生推力作用，弯曲的阀杆在变形层的应力作用下得到校直，在作阀杆校直时，应注意以下几点：

（1）阀杆弯曲量不大于 0.5mm。

（2）阀杆与填料接触的圆柱面，不采用冷作校直法。

（3）阀杆用冷作校直法完毕后，被锤击部分应用砂纸研磨膏打磨抛光。

3. 火焰校直法

火焰校直法是在阀杆弯曲部分弧最高点，用气焊的中性焰快速加热到 450℃以上，然后迅速冷却，使阀杆弯曲轴线恢复到原有的直线形状。在阀杆火焰校直时，应注意以下几点：

（1）阀杆直径小、弯曲量小的，校正温度可低一些，反之则应高些。

（2）阀杆的加热尺寸带宽度应接近阀杆直径，长度为直径的 2～2.5 倍。

（3）阀杆的加热深度对校直量有直接影响，加热深度超过其直径的 1/3 时，加热深度增加，校直量减少。

四、阀体与阀盖的修理

阀体和阀盖上如发现裂纹，在进行修补之前，应在裂缝方向前几毫米处使用 $\phi8\sim\phi15$ 的钻头，钻止裂孔，孔要钻穿，以防裂纹继续扩大。然后用砂轮把裂纹或砂眼磨去或用錾子剔去，打磨坡口，坡口的形式视本体缺陷和厚度而定。壁厚的以打双坡口为好，打双坡口不方便时，可打 U 形坡口。焊补时，应严格遵守操作规范，一般焊补碳钢小型阀门时可以不预热，但对大而厚的碳钢阀门、合金钢阀门，不论大小，补焊前都要进行预热，预热温度要根据材质具体选择。焊接时特别注意施焊方法，焊后要放到石棉灰内缓冷，并做 1.25 倍工作压力的超压试验。

阀体上的双头螺栓如有损坏或折断时，可用煤油润滑后旋出，或用火焊加热至 200～300℃，再用管钳子搬出；如阀体上内螺纹损坏不能装上螺栓时，可攻出比原来大一挡尺寸的螺纹，换上适合新螺纹的螺栓。

如法兰经过补焊，焊缝高出原平面，必须经过车旋削平焊缝，以保证凹、凸口配合平整和受热后不发生变形。

五、阀瓣与阀座的补焊

阀门经过长期使用,其阀瓣和阀座密封面会发生磨损,导致严密性降低。此时,可用堆焊的办法修复。堆焊后,将阀瓣和阀座需预热缓冷或热处理;最后用车床加工至要求的尺寸,并力求粗糙度达到 Ra1.6;再用研磨方法使其达到要求。

这种方法具有节约贵重金属,连接可靠,适应阀门工况条件广,使用寿命长等优点。堆焊的方法有电弧焊、气焊、等离子弧焊、埋弧自动堆焊等,电厂检修中最常用的方法是手工堆焊。

(一)密封面的堆焊

(1)不锈钢品类的堆焊材料已普遍用于中高压阀门密封面的堆焊。这里所说的不锈钢焊材不包括铬 13 不锈钢类,为了叙述的方便,也将堆 567 焊条归在此类。堆焊处表面和堆焊槽要粗车或喷砂除氧化皮,堆焊处不允许有任何缺陷和脏物,并将原密封面和渗氮层彻底清除,见本体光泽后方可堆焊。焊条的选择一般应符合原密封面材质。常用的不锈钢堆焊焊条如表 6-21 所示。

表 6-21　　　　　　　　　不锈钢堆焊常用焊条的牌号、性能及用途

牌号	药皮类型	焊接电流	焊缝主要成分及硬度	主要用途	焊接措施
堆 532	钛钙型	交直流	Cr18Ni8M03V HB≥170	用于堆焊中压阀门密封面,有一定的耐磨、耐蚀、耐高温性能	焊条经 250℃左右,烘焙 1h
堆 537 堆 547	低氢型	直流反接	Cr18Ni8Si5 HB270~320	用于堆焊工作温度在 570℃以下的高压锅炉阀门密封面,具有良好的抗擦伤、耐腐蚀、抗氧化等性能	焊条经 250℃左右烘焙 1h,一般碳素钢不预热,大件、其他钢材要一定温度预热。焊层为 3、4 层为适
堆 547 钼			Cr18Ni8Si5Mo HRC≥37	用于工作温度低于 600℃高压阀门密封面,具有良好的抗擦伤、抗冲蚀、抗热疲劳性能,焊金属时效强化效果显著	焊条经 250℃左右烘焙 1h,堆焊大件、深孔小口径截止阀体或其他钢材时,需预热缓冷或热处理,连续施焊焊 3~4 层

也有的阀门密封面是用 18—8 型不锈钢,堆焊焊条选用一般的奥 112、奥 117。为了防止热裂纹和晶间腐蚀,采用直流反接、短弧、快速焊、小电流,不应有跳弧、断弧、反复补焊等不正常操作。用 18—8 型不锈钢堆焊密封面,操作工艺简单,不易产生裂纹,但其硬度较低,不适合作闸阀密封面。

(2)铬 13 不锈钢材的堆焊。铬 13 是不锈钢的一种,从金相组织上分,它属于马氏体不锈钢,在中高压阀门上应用较广泛,常用牌号有 1Cr13、2Cr13、3Cr13 等。堆焊处表面的要求与前相同,选用焊条尽量符合原密封面材质,常用焊条见表 6-22,这类焊条常用来堆焊 510℃以下、0.6~16MPa 的铸钢为本体的密封面。

表 6-22　　　　　　　　　　铬 13 堆焊常用焊条的牌号、性能及用途

牌号	药皮类型	焊接电流	焊缝主要成分及硬度	主要用途	焊接措施
堆 502	钛钙型	交直流	1Cr13 HRC≥40	用于堆焊工作温度在 450℃ 以下的中压阀门等，堆焊层具有空淬特性	焊条经 150℃ 左右烘焙 1h，焊件焊前预热 300℃ 以上，焊后做不热处理。加热 750～800℃，软化加工后，再加热 950～1000℃，空冷或油淬后重新硬化。焊接工艺良好
堆 507	低氢型	直流反接			焊条经 250℃ 左右烘焙 1h 时。其他与上相同
堆 507 钼	低氢型	直流反接	1Cr13Mo HRC≥38	用于堆焊 510℃ 以下的中温高压截止阀、闸阀密封面应将本焊条与堆 577 配合使用，能获得良好的抗擦伤性能	焊条经 250℃ 左右烘焙 1h，焊件不需预热和焊后处理
堆 507 钼铌			1Cr13MoNi HRC≥40	用于堆焊 450℃ 以下的中、低压阀门密封面，具有良好的抗氧化和抗裂纹性能	
堆 512	钛钙型	交直流	2Cr13 HBC≥45	用于堆焊过热蒸汽用的阀件，其硬度耐磨性比堆 502 高，较难加工，堆焊层有空淬特性	焊件经 150℃ 左右烘焙 1h，焊前预热 300℃ 以上，不需热处理。可在 750～800℃ 遇火软化，加工后再经 950～1000℃ 空冷或油淬，重新硬化
堆 517	低氢型	直流反接	2Cr13 HBC≥45		250℃ 左右烘焙 1h。其他同上
堆 S27			3Cr13 HRC40-49		焊条经 250℃ 左右烘焙 1h，焊前预热 350℃ 以上

（3）钴基硬质合金的堆焊。钴基硬质合金在检修中最常用的堆焊方法是氧—乙炔堆焊法，这种方法熔深较浅，质量好，节约贵重合金，设备简单，使用方便，但效率较低。

堆焊 35 号、Cr5Mo、15CrMo、20CrMo 以及 18—8 不锈钢等材质的阀门，堆焊表面的清理要求如前所述，堆焊前要预热，堆焊时焊件要保持温度一致，焊后要缓冷，表 6-23 为钴基硬质合金堆焊件预热及热处理规范。

氧—乙炔堆焊操作时，应调试好火焰，焰心与中焰长度比为 1：3，即"三倍乙炔过剩焰"，这种碳化焰温度低，对碳合金元素烧损最小，能造成焊件表面渗碳和堆焊熔池极小的良好条件。堆焊过程中应随时注意调整火焰比。为了保证火焰的稳定，最好单独使用乙炔瓶和氧气瓶。堆焊时要严格按照操作规范操作，换焊丝时火焰不能离开熔池，收口火焰离开要慢，以免焊层产生裂纹和疏松组织。焊前对焊丝进行 800℃ 保温 2h 的脱氢处理。

堆焊含钛阀体金属应打底层过渡。堆焊时注意火焰对熔池浮渣的操作及对焊渣的清除，以免堆焊层产生气孔、翻泡、夹渣等缺陷。

表 6-23　　　　　　　　　　　钴基硬质合金堆焊前预热及热处理规范

焊 件 材 料	预热温度（℃）	焊 后 热 处 理
普通低碳钢小件	不预热	空冷
普通碳钢大件，高碳钢及低合金钢小件	350～450	置于砂或石棉灰中缓冷
高碳钢、低合金钢大件、铸钢部件	500～600	焊后在 600℃炉中均热 30min 后，炉冷
8—8 型不锈钢	600～650	焊后于 860℃炉中保温 4h，以 40℃/h 速度冷至 700℃后，再以 20℃几速度炉冷或石棉中缓冷
铬 13 类不锈钢	600～650	焊后于 800～850℃炉中，每 25mm 厚保温 1h 后，以 40℃/h 速度炉冷

钴基硬质合金堆焊也可采用电弧堆焊的方法，或等离子弧粉末堆焊法。

（二）堆焊缺陷的预防

阀门密封面的手工堆焊操作工艺复杂，要求严格，焊前应针对施焊件制定技术措施，做好充分的准备，才能保证堆焊质量，不出现各种各样的缺陷。

1. 裂纹的预防

堆焊前要制作适当的堆焊槽，堆焊槽的宽度比密封面宽，棱角处呈圆弧，严格清除原焊层和渗氮层，堆焊槽上的油污、缺陷要认真清除干净。对刚性大、大堆焊件、中碳钢及淬硬倾向高的低合金钢，要进行整体或合理的局部预热，以消除和减少堆焊产生的应力。堆焊时要采用过渡层，用奥氏体不锈钢等塑性好的焊条打底，以防止堆焊层出现裂纹和剥离。堆焊最好在室内进行，避免穿堂风，并尽量避免连续多层堆焊，防止焊件过热，焊后应缓冷。有的堆焊层焊后应立即进行热处理，如用堆 547 钼焊条堆焊 15Cr1MolV 后，需立即进行 680～750℃高温回火，以改善淬硬组织，降低热影响区的硬度。对于一般不锈钢、低碳钢等塑性好的堆焊件，可以不用焊前预热、焊后热处理。

2. 气孔和夹渣的预防

气孔和夹渣对阀门密封面是十分不利的，在堆焊时应尽量防止气孔和夹渣的出现，这就要求焊接时应严格按照操作规范、规程，正确选用焊条、焊丝和焊粉，按规定烘焙焊条。堆焊时应电流适中，速度恰当。每层焊完后都应认真清除焊渣，并检查是否存在焊接缺陷，严格把关。

3. 变形的预防

为了减少变形，应尽可能地减少施焊过程中的热影响区，采用对称焊法及跳焊法等合理堆焊顺序；采用较小的电流、较细的焊条、层间冷却办法；也可采用必要的夹具和支撑，增大刚度。

4. 硬度

为了保证堆焊层的硬度达到设计要求，在堆焊过程中应采用冲淡率小的工艺方法。当采用手工电弧堆焊时，宜采用短弧小电流。对有淬硬倾向的焊材（如堆 507、堆 547），可用适当的热处理措施来提高堆焊层的硬度。

（三）密封面的粘接铆合

在修理中低压阀门密封面中，经常会遇到密封面上有较深的凹坑和堆焊气孔，用研磨和其他方法难以修复，可采用粘接铆合修复工艺。

（1）根据缺陷的最大直径选用钻头，把缺陷钻削掉，孔深应大于 2mm。选用与密封面材料相同或相似的销钉，其硬度等于或略小于密封面硬度，直径等于钻头的直径，销钉长度应比孔深高 2mm 以上。

（2）孔钻完后，清除孔中的切屑和毛刺，销钉和孔进行除油和化学处理，在孔内灌满胶黏剂。胶黏剂应根据阀门的介质、温度、材料选用。

（3）销钉插入孔中，用小手锤的球面敲击销钉头部中心部位，使销钉胀接在孔中，产生过盈配合。用小锉修平销钉，然后研磨。敲击和锉修过程中，应采取相应的措施，以免损伤密封面。

六、水压实验

1. 实验要求

高压阀门一般是焊接在管道上的，其实验是和锅炉管道整体进行水压实验。对于拆卸下的阀门组装好后立即进行水压实验。

2. 试验一般步骤

（1）充水排净阀门内的空气后，缓慢进水升压，不可产生较大的冲击现象。

（2）试压泵打压时，压力应逐渐升压到工作压力的 1.5 倍试验压力，保持 5min，压力保持不变，再把压力降到工作压力进行检查。无渗漏、合格，即可将水放掉擦干。

（3）高压焊接阀门一般是在管道上检修，不拆下来，其严密试验是和锅炉水压试验一同进行。对于拆卸下来的焊接阀门则用退火后的钢垫垫好后再进行打压试验。

（4）试验好后将水放掉，并擦干净。

七、一般阀门的常见故障和预防措施

1. 填料函泄漏

这是阀门跑、冒、滴、漏的主要方面。

（1）产生填料函泄漏的原因有下列几点：

1）填料与工作介质的腐蚀性、温度、压力不相适应；

2）装填方法不对，尤其是整根填料盘旋放入，最易产生泄漏；

3）阀杆加工精度或表面光洁度不够，或有椭圆度，或有刻痕；

4）阀杆已发生点蚀，或因露天缺乏保护而生锈；

5）阀杆弯曲；

6）填料使用太久，已经老化；

7）操作太猛。

（2）消除填料泄漏的方法：

1）正确选用填料；

2）按正确的方法进行装填；

3）阀杆加工不合格的，要修理或更换，表面粗糙度最低要达到 $Ra3.2$，较重要的，要达到 $Ra0.4$ 以上，且无其他缺陷；

4）采取保护措施，防止锈蚀，已经锈蚀的要更换；

5）阀杆弯曲要校直或更新；

6）填料使用一定时间后，要更换；

7）操作要注意平稳，缓开缓关，防止温度剧变或介质冲击。

2. 关闭件泄漏

通常将填料函泄漏叫做外泄，把关闭件泄漏叫做内泄。关闭件泄漏，在阀门里面，不易发现。关闭件泄漏，可分两类：一类是密封面泄漏，另一类是密封圈根部泄漏。

（1）引起泄漏的原因有：

1）密封面研磨得不好；

2）密封圈与阀座、阀瓣配合不严；

3）阀瓣与阀杆连接不牢靠；

4）阀杆弯扭，使上下关闭件不对中；

5）关闭太快，密封面接触不好或早已损坏；

6）材料选择不当，经受不住介质的腐蚀；

7）将截止阀、闸阀作调节阀使用。密封面经受不住高速流动介质的冲蚀；

8）某些介质，在阀门关闭后逐渐冷却，使密封面出现细缝，也会产生冲蚀现象；

9）某些密封面与阀座、阀瓣之间采用螺纹连接，容易产生氧浓差电势，腐蚀松脱；

10）因焊渣、铁锈、尘土等杂质嵌入，或生产系统中有机械零件脱落堵住阀芯，使阀门不能关严。

（2）预防办法有：

1）使用前必须认真试压试漏，发现密封面泄漏或密封圈根部泄漏，要处理好后再使用；

2）要事先检查阀门各部件是否完好，不能使用阀杆弯扭或阀瓣与阀杆连接不可靠的阀门；

3）阀门关紧要使稳劲，不要使猛劲，如发现密封面之间接触不好或有挡碍，应立即开启稍许，让杂物流出，然后再细心关紧；

4）选用阀门时，不但要考虑阀体的耐腐蚀性，而且要考虑关闭件的耐腐蚀性；

5）要按照阀门的结构特性，正确使用，需要调节流量的部件应该采用调节阀；

6）对于关阀后介质冷却且温差较大的情况，要在冷却后再将阀门关紧一下；

7）阀座、阀瓣与密封圈采用螺纹连接时，可以用聚四氟乙烯带作螺纹间的填料，使其没有空隙；

8）有可能掉入杂质的阀门，应在阀前加过滤器。

3. 阀杆升降失灵

（1）阀杆升降失灵的原因有：

1）操作过猛使螺纹损伤；

2）缺乏润滑或润滑剂失效；

3）阀杆弯扭；

4）表面粗糙度大；

5）配合公差不准，咬得过紧；

6）阀杆螺母倾斜；

7）材料选择不当，例如阀杆和阀杆螺母为同一材质，容易咬住；

8）螺纹被介质腐蚀（指暗杆阀门或阀杆螺母在下部的阀门）；

9）露天阀门缺乏保护，阀杆螺纹沾满尘砂，或者被雨露霜雪所锈蚀。

（2）预防的方法：

1）精心操作，关闭时不要使猛劲，开启时不要到上死点，开够后将手轮倒转一两圈，使螺纹上侧密合，以免介质推动阀杆向上冲击；

2）经常检查润滑情况，保持正常的润滑状态；

3）不要用长杠杆开闭阀门，习惯使用短杠杆的工人要严格控制用力分寸，以防扭弯阀杆（指手轮和阀杆直接连接的阀门）；

4）提高加工或修理质量，达到规范要求；

5）材料要耐腐蚀，适应工作温度和其他工作条件；

6）阀杆螺母不要采用与阀杆相同的材质；

7）采用塑料作阀杆螺母时，要验算强度，不能只考虑耐腐蚀性好和摩擦系数小，还需考虑强度问题，强度不够就不要使用；

8）露天阀门要加阀杆保护套；

9）常开阀门，要定期转动手轮，以免阀杆锈住。

4. 其他

（1）垫圈泄漏：主要原因是不耐腐蚀，不适应工作温度和工作压力；还有高温阀门的温度变化。预防方法：采用与工作条件相适应的垫圈，对新阀门要检查垫圈材质是否适合，如不适合就应更换。对于高温阀门，要在使用时再紧一遍螺栓。

（2）阀体开裂：一般冰冻造成的。天冷时，阀门要有保温伴热措施，否则停产后应将阀门及连接管路中的水排干净（如有阀底丝堵，可打开丝堵排水）。

（3）手轮损坏：撞击或长杠杆猛力操作所致。只要操作人员和其他有关人员注意，便可避免。

（4）填料压盖断裂：压紧填料时用力不均匀，或压盖（一般是铸铁）有缺陷。压紧填料，要对称地旋转螺栓，不可偏歪。制造时不仅要注意大件和关键件，也要注意压盖之类次要件，否则影响使用。

（5）阀杆与阀板连接失灵：闸阀采用阀杆长方头与闸板 T 形槽连接的形式较多，T 形槽内有时不加工，因此使阀杆长方头磨损较快。主要从制造方面来解决。但使用单位也可对 T 形槽进行补加工，让它有一定的粗糙度。

（6）双闸板阀门的闸板不能压紧密封面：双闸板的张力是靠顶楔产生的，有些闸阀，顶楔材质不佳（低牌号铸铁），使用不久便磨损或折断。顶楔是个小件，所用材料不多，使用单位可以用碳钢自行制作，换下原有的铸铁件。

第六节 关断类阀门检修

关断类阀门只用来截断或接通流体，如截止阀、闸阀、蝶阀、球阀、隔膜阀等。

一、闸阀

(一) 闸阀用途及工作原理

闸阀（gate valve）是指关闭件（闸板）沿通路中心线的垂直方向移动的阀门。它的启闭件是闸板，闸板的运动方向与流体方向相垂直，闸阀只能作全开和全关，不能作调节和节流。它的闭合原理是闸板密封面与阀座密封面高度光洁、平整一致，相互贴合，可阻止介质流过，并依靠顶模、弹簧或闸板的模式，来增强密封效果。它在管路中主要起切断作用。

(二) 闸阀的特点

闸阀的优点是流动阻力小，开闭较省力，不受介质流向的限制，介质可以两个方向流动，结构尺寸较小，全开时密封面受介质冲蚀小。

缺点是结构复杂，高度尺寸较大，开启需一定的空间，开闭时间长，开闭时密封面容易受冲蚀和擦伤。

(三) 闸阀分类

(1) 按闸板结构形式分为单闸板和双闸板两种。

(2) 根据阀心结构形式又可分为楔式，平行式和弹性三种。

楔式闸板是指闸板的两个密封面成一定角度；平行式闸板的两个密封面平行，弹性闸板在两个平行闸板间加有弹簧。

(3) 根据闸杆的结构形式和在阀门开启时闸杆是否伸出阀体又可分为明杆式和暗杆式两类。在阀门开启时阀杆伸出阀体的叫明杆式；不伸出阀体的叫暗杆式。

(4) 由上面各种形式的组合，又可构成各种不同形式的结构。图 6-56 为平行双闸板闸阀，图 6-57 为电动明杆楔式单闸板阀。

(四) 闸板阀检修工艺

以高压自密封闸板阀检修为例介绍闸板的检修工艺。高压自密封闸板阀阀体密封的结构为内压自紧密封，密封连接是利用阀门内部介质的压力来达到密封的目的。其连接结构如图 6-58 所示，它由四合环、垫环和密封圈等组成。阀盖上部具有通常为 45℃ 的光滑锥面，锥面上紧贴着密封圈，密封圈的外圆与阀体紧贴，上部通过垫环和四合环被支撑压盖压住。显然，介质压力使阀盖与阀体之间的严密性得到提高，压力越高，密封性能越好。其优点是流动阻力小，开闭省力，不受介质流向的限制，结构尺寸小，全开时介质对密封面的冲蚀小。

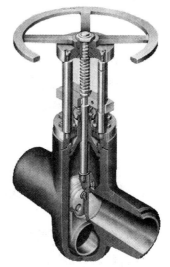

图 6-56 平行双闸板闸阀

一般在主给水管道、减温水管道、吹灰管道、事故放水管道及排污管道等主要管道上布置平行式闸板阀，以实现切断或接通管路介质。高压自密封闸板阀结构图如图6-59所示。

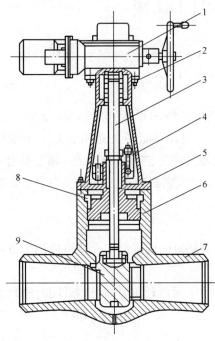

图 6-57　电动明杆楔式单闸板阀

1—电动机构；2—丝母；3—阀杆；4—支架；5—压板；

6—密封盘；7—阀体；8—开口止动环；9—阀板

1. 高压自密封闸板阀检修前准备

（1）工器具准备：合格的吊具（倒链、钢丝绳吊环、卡环等）、扳手（套筒扳手、锤击扳手、梅花扳手、活扳手）、研磨工具（研磨机、平板研磨砂等）、大锤、手锤、紫铜棒、螺丝刀、撬棍、样冲、扁铲、量具

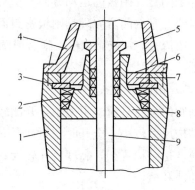

图 6-58　自密封连接结构

1—阀体；2—密封环；3—四合环；4—压盖；

5—填料压盖；6—填料；7—吊盖；8—阀盖；

9—阀杆

（游标卡尺、深度尺、钢板尺、内外卡钳）、锉刀、钢字码。

（2）备品备件及材料准备：盘根、自密封填料环、轴承、松锈剂、煤油、润滑油、黄油等。

（3）办理工作票，联系控制仪表停电、拆线。

2. 解体

（1）确认系统无压力后将阀门开启，并将需要拆卸的螺栓提前喷上松锈剂。

（2）拆卸电动装置上方的门杆罩。

（3）拆卸电动装置上端的端盖螺栓，用钢字码在端盖上做好标记。

（4）用螺丝刀拆卸轴承室挡圈上的销子，然后用手锤和样冲轻轻把挡圈振打旋转下来，然后取出轴承及垫圈装置。

（5）拆卸电动装置下端与门架的连接螺栓后，将电动头吊起后放置妥当。

（6）拆卸门架下端与阀体连接的螺栓，并在门架上做好标记，然后将门架吊起旋出并放置好。

（7）松开盘根压盖螺栓，并将盘根压盖取出，并将压盖螺栓旋出，将盘根抠除。

（8）松开自密封拉紧螺栓后，用专用圆盘将自密封拉紧环慢慢用螺栓背出（拧紧螺栓时一定要均匀，且一边拧紧螺栓，一边用铜棒敲打阀体）。

（9）取出自密封拉紧环后，若四开环尚未完全露出，应用铜棒敲打阀杆上端，使阀体下沉露出四开环；然后用螺丝刀伸到阀体的小孔中把四开环捅出环槽。

（10）取出四开环后用倒链拉紧阀杆，然后用上述专用圆盘将阀体慢慢背出（拧紧螺栓时一定要均匀，且一边拧紧螺栓，一边用铜棒敲打阀体），在背出的同时慢慢拉紧倒链，在背出螺栓拧到底后用倒链将阀芯提出。

（11）将套在阀芯上的 V 形填料挡环和 V 形填料取下。

3. 清理检查及修理

（1）清理检查轴承应完整无损，检查有无磨损、裂纹，滚道无麻点、腐蚀、剥皮。轴承压盖松紧适当，转动无异音。

（2）清理检查变速齿轮箱，检查有无磨损、啮合不良及断裂现象，涡轮、涡杆磨损不应超过齿厚的 1/3。

（3）检查传动轴应平直，表面光滑无锈蚀，各部轴衬套间隙不应过大。

（4）检查清理阀芯、阀座密封面应无裂纹、锈蚀和划痕等缺陷，轻微锈蚀和划痕应进行研磨，直到凡尔线粗糙度达到 $Ra0.1$ 以上。裂纹或严重划痕，应焊补后车削再进行研磨。极严重的，应申请报废。

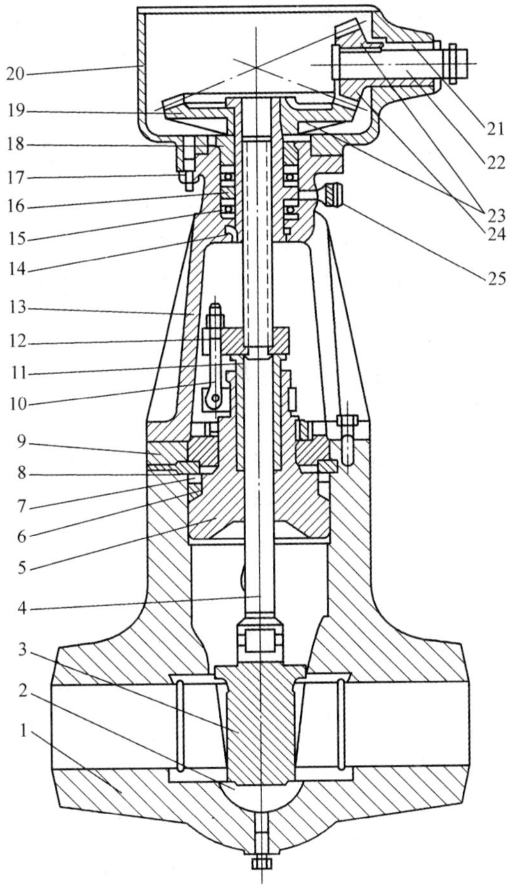

图 6-59　高压自密封闸板阀

1—阀体；2—阀座；3—阀芯；4—阀杆；5—阀盖；6—密封圈；7—均压圈；8—四合环；9—吊盖；10—盘根螺栓；11—盘根压盖；12—压板；13—支架；14—油封；15—平面轴承；16—阀杆螺母；17—齿轮箱速度螺钉；18—轴承压盖；19—大锥齿轮；20—齿轮箱；21—进盖；22—轴；23—平键；24—小锥齿轮；25—油杯

（5）清理门杆，并检查弯曲度（一般不超过 $0.10\sim0.15$mm/m）、椭圆度（一般不超过 $0.02\sim0.05$mm），表面锈蚀和磨损深度不超过 $0.10\sim0.20$mm，门杆螺纹完好，表面光滑，无损伤、锈蚀、裂纹，门杆螺母配合良好且转动灵活。

（6）四合环清理干净，表面光洁完好，无压痕、卷边（沟槽内轴向间隙为 $0.20\sim0.25$mm），用铅粉擦拭。

（7）清理检查盘根压盖、盘根室，并检查配合间隙是否适当，一般应为 $0.10\sim0.20$mm。

（8）清理检查各螺栓、螺母，螺纹应完好，清理干净，擦铅粉油，且配合适当。

（9）清理检查阀体、阀盖等各部件，表面无裂纹和砂眼等缺陷。发现缺陷应挖补。

（10）检查手动-电动切换装置有无失灵现象，检查手轮应完整无缺。

4. 复装

（1）复装工艺过程与解体步骤相反。

（2）紧法兰螺栓和门盖螺栓时，应对称均匀拧紧。

（3）紧盘根螺栓时，应注意四周间隙是否均匀，以防紧偏。

（4）各部件就位时，应缓慢小心，严禁猛力落入和重力击打。

（5）电动装置就位时，应在轴承室和齿轮箱内加入新的高温润滑油。

（6）复装轴承时，应注意将带有型号的一端朝外。

（7）填盘根时，注意盘根接口为 45°，开口处要错开 120°～180°，填料压盖进入盒内 5～8mm。

（8）全部组装完后，阀门处于关闭位置。如系统条件允许可直接作水压试验，压力为工作压力的 1.25 倍，时间为 5min，但必须做好与其他设备的隔离措施方可进行。

5. 调试

（1）联系控制仪表恢复电动头接线并送电。

（2）配合控制仪表调整行程，并根据阀门运行情况确定是以力矩定开关，还是以行程定开关（一般常关门且生产厂家允许应用力矩定开关，常开门一般用行程定开关）。

二、截止阀

（一）截止阀用途及工作原理

截止阀，也叫截门，是使用最广泛的一种阀门，是关闭件（阀瓣）沿阀座中心线移动的阀门，截止阀在管路中主要作切断用。它的闭合原理是，依靠阀杠压力，使阀瓣密封面与阀座密封面紧密贴合，阻止介质流通。

（二）截止阀的特点

开闭过程中密封面之间摩擦力小，比较耐用，开启高度不大，制造容易，维修方便，不仅适用于中低压，而且适用于高压。

截止阀只许介质单向流动，安装时有方向性。由于开闭力矩较大，结构长度较长，一般公称通径都限制在 DN≤200mm 以下。截止阀的流体阻力损失较大，长期运行时，密封可靠性不强，因而限制了截止阀更广泛的使用。

（三）截止阀的种类

截止阀分为三类：直通式、直角式及直流式斜截止阀

1. 直通截止阀

直通截止阀的阀杆与介质通路中心线成 90°角，这种截止阀在电厂中利用最广，如图 6-60 所示。

2. 角式截止阀

角式截止阀的特点是介质在阀内与原来的流向转成 90°，见图 6-61。

3. 直流式截止阀

直流式截止阀是阀门的阀杆与介质通路中心线成一角度，见图 6-62。

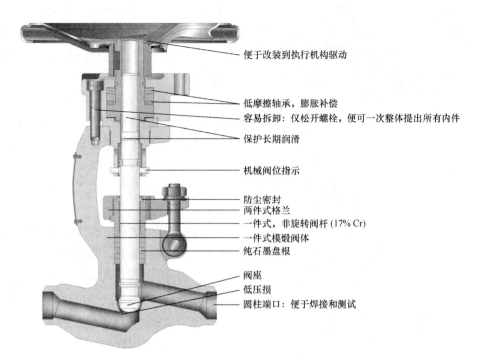

图 6-60　直通截止阀

便于改装到执行机构驱动

低摩擦轴承，膨胀补偿
容易拆卸：仅松开螺栓，便可一次整体提出所有内件
保护长期润滑

机械阀位指示

防尘密封
两件式格兰
一件式，非旋转阀杆 (17% Cr)
一件式模锻阀体
纯石墨盘根

阀座
低压损
圆柱端口：便于焊接和测试

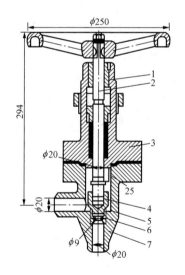

图 6-61　高压角式截止阀

1—丝母；2—阀杆；3—阀盖；4—开口环；
5—阀头；6—阀座密封圈；7—阀座

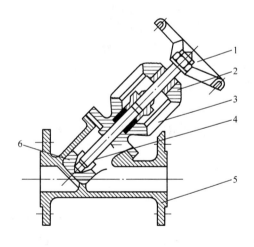

图 6-62　直流式截止阀

1—手轮；2—丝母；3—阀盖；4—阀杆；
5—阀体；6—阀瓣

（四）高压截止阀检修

高压截止阀结构图如图 6-63 所示。

1. 高压截止阀检修前的准备

（1）工器具准备：扳手（套筒扳手、锤击扳手、梅花扳手、活扳手）、研磨工具（研

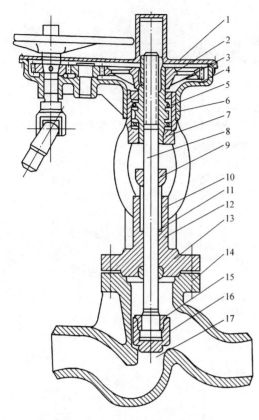

图 6-63　高压截止阀

1—传动箱；2—阀杆螺母；3—传动齿轮；4—轴承压紧螺母；5—平面轴承；6—阀杆螺帽套；7—密封圈；8—阀杆；9—盘根压盖；10—盘根；11—盘根室；12—阀盖；13—阀杆导套；14—阀壳；15—阀芯螺栓；16—阀芯；17—阀座

磨机、平板研磨砂等）、大锤、手锤、紫铜棒、螺丝刀、撬棍、样冲、扁铲、量具（游标卡尺、深度尺、钢板尺、内外卡钳）、锉刀、钢字码、磨光机。

（2）备品备件及材料准备：盘根、砂布、破布、松锈剂、煤油、润滑油等。

（3）办理工作票，做好安全措施。

2. 拆卸顺序

（1）电动阀门应先切断电源，并拆除电源线。

（2）阀门微启，拆除电动操作装置。

（3）拆除保温，并清扫干净。

（4）旋出阀盖与阀体的连接螺栓，将阀盖、阀杆及阀芯一同吊出。

（5）旋出填料螺母，拆除填料压盖，挖出填料，旋出阀杆。

3. 清扫检查

（1）清扫全部零部件。

（2）检查阀体和阀盖有无裂纹、砂眼、冲刷和腐蚀等缺陷，填料室有无纵向沟痕，法兰面是否平整光洁，有无砂眼与沟槽。

（3）检查阀座与阀芯的密封面是否光洁，有无裂纹、麻点、沟槽，并用红丹粉检查其接触情况。

（4）检查阀杆表面是否光滑，有无磨损、沟槽、腐蚀，螺纹有无磨损和损坏。

（5）检查阀杆螺母的螺纹有无磨损和损坏。

4. 组装

（1）所有零件清扫检查合格后，按与解体的相反顺序组装。

（2）垫片与填料应更换，填料开口错开 120°。

（3）垫片、填料及螺纹上应涂二硫化钼粉。

（4）轴承和阀杆螺母内应加入滚珠轴承脂或其他相似的润滑脂。

（5）组装后应调整电动阀开关位置。

5. 质量标准

（1）阀盖无裂纹、砂眼、冲刷和腐蚀等缺陷，填料室无纵向沟槽，法兰面平整光洁、无沟槽与腐蚀。

（2）阀座和阀芯密封面平整、光洁，无裂纹、麻坑、沟槽，接触痕迹连续均匀。

（3）阀杆表面光滑，无磨损和腐蚀，螺纹完整无损坏，弯曲度小于或等于 0.08mm，与填料环的间隙为 0.3~0.5mm。

（4）填料压板无变形，紧固后不倾斜，四周间隙均匀，与阀杆配合间隙为 0.10~0.20mm。

（5）阀杆螺母的螺纹无磨损和损坏，与阀杆配合良好，不松旷，不卡涩。

（6）法兰紧固后四周间隙均匀。

（7）轴承转动灵活，滑道滚动体光滑、无裂纹，滚珠架无损坏。

（8）螺栓与螺母配合良好，不松旷，不卡涩。

（9）阀门组装正确，开关灵活，电动开关正确。

（五）卡箍式截止阀检修

邹县电厂 1000MW 超超临界机组热力系统疏水和给水系统部分阀门采用了美国 CONVAL 的卡箍式阀门，由于结构上的特点，卡箍式阀门都能在线检修。

1. 结构组成

图 6-64 中给出了卡箍式阀门的所有零部件及名称。

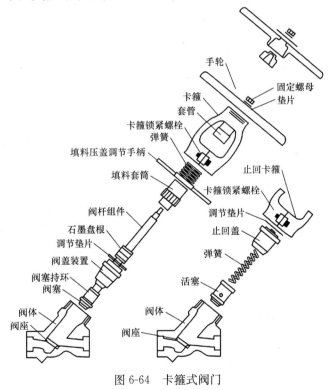

图 6-64　卡箍式阀门

注：口径编号为 8、9、10 的阀门，有手柄和适配器（锻造手柄）。

2. 维护

卡箍式阀门与其他阀门有几个明显不同的结构特点，维护时必须严格遵循下列说明。

（1）常规维护。

1）常规维护包括定期地压紧盘根压盖，以防盘根泄漏。卡箍阀阀门在开时有一种自密封特性，使得管道压力与盘根隔开从而延长盘根寿命，这个自密封只需要一个很小的力矩即可实现，力矩值见表 6-24。启动自密封防漏前，应检查盘根的压紧情况。

①卡箍式阀门有一个精密的单片花键盘根压紧系统，应定期调整以防盘根泄漏，在试压或启动后，盘根调整尤为重要。

表6-24 工 作 力 矩 (N·m)

口径编号	阀箍	阀座	盘根腔	卡箍螺栓
3C3D	136	41	5	20
5C5D	203	41	5	20
5E5F5G	203	81	8	20
6E6F6G6H	271	81	8	20
7E	339	81	8	34
7F7G7H7J	339	136	12	34
8F	475	136	12	34
8G8H8J8K	475	312	16	34
9G9H	576	312	16	81
9J9K9L	576	569	24	81
10H	813	312	16	142
10J	813	569	24	142
10K10L10M	813	678	34	142

②大多数卡箍式阀门配备了一个整体压紧扳子，如图6-65，整体压紧扳子使得盘根易于维护，有助于延长盘根的寿命，调节盘根增加盘根密封的同时，也延长了阀门的寿命。

2）常规维护时，每3年更换一次盘根，除此之外不需要其他的常规维护。

（2）带压情况下加装盘根。盘根压盖压紧的地方最终也会老化，从而影响阀门的密封性能。发生这种情况后，就必须在有压力的情况下增加盘根环，方法如下：将阀门隔离并释放压力，标出被隔离的阀门，按下面描述的安全步骤进行操作。

1）当阀门带压时，阀门自密封的压力不利于密封，不要企图从带压的阀门上取下盘根。

2）将阀门完全打开并在自密封上加载力矩，力矩值见表6-25。过力矩不仅不利于密封，反而会损伤阀门。

3）检查盘根处泄漏是否停止。

注意：如果盘根处仍有泄漏，则停止处理。

4）卸掉手柄以防后阀座的意外移动。

5）用压紧扳手（见图6-65）慢慢将套筒旋到阀衬套的最高处，同时检查是否有泄漏。

6）在开口处打开新的石墨盘根，将其绕着阀杆嵌入。

7）将盘根环滑入上密封中，并拧下套筒把它压紧，松开套筒查看是否还需要再加入一个盘根环，如果需要，让第二个盘根环的开口与第一个环成90°角。

压紧扳手
用于未配整体压紧扳手的阀门

整体压紧扳手
目前作为阀门的标准配置

图 6-65　整体压紧扳子

8) 压紧套筒，不要超过表 6-25 中列出的力矩值，左右转动阀杆数次，使盘根就位。

表 6-25　　　　　　　　　　　　　SEI-26 套筒压紧力矩　　　　　　　　　　（N·m）

口径编号	ANSI 压力磅级									
	600	900	1195	1500	2155	2500	3045	3500	4095	4500
3C	5	5	5	5	5	5	7	—	—	—
3D	5	5	5	5	5	—	—	—	—	—
5C	5	5	5	5	5	5	7	8	9	11
5D	5	5	5	5	5	5	7	8	9	—
5E	11	11	11	11	12	14	16	—	—	—
5G	11	11	11	—	—	—	—	—	—	—
6E	11	11	11	11	12	14	16	19	23	24
6G	11	11	11	11	12	—	—	—	—	—
6H	11	11	11	—	—	—	—	—	—	—
7E	11	11	11	11	12	14	16	19	23	24
7F	20	20	20	20	22	26	31	35	41	—
7G	20	20	20	20	22	26	31	—	—	—
7H	20	20	20	20	22	—	—	—	—	—
7J	20	20	20	—	—	—	—	—	—	—
8F	20	20	20	20	22	26	31	35	41	45
8G	24	24	24	24	27	31	38	43	50	—
8H	24	24	24	24	27	31	38	—	—	—
8J	24	24	24	24	27	—	—	—	—	—
8K	24	24	24	—	—	—	—	—	—	—
9G	24	24	24	24	27	31	38	43	50	56
9H	24	24	24	24	27	31	38	43	50	—
9J	50	50	50	50	54	62	76	—	—	—
9K	50	50	50	50	54	—	—	—	—	—
9L	50	50	50	—	—	—	—	—	—	—
10H	24	24	24	24	27	31	38	43	50	56
10J	50	50	50	50	54	54	68	87	102	—
10K	64	64	64	64	68	68	96	—	—	—
10L	64	64	64	64	68	—	—	—	—	—
10M	64	64	64	—	—	—	—	—	—	—

3．解体检修

（1）解体截止阀、检修。解体阀门前，应确保阀门已与系统压力隔离，并已做好了相应的安全工作。

1）将卡箍锁紧螺栓从阀箍中完全旋出，并将其旋入卡箍螺栓系耳的另一边（有螺纹的一边）。用一块金属板（象挡板垫片一样）插入阀开口处，防止螺栓穿过阀箍。旋入卡箍螺栓，将阀箍开口顶开约 4mm（这是为了消除阀箍摩擦力）。

2）用阀箍扳手旋下阀箍，小心地拆下阀箍，不要让阀杆和阀塞滑伤阀盖密封面，如果阀盖粘在阀体上，在阀盖法兰下面加一个小的箍。

3）拆下手轮的固定螺母和垫片，拿下手轮。

4）将阀杆从阀箍中拆出需要将阀杆向下旋过阀箍套管，为了拆卸方便，可以用金属丝刷和溶剂对阀杆上的螺纹进行彻底清洗。必要的话可用锉刀修整手轮平面的螺纹。

5）从阀盖上拆下调节垫片（如果有），有些型号的阀门装有调节垫片以保持阀箍的正确方向，重新装配时，应让阀门与调节垫片保持原来的相对位置。

6）拆下阀盖，颠倒阀杆并把阀盖压到阀杆上。

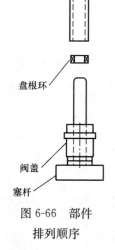

压紧工具

盘根环

阀盖

塞杆

图 6-66　部件
排列顺序

7）检查密封面是否有埙坏：

阀体—阀座、阀盖密封面。

阀杆—阀塞密封面、盘根密封面、上密封固定器边缘。

阀盖—后座凸起、阀体密封面、盘根腔表面。

（2）重新组装盘根。

1）用软棒（木棒、塑料棒、黄铜棒）拆出旧盘根，将阀盖倒过来放在台上，并将盘根环从底部压出，拆出盘根之前，可将阀盖和盘根浸在溶液中使盘根松动。

警告：不要用标准的拔具拆出盘根，它将划伤阀盖室，留下泄漏源。

2）用干净的溶剂清洁阀盖室，去除可能导致阀杆生锈的杂质。将阀盖放在重新加装盘根的专用塞杆上，依次逐个加入盘根环，并用压紧工具将它们压入阀盖室。无需加载予压力。各部件的排列顺序如图 6-66 所示。

注：为了达到最佳的密封性能，只能用压模成形石墨密封环和编制石墨片环。正确的尺寸见表 6-26。

表 6-26　　　　　　　　　　　　　　密 封 环 尺 寸　　　　　　　　　　　　（mm）

重新加盘根工具	口径编号	盘根环		片 环	
		外径×内径×厚度	数量	外径×内径×厚度	数量
T3-RP-1	3C 3D 5C 5D	19×13×6	2	19×13×3	2
T5-RP-1	5E 5F 5G 6E 6G 6H 7E	25×16×10	2	25×16×5	2

续表

重新加盘根工具	口径编号	盘根环		片环	
		外径×内径×厚度	数量	外径×内径×厚度	数量
T7-RP-1	7F 7G 7H 7J 8F	25~6×19×13	2	25~6×19×6	2
T8-RP-1	8G 8H 8J 8K 9G 9H 10H	25~10×22×13	2	25~×10×22×6	2
T9-RP-1	9J 9K 9L 10J	25~19×25~3×10	3	25~19×25~3×8	2
T10-RP-1	10K 10L 10M	25~22×25~6×16	2	25~22×25~6×8	2

(3) 阀座整修。

阀座整修工具如图 6-67 所示。

1) 解体阀门。

2) 将整修工具的压紧盖移到套管的上面以防止装配过程中切削刀碰到阀座。

3) 小心的将整修工具插入阀体腔，以防损坏阀盖密封面。

4) 将阀箍拧到阀体螺纹上，并用手旋紧。

5) 向下压轴杆，确保切削部分固定在阀座上。

6) 把压盖向下正好压到滚动轴承上。

7) 向上提起轴杆，确保其有些晃动。

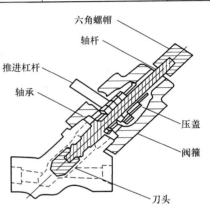

图 6-67　阀座整修工具

8) 轴杆不转时不要进行切削刀，把槽口扳手放到轴杆顶部的六角螺帽上，并且开始顺时针转动轴杆，转动轴杆的同时，让压盖向前进直到切削刀开始切削，继续转动轴杆，同时让压盖向前进确保连续切割，开始切割后请注意推进杠杆，切削量不要超过压盖的1/4圈。

9) 用溶剂和布清除切屑。

(4) 阀塞整修。用车床夹住阀塞外部，保证同心度在 0.025mm 以内，加工面与中心轴线成 $29°±10''$的角度，用单点硬质合金刀头（等级为 K68 钻碳化钨硬质合金或相同等级硬质合金），以 10~50m/min 圆周的速度加工，在形成的加工面的前提下，切削量越少越好。

(5) 阀盖研磨。

装配阀盖研磨工具如图 6-68 所示。

1) 在阀盖研磨工具的座面上涂少量研磨粉，120 号研磨粉用于粗研磨，280 号研磨粉用于细研磨。

2) 在阀盖研磨工具上稍稍加一点向下的压力，前后研磨直到阀盖法兰盘上出现一个平滑的加工面。

3) 用溶剂和干净的布清洁各部件。

(6) 阀座研磨 。装配研磨工具如图 6-69 所示。

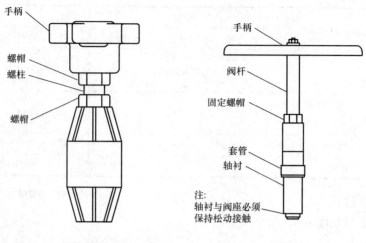

图 6-68　阀盖研磨工具　　　　图 6-69　装配研磨工具

1）轴衬应该是松动的，以便阀塞能轻松的晃动，紧固六角螺帽将轴衬固定在这个位置。

2）在阀塞座面上加少量研磨粉，120 号研磨粉用于粗磨，280 号研磨粉用于细磨。

3）让阀杆保持稍稍向下的压力，前后研磨约两分钟直到阀塞和阀座上出现平滑的加工面。

注：过度研磨会导致阀塞和阀座之间由线接触变为完全面接触，研磨的目的是让阀塞和阀座形成宽度为 1.6mm 左右的线接触带。

4）用溶剂和干净的布清洁各部件。

（7）重新组装阀门。

1）用溶剂完全清洁各部件。

2）在阀体/阀箍的螺纹上涂放咬合剂。

3）按下列次序装配各零部件：

①阀盖滑到阀杆上时，用盘根加载工具将盘根压在阀盖腔内。

②将盘根压盖拧到阀箍套管的最高点。

③将调整垫片重新放到阀盖腔上（如果原来有调节垫片），并将阀杆旋进阀箍中至中间行程位置。使调节垫片平铺在阀盖边。

④用卡箍螺栓顶开阀箍，将阀箍旋入阀体。旋入时，避免阀塞与阀体阀盖密封面接触。

⑤将阀箍旋到阀体上，确保阀杆位于中间行程。压盖位于阀箍套管的顶部，加载表 6-24 指定的力矩，不要过力矩。

⑥如果必须改变阀箍的对准方向，每转动 90°需加一个 0.030mm 厚的调整垫片。

⑦松开卡箍至正常位置并根据表 6-24 加载力矩。

⑧在阀杆上装手柄和固定器并紧固

⑨在全行程范围内让阀门走动几遍。固定盘根，重新调节盘根压盖。根据表 6-25 力矩值固定盘根套筒。

（8）电动执行器的组装。

阀门安装前不应拆下工厂安装的执行器。力矩开关已根据水压测试设置好，无需现场调节。在现场组装电动执行器时按以下步骤进行（这个步骤适用于阀门与已有执行器相匹配的情况）：

1）安装阀门。

2）阀箍臂应朝图 6-64 中所示的位置，这个方向可使阀箍臂的应力减至最小。

3）将电动执行器滑到阀杆适配器上。

4）在安装螺栓上涂防咬合剂。把执行器用螺栓紧固到阀箍法兰上。

5）重新设置电动执行器限位开关。"开"限位设为阀到达上密封之前 1/4 转时使执行机构失电；"关"限位设为确保执行机构为力矩关限位，力矩值无需调整。不要将阀门设为"开"力矩限位。

三、蝶阀

（一）蝶阀用途和工作原理

蝶阀也叫蝴蝶阀，如图 6-70 所示，顾名思义，它的关键性部件好似蝴蝶迎风回旋。

蝶阀的启闭件为圆盘状阀瓣，一般为实心，蝶板是通过转轴转动来完成阀门的启闭过程的，旋角的大小，便是阀门的开闭度。在管道上主要起切断和节流用。

图 6-70　蝶阀结构

（二）蝶阀特点

蝶阀具有轻巧的特点，比其他阀门要节省材料，结构简单，开闭迅速（阀瓣只需转 90°即可全开全闭），切断和节流都能用，流体阻力小，操作省力。蝶阀，可以做成很大口径。能够使用蝶阀的地方，最好不要使闸阀，因为蝶阀比闸阀经济，而且调节性好。目前，蝶阀在现代发电厂的冷却水系统、凝结水系统以及凝结水除盐系统上得到广泛的使用。但由于密封结构和密封材料的问题，目前用于低压管道比较多。

（三）蝶阀分类

蝶阀按传动方式，主要可分为手动、液动、电动、气动四种类型，见图 6-71。

下面就以电动蝶阀为例，简要介绍一下蝶阀的结构特点及检修工序。

如图 6-71（c）所示。电动蝶阀主要由阀体、阀轴、阀盘、阀盖、密封环、电动机构等部件构成。

（四）蝶阀的检修工艺

以邹县发电厂 1000MW 超超临界机组抽汽系统部分使用了德国阿达姆期（ADAMS MAK）阀门为例，介绍其机构及保养操作和检修工艺，德国阿达姆期（ADAMS MAK）阀门主要使用部位如表 6-27。

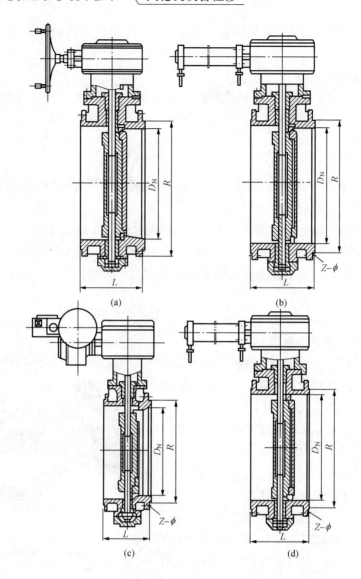

图 6-71 蝶阀

（a）手动蝶阀；（b）液动蝶阀；（c）电动蝶阀；（d）气动蝶阀

表 6-27   德国阿达姆期（ADAMS MAK）阀门在 1000MW 超超临界机组使用部位表

序 号	名 称	规格和型号	单 位	数 量
1	四段抽汽母管电动蝶阀	ADAMS MAK DN750/PN25 EMG-DREHMO-MATIC-DMC 250-120	套	1×1
2	四段抽汽至除氧器电动蝶阀	ADAMS MAK DN500/PN25 EMG-DREHMO-MATIC-DMC 120	套	1×1
3	四段抽汽至辅汽供汽管电动蝶阀	ADAMS MAK DN450/PN25 EMG-DREHMO-MATIC-DMC 120	套	1×1
4	辅汽至除氧器电动蝶阀	ADAMS MAK DN500/PN25 EMG-DREHMO-MATIC-DMC 120	套	1×2

续表

序　号	名　称	规格和型号	单　位	数　量
5	五段抽汽母管电动蝶阀	ADAMS MAK DN500/PN16 EMG-DREHMO-MATIC-DMC 120	套	1×1
6	六段抽汽母管电动蝶阀	ADAMS MAK DN700/PN10 EMG-DREHMO-MATIC-DMC 250-120	套	1×1

1. 阿达姆期阀门的结构

阿达姆期（ADAMS MAK）阀门的装配示意图见图 6-72 所示。

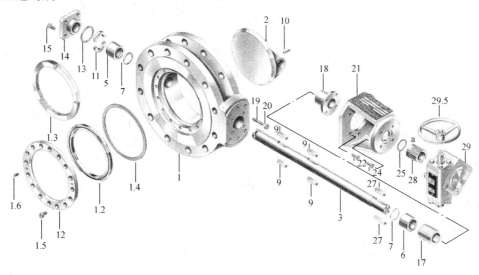

图 6-72　阿达姆期（ADAMS MAK）阀门的装配示意图

1—阀体；1.2—密封圈压环；1.3，7，13—密封圈；1.4—密封垫；1.5—内六角螺栓；1.6—沉头内六角螺栓；2—阀板；3—阀轴；5—轴承；9，27—平键；10—圆销；11—止推轴承；12—法兰；14—压盖；15，22，24—六角螺栓；6，17—轴封填料；18—填料压紧盖；19—双头螺杆；20—六角螺母；21—支架；25—O 形密封圈；28—执行机构耦合器；29—执行机构；29.5—手轮

2. 阿达姆期阀门的安装

（1）阿达姆期（ADAMS MAK）阀门安装前的检查。

1）拆取所有的运输保护和包装等，目检密封表面和阀门总体状况，确认在装运过程中无任何机械损伤。并检查阀体内部有无异物，确保阀门清洁和阀门内无任何遗留物。

2）安装前转动一下阀门，检查所有机械件的工作状态，检查是否有损坏，检查所有部位是否牢固可靠，确认整个机械装置均处于正常工作状态。

3）清洁法兰面（仅对法兰连接阀门），清除法兰表面、密封表面的防护薄膜，确保阀体清洁。

4）为了使阀门关闭时能保证很高的密封性，密封面（密封座与密封圈）不应有任何损伤，并保持清洁。

5）安装阀门前，阀门应处于关闭状态。

（2）阿达姆斯期（ADAMS MAK）阀门的安装。

1）MAK 型阀门安装时均为水平布置轴，这种布置是为了保证阀板和轴的质量从轴套完全均匀的分布在阀体的两侧。

2）卡件是作为轴的轴向保险装配的，而不是用于支撑阀板和轴的质量。如果需要垂直轴装配，订货时向厂家说明。

3）连接法兰必须正确调整，密封面必须相互平行，管子的质量不应从阀体上传递，不然会对阀门的特性产生不利的影响。

4）所有 MAK 型阀门都使用通用的法兰或螺旋密封，前提是必须符合适用的法兰标准。

5）安装阀门时，轴在关闭状态下要位于压力高的一侧，这样才能达到最佳密封效果。

6）阀门安装时，要准确找中定位，以保证安装后不会对管路产生附加负荷而影响阀门正常功能的发挥。

7）阀门结构刚性很好，也可以用补偿元件或延伸件来吸收管道不对中产生的负荷。

8）和阀门连接的管路一侧的法兰必须平正，连接贯通用的螺栓必须拧紧，以保证接头强度及密封性。

9）拧法兰螺栓时要均匀对称，参照密封—预变形螺栓拧紧力矩，避免过度的拧，以防止密封超过极限值。

10）阀门工作温度超过 200℃（400F）和低于－50℃（－60F）时，阀体必须加足够的隔热材料，以保证内部件和阀体之间的温差不影响阀门良好的工作性能。

11）用吊装设备将阀体吊装到位。切不可使用阀门本身的动力执行机构来吊装或操纵阀门到位。

12）对于法兰式结构，管道法兰必须对中且固定，确定法兰准确对中并清洁法兰表面，法兰螺栓采用对角交替逐步拧紧，以避免扭曲变形。

注意：不要将固定执行机构的支架隔热保温，以免热量传递给执行机构（尤其流体执行机构）而导致执行机构密封圈因过热而早期失效。

13）对焊接式结构，焊接工艺应采用焊接工艺规程 WPS（welding procedure specification）焊接程序，由合格的焊接工人操作。焊接工艺的质量保证和焊接工人的技能应按照 ASME 标准第Ⅸ卷《焊接与钎接评定标准》规定执行。

14）焊接端的表面应清洁、无漆、无油、无锈、无氧化皮等。

15）焊接阀门应按照 WPS 所规定，留有必要的根部间隙。

16）如果在 WPS 中指定要热处理，则热处理温度和保持时间应维持在最小特定范围。加热方法可用电阻加热或电感加热，热处理的加热温度应利用热电偶高温计或其他适当的方法进行检测，以保证满足 WPS 要求。

（3）现场调试，阀门装好后只进行简单的调试。

1）将其放在检验台上或装在反法兰之间，通过传动装置将阀门关上，直至达到所要求的密封效果。

2)高压应该是在阀板的轴端。传动装置的关闭挡块旋至扇形件上,因而能使其回转1/4转。

3)如果是气动或电动驱动时,以同样的方法,留半度的径向调节行程作为间隙。扭矩开关的调节必须符合电气伺服驱动器制造厂商的参数。

4)调整打开挡块时,阀板必须处于打开状态,阀板的开度用视觉估计与阀体/管轴平行为准。

3. 阿达姆期(ADAMS MAK)阀门操作

(1)注意事项:

1)MAK型阀门通常装有一个驱动装置,该驱动装置不仅是用来打开和关闭阀门,而且可将阀板定位在所需要的转动位置,并将扭矩传递到轴上,起到密封作用,此扭矩必须持续作用在轴上,以保证密封效果。

2)如果安装的是手动驱动,手轮向顺时针方向转动为关闭阀门,反时针方向为开。在驱动器的上面标有阀板的"AUF"(开)、"ZU"(关)位置标志。为保证轴上达到所要求的力矩,转动手轮,将阀门完全关闭。

手轮驱动的MAK阀,不要求使用扳手或加大手轮来加强密封作用,因为所有阀门手轮大小和传动装置的规格都是按可以轻松操作阀门的原则来设计的。

(2)手动操作。

1)手动操作阀门是采用外带阀板位置指示器(具有自锁功能)的齿轮箱的操作方式。

2)阀门"开"或"关"的位置由可调行程挡块固定,在出厂压力试验时,行程挡块以及"开"或"关"的位置可作调整,调整后不能再改变。

3)对应于"开"或"关"的标志和行程挡块所在位置,表明阀门处于"开"或"关"的状态。

4)阀门运行时决不可超过此开关行程,以防阀门损坏。

5)除操作手轮外,不应使用任何附加工具来操作阀门。

(3)其他执行机构。

1)当使用其他执行机构时,阀门"开"或"关"的位置不是由行程挡块来限位的。

2)阀门在"开"或"关"的位置时,应该由执行机构上的限位开关或挡块来调整(详见相关的执行机构操作说明)。

4. 阀门维护、检修工艺

(1)保养与维修。

1)所有阀门是按最小的维护要求设计的。开始的保养只是在投入使用后用视觉检查轴套和端盖的密封性。

2)作为长期保养原则的一部分,上述视觉检查在第一次投入使用后和在较长时间停止工作后进行。

3)如果确定无泄漏,视觉检查一年进行一次。如果有泄漏,就要再拧紧或更换,并在此之后即进行视觉检查,以确认所进行的保养工作。

注意:在有压力负荷的部件上进行工作时,必须关掉电源,或阀门完全卸载。

（2）盘根泄漏。

1）盘根部位有泄漏，要再拧紧螺母来排除，方法是依次相对地拧 1/4 转，直到排除泄漏，要避免拧过头，否则会提高阀门的操作力矩，缩短轴密封的使用寿命。

2）只要排除了泄漏，就不要再拧了。

（3）端盖泄漏。

1）端盖部位有泄漏，要再拧紧端盖螺栓，方法是依次相对拧 1/4 转，直到排除泄漏。拧螺栓时必须小心，才能达到盖密封所要求的弹性。

2）上述保养工作已完成后，仍然存在泄漏，就要求更换密封或盖密封。

3）更换密封或盖密封时阀门要完全卸载，或者将阀门从管道上卸下来，更换零件不允许阀门在压力负荷下进行。

（4）更换盘根。在进行此工作之前必须保证绝对的工作安全，或者把阀门从管路上卸下，或者至少要卸载。

1）首先松动旋出传动装置的六角螺栓。

2）然后将传动装置从轴上卸下。

3）最后将螺母和压套取下。

4）取轴密封要特别小心，不要损坏轴和阀体内孔。

5）如果密封上有刮痕，应用较细粒度的水砂纸来磨平。还要彻底清洗轴密封周围。

6）装配新的轴密封时，每个密封圈要用相应长度和深度的装配套筒，而且要完全配合在轴密封内。

7）所有拆卸下来的部件依反顺序装配，轴密封按上述调整方法检查。

8）轴密封结构可以用分段密封圈。如果用这种密封结构，每个轴密封环用 90° 的角度分段接缝装配。

（5）更换密封。

1）将阀门从管路上卸下来，彻底地清洁，将阀板置于全开状态，以便有足够的操作空间。

2）松开定位螺栓，将内六角螺栓卸下。如果有必要，将定位螺栓拧紧，以便将锁紧圈压出。

3）将密封圈取出，彻底清洁装配面。

4）将密封放置好，然后将阀板打到关闭状态。新的密封依照旧的密封的排列装上，向着阀板密封面对称地调整。

5）将锁紧圈和内六角螺栓装在一起，轻轻拧上，用视觉检查完密封面后，才将内六角螺栓继续拧紧，如分段密封，直到密封范围内无光透出为止。

6）拧六角螺栓时必须小心，注意后面表上的最大拧紧力矩。将阀门轻轻打开并慢慢关上，直到达到完全密封。以控制最大关闭力矩。

7）密封调节工作结束后，用一个座式压力检测器检测，检测合格后，方能拧上定位螺栓，以便将锁紧圈固定在装配位置上。

（6）内件的更换。

1) 首先将阀门从管路上卸下，彻底清洁。

2) 拆下传动装置、螺母，抽出压套，用一个冲击式的拆卸工具将圆轴销卸下，并将阀板上不光滑的地方打磨掉。

3) 转动轴和阀板，最好超过全打开状态，以得到足够的工作空间。

4) 取下六角螺栓和盖。将轴压到盖端，直到卡件从阀体上顶出，卸下卡件。

5) 将轴推向阀门的驱动端，并取下露在阀板定位孔之间的配合键，把轴继续压出以便能取下轴密封和上轴套、上配合键。

6) 将轴从阀板和阀体上取出。

7) 换完两个轴套后，才能将下面的轴套由里向外从阀体里推出，新的轴套从外向里压进阀体。

8) 阀板的安装是以拆卸时的反顺序。将阀板装上阀体时，阀板的密封面不要被阀体碰坏。

9) 密封支座和轴套面在安装前些须完全清洁，盖密封和轴密封在装配前必须更换。

10) 在阀板定位孔上重新钻孔，并且在原阀板孔轴向侧，直径和深度与圆轴销相一致。

11) 新的或旧的圆轴销推进孔时，要高出阀板一点，然后将其锉平。

（7）传动装置的保养。

阀门供货时带传动装置和附件，该装置使用了适合于$-20℃$（$-5℃$）和$+120℃$（$+250℃$）环境温度的高效润滑脂润滑，满足整个使用期，一般不需要更换和添加。

（8）齿轮箱的维护保养。

1) 阀门的动作是由齿轮减速箱传递的，齿轮减速箱采用的是重负荷优质润滑油，可维持长期的运行，但在阀门动作超过1000次后（或在使用3年后），要检查齿轮箱润滑油的质量。

2) 齿轮箱润滑油的更换按以下步骤进行：

①在更换过程中，无论阀门是在"开"或"关"的位置，阀门的状态不应改变。

②在阀门上标出齿轮箱上的准确位置。

③松开齿轮箱上的安装螺栓，取下齿轮箱。

④松开齿轮箱盖板螺栓，取下盖板。

⑤用新的油脂润滑所有的运动部件的零件，所有零件的啮合部分要用 Gragloscrn 和美孚（Mobil）油。

⑥仔细清洁齿轮箱各安装面。

⑦在密封面上涂上液体密封胶。

⑧把盖板装到箱体上，装上螺栓并拧紧。

⑨把齿轮箱按原先标出的位置定位再装到阀门上。

⑩用手动方式检查阀门的限位挡块；使用电动执行机构时，要先用手动方式校正断电状态的位置。

（9）螺栓拧紧力矩。

1）密封圈压紧螺栓的拧紧力矩（见表6-28）。

2）轴封盘根填料压紧螺母的最大拧紧力矩（见表6-29）。

<table>
<tr><td colspan="2">表6-28　密封圈压紧螺栓
的拧紧力矩</td><td colspan="2">表6-29　轴封盘根填料压紧螺母
的最大拧紧力矩</td></tr>
<tr><td>螺栓规格（mm）</td><td>拧紧力矩（N·m）</td><td>螺栓规格（mm）</td><td>拧紧力矩（N·m）</td></tr>
<tr><td>M 8</td><td>7</td><td>M 8</td><td>20</td></tr>
<tr><td>M 10</td><td>14</td><td>M 10</td><td>40</td></tr>
<tr><td>M 12</td><td>25</td><td>M 12</td><td>68</td></tr>
<tr><td>M 16</td><td>66</td><td>M 16</td><td>195</td></tr>
<tr><td></td><td></td><td>M 20</td><td>390</td></tr>
</table>

第七节　调节类阀门检修

调节类阀门用来调节流体的流量或压力，如调节阀、减压阀和节流阀、压力调整阀、温度调节阀、水位调整阀、疏水阀等。

一、调节阀门工作原理

调节阀是用来调节设备及管中介质的流量，其工作原理主要是靠改变阀芯与阀座间的流道面积来达到调节流量的目的，超临界机组系统复杂，对介质的调节要求高，故调节阀在机组的汽、水各系统中均有广泛的应用，随着机组自动化程度的不断提高，对调节阀的调节性能的要求也不断提高。

二、调节阀门分类

调节阀门结构有多级节流、回转圆筒型、套筒柱塞型、平闸板式以及笼式等。

调节阀门在电力系统中使用最为广泛的就其驱动方式来说有电动调节和气控调节两种。

三、调节阀门检修工艺

以GS调节阀检修为例。

Copes-Vulcan公司生产的GS和SD系列调节阀应用在邹县电厂1000MW超超临界机组轴封、辅汽和部分热力疏水系统中。GS系列调节阀适用于普通工况条件。SD系列调节阀适用于恶劣工况和特殊运行条件。

GS系列调节阀和SD系列调节阀具有相类似的结构，下面将以"GS"系列调节阀为例介绍该类型阀门的检修工艺。

1. 主要结构

（1）阀体子组件由阀体（1）与阀盖螺栓（13）、螺帽（14）以及阀盖密封垫圈（15）构成。具体结构见图6-73。

（2）对于用夹紧方式安装执行机构的调节阀，阀盖子组件由阀盖（2）、密封螺栓（11）、密封螺帽（12）、执行机构安装夹（22）和槽口大头螺钉（23）组成。对于用螺纹环安装执行机构的调节阀，阀盖组件由阀盖2和螺纹保持环32组成。对于用螺栓安装执

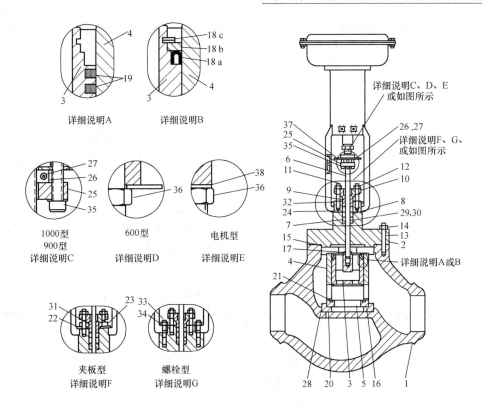

图 6-73　GS 调节阀示意图

1—阀体；2—阀盖；3—阀芯；4—阀芯套筒；5—阀座；6—阀杆；7—导向环；8—盘根；9—盘根压盖或盖圈；10—盘根紧固件；11—填料螺栓；12—填料螺帽；13—阀盖螺栓；14—阀盖螺帽；15—阀盖垫圈；16—阀塞密封；17—阀杆固定销；18a—U 杯形密封圈；18b—定位器；18c—定位特环；19—活塞环套件；20—缩径片；21—软塞环；22—孔定位夹板；23—槽口大头螺钉；24—隔离套环；25—阀杆销定盘；26—阀杆夹；27—螺钉；28—缩径片垫圈；29—填料弹簧；30—上填料片；31—卡环；32—螺纹环；33—螺栓；34—螺母；35—槽口大头螺钉；36—阀杆锁定螺母；37—指示器；38—锁定片

行机构的调节阀，阀盖组件由阀盖（2）和螺栓（33）、螺母（34）组成。

（3）密封子组件由导向环（7）、密封填料（8）、填料压盖（9）和填料紧固件（10）组成。如果使用双填料，则要提供两套填料（8）和一个套环（24）。

（4）最后一个子组件是阀芯子组件。它的组成随着阀芯的类型和尺寸的不同而改变。阀芯的类型不是单座不平衡的，就是单座平衡的。阀芯的尺寸要么是全尺寸的，要么是缩径的。

1）单座不平衡阀芯组件由阀芯（3）、阀座（5）、阀芯套筒（4）、阀杆（6）、阀杆锁定销（17）和内部部件密封垫圈（16）组成。

2）单座平衡阀芯组件由阀芯（3）、阀座（5）、阀芯套筒（4）、阀杆（6）、阀杆锁定销（17）、内部部件垫圈（16）和一个阀芯密封圈组成。对于最高温度不超过 260℃的情况，密封圈将是一个 U 杯形密封圈（18a）。对于最高温度超过 260℃的情况，密封圈将是两个活塞环（19）。

3）安装 U 杯形密封圈（18a）的同时要有 U 杯形密封圈定位器（18b）和定位环（18C）。

4）在任一阀芯组件之中的阀座可以是金属的，也可以是软质的。软质是因为金属阀座（5）上有软塞环（21）。

5）上述情况也适合于全尺寸阀芯组件。

6）缩径阀芯组件就是较小尺寸的调节阀阀芯安装在较大尺寸的调节阀阀体中。当使用缩径阀芯时，阀芯组件将包括另外的一个或多个内部部件密封垫圈（16）和缩径片（20）。

（5）填料类型。调节阀中使用三种不同类型的填料。

1）螺栓压紧型。螺栓压紧密封型由阀盖（2）中的填料函组成。填料函内安装了导向环（7）。紧随导向环的是填料套件（8）。通过紧固填料螺帽（12）给填料压盖（9）加载了负荷，使盘根（8）加压。这样就将填料压紧了。

2）双填料型。除了填料函镗孔更深和两个填料套件之间安装活套环（24）之外，带双填料密封圈的调节阀填料排列与螺栓压紧型的相似。这种填料排列中填料函内的堆积顺序是：导向环（7）、下填料套件（8）、活套环（24）、上填料套件（8）、填料随从件（10）和填料压盖（9）。填料螺帽（12）在填料螺栓（11）上紧固时，使填料套件加了负载。

3）弹簧负载 PTFE 型。弹簧负载 PTFE 型的填料排列与前两种不同。它由导向环（7）、填料弹簧（29）、上垫片（30）、填料套件（8）——由 PTFE 波浪环制成、填料随从件（10）和填料压盖（9）。对于这种填料排列，填料随从件（10）不是有外部凸起，就是有安装卡环（31）的槽口。设计成这种结构使得当密封螺帽（12）在填料螺栓（11）上完全紧固时，填料随从件（10）上的凸起［或卡环（31）］接触阀盖的端部。同时，压缩填料弹簧（29）在填料上产生所要求的最小负载。加在填料上另外的负载是来自调节阀内部的压力。这个压力使得填料波浪环伸展，增加其与阀杆和填料函壁的接触。

（6）阀芯套筒、阀座和缩径片。

1）GS 调节阀可以安装不同类型的内部部件，类型有：单座不平衡型、单座平衡型。这些内部部件有不同的种类，如：阀芯节流或出口节流，金属座或软座。但是，这些不同只是控制模式的不同，实质上并不影响调节阀的维护方法。

2）阀芯节流的内部部件中，在阀座以下的阀芯（3）是靠模加工的。这使得阀芯和阀座能更好地磨合。当阀芯离开阀座时，给流体空出更大的流通区域。对于这种类型的内部部件，阀芯套筒（4）上的孔纯粹是为了让流体流过，孔的形状对流量特性没有任何关系。

3）节流内部部件中，阀芯套筒（4）上带具有特性的孔。当阀芯（3）（平底的）被提起时，这些孔给流体空出更大的流通区域。同时这些孔的形状和排列决定了调节阀的流量特性。

4）一般来说，内部部件由阀芯（3）、阀座（5）和阀芯套筒（4）组成。这些部件作为一个组件固定在阀体内。它的底部，即阀体的平台和阀座的下边之间，有一个垫圈（16）。阀芯套筒的顶部还有一个垫圈（16）。阀芯套筒的高度是严格控制的，使得在两个垫圈上产生足够的压力，将流体完全密封。

5）如果内部部件是缩径的，那么内部部件中将包括一个或两个缩径片（20）以及一个或两个缩径片垫圈（28）。如果只用一个缩径片，则将其安装在阀座下面。如果用两个缩径片，那么将另一个缩径片安装在阀芯套筒的顶部。

2.GS 调节阀的解体工艺

GS 调节阀的解体工艺见图 6-73。

（1）拆卸填料和阀盖。

1）拧开填料螺帽（12），取下填料压盖（9）和填料随从件（10）。

2）使用窄钩、弯丝或填料拆卸器将旧填料（8）拉出填料函。扔掉旧填料，留下活套环（24）（如果安装了）。如果需要取出导向环（7），手边应该有更换的导向环。因为这是压入的非金属器件，取出时通常会被损坏。

3）取出填料的另一种方法是取下阀盖，用铜条从下面将填料推出。

4）取下阀盖螺帽（14），小心地将阀盖（2）提到阀盖螺栓上面。同时，握住阀杆（6），防止阀芯（3）脱落。扔掉阀盖垫圈（15）。

注意：所有 CV 调节阀，除了顶部导向的调节阀，都是阀芯套筒导向的。因此，要求直拉，直到阀芯离开阀芯套筒。

5）松开阀杆夹设定螺钉（27），取下阀杆夹（26），将阀芯和阀杆（3 和 6）从阀盖（2）中取出。

6）新阀芯（3）通常配合新阀杆（6）使用。如果要把阀芯（3）与阀杆（6）分开，取出阀杆锁定销（17），用提供的平扳手将阀杆从阀芯中旋出。如果阀杆上没有平板口，可在阀杆上裹一条砂布（宽约 12mm，砂布的粗糙面与阀杆接触）将阀杆裹牢旋出。

7）对于单座平衡内部部件，阀芯上将安装一个密封机构。对于最高温度不超过 260℃的情况，密封机构将是一个 U 杯形密封圈（18a）。它由 U 杯形密封圈定位器（18b）和定位环（18c）固定。对于温度超过 260℃的情况，阀芯上将安装两个活塞环或活塞环套件（19）。较好的做法是每次打开调节阀检查时更换密封部件。如果密封部件损坏，这是必须遵循的做法。

（2）阀芯套筒组件解体工艺。

1）上缩径片。

①一旦阀盖（2）被取下，就能确定是否安装了缩径内部部件。如果安装了，则取出上缩径片（20），扔掉垫圈（28）。

②将上部垫圈（16）从阀芯套筒的凹槽内取出，扔掉。

2）阀芯套筒（4）。

①阀芯套筒（4）应该刚好被提出。大口径的阀芯套筒提供了眼螺栓，有助于将笼子提出。

②检查阀芯套筒镗孔是否有损坏或磨损。这是内部部件的主导向面，磨损过大将导致振动。密封区损坏将影响密封效果。

③同样还要检查孔是否磨损，它将影响调节阀的流通能力和流通特性。

④如果阀芯套筒的损坏不能通过抛光和研磨镗孔消除，则将其更换。

3) 阀座（5）。

①阀座（5）应该刚好被提出。如果阀座的座面被损坏或磨损，不能通过研磨消除，则将其更换。

②检查座环的下表面（位于下部垫圈之上），确保其没有磨损。如果座环的下表面被损坏，将不能成功地密封流体。

③取出下部垫圈（16）并扔掉。

④将下缩径片（20，如果安装了），从阀体壁上的凹槽中取出。扔掉缩径片垫圈（28）。

确保缩径片与阀体壁之间没有泄漏。这里损坏将引起无法控制的泄漏，并导致阀体严重损坏。

3. GS调节阀的装配工艺

（1）综述。

1）装配调节阀之前确保阀体内部清洁。确保阀体壁的表面清洁，并去掉废垫圈、毛刺和腐蚀，如有必要，进行修理。

2）检查，确保旧阀盖垫圈从阀体法兰和阀盖面上的凹槽中去除。检测阀体面和阀盖面，确保其无损坏，无毛刺。

（2）内部部件装配检查。

1）将内部部件装进阀体，不要装阀芯、阀杆和垫圈。

2）在阀体阀盖法兰的顶面上放一把直尺。测量法兰顶面到阀芯套筒顶部或缩径片（如果安装了）的距离，并记录。

3）测量从阀盖面到导向环或压紧环底部的距离，并记录。

4）阀盖安装时导向环将接触内部部件的顶部。第一个测量结果应比第二个测量结果大"0.000～0.010"。

5）如果测量结果正确，进行装配。如果测量结果不正确，向CV服务部门咨询。

（3）下缩径片（20，如果安装了）。

1）如果调节阀安装了缩径内部部件，下缩径片（20）将与附加垫圈（28）一块提供。该垫圈将被装进阀体壁上的凹槽，注意要将垫圈完全插入、放平，位于凹槽的中间。

2）安装垫圈时，确保垫圈和所有铺垫部件的密封面没有划痕及没有径向扩展的工具伤痕。

3）接下来，将下缩径片放入阀体，注意不要碰到垫圈。

（4）阀座（5）。

1）将新的内部部件下垫圈（16）装进阀体凹槽中（或者下缩径片，如果安装了）。注：垫圈应不经润滑安装。

2）在垫圈上安装阀座（5），确保其安装牢固。

3）如果内部部件安装了软座，那么将提供软塞环（21），并且阀座（5）顶面上将有一个凹槽来放置它。软塞环放进调节阀之前，应将其放进阀座（5）上的凹槽中。

（5）阀芯套筒（4）。

1) 将阀芯套筒（4）放入阀体（1），放置好阀座上的凹凸槽接口。

2) 转动轮子，使笼子上的开口不与入口在一条直线上。将内部部件上垫圈（16）放进阀芯套筒（4）顶部的凹槽中。垫圈应不经润滑安装。

3) 如果内部部件装有一个软座，确保阀芯套筒将软塞环（21）牢牢地压进阀座（5）。

(6) 上缩径片（20，如果安装了）。如果调节阀安装缩径内部部件，则将提供上缩径片和垫圈。缩径片（20）位于阀芯套筒（4）的顶部，垫圈（28）位于所提供的凹槽内。注垫圈应不经润滑安装。

(7) 阀芯/阀杆（3和6）。通常新阀芯与阀杆一起提供。旧阀杆绝对不能和新阀芯一块使用。如果旧阀芯被再次使用或阀芯和阀杆未进行装配，则按下列步骤处理：

1) 在阀杆螺纹上涂润滑剂，利用阀杆上的扁平处将阀杆旋进阀芯。紧固阀杆，直到不能再紧。

2) 利用阀芯（3）上已有的孔作为导向，在阀杆（6）上钻一个穿孔。安装新的阀杆锁定销（17），确保锁定销未凸出阀芯外表面。

3) 检查阀芯（3）和阀芯套筒（4）的座面。为得到正确的座面，必要时进行研磨。

4) 如果内部部件是单座平衡型的，那么阀芯上将装有平衡密封圈。U 杯形密封圈适用于温度在 260℃ 以下的场合，两个活塞环适用于温度高于 260℃ 的场合。密封圈应在阀芯（3）研磨之后，插入阀芯套筒进行最后装配之前安装。

(8) U 杯形密封圈（见图 6-73，B）U 杯形密封圈的开口方向随流体通过调节阀的方向不同而改变，按以下方法选择正确的安装方向。

1) 流体在腹板或阀座上面，U 杯形密封圈（18a）的开口指向阀芯（3）的底部。

2) 流体在腹板或阀座下面，U 杯形密封圈（18a）的开口指向阀芯（3）的顶部。

3) 如果实际使用中流体可能有两个方向流向，那么使用两个 U 杯形密封圈，各指向一个方向。

4) 安装密封圈时应特别注意，不但要确保其定位正确，还要确保安装过程中没有损坏。

5) 安装了 U 杯形密封圈（18a）之后，固定密封圈定位器（18b）并安装密封圈定位环（18c），将其插入阀芯的凹槽。

(9) 活塞环（见图 6-73，A）。温度 430℃ 以下，活塞环是碳质的；温度 430℃ 以上，活塞环由耐蚀高镍铸铁制成。

1) 将密封圈安装到阀芯上时要特别注意，尤其是碳质的活塞环。应将活塞环打开到正好能在阀芯外面滑动，装进凹槽。不要用拧的方式打开活塞环。安装之后，在两边推动活塞环，确保有足够的间隙让活塞环向阀芯面下面移动。

2) 将阀芯和阀杆组件（3和6）插入阀体内的阀芯套筒（4）中，向下放阀芯和阀杆组件时，应特别注意让 U 杯形密封圈或活塞环流畅地进入阀芯套筒。

(10) 阀盖（见图 6-73）。

1) 放一个新的阀盖垫圈（15）到阀体（1）的阀盖法兰上的凹槽中，垫圈插入前千万不能润滑。

2）将阀盖（2）从阀杆（6）和阀盖螺栓（13）上小心地放下。确保阀盖面上的凸起与阀体法兰上的凹槽对齐。

3）在阀盖螺栓（13）螺纹上涂润滑剂，用手紧固螺栓螺帽（14）。在螺帽下面涂润滑剂有助于紧固。

4）上下移动阀杆（6）数次，确保内部部件在正中。在下面的紧固过程中，重复这个操作数次。

5）阀盖固定后，将阀盖螺帽（14）完全紧固。

6）正确加载力矩之后，检查阀体法兰面和阀盖法兰面的四周是否是金属碰金属的。

（11）填料（见图6-73）。

1）彻底清洁填料函，检查其没有划痕。

2）将导向环（7）压入阀盖填料函的底部。压住导向环让其连续移动（完全固定之前不要停止）。注意，因为导向环的主要材料是非金属的，所以任何时候如果将其从阀盖填料函中取出，通常会损坏。

3）如果要安装波浪式PTEF填料，按下列步骤进行：

①更换填料弹簧（29）和顶部填料片（30）。

②用硅油润滑剂稍稍润滑PTEF填料环（8）。

③将PTEF阳适配器放到填料垫片的顶部，平边向下。填料垫片之后紧跟3个波浪环，槽口边向下。将PTEF阴适配器固定在最上面的波浪环上，平边向上。注意：PTEF填料环在阀杆螺纹和扁平处通过时，小心不要损坏其边缘。

④如果填料随从件（10）带卡环槽安装，应将卡环（31）装在下面的槽中，填料随从件插入填料函镗孔。

⑤装填料压盖（9），在填料螺栓（11）上加填料螺帽（12）。紧固螺帽直到密封填料上的卡环碰到阀盖，此时，不需要进一步紧固。

4）含油石墨填料。含油石墨填料套件由4个或6个环组成。4个环的套件包含2个编织填料外环和2个带状填料内环。6个环的套件包含2个编织填料外环和4个带状填料内环。对于包括套环的双填料函，一个填料套件位于套环的下面，一个填料套件位于套环的上面。各填料套件的上、下环应是编织型的。

装含油石墨填料时应特别小心。按下列步骤进行（见图6-73）：

①阀芯离开阀座，安装第一个填料环。注意，填料环从阀杆的螺纹和扁平处通过时，确保不损坏其边缘。

②用夯实工具将填料压进填料函底部。夯实工具是一段管子或钻孔的棒，它的外圆应与填料函紧密配合，内圆应与阀杆有良好的配合。（这样的工具应该有两个，一个长度等于填料函的深度，一个长度为填料函深度的一半。）

③使用填料压盖（9）和填料螺栓、螺帽（11、12）均匀地加载第一个填料环，直到不能再压紧为止。

④取下填料螺帽（12）、填料压盖（9）和夯实工具，利用阀杆的扁平处顺时针、反时针转动阀杆（6）。当阀杆可自由转动时，将阀杆提起检查。在阀杆上应该可以看到亮亮的

含油石墨。

⑤让阀芯离开阀座，安装另一个填料环（8），再紧固到最大压力。取下填料螺帽（12）、填料压盖（9）和夯实工具。转动阀杆，检查石墨套。

⑥重复上述步骤，直到装上了所有的填料环。

⑦如果填料随从件（10）有卡环槽，那么应该将一个卡环插入上卡环槽，将填料随从件插入填料函镗孔中。填料随从件至少插入 3mm。

⑧在填料螺栓（11）上加填料压盖（9）和填料螺帽（12）。

⑨紧固填料螺帽（12），保证填料固定。调节阀投运后，有流体通过时，进一步调整填料螺帽，使调节阀密封良好。不要将填料压得过紧，因为这样将限制阀杆运动。

四、调节阀常见故障处理

1. 提高寿命的方法

（1）大开度工作延长寿命法。让调节阀一开始就尽量在最大开度上工作，如 90%。这样，汽蚀、冲蚀等破坏发生在阀芯头部上。随着阀芯破坏，流量增加，相应阀再关一点，这样不断破坏，逐步关闭，使整个阀芯全部充分利用，直到阀芯根部及密封面破坏，不能使用为止。同时，大开度工作节流间隙大，冲蚀减弱，这比一开始就让阀在中间开度和小开度上工作提高寿命 1~5 倍以上。

（2）减小 S（调节阀节流损失）增大工作开度提高寿命法。减小 S，即增大系统除调节阀外的损失，使分配到阀上的压降降低，为保证流量通过调节阀，必然增大调节阀开度，同时，阀上压降减小，使气蚀、冲蚀也减弱。具体办法有：阀后设孔板节流消耗压降；关闭管路上串联的手动阀，至调节阀获得较理想的工作开度为止。对一开始选的阀门流量大而阀门处于小开度工作时，可采用阀后设孔板节流消耗压降；关小管路上串联的手动阀，至调节阀获得较理想的工作开度为止。采用此法十分简单、方便、有效。

（3）缩小口径，增大工作开度提高寿命法。通过把阀的口径减小来增大工作开度，具体办法有：

1）换一台小一档口径的阀，如 DN32 换成 DN25；

2）阀体不变更，更换小阀座直径的阀芯阀座。

（4）转移破坏位置，提高寿命法。把破坏严重的地方转移到次要位置，以保护阀芯阀座的密封面和节流面。

（5）增长节流通道，提高寿命法。增长节流通道最简单的就是加厚阀座，使阀座孔增长，形成更长的节流通道。一方面可使流闭型节流后的突然扩大延后，起转移破坏位置，使之远离密封面的作用；另一方面，又增加了节流阻力，减小了压力的恢复程度，使汽蚀减弱。有的把阀座孔内设计成台阶式、波浪式，就是为了增加阻力，削弱汽蚀。这种方法在引进装置中的高压阀上和将老的阀加以改进时经常使用，也十分有效。

（6）改变流向，提高寿命法。流开型向着开方向流，汽蚀、冲蚀主要作用在密封面上，使阀芯根部和阀芯阀座密封面很快遭受破坏；流闭型向着闭方向流，汽蚀、冲蚀作用在节流之后，阀座密封面以下，保护了密封面和阀芯根部，延长了寿命。故作流开形使用的阀，当延长寿命的问题较为突出时，只需改变流向即可延长寿命 1~2 倍。

（7）改用特殊材料，提高寿命法。为抗汽蚀（破坏形状如蜂窝状小点）和冲刷（流线形的小沟），可改用耐汽蚀和冲刷的特殊材料来制造节流件。这种特殊材料有 6YC－1、A4 钢、司太莱、硬质合金等。为抗腐蚀，可改用更耐腐蚀，并有一定机械性能、物理性能的材料。这种材料分为非金属材料（如橡胶、四氟乙烯、陶瓷等）和金属材料（如蒙乃尔、哈氏合金等）两类。

（8）改变阀结构，提高寿命法。采取改变阀结构或选用具有更长寿命的阀的办法来达到提高寿命的目的，如选用多级式阀，反汽蚀阀、耐腐蚀阀等。

2. 调节阀经常卡住或堵塞的防堵（卡）方法

（1）清洗法。管路中的焊渣、铁锈、渣子等在节流口、导向部位、下阀盖平衡孔内造成堵塞或卡住使阀芯曲面、导向面产生拉伤和划痕、密封面上产生压痕等。这经常发生于新投运系统和大修后投运初期。这是最常见的故障。遇此情况，必须卸开进行清洗，除掉渣物，如密封面受到损伤还应研磨；同时将底塞打开，以冲掉从平衡孔掉入下阀盖内的渣物，并对管路进行冲洗。投运前，让调节阀全开，介质流动一段时间后再纳入正常运行。

（2）外接冲刷法。对一些易沉淀、含有固体颗粒的介质采用普通阀调节时，经常在节流口、导向处堵塞，可在下阀盖底塞处外接冲刷气体和蒸汽。当阀产生堵塞或卡住时，打开外接的气体或蒸气阀门，即可在不动调节阀的情况下完成冲洗工作，使阀正常运行。

（3）安装管道过滤器法。对小口径的调节阀，尤其是超小流量调节阀，其节流间隙特小，介质中不能有一点点渣物。遇此情况堵塞，最好在阀前管道上安装一个过滤器，以保证介质顺利通过。带定位器使用的调节阀，定位器工作不正常，其气路节流口堵塞是最常见的故障。因此，带定位器工作时，必须处理好气源，通常采用的办法是在定位器前气源管线上安装空气过滤减压阀。

（4）增大节流间隙法。如介质中的固体颗粒或管道中被冲刷掉的焊渣和锈物等因过不了节流口造成堵塞、卡住等故障，可改用节流间隙大的节流件——节流面积为开窗、开口类的阀芯、套筒，因其节流面积集中而不是圆周分布的，故障就能很容易地被排除。如果是单、双座阀就可将柱塞形阀芯改为 V 形口的阀芯，或改成套筒阀等。

（5）介质冲刷法。利用介质自身的冲刷能量，冲刷和带走易沉淀、易堵塞的东西，从而提高阀的防堵功能。常见的方法有：

1）改作流闭型使用；

2）采用流线型阀体；

3）将节流口置于冲刷最厉害处，采用此法要注意提高节流件材料的耐冲蚀能力。

（6）直通改为角形法。直通为倒 S 流动，流路复杂，上、下容腔死区多，为介质的沉淀提供了地方。角形连接，介质犹如流过 90℃ 弯头，冲刷性能好，死区小，易设计成流线形。因此，使用直通的调节阀产生轻微堵塞时可改成角形阀使用。

3. 调节阀外泄的解决方法

（1）增加密封油脂法。对未使用密封油脂的阀，可考虑增加密封油脂来提高阀杆密封性能。

（2）增加填料法。为提高填料对阀杆的密封性能，可采用增加填料的方法。通常是采用双层、多层混合填料形式，单纯增加数量，如将 3 片增到 5 片，效果并不明显。

（3）更换石墨填料法。大量使用的四氟填料，因其工作温度在 $-20\sim+200℃$ 范围内，当温度在上、下限，变化较大时，其密封性便明显下降，老化快，寿命短。柔性石墨填料可克服这些缺点且使用寿命长。因而有的工厂全部将四氟填料改为石墨填料，甚至新购回的调节阀也将其中的四氟填料换成石墨填料后使用。但使用石墨填料的回差大，初时有的还产生爬行现象，对此必须有所考虑。

（4）改变流向，置 p_2 在阀杆端法。当 Δp（调节前后压差）较大，p_1（阀进口压力）又较大时，密封 p_1 显然比密封 p_2（阀出口压力）困难。因此，可采取改变流向的方法，将 p_1 在阀杆端改为 p_2 在阀杆端，这对压力高、压差大的阀是较有效的。如波纹管阀就通常应考虑密封 p_2。

（5）采用透镜垫密封法。对于上、下盖的密封，阀座与上、下阀体的密封。若为平面密封，在高温高压下，密封性差，引起外泄，可以改用透镜垫密封，能得到满意的效果。

（6）更换密封垫片。至今，大部分密封垫片仍采用石棉板，在高温下，密封性能较差，寿命也短，引起外泄。遇到这种情况，可改用缠绕垫片，O 形环等，现在许多厂已采用。

4. 调节阀振动的解决方法

（1）增加刚度法。对振荡和轻微振动，可增大刚度来消除或减弱，如选用大刚度的弹簧，改用活塞执行机构等办法都是可行的。

（2）增加阻尼法。增加阻尼即增加对振动的摩擦，如套筒阀的阀塞可采用 O 形圈密封，采用具有较大摩擦力的石墨填料等，这对消除或减弱轻微的振动还是有一定作用的。

（3）增大导向尺寸，减小配合间隙法。轴塞形阀一般导向尺寸都较小，所有阀配合间隙一般都较大，有 $0.4\sim1mm$，这对产生机械振动是有帮助的。因此，在发生轻微的机械振动时，可通过增大导向尺寸，减小配合间隙来削弱振动。

（4）改变节流件形状，消除共振法。

因调节阀的所谓振源发生在高速流动、压力急剧变化的节流口，改变节流件的形状即可改变振源频率，在共振不强烈时比较容易解决。具体办法是将在振动开度范围内阀芯曲面车削 $0.5\sim1.0mm$。

（5）更换节流件消除共振法。

1）更换流量特性，对数改线性，线性改对数；

2）更换阀芯形式。如将轴塞形改为 V 形槽阀芯，将双座阀轴塞形改成套筒形；将开窗口的套筒改为打小孔的套筒等。

（6）更换调节阀类型以消除共振。不同结构形式的调节阀，其固有频率自然不同，更换调节阀类型是从根本上消除共振的最有效的方法。一台阀在使用中共振十分厉害——强烈地振动（严重时可将阀破坏），强烈地旋转（甚至阀杆被振断、扭断），而且产生强烈的噪声（高达 100 多分贝）的阀，只要把它更换成一台结构差异较大的阀，由于改变了固有频率，强烈共振奇迹般地消失。

（7）减小汽蚀振动法。对因空化汽泡破裂而产生的汽蚀振动，自然应在减小空化上想办法。

1）让气泡破裂产生的冲击能量不作用在固体表面上，特别是阀芯上，而是让液体吸收。套筒阀就具有这个特点，因此可以将轴塞形阀芯改成套筒形。

2）采取减小空化的一切办法，如增加阀后节流阻力，增大缩流口压力，分级或串联减压等。

（8）避开振源波击法。外来振源波击引起阀振动，这显然是调节阀正常工作时所应避开的，如果产生这种振动，应当采取相应的措施

5. 调节阀噪声大的解决方法

（1）消除共振噪声法。只有调节阀共振时，才有能量叠加而产生 100 多分贝的强烈噪声。有的表现为振动强烈，噪声不大，有的振动弱，而噪声却非常大；有的振动和噪声都较大。这种噪声产生一种单音调的声音，其频率一般为 3000～7000Hz。显然，消除共振，噪声自然随之消失。

（2）消除汽蚀噪声法。汽蚀是主要的流体动力噪声源。空化时，汽泡破裂产生高速冲击，使其局部产生强烈湍流，产生汽蚀噪声。这种噪声具有较宽的频率范围，产生格格声，与流体中含有砂石发出的声音相似。消除和减小汽蚀是消除和减小噪声的有效办法。

（3）使用厚壁管线法。采用厚壁管是声路处理办法之一。使用薄壁可使噪声增加 5 分贝，采用厚壁管可使噪声降低 0～20 分贝。同一管径壁越厚，同一壁厚管径越大，降低噪声效果越好。如 DN200 管道，其壁厚分别为 6.25、6.75、8、10、12.5、15、18、20、21.5mm 时，可降低噪声分别为 -3.5、-2（即增加）、0、3、6、8、11、13、14.5 分贝。当然，壁越厚所付出的成本就越高。

（4）采用吸音材料法。这也是一种较常见、最有效的声路处理办法。可用吸音材料包住噪声源和阀后管线。必须指出，因噪声会经由流体流动而长距离传播，故吸声材料包到哪里，采用厚壁管至哪里，消除噪声的有效性就终止到哪里。这种办法适用于噪声不很高、管线不很长的情况，因为这是一种较费钱的办法。

（5）串联消音器法。本法适用于作为空气动力噪声的消音，它能够有效地消除流体内部的噪声和抑制传送到固体边界层的噪声级。对质量流量高或阀前后压降比高的地方，本法最有效而又经济。使用吸收形串联消声器可以大幅度降低噪声。但是，从经济上考虑，一般限于衰减到约 25 分贝。

（6）隔音箱法。使用隔音箱、房子和建筑物，把噪声源隔离在里面，使外部环境的噪声减小到人们可以接受的范围内。

（7）串联节流法。在调节阀的压力比高（$\Delta p / p_1 \geqslant 0.8$）的场合，采用串联节流法，就是把总的压降分散在调节阀和阀后的固定节流元件上。如用扩散器、多孔限流板，这是减少噪声办法中最有效的。为了得到最佳的扩散器效率，必须根据每件的安装情况来设计扩散器（实体的形状、尺寸），使阀门产生的噪声级和扩散器产生的噪声级相同。

（8）选用低噪声阀。

低噪声阀根据流体通过阀芯、阀座的曲折流路（多孔道、多槽道）的逐步减速，以避免在流路里的任意一点产生超音速。有多种形式、多种结构的低噪声阀（有为专门系统设

计的) 供使用时选用。当噪声不是很大时，选用低噪声套筒阀，可降低噪声 10～20 分贝，这是最经济的低噪声阀。

6. 调节阀稳定性较差时的解决办法

(1) 改变不平衡力作用方向法。在稳定性分析中，已知不平衡力作用与阀关方向相同时，即对阀产生关闭趋势时，阀稳定性差。对阀工作在上述不平衡力条件下时，选用改变其作用方向的方法，通常是把流闭形改为流开形，一般来说都能方便地解决阀的稳定性问题。

(2) 避免阀自身不稳定区工作法。有的阀受其自身结构的限制，在某些开度上工作时稳定性较差。①双座阀，开度在 10% 以内，因上球处流开，下球处流闭，带来不稳定的问题；②不平衡力变化斜率产生交变的附近，其稳定性较差。如蝶阀，交变点在 70°左右；双座阀在 80%～90% 开度上。遇此类阀时，在不稳定区工作必然稳定性差，避免不稳定区工作即可。

(3) 更换稳定性好的阀。稳定性好的阀其不平衡力变化较小，导向好。常用的球形阀中，套筒阀就有这一大特点。当单、双座阀稳定性较差时，更换成套筒阀稳定性一定会得到提高。

(4) 增大弹簧刚度法。执行机构抵抗负荷变化对行程影响的能力取决于弹簧刚度，刚度越大，对行程影响越小，阀稳定性越好。增大弹簧刚度是提高阀稳定性的常见的简单方法，如将 20～100kPa 弹簧范围的弹簧改成 60～180kPa 的大刚度弹簧，采用此法主要是带了定位器的阀，否则，使用的阀要另配上定位器。

(5) 降低响应速度法。当系统要求调节阀响应或调节速度不应太快时，阀的响应和调节速度却又较快，如流量需要微调，而调节阀的流量调节变化却又很大，或者系统本身已是快速响应系统而调节阀却又带定位器来加快阀的动作，这都是不利的。这将会产生超调，产生振动等。对此，应降低响应速度。办法有：①将直线特性改为对数特性；②带定位器的可改为转换器、继动器。

7. 对称拧螺栓，采用薄垫圈密封方法保证密封性能

在 O 形圈密封的调节阀结构中，采用有较大变形的厚垫片 (如缠绕片) 时，若压紧不对称，受力不对称，易使密封破损、倾斜并产生变形，严重影响密封性能。因此，在对这类阀维修、组装中，必须对称地拧紧压紧螺栓 (注意不能一次拧紧)。厚密封垫如能改成薄的密封垫就更好，这样易于减小倾斜度，保证密封。

8. 增大密封面宽度，制止平板阀芯关闭时跳动并减少其泄漏量的方法

平板形阀芯 (如两位形阀、套筒阀的阀塞)，在阀座内无引导和导向曲面，由于阀在工作的时候，阀芯受到侧向力，从流进方靠向流出方，阀芯配合间隙越大，这种单边现象越严重，加之变形，不同心，或阀芯密封面倒角小 (一般为 30°倒角来引导)，因而接近关闭时，产生阀芯密封面倒角端面置于阀座密封面上，造成关闭时阀芯跳动，甚至根本关不到位的情况，使阀泄漏量大大增加。最简单、最有效的解决方法，就是增大阀芯密封面尺寸，使阀芯端面的最小直径比阀座直径小 1～5mm，有足够的引导作用，以保证阀芯导进阀座，保持良好的密封面接触。

9. 改变流向，解决促关问题，消除喘振法

两位形阀为提高切断效果，通常作为流闭形使用。对液体介质，由于流闭形不平衡力的作用是将阀芯压闭的，有促关作用，又称抽吸作用，加快了阀芯动作速度，产生轻微水锤，引起系统喘振。对上述现象的解决办法是只要把流闭形改为流开形，喘振即可消除。类似这种因促关而影响到阀不能正常工作的问题，也可考虑采取这种办法加以解决。

10. 克服流体破坏法

最典型的阀是双座阀，流体从中间进，阀芯垂直于进口，流体绕过阀芯分成上下两束流出。流体冲击在阀芯上，使之靠向出口侧，引起摩擦，损伤阀芯与衬套的导向面，导致动作失常，高流量还可能使阀芯弯曲、冲蚀、严重时甚至断裂。解决的方法：①提高导向部位材料硬度；②增大阀芯上下球中间尺寸，使之呈粗状；③选用其他阀代用。如用套筒阀，流体从套筒四周流入，对阀塞的侧向推力大大减小。

11. 克服流体产生的旋转力使阀芯转动的方法

对 V 形口的阀芯，因介质流入的不对称，作用在 V 形口上的阀芯切向力不一致，产生一个使之旋转的旋转力。特别是对 DN≥100 的阀更强烈。由此，可能引起阀与执行机构推杆连接的脱开，无弹簧执行机构可能引起膜片扭曲。解决的办法有：①将阀芯反旋转方向转一个角度，以平衡作用在阀芯上的切向力；②进一步锁住阀杆与推杆的连接，必要时，增加一块防转动的夹板；③将 V 形开口的阀芯更换成柱塞形阀芯；④采用或改为套筒式结构；⑤如系共振引起的转动，消除共振即可解决问题。

12. 调整蝶阀阀板摩擦力，克服开启跳动法

采用 O 形圈、密封环、衬里等软密封的蝶阀，阀关闭时，由于软密封件的变形，使阀板关闭到位并包住阀板，能达到十分理想的切断效果。但阀要打开时，执行机构要打开阀板的力不断增加，当增加到软密封件对阀板的摩擦力相等时，阀板启动。一旦启动，此摩擦力就急剧减小。为达到力的平衡，阀板猛烈打开，这个力同相应开度的介质作用的不平衡力矩与执行机构的打开力矩平衡时，阀停止在这一开度上。这个猛烈而突然起跳打开的开度可高达 30%～50%，这将产生一系列问题。同时，关闭时因软密封件要产生较大的变化，易产生永久变形或被阀板挤坏、拉伤等情况，影响寿命。解决办法是调整软密封件对阀板启动的摩擦力，这既能保证达到所需切断的要求，又能使阀较正常地启动。具体办法有：①调整过盈量；②通过限位或调整执行机构预紧力、输出力的办法，减少阀板关闭过度给开启带来的困难。

第八节 保护阀门检修

热力设备和管道上装有一些保护用的阀门，在发电厂中常用的有止回阀、安全阀和疏水阀等。

一、止回阀

(一)止回阀作用及工作原理

止回阀是能自动阻止流体倒流的阀门。止回阀的阀瓣在流体压力下开启，流体从进口

侧流向出口侧，当进口侧压力低于出口侧时，阀瓣在流体压差、本身重力等因素作用下自动关闭以防止流体倒流。在汽轮机主要安装在各种泵的出口，防止泵停止运行后介质倒流，使泵反转；汽轮机抽汽管道上的止回阀，当汽轮机故障停机或紧急跳闸时防止抽汽回流（特别是母管制）。

（二）止回阀的分类及其特点

止回阀一般分为升降式、旋启式、蝶式及隔膜式等几种类型。

（1）升降式止回阀的结构一般与截止阀相似，其阀瓣沿着通道中心线作升降运动，动作可靠，但流体阻力较大，适用于较小口径的场合。升降式止回阀可分为卧式和立式如图6-74、图6-75所示，又可分为自重式和它动式。

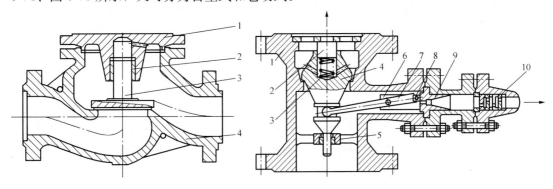

图 6-74　卧式升降式止回阀

1—阀盖；2—阀套；3—阀瓣；4—阀体

图 6-75　立式升降式止回阀

1—阀体；2—定位轴；3—压缩弹簧；4—阀芯；5—轴套；
6—支架；7—杠杆；8—活门；9—空排盘；10—节流孔板

卧式升降式止回阀工作过程是当介质由阀盘下进入时，阀盘就被介质压力推起，将通路打通，当介质逆向流动时阀盘在自身重力的作用下，落到本体阀座上，将通路关闭。

大通径的高压止回阀大都采用强制关闭装置，它的不同点是在阀盖与阀盘的上部之间装一弹簧。卧式升降式止回阀安装在水平管道上。

立式升降式止回阀工作过程当入口流量达到一定值后，阀芯（4）在介质的作用下升起一定的高度，介质即流出。同时由于止回阀阀芯的上升，带动杠杆（7）转动，使再循环阀的刀片式活门（8）向下移动，关闭阀口。当介质流量减少时，止回阀阀芯下落，杠杆的左端与阀芯相连的部分也下降，这样使右端活门（8）上升，开启再循环门维持水泵最小的允许流量。当停泵时，阀芯（4）自动下落，关闭阀口通道，防止高压给水倒流。

（2）旋启式止回阀的阀瓣绕转轴作旋转运动，其流体阻力一般小于升降式止回阀，它适用于较大口径的场合。旋启式止回阀可分为卧式旋启式止回阀（见图6-76）、多盘式旋启式止回阀（见图6-77）和立式旋启式止回阀。

（3）蝶式止回阀的阀瓣类似于蝶阀，其结构简单、流阻较小，水锤压力亦较小。

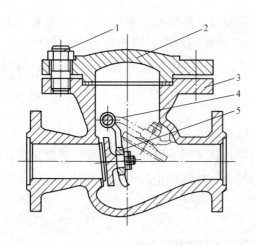

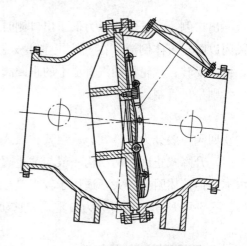

图 6-76　卧式旋启式止回阀

1—螺栓；2—阀盖；3—阀体；

4—阀轴；5—阀瓣

图 6-77　多盘式施启式止回阀

（4）隔膜式止回阀有多种结构形式，均采用隔膜作为启闭件，由于其防水锤性能好、结构简单、成本低，近年来发展较快。但隔膜式止回阀的使用温度和压力受到隔膜材料的限制。

（三）止回阀的检修工艺

以汽轮机抽汽止回阀介绍止回阀的结构及检修工艺。

1. 抽汽轮机旋启式抽汽止回阀结构及作用

抽汽轮机旋启式抽汽止回阀结构见图 6-78，主要由阀盖、阀芯拉杆、阀芯、阀体气控操纵装置组成。

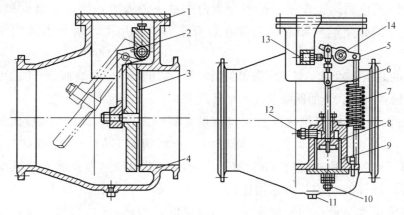

图 6-78　汽轮机旋启式抽汽止回阀

1—阀盖；2—阀芯拉杆；3—阀芯；4—阀体；5—杠杆；6—活塞杆；7—拉伸弹簧；8—活塞；

9—活塞缸；10—工作水出口；11—放水塞；12—水进口；13—行程开关；14—传动轴

当机组电气超速保护动作或者机组跳闸时均会使危急遮断装置的 OPC 母管压力油失压，导致空气引导阀动作使抽汽止回门操作汽缸活塞下部的压缩空气失压，使所有的抽汽止回门快速关闭。

2. 检修工艺及质量标准

(1) 抽汽止回门检修。

1) 解体之前，首先进行通气试验，以检查操纵装置动作是否灵活，行程是否正确，阀瓣的开关有无卡涩现象，开度是否符合要求，关闭时是否能关严。

2) 在操纵装置解体之前，应测量记录弹簧的长度、弹簧调整螺母的位置。解体时要测量活塞环与活塞室间隙，如间隙过大，则应更换活塞环。

3) 检查阀体、阀座有无裂纹、砂眼等缺陷，若有，应进行焊补处理。

4) 测量各部尺寸、间隙及轴的弯曲度，检查轴及轴套有无锈垢、磨损、卡涩的缺陷。

5) 阀体和阀盖结合面应平整光滑、无麻点和机械伤痕。阀盖无变形拱起而致使结合面接触不良，若有，应进行修复和研磨。

6) 检查阀瓣与阀座密封面接触情况是否良好，否则应视不同情况进行处理。

7) 检查弹簧有无裂纹、变形，弹簧是否良好，弹性实验是否符合设计要求。如不合格，应与更换。

8) 操纵装置中活塞与活塞室的检查和修理同安全阀一样。

(2) 抽汽止回门部件检查和测量。

1) 首先将拆除下来的部件全部清洗、检查测量磨损情况。

2) 在操纵装置解体之前，应测量弹簧的长度、弹簧调整螺母的位置。解体时要测量活塞环与活塞室间隙。

3) 检查阀体、阀座有无裂纹、砂眼等缺陷。

4) 测量各部尺寸、间隙及轴的弯曲度，检查轴及轴套有无锈垢、磨损、卡涩的缺陷。

5) 阀体和阀盖结合面应平整光滑，无麻点和机械伤痕。阀盖无变形拱起而致使结合面接触不良。

6) 检查阀瓣与阀座密封面接触情况是否良好。

7) 检查弹簧有无裂纹、变形，弹簧是否良好，弹性实验是否符合设计要求。

(3) 抽汽止回门的复装。

1) 将所有零部件用砂纸打磨干净。

2) 所有零部件结合部均应按原记号复位。

3) 整个复装过程按拆除时的逆序进行。

4) 将阀门阀瓣就位。

5) 将阀臂与阀瓣连接好后加上填料。

6) 在操纵装置Ⅱ一侧加好填料。

7) 将气动装置连接好后与阀门连接固定。

8) 紧好两侧填料压盖。

9) 紧好阀门阀盖螺栓。

(4) 检修项目及质量标准。

1) 阀臂弯曲度每 500mm 长度不超过 0.05mm。

2）抽汽止回门阀瓣开度 85°。

3）汽缸弹簧无裂纹、变形。

4）活塞密封件间隙 0.20～0.30mm。

5）阀芯无麻点。

6）阀座无麻点。

7）阀盖无变形，与阀体密封面间隙为 0.15～0.25mm 。

8）阀体无裂纹、无砂眼。

9）填料各层搭接错口 90°～120°，压盖余量大于 15mm。

（5）阀门调试。

1）阀门组装后在压缩空气系统、DEH 系统、EH 油系统、ETS 系统各条件具备后应进行阀门动作实验。

2）阀门应动作灵活无卡涩、关闭严密、动作时间符合标准要求。

3）水压试验检查，阀门严密不漏。

（四）止回阀常见故障

1. 阀瓣打碎

引起阀瓣打碎的原因是：止回阀前后介质压力处于接近平衡而又互相"拉锯"的状态，阀瓣经常与阀座拍打，某些脆性材料（如铸铁、黄铜等）做成的阀瓣就被打碎。预防的办法是采用阀瓣为韧性材料的止回阀。

2. 介质倒流的原因

（1）密封面破坏。

（2）夹入杂质。修复密封面和清洗杂质，就能防止倒流。

二、安全阀

安全阀广泛用于各种承压容器和管道上，防止压力超过规定值，它是一种自动机构，当压力超过规定值后自动打开泄压，而压力回降到工作压力或略低于工作压力时又能自动关闭。它的可靠性直接关系到设备及人身的安全。

汽轮机中，高压加热器、除氧器、抽汽管道和供汽管道等容器和管道上应用安全阀。

（一）安全阀的基本特性和要求

1. 安全阀的各种压力定义

（1）最高允许压力：介质通过安全阀排放时，被保护容器内允许最高压力。

（2）运行压力：容器在工作中经常承受的表压力。

（3）容器的计算工作压力：进行容器壁厚强度计算的压力。

（4）全开压力：安全阀在全开启行程下的阀前压力，它又叫排放压力。

（5）整定压力：调整的使安全阀开启的入口压力。

（6）关闭压力：又叫回座压力，是安全阀开启后，当容器压力下降到该压力时安全阀关闭的压力。

（7）回差：指容器的工作压力同安全阀的关闭压力之差。

（8）背压：指在安全阀排出侧建立起来的压力。背压可能是固定的，也可能是变动的,影响着安全装置的工作,向大气排放时,背压为零。

2. 对安全阀的工作要求

(1) 当达到最高允许压力时,安全阀要尽可能开启到应达到的高度,并排放出规定量的介质。

(2) 达到开启压力时,要迅速开启。

(3) 安全阀在开启状态下排放时应稳定无振荡。

(4) 当压力降低到回座压力时,应能及时有效地关闭。

(5) 安全阀处于关闭状态下,应保持良好的密封性能。

3. 安全阀的排放能力

(1) 是指在单位时间内流经安全阀的介质流量。

(2) 安全阀的排放能力要保证能放掉系统中可能产生的最大过剩介质量,给予系统设备有效的保护。

(二) 安全阀的分类

安全阀按其结构不同分为直通式安全阀和脉冲式安全阀二种,直通式安全阀又分为杠杆重锤式安全阀和弹簧式安全阀。

(三) 安全阀的构造及工作原理

1. 杠杆重锤式安全阀

杠杆重锤式安全阀工作原理见图 6-79。重锤(2)通过杠杆(1)将重力作用在阀杆上,使阀瓣(4)紧压在阀座(5)上,保持阀门关闭。当容器内的压力大于重锤作用在阀瓣上的力时,阀瓣开启,蒸汽通过环形间隙高速流出,遇到反冲盘,使流束改变方向,产生的反作用力使阀杆进一步上升,开大阀门。调整反冲盘的位置,可以改变安全阀的升程和回座压力,调整重锤的位置,可以得到不同的开启压力。

2. 弹簧式安全阀

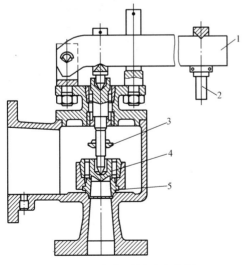

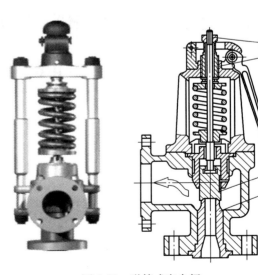

图 6-79　杠杆重锤式安全阀　　　　　图 6-80　弹簧式安全阀

1—杠杆;2—重锤;3—反冲盘;4—阀瓣;5—阀座　　　1—并紧螺帽;2—调整螺帽;3—门芯;4—门座

弹簧式安全阀工作原理见图 6-80。

当系统处于计算压力时，弹簧向下的作用力大于流体作用在门芯上的向上作用力，阀门处于关闭状态，阀瓣上受到介质作用力和弹簧的作用力。当系统压力升到阀门动作压力时，一旦流体压力超过允许压力，流体作用在门芯上的向上的作用力增加，门芯被顶开，流体溢出，这种安全阀是随着容器内压力的升高而逐渐开启的，它是微启式安全阀。当系统压力回到工作压力或稍低于工作压力时，安全阀关闭。

3. 脉冲式安全阀

脉冲式安全阀（主阀）工作原理见图 6-81。正常关闭状态下，作用在阀瓣（倒过来的，密封面在上表面）的力平衡。当压力升高到起座压力时，脉冲阀开启，脉冲汽进入主阀，作用在活塞上，使阀杆向下移动，阀门开启。压力降到回座压力后，脉冲阀关闭，切断脉冲汽，阀瓣在介质压力与弹簧弹力差压作用下向上移动，关闭主阀。

4. 外加负载弹簧式安全阀

见图 6-82。安全阀阀头上的压力是由盘形弹簧调节螺母来调整。

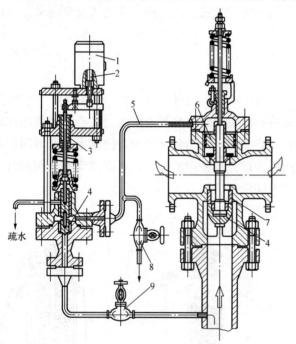

图 6-81 脉冲式安全阀

1—电磁铁；2—活动铁芯；3—调整螺帽；
4—门芯；5—脉冲汽管；6—汽动活塞；
7—门座；8—节流阀；9—脉冲门入口阀

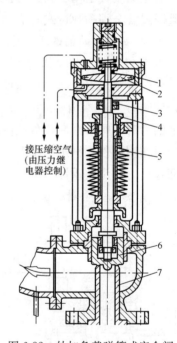

图 6-82 外加负载弹簧式安全阀

1—O 形密封圈；2—气动活塞；
3—定位螺帽；4—调整螺帽；
5—碟形弹簧；6—门芯；7—门座

弹簧安全阀的工作过程为：当容器（汽包或联箱）内的压力超过规定值时，喷嘴内蒸汽作用于阀头上的压力大于盘形弹簧压向下的作用力，阀头即被推离阀座，使安全阀开启排汽降压，直至容器内的蒸汽压力降低到使作用于阀头上的力小于盘形弹簧的作用力时，即容器中蒸汽压力降至额定值时安全阀即关闭。

一般弹簧安全阀的泄漏现象是很难避免的,为此在弹簧安全阀上加以外加负载就可大大减少其泄漏。一般采用压缩空气作为外加负载。

压缩空气缸的设置就是为改善安全阀的严密性,减少泄漏现象,延长使用寿命和提高启、闭灵敏性。气源的接通和切断是由容器上的压力冲量经压力继电器来控制的。

带有外加负载的弹簧安全阀在正常运行时,压缩空气缸压缩空气附加力作用于阀头上。因此,当蒸汽压力和弹簧的作用力相等时,依靠这个附加外力,可以保持安全阀的严密。只有当安全阀达到启动压力,压力继电器动作,切断压缩空气源,使压缩空气附加外力消失时,安全阀立即开启排汽,一下子就开足,这时阀头和喷嘴间的流通截面已经较大,可以避免和减轻对密封面的吹损程度,压缩空气缸的附加外力还可以帮助安全阀的关闭和密封,向上可以手动操作使安全阀开启。

(四)安全阀的密封

安全阀的质量和使用期限与其关闭件的密封面有密切的关系,密封面是安全阀最薄弱的环节。

密封面的材料必须具有抗侵蚀性和耐腐蚀性,有良好的机械加工和研磨性能,有弹性变形的能力。

当采用不同材料作为密封面时,为了防止密封面上形成角槽和遭致破坏,必须使较硬材料密封面的宽度大于较软材料密封面的宽度。

(五)常见的密封(见图6-83)结构各自特点

(1)平面密封如图6-83(a)、(c)、(h)所示:目前广泛采用,金属对金属,在制造和修理时比较简便,它不像锥形密封那样阀瓣和阀座要有高精度的同轴度。在压力低于9.8MPa可靠,压力更高不适合。

(2)锥形密封如图6-83(b)、(d)所示:适用于压力较高的场合,在制造精密并堆焊硬质合金的情况下,它能保证阀门开启时灵敏度高,动作稳定。

(3)带弹性密封如图6-83(e)、(i)所示:又叫热阀瓣密封形式,它适用于高温介质中阀座和阀瓣有可能发生热变形的场合。当介质温度高,介质流过阀门发生节流,温度降低,在密封材料中造成温度梯度,引起密封材料热变形。这种形式中的弹性密封面较薄,受热均匀,因此热变形小。

(六)安全阀的检修工艺

以弹簧弹簧安全阀检修为例。

1. 安全阀检修的准备工作

在检修前应修好备用安全阀,并进行冷态校验合格后,将其运到检修现场,检修时将安全阀换上即可。这样有利于缩短检修期限。

2. 安全阀的解体检查

安全阀在检修前应解体检查,以便了解各个部件的状态,以确定检修内容和方法。在解体前应测量和记录各部尺寸,如弹簧的长度、弹簧调整螺母位置、重锤位置、各处间隙、节流阀开度等。这样有利于检修后的组装和调整工作。

3. 拆卸

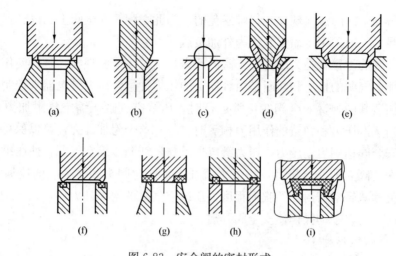

图 6-83 安全阀的密封形式

(a)、(h) —平面密封；(b)、(d) —锥形密封；(c) —球形密封；

(f)、(g) —刀形密封；(e)、(i) —带弹性密封面的密封

（1）提升机构的拆卸。拆手柄销、手柄、叉杆销、叉杆、阀销、阀杆锁紧销及阀杆螺母。

（2）调节环的拆卸。卸下调节环和喷嘴环的固定螺钉，记录喷嘴环的齿槽数，采用将喷嘴环向右转（反时针方向）直至与阀瓣支架相接触。从这个位置的接触处起，向下定为负的槽数。调节环应向右转（反时针方向）直至它接触到阀瓣支架，并顶起阀瓣支架至顶住止推螺母，导环的位置是从它的接触面开始向下记为槽数。

（3）阀杆的拆卸。

1）在调节螺栓头的侧面做一个记号，并在阀盖顶部的机械加工平面上，正对着该记号的下面，另做一个记号。测量从调节螺栓顶部到阀盖的机加工表面的这两个记号之间的距离，并记录其数值，当阀门重新组装时，恢复该数值。

2）松开调节螺栓的锁母和调节螺栓以松弛弹簧张力；在调节螺栓松弛弹簧拉力之前，切勿松开阀盖螺母。

3）拆开调节环固定螺钉和喷嘴环固定螺钉。

4）松开并拆下阀盖螺母。

5）用吊环螺栓拧在阀杆上，从阀体内垂直提起组装的上部装置；当从阀体内将上部装置提出来时，不允许阀杆或任何部件有任何的摇摆动作，任何摇动都可能损坏阀座。

6）将组件立在一个清洁颊上放置的导环上，并使阀杆垂直。

7）放倒上部装置，使阀杆处于水平位置，当放倒上部装置时，操作必须小心，以避免其部件被损坏。

8）自阀杆上拆除吊杆螺栓，并小心地从弹簧和阀盖组体中滑出内部零件（阀瓣支架、阀瓣、喷射器、调节环和阀杆）。

4. 检查

（1）检查弹簧。

1）测量弹簧工作长度，作好标记和记录。

2）标记和记录各定位尺寸和位置。

3）检查弹簧严重锈蚀和变形，弹簧性能是否良好。

4）可用小锤敲打弹簧，听其声音以判断有无裂纹等损坏。若声音清亮则说明弹簧没有损坏；若声音嘶哑则说明有损坏，应仔细查出损坏的地方。然后再由金属检验人员作1～2点金相检查。

（2）检查阀瓣、阀座。

1）密封面如有表面损坏，深度不超过 1.4mm 或微小裂纹且深度不超过 1.4mm，可先用车削办法修复后再研磨。

2）微小缺陷有必要时，可用着色等无损探伤方法进行确认。

3）密封面深度小于 0.4mm 的微小缺陷可用研磨方法消除。

（3）检查阀杆。

1）清理干净阀杆表面污垢，检查阀杆缺陷。

2）检查时可将阀杆夹在车床上用千分表检查。阀杆的弯曲每 500mm 长度允许的弯曲不超过 0.05mm。必要时进行校直或更换。

3）视情况进行表面氮化处理。

（4）检查螺栓、螺母。

1）检查螺栓、螺母的螺纹有无裂纹、拉长、丝扣损坏等缺陷，并由金属检验人员做金相检查。

2）检查螺栓、螺母装配应灵活、无松动现象。

（5）检查阀体及与阀门连接管座焊接。检查阀体及其连接焊缝有无砂眼、裂纹。

（6）检查弹簧提杆。检查弹簧提杆应完好。

5. 研磨

（1）研磨胎具的制作。

1）选择优质铸铁材料，无气孔和制造缺陷，硬度为布氏 240 或相当此硬度。

2）平板尺寸：外径＝阀线外径＋(5～6)mm；内径＝阀线内径－(5～6)mm；厚度＝15～20mm。根据上述内径，平板中心应凹进去 2～3mm，平板背面中心部位应留有方孔（可以打穿）以备装进连接杆与手柄。

（2）研磨方法。安全阀阀头和阀座密封面的研磨方法和阀门密封面研磨相同，但要求更高。先用研磨头和研磨座分别研磨阀座和阀头，达到要求后将阀头与阀座合研，至全面接触的宽度为阀座密封面宽的 1/2 为止，其表面粗糙度应达 Ra0.012。研磨结束后使用Ⅰ级平台和红丹粉，检查密封面径向吻合度，吻合度必须超过密封面宽度的 80% 以上；最后用植物油对阀座阀芯进行抛光处理。

6. 组装

注意事项：安全阀各部件检修完后在组装时，应根据解体前测量的记录进行组装工作，各处尺寸、间隙等如有变动也要作好记录并保存。

（1）润滑并拧进阀瓣支架固定螺母到阀杆上，当止推螺母在其最高位置时，安装阀瓣支架在阀杆底端之上，润滑阀瓣支撑面及阀瓣螺纹并把阀瓣拧在阀杆端上，直至露出底螺纹，并可自由地在阀瓣支撑面上转动；在组装工作中应特别小心，以保证阀瓣和喷嘴座不受损伤。

（2）规定阀瓣支架与止推螺母中的间隙。

（3）将喷射器提起超过阀杆组件，并放到阀瓣支架上，现在可以把调节环拧在喷射器上；调节环可能在排放管上拧得太高，如遇此情况，当阀门组装后，在阀瓣与其座相接触前，阀瓣座将加载荷于调节环的边上，为了避免此情况的发生，应使调节环上的孔正好低于喷射器的螺纹，通过这些孔应不能看到螺纹。

（4）将组件座于导环面上，并保持阀杆垂直地处于清洁的工作面上。

（5）润滑并在顶部弹簧垫圈上安装轴承和轴承连接环，和润滑底部弹簧垫圈，将阀盖及垫圈组件放在阀盖内的位置上。

（6）将调节螺栓锁紧螺母拧到调节螺栓的顶部，细致地润滑调节螺栓和阀盖的全部螺纹，并将调节螺栓拧进阀盖螺纹内。

（7）用适合的提升装置（手葫芦、链轮起重设备等）提起弹簧和垫圈组件到阀杆组件上，并小心地放到其位置上。

（8）润滑并安装喷嘴环在喷嘴上，保证喷嘴环高过喷嘴支撑面。

（9）用一个吊环螺栓拧在阀杆上，并用适当的提升装置吊起装配好的上部装置；当上部装置提升起来并使阀杆在垂直位置时，检查喷射器与阀盖的配合，应保证喷射器完全座入阀盖内。

（10）缓慢放下上部装置，小心将喷射器对准阀体内腔；当放下上部装置进入阀体内时，不准阀杆或任何零件有任何摇摆运动，任何摇动将损伤阀座。

（11）将阀盖螺母拧在阀盖双头螺栓上，并均匀地拧紧；阀盖螺母拧紧后，提起阀杆（约25mm），在阀杆处在被提起的位置时，在喷嘴环固定螺丝孔内，伸入改锥，并将喷嘴环向左转动（顺时针方向）直到喷嘴环上部边低于喷嘴支座面为止。当通过喷嘴环固定螺丝孔，照入光亮时，可以此孔来观察，校验其位置，缓慢放下阀杆组件到底。现在喷嘴与阀瓣座平面完全吻合了。顺时针方向旋转阀杆，以保证阀杆与阀瓣螺纹没有卡住。

（12）将调节螺栓紧几圈，并检查导环和喷嘴环，保证它们能自由活动，此时，调节螺栓可以扳紧，以达到需要的整定压力。

（13）拧紧调节螺栓，直至螺栓上标记的记号与阀盖顶机加工面的记号之间距，与阀门拆卸前，按所记录的距离相同，除非进行了相当大的研磨或机械加工工作，否则整定压力应与修复前几乎是一样的。

（14）在拆卸时，已记录下环的位置。

（15）将阀杆螺母、阀杆螺母开口销、阀帽及提升机构组件复原。

（七）安全阀的校验

1. 安全阀的冷态

安全阀检修好后可进行冷态校验，这样可保证热态校验一次成功，缩短热校验时间，并且减少了由于校验安全阀时锅炉超过额定压力运行的时间。安全阀的冷态校验可在专用的校验台（图6-84）上进行。

（1）脉冲安全阀的冷态校验。脉冲安全阀的冷态校验步骤：

1）脉冲安全阀和主安全阀等检修完以后，将其安装在校验台上。

2）校验时应先关闭校验调节阀（2）和校验台放水阀（9），开启脉冲安全阀入口阀（6），并开调节缓冲节流阀（8），开1/4～1/2圈。再接通校验用的高压给水，其压力应高于安全门动作压力。校验时徐徐开启控制校验调节阀（2），监视压力表（3）压力升高数值和脉冲安全阀的动作情况，调整脉冲

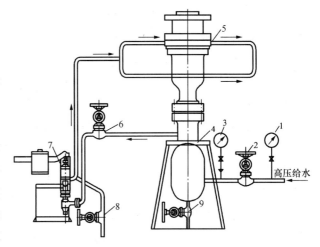

图6-84　安全阀校验台
1—高压给水压力表；2—校验调节阀；3—被调整安全阀水压
力表；4—校验台；5—主安全阀；6—脉冲安全阀入口阀；
7—脉冲安全阀；8—调节缓冲节流阀；9—校验台放水阀

安全阀的重锤位置（若是弹簧式脉冲安全阀则调整弹簧的调整螺母），使其在规定的动作压力下动作，接着主安全阀亦应动作。否则应检查，找出不动作的原因，并给予解决。

3）校验好后应将重锤位置记下或将重锤用顶丝顶紧不使其移动。根据实际经验，冷态校验安全阀的动作压力，应比规定的安全阀动作压力高5～10Pa。

4）校验完后打开校验台放水阀，水放完后即可将安全阀拆下来，并将内部的水擦干净，再组装好即可做备用或安装压力设备上。

（2）主安全阀单独校验。校验是在校验台上进行，其系统如图6-85所示。主安全阀单独校验方法：

这样校验仅能检查主安全阀是否能灵活动作，所以所用的水或蒸汽压力不需太高，有100～150Pa即可，校验时先打开进入校验台的入口阀（6），关闭校验台放水阀（7），再徐徐开启校验调整阀（2），到主安全阀动作为止。

（3）外加负载弹簧安全阀校验步骤。外加负载弹簧安全阀也可做冷态校验，其系统如上图6-85所示。

1）将安全阀装到校验台上，此时安全阀上部的活塞部分不装，仅作校验弹簧的长度（即弹簧调整螺母的位置）。

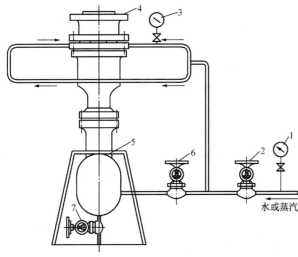

图6-85　主安全阀校验台
1—水或蒸汽压力表；2—校验调整阀；3—被调整安全
阀水压力表；4—主安全阀；5—校验台；6—入口阀；7—放水阀

2）校验时使高压给水充满校验台，根据其动作压力调整弹簧调整螺母（拧紧或旋松），直到在规定动作压力下能动作即可。同样其冷态校验时的动作压力，应较规定之动作压力大 5～10Pa。

3）校验后将安全阀内的水擦干净。

2. 安全阀的热校验

（1）脉冲式安全阀热校验步骤。安全阀热校验顺序，联系运行人员一起整定。安全阀的开启压力按要求整定值进行整定，一般当压力升至接近安全阀动作压力（一般较动作压力小 10Pa 左右）时，若脉冲安全阀还不动作应将脉冲安全阀的重锤向里侧稍加移动（对弹簧式脉冲安全阀应将弹簧调整螺母稍松一些），若此时脉冲安全阀动作接着主安全阀也动作，应将动作压力和动作完毕返回压力记录下来作为技术档案保存，如果动作压力和规定动作压力一致，或正负相差在 5Pa 之内即算合格。

（2）外加负载弹簧安全阀热校验要点。外加负载弹簧安全阀校验时，其上部的外加负载装置先不安装，待安全阀校验完后再将其安装上。

如果被校验的安全阀已经过冷态校验，当系统压力升至动作压力时，若安全阀还不动作，应将系统压力降至系统工作压力，方可稍松弹簧调整螺母，然后再将系统压力升至动作压力，安全阀即可动作，此时记下开始动作和返回的压力做为技术档案保存。

这个安全阀校验完后，可用 U 形垫板卡在定位圈上，并将定位圈向上旋紧，这样安全阀就不会动作了。就可继续校验其他安全阀。

3. 安全阀校验时安全注意事项

（1）安全阀做冷态试验时，应由专人控制高压给水进入校验台的入口阀，防止阀开的过大超压过多，开阀门时应慢慢地开，均匀的升压。避免高压给水烫伤工作人员。

（2）冷态校验时一定要把校验台内部和管道内部清理干净，防止有铁渣等把安全阀密封面搞坏。

（3）在热校验安全阀当压力超过锅炉工作压力时，工作人员应站远些，以防蒸汽喷出烫伤。

（4）在热校验安全阀时应由一人负责统一指挥，各个工作人员加强联系，参加人员不可过多，以免造成混乱。

（八）安全阀常见故障原因分析及解决方法

1. 阀门漏泄

在设备正常工作压力下，阀瓣与阀座密封面处发生超过允许程度的渗漏，安全阀的泄漏不但会引起介质损失。另外，介质的不断泄漏还会使硬的密封材料遭到破坏，但是，常用的安全阀的密封面都是金属材料对金属材料，虽然力求做得光洁平整，但是要在介质带压情况下做到绝对不漏也是非常困难的。因此，对于工作介质是蒸汽的安全阀，在规定压力值下，如果在出口端肉眼看不见，也听不出有漏泄，就认为密封性能是合格的。一般造成阀门漏泄的原因主要有以下几种情况：

（1）一种情况是，脏物杂质落到密封面上，将密封面垫住，造成阀芯与阀座间有间隙，从而阀门渗漏。消除这种故障的方法就是清除掉落到密封面上的脏物及杂质，一般在锅炉准备停炉大小修时，首先做安全门跑砣试验，如果发现漏泄停炉后都进行解体检修，如果是点炉后进行跑砣试验时发现安全门泄漏，估计是这种情况造成的，可在跑砣后冷却 20min 后再跑舵一次，对密封面进行冲刷。

（2）另一种情况是密封面损伤。造成密封面损伤的主要原因有以下几点：一是密封面材质不良。消除这种现象最好的方法就是将原有密封面车削下去，然后按图纸要求重新堆焊加工，提高密封面的表面硬度。注意在加工过程中一定保证加工质量，如密封面出现裂纹、沙眼等缺陷一定要将其车削下去后重新加工。新加工的阀芯阀座一定要符合图纸要求。目前使用 YST103 通用钢焊条堆焊加工的阀芯密封面效果就比较好。二是检修质量差，阀芯阀座研磨达不到质量标准要求，消除这种故障的方法是根据损伤程度采用研磨或车削后研磨的方法修复密封面。

（3）造成安全阀泄漏的另一个原因是由于装配不当或有关零件尺寸不合适。在装配过程中阀芯阀座未完全对正或结合面有透光现象，或者是阀芯阀座密封面过宽不利于密封。消除方法是检查阀芯周围配合间隙的大小及均匀性，保证阀芯顶尖孔与密封面同正度，检查各部间隙不允许抬起阀芯；根据图纸要求适当减小密封面的宽度实现有效密封。

（4）还有整定压力的偏差。当安全阀的工作压力相当高时，压力的波动使阀瓣得不到密封而泄漏。因此，应检查安全阀的整定压力偏差是否超出允许的范围。同时这种泄漏通常也是由于高温安全阀在试验台进行冷整定试验时，弹簧的设定压力不恰当的补偿引起的。因此，解决的办法涉及安全阀制造厂家的温度修正系数。

2. 阀体结合面渗漏

指上下阀体间结合面处的渗漏现象，造成这种渗漏的主要原因有以下几个方面：一是结合面的螺栓紧力不够或紧偏，造成结合面密封不好。消除方法是调整螺栓紧力，在紧螺栓时一定要按对角把紧的方式进行，最好是边紧边测量各处间隙，将螺栓紧到紧不动为止，并使结合面各处间隙一致。二是阀体结合面的齿形密封垫不符合标准。例如，齿形密封垫径向有轻微沟痕，平行度差，齿形过尖或过坡等缺陷都会造成密封失效。从而使阀体结合面渗漏。在检修时把好备件质量关，采用合乎标准的齿形密封垫就可以避免这种现象的发生。三是阀体结合面的平面度太差或被硬的杂质垫住造成密封失效。对由于阀体结合面的平面度太差而引起阀体结合面渗漏的，消除的方法是将阀门解体重新研磨结合面直至符合质量标准。由于杂质垫住而造成密封失效的，在阀门组装时认真清理结合面，避免杂质落入。

3. 冲量安全阀动作后主安全阀不动作

这种现象通常被称为主安全门的拒动。主安全门拒动对运行中的锅炉来说危害是非常大的，是重大的设备隐患，严重影响设备的安全运行，一旦运行中的压力容器及管路中的介质压力超过额定值时，主安全门不动作，使设备超压运行极易造成设备损坏及重大事故。

假设作用在活塞上力为 f_1，介质对阀芯一个向上的作用力为 f_2，运动部件与固定部件间摩擦力（主要是活塞与活塞室间的摩擦力）为 f_m，则主安全门的动作的先决条件：只有作用在活塞上的作用力 f_1 略大于作用在阀芯上使其向上的作用力 f_2 及弹簧通过阀杆

对阀芯向上的拉力 f_3 及运动部件与固定部件间摩擦力（主要是活塞与活塞室间的摩擦力）f_m 之和时，即：$f_1 > f_2 + f_3 + f_m$ 时主安全门才能启动。

通过实践，主安全门拒动主要与以下三方面因素有关：

一是阀门运动部件有卡阻现象。这可能是由于装配不当，脏物及杂质混入或零件腐蚀；活塞室表面粗糙度大，表面损伤，有沟痕硬点等缺陷造成的。这样就使运动部件与固定部件间摩擦力 f_m 增大，在其他条件不变的情况下 $f_1 < f_2 + f_3 + f_m$，所以主安全门拒动。

消除这种缺陷的方法是：检修时对活塞、胀圈及活塞室进行了除锈处理，对活塞室沟痕等缺陷进行了研磨，装配前将活塞室内壁均匀地涂上铅粉，并严格按次序对阀门进行组装。在锅炉水压试验时，对脉冲管进行冲洗，然后将主安全门与冲量安全阀连接。

二是主安全门活塞室漏气量大。当阀门活塞室漏气量大时，f_1 作用在活塞上的作用力偏小，在其他条件不变的情况下 $f_1 < f_2 + f_3 + f_m$，所以主安全门拒动。造成活塞室漏气量大的主要原因与阀门本身的气密性和活塞环不符合尺寸要求或活塞环磨损过大达不到密封要求有关系。

消除这种缺陷的方法是：对活塞室内表面进行处理，更换合格的活塞及活塞环，在有节流阀的冲量安全装置系统中关小节流阀开度，增大进入主安全门活塞室的进汽量，在条件允许的情况下也可以通过增加冲量安全阀的行程来增加进入主安全门活塞室内的进汽量方法推动主安全阀动作。

三是主安全阀与冲量安全阀的匹配不当，冲量安全阀的蒸汽流量太小。冲量安全阀的公称通径太小，致使流入主安全阀活塞室的蒸汽量不足，推动活塞向下运动的作用力 f_1 不够，即 $f_1 < f_2 + f_3 + f_m$ 致使主安全阀阀芯不动。这种现象多发生于主安全阀式冲量安全阀有一个更换时，由于考虑不周而造成的。

将冲量安全阀解体，将其导向套与阀芯配合部分的间隙扩大，以增加其通流面积，跑砣试验一次成功。所以说冲量安全阀与主安全阀匹配不当，公称通径较小也会引起主安全阀拒动。

4. 冲量安全阀回座后主安全阀延迟回座时间过长

发生这种故障的主要原因有以下两个方面：

一方面是，主安全阀活塞室的漏汽量小，虽然冲量安全阀回座了，但存在管路中与活塞室中的蒸汽的压力仍很高，推动活塞向下的力仍很大，所以造成主安全阀回座迟缓，这种故障多发生于 A42Y-P5413.7VDg100 型安全阀上，因为这种形式的安全阀活塞室汽封性良好。消除这种故障的方法主要通过开大节流阀的开度和加大节流孔径加以解决，节流阀的开度开大与节流孔径的增加都使留在脉冲管内的蒸汽迅速排放掉，从而降低了活塞内的压力，使其作用在活塞上向下运动的推力迅速减小，阀芯在集汽联箱内蒸汽介质向上的推力和主安全阀自身弹簧向上的拉力作用下迅速回座。

另一方面原因就是主安全阀的运动部件与固定部件之间的摩擦力过大也会造成主安全阀回座迟缓，解决这种问题的方法就是将主安全阀运动部件与固定部件的配合间隙控制在标准范围内。

5. 安全阀的回座压力低

安全阀回座压力低将造成大量的介质超时排放，造成不必要的能量损失。这种故障多发生在弹簧脉冲安全阀上，分析其原因主要是由以下几个因素造成的：

(1) 弹簧脉冲安全阀上蒸汽的排泄量大，这种形式的冲量安全阀在开启后，介质不断排出，推动主安全阀动作。

(2) 冲量安全阀前压力因主安全阀的介质排出量不够而继续升高，所以脉冲管内的蒸汽继续流向冲量安全阀维持冲量安全阀动作。

(3) 由于此种形式的冲量安全阀介质流通是经由阀芯与导向套之间的间隙流向主安全阀活塞室的，介质冲出冲量安全阀的密封面，在其周围形成动能压力区，将阀芯抬高，于是达到冲量安全阀继续排放，蒸汽排放量越大，阀芯部位动能压力区的压强越大，作用在阀芯上的向上的推力就越大，冲量安全阀就越不容易回座，此时消除这种故障的方法就是将节流阀关小，使流出冲量安全阀的介质流量减少，降低动能压力区内的压力，从而使冲量安全阀回座。

(4) 阀芯与导向套的配合间隙不适当，配合间隙偏小，在冲量安全阀启座后，在此部位瞬间节流形成较高的动能压力区，将阀芯抬高，延迟回座时间，当容器内降到较低时，动能压力区的压力减小，冲量阀回座。

消除这种故障的方法是认真检查阀芯及导向套各部分尺寸，配合间隙过小时，减小阀瓣密封面直往式阀瓣阻汽帽直径或增加阀瓣与导向套之间径向间隙，来增加该部位的通流面积，使蒸汽流经时不至于过分节流，而使局部压力升高形成很高的动能压力区。

(5) 各运动零件摩擦力大，有些部位有卡涩，解决方法就是认真检查各运动部件，严格按检修标准对各部件进行检修，将各部件的配合间隙调整至标准范围内，消除卡涩的可能性。

6. 安全阀的频跳

频跳指的是安全阀回座后，待压力稍一升高，安全阀又将开启，反复几次出现，这种现象称为安全阀的"频跳"。安全阀机械特性要求安全阀在整个动作过程中达到规定的开启高度时，不允许出现卡阻、振颤和频跳现象。发生频跳现象对安全阀的密封极为不利，极易造成密封面的泄漏。分析原因主要与安全阀回座压力升高有关，回座压力较高时，容器内过剩的介质排放量较少，安全阀已经回座了，当运行人员调整不当，容器内压力又会很快升起来，所以又造成安全阀动作，像这种情况可通过开大节流阀的开度的方法予以消除。节流阀开大后，通往主安全阀活塞室内的汽源减少，推动活塞向下运动的力较小，主安全阀动作的几率较小，从而避免了主安全阀连续启动。

7. 安全阀的颤振

安全阀在排放过程中出现的抖动现象，称其为安全阀的颤振，颤振现象的发生极易造成金属的疲劳，使安全阀的机械性能下降，造成严重的设备隐患，发生颤振的原因主要有以下几个方面：

(1) 阀门的使用不当，选用阀门的排放能力太大（相对于必须排放量而言），流体的流量低于安全阀额定排量的 25% 时，将有发生颤振的趋向。在达到突然排放压力时，容器中的介质没有足够的能量克服弹簧力的作用而使阀瓣达不到全开启位置，升力的不足导致了颤振。消除的方法是应当使选用阀门的额定排量尽可能接近设备的必需排放量流量来准确地选择阀门。

（2）由于进口管道的口径太小，小于阀门的进口通径，或进口管阻力太大，消除的方法是在阀门安装时，使进口管内径不小于阀门进口通径或者减少进口管道的阻力。排放管道阻力过大，造成排放时过大的背压也是阀门颤振的一个因素，可以通过降低排放管道的阻力加以解决。

（3）压力的波动。排放引起的压力波动或安全阀进口压力的波动都能引起颤振。排放端背压的变动也可以发生颤振。当排放管线的尺寸设计都不能防止颤振时，使用波纹管安全阀就能够克服背压的波动引起颤振。波纹管不仅隔离了导向面及上面机构与介质的接触，也消除了波动背压对阀性能的影响。把一大一小两安全阀结合起来也可避免颤振。

（4）弹簧刚度过大。弹簧刚度过大也可以成为阀瓣颤振的原因。因为弹簧刚度过大可能导致在安全阀进口压力高于开启压力下的关闭。为了消除这种现象，应当使用符合结构尺寸设计的弹簧。

（5）安全阀被当作调节阀使用。有时人们试图用弹簧加载式泄流阀代替调节阀或控制阀来调节流体的流动，从而造成颤振。

8. 提前开启

安全阀的提前开启不仅和外界的干扰有关，还和安全阀本身的装配、检测及使用条件有关。

（1）与内部调节件有关的原因。当阀瓣下方的压力接近安全阀的整定压力时，内部调节件的调整（上调或下调调节圈）能引起安全阀的提前开启，因此，应在无压力状态下调节。如果系统必须保持压力状态，也应稍微关闭安全阀前的截止阀防止突然排放。当通过调整弹簧力来改变安全阀的整定压力时，不应使阀瓣和阀座的表面相互转动，否则，会使密封面遭受破坏。为了做到这一点，在调整时应固定阀杆的上端或反冲盘。

（2）冷整定的原因。当安全阀在室温下整定而在高温设备上使用时，阀盖和阀体的膨胀，加上和温度相关的弹簧力减小，导致了安全阀在实际工作温度下的整定压力降低，从而造成了提前开启。因此，应运用安全阀制造厂所提供的弹簧冷整定修正系数进行修正。

（3）装配失误。这个因素引起的安全阀提前开启已在泄漏部分中阐述。

（4）敲打阀体或阀帽造成的提前开启。当压力接近安全阀的整定压力时，敲打安全阀的阀体或阀帽来阻止泄漏将造成提前开启，管线和容器的振动也能产生同样的结果。所以应避免敲击阀门和用常规的办法来防止系统的振动。

（5）与测试设施或测量仪器有关的原因。如果用来整定安全阀的仪表读数偏高，安全阀将提前开启。如果仪表读数偏低，系统压力将可能超过容器的极限压力。

参 考 文 献

[1] 郭延秋. 大型火电机组检修实用丛书 汽机分册. 北京：中国电力出版社，2003.

[2] 高澍芃. 汽轮机设备检修技术问答. 北京：中国电力出版社，2004.

[3] 王殿武. 火力发电职业技能培训教材 汽轮机设备检修. 北京：中国电力出版社，2005.

[4] 袁裕详. 发电厂维护消缺技术问答 汽轮机分册. 北京：中国电力出版社，2004.

[5] 刘崇和，张勇. 大型发电设备检修工艺方法和质量标准丛书 汽轮机检修. 北京：中国电力出版社，2004.

[6] 周礼泉. 大功率汽轮机检修. 北京：中国电力出版社，1997.

[7] 赵鸿逵. 热力设备检修基础工艺. 2版. 北京：水利电力出版社，1998.

[8] 席鸿藻. 汽轮机设备及运行. 2版. 北京：水利电力出版社，1988.

[9] 山西省电力工业局编. 全国火力发电工人通用培训教材 汽轮机设备检修. 北京：中国水利电力出版社，1997.

[10] 张磊，马明礼. 超超临界火电机组丛书 汽轮机设备与运行. 北京：中国电力出版社，2008.

[11] 李浩然. 汽轮机辅机安装. 北京：中国电力出版社，1999.

[12] 谢万钧. 管道安装. 北京：中国电力出版社，1999.

[13] 苏云褆. 汽轮机辅机安装. 北京：中国电力出版社，1999.

[14] 上海市第一火力发电国家职业技能鉴定站编. 汽轮机调节系统检修. 北京：中国电力出版社，2006.

[15] 上海市第一火力发电国家职业技能鉴定站编. 汽轮机辅机检修. 北京：中国电力出版社，2006.

[16] 韩立人. 管道与阀门. 北京：水利电力出版社，1988.

[17] 毛正孝. 泵与风机. 北京：中国电力出版社，2007.

[18] 申松林. 超超临界火电机组四大管道选材分析. 超超临界火电机组技术协作网第一届年会论文集. 北京：中国电机工程学会，2006.

[19] 邢百俊. 开展机组 A 级检修的全过程管理与检查、全面提高检修质量. 2010 年全国发电企业设备检修技术大会论文集（上）. 北京：中国电机工程学会，2010.